Lucas' Anleitung zum Obstbau

Von Prof. Dr. Fritz Winter
Dr. Helmut Janßen, Dr. Winfried Kennel
Dr. Hermann Link, Dr. Robert Silbereisen

unter Mitarbeit von Ing. grad. Anton Mauch
und Gartenbauingenieur Franz Scherr

Universität Hohenheim
Versuchsstation für Intensivkulturen und Agrarökologie
Ravensburg-Bavendorf

30., völlig neubearbeitete Auflage
mit 24 Farbtafeln, 204 Abbildungen, 79 Tabellen

Verlag Eugen Ulmer Stuttgart

CIP-Kurztitelaufnahme der Deutschen Bibliothek

Lucas' Anleitung zum Obstbau / von Fritz Winter ... –
30. völlig neubearb. Aufl. – Stuttgart:
Ulmer 1981.
ISBN 3-8001-1211-6

NE: Winter, Fritz [Mitverf.]; Lucas, Eduard [Begr.]

Wollgrasweg 41, 7000 Stuttgart 70 (Hohenheim)
Printed in Germany
Einbandentwurf: Alfred Krugmann, Stuttgart
Gesamtherstellung: Passavia Druckerei GmbH Passau

Vorwort

Fremder Trost ist gut
Besser eigner Mut
Tadeln können alle Toren
Besser machen aber nicht

(Alter Sinnspruch im großen Sitzungssaal
des Rathauses zu Ravensburg)

Das Buch, dessen 30. Auflage nun vorliegt, hat eine mehr als hundertjährige Geschichte. Seine „Kurze Anleitung zur Obstkultur", 1866 in Ravensburg erschienen, erweiterte Eduard Lucas schon bald zum „Vollständigen Handbuch der Obstkultur". Er bemühte sich um die Darstellung aller damals wichtigen Fragen des Obstbaues, wie botanische Grundlagen, Sortenkunde, Baumpflege, Anbausysteme, Ernte und Verwertung.

Der Zweck dieses Buches ist seit seiner 1. Auflage der gleiche geblieben: Wie Eduard Lucas wollen auch wir dem Leser die nach unserer Meinung wichtigsten Kenntnisse über den Obstbau vermitteln. Trotz dieser unveränderten Zielsetzung hat der Inhalt des heutigen „Lucas" mit den Auflagen früherer Jahrzehnte aus verschiedenen Gründen nicht mehr viel Gemeinsames:

Heute ist Obst ein Produkt des Welthandels. Erzeuger vieler Anbaugebiete befinden sich in hartem Wettbewerb am Markt. Für den Erwerbsobstbauer ist der wirtschaftliche Nutzen ein wichtiger Erfolgsmaßstab. Dementsprechend wird in diesem Buch betriebs- und marktwirtschaftlichen Fragen heute mehr Platz eingeräumt als früher.

Der Pflanzenschutz hat sich zu einem umfangreichen Fachgebiet entwickelt, das gerade in einer der Ernährung dienenden Dauerkultur wie dem Obstbau spezielles Wissen verlangt. Dies haben wir im „Lucas" berücksichtigt.

Aber auch die Kenntnisse in den klassischen Fachrichtungen des Obstbaues haben sich seit dem vergangenen Jahrhundert, ja sogar noch seit der vor rund zwanzig Jahren von Hugo Winkelmann verfaßten Auflage vervielfacht.

Die Aufgabe, das obstbauliche Wissen dem Schüler, Studenten und Praktiker in überschaubarer Form zugänglich zu machen, kann heute wohl nur noch durch eine Gruppe von Fachleuten bewältigt werden. Aber auch dann läßt sich nicht vermeiden, daß manche Probleme zu kurz kommen. Eine Zusammenstellung ergänzender und weiterführender Literatur am Ende des Buches soll dem Leser helfen, solche Lücken zu schließen. Die Autoren möchten die Tradition dieses Buches, in erster Linie Lehrbuch zu sein, fortsetzen. Dabei liegt der Schwerpunkt wie früher auch heute beim Kernobst, das in den deutschsprachigen Anbaugebieten die größte Bedeutung hat. Hat sich der „Lucas" früher im wesentlichen an den Obstbauer in Süddeutschland gewandt, so versuchen die Autoren nun, auch Probleme anderer Obstbaugebiete zu berücksichtigen.

Daß die vorige, von uns neu gestaltete 29. Auflage sechs Jahre nach ihrem Erscheinen vergriffen war, hat uns darin bestärkt, die Stoffgliederung beizubehalten. Die einzelnen Abschnitte wurden, dem Fortschritt von Wissenschaft und Praxis folgend, gründlich überarbeitet und teilweise völlig neu geschrieben. Die Zahl der Farbtafeln wurde von 16 auf 24 erhöht. Der Grundstock zu dieser Farbillustration war bei der vorigen Auflage durch einen Druckkostenzuschuß des Ministeriums für Ernährung, Landwirtschaft und Umwelt Baden-Württemberg gelegt worden.

Vielen Lesern des „Lucas" verdanken wir Anregungen, die wir – soweit irgend möglich – in der Neuauflage berücksichtigt haben. Dabei waren wir allerdings zur

Beschränkung gezwungen, denn der Umfang des Buches sollte nicht wesentlich erweitert werden.

Für wichtige Hinweise zu einzelnen Kapiteln haben wir besonders den Herren J. Köhne, Tettnang, H. Mirlieb, Karlsruhe-Augustenberg, Dr. Roemer, Hannover, Dr. Schick, Überlingen, Prof. Dr. E. Strauß, Klosterneuburg, und nicht zuletzt unserem Bavendorfer Kollegen Dr. J. Streif zu danken.

Eine wichtige Voraussetzung für die Fertigstellung dieser 30. Auflage war die bereitwillige Unterstützung durch unsere Mitarbeiter, die letztlich alle dazu beigetragen haben. Unmittelbar an den Vorarbeiten beteiligt waren Th. Bisle, Chr. Eberle, E. Friedrich, I. Hofmann, H. Knöpfle, E. v. König, C. Sänger, R. Slodczyk, M. Scherer und M. Welte.

Harmonisch und problemlos war wiederum die Zusammenarbeit mit unserem Verleger, Herrn Roland Ulmer, und den Mitarbeitern in Lektorat und Herstellung.

Die Verfasser hoffen, daß der „Lucas“ auch in Zukunft seinen obstbaulich interessierten Lesern nützliche Informationen liefern wird.

Ravensburg-Bavendorf, Oktober 1981 *Die Verfasser*

Inhaltsverzeichnis

Bedeutung des Obstbaues

Unter Obst versteht man für den menschlichen Genuß geeignete Früchte und Samenkerne von Bäumen, Sträuchern und Stauden. Die meisten Obstarten sind für eine gesunde menschliche Ernährung von Bedeutung und können wegen ihres guten Geschmacks auch als Genußmittel gelten.

Der gesundheitliche Wert des Obstes beruht vor allem auf seinem Gehalt an diätetisch und therapeutisch wirksamen organischen Substanzen. Deren wichtigste sind die Pektine und die Äpfelsäure. Das im Obst vorherrschende Vitamin ist das Vitamin C. Die höchsten Vitamin-C-Gehalte besitzt das Beerenobst. Bedeutende Unterschiede im Vitamin-C-Gehalt bestehen aber auch zwischen den Sorten der Obstarten. Beim Apfel weisen z.B. 'Berlepsch' und 'Ontario' mehr als 20 mg, 'Boskoop', 'Goldparmäne' und 'Klarapfel' 15 bis 20 mg, 'Cox Orange', 'Glockenapfel', 'Golden Delicious' und 'Jonathan' um 10 mg und die Sorten 'Kalterer Böhmer', 'Morgenduft' und 'Oldenburg' weniger als 5 mg Vitamin C je 100 g Frischsubstanz auf.

An Mineralstoffen enthält das Obst hauptsächlich Kalium; daneben kommen noch Phosphor, Calcium, Magnesium, Schwefel und Natrium sowie Spurenelemente vor. Im großen und ganzen besitzt aber Obst einen bedeutend niedrigeren Mineralstoffgehalt als Gemüse.

Obstanbau findet man auf allen Kontinenten, wenn man außer den Früchten des gemäßigten Klimas auch die der Tropen und Subtropen in die Betrachtung einbezieht. Einige Fruchtarten haben eine große Bedeutung als Welthandelsfrüchte erlangt (s. Tab. 2). Es sind dies: die Gruppe der Zitrusfrüchte, zu denen vor allem die Orangen und Zitronen gehören, ferner die Bananen und an dritter Stelle bereits die Äpfel.

Tab. 1. Die Zusammensetzung der Obstfrüchte (aus HERRMANN 1966)

Obstart	durchschnittlicher Gehalt an:					
	Trockensubstanz %	Gesamtzucker %	titrierbare Säure %	Pektin %	Vitamin C mg/100g	Mineralstoffe* %
Apfel	16	11	0,6	0,6	1 - 30	0,4
Birne	18	10	0,2	0,5	1 - 5	0,4
Aprikose	13	6	1,6	1,0	2 - 10	0,7
Süßkirsche	17	11	0,7	0,3	4 - 16	0,5
Pflaume	14	8	1,5	0,9	1 - 5	0,5
Erdbeere	10	6	0,9	0,5	20 - 100	0,7
Himbeere	14	4	1,8	0,4	13 - 20	0,6
Schwarze Johannisbeere	20	6	3,2	1,1	60 - 260	0,6

* überwiegender Bestandteil ist Kalium

Tab. 2. Welterzeugung wichtiger Fruchtarten 1961/65 und 1974/76 in 1 000 t (nach FAO und ZMP)

Fruchtart	1961/65	1974/76	± %
Zitrusfrüchte	24 494	48 364	+ 97
Bananen	25 180	37 506	+ 49
Ananas	3 660	5 367	+ 47
Äpfel	18 546	22 542	+ 22
Birnen	5 655	7 452	+ 32
Pfirsiche*	5 113	6 465	+ 26
Pflaumen	4 435	4 338	- 2
Nüsse	1 503	2 076	+ 38
Beerenobst**	1 182	1 744	+ 48
Kirschen	1 656	1 582	- 4
Aprikosen	1 136	1 367	+ 20
Zusammen	92 560	138 803	+ 50

* incl. Nektarinen, ** ohne Wildbeeren

In den 15 Jahren vom Anfang der 60er bis zur Mitte der 70er Jahre hat sich die von der FAO (Welternährungsorganisation) statistisch erfaßte Obsterzeugung von fast 95 Mio. Tonnen um rund 50% auf fast 140 Mio. Tonnen vergrößert.

Dazu hat insbesondere die kräftige Steigerung der Erzeugung von Südfrüchten beigetragen, die für tropische und subtropische Agrarländer zu den wichtigsten Exportartikeln zählen.

Allein die Erzeugung der Zitrusfrüchte verdoppelte sich von gut 24 auf über 48 Mio. Tonnen. Die Bananen- und die Ananasproduktion nahmen beide im gleichen Zeitraum um knapp 50% zu.

Auch die wichtigsten Obstarten des gemäßigten Klimas zeigten kräftige Zuwachsraten. Die Apfelerzeugung nahm weltweit von 18,5 um 22% auf 22,5 Mio. Tonnen zu; die Produktionen von Birnen (+ 32%) und Pfirsichen (+ 26%) wurden noch stärker erweitert. Auch Nüsse, Beerenobst und Aprikosen legten in der Produktion kräftig zu, während allein das Steinobst Rückgänge zu verzeichnen hatte.

Der Anbau der wichtigsten Fruchtarten ist, entsprechend den Standortansprüchen, recht unterschiedlich über die Kontinente unseres Planeten verteilt. Wichtigster Anbauraum der Zitrusfrüchte ist nach Nord- und Südamerika das Mittelmeergebiet. Bananen werden vor allem im Norden von Südamerika, in Südostasien und in Mittelamerika angebaut. Für Apfel, Birne und die anderen Obstarten des gemäßigten Klimas liegen die wichtigsten Anbauzentren in Europa.

Abstammung und Gattungszugehörigkeit der Obstgewächse

Beim Kernobst (Apfel, Birne, Quitte) haben äußerliche Merkmale (Form, Farbe), die Reifezeit (Sommer-, Herbst- und Winterobst) oder der Verwendungszweck (Eß-, Wirtschafts- und Mostobst) der Früchte über viele Jahrzehnte hinweg die Klassifizierung bestimmt. Ähnliches gilt für die Obstgewächse noch allgemein, bei denen man im heutigen Sprachgebrauch aufgrund der Beschaffenheit der Früchte folgende Gruppen unterscheidet:

Kernobst,
Steinobst,
Beerenobst,
Schalenobst.

Nach botanischen Gesichtspunkten sind diese Bezeichnungen aber ungenau oder stark vereinfacht. In Tab. 3 sind deshalb die charakteristischen Unterschiede zwischen den Fruchttypen dieser „Obstarten" zusammengestellt.

Die in der Praxis bewährte Einteilung nach diesen Obstarten vermittelt allerdings keinen Einblick in die erblich bedingten Zusammenhänge bei den Obstgewächsen. Für diesen Zweck ist es erforderlich, die Stellung der verschiedenen Arten *(Species)* im botanischen System kennenzulernen*. In Abb. 1 haben wir für die Familien der Rosengewächse *(Rosaceae)* und der Steinbrechgewächse *(Saxifragaceae)* versucht, diese Stellung ausschnittweise wiederzugeben. In Wirklichkeit ist die Zahl der Arten, Unterarten *(Subspecies)* und Varietäten um ein Vielfaches größer. Allein die Gattung Apfel *(Malus)* umfaßt 33 bekannte Arten, und zur Sammelart Hauspflaume *(Prunus domestica)* der Gattung Pflaume *(Prunus)* wurden schon zu Beginn des 20. Jahrhunderts etwa 2000 anbauwürdige Sorten gerechnet.

Zum weiteren Verständnis der Abstammungsübersicht sei noch bemerkt, daß die Varietät eine botanische Rangstufe zwischen der Art und der Sorte** darstellt, und daß die Zuordnung zu den Arten und Unterarten in manchen Fällen willkürlich ist und je nach den verwendeten Unterscheidungsmerkmalen zu verschiedenen Gliederungen führen kann. Der Grund dafür liegt in der nicht immer eindeutig nachweisbaren Verwandtschaft zwischen den einzelnen Arten.

Mit den Gattungen Apfel *(Malus)*, Birne *(Pyrus)*, Pflaume *(Prunus)*, Erdbeere *(Fragaria)* und Brombeere/Himbeere *(Rubus)* zählen die Stammformen der wichtigsten Obstarten zur Familie der Rosengewächse und diese zur botanischen Ordnung *Rosales*.

Eng verwandt mit Apfel und Birne sind die Gattungen Quitte *(Cydonia)*, Mispel

---

* Die Namengebung der Obstgattungen und -arten (lateinisch) sowie ihre Stellung im botanischen System gehen im wesentlichen auf Angaben im „Handbuch der Pflanzenzüchtung", 2. Aufl., Band VI, Verlag Paul Parey, Berlin und Hamburg, 1962, zurück. Die Autoren für die verschiedenen Obstgattungen sind BAUER, Bundesrepublik Deutschland (Erdbeere, Johannisbeere); GRUBER, Bundesrepublik Deutschland (Brombeere/Himbeere, Erdbeere); JOHANSSON und OLDEN, Schweden (Pflaume i. w. S.); NILSSON, Schweden (Johannisbeere); WILCOX, USA (Apfel); ZWINTZSCHER, Bundesrepublik Deutschland (Birne, Kirsche).

** Die Sorte 'Goldparmäne' beispielsweise hat folgende botanische Bezeichnung: *Malus pumila* (Art) var. *domestica* (Varietät) 'Goldparmäne' (Sorte oder Cultivar = **culti**vated **var**iety).

Tab. 3. Verschiedene Typen der Früchte bei den Obstarten

Obstart	Fruchttyp	Vorkommen	genießbarer Teil (vorwiegend)	Samen- bzw. Kernzahl	Besonderheiten
Kernobst	Scheinfrucht	Apfel, Birne, Quitte	Fruchtfleisch mit Schale, aus fleischig-verdicktem Blütenboden hervorgegangen	vielsamig, in der Regel in 5fächrigem Kernhaus paarweise angeordnet	Quitte besitzt meist mehr als zwei Samen je Kernhausfach
Steinobst	Steinfrucht	Kirsche, Pflaume, Pfirsich, Aprikose	fleischige Mittelschicht des Fruchtknotens (Mesokarp) mit Fruchtschale (Exokarp)	einsamig, vereinzelt auch zweisamig	zwischen Mittelschicht und Samen befindet sich eine steinartige Innenschicht (Endokarp), die den Steinkern (Putamen) bildet
Beerenobst	echte Beere	Johannisbeere, Stachelbeere, Heidelbeere, Preiselbeere	Schale und Fleisch der Frucht mit darin eingeschlossenen, festschaligen Samen	vielsamig	
	Sammelfrucht	Erdbeere	fleischig-verdickte Blütenachse einschließlich der außen aufsitzenden Samen bzw. Nüßchen	vielsamig	
	Sammelfrucht	Himbeere, Brombeere	viele und fest um die kegel- bis säulenförmige Blütenachse sitzende Steinfrüchte	vielsamig	
Schalenobst	Nuß	Haselnuß, Mandel, Walnuß	Samenkerne (Keimblatt u. Nährgewebe)	einsamig	Fruchtwand (Perikarp) aus Steinzellen

(Mespilus), Felsenbirne *(Amelanchier)*, Eberesche *(Sorbus)* und Weißdorn *(Crataegus)*, weshalb man sie auch in der Unterfamilie *Maloideae* zusammengefaßt hat. In dieser Gruppe ist obstbaulich die Quitte *(Cydonia oblonga)* bedeutsam, da sie als schwachwachsende Unterlage für die Birne verwendet wird.

Innerhalb der Ordnung *Rosales* findet sich auch die Familie der Steinbrechgewächse *(Saxifragaceae)*, zu deren Gattung Johannisbeere *(Ribes)* die Wildarten der heutigen Roten, Weißen und Schwarzen Johannisbeeren sowie der Stachelbeeren eingereiht werden.

Schließlich sind unter dem Begriff Beerenobst die den Heidekrautgewächsen *(Ericaceae)* angehörenden Heidel- und Preiselbeeren zu nennen. Beide spielen aber als Kulturformen in Europa eine untergeordnete Rolle.

Das Schalenobst wird in Mitteleuropa hauptsächlich von der Walnuß *(Juglans regia)* und der Haselnuß *(Corylus avellana)* vertreten. Die Haselnuß gehört zur Familie der Birkengewächse *(Betulaceae)*, die Walnuß zur Familie der Walnußgewächse *(Juglandaceae)*. Der Schwarze Holunder *(Sambucus nigra)* vertritt die Familie der Geißblattgewächse *(Caprifoliaceae)* im obstbaulichen Bereich.

Apfel. Als wichtigste Stammart der europäischen Apfelsorten wird der Zwergapfel *(Malus pumila)* angesehen, da Blätter und Blüten sowie Größe und geschmackliche Qualität seiner Früchte denjenigen der Kulturformen am ehesten gleichen. Dort, wo die natürlichen Verbreitungsgebiete von Zwergapfel und Holzapfel *(Malus sylvestris)* sich überschneiden (Kaukasus), kam es zu Kreuzungsprodukten beider Arten, deren Erbgut in den gegenwärtigen Sorten verankert sein dürfte.

Dem Beerenapfel *(Malus baccata)* und dem pflaumenblättrigen Apfel *(Malus prunifolia)*, der auch als Bastard aus der Kreuzung *M. dulcissima* × *M. baccata* gedeutet wird, mißt man als Ausgangsformen unserer heimischen Kultursorten dagegen kaum Bedeutung bei, doch finden beide Arten zur Gewinnung von Sämlingsunterlagen heute noch Verwendung (Crabapples in USA, UdSSR). Andere Wildarten wie *M. sieboldii* führen z.B. zu apomiktischen Unterlagen (vgl. Seite 70) oder vererben wie *M. robusta* Mehltau- und Frostresistenz.

Vom Zwergapfel *(M. pumila)* leiten sich auch die aus Samen (generativ) von Kultursorten wie 'Bittenfelder' oder 'Graham' gewonnenen Sämlingsunterlagen ab, ebenso die als Ausgangsformen der ungeschlechtlich (vegetativ) vermehrten Apfelunterlagen angesehenen *M. pumila* var. *paradisiaca* (Paradiesapfel, schwachwachsend wie z.B. M 9) und *M. pumila* var. *tomentosa* (Doucinapfel oder Johannisapfel, starkwachsend wie z.B. M 11).

Birne. Sämtliche europäische Kultursorten der Art Gemeine Birne *(Pyrus communis)* dürften auf drei Unterarten zurückgehen, nämlich

1. die Holzbirne *(Pyrus pyraster)*,
2. die Schneebirne *(Pyrus nivalis)* und
3. eine mögliche Kreuzung beider Arten, die als *Pyrus salviifolia* bezeichnet wird.

Es wird weiter angenommen, daß auch asiatische Arten wie *P. ussuriensis* und *P. serotina*, die beide Feuerbrandresistenz vererben, an den Kultursorten beteiligt sind.

Sämlingsunterlagen bei Birnen werden heute fast ausschließlich aus der von *Pyrus communis* var. *domestica* abstammenden Sorte 'Kirchensaller Mostbirne' gewonnen.

Das Fehlen einer gattungseigenen, ungeschlechtlich vermehrbaren Birnenunterlage zwingt zur Verwendung der artfremden aber gattungsverwandten Quitte *(Cydonia oblonga)*, die zwar mit einer Reihe von Kultursorten unverträglich und dazuhin frostempfindlich ist, bis heute jedoch die einzige Möglichkeit für schwach- bis mittelstarkwachsende Kombinationen auf vegetativ vermehrten Unterlagen bei Birnen darstellt.

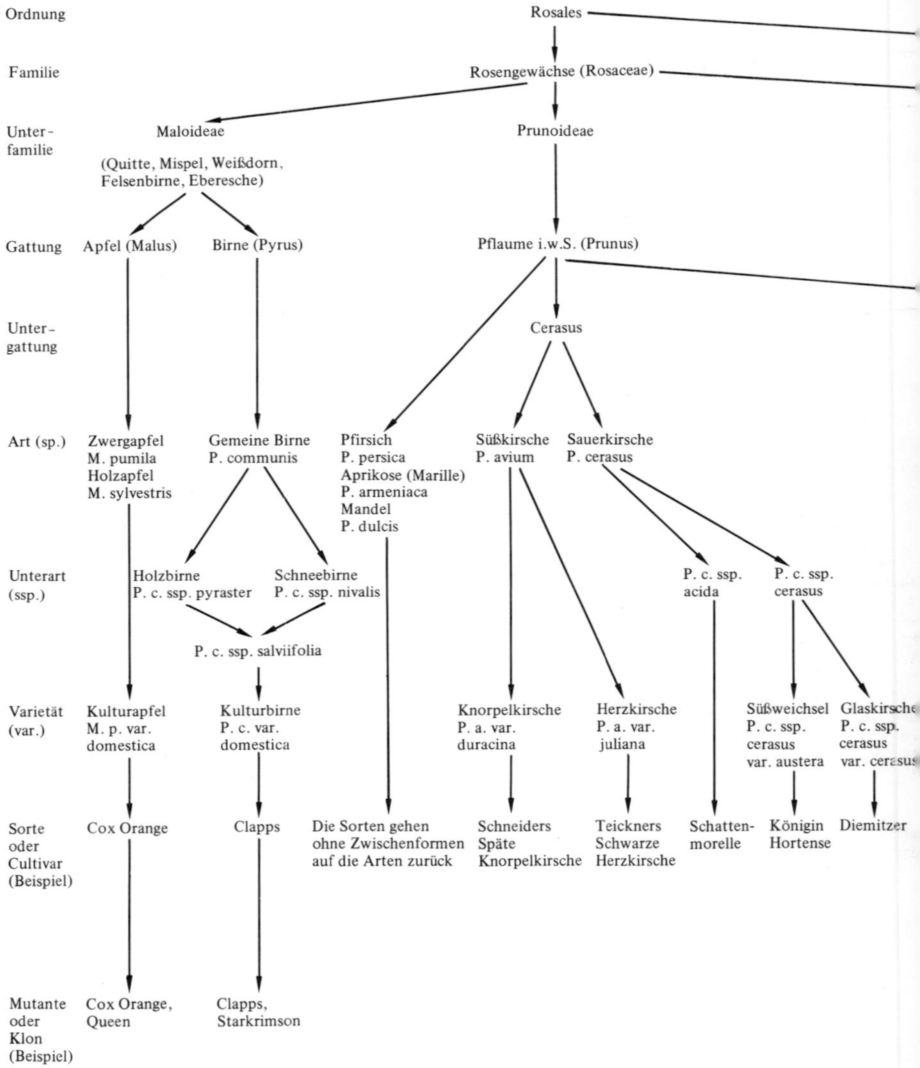

Abb. 1. Die Stellung der wichtigsten Gattungen und Arten beim Obst im botanischen System.

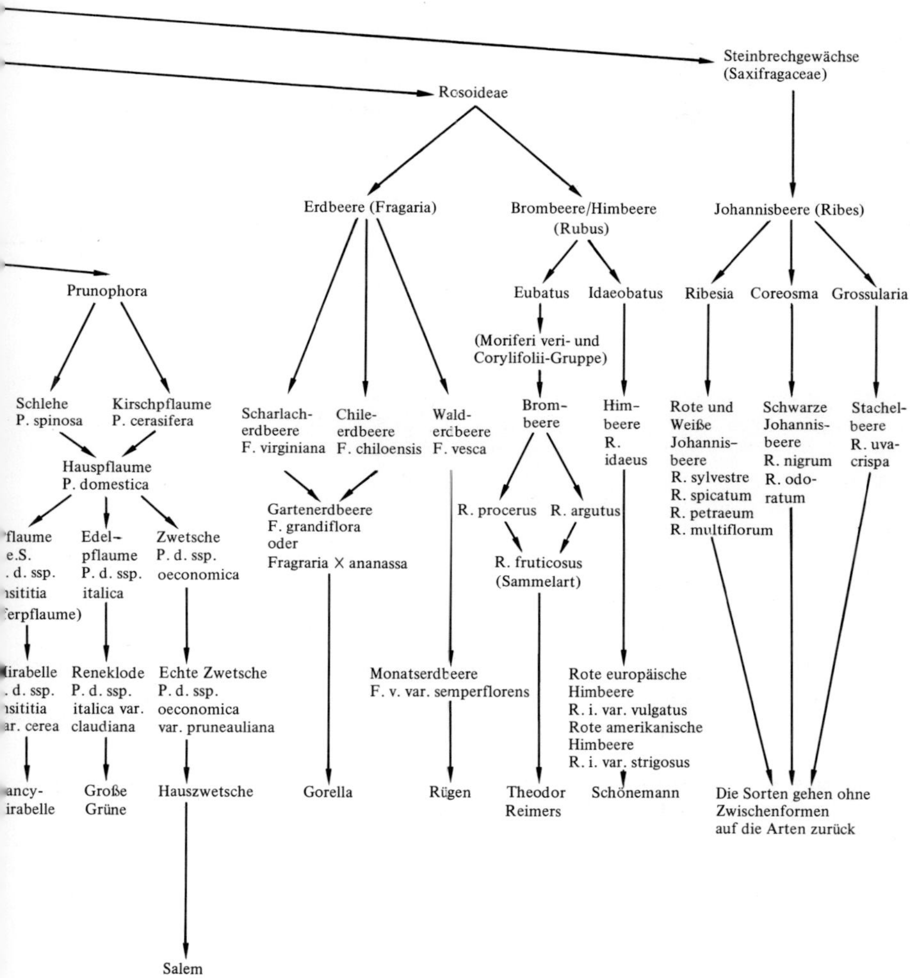
Steinbrechgewächse
(Saxifragaceae)
Rosoideae
Erdbeere (Fragaria)
Brombeere/Himbeere
(Rubus)
Johannisbeere (Ribes)
Prunophora
Eubatus
Idaeobatus
Ribesia
Coreosma
Grossularia
(Moriferi veri- und
Corylifolii-Gruppe)
Schlehe
P. spinosa
Kirschpflaume
P. cerasifera
Scharlach-
erdbeere
F. virginiana
Chile-
erdbeere
F. chiloensis
Wald-
erdbeere
F. vesca
Brom-
beere
Him-
beere
R.
idaeus
Rote und
Weiße
Johannis-
beere
R. sylvestre
R. spicatum
R. petraeum
R. multiflorum
Schwarze
Johannis-
beere
R. nigrum
R. odo-
ratum
Stachel-
beere
R. uva-
crispa
Hauspflaume
P. domestica
Gartenerdbeere
F. grandiflora
oder
Fragraria X ananassa
R. procerus
R. argutus
flaume
e.S.
. d. ssp.
sititia
erpflaume)
Edel-
pflaume
P. d. ssp.
italica
Zwetsche
P. d. ssp.
oeconomica
R. fruticosus
(Sammelart)
irabelle
. d. ssp.
sititia
ar. cerea
Reneklode
P. d. ssp.
italica var.
claudiana
Echte Zwetsche
P. d. ssp.
oeconomica
var. pruneauliana
Monatserdbeere
F. v. var. semperflorens
Rote europäische
Himbeere
R. i. var. vulgatus
Rote amerikanische
Himbeere
R. i. var. strigosus
ancy-
irabelle
Große
Grüne
Hauszwetsche
Gorella
Rügen
Theodor
Reimers
Schönemann
Die Sorten gehen ohne
Zwischenformen
auf die Arten zurück
Salem

Kirsche. Die Süßkirschen stammen von der wild vorkommenden Vogelkirsche *(Prunus avium)* ab. Auch die Sauerkirschen *(Prunus cerasus)* sollen Abkömmlinge dieser Art sein, und zwar mit einem gegenüber der Süßkirsche (2n = 2× = 16) doppelten Chromosomensatz von 2n = 4× = 32 (vgl. Seite 62). Es gilt heute als ziemlich sicher, daß *P. cerasus* aus einer Kreuzung von *P. avium* mit *P. fruticosa* (Strauchweichsel oder Steppenkirsche) entstanden ist.

Zur Untergattung *Cerasus* ist auch die Steinweichsel oder Felsenkirsche *(P. mahaleb)* zu zählen. Sie dient als Unterlage vor allem für die Sauerkirsche, während für Süßkirschen Sämlinge der gleichen Art *(P. avium)* aus Selektionen bestimmter Herkünfte (Harzer, Limburger) oder Klonnachkommen (vegetativ) aus selektierten *P. avium*-Sämlingen als Wurzelunterlage und gleichzeitig als Stamm- und Gerüstbildner verwendet werden. Vor allem zur Anzucht von virusfreiem Material verdienen die Klonnachkommen Beachtung.

Pflaume (i.e. Sinne), **Mirabelle, Reneklode, Zwetsche.** Die in Mitteleuropa wirtschaftlich wichtigsten Sorten leiten sich alle von der Sammelart Hauspflaume *(Prunus domestica*; 2n = 6× = 48) ab, die ihrerseits aber keine echte Wildform ist, sondern aus der Kreuzung von Schlehe *(Prunus spinosa*; 2n = 4× = 32) und Kirschpflaume *(Prunus cerasifera*; 2n = 2× = 16) entstanden sein soll (Additionsbastard). Häufige Übergangsformen zwischen beiden Arten erschweren die Deutung der erblichen Zusammenhänge innerhalb dieser Sammelart.

Die formenreiche Hauspflaume hat auch zu einem umfangreichen Angebot an Unterlagen geführt. Aus der Unterart *P. domestica* ssp. *insititia* ging als Varietät *P. d. i. var. juliana* hervor, von der sowohl die geschlechtlich (Sämlinge) als auch die ungeschlechtlich (Typen) vermehrbaren St.-Julien-Unterlagen abstammen. Die vegetativ vermehrbare Unterlage 'Brompton' geht ebenfalls auf *P. d. i. var. juliana* zurück.

Aus der Art Kirschpflaume *(P. cerasifera)*, entwickelte sich die 'Myrobalane' *(P. myrobalana)*, die als wichtigste Unterlage für Pflaumen und Pfirsiche stark verbreitet ist, und zwar vor allem als Sämling, aber auch als vegetativ vermehrbare Unterlage, z. B. *Myrobalana alba* 'Pfälzer Typ'. Neben diesen Unterlagenformen sind bei dieser Sammelart auch sorteneigene, sog. wurzelechte Unterlagen (Wurzelschößlinge, Ausläufer) im Anbau vertreten ('Hauszwetsche', 'Reneklode', 'Mirabelle').

Pfirsich, Aprikose, Mandel. In ähnlicher Weise wie die heutigen Süßkirschensorten gehen die Sorten der übrigen Arten aus der Gattung Pflaume *(Prunus)*, wie Pfirsich, Aprikose und Mandel, meist ohne Zwischenformen auf ihre Wildformen zurück. Soweit sie nicht selbstfruchtbar sind, werden als Unterlagen vorwiegend artgleiche Sämlinge oder vegetativ vermehrbare Unterlagen aus der *P. domestica*-Gruppe, z. B. 'Akkermann-Pflaume', 'Brompton' u. a. verwendet.

Erdbeere. Während die immertragenden Erdbeeren, auch unter dem Namen „Monatserdbeere" bekannt, auf *Fragaria vesca* var. *semperflorens*, zurückgehen, soll die Mehrzahl der großfrüchtigen Gartenerdbeeren von *Fragaria × ananassa = F. grandiflora* ihren Ausgang genommen haben, die ihrerseits wieder aus einer Kreuzung der Scharlacherdbeere *(Fragaria virginiana)* mit der Chileerdbeere *(Fragaria chiloensis)* hervorgegangen sein soll. Beide Wildformen sind im Temperatur- und Lichtverhalten unterschiedlich veranlagt. Bei ihren Kreuzungsnachkommen treten deshalb ökologisch sich verschieden verhaltende Formen auf, welche die enorme Anbaubreite der Kultursorten verständlich machen.

Großfrüchtige Erdbeeren werden hauptsächlich durch Ausläufer von hochwertigen Mutterpflanzen vegetativ vermehrt, kleinfrüchtige Monatserdbeeren dagegen aus Samen.

Brombeere, Himbeere. Kultursorten der Brombeere in Europa führt man hauptsächlich auf zwei frühgeschichtliche, zwischen Gattung *(Rubus)* und Art stehende Abteilungen, nämlich die *Moriferi-veri*-Gruppe und die *Corylifolii*-Gruppe zurück. Die Kultursorten selbst sind in der Zahl ihrer Chromosomensätze sehr verschieden, so daß ihre Abstammung schwierig zu bestimmen ist. Heute faßt man sie in der Sammelart *R. fruticosus* zusammen.

Als Stammformen der europäischen Himbeere gelten vor allem die Varietät *vulgatus* der Art *Rubus idaeus,* aber auch Hybriden dieser Form mit der in Amerika beheimateten Varietät *R. idaeus* var. *strigosus.* Die vegetative Vermehrung beider Untergattungen geschieht durch Wurzelschosse oder -schnittlinge.

Johannisbeere, Stachelbeere. Die artenreiche Gattung *Ribes* gliedert sich in drei Untergattungen:

1. *Ribesia*
2. *Coreosma*
3. *Grossularia*

Aus der Untergattung *Ribesia* gingen die rot- und weißfrüchtigen Johannisbeeren hervor. An den heutigen Kultursorten sind im wesentlichen die Arten *Ribes sylvestre, R. spicatum* und *R. petraeum* beteiligt. Die Einkreuzung der aus dem Mittelmeerraum stammenden Art *Ribes multiflorum* führte zu langtraubigen und spätreifenden Formen heutiger Sorten.

Den Arten *Ribes nigrum* und *R. odoratum* aus der Untergattung *Coreosma* verdanken wir die meist mit eigenartigem Duft aufwartenden Schwarzen Johannisbeeren, während die Stachelbeersorten hauptsächlich auf die Art *Ribes uva-crispa* zurückgehen. In jüngster Zeit wurden in diese Art mehltauresistente Wildarten aus Nordamerika eingekreuzt.

Für Buschformen kommen als vegetative Vermehrung bei Johannisbeeren Steckhölzer, bei Stachelbeeren meist Ableger oder Abrisse von selektierten Mutterpflanzen in Frage. Für Halb- und Hochstämmchen erfolgt demgegenüber die Veredlung auf artfremde *Ribes*-Klone *(R. aureum, R. arboreum).*

Auf eine systematisch-genetische Erläuterung der Gattungen Holunder *(Sambucus),* Walnuß *(Juglans),* Haselnuß *(Corylus)* und Heidelbeere *(Vaccinium)* soll hier verzichtet werden.

Bau und Entwicklung der Obstgewächse

Alle Obstgewächse sind, wie die meisten höheren Pflanzen, mit Gefäßen für die Leitung von Wasser und darin gelösten Stoffen ausgestattet. Gemeinsam ist ihnen auch die Gliederung in Wurzel, Sproßachse und Blätter. Entscheidend für die wirtschaftliche Bedeutung aller Obstarten ist ihre Fähigkeit, als Organe der geschlechtlichen (generativen) Fortpflanzung Blüten und unter geeigneten Bedingungen daraus Früchte mit – seltener auch ohne – Samen zu entwickeln. Allerdings erfolgt die künstliche Vermehrung unserer Obstgewächse in den seltensten Fällen durch Samen, sondern meist vegetativ (s. Kapitel Vermehrung).

Alle Baumobst- und Strauchbeerenobstarten sind Gehölzpflanzen, nur die Erdbeere nimmt als krautige Pflanze eine Sonderstellung ein.

1 Zellen und Gewebe

Die Zelle ist der Grundbaustein aller Lebewesen. Bei der geschlechtlichen Fortpflanzung geht jedes Lebewesen aus einer einzigen Zelle, der befruchteten Eizelle (Zygote) hervor. Diese enthält in den Genen ihres Zellkernes sämtliche für den Bau (Struktur) und die Lebensabläufe (Funktionen) der Pflanze notwendigen Informationen (genetischer Code).

Bei der Entwicklung des Embryo wie bei den späteren Wachstumsvorgängen finden vielfältige Zellteilungen statt, in deren Verlauf sich entsprechend dem Bauplan der Pflanze Zellgewebe mit ganz verschiedenen Eigenschaften entwickeln. Je höher die Organisationsstufe eines Lebewesens, zu um so vielfältigeren und spezielleren Eigenschaften entwickeln (differenzieren) sich die Zellen und Gewebe. Ungeachtet dessen wird die gesamte Erbinformation bei jeder Zellteilung an die neugebildeten Zellen durch Teilung der Erbträger (Reduplikation) weitergegeben. Nur auf diese Weise ist es möglich, daß auch aus Pflanzenteilen, z.B. Stecklingen oder Ablegern, wieder vollständige Pflanzen mit allen Eigenschaften der Mutterpflanzen entstehen können. Mit fortschreitender Differenzierung allerdings verlieren Gewebe diese Fähigkeit. Die Möglichkeiten einer vegetativen Vermehrung von Obstgewächsen aus Pflanzenteilen sind daher unterschiedlich (s. Kapitel Vermehrung).

Jede einzelne lebende Zelle stellt ein kompliziertes System dar, dessen Lebensvorgänge in wohlabgestimmter Weise ineinandergreifen. Eine normale, nicht spezialisierte Pflanzenzelle besteht aus dem Protoplasma (der eigentlich lebenden Substanz), das in der Regel eine Vakuole umschließt, und der Zellwand. Die Vakuole ist ein mit Wasser und darin gelösten und ausgeschiedenen Stoffen ausgefüllter Raum. Die Zellwand grenzt die Zelle nach außen ab, ermöglicht jedoch auch durch ihre Membranen den Stoffaustausch mit der Umgebung. Darüber hinaus hat sie für die Festigkeit des Zellgewebes große Bedeutung.

Im Protoplasma befinden sich außer dem Zellkern zahlreiche weitere Bauelemente

(Organellen), insbesondere die Plastiden, zu denen neben anderen Farbstoffträgern auch die zur Photosynthese notwendigen grünen Chlorophyllträger, die Chloroplasten, gehören. Andere für den Stoffwechsel, insbesondere die Atmung, wichtige Organellen im Protoplasma sind die Mitochondrien.

Abweichend von der Grundform einer lebenden Zelle können Zellen je nach dem Differenzierungsgrad der Zellgewebe die unterschiedlichsten Strukturen und Funktionen haben. In höheren Pflanzen, insbesondere in den Holzpflanzen, haben auch tote Zellgewebe lebenswichtige Aufgaben der Stabilisierung und der Stoffleitung, so z. B. im Stamm eines Baumes.

Nach ihren überwiegenden Aufgaben unterscheidet man zahlreiche Typen von Zellgeweben:

In den Zonen ausgeprägten Wachstums, z. B. in den Trieb- und Wurzelspitzen oder auch in jungen Früchten, findet man *Bildungsgewebe* (meristematische Gewebe). Diese sind unter geeigneten Voraussetzungen zu reger Zellbildung fähig. Der Stoffwechsel, auch die Produktion von Wuchs- und Hemmstoffen, ist sehr lebhaft, so daß von diesen Geweben nicht selten Steuerungseinflüsse ausgehen, die für das Verhalten der Gesamtpflanze große Bedeutung haben, so etwa für den Austrieb oder den Blühimpuls in Knospen, die Mobilisierung von Reservestoffen u. v. a.

Eine besondere Art von Bildungsgewebe stellt das Kambium dar, von dem das sekundäre Dickenwachstum der Sprosse mehrjähriger Pflanzen ausgeht. Nachdem im Entstehungsjahr die Sproßachse angelegt wurde, bildet vom zweiten Jahr an eine ringförmige teilungsaktive Zellschicht, das Kambium, alljährlich nach innen den Holzteil (Xylem) und nach außen den Siebteil (Phloem).

Das *Haut- oder Abschlußgewebe* muß die Pflanzenteile vor Wasserverlusten und vor mechanischen Schäden schützen, ohne aber den Stoffaustausch ganz zu unterbinden. Insbesondere die äußerste Schicht des Hautgewebes (Epidermis) besitzt dazu besondere Eigenschaften, so die Fähigkeit, schützende Wachsschichten (Kutikula) oder Haarzellen zu bilden. Auch findet man beim Hautgewebe nicht selten die Fähigkeit zur Bildung von Korkzellen (Rauhschaligkeit der Früchte, Wundverheilung).

Das *Assimilationsgewebe* ist durch seinen Reichtum an Chloroplasten und seinen lockeren Aufbau ausgezeichnet, das den zur Photosynthese notwendigen intensiven Luftaustausch sicherstellt.

Als *Absorptionsgewebe* wird vor allem die Wurzelhaut mit ihren feinen Wurzelhaaren bezeichnet, deren hohe Oberfläche und Durchlässigkeit die Aufnahme (Absorption) von Wasser und den darin gelösten Stoffen ermöglicht.

Eine gerade auch bei den Obstgehölzen wichtige Aufgabe haben die *Leitgewebe* zu erfüllen. Dabei ist zwischen Leitgeweben im Siebteil (Phloem) und im Holzteil (Xylem) zu unterscheiden. Im *Phloem* bilden die Siebröhren, röhrenförmige Zellen mit siebartigen Durchgängen von einer Zelle zur anderen, die leitenden Elemente für den Strom der Assimilate (hauptsächlich Bildungsstoffe der Photosynthese). Im *Xylem* bilden langgestreckte Zellen (Tracheen und Tracheiden) nach Auflösung ihrer Querwände zusammenhängende Röhren, die vorwiegend dem Transport von Wasser und den darin gelösten Mineralsalzen dienen.

Zwischen den Leitungsbahnen sowohl des Phloems als auch des Xylems, die zu Leitbündeln zusammengefaßt sind, befinden sich *Füll- und Festigungsgewebe*. Festigungsgewebe spielt außer im Holz auch sonst in den höheren Pflanzen eine Rolle. Extreme Beispiele sind die Steinzellen mancher Samen, vor allem beim Steinobst.

Zahlreiche *Speichergewebe* in verschiedenen Pflanzenteilen, insbesondere auch in den Früchten, dienen der Stoffspeicherung.

2 Die Organe der Obstgewächse und ihre Funktionen

2.1. Die Wurzel

Aus der Primärwurzel, der ersten Wurzel des Keimlings, bilden sich bei Obstgehölzen bald Seitenwurzeln, die sich äußerst fein verzweigen und – entgegen einer lange Zeit verbreiteten Meinung – im Boden überwiegend ziemlich flach streichen und bei Bäumen im allgemeinen eine wesentlich größere seitliche Ausdehnung erreichen als die Baumkrone. Soweit die Bodenverhältnisse es zulassen, dringt aber auch stets eine größere Zahl stärkerer Wurzeln in tiefere Bodenschichten vor, bei größeren Bäumen mehrere Meter tief. Diesen Wurzeln kommt für die Wasserversorgung in Trockenzeiten besondere Bedeutung zu.

Zur Aufnahme von Wasser und zum Stoffaustausch mit der Umgebung sind jeweils nur die im Wachstum befindlichen Wurzelspitzen fähig. Diese Spitzen sind während der Vegetationsperiode in lebhaftem Wachstum begriffen. Eine Wurzelhaube aus ständig durch Teilung neu entstehenden, kurzlebigen Zellen schützt die eigentliche Wurzel vor Beschädigungen bei ihrem Eindringen ins Erdreich. Hinter der Wurzelspitze bildet die Wurzelhaut (Rhizodermis) feine Wurzelhaare aus, welche die Wurzeloberfläche und damit ihre Austauschmöglichkeiten mit der Bodenlösung erheblich vergrößern. Mit fortschreitendem Wachstum stirbt die Wurzelhaut jeweils einige Millimeter, allenfalls wenige Zentimeter hinter der Spitze ab und wird durch eine Korkschicht ersetzt. Damit ist ein Stoffaustausch mit der Umgebung kaum mehr möglich. Verkorkte Wurzelteile – und das sind nahezu alle beim Graben oder Roden dem Auge sichtbaren – haben überwiegend Aufgaben der Verankerung, der Stoffleitung und Stoffspeicherung. Auch finden im Wurzelkörper wichtige chemische Umsetzungen statt, insbesondere der Aufbau von Eiweißstoffen.

Wie auch der Sproß, wachsen ältere, verholzte Wurzeln nicht mehr in die Länge, sondern haben nur noch ein Dickenwachstum. Dies geht wie beim Sproß von einem Bildungsgewebe, dem Kambium, aus. Es bildet nach außen Rindengewebe, nach innen den Zentralzylinder, in dem die Leitungsbahnen des Holz- und des Siebteiles verlaufen.

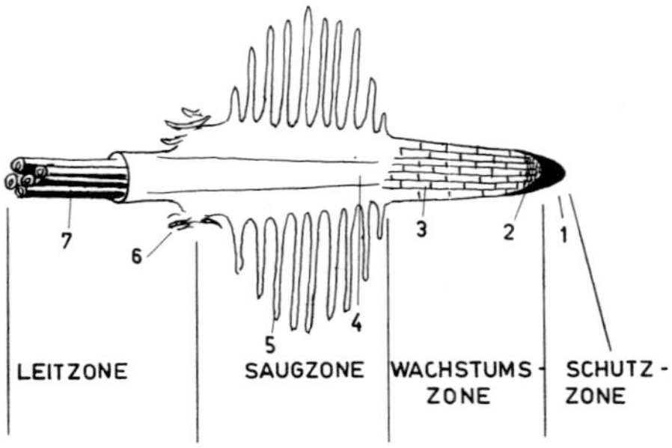

Abb. 2. Wachsende Wurzelspitze, schematisch (aus FRITZSCHE 1972).

2.2 Der Sproß

Unter dem Begriff Sproß oder Sproßachse faßt man im botanischen Sinne alle Organe zusammen, die Triebe darstellen oder sich aus Trieben entwickelt haben, also nicht nur die diesjährigen oder letztjährigen „Triebe", sondern beim Baumobst auch das gesamte Kronengerüst und den Stamm, denn alle diese Organe sind ja nichts anderes als alte oder ältere Triebe.

Ähnlich dem der Wurzeln geht auch das *Längenwachstum* der Sprosse ausschließlich von den Bildungsgeweben der Triebspitzen aus (Vegetationskegel). Während der Phase des Haupttriebwachstums findet im Vegetationskegel lebhafte Zellteilung statt. Aber auch das etwas ältere Gewebe hinter dem Vegetationskegel trägt zum Längenwachstum bei, und zwar durch Streckung der Zellen. Etwas weiter von der Triebspitze entfernt indessen ist wie bei der Wurzel kein Längenwachstum mehr möglich. Die Triebe verholzen. Die äußere Zellschicht (Epidermis) stirbt ab und wird durch ein Korkgewebe (Periderm) ersetzt. Weiter im Innern des Sprosses werden die Leitgewebe, bestehend aus dem assimilatleitenden Siebteil und dem wasserleitenden Holzteil, ausgebildet.

Kein unmittelbarer Zusammenhang besteht zwischen dem oben beschriebenen Längenwachstum, mit dem auch ein erstes (primäres) Dickenwachstum einhergeht, und dem später einsetzenden und während des ganzen Lebens der Sproßachsen fortdauernden *sekundären Dickenwachstum* der Holzpflanzen. Das dafür maßgebende Bildungsgewebe, das sekundäre Kambium, bildet einen zylindrischen Mantel zwischen Holzteil und Bastteil aller Sproßachsen. In jeder Vegetationsperiode bildet es nach innen Holz mit den darin enthaltenen Gefäßen zur Wasserleitung (Tracheen und Tracheiden), gleichzeitig nach außen Bast oder Rinde mit den Siebröhren für die Leitung des Assimilatstromes. Durch den Jahresrhythmus der Kambiumaktivität bilden sich die im Querschnitt von Stamm und Ästen erkennbaren *Jahresringe.*

Das Kambium selbst rückt im Laufe der Jahre aufgrund seiner nach innen gerichte-

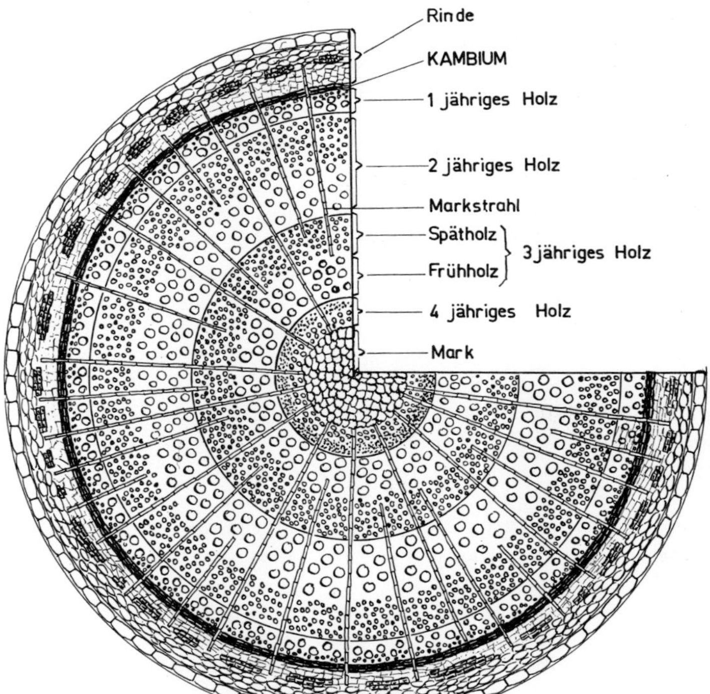

Abb. 3. Querschnitt durch einen Apfelzweig im 4. Vegetationsjahr, schematisch (aus FRITZSCHE 1972).

ten Holzbildung immer weiter nach außen. Der Durchmesservergrößerung wird durch gelegentliche Querteilungen der Kambiumzellen entsprochen.

Der *Holzteil* ist quer zu den Jahresringen (radial) von Markstrahlen durchzogen, Bändern aus lebendem Zellgewebe, die zum Quertransport von Bildungsstoffen und, wie auch die Speichergewebe zwischen den Gefäßen, der Speicherung von Reservestoffen dienen. Einen erheblichen Anteil im Holzgewebe bildet das Festigungsgewebe der Holzfasern, das dem Holz seine hohe Festigkeit und Elastizität verleiht.

Der *Bastteil,* auch sekundäre Rinde genannt, enthält die der Assimilatleitung dienenden Siebröhren, die von Festigungsgewebe und von Speichergewebe umgeben sind.

Durch Entfernen der Rinde in 1 bis 3 cm breiten Streifen (das im Obstbau bekannte „Ringeln“) rund um einen Trieb oder auch um den ganzen Stamm kann man das Siebröhrensystem und damit den Assimilatstrom unterbrechen, ohne die Wasser- und Mineralstoffversorgung im Holzteil wesentlich zu beeinträchtigen. Oberhalb der geringelten Stelle kommt es dann zu einem Assimilatstau, der das weitere Wachstum sowie die Blüten- und Fruchtbildung beträchtlich verändern kann.

Ein im Wachstum begriffener Sproß legt in gewissen Abständen sog. Knoten (Nodien) an. Aus diesen können Blätter abzweigen. In den Blattachseln wiederum können Knospen angelegt werden, die noch im Jahr ihrer Anlage oder später austreiben. Die Zwischenglieder zweier Nodien bezeichnet man als Internodien. Bei sog. Langtrieben sind die Internodien langgestreckt, bei Apfelbäumen bis zu 5 cm, während sie bei Kurztrieben stark gestaucht sein können, beim sog. Quirlholz bis auf Bruchteile von Millimetern. Das Verzweigungssystem, die Internodienlänge, die Aktivität der Knospen werden mittelbar durch Umwelteinflüsse, unmittelbar aber durch ein kompliziertes Wuchs-Hemmstoff-System gesteuert.

2.3. Das Blatt

Die Blätter sind Seitenorgane der Sprosse. Man unterscheidet beim Blatt *Blattspreite* und *Blattstiel.* Beiderseits des Stielansatzes befinden sich kleine Nebenblättchen. Bei den einheimischen Obstgewächsen ist die Lebensdauer der Blätter auf eine Vegetationsperiode beschränkt. Blätter erfüllen die für die Pflanzenproduktion entscheidende Aufgabe der *Photosynthese*, d. h. der Bildung von Zucker aus dem Kohlendioxid (CO_2) der Luft und Wasser unter Ausnutzung der Lichtenergie. Eine besondere Rolle spielt dabei das in den Chloroplasten der Assimilationsgewebe enthaltene *Chlorophill* (Blattgrün).

Durch die Tendenz der Triebe, dem Licht zuzustreben (positiver Phototropismus) und durch wechselnde Anordnung benachbarter Blätter am Trieb wird eine lichtgünstige Verteilung der Blätter in der Baumkrone schon von Natur aus angestrebt. Sonnenblätter sind kräftiger gebaut und dicker als Blätter, die im Schatten stehen. Die flache Form der Blattspreiten schafft darüber hinaus günstige Voraussetzungen für eine hohe Lichtausnutzung. Sie begünstigt außerdem den notwendigen intensiven Gasaustausch mit der umgebenden Luft.

Für den Gasaustausch besitzen die Blätter – bei Obstgewächsen nur auf ihrer Unterseite – zahlreiche „Ventile“, die *Spaltöffnungen* (Stomata). Der zur Photosynthese notwendige intensive Gasaustausch bringt auch eine mehr oder weniger große *Wasserabgabe (Transpiration)* für die Pflanze mit sich, sofern die Luft nicht gerade wasserdampfgesättigt ist, denn in dem lockeren Assimilationsgewebe des Blattinneren herrscht praktisch Wasserdampfsättigung. Bei starken Wasserverlusten kann und muß daher die Pflanze ihren Gasaustausch einstellen. Dies geschieht durch Schließen der

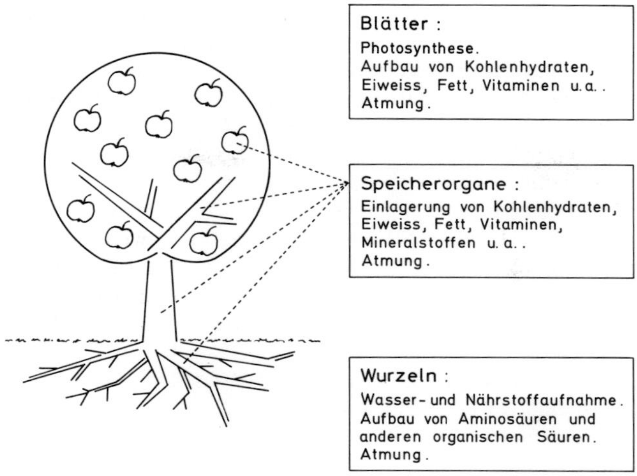

Abb. 4. Schema des pflanzlichen Stoffwechsels (nach FINCK 1969, verändert).

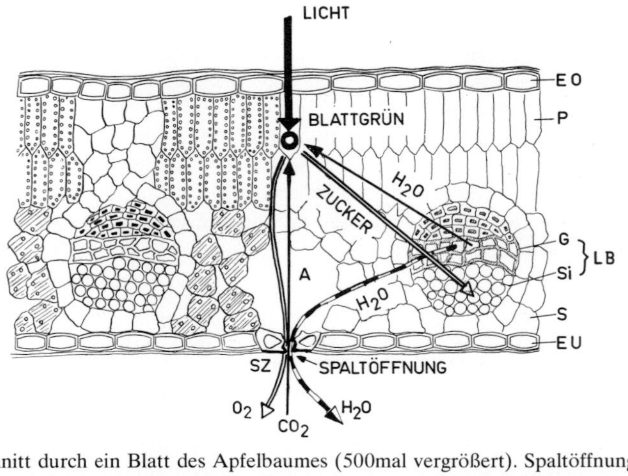

Abb. 5. Querschnitt durch ein Blatt des Apfelbaumes (500mal vergrößert). Spaltöffnung mit den beiden Schließzellen (SZ), A = Atemhöhle, EU = Oberhaut (Epidermis) der Blattunterseite, S = Schwammgewebe mit Blattgrün, P = Palisadengewebe mit Blattgrün, EO = Oberhaut (Epidermis) der Blattoberseite, LB = Leitbündel, G = Gefäße, Si = Siebteil.

Spaltöffnungen, sobald die Konzentration des Zellsaftes (osmotischer Wert) durch Wasserverlust zu stark ansteigt. Bei Wassermangel ist somit schon aus diesem Grunde keine reichliche Stoffproduktion möglich. Neben der Wasserabgabe durch die Spaltöffnungen (stomatäre Transpiration) wird auch etwas Wasser durch die Haut abgegeben (kutikuläre Transpiration), ein Vorgang, der nicht reguliert werden kann. Jedoch sind die Hautgewebe der grünen Pflanzenteile durch eine Wachsschicht (Kutikula) gegen starke Wasserverluste geschützt.

Die Wasserabgabe (Transpiration) ist von entscheidender Bedeutung für den *Transport* der im Wasser gelösten Stoffe (Transpirationsstrom), vor allem Ionen der Mineralsalze, von den Wurzeln an ihren Bestimmungsort durch das Leitungsgewebe des Sprosses. Diese Leitbündel setzen sich durch die Blattstiele bis in die Blattspreiten fort, wo sie sich von der Mittelrippe als „Blattnerven" sichtbar verzweigen und schließlich im Zellgewebe enden.

Außer ihren Hauptaufgaben der Photosynthese und der Transpiration erfüllen die Blätter eine wichtige Funktion beim Gasaustausch für die Atmung *(Respiration)*, dem der Photosynthese entgegengesetzen Vorgang. Jedoch findet der mit der Atmung verbundene chemische Prozeß, der Abbau von Zuckern zu Kohlendioxid und Wasser, auch in den anderen lebenden Geweben der Pflanze statt. Darüber hinaus spielen Blätter für die vorübergehende Stoffspeicherung bei chemischen Stoffumsetzungen und für den Wuchsstoffhaushalt eine Rolle.

Die ersten Blätter im Frühjahr entfalten sich bei unseren Obstbäumen aus Knospen und bilden Blattrosetten. Sie entstammen teils reinen Blattknospen, teils auch gemischten Knospen. Ein großer Teil der Blattfläche entsteht jedoch erst während der Hauptaustriebsphase an den Langtrieben.

Die **Photosynthese** ist einer der wichtigsten Lebensvorgänge auf der Welt überhaupt, weil dabei Grundbausteine organischer Verbindungen gebildet werden, die außer den Pflanzen selbst auch Tiere und Menschen für den Aufbau körpereigener Substanzen und als Energiequellen benötigen. Auch ist es der Photosynthese zu verdanken, daß der Sauerstoffgehalt der Luft nicht durch Atmung, Verbrennung und andere Oxidationsvorgänge längst aus unserer Atmosphäre verschwunden ist, sondern die „verbrauchte" Luft fortwährend „erneuert" wird.

Der chemische Ablauf der Photosynthese ist insgesamt kompliziert und in einigen speziellen Einzelheiten bis heute noch nicht ganz aufgeklärt. Die Lichtenergie wird benötigt, um aus Wasser und dem Kohlendioxid der Luft über viele Zwischenstufen durch Reduktion über ein „Redoxsystem" die energiereiche Glukose zu bilden. Die summarische Gleichung lautet:

$$6\,CO_2 + 12\,H_2O + 674\,kcal \rightarrow C_6H_{12}O_6 + 6\,H_2O + 6\,O_2$$

Eine zentrale Rolle spielt bei der Photosynthese das in den Chloroplasten gespeicherte **Chlorophyll**. Es ist photochemisch aktiv, d.h. es kann Energie aus dem Licht bestimmter Wellenlängen aufnehmen und vorübergehend speichern. Diese Energieaufnahme ist ein außerordentlich schnell ablaufender chemischer Vorgang und wird, weil sie nur im Licht erfolgen kann, als *Lichtreaktion* bezeichnet.

Die anschließende Reduktion des Kohlendioxid und die Bildung von Kohlenhydraten unter Freisetzung von Sauerstoff und Wasser hingegen ist lichtunabhängig und wird daher auch *Dunkelreaktion* genannt.

Ein großer Teil der chemischen Reaktionen im Photosyntheseprozeß läuft zyklisch ab, d.h. bestimmte Wirkstoffe übernehmen Übertragungsfunktionen, um dann wieder in ihren ursprünglichen Zustand zurückzukehren. Dies gilt u.a. für das Chlorophyll selbst als Energieüberträger, aber auch für verschiedene Enzyme, insbesondere Phosphatide.

Die Photosyntheseleistung hängt von zahlreichen Faktoren ab. Erst oberhalb einer bestimmten Lufttemperatur kann der Prozeß in Gang kommen. Mit steigender Temperatur wird jedoch unter Freilandbedingungen bald die Kohlendioxidkonzentration der Luft (0,03%) zum begrenzenden Faktor für die CO_2-Assimilationsleistung vollbelichteter Blätter. Auch zunehmende Lichtintensität vermag dann die Photosyntheseleistung nicht weiter zu steigern (Lichtsättigungspunkt). Darüber hinaus spielen das Alter des Blattes, seine Gesundheit, Mineral- und Wasserversorgung eine Rolle.

Im Sonnenlicht gewachsene Blätter können aufgrund einer anderen Struktur das Licht besser ausnutzen als Schattenblätter, die ihrerseits bei schwacher Belichtung den Sonnenblättern überlegen sind.

Für die Stoffproduktion der Pflanzen ist letztlich nicht die Photosyntheseleistung entscheidend, sondern diejenige Menge an Baustoffen, die nach Abzug der Atmungsverluste übrigbleibt. Man nennt diese Menge die *Netto-Assimilation.*

Die Atmung, auch Respiration oder biologische Oxidation genannt, ergibt genau die umgekehrte chemische Summenformel wie die Photosynthese:

$$C_6H_{12}O_6 + 6\,O_2 \rightarrow 6\,CO_2 + 6\,H_2O + 674\,\text{kcal}$$

Den Versuch, eine Bilanz der Stoffproduktion einer Apfelpflanzung zusammenzustellen, verdanken wir FRIEDRICH (Tab. 4).

Tab. 4. Stoffproduktion einer Apfelpflanzung (1 ha) (nach FRIEDRICH, verändert)

Gesamtblattfläche 25 000 m^2		
Photosyntheseleistung je dm^2 Blattfläche 10 mg CO_2		
Trockensubstanz-Stoffproduktion (umgerechnet auf Hexose) je ha und Jahr bei 150 Tagen Vegetationslänge zu 10 Std.		24 t
abzüglich 1/3 Stoffverlust für Lebensprozesse und Synthesen von Aminosäuren u.a.		- 8 t
ergibt		16 t
davon:		
Blatt (bei 42% Trockensubstanz)	3,0 t	
Holz durch Dickenwachstum	4,0 t	
Holz durch Triebwachstum	1,5 t	
Wurzeln	2,5 t	
vegetative Trockensubstanz insgesamt	11,0 t	11 t
verbleibt Trockensubstanz für Fruchtertrag		5 t
dies entspricht bei 15% Trockensubstanz einem Frischgewicht von 33 t		

Die biologische Oxidation ist nicht auf Blätter und andere grüne Pflanzenteile beschränkt, sondern läuft in allen lebenden Organen ab. Aus mehreren Gründen ist der Atmungsverlauf vom Verlauf der Photosynthese sehr verschieden. Deren wichtigste sind:

- Die Photosynthese kann nur unter Lichteinwirkung, also bei Tage ablaufen, die Atmung hingegen ist lichtunabhängig.
- Während die Photosyntheseleistung oberhalb einer bestimmten Temperatur nicht mehr gesteigert werden kann, nimmt die Atmungsintensität mit steigender Temperatur sogar *progressiv* zu, solange nicht Hitzeschäden die pflanzlichen Funktionen

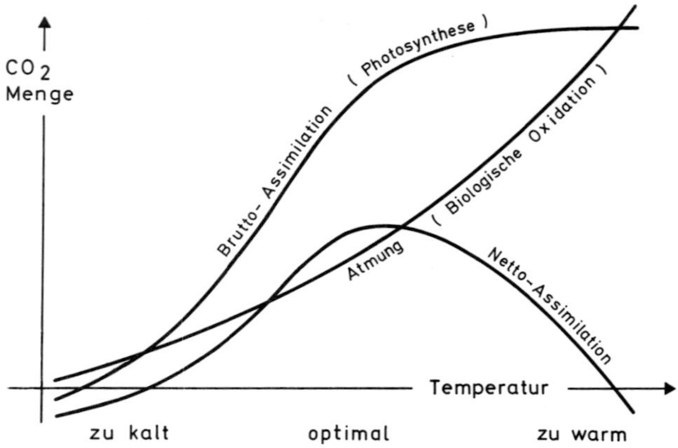

Abb. 6. Abhängigkeit der Brutto-Assimilationsleistung sowie der Atmung von der Temperatur. Die Differenz aus beiden ergibt die ebenfalls stark temperaturabhängige Netto-Assimilation.

stören. Die Bilanz aus beiden (Bruttoassimilation abzüglich Atmung), die *Netto-Assimilation,* zeigt daher ein Optimum bei mäßig warmer Temperatur und wird sowohl bei kalter als auch bei sehr warmer Temperatur negativ (Abb. 6).

2.4 Die Blüte

Die Blütenbildung ist bei den Obstgewächsen ein besonders markantes Ereignis. Sie stellt den Übergang von der vegetativen zur reproduktiven Phase dar, in der Sproßmeristeme anstelle von Laubblättern die Blütenorgane (Kelch-, Kron-, Staub- und Fruchtblätter) ausbilden können.

Bei durch Aussaat gewonnenen Obstpflanzen (Vermehrung kernechter Obstsorten, Züchtung neuer Obstsorten) durchläuft der betreffende Sämling eine Jugendphase, in der er nicht blühreif ist, d.h. unter keinen Umständen Blüten bilden kann. Diese oft mehrere Jahre andauernde ausschließlich vegetative Phase macht die Obstzüchtung neben anderen Fakten zu einem relativ langwierigen Unternehmen.

Die mittels Reisern, Augen oder Ausläufern vermehrten Obstsorten haben die sterile Jugendphase längst hinter sich und sind vom Augenblick ihrer Vermehrung an blühreif. Trotzdem weisen sie zunächst eine betont vegetative Entwicklung auf und schreiten erst später zur Blütenbildung. Die Dauer dieser Wachstumsphase nimmt bei den einzelnen Obstarten in der Reihenfolge Erdbeere, Himbeere, Johannisbeere, Stachelbeere, Brombeere, Pfirsich, Sauerkirsche, Quitte, Aprikose, Haselnuß, Pflaume, Süßkirsche, Apfel, Birne, Walnuß zu. Innerhalb dieser Arten gibt es außerdem früh- und spätfruchtende Sorten. Ferner kann durch zweckdienliche Unterlagenwahl, Ringelung, Einsatz von Wachstumsregulatoren u.a. Maßnahmen der Eintritt der Blütenbildung beeinflußt werden.

Von besonderer Bedeutung für den Praktiker ist bei der Blütenbildung die **Blühinduktion**, d.h. der „Kippvorgang" in den Meristemen aus der vegetativen in die reproduktive Entwicklungsrichtung. An ihn schließen sich beinahe automatisch Entwicklungsprozesse bis zu den fertig ausgebildeten Blüten und Blütenständen an.

Die Steuerung der Blühinduktion kann photoperiodisch, d.h. durch den Wechsel von Licht- und Dunkelperiode (Tag-Nacht-Wechsel) erfolgen. Die Erdbeere induziert beispielsweise nur im Kurztag Blüten. Verdunkelt man sie zur nomalen Blütezeit etwa 20 Tage lang von 17 bis 9 Uhr, so wird dadurch eine erneute Blütenbildung ausgelöst, die eine zweite Ernte im Spätsommer ermöglicht. Die Obstgehölze zeigen keine deutliche Abhängigkeit der Blütenbildung von der Tageslänge: sie verhalten sich tagneutral. Bei ihnen scheint die Umsteuerung der Vegetationspunkte von der Bildung von Blattanlagen zur Bildung von Blütenorganen erst nach einer Beruhigung des Triebwachstums zu erfolgen.

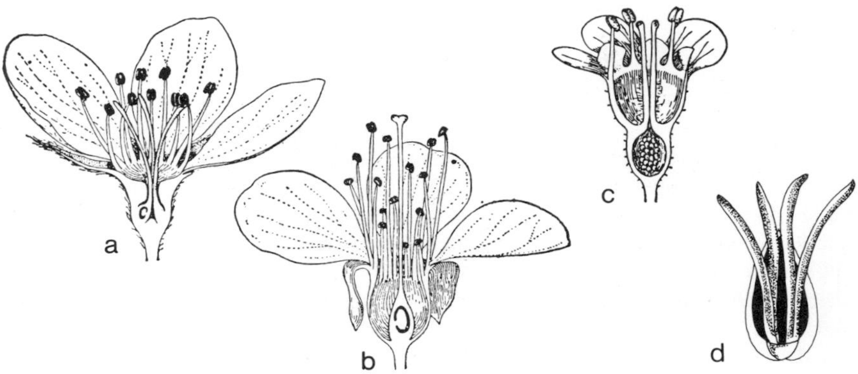

Abb. 7. Blütenlängsschnitte von a = Apfel und Birne, b = Steinobst, c = Stachelbeere, d = Haselnuß; es treten nur die Narben der weiblichen Blüten in Erscheinung (a bis c aus STRASBURGER 1971, d nach TROLL 1956).

Welche Ursachen der Blühinduktion zugrunde liegen, konnte noch nicht endgültig geklärt werden. JULIUS SACHS entwickelte bereits 1865 die „Theorie der blütenbildenden Stoffe", ohne deren stoffliche Natur zu kennen. Als besonders attraktiv erwies sich die KLEBSSCHE Kohlenstoff-Nährsalz-Theorie, wonach ein hohes C-N-Verhältnis (= Überschuß an Kohlenhydraten und relativer Stickstoffmangel) zu einer Blühinduktion führt, während eine gegenüber der Kohlenhydraternährung reichliche N-Versorgung die Blütenbildung hemmt. Sie erschien vor allem deswegen so einleuchtend, weil sich praktische obstbauliche Erfahrungen, wie die günstigen Einflüsse des Ringelns, des Wurzelschnittes, des Herabbindens von Trieben und des Baumschnittes auf die Blütenbildung, damit zwanglos in Einklang bringen ließen. Die KLEBSSCHE Theorie wurde zwar im Laufe von zahlreichen, durch sie inspirierte Untersuchungen in ihrer Gültigkeit eingeschränkt, aber nicht gänzlich widerlegt. Nach neueren Versuchen mit krautigen Pflanzen und auch mit Obstgehölzen geht der Blühimpuls anscheinend von relativ alten Blättern aus und wird im Phloem nur zu den nächstgelegenen Knospen geleitet. Entblätterte Apfelkurztriebe blühen z. B. auch dann nicht, wenn benachbartes Fruchtholz Blätter trägt. Man ist heute wohl mehrheitlich der Ansicht, daß die Blühinduktion genauso wie der Fruchtansatz, der Fruchtfall und die Anlage der verschiedensten Pflanzenorgane vom räumlichen und zeitlichen Zusammenwirken von pflanzeneigenen Wuchs- und Hemmstoffen abhängt. Gegen das Vorhandensein eines hypothetischen Hormons „Florigen", das allein für den Übergang von der vegetativen zur generativen Phase verantwortlich ist, spricht, daß es noch niemals in Pflanzen gefunden wurde und daß bei bestimmten Pflanzenarten verschiedene Wege für die Förderung der Blütenbildung bekannt sind.

Beim Apfel und bei der Birne können die *Blütenknospen* an der Spitze von Lang- und Kurztrieben und in den Blattachseln der Langtriebe gebildet werden. Beim Steinobst entwickeln die Spitzenknospen der Triebe grundsätzlich nur Blattanlagen; die Blütenknospen werden immer in den Blattachseln angelegt. Ansonsten bestehen zwischen den aufgeführten Blütenknospentypen nur Unterschiede in der Zeit ihrer Induktion und Differenzierung (Entwicklung) und in der bei den Sorten unterschiedlichen Bevorzugung von bestimmten Trieben für die Blütenanlage (z. B. Kurzholz- und Langholzträger).

Eine Blühinduktion an der Spitze von Langtrieben ist erst nach einer Abschwächung des Triebwachstums möglich. Erfolgt diese Beruhigung des Wachstums schon relativ bald, sei es von selbst oder durch Maßnahmen wie Herabbinden von Trieben und Anwendung von Wachstumshemmstoffen, oder auch durch anhaltende Trockenheit, so können außer den Triebspitzen auch noch achselständige Meristeme Blütenknospen anlegen. Solange die Triebe noch rasch wachsen, bringen sie nur Blätter hervor, weil die Spitzen starkwachsender Triebe anscheinend einen blühhemmenden Einfluß auf benachbarte Knospen ausüben können. Am frühesten beenden die Kurztriebe ihr Wachstum. Dementsprechend legen sie auch am frühesten ihre Blütenknospen an. Bei Sorten mit kurzem und langem Fruchtholz erstreckt sich die Blüteninduktion infolge der unterschiedlichen Wuchsdauer von Kurz- und von Langtrieben über Monate.

Aus den Blütenknospen entwickeln sich im Jahre nach ihrer Anlage *Blütenstände.* Die daraus hervorgehenden Früchte üben beim Kernobst einen bedeutenden Einfluß auf die Blütenanlage aus. Auf die Entwicklung der Blütenstände soll deshalb etwas näher eingegangen werden.

Die Blütenstände des Kernobstes bestehen aus einem verdickten Trieb (Blütenstandachse) mit einer Rosette von Primärblättern am unteren und Blüten am oberen Ende. In den Achseln der Primärblätter an Blüten-, später Fruchtständen, entstehen noch im gleichen Jahr Kurz- und Langtriebe. Diese, im obstbaulichen Sprachgebrauch Ringel-

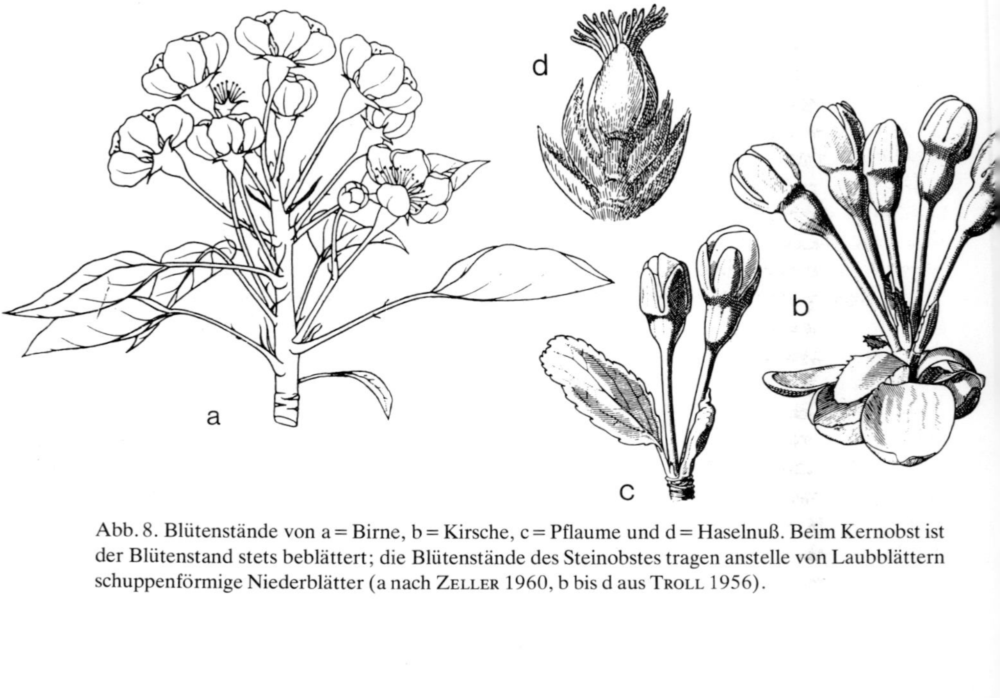

Abb. 8. Blütenstände von a = Birne, b = Kirsche, c = Pflaume und d = Haselnuß. Beim Kernobst ist der Blütenstand stets beblättert; die Blütenstände des Steinobstes tragen anstelle von Laubblättern schuppenförmige Niederblätter (a nach ZELLER 1960, b bis d aus TROLL 1956).

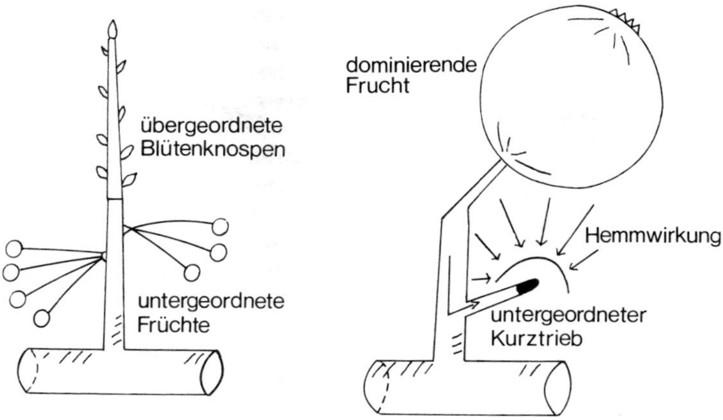

Abb. 9. Beim Kernobst ist die Frucht dem benachbarten Kurztrieb stets übergeordnet; beim Steinobst sind die Früchte den Blütenknospen räumlich untergeordet (aus FEUCHT 1968).

spieße, Quirlholz und Fruchtruten genannten Triebe unterliegen beim Apfel häufig einem strengen Wechsel zwischen Blütenbildung im einen und vegetativer Entwicklung im nächsten Jahr. Die Entscheidung, ob Blüten angelegt werden können oder nicht, hängt vom Fruchtbesatz eines Fruchtstandes ab. Trägt er Früchte, so verhindern diese eine Blühinduktion bei den ihnen untergeordneten Trieben weitgehend. Die stärkste blühhemmende Wirkung entfalten die Früchte bereits drei Wochen nach der Bestäubung.

Ohne Wirkung auf die Blühinduktion sind interessanterweise samenlose Früchte. Der die Blütenbildung hemmende Faktor scheint von den in Entwicklung befindlichen Embryonen der Samenanlagen produziert zu werden. Je mehr Früchte, d.h. Samenanlagen, sich an einem Fruchtstand befinden, desto stärker ist auch die von ihnen ausgehende Blühhemmung. Hohe Fruchtbehang-Dichten scheinen also ein Hormon-Ungleichgewicht oder sogar einen spezifischen Blühhemmstoff zu produzieren. Die in jungen Früchten gebildeten Gibberelline hemmen z.B. bei vielen Pflanzen die Blütenbildung stark.

Die Leitung der Blühhemmung in der Pflanze ist vorzugsweise abwärts gerichtet. Da die Masse des Fruchtholzes von Kernobst an alten Fruchtständen entsteht und damit den Früchten untergeordnet ist, unterliegt es der von ihnen ausgehenden spezifisch gegen die Blütenanlage gerichteten Wirkung. Bei starkem Fruchtbesatz werden deshalb nur wenige Blütenknospen angelegt. Nur diejenigen Knospen, welche sich, von den Früchten aus gesehen, spitzenwärts befinden, unterliegen dem blühhemmenden Einfluß der Früchte nicht. Das sind beim Kernobst nur die „blühsicheren" zweijährigen Astpartien. Beim Steinobst sitzen die Früchte dagegen stets seitlich am Fruchtholz. Seine Blühorte sind somit keiner von den Früchten ausgehenden Blühhemmung ausgesetzt.

Die **Alternanz,** eine Besonderheit im Fruchtungsverhalten der Obstbäume, geht auf diese Gegebenheit zurück und wird aus ihr verständlich. Vor allem Apfel und Birne, weniger häufig die Pflaume, legen in Jahren mit starkem Fruchtbehang nur wenige, selten überhaupt keine Blüten an, im darauffolgend ertragsschwachen Jahr dagegen übermäßig viele. Je nach Sorte ist die Stärke der Alternanz verschieden. 'Berlepsch',

'Boskoop', 'Cox Orange', 'Glockenapfel', 'Goldparmäne' und 'Gravensteiner' schwanken im Ertrag weit stärker von Jahr zu Jahr als 'Golden Delicious' oder 'Jonathan'.

Auch in scheinbar regelmäßig tragenden Apfelanlagen tritt die Alternanz recht häufig in Erscheinung. Dies wird jedoch nur deutlich, wenn man den Ertragsverlauf der einzelnen Bäume einer Anlage untersucht. Man stellt dann oft fest, daß nur ein Teil der Bäume voll trägt, während andere mittelstark fruchten oder auch nur einen geringen Ertrag bringen. Im nächsten Jahr sind dann die im Vorjahr volltragenden Bäume die Versager; die Aussetzer weisen dagegen einen starken, die vorjährig mittelstark tragenden wieder einen mittleren Fruchtbehang auf. Insgesamt kann dadurch eine annähernd ausgeglichene Fruchtbarkeit vorgetäuscht werden. Die Ertragskapazität der Anlage

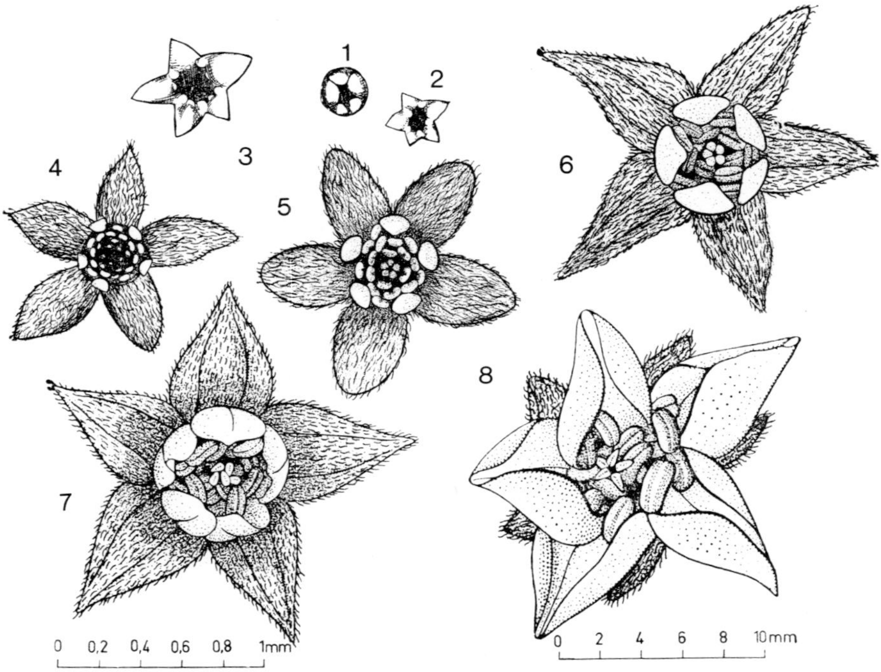

Abb. 10. Entwicklungsstufen von Apfelblüten (nach ZELLER 1960).
1 = Junge Blütenanlage mit 5 Kelchblatthöckern (Ende August).
2 = Junge Apfelblüte mit 5 Kelchblattanlagen außen und mit 5 jungen Anlagen zu Blütenkronblättern innen (September).
3 = Blütenanlage mit Ansätzen zu 5 Kelchblättern, 5 Blütenkronblättern und den ersten 5 Staubblättern (September).
4 = Blütenanlage mit 5 großen behaarten Kelchblättern, 5 Blütenkronblättern, 20 Staubblättern und im Innern mit 5 Fruchtblattanlagen (Anfang Oktober).
5 = Sämtliche Blütenorgane etwas weiter entwickelt (Anfang März).
6 = Entwicklung der Staubbeutel (März).
7 = Entwicklung der Narben und Samenanlagen im Fruchtknoten und der Pollenkörner im Staubbeutel (Anfang April).
8 = Starkes Wachstum sämtlicher Blütenorgane. Blütenkronblätter überragen die Kelchblätter (April). Danach entfalten sich die Blütenknospen.

wird aber nur teilweise ausgeschöpft, weil nur wenige Bäume regelmäßig tragen, die übrigen aber gegenläufig alternieren.

Dieser zeitlich gegenläufige Alternanzrhythmus ist auch bei Einzelbäumen festzustellen. Besonders bei großen Bäumen kann man relativ häufig beobachten, daß nur einzelne Äste voll tragen, die übrigen aber keine Früchte bringen. Dieser unterschiedliche Alternanzrhythmus bei größeren Einheiten (Ästen) einer Baumkrone kann jahrelang anhalten, bis äußere Umstände oder bestimmte Kulturmaßnahmen (z.B. Ausdünnung) ein einheitliches Blühverhalten aller Baumteile herbeiführen.

Spätfröste vernichten nicht selten großräumig alle Blüten oder Fruchtansätze von bestimmten Obstarten und -sorten und verursachen damit bei den alternanzanfälligen

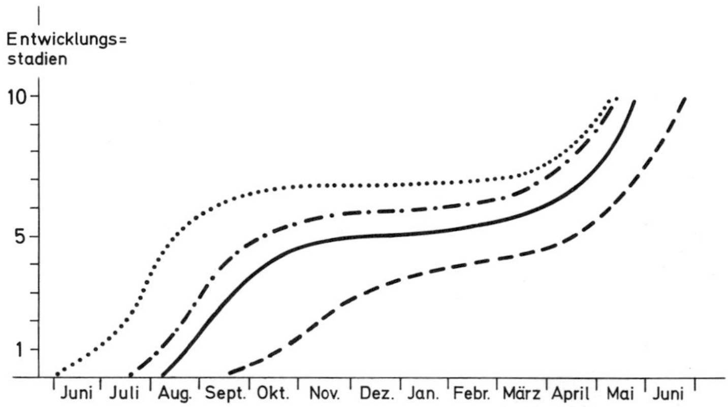

Abb. 11. Entwicklungsverlauf der Blütenknospen bei ..... 'Ostheimer Weichsel', –·–·– 'Williams', —— 'Goldparmäne', – – – 'Bereczki-Quitte' (nach ZELLER 1960, verändert).

Sorten solange einen einheitlichen Alternanzrhythmus, bis irgendein anderer Einfluß diesen wieder durchbricht.

Die Anfänge der Blütenentwicklung lassen sich bei den meisten Obstarten in der Zeit zwischen Anfang Juni und Mitte August an einem Blütenknospenschnitt unter dem Mikroskop erkennen. Nur bei der Quitte kommt sie noch später in Gang. Die eigentliche Blühinduktion dürfte jedoch schon einige Wochen vorher erfolgen.

Alle Baumobstarten verfügen über einen ziemlich einheitlichen *Entwicklungsverlauf* ihrer Blütenknospen; einer sehr raschen Entwicklung im Sommer und zu Beginn des Herbstes folgt eine stark verzögerte oder zeitweise stillstehende Entwicklung in den Wintermonaten; darauf folgt eine beschleunigte Weiterentwicklung im Frühjahr bis zum Aufblühen.

Beim Apfel setzen die Prozesse der Blütenentwicklung (Blütendifferenzierung) zuerst an den Kurztrieben ein. An der Spitze von blühfähigen Langtrieben sind sie nur wenig später zu beobachten. Die seitenständigen Blütenknospenanlagen der Langtriebe entwickeln sich dagegen erst von August, September oder Oktober an. Manchmal setzt ihre Differenzierung auch erst im Februar oder März ein. Dadurch stehen die Blütenknospen einer Baumkrone bis zur Hauptblüte auf ganz verschiedenen Entwicklungsstufen.

2.5 Die Frucht

Unter dem Einfluß von steigenden Temperaturen öffnen sich im Frühjahr die in den Knospen vorgebildeten Blüten. Die *Blühzeiten* sind von Obstart und -sorte abhängig. Am frühesten blüht die Haselnuß. Ihr folgen Aprikose, Pfirsich, Stachelbeere, Pflaume, Kirsche, Johannisbeere, Birne, Apfel, Walnuß, Erdbeere, Quitte, Himbeere und Brombeere.

Die Gesamtheit der Blüten eines Obstbaumes (Gesamtblühdauer) entfaltet sich während eines Zeitraumes von 15 bis 30 Tagen. Stark blühende Bäume weisen gegenüber schwach blühenden eine annähernd doppelt so lange Gesamtblühdauer auf. Die Blühdauer einer einzelnen Blüte ist auf 1 bis 7 Tage begrenzt. Hieraus wird deutlich, daß die Blüten eines Sproßsystems unterschiedliche Blühtermine aufweisen müssen. Im allgemeinen blühen die Blüten mit zeitigem Differenzierungsbeginn auch frühzeitig auf. Beim Apfel entfalten sich die Kurztriebblüten zuerst; ihnen folgen die endständigen Blütenstände der Langtriebe und erst eine Woche später deren seitenständige Blüten.

Diese Erscheinung wirkt sich deutlich auf die Fruchtgröße aus: die seitenständigen Früchte der einjährigen Langtriebe können den Entwicklungsvorsprung der übrigen Früchte meistens nicht mehr aufholen. Von gewissem Interesse für den Obsterzeuger sind sie in Jahren, in denen die Kurztriebblüten durch Spätfrost vernichtet werden, weil die zu dieser Zeit meistens noch geschlossenen Langtriebblüten (mit seitlicher Stellung am Trieb) überleben und einen bescheidenen Ertrag abwerfen können. Allerdings spielen beim Apfel die Langtriebe als fruchttragende Organe nur in den ersten Standjahren und bei denjenigen Sorten eine gewichtige Rolle, die willig am einjährigen Langtrieb Blüten anlegen.

Innerhalb eines Blütenbüschels öffnet sich die Mittelblüte zuerst. Zwischen dem Öffnen der ersten Blüte und dem Erblühen der letzten können 2 bis 6 Tage vergehen.

Weitere Unterschiede im Blühtermin ergeben sich aus der Stellung der Blütenstände in der Krone. Auf der Sonnenseite erblühen sie früher als auf der Schattenseite; desgleichen öffnen sich die Blüten der Kronenperipherie früher als die im Kroneninneren befindlichen.

Die Früchte der verschiedenen Obstarten entstehen entweder aus dem Fruchtknoten

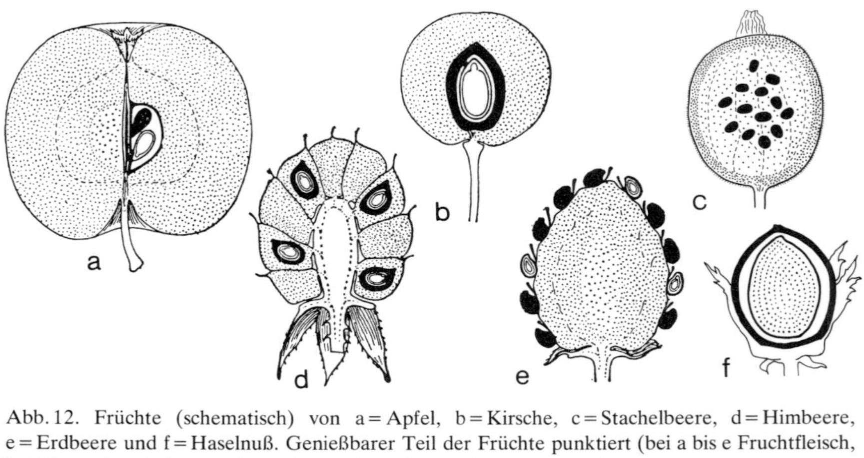

Abb. 12. Früchte (schematisch) von a = Apfel, b = Kirsche, c = Stachelbeere, d = Himbeere, e = Erdbeere und f = Haselnuß. Genießbarer Teil der Früchte punktiert (bei a bis e Fruchtfleisch, bei f Samenkern), Samenschale schwarz (a, b, d, e aus STRASBURGER 1971).

oder aus ihm und benachbarten Geweben. Die Früchte von Apfel, Birne und Quitte entstehen aus dem Blütenboden, der das aus den 5 Fruchtblättern hervorgehende Samengehäuse umschließt. Die Fruchtform der Birne kommt dadurch zustande, daß nicht nur der Blütenboden, sondern auch Teile des Blütenstiels fleischig ausgebildet sind. Die Früchte des Steinobstes entstehen aus dem von 1 Fruchtblatt gebildeten Fruchtknoten. Sie stellen *Steinfrüchte* mit einem fleischig ausgebildeten äußeren und einem inneren harten Teil der Fruchtwand, der den Samen umgibt, dar. Im reifen Zustand läßt sich der Steinkern vom Fruchtfleisch lösen. Die *Beeren* der Johannisbeere und Stachelbeere gehen aus dem 2blättrigen Fruchtknoten hervor. Ihre Fruchtschale ist fleischig saftig, nach innen bei der Reife von gallertartiger Konsistenz.

Brombeere, Himbeere und Erdbeere sind *Sammelfrüchte* (viele einzelne Steinfrüchtchen), die aus vielen Fruchtknoten einer Blüte hervorgehen. Im Reifezustand löst sich bei der Himbeere die „Beere" vom Achsenkörper der Blüte, bei der Brombeere dagegen nicht. Der fleischige Körper der Erdbeere entsteht durch eine starke Entwicklung der Blütenachse. An ihrer Oberfläche sitzen viele harte *Nüßchen*. Bei den Nüssen ist die Fruchtwand hart; eßbar sind nur die *Samenkerne*.

Zur Fruchtbildung ist im allgemeinen eine *Befruchtung* der Eizelle notwendig. Unter bestimmten Umständen (Frost, Behandlung mit Wachstumsregulatoren) können sich aber auch ohne Befruchtung und Samenbildung Früchte entwickeln (Parthenokarpie). Damit eine Befruchtung stattfinden kann, müssen Pollenkörner (Blütenstaub) auf die Narben der Obstblüten gelangen. Die *Bestäubung* des Kern-, Stein- und Beerenobstes besorgt hauptsächlich die Honigbiene; beim Schalenobst erfolgt der Pollentransport durch den Wind.

Auf der Narbe, die ein feuchtes Sekret ausscheidet, beginnen die Pollenkörner zu keimen und bilden Keimschläuche aus. Diese werden durch das Narbensekret ernährt und wachsen in 5 bis 7 Tagen durch den Griffel bis zu der im Fruchtknoten liegenden Samenanlage. Im Pollenschlauch befinden sich 2 Kerne, ein vegetativer, welcher für das Pollenschlauchwachstum wichtig ist, und ein generativer. Dieser teilt sich noch kurz vor der Befruchtung in 2 männliche Geschlechtskerne. Einer davon vereinigt sich mit der Eizelle zur befruchteten Eizelle, aus der sich der Keimling des Samens entwickelt. Der andere befruchtet den sog. Embryosackkern. Aus diesem entsteht dann ein Nährgewebe, das Endosperm. Es umhüllt den Embryo und entwickelt sich zunächst rascher als der Embryo selbst. Später wird es vom Embryo aufgezehrt. Für die Fruchtentwicklung ist es als Produktionszentrum von Wachstumsregulatoren, welche das Samen- und Fruchtwachstum steuern, wichtig.

Da der reife Eiapparat nur eine begrenzte Lebensdauer von ca. 10 bis 14 Tagen aufweist, ist eine rechtzeitige Bestäubung Voraussetzung für die Befruchtung. Eine wirksame Bestäubung ist bei einer Apfelblüte von ihrem Aufblühen an gerechnet, nur während eines Zeitraumes von ca. 2 bis 6 Tagen möglich. Diese Frist ergibt sich aus der Lebensdauer des Eiapparates abzüglich der Zeit, welche für das Pollenschlauchwachstum notwendig ist. Dieses ist wiederum stark temperaturabhängig: innerhalb der Temperaturspanne von 7 bis 15 °C, der die Obstblüten meistens ausgesetzt sind, steigt die Geschwindigkeit des Pollenschlauchwachstums linear mit der Temperatur an. Beträgt die Temperatur bei der Bestäubung z.B. 7 °C, so findet die Befruchtung ungefähr 10 Tage nach der Bestäubung statt; liegt sie dagegen bei 15 °C, so können dazu nur 2 Tage erforderlich sein.

Die **Befruchtungsverhältnisse** der Obstgehölze weisen einige Besonderheiten auf. Sie sollen wenigstens kurz wiedergegeben werden, weil sie praktische Maßnahmen erforderlich machen. (Näheres siehe unter „Die wirtschaftlich wichtigen Obstarten").

Alle Apfel-, Birnen- und Süßkirschen- sowie einige Sauerkirschen- und Pflaumensorten sind *selbststeril,* d.h. ihr sorteneigener Pollen ist nicht befruchtungsfähig. Die Pollenkörner sind entweder gar nicht keimfähig oder können nicht fristgerecht bis zu den Samenanlagen vordringende Pollenschläuche ausbilden (Pollensterilität der triploiden Sorten wie 'Boskoop', 'Gravensteiner', 'Lucas' u.a.). Bei den Süßkirschen gibt es außerdem Sorten, die sich auch gegenseitig nicht befruchten können (Intersterilität). Ihre Pollenschläuche vermögen das Griffelgewebe der anderen Sorte ebensowenig zu durchwachsen wie das sorteneigene. Die untereinander nicht befruchtungsfähigen Sorten werden zu Intersterilitätsgruppen zusammengefaßt.

Aprikosen, Pfirsiche und Quitten sind *selbstfertil,* d.h. Selbstbefruchter; desgleichen viele Sauerkirschen-, Pflaumen- und Zwetschensorten sowie das Beerenobst. Auch die Haselnüsse und Walnüsse sind selbstfruchtbar. Bei manchen Walnußsorten blühen die männlichen Blütenstände aber vor den weiblichen auf.

Innerhalb der Obstarten unterscheiden sich die Blühzeiten der Sorten oft erheblich voneinander. Frühblühende und spätblühende Sorten können sich deshalb meistens nicht erfolgreich gegenseitig bestäuben.

Nach den befruchtungsbiologischen Gegebenheiten der Obstarten sind sortenreine Blockpflanzungen nur bei selbstfruchtbaren Arten und Sorten möglich. In Apfel-, Birnen- und Süßkirschenanlagen sind mindestens zwei gute Pollenspendersorten notwendig, die auf die Blühzeit aller aufgepflanzten Sorten abgestimmt und innerhalb der Anlage regelmäßig verteilt sind. Es liegen Beobachtungen vor, daß der Einfluß der Bestäubersorten bei Apfel und Birne nur 12 bis 33 m reicht. Auf die heute übliche Pflanzweise mit sortenreinen Reihen übertragen würde dies bedeuten, daß bei Apfel ca. 4 Reihen einer Sorten aufgepflanzt werden können, bei Birne nur 2 bis 3, weil sie höhere Anforderungen an die Bestäubung stellt. Die Bestäubung kann vor allem bei schlechtem Blühwetter ein ertragsbegrenzender Faktor sein. 1 bis 2 Bienenvölker je Hektar in unmittelbarer Nähe der Obstanlagen gewährleisten aber auch bei schlechtem Blühwetter meistens noch eine gute Pollenübertragung; ohne sie müssen in solchen Jahren oft merkliche Ertragseinbußen hingenommen werden.

Wenn sich bei einem mittelstarken Blütenbesatz der Obstbäume bei Apfel und Birne nur 5%, beim Steinobst ca. 25% aller Blüten zu Früchten entwickeln, ist im allgemeinen eine Vollernte gesichert. Normalerweise setzen aber viel mehr Blüten Frucht an. Die überschüssigen müssen – zwecks Erzielung einer guten Fruchtqualität – möglicherweise später auf mehr oder weniger aufwendige Weise wieder entfernt werden. Zunächst fallen aber die nicht oder nur ungenügend befruchteten Blüten nach dem Abblühen ab *(Blütenfall).* Beim Beerenobst steht nach dem Blütenfall der endgültige Fruchtbehang fest. Beim Baumobst tritt dagegen im Juni oder Juli noch ein Fruchtfall, der **Junifall,** auf. Er ist gewöhnlich um so stärker, je mehr Blüten pro Baum vorhanden waren und je schwächer der Blütenfall ausfiel.

Beide Fallperioden werden beim Apfel, dessen Fruchtungsverhalten am intensivsten untersucht wurde, am ehesten von den Mittelblüten bzw. -früchten (Königsblüten) und von den endständigen Blüten oder Früchten an Kurz- und Langtrieben überstanden. Ihnen gegenüber weisen die seitenständigen Blütenstände der Langtriebe ein wesentlich schwächeres Fruchtungsvermögen auf.

Ein starker Junifall ist bei Apfel und Birne nach starker Blüte und gutem Fruchtansatz erwünscht, weil er die Fruchtqualität verbessert und eine Fruchtausdünnung überflüssig macht oder wenigstens erleichtert. Er kann aber auch so stark sein, daß die Erntemenge darunter stark leidet. Auch bei verschiedenen Süßkirschensorten tritt ein zu starker Junifall („Rötel") ziemlich häufig auf.

Fruchtwachstum. Kurz nach dem Fruchtansatz beginnen die bis dahin noch kleinen Früchte rasch zu wachsen. Johannisbeeren, Stachelbeeren, Himbeeren und Brombeeren haben bis zur Blüte ihre erste Wachstumsphase, die Periode der Zellteilung, schon abgeschlossen. Die übrigen Obstarten benötigen bis zum Abschluß der Zellteilung von der Blüte an noch längere Zeit, die Kirsche beispielsweise 2, Pflaume und Pfirsich 4, Apfel 4 bis 5 und Birne 7 bis 9 Wochen. Nur Erdbeeren unterliegen einer bis zur Ernte fortdauernden Zellteilung des Fruchtfleisches. Im Bereich der Fruchtschale dauert die Zellteilung allerdings bei allen Früchten länger an als im Fruchtfleisch.

Schon während der Zellteilung, und danach verstärkt, beginnt die Zellstreckung und nimmt an Intensität rasch zu. Zwischen den Zellen bilden sich, vor allem bei Kernobst, jetzt auch luftgefüllte, miteinander verbundene Hohlräume, die Interzellularen. Sie sind für den Gasaustausch der Früchte von Bedeutung.

Zeichnet man die aus Zellteilung, Zellstreckung und Ausbildung von Interzellularen sich ergebende Zunahme von Fruchtgewicht oder -volumen im Verlaufe der Fruchtentwicklung auf, so erhält man für die einzelnen Obstarten typische Wachstumskurven. Diese sind bei Kernobst, Erdbeere und Walnuß S-förmig, bei Steinobst und Johannisbeere doppelt S-förmig. Anzahl und Größe der Fruchtfleischzellen bestimmen die Größe, zu einem geringeren Teil auch die Qualität und das Lagerverhalten der Früchte. Ausreichend große und gut haltbare Früchte sollten eher viele und mittelgroße als wenige und große Zellen aufweisen. Große Zellen sind vor allem zu erwarten nach schwacher Blüte, geringem Fruchtansatz, übermäßiger und später Ausdünnung, bei guter Wasser- und überreicher Stickstoffversorgung sowie gesundem Blattwerk, kleinere Zellen unter den umgekehrten Bedingungen.

In den Zellen bilden sich schon in den Anfängen der Zellstreckung Vakuolen aus. Diese vergrößern sich mit ansteigender Zellgröße und nehmen zur Reifezeit den größten Raum der Zellen ein. Von Zytoplasma der Zelle trennt sie eine semipermeable (halbdurchlässige) Wand, durch die Wasser und alle übrigen Bestandteile des Zellsaftes passieren müssen.

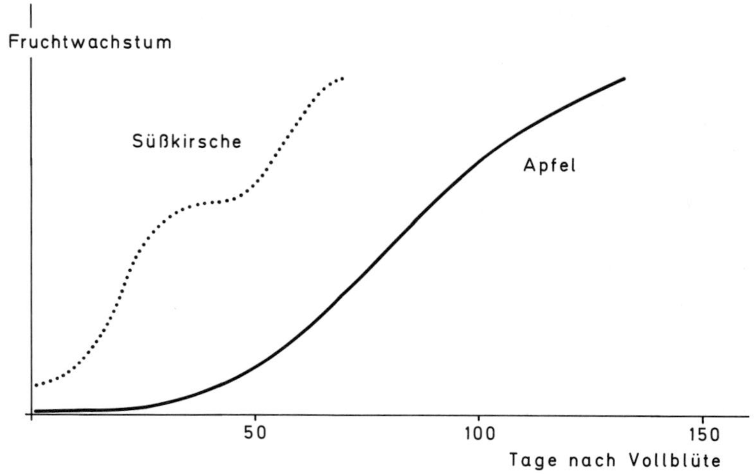

Abb. 13. Wachstumskurven von Süßkirsche ('Schneiders Späte Knorpel') und Apfel ('Cox Orange').

Obwohl junge Früchte photosynthetisch tätig sind, können sie nicht einmal während der Zellteilung ihren Bedarf an Kohlenhydraten decken, sondern sind auf Reserven des Baumes und auf Assimilate von Primärblättern an Fruchtständen angewiesen. Bedeutend stärkere Ansprüche an den Zustrom von Assimilaten aus den Blättern stellen die Früchte während ihres Zellwachstums. Da auch die jungen Triebe einen hohen Kohlenhydratbedarf haben, müssen die Früchte eine anziehende (attrahierende) Kraft auf die benötigten Verbindungen ausüben. Ein hoher Hormongehalt, der aus Pollenkeimung, Pollenschlauchwachstum, Befruchtung und Samenentwicklung hervorgeht, setzt sie hierzu instand. Sie werden damit zu Attraktionszentren. Bei zu schwacher Hormonproduktion ist eine normale Fruchtentwicklung nicht möglich. Die Früchte hören auf zu wachsen und fallen ab.

Umwelteinflüsse auf Obstgewächse

1 Einführung

Im vorhergehenden Kapitel wurden die Grundlagen des Aufbaus (der Struktur) und des Verhaltens (der Funktion) von Obstgewächsen beschrieben. Jede einzelne Pflanze können wir als ein System ansehen, das zu ganz bestimmten Faktoren der Außenwelt in Beziehungen steht. Diejenigen Faktoren, die mehr oder weniger deutlich das System Pflanze beeinflussen oder die umgekehrt Einflüssen durch die Pflanzen unterliegen, bezeichnen wir als *Umweltfaktoren*. Die Art der Beziehungen einer Pflanze zu ihrer Umwelt besteht, ganz allgemein ausgedrückt, im Austausch von Stoffen (z.B. Wasser, Mineralstoffe, Kohlendioxid der Luft u.a.) und von Energie (z.B. aus Sonneneinstrahlung und Wärmeleitung).

Für den praktischen Obstbau sind insbesondere die Einflüsse von Umweltfaktoren auf den Ertrag der Obstgewächse und die Qualität der Früchte von Interesse. Die Rückwirkungen der Pflanze auf Umweltfaktoren verdienen aber durchaus auch unsere Aufmerksamkeit, so z.B. im Zusammenhang mit der Konkurrenz zwischen benachbarten Pflanzen, bei den Besonderheiten des Bestandsklimas und bei der Nachwirkung auf Folgekulturen (z.B. Bodenmüdigkeit), oder die Wechselwirkung zwischen Schädlingen und Krankheiten und den von diesen befallenen Pflanzen.

Die Umweltfaktoren können wir nach verschiedenen Kriterien gliedern und so z.B. unterscheiden:

a) Natürliche Faktoren und bewirtschaftungstechnische Faktoren

Dieser Einteilung liegt die Überlegung zugrunde, daß wir die natürlichen Faktoren als gegeben hinnehmen müssen (z.B. Temperatur), während wir die bewirtschaftungstechnischen Faktoren bis zu einem gewissen Grade „im Griff" haben (z.B. Mineralstoffversorgung). Bei näherer Überlegung erkennen wir allerdings erhebliche Schwierigkeiten für eine solche Abgrenzung:

Einerseits könnten wir mit entsprechendem technischen Aufwand (Bewässerung, Unterglasanbau, Klimakammer) viele oder gar alle Umweltfaktoren beeinflussen oder künstlich schaffen. Andererseits müssen wir bekennen, daß wir selbst einen scheinbar einfach zu beeinflussenden Komplex von Faktoren wie die Mineralstoffversorgung keineswegs unter allen Bedingungen des Freilandanbaues in der Hand haben.

Eine Unterscheidung von natürlichen und bewirtschaftungstechnischen Merkmalen ist somit in vielen Fällen nicht eindeutig möglich.

b) Klimafaktoren und Bodenfaktoren

Diese Unterscheidung erscheint besonders für die praktische Anbauplanung und für die Beurteilung im Gelände sinnvoll. Man muß sich allerdings darüber im klaren sein, daß Klima- und Bodenfaktoren nicht nur nebeneinander wirksam sind, sondern auch zueinander in Beziehungen stehen. So ist z.B. die Wasserversorgung der Pflanzen das komplexe Ergebnis von Klimaeigenschaften (Niederschlag, Luftfeuchte, Wind) und Bodeneigenschaften (Wasserkapazität, Wasserführung u.a.)

c) Pflanzenphysiologisch wirksame Faktorengruppen

Eine solche Einteilung verwendet WALTER (1960). Er unterscheidet:
- Temperatur
- Licht
- Wasser
- chemische Faktoren
- mechanische Faktoren.

Für eine Betrachtung der stofflichen und energetischen Beziehungen von Pflanzen zu ihrer Umwelt aus pflanzenphysiologischer Sicht ist eine solche Gliederung zweckmäßig, der wir deshalb auch hier folgen wollen. Sie schließt auch die biotischen Faktoren wie z.B. Schädlinge und Krankheiten ein, deren Wirkung sich für die Einzelpflanze als überwiegend chemischer (z.B. Viruskrankheiten) oder mechanischer (z.B. Fraßschaden) Fremdeinfluß darstellt.

2 Der Temperaturfaktor

2.1 Allgemeines Verhalten gegenüber der Temperatur

Die Lebensvorgänge in den Pflanzen werden in starkem Maße von der Temperatur beeinflußt. Erst oberhalb bestimmter *Temperaturschwellen* sind die verschiedenen Stoffwechsel- und Wachstumsvorgänge möglich. In gewissen Temperaturbereichen laufen diese Vorgänge optimal ab und sind andererseits durch Maximalwerte begrenzt, oberhalb derer ihr ungestörter Ablauf nicht mehr möglich ist. Diese *Kardinalpunkte* (Minimum, Optimum, Maximum) sind nicht nur für die einzelnen Vorgänge, sondern auch von Sorte zu Sorte sowie im Jahresrhythmus verschieden.

Neben diesen Temperatureinflüssen auf die normalen Lebensvorgänge, deren Kardinalpunkte noch nicht restlos erforscht sind, haben *kritische Temperaturen* Bedeutung, bei deren Unterschreiten mit Kälteschäden, bei deren Überschreitung mit Hitzeschäden gerechnet werden muß.

Der Entwicklungsrhythmus der einheimischen Obstgewächse ist dem Jahresgang der Temperatur im gemäßigten Klima angepaßt. Nach dem Ende der Vegetationszeit befinden sie sich in der Vollruhe, aus der sie erst wieder zu neuer Aktivität erwachen können, nachdem ein bestimmter Kältereiz erfolgt ist. Dieses Kältebedürfnis schützt die Knospen davor, noch im Spätherbst wieder auszutreiben und so den Frösten des Winters zum Opfer zu fallen.

Im gemäßigten Klima wird das Kältebedürfnis unserer Obstgewächse in jedem Winter befriedigt, denn der Kältereiz beginnt schon ab +7 °C abwärts. Bei +7 °C sind etwa acht Wochen notwendig, bei +2 °C genügen 5 Wochen, um normalen Austrieb zu gewährleisten. In der Praxis sind daher die Probleme, die durch mangelnde Winterkälte entstehen können, in Mitteleuropa kaum bekannt. Tatsächlich wird aber im subtropischen Klima die Anbauwürdigkeit unserer Obstgehölze durch dieses Phänomen stark beeinträchtigt.

In Israel, Kalifornien, Brasilien und in afrikanischen Ländern unternimmt man große Anstrengungen, um diese Schwierigkeiten auszuräumen, insbesondere durch die Suche nach Sorten mit geringerem Kältebedürfnis und durch Spritzen mit Wirkstoffen, welche die Winterruhe brechen helfen. Erfolge hat man dabei mit DNOC (Dinitroorthocresol) unter dem Zusatz von Mineralöl erzielt.

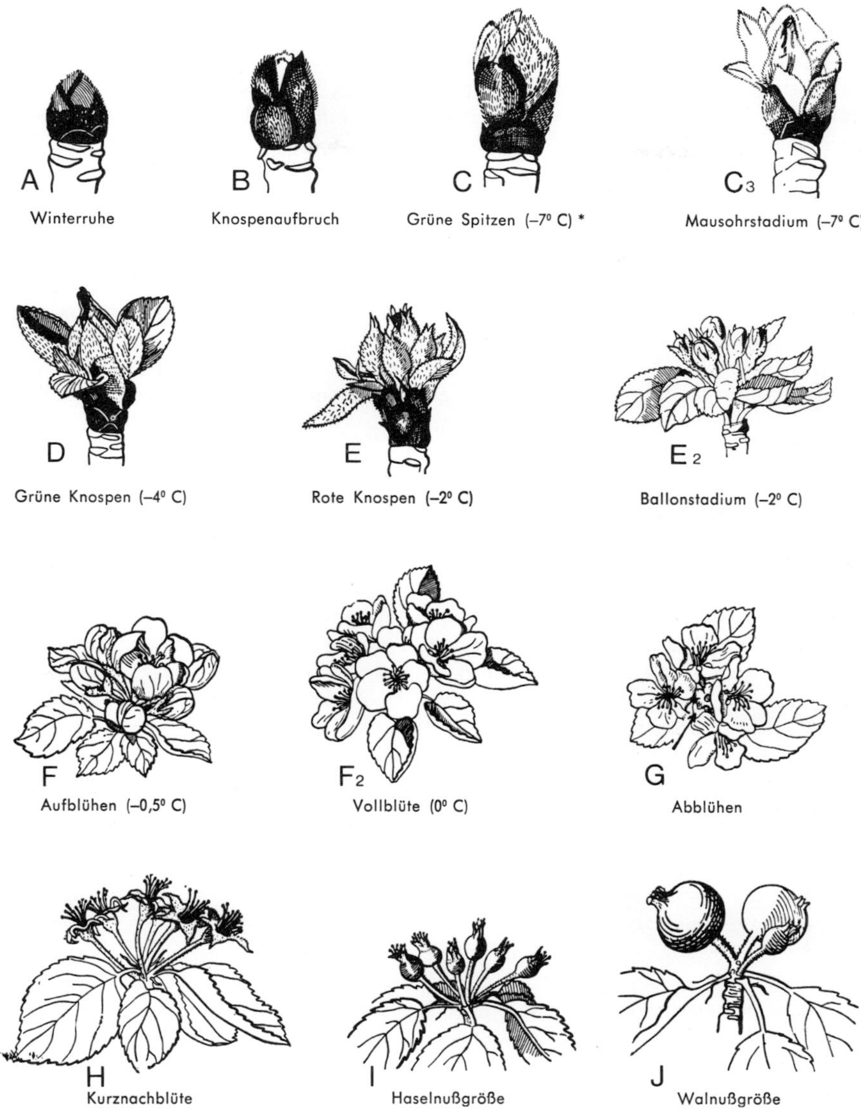

* Feuchttemperaturen bei denen die Beregnungsanlage eingeschaltet werden soll.

Abb. 14. Phänologische Entwicklungsstadien bei Äpfeln (nach FLECKINGER). Jedes durch einen Buchstaben gekennzeichnete Entwicklungsstadium kann durch Zusatz der Zahlen 1 bis 4 unterteilt werden. Solche Zwischenstadien sind für C_3, E_2 und F_2 dargestelltt. Stadium F_2 bezeichnet die Vollblüte eines Blütenstandes. Als Vollblüte eines ganzen Baumes gilt der Zeitpunkt, zu dem beim Klopfen an den Stamm oder einen Hauptast die ersten Blütenblätter abfallen, also einzelne Blütenstände das Stadium G erreicht haben.

Nach ausreichendem Kältereiz führt jeder Temperaturanstieg über die sortentypische Schwellentemperatur zu wachsender Aktivität in der Pflanze, zum Austrieb der Knospen und schließlich zum Blühen. Diese Aktivitätsschwelle liegt bei Äpfeln in der Winterruhe nahe über dem Gefrierpunkt und steigt bis zur Blüte auf etwa 8 °C an. Bleibt die Temperatur unterhalb der Schwelle, so kommt auch die Weiterentwicklung zum Stillstand.

Die Lehre von den Entwicklungsstadien der Pflanzen bezeichnet man als *Phänologie.* Im Kernobstanbau bedient man sich zur Bestimmung der Entwicklungsphasen (Phänophasen) zwischen Vollruhe und Abblühen heute allgemein des Schemas von FLECKINGER (s. Abb. 14).

Als Vollblüte (F2) einer Art oder Sorte gilt der Zeitpunkt, zu dem die ersten Blütenblätter abzufallen beginnen, was man durch einen leichten Stoß in das Kronengerüst nachprüfen kann.

Unter dem Einfluß verschiedener Temperaturabläufe kann die Entwicklung von der Knospenruhe bis zum Abblühen von Jahr zu Jahr sehr unterschiedlich sein. Ein anfänglicher Entwicklungsvorsprung geht nicht selten durch Kälteperioden wieder verloren. Der Blühtermin kann am gleichen Standort je nach Witterungsverlauf in einer Zeitspanne von etwa einem Monat schwanken.

Die Temperatur während der Blüte wirkt sich auf die Befruchtung aus. Kaltes, dazu noch nasses Blühwetter beeinträchtigt die Befruchtungsrate. Als Hauptursachen dafür sind anzuführen, daß warmes Wetter den Insektenflug begünstigt sowie die Pollenkeimung und das Wachstum der Pollenschläuche von der Narbe durch den Griffel bis zur Samenanlage beschleunigt. Bei kühlem Wetter hingegen kommt der Insektenflug unter Umständen ganz zum Erliegen.

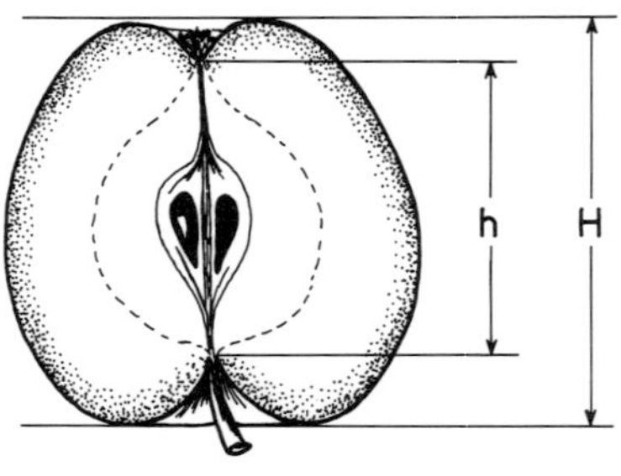

Abb. 15. Fruchtformindex H/h (nach RÖMER 1966).

Pollenkeimung und Pollenschlauchwachstum haben ihr Optimum bei 20 bis 25° C. Unter 10 °C kommt der Befruchtungsvorgang zum Stillstand. Bei anhaltend kühlem Wetter sterben auch solche Pollen ab, die bereits gekeimt hatten.

Nach der Befruchtung ist vor allem das Wachstum von Früchten, Trieben und Blättern stark temperaturabhängig. SILBEREISEN (1970) konnte bei Untersuchungen in Südwestdeutschland und Südtirol einen positiven Zusammenhang zwischen dem Erntefruchtgewicht und den Temperatursummen über 10 °C während der Vegetationszeit nachweisen.

Wie ROEMER (1966) zeigen konnte, wird neben der Fruchtgröße auch die Fruchtform je nach Temperaturverlauf unterschiedlich ausgebildet. Der *Fruchtformindex* wird bei Äpfeln mit kühlerem Klima größer (Abb. 15).

Außer ihrem Einfluß auf alle Wachstumsvorgänge hat die Temperatur große Bedeutung bei der *Photosynthese* sowie bei der Atmung. Danach steigt unter sonst vergleichbaren Voraussetzungen (z. B. bezüglich des Lichtfaktors) die Photosynthese mit zunehmender Temperatur zunächst stärker, dann langsamer an. Die Atmung, d. h. der der Photosynthese entgegengesetzte Vorgang, nimmt hingegen bis zur oberen kritischen Temperatur fortgesetzt zu. Für die Pflanze ausschlaggebend ist die Bilanz, d. h. der Überschuß der Photosynthese über die Atmung, auch *Netto-Assimilation* genannt (Abb. 6).

Wir müssen jedoch beachten, daß die Photosynthese nur unter Lichteinwirkung, also bei Tage ablaufen kann, während die Atmung bei Tag und Nacht vonstatten geht. Im Interesse einer möglichst günstigen Bilanz sind somit mäßig warme Temperaturen bei Tage, aber kühle Nächte wünschenswert. Jedoch würden zu niedrige Nachttemperaturen wiederum das Fruchtwachstum zu stark beeinträchtigen. Die optimale Nachttemperatur ergibt sich daher als Kompromiß aus noch gutem Fruchtwachstum und nicht zu großen Atmungsverlusten. Während man den täglichen Wechsel von Tageslicht und Dunkelheit als *Photoperiode* bezeichnet, spricht man beim Wechsel der Tag- und Nachttemperaturen von der *Thermoperiode.*

Der physiologische Fruchtfall (Junifall beim Kernobst, Rötel bei Kirschen) unterliegt neben anderen Einflüssen auch stark der Temperatur. Nicht nur kalte Witterung, sondern auch relativ warme Nächte während der kritischen Phase begünstigen den Fruchtfall.

Die Ursache sieht man im Wechselspiel zwischen dem Wachstum der Triebspitzen und der Früchte, das mit Gleichgewichtsverschiebungen im Hormonhaushalt verbunden sein kann: Warme Nächte begünstigen den Stoffumsatz und die Anreicherung von Hormonen in den Triebspitzen auf Kosten der Früchte, die dann verstärkt abgestoßen werden.

Noch wenig geklärt ist der Einfluß der Temperatur auf die Blüteninduktion (Entwicklung von Blütenanlagen für das folgende Vegetationsjahr). Ähnlich wie beim physiologischen Fruchtfall ist hier ein ganzer Faktorenkomplex im Spiel. Es scheint, daß ein Temperaturverlauf, der eine günstige Assimilationsbilanz bewirkt, zugleich die Blütenbildung fördert.

Obwohl der Temperatureinfluß auf den Fruchtzuwachs sehr deutlich ist, wird beim Kernobst der Prozeß der Fruchtreifung durch warme Temperaturen nicht, wie eigentlich zu erwarten, beschleunigt.

Im Gegenteil deuten Untersuchungen von Streif darauf hin, daß beim Kernobst kühle Nächte den Reifungsprozeß beschleunigen, indem sie die Anreicherung von Äthylen in der Frucht bewirken oder fördern. Möglicherweise ist es der gleiche Wirkungsmechanismus, der auch den Vorernte-Fruchtfall und den herbstlichen Blattfall auslöst oder beschleunigt.

Die Zeitspanne zwischen Befruchtung und Pflückreife ist aus dem genannten Grunde beim Kernobst in Gebieten mit warmem Klima nicht etwa kürzer, sondern eher länger als in kühleren Gebieten.

Beim Stein- und Beerenobst hingegen kann der Reifungsprozeß durch höhere Temperaturen beschleunigt werden.

Ein wichtiges Kriterium für die Anbauwürdigkeit von Sorten mit langer Entwicklungszeit bis zur Pflückreife ist die Länge der Vegetationszeit. Auch das stärkere Wachstum und die höhere Fruchtbarkeit von Obstgewächsen in wärmerem Klima haben ihre Ursache teilweise in der längeren Vegetationsperiode.

Neben seinem Einfluß auf Wachstum und Ertrag hat der Temperaturfaktor auch Bedeutung für die Fruchtqualität. Die Ansprüche der Arten und Sorten sind sehr verschieden. Sorten mit langer Entwicklungszeit kommen nur in Gebieten mit entsprechender Vegetationslänge zur Ausreife. Ein extremes Beispiel in dieser Hinsicht ist die Apfelsorte 'Granny Smith', die in Europa in Klimaten mit mittlerem Blühtermin nach dem 15.4. normalerweise nicht gut ausreifen kann, ihre optimale Qualität jedoch in Gebieten mit noch längerer Vegetationsperiode erreicht, wo, wie in Neuseeland, Argentinien und Südafrika mehr als 190 Wachstumstage zwischen Befruchtung und Pflücke liegen.

Einige marktwichtige Apfelsorten wie z.B. 'Jonathan' brauchen ein ausreichend warmes Klima, um die notwendige Fruchtgröße zu erreichen. Pfirsiche und manche Birnensorten (z.B. 'Edelcrassane') bilden nur bei genügender Wärme ein feines Fruchtfleisch aus. Andererseits entwickeln viele Apfelsorten ein gut ausgewogenes Verhältnis von Aroma, Zucker und Säure im mäßig warmen Klima, während bei südlicheren Herkünften die Säure bei der Lagerung schnell abgebaut wird, mitunter auch die Fruchtfleischfestigkeit und die Haltbarkeit geringer sind.

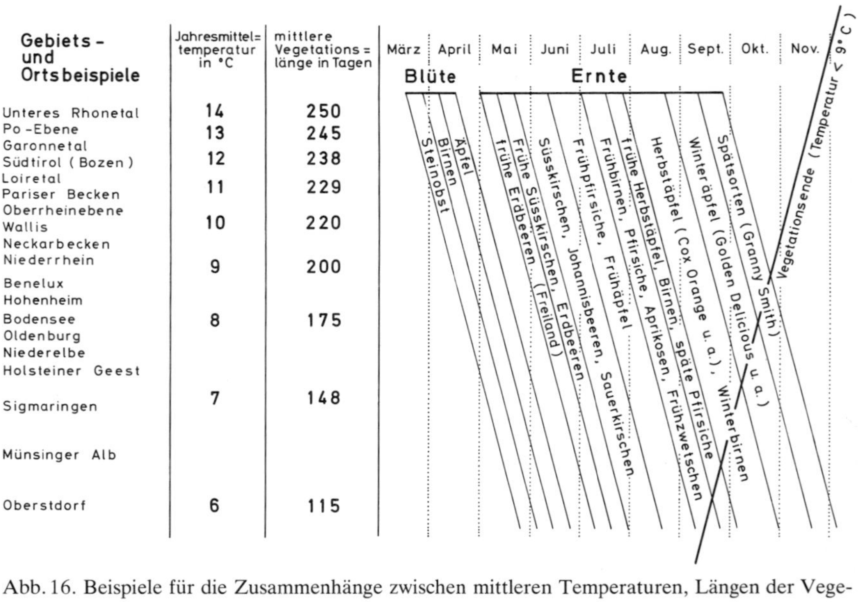

Abb. 16. Beispiele für die Zusammenhänge zwischen mittleren Temperaturen, Längen der Vegetationszeit, Blüh- und Erntetermin. Als Vegetationsbeginn wurde hier die Süßkirschenblüte, als Vegetationsende das Unterschreiten von Tagesmitteltemperaturen von 9 °C angesehen.

Eigentümlich ist die Bedeutung des Temperaturfaktors für die Deckfarbe von Kernobst. Strahlungswetterlagen mit sonnigen Tagen, jedoch kühlen Nächten, begünstigen die Anreicherung der roten Farbstoffe (Anthocyane) an der Sonnenseite der Fruchthaut. Gebiete mit Festlandsklima sind gegenüber den Meeresklimaten in diesem Punkt im Vorteil, weil dort die Temperaturwechsel größer sind.

Schließlich muß auch der Temperatureinfluß auf Schädlinge und Krankheiten erwähnt werden. Insbesondere der Befallsdruck bei tierischen Schädlingen wird mit wärmerem Klima und längerer Vegetationszeit verstärkt.

2.2 Schäden durch extreme Temperaturen

Hitzeschäden

Hitzeschäden sind bei Obst unter mitteleuropäischen Verhältnissen ohne wirtschaftliche Bedeutung. Allerdings geht mit Hitze vielfach auch Trockenheit einher, so daß durch Wassermangel verursachte Wachstumsstockungen oder Schäden mitunter der Hitze zugeschrieben werden.

Der in gemäßigtem Klima häufigste Hitzeschaden bei Äpfeln ist *Sonnenbrand* auf den Früchten. Er kann bei starker Einstrahlung und Windstille infolge Überhitzung auf den Sonnenseiten einzelner Früchte in Form von geldstückgroßen Platten abgestorbenen Gewebes entstehen. Die Anfälligkeit der Früchte wird durch Schwefelpräparate gefördert, falls man sie noch nach Mitte Juni einsetzt.

Frostschäden

Frostschäden haben im Obstbau große wirtschaftliche Bedeutung. Am häufigsten sind Schäden kurz vor und während der Blüte. Nicht selten führen sie zum totalen Ausfall eines Jahresertrages und als dessen Folge zu Alternanzerscheinungen. In den 50er Jahren war infolge verbreiteter Blütenfröste in mehreren ungeraden Jahren (1953, 1957, 1959) die Apfelproduktion der Bundesrepublik in starke Alternanz geraten, die erst 1962 gebrochen wurde.

Seltener, jedoch nachhaltiger in der Wirkung, sind in Mitteleuropa Schadfröste im Winter, die das Holz mancher Bäume so stark schädigen, daß sie absterben. Solche

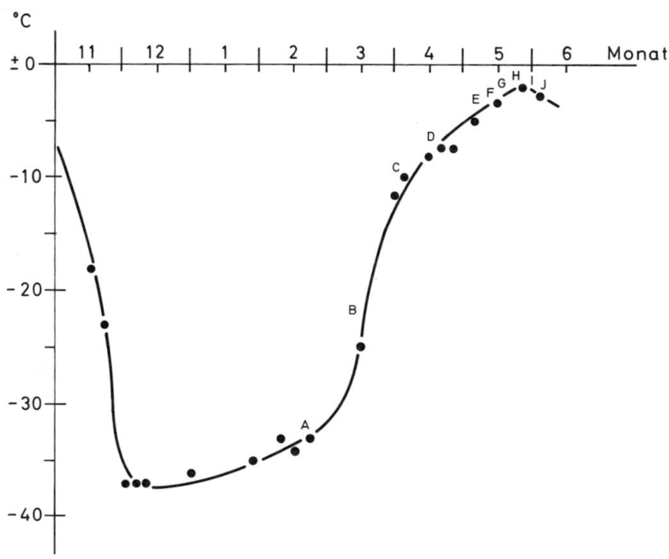

Abb. 17. Verlauf der Frostresistenz bei 'Cox Orange' 1965/66 (nach Bavendorfer Untersuchungen). Die Punkte geben die experimentell ermittelten kritischen Temperaturen an, die Buchstaben die phänologischen Stadien (s. Abb. 14) (nach FLECKINGER).

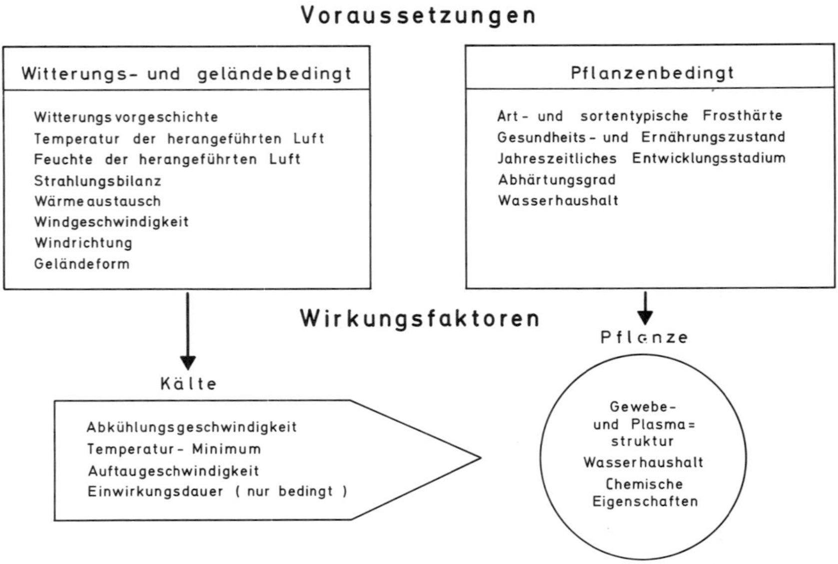

Abb. 18. Ursachen von Frostschäden.

Winterfröste begrenzen die Wirtschaftlichkeit des Obstbaus in Osteuropa, wo die Winter strenger sind.

Die Widerstandsfähigkeit pflanzlichen Gewebes oder einer Pflanze gegen Fröste bezeichnen wir als ihre *Frosthärte* oder Frostresistenz. Sie zeigt in weitgehender Anpassung an den Jahresgang der Temperatur je nach Entwicklungsstadium erhebliche Verschiedenheiten.

Die Ursachen für unterschiedliche Frosthärte sind vielfältig und noch keineswegs erschöpfend geklärt. Biochemische Vorgänge im Zellplasma beeinflussen dessen Gehalt an Wasser, den osmotischen Wert und die Stabilität der lebenswichtigen Bestandteile der Zelle.

Wachstum setzt hohen Wassergehalt des zarten, wachsenden Gewebes voraus, beansprucht Kohlenhydrate als Baustoffe und verändert auch sonst die Strukturen im Zellplasma in Richtung auf eine verringerte Frosthärte. Hohe Frostresistenz ist daher nur in der Winterruhe möglich.

Bei Frösten gefriert zunächst das Wasser zwischen den Zellwänden (Interzellularwasser). Dadurch wird eine fortschreitende Entwässerung der Pflanzenzellen aufgrund des entstandenen osmotischen Gefälles bewirkt. Diese trägt zur fortlaufenden Erhöhung der Frosthärte des Zellinnern bei, solange sie ohne Schaden ertragen wird.

Kommt es zur Eiskristallbildung im Innern einer Zelle, so stirbt sie ab. Man nimmt an, daß neben dieser wohl häufigsten Schadensursache auch durch zu starke Entwässerung des Zellinnern (Plasmolyse), durch Wasser-„Überschwemmung" der Zelle beim zu plötzlichen Wiederauftauen und durch mechanische Zerreißung des Zellverbandes der Frosttod von pflanzlichen Geweben möglich ist.

Im Spätherbst nimmt unter dem Einfluß sinkender Temperaturen die Frosthärte der Obstgewächse schnell zu. Es ist eine Abhärtungsbereitschaft vorhanden. Die Gefährlichkeit sogenannter Frühfröste wird zumeist überschätzt. Zwar können unverholzte Triebe und Endknospen bei plötzlichem Kälteeinbruch Schaden nehmen. Aber die wirtschaftliche Folge solcher Schäden ist unerheblich. Früchte ertragen im Herbst bis etwa −6 °C. In tiefer Winterruhe werden Minimumtemperaturen bis −20 °C von allen Arten und Sorten, von vielen aber sogar unter −30 °C ohne Schaden überstanden. Bei Versuchen in Bavendorf konnte nachgewiesen werden, daß die Geschwindigkeit der Abkühlung für die Frosthärte große Bedeutung hat: Bei langsamer Abkühlung um etwa 1 °C je Stunde wurden von Holz und Knospen bis zu 10 °C tiefere Temperaturen vertragen als bei schneller Abkühlung um 3 bis 4 °C je Stunde. In der Natur ist eine langsame Abkühlung die Regel. Jedoch sind die sonnseitigen unteren Stammpartien der Bäume bei Strahlungswetterlagen mit Schneedecke im Spätwinter außerordentlich heftigen Temperaturschwankungen ausgesetzt.

In der Regel dürften daher Holzfrostschäden, ähnlich wie Blütenfrostschäden, durch ganz bestimmte Wetterlagen und in einem ganz bestimmten Augenblick entstehen. Bavendorfer Versuchsergebnisse in der Kältekammer deuten darauf hin, daß nicht etwa die lange Dauer einer Kälteperiode die Obstgewächse gefährdet. Entscheidend sind vielmehr die Geschwindigkeit und das Ausmaß der Abkühlung beim Kälteeinbruch sowie das Entwicklungsstadium und der Abhärtungsgrad der Pflanzen zu diesem Zeitpunkt.

Die Frosthärte ist im Zustand der vollen Winterruhe am größten. Sobald das Kältebedürfnis befriedigt ist und die Knospen bei mildem Winterwetter zu schwellen beginnen, läßt sie schnell nach. Erneute Kälte kann diesen Enthärtungsvorgang zwar stoppen, aber nur zum kleinen Teil wieder rückgängig machen. Kälteeinbrüche im Spätwinter sind daher besonders gefährlich.

Ab April ist nicht mehr mit Frösten zu rechnen, die das Holz schädigen könnten. Zunehmend gefährdet jedoch sind nun die aufbrechenden Blüten. Noch empfindlicher

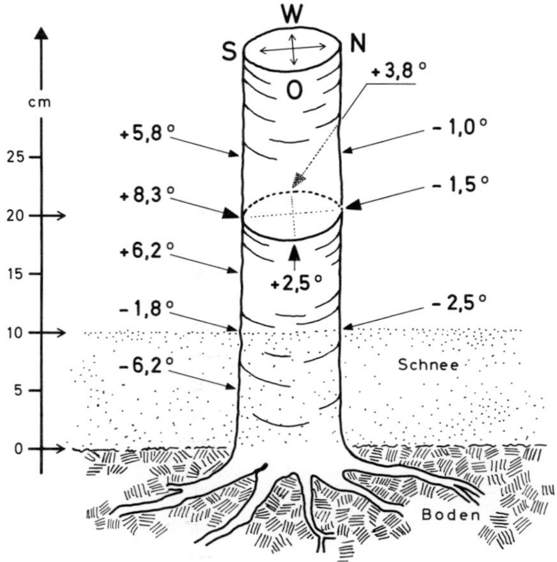

Abb. 19. Oberflächentemperaturen am Stamm eines Apfelbaumes an einem sonnigen Februartag, −5 °C Lufttemperatur und 10 cm Schneedecke.

Tab. 5. Frostschäden, ihre Ursachen und Auswirkungen

Art des Schadens	Auswirkung	Ursachen	Voraussetzungen, die das Schadensrisiko erhöhen
Blatt- und Blütenknospenschaden	Verzögerter Austrieb, keine Blüte	Tiefes Temperaturminimum bei plötzlichen Kälteeinbrüchen, vor allem im Spätwinter	Hohe Temperaturen vor dem Kälteeinbruch Starke Gegensätze von Tag- und Nachttemperatur Schneedecke
Rindenschäden an Stamm und Zweigen	Wachstumsstörungen (oft geringer als erwartet)		Wenig frostharte Sorten-Unterlagenkombination Ungünstige Standort- und Bewirtschaftungsbedingungen
Kambiumschäden an Stamm und Zweigen	Starke Störungen, evtl. Absterben von der Schadstelle aufwärts, darunter Neuaustrieb		Hoher Vorjahresertrag Schneiden vor dem Kälteeinbruch
Wurzelschaden	Schlechter Austrieb evtl. Absterben nach Austrieb	Tiefe Frosttemperatur im Boden	Kahlfröste Luftdurchlässiger, flachgründiger offengehaltener Boden Wenig frostharte Unterlage
Frosttrocknis	Kümmern, evtl. Absterben nach Austrieb unter der Schadensgrenze Neuaustrieb	Beginnender Austrieb bei noch gefrorenem Boden (Trockenschaden)	Plötzliche Frühjahrserwärmung nach kaltem Winter mit Kahlfrösten Luftdurchlässiger, flachgründiger offengehaltener Boden

Frostrisse am Stamm	Gefahr des Eindringens von Holzkrankheiten in die Wunden	Starke Temperaturgegensätze durch Sonneneinstrahlung bei niedriger Lufttemperatur	Starke Sonnenkraft (Spätwinter bei Hochdruckwetter) Dunkle Stammfarbe (Abhilfe durch Kalken möglich) Schneedecke (Rückstrahlung) Windstille (Erhöhung der Temperaturgegensätze)
Frühjahrsfrost (Spätfrost) an Blüten, Jungfrüchten, evtl. auch Blättern	Ertragseinbußen im Frostjahr; Gefahr von Alternanz; bei Blattschäden gestörte Stoffproduktion; Frostringe oder Frostzungen an den Früchten	Nächtliche Minima einige Grad unter Null	Regen oder Schnee kurz vor dem Frost Schnelles Absinken auf das Minimum

als die Blüten sind die Früchte im ersten Entwicklungsstadium. Blattknospen und Blätter sind wesentlich frosthärter als Blütenorgane. Später ist das Frostproblem dann nicht mehr akut.

Die Wurzeln der Obstgewächse sind sehr frostempfindlich. Beim Transport von Pflanzenmaterial im Winter ist dies zu beachten. Im Boden sind die Wurzeln in normalen Wintern vor großer Kälte geschützt. Unter der Schneedecke gefriert der Boden selbst in strengen Wintern nicht. Bei langanhaltendem „Barfrost" hingegen kann es zu Wurzelerfrierungen kommen. Die Bäume treiben danach zunächst normal aus und vertrocknen dann plötzlich.

Die Frosthärte der Arten, Sorten und Unterlagen ist sehr verschieden. Zwischen Holzfrosthärte und Blütenfrosthärte derselben Sorte besteht kein Zusammenhang. Zur Verminderung des Holzfrostrisikos hat man die Verwendung frostharter Stamm- und Gerüstbildner empfohlen. Diese Maßnahme ist in osteuropäischen Ländern lebensnotwendig. In Mittel- und Westeuropa geht die Entwicklung bei der Unterlagenwahl heute in Richtung auf möglichst frühzeitigen Ertragsbeginn unter Inkaufnahme gewisser Risiken.

Für die Holzfrosthärte hat der Ernährungszustand, in dem die Bäume in den Winter gehen, große Bedeutung. Durch starken Fruchtbehang erschöpfte Bäume sind weniger frosthart als solche, die wenig getragen hatten. Entgegen einer verbreiteten Meinung scheint die Holzfrostresistenz durch reichlich Stickstoffgaben nicht verringert zu werden. Liebster (1963) fand nach dem strengen Winter 1962/63 in den *nicht* mit N gedüngten Parzellen eines Stickstoffdüngungsversuches mit der Apfelsorte 'James Grieve' größere Stammschäden durch Fröste als in den Stickstoff-Parzellen. Ein Bavendorfer Versuch zeigte ebenfalls eine *günstige* Wirkung reicher Stickstoffgaben auf die Holzfrosthärte. Junge Bäume haben eine bessere Frostresistenz als ältere.

Durch frühzeitigen Rückschnitt zu Winterbeginn kann die Frosthärte des Holzes erheblich vermindert werden. Die Ursachen dafür sind noch nicht genau bekannt. Man beginnt aufgrund dieser Erfahrung nach Möglichkeit nicht vor Ende Januar mit den Schnittarbeiten, insbesondere bei holzfrostempfindlichen Sorten.

Die Frosthärte der Blüten kann durch Düngungs- und Bewirtschaftungsmaßnahmen leider nicht merklich verbessert werden.

Durch hohe Bodenfeuchte wird der Wasserhaushalt der Blüten erhöht und deswegen die Frostresistenz vermindert. Diese Wirkung wird noch verstärkt, wenn kurz vor dem Frost Regen oder Naßschnee die Blüten benetzt. Durch kaltes Wetter vor dem Frost ist eine begrenzte Abhärtung möglich und umgekehrt, jedoch um nicht mehr als etwa ±10% (in °C) um die jeweilige mittlere Frosthärte schwankend, also z.B. bei −30°C zwischen ca. −27 und −33°C zwischen ca. −3,5 und −4,5°C. Unterschiede im Entwicklungsstadium sowie im Zustand und in der Stellung jeder einzelnen Knospe bzw. Blüte bedingen Verschiedenheiten in der Frosthärte. Vielfach ist nach Blütenfrösten nur ein Teil der Blüten erfroren. Bei Kernobst genügt bei reichlichem Blütenansatz noch ein Bruchteil gesunder Blüten für einen normalen Behang. Bei Kirschen hingegen bedeutet jeder stärkere Frostschaden auch eine merkliche Ertragseinbuße.

Frostschäden an Holz und Knospen sind nach dem Augenschein nicht immer einfach zu deuten. Mitunter werden Verfärbungen an der Rinde von Trieben oder im Mark in ihrer Wirkung zunächst überbewertet. Bedenklich sind hingegen Schäden am Kambium, weil von ihm das Wachstum ausgeht und damit auch die Fähigkeit, Schäden zu überwinden. Teilschäden am Stamm führen mitunter nicht sofort zum Absterben, sondern zunächst zu schwächerem Wachstum und übermäßigem Blütenansatz im Folgejahr (sog. Todesblüte). Durch starken Rückschnitt und Entfernen der Blütenknospen können solche Bäume manchmal gerettet werden. Bei schweren Stammschäden oberhalb der Veredlungsstelle kann man durch Absägen unterhalb der geschädigten Partie meist starken Neuaustrieb anregen und bekommt so schneller wieder einen ertragsfähigen Baum als durch Roden und Nachpflanzen.

Bei Sonneneinstrahlung und Schneedecke im Spätwinter kommt es an ungeschützten Stämmen mitunter zu Frostrissen, einem Aufreißen der äußeren Stammpartie an der Sonnseite infolge übermäßiger Spannungen im Holz. Dieser Schaden verheilt bei Jungbäumen relativ leicht, wenn die Wunden rechtzeitig mit Wundwachs verstrichen und mit Bindegarn umwickelt werden. Geschieht dies nicht, so bilden diese Wunden Eingangspforten für Erreger von Holzkrankheiten, vor allem Obstbaumkrebs.

Die Beurteilung von Frostschäden an Blütenorganen ist einfacher als am Holzköprer. In der noch geschlossenen Knospe kann man Schäden an der Braunverfärbung der Blütenanlagen erkennen. Blütenknospen sind im Frühjahr wesentlich empfindlicher als Blattknospen. Im „Mausohrstadium" (Stadium D nach FLECKINGER) können bei Frösten um −7 °C Teilschäden in den Blütenanlagen entstehen, die später zu charakteristischen Schalenfehlern an den Früchten führen, den „Frostzungen". Unmittelbar vor der Blüte werden durch Grenztemperaturen (ca. −5 °C) manchmal „Frostringe" an Früchten ausgelöst. Wenn bei Frösten vor oder während der Blüte die Blütenanlage zwar erfriert, der Blütenboden aber intakt bleibt, kann man bei den meisten Birnensorten

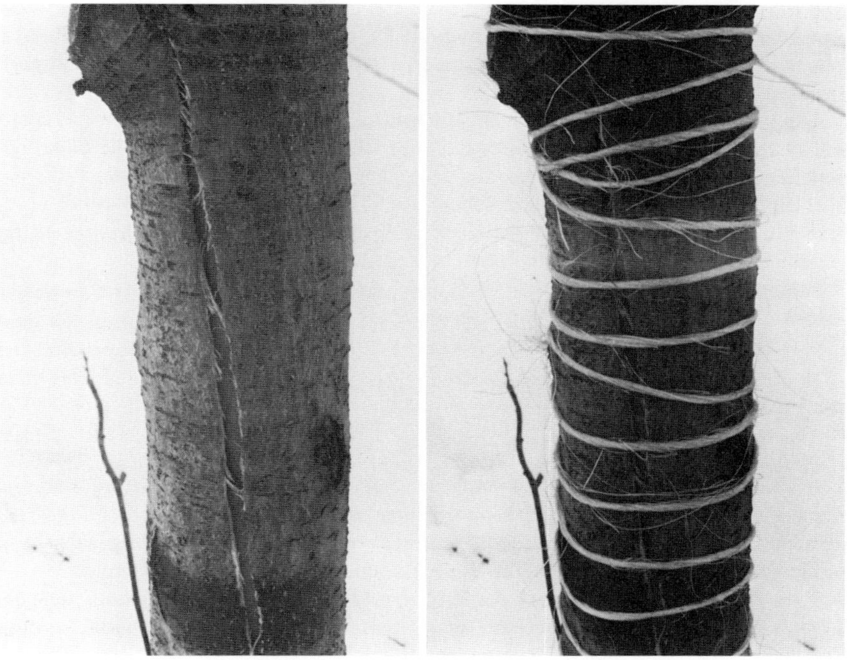

Abb. 20. Rindenriß („Frostriß") an der Sonnenseite eines Apfelbaumstammes. Um ein Ablösen der Rinde zu verhindern und die vom Kambium ausgehende Verheilung zu ermöglichen, wurde der Stamm mit Bindegarn umwickelt. Anschließend verstreicht man die Wunde zum Schutz vor Austrocknung mit Baumwachs.

durch Gibberellinbehandlung den Ertrag retten. (Näheres darüber s. Kap. Wachstumsregulatoren für den Obstbau.)

Nach dem Abblühen ist die Frostgefahr keineswegs vorüber. Die Empfindlichkeit der Jungfrüchte ist sogar noch größer als die der Blüten. Frostschäden an jungen Früchten sind äußerlich zunächst nicht erkennbar. Ein sicheres Merkmal ist jedoch, wenn sich die Fruchthaut auf der Frucht leicht verschieben und wie bei einer Pellkartoffel ablösen läßt. Man muß dann mit Sicherheit damit rechnen, daß die Früchte nach einigen Tagen schrumpfen und abfallen.

Kälteschäden

Neben eigentlichen Erfrierungsschäden können während der Vegetationszeit auch schon durch Temperaturen nahe dem Gefrierpunkt Wachstumsstörungen ausgelöst werden. *Fruchtberostungen* bei 'Golden Delicious' scheinen unter anderem durch „Kälteschocks" in der Phase der Zellvermehrung der jungen Frucht gefördert zu werden. Beobachtungen in den Anbaugebieten und Versuche in Klimakammern deuten darauf hin, daß ein- oder mehrmaliges Absinken der Temperatur auf nahe 0°C oder tiefer in den Früchten Vorbedingungen für Berostungen schafft. Wie stark diese Berostungen sein werden oder ob sie überhaupt zustande kommen, hängt offenbar von den Umweltbedingungen in den folgenden Wochen ab: Starke Sonneneinstrahlung und bestimmte chemische Pflanzenschutzmittel fördern den Berostungsgrad. Noch ist nicht geklärt, ob alle Erscheinungsformen der Berostung auf die genannten Ursachen zurückzuführen sind. Auch scheint es nicht sicher, daß die bei 'Golden Delicious' gefundenen Zusammenhänge auch für Berostungen an anderen Apfelsorten und für Birnen Gültigkeit besitzen.

Länger andauernde Kälteperioden während der Vegetationszeit können die Blattentwicklung und den Blattstand beeinträchtigen. Die Rosettenblätter um die Blütenbüschel entwickeln sich bei Äpfeln oftmals infolge von Kälterückfällen vor der Blüte nur verkrüppelt. Im Sommer können Kälteperioden Blattverfärbungen und Blattfall auslösen. Welche Rolle im Einzelfall die Kälte und welche die mitunter gleichzeitig auftretende Vernässung spielt, ist nicht immer klar zu unterscheiden.

Kälteschäden, die an Früchten im Lager durch zu tiefe Temperaturen entstehen können, werden im Kapitel über die Obstlagerung diskutiert.

3 Der Lichtfaktor

Die Sonnenenergie gelangt als Strahlung verschiedener Wellenlängen zu uns. Während der unsichtbare langwellige Teil der Strahlung den Boden, die Pflanzen und die Luft erwärmt, bewirken die sichtbaren Wellenlängen von 400 bis 750 nm das Tageslicht.

Die Obstgewächse sind in der Lage, die Energie bestimmter Bereiche innerhalb des sichtbaren Lichtes für den Prozeß der Photosynthese auszunutzen. Die Ausnutzung des Lichtes hat allerdings ihre Grenze: Unter direkter Sonnenbestrahlung kann nur etwa die Hälfte des einfallenden Lichtes von 70000 bis 85000 Lux (nämlich 20000 bis 35000 Lux) wirklich für die Photosynthese ausgenutzt werden.

Im Schatten ist die Assimilationsleistung insgesamt geringer, obwohl im Schatten gewachsene Blätter schwaches Licht besser ausnutzen können als Sonnenblätter. Besonders benachteiligt sind Schattenblätter bei trübem Wetter sowie in den Morgen- und

Abendstunden. Wie aus verschiedenen Untersuchungen hervorgeht, erreichen Schattenblätter von Apfelbäumen weniger als die Hälfte der Netto-Assimilationsleistung von Sonnenblättern. Stark beschattetes Laub im Innern der Baumkronen kann sogar eine negative Netto-Assimilation haben und damit eine Belastung für den Baum sein.

Gebietliche Unterschiede im Lichtgenuß sind zwar deutlich vorhanden, jedoch wird Lichtmangel in keinem Obstanbaugebiet zum begrenzenden Faktor, wie etwa die Temperatur oder der Wasserhaushalt. Allerdings ist anzunehmen, daß die von nördlichen zu südlichen Anbaugebieten Europas zunehmende Ertragsfähigkeit teilweise auch die Folge höheren Lichtgenusses im Süden ist, der vor allem zur erhöhten Stoffproduktion der Schattenblätter beitragen dürfte. So wäre z.B. in Höhe des 45. Breitengrades (Ferrara) der durchschnittliche Lichtgenuß mit etwa 680 Kiloluxstunden je Tag selbst dann um etwa 10% höher als am 53. Breitengrad (Niederelbe), wenn man gleiche Bewölkungsverhältnisse zugrunde legen würde. Da aber außerdem in den südeuropäischen Anbaugebieten die Zahl der sonnigen Tage wesentlich größer ist als weiter im Norden (Ferrara 2700, Ravensburg 1800, Niederelbe 1500 Sonnenscheinstunden), ist der Unterschied im Lichtgenuß in Wirklichkeit erheblich größer, denn bedeckter Himmel läßt nur 30% derjenigen Lichtintensität auf die Erde gelangen, die wir bei heiterem Wetter erhalten.

In einem ganz anderen Zusammenhange greift das Licht in das Verhalten einiger Obstarten ein, nämlich durch Beeinflussung der Blütenbildung über die Tageslänge. Man nennt diese Erscheinung *Photoperiodismus.* Entscheidend ist bei dieser Erscheinung die Frage, bei welchem Verhältnis des Wechsels von Licht zu Dunkelheit die Anlage von Blütenorganen begünstigt wird. Man unterscheidet:

- *Kurztagpflanzen,* bei denen die Blütenbildung durch kurze Tage gefördert und dementsprechend durch lange Tage ganz oder doch weitgehend verhindert wird;
- *Langtagpflanzen,* die umgekehrt nur oder doch überwiegend durch lange Tage zur Blütenbildung veranlaßt werden;
- *tagneutrale Pflanzen,* auf deren Blütenbildung die Tageslänge ohne unmittelbaren Einfluß ist.

Man beachte, daß nicht die Tageslänge zum Zeitpunkt der Blüte, sondern zur Zeit des Beginns der Blütenbildung, des „Blühimpulses“, das maßgebliche Kriterium ist. Der steuernde Einfluß der Photoperiode beschränkt sich indessen nicht nur auf den Blühimpuls, sondern betrifft auch gegenläufig Merkmale des vegetativen Wachstums wie Sproßlänge, Blattgröße und Ausläuferbildung.

Der chemische Ablauf der photoperiodischen Steuerung ist kompliziert und auch noch nicht bis ins einzelne bekannt. Hingegen ist verhältnismäßig gut untersucht worden, zu welchen Gruppen unsere Kulturpflanzen gehören.

Alle heimischen Obstgewächse sind tagneutral, mit Ausnahme der Erdbeere, die eine Kurztagpflanze ist.

4 Der Wasserfaktor

In den meisten Pflanzenorganen hat Wasser den größten Gewichtsanteil. Früchte enthalten 85% oder mehr Wasser, und selbst im Holz der Obstbäume liegt der Wassergehalt in der Größenordnung von 50%. Die Wassermenge aber, die im Laufe einer Vegetationsperiode die Pflanze durchströmt, die also durch die Feinwurzeln aus dem Boden aufgenommen wird und durch Transpiration der grünen Pflanzenteile – vor

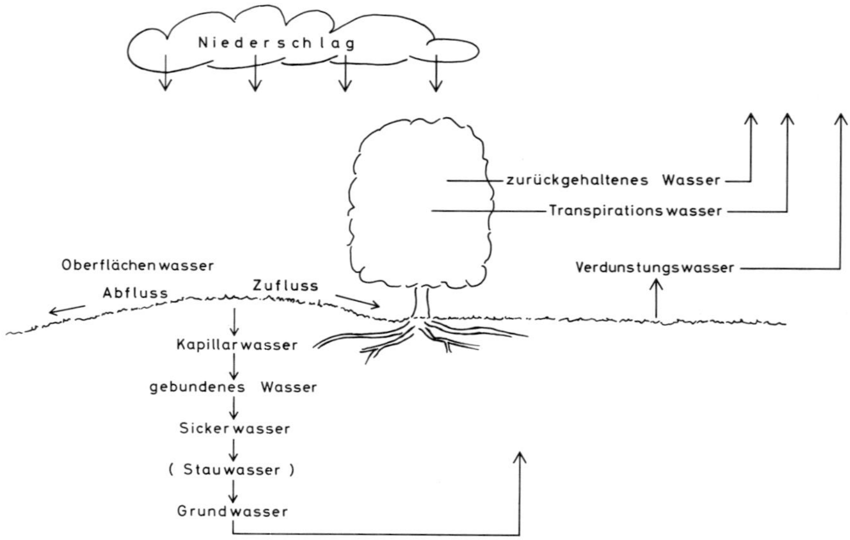

Abb. 21. Der Wasserhaushalt am Wuchsort eines Obstbaumes.

allem der Blätter – wieder abgegeben wird, übertrifft ihren Wassergehalt noch um ein Vielfaches.

Nach der Erhaltung der Lebensfunktionen innerhalb der Pflanzenzellen erfüllt Wasser insbesondere die Aufgabe des Stofftransportes in den Pflanzen.

Ihren Wasserbedarf decken die Obstgewächse im wesentlichen aus dem Boden. Der bei Benetzung direkt über die oberirdischen Pflanzenteile eindringende Wasseranteil ist demgegenüber unbedeutend.

Die Wasserbilanz der Pflanze ergibt sich aus dem Verhältnis der überwiegend aus dem Boden aufgenommenen Wassermenge zu dem durch Transpiration an die Luft wieder abgegebenen Wasser. Bei länger anhaltender negativer Wasserbilanz schränkt die Pflanze ihre Wasserabgabe ein, indem sie Spaltöffnungen (Stomata) teilweise oder ganz schließt. Damit wird zwangsläufig auch der zur Photosynthese notwendige Gasaustausch mit der Atmosphäre unterbunden. Wassermangel hat daher eine Einschränkung der Stoffproduktion zur Folge.

Fortschreitender Wassermangel führt zu Schäden an pflanzlichen Geweben, die auch durch reichliche Wasserzufuhr nicht behoben werden können (permanenter Welkepunkt). Obstbäume sind dank einiger tiefreichender Wurzeln und ihres hohen Anteils verholzter Organe besser in der Lage, Trockenperioden ohne Schaden zu überstehen als etwa Erdbeerpflanzen oder der Mulchrasen. Trockenheitsempfindlich sind allerdings Jungbäume und frisch verpflanzte Bäume.

Dauernde reichliche Wasserversorgung muß bei Obstbäumen nicht zwangsläufig den Fruchtertrag begünstigen. Vielmehr deuten Versuchsergebnisse darauf hin, daß unter zeitweilig trockeneren Bedingungen zuerst das Triebwachstum gebremst wird, was womöglich einigen für den Ertrag wichtigen Vorgängen, wie Blütenbildung und Fruchtansatz, zugute kommt. In der Zeit des Austriebs und zur Blüte scheint allerdings eine reichliche Wasserversorgung für den Fruchtansatz und für die Blattentwicklung wichtig zu sein.

Ein *Übermaß an Wasser* im Boden beeinträchtigt die Bodendurchlüftung und damit die Atmung der Wurzeln. Länger anhaltende oder häufige Vernässung des Bodens kann daher die Wurzelfunktionen so stören, daß die Obstgewächse nicht normal gedeihen können.

Die Arten reagieren verschieden auf mangelhafte Bodendurchlüftung. Kernobst ist vor allem auf schwachwachsenden Unterlagen empfindlich. Pfirsiche und Kirschen werden durch schlecht durchlüftete Böden besonders stark beeinträchtigt. Die verschiedenen Sorten einer Art dürften unterschiedlich reagieren. Doch fehlen uns bisher exakte Versuchs- oder Beobachtungsergebnisse für stichhaltige Angaben.

Die Wasseraufnahme erfolgt fast ausschließlich über den Boden, so daß die Wasserversorgung der Obstgewächse vom jeweils für die Pflanze *nutzbaren Bodenwasser* abhängt. Für die Obstgewächse nutzbar ist vor allem das Kapillarwasser. Beim *Stauwasser* überwiegen meist nachteilige Einflüsse durch gleichzeitigen Sauerstoffmangel. Grundwasser, von dem man im Gegensatz zum Stauwasser nur dort sprechen sollte, wo ein großräumig zusammenhängender Wasserspiegel im Boden ansteht (z.B. in der Oberrheinebene), begünstigt das Wachstum von Obstbaugewächsen nur dort, wo der Grundwasserspiegel künstlich oder von Natur aus ganzjährig ziemlich konstant gehalten wird. Vielerorts ist er jedoch in Trockenperioden zu tief, während er bei nasser Witterung ähnlich wie Stauwasser zu Sauerstoffmangel im Wurzelbereich führt.

Zurückgehaltenes Wasser, Transpirationswasser und Verdunstungswasser gehen in die Atmosphäre zurück. *Oberflächenwasser* kann zu- oder abfließen, *gebundenes Wasser* wird im Boden festgehalten, ohne den Pflanzen verfügbar zu sein.

Da der Wasserbedarf der Obstbäume im Sommer seinen Höhepunkt erreicht, wird ihr Anbau durch ein Klima mit hohen Sommerniederschlägen begünstigt.

5 Chemische und mechanische Faktoren

Hierzu gehört eine Vielzahl verschiedenster Faktoren. Wir erwähnen die wichtigsten.

Chemische Faktoren

Die chemische Zusammensetzung der Luft ist zwar für das Gedeihen der Pflanzen sehr wichtig (man denke an Kohlendioxid als Voraussetzung für die Photosynthese), jedoch treten zwischen verschiedenen Anbaugebieten oder „Obstlagen“ keine Unterschiede auf, die für den Anbauerfolg Bedeutung haben könnten.

Eine Ausnahme machen vom Menschen verursachte Luftverunreinigungen. Unter diesen haben schwefeldioxidhaltige und fluorhaltige Abgase mancher Industriezweige die Hauptbedeutung. Diese sog. *Immissionen* bewirken je nach Konzentration und Einwirkungsdauer leichte Wachstums- und Ertragsdepressionen, verbunden mit verminderter Widerstandsfähigkeit gegen extreme Witterungseinflüsse, z.B. Winterfrostschäden, sichtbare Blattschäden, Blattfall, Fruchtberostungen und -verkrüppelungen, in schweren Fällen schließlich Absterben der Pflanzen. Während die Blattschäden (Nekrosen) schwefelhaltiger Abgase von den Feldern zwischen den Blattnerven, den Interkostalfeldern, ausgehen, bewirken Fluorabgase vornehmlich Blattrandnekrosen.

Die Obstarten und -sorten reagieren verschieden empfindlich. Als sehr empfindlich gegen SO_2-Immissionen gelten die Walnuß sowie die Stachelbeere, die Himbeere und die Johannisbeere. Als empfindlich werden Pfirsiche, Sauerkirschen, Äpfel und Haselnuß bezeichnet, als weniger empfindlich Süßkirsche, Zwetsche, Birne, Weinrebe, Brombeere und Erdbeere.

Die Reichweite von Abgasschäden kann je nach Konzentration und Hauptwindrichtung sehr verschieden sein und zwischen wenigen hundert Metern und vielen Kilometern liegen.

Der schlüssige Nachweis von Pflanzenschäden durch Industrieabgase kann im allgemeinen nur von Spezialisten geführt werden, die ihre Beobachtungen an den geschädigten Pflanzen durch chemische Analysen ergänzen.

Nebenwirkungen von chemischen Pflanzenschutzmitteln werden im Pflanzenschutzkapitel diskutiert.

Ein wesentlicher Teil der chemischen Einflüsse betrifft das *Mineralstoffangebot und den Säuregrad (pH-Wert) im Bodenwasser.* Diese Faktoren werden uns im Zusammenhang mit der Bodenfruchtbarkeit und vor allem bei der Düngung begegnen.

Mechanische Faktoren

Wie man unsere Kulturen gegen *Wind- und Hagelschäden* schützen kann, wird im Bewirtschaftungskapitel diskutiert, während wir auf Fragen der *Verankerung im Boden und der Bodenverdichtung* im nachfolgenden Kapitel über Bodenfruchtbarkeit eingehen. Die später ausführlich abzuhandelnde *Kronenerziehung* sowie *Schädlingsfraß* und *Wildverbiß* sind nach unserer Einteilung zu den mechanischen Faktoren der Wechselwirkung zwischen Umwelt und Pflanze zu zählen.

6 Die Bodenfruchtbarkeit

Die Gesamtwirkung aller das Pflanzenwachstum beeinflussenden Bodeneigenschaften bezeichnen wir als Bodenfruchtbarkeit.

Der Boden dient unseren Obstgewächsen zur Verankerung und hat den Pflanzen über ihr Wurzelsystem lebenswichtige Stoffe zu vermitteln, insbesondere Wasser und Mineralstoffe, sowie den für die Wurzelatmung erforderlichen Sauerstoff. Dazu sind einige Eigenschaften notwendig, welche die Böden in unterschiedlichem Maße besitzen.

Seine Aufgabe als *Wasserreservoir* kann der Boden um so besser erfüllen, je höher seine Speicherfähigkeit an *pflanzenverfügbarem Wasser* ist. Darüber entscheiden vor allem seine *Körnung* (Textur), sein *Gefüge* (Struktur), sein Gehalt an *Humusstoffen* und die *durchwurzelbare Tiefe.* Das Wasser wird vor allem in den Poren des Bodens gespeichert. Während durch die großen Poren, wie sie in Sandböden überwiegen, das Wasser in den Untergrund versickert und damit in Trockenzeiten nicht mehr pflanzenverfügbar ist, sind in den vielen kleinen Poren, die in tonigen Böden überwiegen, die Rückhaltekräfte für eine Aufnahme durch die Wurzeln zu stark. Für die Pflanze wichtig sind die mittelgroßen Poren, die in Feinlehmböden (z. B. Löß) überwiegen.

Ein häufig benutztes Maß für das Wasserspeicherungsvermögen eines Bodens ist seine *Feldkapazität.* Darunter versteht man diejenige Wassermenge, die ein Boden in seiner natürlichen Lagerung bei *Wassersättigung* gegen das durch die Schwerkraft nach unten abfließende *Sickerwasser* festzuhalten vermag. Da ein Teil des Bodenwassers von den Pflanzen wegen zu großer Festhaltekräfte nicht genutzt werden kann, ist das *pflanzenverfügbare Wasser*, d.h. die Differenz zwischen Wassersättigung und Welkepunkt, stets geringer als die Feldkapazität. Man spricht daher auch von *nutzbarer Feldkapazität.* Man rechnet damit, daß Feinlehmböden und tonige Lehmböden, welche die günstigsten Voraussetzungen für ein gutes Wasserspeicherungsvermögen besitzen, eine nutzbare Feldkapazität von 200 mm je Meter Profiltiefe haben, Sandböden einerseits und Tonböden andererseits jedoch nur 50 bis 150 mm.

Das Grundwasser ist entgegen einer weitverbreiteten Meinung nur in sehr wenigen anbauwürdigen Böden den Pflanzenwurzeln zugänglich. Die meisten „Grundwasserböden" beeinträchtigen das Wurzelwachstum in Zeiten hohen Grundwasserstandes so stark, daß sie für anspruchsvollere Kulturen wie Obstgewächse nicht geeignet sind.

Ähnlich wie beim Wasser ist auch bei den *Mineralstoffen* eine vollständige und gleichmäßige Deckung des Pflanzenbedarfs ein Merkmal der Bodenfruchtbarkeit. Die Mineralstoffe sind als positiv geladene *Kationen* oder als negativ geladene *Anionen* im Bodenwasser gelöst, vor allem aber an Humusstoffen und Tonmineralien adsorbiert. Im Austausch gegen andere Ionen deckt die Pflanzenwurzel ihren Bedarf. Die Fähigkeit eines Bodens, die für die Ernährung der Pflanze wichtigen Ionen zu speichern (adsorbieren) und nach Bedarf im Austausch abzugeben, hängt daher wesentlich von seinem Gehalt an bestimmten Humusstoffen und Tonmineralien ab, die als sehr kleine Teilchen (Kolloide) eine hohe chemische und physikalische Aktivität besitzen. Da jeweils nur der austauschbare, in Ionenform gebundene Teil der Nährstoffe pflanzenverfügbar ist, ermittelt man auch bei der chemischen Bodenuntersuchung nur den mit einer bestimmten Lösung austauschbaren Gehalt.

Darüber hinaus hat das Ausgangsmaterial der Bodenbildung entscheidenden Einfluß auf den natürlichen Mineralstoffgehalt des Bodens und auf sein Nachlieferungsvermögen aus der fortlaufenden Verwitterung.

Die komplexen Vorgänge der Mineralstoffversorgung werden stark von der *Bodenreaktion* (ph-Wert) beeinflußt. Sowohl bei zu hohem als auch bei zu niedrigem pH-Wert treten Störungen in der Austauschbarkeit und Verfügbarkeit lebenswichtiger Pflanzennährstoffe auf.

Die Bodenacidität beeinflußt auch das Bodenleben, das Bodengefüge und den gesamten Vorgang der Bodenbildung. Für den Obstbau bevorzugt man eine leicht saure Bodenreaktion mit pH-Werten von etwa 5,5 bis annähernd 7.

Das Bodenleben, in seiner Gesamtheit als *Edaphon* bezeichnet, ist wichtig für die Umsetzung der organischen Substanz im Boden, und somit auch für die Bildung der Humusstoffe. Man schätzt das Lebendgewicht der pflanzlichen und tierischen Organismen in einem Boden mittlerer Fruchtbarkeit auf 25 Tonnen je Hektar, überwiegend mit bloßem Auge nicht sichtbare Kleinlebewesen (Mikroorganismen). Bis zu 3 Tonnen jedoch entfallen auf Regenwürmer.

Die Wurzeln unserer Kulturpflanzen benötigen für ihre Lebensvorgänge im Boden *Sauerstoff*, der eine ausreichende Bodendurchlüftung voraussetzt. Verdichtete oder durch *stauende Nässe* schlecht durchlüftete Bodenschichten behindern daher das Wurzelwachstum.

Der Prozeß der *Bodenbildung* vollzieht sich durch *Verwitterung* der obersten Gesteinschichten an der Erdoberfläche seit der Entstehung unserer Erde. Je nach den Eigenschaften des Ausgangsmaterials und der unterschiedlichen Einwirkung durch *Atmosphärilien* (Temperatur, Frost, Wasser u.a.) ist das Ergebnis der Bodenbildung verschieden. Große Bedeutung hat dabei auch die Verfrachtung von Material aus den oberen Bodenschichten durch *Wind*, dem wir die Entstehung der Lößböden verdanken, und durch *Wasser*. In der norddeutschen Tiefebene und im Alpenraum haben zu den Eiszeiten die *Gletscher* und deren Schmelzwässer ungeheure Boden- und Gesteinsmengen verfrachtet und damit diese Landschaften geformt.

Die *Bodenabtragung* (Erosion) durch Niederschlagswasser von Kuppen und Hanglagen in Mulden und Täler ist ein auch in unserer Kulturlandschaft hoch aktuelles Problem, dem wir durch geeignete Kulturmaßnahmen in den gefährdeten Hanglagen, z.B. einen Mulchrasen als schützende Pflanzendecke, zu begegnen versuchen.

Entstehung und Züchtung von Obstgewächsen

1 Entstehung der Kultursorten

Am Beispiel des Apfels als Hauptobstart des gemäßigten Klimas soll der Werdegang von der Wildsorte zur Kultursorte aufgezeigt werden.

1.1 Geschichtlich-geographische Sicht

Russische Forscher waren es, die vor einigen Jahrzehnten auf die natürlichen Verbreitungsgebiete der wildwachsenden Obstgattungen und -arten aufmerksam machten. Diese Gebiete werden auch *Mannigfaltigkeitszentren (Genzentren)* genannt, weil die Vielzahl der dort vorkommenden Arten, Unterarten und Varietäten ein Maximum an Erbanlagen (Gene) bietet. Es bestehen dort somit beste Voraussetzungen für unendlich viele Kombinationen der verschiedenen Erbanlagen und demzufolge auch für die Mannigfaltigkeit von Formen innerhalb einer Gattung oder Art.

Für die in Europa vorherrschenden Obstarten lassen sich vier *Genzentren,* die überwiegend im subtropischen bzw. mediterranen Bereich liegen, unterscheiden, nämlich:

a) der Mittelmeerraum (Süditalien, Griechenland, Türkei, Syrien, Libanon, Israel und Nordafrika),
b) Südwestasien bis Zentralasien (Afghanistan, Kaschmir, Turkmenistan, Nordpersien, Armenien und Transkaukasien),
c) Vorderindien und
d) Ostasien.

Dichte Waldbestände des Zwergapfels *(M. pumila)* und des Holzapfels *(M. sylvestris)* wurden an den südlichen Hängen und Ausläufern des Kaukasusgebirges entdeckt, die als Folge von Kreuzungen zwischen beiden Arten hinsichtlich Farbe, Größe und Geschmack ihrer Früchte einen großen Formenreichtum aufweisen. Ähnliches wird aus Kirgisistan berichtet, wo der Zwergapfel in Bergtälern und Hochsteppen vorherrscht und wo die ganze Breite wertvoller Merkmale, wie z.B. gutes Aussehen der Früchte oder große Fruchtbarkeit, schon bei den dortigen Wildformen beobachtet werden kann. Der Name der dort liegenden Stadt Alma-Ata wird als „Stadt der Äpfel" übersetzt. Sehr wahrscheinlich hat die indogermanische Völkerwanderung schon früh zu einer weiten Verbreitung von Apfelsamen aus diesen Zentren nach Europa geführt.

In Mitteleuropa stammt die älteste Apfelfrucht aus dem Fund einer Hütte der Bandkeramiker (Jungsteinzeit, ca. 3000 bis 1800 Jahre v.Chr.) auf Gemarkung Heilbronn-Böckingen. Aus diesem Fund und anderen, die im Bodenseeraum, am Mondsee bei Salzburg und an Seen im Schweizer Mittelland als sog. Pfahlbauäpfel gemacht wurden, folgern K. und F. Bertsch (1949), daß sowohl der sog. Süßapfel, vermutlich mit *M. pumila* identisch, als auch der sog. Holzapfel *(M. sylvestris),* schon in der mittleren Steinzeit (ca. 5000 Jahre v.Chr.) bei uns heimisch gewesen sind. Darauf weist auch der Name Apfel hin, der im althochdeutschen *Aphul* hieß und die einzige Obstgattung mit deutschem Namensursprung ist.

Die Anfänge der praktischen, vom Menschen durch seine Seßhaftwerdung beeinflußten Obstkultur kann man sich so vorstellen, daß die Ureinwohner in den natürlichen Verbreitungsgebieten immer wieder Bäume markierten, deren Früchte ihnen aufgrund ihres Wohlgeschmacks und ihrer Größe gefallen haben, und die sie dann in die Nähe ihrer Wohnplätze verpflanzten. Das Schrifttum der Antike weist viele Zeugnisse über den Apfel auf, und schon im 3. Jahrhundert v. Chr. war den Römern eine große Zahl von Apfelsorten bekannt. Die weitere Vermehrung der damaligen Obstsorten geschah durch Pfropfung, deren Technik schon frühzeitig bekannt war. So beschreibt COLUMELLA (1. Jh. n. Chr.) bereits drei verschiedene Verfahren. Soweit es sich um selbstfruchtbare Obstarten wie den Pfirsich handelt, erfolgte die Vermehrung auch über Samen. Durch fortdauernde Auslese neu entstandener Formen aus Wildbeständen, die in geschichtlicher Zeit, vor allem in Europa, zunehmend in den Wäldern heimisch oder am Rande der Siedlungen kultiviert wurden, entwickelte sich allmählich der Großteil der heute noch im Anbau stehenden Obstsorten. Dabei wurde auch die Skala der für den Menschen vorteilhaften Eigenschaften ständig erweitert und verfeinert. Im frühen bis späten Mittelalter gaben vor allem der Adel und die Klöster dem Obstbau wichtige Impulse. Im 18. und 19. Jahrhundert hat die Apfelkultur in Europa dann einen starken Aufschwung genommen. Man bemühte sich um die systematische Einteilung mehrerer 100 Sorten (DU HAMEL DU MONCEAU, F. A. DIEL, J. C. CHRIST, J. G. C. OBERDIECK, E. LUCAS) und führte auch schon Kreuzungen durch (D. UHLHORN, R. GOETHE). Nach der Entdeckung Nordamerikas haben sich in diesem Raum auf der Grundlage europäischer Apfelsorten, welche die Siedler als Samen oder Pflanzenteile (Reiser) eingeführt haben, eigenständige Formenkreise (Populationen) entwickelt, denen wir vermutlich einige der heutigen Marktsorten ('Jonathan', 'Golden Delicious', 'Red Delicious') verdanken.

1.2 Erbliche Sicht

Ursächlich führt man die *erbliche* (genetische) *Mannigfaltigkeit* beim Apfel einerseits auf eine früh erfolgte *Verdopplung* der *Chromosomen* (vgl. Seite 63) von ursprünglich 17 auf 34 und andererseits auf die *Ungleicherbigkeit* (Heterozygotie) der *Erbanlagen (Gene)* bei der einzelnen Sorte zurück. Die Ungleicherbigkeit geht ihrerseits darauf zurück, daß Narben von Apfelblüten nicht mit ihrem eigenen, sondern mit Pollen einer fremden, erblich anders gearteten Sorte bestäubt werden müssen (Fremdbestäubung oder Allogamie). Auf diese Weise kommt es bei jeder Befruchtung zu einer neuen Kombination von jeweils verschiedenen Erbanlagen. Die praktische Folge davon ist, daß aus jedem keimenden Apfelsamen eine neue Sorte entsteht, ein Ergebnis, das auch für alle anderen, auf Fremdbestäubung angewiesenen Obstgewächse gilt.

Unter den Bedingungen der praktischen Züchtung sind demnach *Apfelsorten* nicht mit sich selbst fruchtbar, also *selbstunfruchtbar (autosteril)*. Fruchtentwicklung ohne Befruchtung der Samen bzw. der Eizellen, auch *Jungfernfrüchtigkeit* oder *Parthenokarpie* genannt, hat andererseits beim Apfel nur geringe Bedeutung.

Eine wichtige Rolle für die Mannigfaltigkeit der Obstsorten spielen auch bei Kreuzungen zufällig auftretende *Vervielfachungen* des *Chromosomensatzes (Polyploidie)*. In einem Chromosomensatz (Genom) befinden sich alle Chromosomen (Erbträger) einer Pflanze. Diese liegen im Zellkern und tragen perlenschnurartig angeordnet die zahlreichen Erbanlagen (Gene). Für jeweils einen Chromosomensatz steht das Zeichen ×. Eine Zahl davor gibt die Anzahl der Sätze an. Haploide (einsätzige) Formen werden demnach mit 1×, diploide (doppelsätzige) mit 2×, triploide mit 3× und tetraploide mit

4× bezeichnet. Sie besitzen demzufolge auch nur eine Anlage oder mehrere (2, 3, 4) Anlagen (Allele) für ein Merkmal. Eine tetraploide Apfelsorte kann z.B. für die Fruchtfarbe die Anlagen Rot, Gelb, Grün und Blau in ihren 4 Chromosomensätzen haben. In diesem Fall spricht man von einer ungleicherbigen (heterozygoten) Erbanlage. Hat eine tetraploide Sorte demgegenüber 4mal dieselbe Anlage für die Fruchtfarbe, also z.B. 4× Rot, so handelt es sich um eine gleicherbige (homozygote) Anlage. Eine Pflanze oder ein Tier kann aber auch als Ganzes entweder ungleicherbig (z.B. Apfelsorte) oder gleicherbig (sog. reine Linien z.B. beim Mais, s. Seite 65) sein.

Mit der Polyploidisierung ist, da hierbei einerseits das Volumen des Zellkerns vergrößert wird und andererseits zwischen Kern und ihn umgebendem Protoplasma Wechselbeziehungen bestehen, nicht selten auch eine Zunahme der Zellgröße verbunden, die ein Größerwerden aller Organe dieser Pflanze, also auch der Frucht, nach sich ziehen kann.

In den haploiden Geschlechts- oder Keimzellen (Gameten), die als Folge der sog. Reduktionsteilung aus zuvor diploiden Zellen entsprechender Apfelsorten hervorgegangen sind, vererben die Gene ihre vielfältigen Eigenschaften in unveränderter Form (identisch) an die Nachkommen. Aus der Vereinigung der männlichen Keimzelle (Pollen) mit der weiblichen Eizelle geht ein neuer diploider Kern, die Zygote, hervor. Er entwickelt sich zum Embryo, der nun wie alle Körperzellen zwei Chromosomensätze besitzt. Wichtig ist, daß die als Folge der Reduktionsteilung entstandenen Geschlechtszellen mit dem Zeichen 1n oder nur n, die noch nicht geteilten, normalen Körperzellen dagegen mit 2n ausgedrückt werden.

Die meisten Apfelsorten besitzen einen doppelten bzw. zweifachen Chromosomensatz von 2n = 2× = 34. Sie sind demnach diploid bei einer Grundzahl von 1× = 17. Bei einigen Sorten wie 'Boskoop' und 'Gravensteiner' oder wie bei den Neuzüchtungen 'Jonagold', 'Karmijn de Sonnaville' und 'Mutsu' tritt Triploidie (2n = 3× = 51) auf. Man nimmt an, daß diese Triploidie durch nicht geteilte Eimutterzellen verursacht wurde, so daß im jeweiligen Chromosomensatz der mütterliche Anteil verdoppelt (2×) ist, eine Hypothese, die durch die stark mutterähnlichen Eigenschaften dieser Neuzüchtungen gestützt wird. Nur vereinzelt kommen auch tetraploide Sorten beim Apfel vor (2n = 4× = 68). Eine solche ist z.B. die schwedische Züchtung 'Alfa 68', die aus der Kreuzung 'Boskoop' × 'Filippa' entstanden ist. Entsprechend dem vorhergegangenen Hinweis ist bei ihr tatsächlich zu beobachten, daß mit der Steigerung der Chromosomensätze auch das Kronenvolumen, die Blattfläche und das Fruchtvolumen sich vergrößert haben.

An dem Zustandekommen des Formenreichtums beim Apfel sind neben Kreuzungen auch *Mutationen**, d.h. sprungartige erbliche Veränderungen einzelner Eigenschaften, beteiligt gewesen. Während das Wesentliche bei der Kreuzung oder Hybridisierung** die Kombination verschiedener Erbanlagen ist, die in der Tochter-Generation (F_1-Generation)*** neue Formen ermöglicht, werden bei Mutationen nur einzelne der bereits vorhandenen Anlagen entweder verbessert oder verschlechtert; der Gesamtcharakter der Sorte bleibt jedoch erhalten.

---

* von mutare, lat. = (ver)ändern

** Hybriden sind ebenso wie Bastarde Nachkommen aus Kreuzungen mit ungleicherbigen Partnern, meist zwischen oder innerhalb der Arten.

*** F von filia, lat. = die Tochter

2 Methoden der Obstzüchtung

Eine nicht mehr auf den Zufall angewiesene und deshalb planmäßige Züchtung im Obstbau konnte, von wenigen Ausnahmen abgesehen, erst nach der Wiederentdeckung der Mendelschen Vererbungsregeln um die Jahrhundertwende einsetzen. Seitdem ist man in vielen Ländern, vor allem in den USA, in Deutschland, England, Frankreich, Holland, Japan, Neuseeland, Rumänien, Schweden, in der Schweiz und in der UdSSR bemüht, die vorhandenen Formen oder Sorten hinsichtlich wichtiger Eigenschaften wie Wuchs- und Ertragsleistung, Fruchtqualität, Anspruchslosigkeit an Pflege und Bestandessicherheit zu verbessern. Im einzelnen können die Zuchtziele aber noch mehr abgestuft sein. So verlangt beispielsweise der Erdbeererzeuger, um seine Ernteleistung zu erhöhen, große und leicht zugängliche Früchte, während sich der Verbraucher gut aussehende, kräftig nach Erdbeere duftende und zuckerreiche Früchte wünscht. Für die verarbeitende Industrie sind wiederum andere Fruchteigenschaften wie Festigkeit des Fleisches und Farbstabilität vorrangig. Alle diese Eigenschaften in einer Erdbeersorte zu vereinigen, ist kaum möglich. Die züchterische Tendenz geht deshalb, vornehmlich bei Arten mit vielseitiger Verwendbarkeit, immer mehr zu Sorten mit spezifischer Eignung.

Als Züchtungsmethoden bei den Obstgewächsen werden nach Zwintzscher (1962) im allgemeinen angewandt:

- *Einfache Auslese* (Selektion) von natürlichen Beständen oder von solchen primitiver Kulturformen nach zufälliger Kreuzung (Bastardierung, Hybridisierung).
- Kontrollierte *Kreuzung zweier Arten* (Kombinationszüchtung).
- Kontrollierte *Kreuzung selbstfruchtbarer* oder *selbstunfruchtbarer Sorten* einer Art (Kombinationszüchtung).
- *Künstliche* (induzierte) oder *zufällige* Auslösung von *Mutationen*.

Bei allen Verfahren sind nachfolgende Selektionen erforderlich. Ausschließlich der **einfachen Auslese** verdanken wir das heutige Sortiment marktgängiger Apfelsorten. Die Sorten 'Klarapfel', 'James Grieve', ‚Gravensteiner', ‚Goldparmäne', 'Cox Orange', 'Jonathan', 'Boskoop', 'Golden Delicious' und 'Glockenapfel' sind z.B. alle aus Samen zufälliger Kreuzungen schon im 18. und 19. Jahrhundert entstanden. Man bezeichnet diese Gruppe deshalb auch als Zufallssämlinge. Von 'James Grieve' ('Potts Seedling'), von 'Cox Orange' ('Ribston Pepping') und von 'Jonathan' ('Esopus Spitzenberg') kennt man wenigstens die jeweilige Muttersorte. Hingegen sind wegen der Fremdbestäubung die Vatersorten nicht bekannt. Fundorte waren meist Haus- und größere Obstgärten sowie Baumschulen. Bis auf 'Jonathan' und 'Golden Delicious' lagen diese Fundorte alle in Europa. Der Erfolg der einfachen Auslese hängt vom Umfang der Auslesemöglichkeiten ab, die jedoch im Zuge der Rationalisierung des Land- und Obstbaus ständig geringer werden, sieht man von den Wildbeständen einmal ab.

Die Gewinnung neuer Kombinationen von Erbanlagen bei Sorten oder die Übertragung einzelner Erbanlagen von einer Art in die andere ist der Sinn der **Kreuzung zweier Sorten bzw. Arten.** Bei der Angabe der Kreuzungspartner wird die Muttersorte zuerst genannt.

Zur Erzielung schorfresistenter Apfelsorten werden gegenüber dem Schorfpilz widerstandsfähige Wildarten wie z.B. *M. floribunda 821* mit Kultursorten gekreuzt und so die erwünschte Eigenschaft auf die Tochter-Generation übertragen. Diese Nachkommen stehen in ihrem Verhalten zwischen den Eltern, das heißt, daß sie noch wenig ‚kultivierte' Eigenschaften besitzen. Meist sind sie kleinfrüchtig und/oder haben ungenügende geschmackliche Qualitäten. Über mehrfache Rückkreuzungen mit Kultursor-

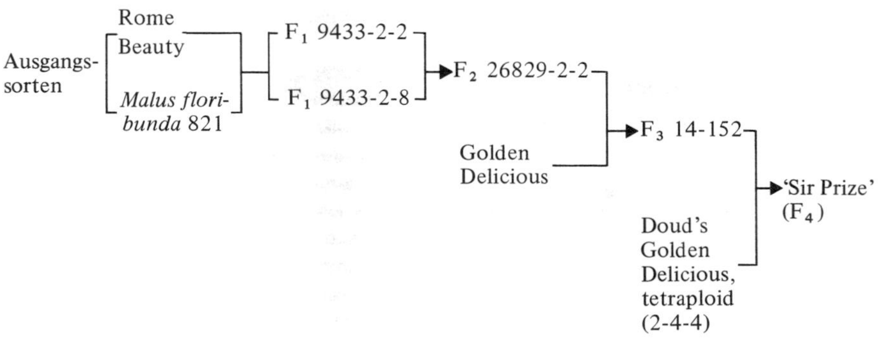

Abb. 22. Züchtungsgang der schorfresistenten Apfelsorte 'Sir Prize'.

ten kommt man nach Jahren wieder zu qualitativ hochwertigen Sorten. Dieses, u.a. in den USA angewandte Verfahren hat dort nach mehr als 25jähriger Kreuzungs- und Auslesearbeit zu den sog. Co-op-Selektionen geführt, von denen vor allem die schorfresistenten Apfelsorten 'Prima' (Co-op 2) und 'Sir Prize' (Co-op 5, triploid) bekannt geworden sind.

Kreuzungen selbstfruchtbarer, also mit eigenem Pollen befruchtbarer (autogamer), **Arten und Sorten** wie Johannisbeeren, Brombeeren, Erdbeeren, Pfirsiche, Aprikosen sowie teilweise Sauerkirschen und Pflaumen ermöglichen durch wiederholtes Kreuzen der Nachkommen zweier Sorten oder durch wiederholtes Befruchten einer Sorte mit eigenem Pollen (Selbstung oder Autogamie) ein zunehmendes Gleichartigwerden ihrer Erbanlagen, unter Umständen bis hin zu sog. *reinen Linien.* Bekannt sind solche Inzuchtlinien vom Mais. Ihr Vorzug ist die Gleicherbigkeit (Homozygotie) aller aus Samen dieser Linien gewonnenen Nachkommen, so daß keine Aufspaltung der Erbanlagen in der F_1-Generation mehr stattfindet.

Bei den **selbstunfruchtbaren** (autosterilen) **Arten und Sorten** wie dem Apfel, der Birne, der Süßkirsche sowie teilweise auch der Sauerkirsche und der Pflaume, die für eine erfolgreiche Befruchtung auf sortenfremden Pollen angewiesen sind, führen **Kreuzungen** als Folge der hochgradigen Ungleicherbigkeit und der vervielfachten Chromosomensätze zu einer **starken Aufspaltung** der **Anlagen** und anschließend zu deren **Neukombination** bei den Nachkommen. Aus Kreuzungen zweier Apfelsorten können beispielsweise Nachkommen mit reingelben, tiefroten oder blauroten Früchten hervorgehen, aber auch solche, die zwergig oder stark wachsen, bzw. deren Kronen steil oder flach gebaut sind. Eine unendliche Formenvielfalt ist die Folge davon.

Das „National Apple Register of the United Kingdom" in England zählt etwa 5500 anbauwürdige Sorten und Mutanten beim Apfel auf.

Die *Vermehrung* solcher ungleicherbiger und selbstunfruchtbarer Sorten kann nur *auf ungeschlechtlichem Wege,* also vegetativ, erfolgen, und zwar mit Hilfe der Okulation (Auge, Knospe) im Spätsommer oder durch Pfropfung (Reis, Trieb) im Frühjahr auf eine geeignete Unterlage. Somit stammen z.B. alle Bäume einer Apfelsorte von einem Mutterbaum ab. Diese Abkömmlinge haben, läßt man nachträgliche Mutationen einzelner Erbanlagen außer Betracht, das gleiche Erbgut wie der Mutterbaum. Man bezeichnet derartige Nachkommenschaften als *Klone.*

Das Schwergewicht der Züchtungsarbeit liegt bei der *Auslese wertvoller Individuen.* Der Erfolg dieser Auslese steigt mit der Zahl der aus der Kreuzung derselben Ausgangssorten bzw. Eltern hervorgegangenen Nachkommen. Theoretisch sind darunter solche, die gegenüber den vorhandenen Sorten verbessert sind.

Fortschritte in den methodischen Grundlagen der Obstzüchtung haben gezeigt, daß die Wahrscheinlichkeit, bestimmte Erbanlagen in den Nachkommen zu erhalten, durch die Wahl der Kreuzungspartner erhöht oder vermindert werden kann. Und zwar deshalb, weil gleichartige Anlagen der Partner bei deren Nachkommen gehäuft auftreten. Kreuzt man also zwei großfrüchtige Apfelsorten miteinander, so findet man in der Tochter-Generation mehr großfrüchtige als kleinfrüchtige Individuen. Bei der Kombination kleinfrüchtig × kleinfrüchtig wird demgegenüber die Zahl der Sorten mit großen Früchten gering sein und kleinfrüchtige Sorten werden vorherrschen.

Die Obstzüchtung ist auch ein Zeitproblem. Als Folge entwicklungsbedingter Eigenheiten müssen beispielsweise Kernobstsämlinge nach ihrer Keimung eine vegetative Jugendphase durchlaufen, bis sie fähig sind, Blüten zu bilden. In der Regel dauert diese Phase etwa 4 bis 10 Jahre. Sie läßt sich durch verschiedene Maßnahmen wie Wahl der Unterlage, Einwirkung bestimmter Temperaturen, Applikation von Wuchsstoffen nur wenig verkürzen. Dies ist ein wesentlicher Grund für die Suche nach gesicherten Verfahren zur Frühauslese bei Sämlingen. Durchschlagende Erfolge haben diese Arbeiten aber noch nicht gezeitigt.

Da das Wuchs-, Ertrags- und Fruchtverhalten weitere 5 bis 10 Jahre geprüft werden muß, vergehen meist 15 bis 20 Jahre, ehe eine Neuzüchtung praxisreif ist. In dieser Zeitspanne kann das frühere Zuchtziel jedoch schon überholt sein.

Die Selektion künstlicher und zufälliger **Mutanten** hat in den letzten Jahren stark an Bedeutung zugenommen, und zwar vor allem deshalb, weil eine Reihe der durch **zufällige Mutationen** hervorgerufenen Mutanten *(Klone, Typen, Spielarten, Sports)* in Obstbeständen die Leistungsfähigkeit der vorhandenen Sorten übertraf. Meist waren dabei Farbe, Form oder Schalenbeschaffenheit der Früchte verbessert. In anderen Fällen mutierte der Wuchscharakter einer Sorte. Neuere Ergebnisse weisen darauf hin, daß auch die Fruchtbarkeit mutativen Einflüssen unterliegt. Das klassische Beispiel einer besonders zu Mutationen neigenden Sortengruppe dürfte die weltweit verbreitete Red-Delicious-Gruppe sein, die in der Mutante 'Starkrimson' die Anlagen sowohl für ganzflächige Ausbildung roter Fruchtfarbe als auch für Kurztriebform (Spur-Typ) vereinigt. Eine Auswahl von Mutanten der Sorte '(Red)Delicious' ist in Abb. 23 zusammengetragen. Der Vorteil solcher *Klein-Mutationen* liegt in der Veränderung nur einzelner oder weniger Eigenschaften. Das allgemeine Verhalten der Sorte bleibt im wesentlichen unverändert. In der Regel erfolgen solche Klein-Mutationen in Einzelzellen primärer Vegetations-Kegel, d.h. in Endknospen von Trieben. Dementsprechend bezeichnet man das Ergebnis auch als Knospen-Mutation, die sich nach weiterem Wachstum entweder nur auf den daraus hervorgehenden Trieb oder auf größere Sproßbereiche auswirken kann.

Neben der Suche nach zufälligen Mutanten, die u.a. durch physikalische Einwirkungen (Temperatur, Strahlung) entstehen, geht man heute mehr und mehr dazu über, **Mutationen künstlich** auszulösen. Hierzu werden hauptsächlich Strahlen radioaktiver Substanzen, Temperaturschocks sowie chemische Stoffe verwendet. Stets werden dabei Knospen, Samen oder das teilungsfähige Gewebe von Trieben und von ganzen Bäumen kurzfristig oder über längere Zeit hinweg den einzelnen Einflüssen ausgesetzt, oder es werden Lösungen mit mutationsverursachenden Substanzen in das Gewebe von Bäumen infiltriert.

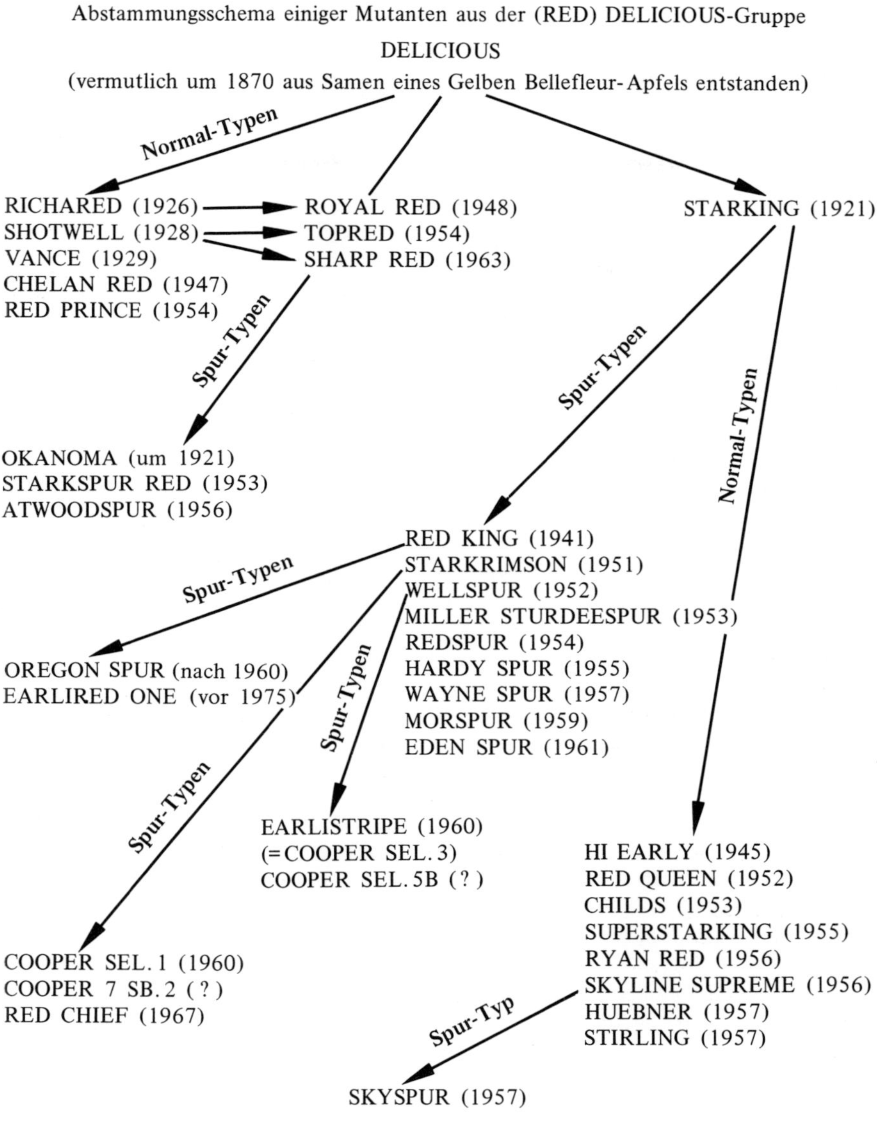

Abb. 23. Abstammungsschema einiger Mutanten aus der '(Red) Delicious'-Gruppe.

Diese künstlichen Mutationsauslösungen zielen entweder auf Verbesserungen der Fruchteigenschaften (Farbe, Glattschaligkeit, Größe) oder bei starkwachsenden bzw. starktriebigen Sorten auf Veränderungen des Wuchsverhaltens im Sinne der Kurztriebform oder eines gedrungenen Wuchses des Sprosses hin. Viele Ergebnisse zeigen jedoch, daß Bestrahlungen in der Regel nicht nur vorteilhafte, sondern gleichzeitig auch nachteilige erbliche Änderungen hervorrufen. Erfolge mit dieser Methode sind bei Obstgehölzen demnach zweifelhaft.

Da Mutanten in ihrem Gewebe vielfach chimärenartig* aufgebaut sind, kann es durch spätere Umlagerungen dieser Gewebe zum Verschwinden der Mutationen bzw. zu einem sog. Zurückschlagen (Atavieren) in die Ausgangsform kommen.

3 Erfolge der Obstzüchtung

Die bislang erzielten Erfolge in der Obstzüchtung sind je nach Obstart unterschiedlich. Während bei den selbstfruchtbaren Arten wie Erdbeeren, Johannisbeeren, Himbeeren, Brombeeren und Pfirsichen sich zahlreiche wertvolle Neuzüchtungen in der Praxis durchgesetzt haben, ist das Ergebnis bei den selbstunfruchtbaren Arten wie Apfel, Birne, Süßkirsche, Pflaume (i.w. Sinne) aufgrund der erbbedingten Schwierigkeiten weniger befriedigend. Beim Apfel sind jedoch in den letzten Jahren eine Reihe von Neuzüchtungen in die Anbau-Sortimente aufgenommen worden. Sorten wie 'Gloster' (Bundesrepublik Deutschland), 'Idared', 'Jonagold' und 'Melrose' (USA) oder 'Mutsu' (Japan) zeugen dafür. Sie stammen alle von kontrollierten Kreuzungen in den Jahren 1930 bis 1950. Auch bei der Birne und Süßkirsche sind neue leistungsfähige Sorten bekannt geworden, und bei den Apfelunterlagen gelang die Züchtung von Malling 26 und 27.

Große Fortschritte wurden in den 70er Jahren auch bei der Selektion zufällig entstandener Mutanten im Rahmen von Klone-Prüfungen erzielt.

4 Einteilung und erbliche Merkmale der Unterlagen

Die Tatsache, daß die meisten Obstarten bei einer Vermehrung über ihren Samen (generativ) als Folge der Aufspaltung und anschließender Neukombination der Erbanlagen ihren Sortencharakter verlieren, zwingt uns, sie auf ungeschlechtlichem Wege, also vegetativ, zu vermehren. Dies geschieht durch **Veredlung** auf geeignete Unterlagen. Zwar ist die Eigenbewurzelung der Kultursorten, sog. Direktträger, möglich, doch war dieses Verfahren für die Praxis zu aufwendig. Darüber hinaus haben sich solche Direktträger häufig auch als wenig fruchtbar gezeigt. Ausnahmen hiervon bilden die sog. wurzelechten Pflaumensorten wie z.B. die 'Hauszwetsche'.

Entscheidend für den Veredlungserfolg und für die Leistungsfähigkeit am Wuchsort ist die *Verträglichkeit* (Affinität oder Kompatibilität) der beiden Partner. Eine ausreichende Verwachsung der Gewebe ist Voraussetzung für den Stoffaustausch zwischen den Veredlungspartnern und für die mechanische Stabilität zwischen Wurzel und Sproß. Ursache mangelnder Verträglichkeit sind stoffliche Disharmonien zwischen den Partnern.

Nach dem heutigen Kenntnisstand gibt es aber in der Frage der Verträglichkeit, z.B. bei Birnen und Pflaumensorten, kein Entweder-Oder, sondern zahlreiche Übergänge, die je nach der Gunst der Standort- und Pflegeverhältnisse die Lebensdauer verkürzen

---

* Chimären und Pfropfbastarde sind Individuen bzw. Organe, die aus erblich verschiedenen Geweben aufgebaut sind.

oder verlängern. In jüngster Zeit werden auch Virosen als mögliche Ursachen für die Unverträglichkeit genannt.

Kultivierte Obstbäume bestehen also in der Mehrzahl der Fälle aus zwei verschiedenen Pflanzen, der *Unterlage* und der *Edelsorte.* Vereinfacht ausgedrückt hat die Unterlage dabei die Aufgaben der Wasser- und Nährstoffaufnahme und anschließender Syntheseleistungen sowie der Verankerung im Boden, die Edelsorte liefert dagegen Assimilate und sichert die Transpiration als eine der Voraussetzungen für den Stofftransport. Die Maßnahme der Veredlung, die zu einer derartigen Sorten-Unterlagen-Kombination führt, erfolgt meist in der Baumschule als *Okulation* oder am Wuchsort als *Pfropfung.* Bekommt eine bereits vorhandene Kombination (Unterlage + Edelsorte) eine neue Sorte, so spricht man von *Umpfropfung* oder *Umveredlung.*

In der Regel wird die Wurzel von der Unterlage, der Sproß (Stamm, Krone) dagegen von der Edelsorte gebildet. Eine der Ausnahmen hiervon bildet die Süßkirsche, bei welcher die Wurzelunterlage zur *wurzelechten Stammunterlage* weiterentwickelt wird (Heister). Zur Anzucht hochstämmiger Bäume (Apfel, Birne) werden wegen des Jugendformcharakters der Sämlinge (dornartige Seitensprosse, vgl. Abb. 24) spezielle Stammunterlagen verwendet oder wenn, wie es manchmal zwischen Birne und Quitte vorkommt, eine mehr oder minder deutliche Unverträglichkeit zwischen den Veredlungspartnern vorliegt, sind *Zwischenveredlungen* unterschiedlicher Länge erforderlich. Beim sog. Nikolieren besteht diese Zwischenveredlung nur noch aus einem Schildchen, das dem Edelauge beim Okulieren unterlegt wird. Solche Bäume sind dann aus drei Individuen aufgebaut.

Von wirtschaftlicher Bedeutung ist der unterschiedliche Einfluß, den die einzelnen Unterlagen auf den jeweils veredelten Pfropfpartner ausüben, vor allem hinsichtlich der

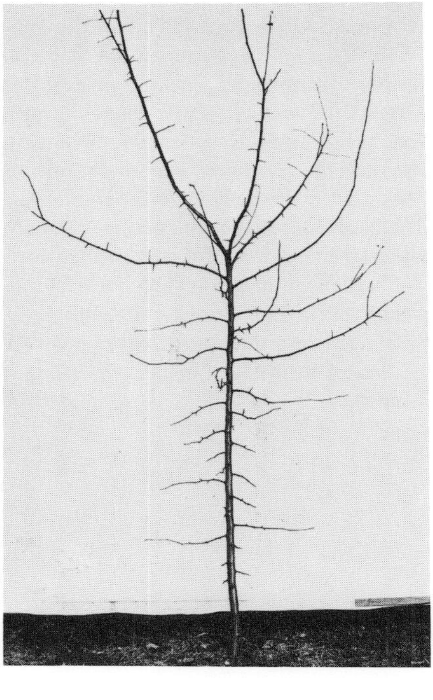

Abb. 24. Dornartige Seitensprosse eines Apfelsämlings als Zeichen seiner Jugendform.

Wuchsstärke, aber auch des Reifeverlaufes und der Qualität der Früchte. Damit hat man beispielsweise eine gute Möglichkeit, bis zu einem gewissen Grad Wachstumsabweichungen aufgrund unterschiedlicher Boden- und Sorteneigenschaften auszugleichen bzw. die Baumgrößen vorher zu bestimmen.

Im Anbau unterscheidet man zwei Gruppen von Unterlagen:

1. Sämlingsunterlagen
2. vegetativ vermehrte Unterlagen.

Die Samen zur Gewinnung von **Sämlingsunterlagen** beschafft man sich aus muttersortenreinem Saatgut. Diese stellen erblich zwar immer noch Populationen, d.h. Gemische von Pflanzen derselben Sorte mit ungleichem Erbgut dar, ihre erbliche Mannigfaltigkeit ist aber beispielsweise gegenüber solchen aus dem Preßgut von Mostobst geringer. Eine genaue Sortierung dieser Sämlinge nach Wuchsstärken vor der Veredlung verringert die Streuung solcher Gemische im Anbau noch weiter. Aus erblicher Sicht besonders günstig sind Sämlinge aus isoliert stehenden Samenspenderanlagen, weil deren Samen die geringsten Streuungen im Erbgut haben. Vorteilhaft bei den Sämlingen sind die reichlich verzweigte Wurzel und damit die gute Standfestigkeit sowie die verhältnismäßig große ökologische Anbaubreite (geringer Bodenanspruch) und die bei Kernobst fehlende Verseuchung mit Virosen. Nachteilig ist vor allem der starke Wuchs, der in der Regel den Ertragsbeginn verzögert.

Eine Besonderheit unter den Sämlingen bilden die *apomiktisch* entstandenen *Unterlagen*, die bei manchen Wildapfel-Arten auftreten. Diese sind aus Samen ohne vorausgegangene Befruchtung der ungeteilten mütterlichen Keimzelle entstanden. Ihr Vorzug liegt in der Erbgleichheit aller Nachkommen. Die Zuchtziele bei diesen apomiktischen Unterlagen sind auf schwachwachsende und mit virusfreien Kultursorten verträgliche Formen gerichtet.

Erblich sind die **vegetativ vermehrten Unterlagen** in zwei Gruppen zu gliedern, und zwar in die Klonunterlagen und in die Typenunterlagen.

Die *Klonunterlagen* gehen auf eine einzige Mutterpflanze zurück. Demzufolge sind alle Nachkommen, abgesehen von späteren erblichen Veränderungen, erbgleich.

Bei den *Typenunterlagen* handelt es sich im Gegensatz dazu jeweils um Nachkommen von mehreren Mutterpflanzen, die nach äußeren Merkmalen (phänotypisch) zwar ein Höchstmaß an Übereinstimmung aufweisen, aber nicht erbgleich sein müssen. Dennoch zeigen die einzelnen Typenunterlagen im Anbau ein so einheitliches Verhalten, daß sie als Unterlagen mit geringer Streuung im Hinblick auf das Wachstum der Sorten-Unterlagen-Kombination bezeichnet werden können.

Als Mängel, hauptsächlich bei schwach- bis mittelstarkwachsenden Typen, sind ihre wenig verzweigte Wurzel und somit geringe Standfestigkeit sowie ihre gegenüber den Sämlingen verminderte Anpassungs- und Frostwiderstandsfähigkeit zu nennen.

Die Anzucht aller Unterlagen erfolgt in der Regel in speziellen Unterlagen-Baumschulen.

Die wirtschaftlich wichtigen Obstarten

Die Wahl der Arten, Sorten und Unterlagen muß sich wegen der Langlebigkeit fast aller Obstgewächse unbedingt nach den natürlichen Standortverhältnissen ausrichten. Nur die Übereinstimmung der jeweiligen Standortansprüche einer Obstart oder -sorte mit den von Natur aus gegebenen Bedingungen ermöglicht die heute notwendigen Leistungen hinsichtlich Erntemenge und Fruchtqualität. Dabei lehren die Erfahrungen, daß die ökologischen Optima (s. Seite 73) für die meisten der in Mitteleuropa angebauten Obstarten nicht sehr unterschiedlich sind. Mit der Standortbeurteilung für den Obstbau und der Erkundung des Verhaltens der Arten und Sorten unter verschiedenen Standortbedingungen befassen sich auf Länderebene eigens dafür geschaffene Stellen.

Die zum Anbau vorgesehene Obstart und -sorte sollte ferner den Forderungen des Marktes und damit letztlich denjenigen der Verbraucher entsprechen. Der übergebietliche Markt verlangt dabei ein in bezug auf Lagerung und Transport der Früchte möglichst unproblematisches Sortiment. Demgegenüber hat der im Bereich der großen Verbraucherzentren an Bedeutung zunehmende lokale Markt seine Stärke in der Vielfalt der Produkte und dem ganzjährigen Angebot genußreifer Ware. Der hierbei häufig kurze Vermarktungsweg vom Erzeuger direkt zum Verbraucher begünstigt den Anbau transportempfindlicher und/oder weniger haltbarer Früchte, vor allem beim Weichobst (Beeren, Kirschen). Gebietlich bewährte Lokalsorten, wie sie hauptsächlich noch bei Süßkirschen verbreitet sind, haben unter diesen Bedingungen am ehesten noch Berechtigung.

Arbeitswirtschaftlich beeinflußt der Erntetermin die Arten- und Sortenwahl. Deshalb ist die arten- und sortenspezifische Reifezeit zu beachten. Innerhalb artgleicher Pflanzungen sollte die Wuchsstärke der geplanten Sorten-Unterlagen-Kombinationen aufeinander abgestimmt werden, ebenso deren voraussichtliche Lebensdauer.

Für die Wahl der obstbaulichen Nutzung einer Fläche kann das Ausmaß der Hangneigung entscheidend sein. Hiervon ist das maschinenintensive Kernobst stärker betroffen als das eher maschinenextensive Steinobst und am geringsten das Beerenobst, das Mostobst, die Brennkirschen und die Nüsse.

Auch die über den Anbauerfolg entscheidende Befruchtung muß durch richtige Sortenwahl sichergestellt werden (siehe besondere Kapitel bei den Obstarten).

Die Sortenbezeichnungen richten sich nach der von der Fachgruppe Obstbau im Bundesausschuß Obst und Gemüse herausgegebenen Broschüre „Handelsnamen für Kern- und Steinobstsorten“ (Obst- und Gartenbauverlag München).

1 Der Apfel

Allgemeine Bedeutung

In Europa ist der Apfel *(Malus pumila* var. *domestica),* dessen Kultur bis in die Anfänge der Menschheit zurückreicht, die wichtigste Obstart. Sein erwerbsmäßiger Anbau wird vom Mittelmeerraum bis zu den nordischen Ländern betrieben. Allein in den neun Ländern der EG wird ein Drittel der Welterzeugung geerntet (vgl. Tab. 2). Bedeutende Anbaugebiete liegen in Süd- und Mittelfrankreich, Norditalien, in den Benelux-Ländern sowie an der Niederelbe bei Hamburg, im Bodenseegebiet, im Rhein- und Nekkarland.

Unterschiedliche Reifezeiten der Sorten (Juli bis Oktober) und die Möglichkeit der Langzeitlagerung schaffen die Voraussetzungen für ein ganzjähriges Angebot auf dem Markt. Als Tafeläpfel dienen sie dem Frischverzehr oder finden als sog. Kochäpfel im Haushalt vielfältige Verwendung (Mus, Gelee, Kuchenbelag).

Neben diesen Äpfeln spielen saftreiche Mostäpfel mit ausgewogenem Zucker-Säure-Verhältnis oder mit besonders hohem Säuregehalt, sog. Säureträger, als Rohware für die Herstellung von Süßmost und von Obstwein eine bedeutende Rolle. Ihre Produktion stammt vorwiegend aus dem Streuobstbau, der gebietsweise stark verbreitet ist. Geschlossene Mostobstpflanzungen mit speziell dafür geeigneten Sorten sind noch selten.

Aus den nach der Saftgewinnung übrigbleibenden Apfeltrestern gewinnt man Pektin als Dickungsmittel für Marmeladen und Arzneimittel. Als lohnende Verwertung von zuckerreichen, aber aus äußeren Qualitätsmängeln (z.B. starke Berostung, Hagel, Schorf) dem Markt nicht mehr zuführbaren Tafeläpfeln und Äpfeln spezieller Sorten gilt das Brennen ihrer zuvor vergorenen Maische zu Obstwasser (Apfelschnaps).

Standortansprüche

Die ökologische Anbaubreite des (flachwurzelnden) Apfels ist dank der Vielzahl der Sorten und ihrer guten Anpassungsfähigkeit verhältnismäßig groß. Durch die Wahl geeigneter Unterlagen kann sie noch vergrößert werden. Als ökologische Anbaubreite wird derjenige Bereich der natürlichen Standortverhältnisse verstanden, innerhalb dessen die Kultur bzw. der Anbau bestimmter Nutzpflanzen unter intensiven Pflege- und Bewirtschaftungsbedingungen einen wirtschaftlichen Nutzen erwarten läßt.

Einzelne Sorten fallen allerdings durch eine begrenzte Anpassungsfähigkeit auf. Ein Beispiel dafür ist die Sorte 'Cox Orange', die nur bei regelmäßiger Wasserversorgung und Mineralstoffernährung gute Leistungen zeigt. Unter weniger geeigneten Standortbedingungen oder nach extremen Witterungsschwankungen (naß/kühl ↔ trocken/heiß) reagiert sie vielfach mit vorzeitigem Fruchtfall, mit Berostungen und Rißbildungen auf der Schale oder gar mit Aufplatzen der Früchte. Je nach Unterlage, Schnitt, Fruchtbehang oder Witterung neigt 'Cox Orange' auch zu starker oder aber zu schwacher Triebbildung, was häufig für die Blütenbildung oder für das Fruchtwachstum von Nachteil ist.

Trotz der Anpassungsfähigkeit der Apfelsorten sind jedoch hohe Erntemengen und beste Fruchtqualitäten langfristig nur bei

- *günstigem Wärmeklima* (mehr als 7,5 °C Jahresmitteltemperatur),
- *geringer Spätfrostgefahr*
- *regelmäßiger Wasserversorgung* und auf
- *fruchtbaren Böden* (tiefgründig, humos, gut durchlüftet, Bodenwertzahl mindestens 60) mit
- *schwach bis mäßig saurer Reaktion* zu erwarten.

Im Vergleich zu diesen ökologischen Faktoren treten solche wie Wind und Luftfeuchtigkeit in ihrem Einfluß auf Menge und Qualität der Früchte zurück, ebenso die Bodenart, während der Faktor Licht in unseren Breiten als gleichwirksam unterstellt wird. An den westlichen europäischen Meeresküsten entlang wird der Wind allerdings zu einem begrenzenden Faktor.

Unterschiedliches Verhalten hinsichtlich Erntemenge und Fruchtqualität setzt bei den einzelnen Apfelsorten in der Regel erst unter Bedingungen ein, die vom ökologischen Optimum* abweichen. Bekannt ist z. B., daß die Sorte 'Golden Delicious' nach Trockenperioden oder auf verhältnismäßig trockenen Böden hinsichtlich Zahl und Größe der Früchte noch gute Leistungen zeigt, während die Sorte 'Boskoop' unter derartigen Verhältnissen schlechter gedeiht, dagegen auf mäßig wechselfeuchten, im Untergrund meist tonigen Böden reichlicher und regelmäßiger als viele andere Sorten fruchtet.

Befruchtungsverhältnisse

Für einen ertragssicheren Apfelanbau ist die Kenntnis der Befruchtungsverhältnisse eine wichtige Voraussetzung, zumal Jungfernfrüchtigkeit, d. h. die Entwicklung von Früchten ohne vorausgegangene Befruchtung (Parthenokarpie), beim Apfel praktisch ebenso keine Rolle spielt, wie die bei einzelnen Sorten vor allem in Gebieten mit hohen Tages- und Nachttemperaturen zur Blühzeit beobachtete, im gemäßigten Klima wirtschaftlich aber unzureichende Selbstfruchtbarkeit (Autofertilität oder Autogamie). Für eine *vollwertige Befruchtung,* die sowohl den Ansatz als auch die Qualität der Früchte begünstigt, sind die zwittrigen (= hermaphroditen: Fruchtknoten und Staubblätter in einer Blüte beieinander) *Apfelblüten* bzw. deren *Narben* deshalb auf die Bestäubung mit *sortenfremdem Pollen* angewiesen. Als Pollenüberträger dienen hauptsächlich Honigbienen und Hummeln, die allerdings temperaturbedingte unterschiedliche Aktivitätszeiten haben (Bienen – warme Mittagszeit; Hummel – kühle Morgen- und Abendstunden bzw. kühle Tage); in dieser Weise ergänzen sich beide Insektengattungen hervorragend.

Apfelsorten sind also selbstunfruchtbar, was zur Folge hat, daß mindestens zwei Sorten für den Befruchtungserfolg in einer Pflanzung erforderlich sind und auch, daß sich die Anpflanzung von sortenreinen Beständen oder von größeren Blöcken mit gleichen Sorten verbietet. Um weitere Risiken bei der Befruchtung von Apfelsorten auszuschließen, sollten Befruchtersorte und zu befruchtende Sorte nicht mehr als etwa 25 m voneinander entfernt sein.

Diploide Sorten. Nicht jede Sorte ist ein guter Pollenspender. Nur diejenigen mit diploidem Chromosomensatz ($2n = 2\times = 34$, vgl. Kapitel Entstehung der Kultursorten) sind in der Regel hierfür geeignet. Mutanten einer Sorte verhalten sich dabei wie ihre Normal- oder Standardform.

Der Befruchtungserfolg kann aber auch beim Anbau diploider Apfelsorten in Frage gestellt sein, wenn beispielsweise Sorten mit mangelhafter Pollenbildung wie 'Melrose' als Befruchter verwendet werden, oder wenn es sich um stark alternierende Sorten wie 'Mantet', 'Maigold' oder 'Laxtons Superb' handelt, bei denen im sog. Ausfalljahr die Pollenbildung wegen fehlender Blüten ungenügend ist.

Bei der Auswahl der Befruchtersorte ist auch die unterschiedliche Aufblühfolge der Apfelsorten zu beachten, denn je nach Frühjahrswitterung kann es zwischen früh- und spätblühenden Sorten zu fehlender Überlappung der jeweiligen Blütezeiten und damit zu Schwierigkeiten in der gegenseitigen Befruchtung kommen. Nach den in Abb. 25

---

* Als ökologisches Optimum bezeichnet man den begrenzten Bereich, innerhalb dessen die Pflanzen bestes Gesamtgedeihen (Wuchs, Ertrag, Qualität) zeigen.

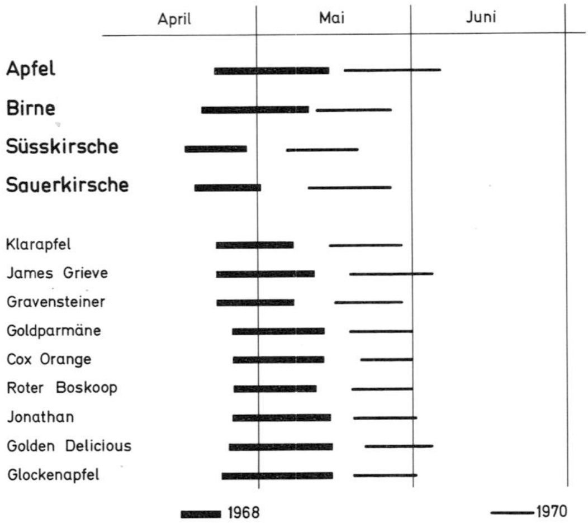

Abb. 25. Blühbeginn und Blühdauer wichtiger Obstarten und Apfelsorten in phänologisch unterschiedlichen Jahren nach Bonitierungen an der Versuchsstation Bavendorf.

dargestellten Bonituren des Blühverlaufes wichtiger Apfelsorten in verschiedenen Jahren vereinfacht sich dieses Problem im gemäßigten Klima aber insofern, als sich sowohl in einem Jahr mit früher (1968), als auch in einem solchen mit später Blüte (1970) die Blühzeiten aller bonitierten Sorten in Bavendorf ausreichend lange überdeckten, zumal die „effektive Befruchtungszeit“ beim Apfel bis zu 8 Tagen betragen kann.

Im subtropischen Bereich jedoch klaffen die Blühzeiten der Apfelsorten teilweise als Folge nicht ausreichender Befriedigung des Kälteanspruches soweit auseinander, daß keine Überlappung möglich ist. In solchen Fällen müssen bei klimaangepaßten, frühblühenden Sorten Pollen gesammelt, diese einige Wochen konserviert und dann mit Hilfe der Bienen auf die Narben der später blühenden Sorten gebracht werden.

Bei Sorten mit manchmal schlechtem Fruchtansatz wie bei ‘Boskoop’ hat es sich in der Praxis bewährt, zwei bis drei Befruchtersorten mit aufeinanderfolgenden Blühzeiten im Bestand zu verteilen, um für die zeitlich unterschiedlich sich öffnenden Blüten der verschiedenen Orte eines Baumes jeweils reife Pollen verfügbar zu haben. Hierfür eignen sich auch Wildapfelarten wie *Malus aldenhamensis* und *Malus hillieri* oder aus solchen hervorgegangene Zierapfelsorten wie ‘Golden Hornet’ und ‘Winter Gold’, die entweder astweise in die Bäume einveredelt oder als Bäume in die Reihen gepflanzt bzw. als Topfbäume vorübergehend gestellt werden. Bei ihrer Verwendung erübrigen sich besondere Pflege- und Erntearbeiten.

Triploide Sorten (Pollensterilität). Neben den diploiden Apfelsorten sind auch triploide ($2n = 3\times = 51$) Sorten im Anbau vertreten. Bei den Neuzüchtungen sind dies ‘Charden’, ‘Jonagold‘, ‘Karmijn de Sonnaville’, ‘Mutsu’ und ‘Suntan’, bei den marktwichtigen und älteren Sorten ‘Bohnapfel’, ‘Boskoop’, ‘Brettacher’, ‘Coulon Renette’, ‘Gravensteiner’, ‘Holsteiner Cox’, ‘Horneburger Pfannkuchen’, ‘Jacob Fischer’ (= ‘Schöner vom Oberland’), ‘Kanada Renette’, ‘Stayman Winesap’ und ‘Zabergäu’. Diese sind zwar befruchtbar, haben aber trotz eigener großer Pollenmenge als Befruchtersorte wegen schlechter Keimfähigkeit, die auf eine unregelmäßige Verteilung der Chromosomen bei der sog. Reduktionsteilung zurückgeht, oder wegen frühzeitigem Absterben ihres Pollens auf der sortenfremden Narbe nur geringen Wert. Bei Verwendung einer triploiden Sorte muß deshalb dafür gesorgt werden, daß nicht nur diese selbst, sondern auch die zu ihrer Befruchtung vorgesehenen Sorte einen geeigneten Pollenspender erhält. Dieses Beispiel macht den Anbau von mindestens drei Apfelsorten erforderlich.

Unfruchtbarkeit zwischen nahe verwandten Sorten (Intersterilität). In befruchtungsbiologischen Untersuchungen konnte zwischen einer Reihe von nahen verwandten Apfelsorten Intersterilität (vgl. Tab. 6) nachgewiesen werden. Darüber hinaus bestehen aber auch noch bei anderen Apfelsorten einseitige Befruchtungsmängel wie z. B. bei:

'Maigold' als Befruchtersorte für 'Boskoop',
'Klarapfel' für 'Ingrid Marie' und 'Glockenapfel',
'Golden Delicious' für 'Holsteiner Cox' und
'Cox Orange' für 'Jonagold'.

Tab. 6. Intersterilitäten zwischen nahe verwandten Apfelsorten

zu befruchtende Sorte	Abstammung	ungeeigneter Pollenlieferant
Charden	Golden Delicious × Renette Clochard	Golden Delicious
Discovery	Schöner aus Bath × ? Worcester Pearmain	Schöner aus Bath
Holsteiner Cox	Sämling von Cox Orange	Cox Orange
Jonagold	Golden Delicious × Jonathan	Golden Delicious
Karmijn de Sonnaville	Cox Orange × Jonathan	Cox Orange
Karmijn de Sonnaville	Cox Orange × Jonathan	Jonathan
Maigold	Fraurotacher × Golden Delicious	Golden Delicious
Melrose	Jonathan × (Red) Delicious	Jonathan
Melrose	Jonathan × (Red) Delicious	(Red) Delicious
Mutsu	Golden Delicious × Indo	Golden Delicious

1.1 Marktsorten

Als Folge der Selbstunfruchtbarkeit und der Ungleicherbigkeit des Apfels ist im Verlauf der Jahrhunderte eine fast unübersehbare Zahl von Sorten entstanden. Ihr weitaus größter Teil hat über den örtlichen Rahmen hinaus nie Bedeutung erlangt; nur verhältnismäßig wenige Sorten fanden größere Verbreitung. Wegen der wachsenden und sich z. T. auch ändernden Anforderungen des Marktes ist das Sortiment gerade beim Apfel in steter Bewegung.

Im Mittelpunkt der nachfolgenden Beurteilungen, meist in Tabellenform, stehen die Marktsorten und ihre Mutanten, deren Eigenschaften im Anbau und bei der Vermarktung anzusprechen sind.

Am wärmeanspruchsvollsten (vgl. Tab. 7) ist 'Granny Smith', die für ihre sortentypische Fruchtqualität mindestens 190 Vegetationstage (Blüte bis Ernte) benötigt, während der hohe Wärmeanspruch von 'Klarapfel' sich aus der Zielsetzung einer möglichst frühen Reife für den Markt ergibt. Biologisch gesehen kann gerade diese Sorte auch mit

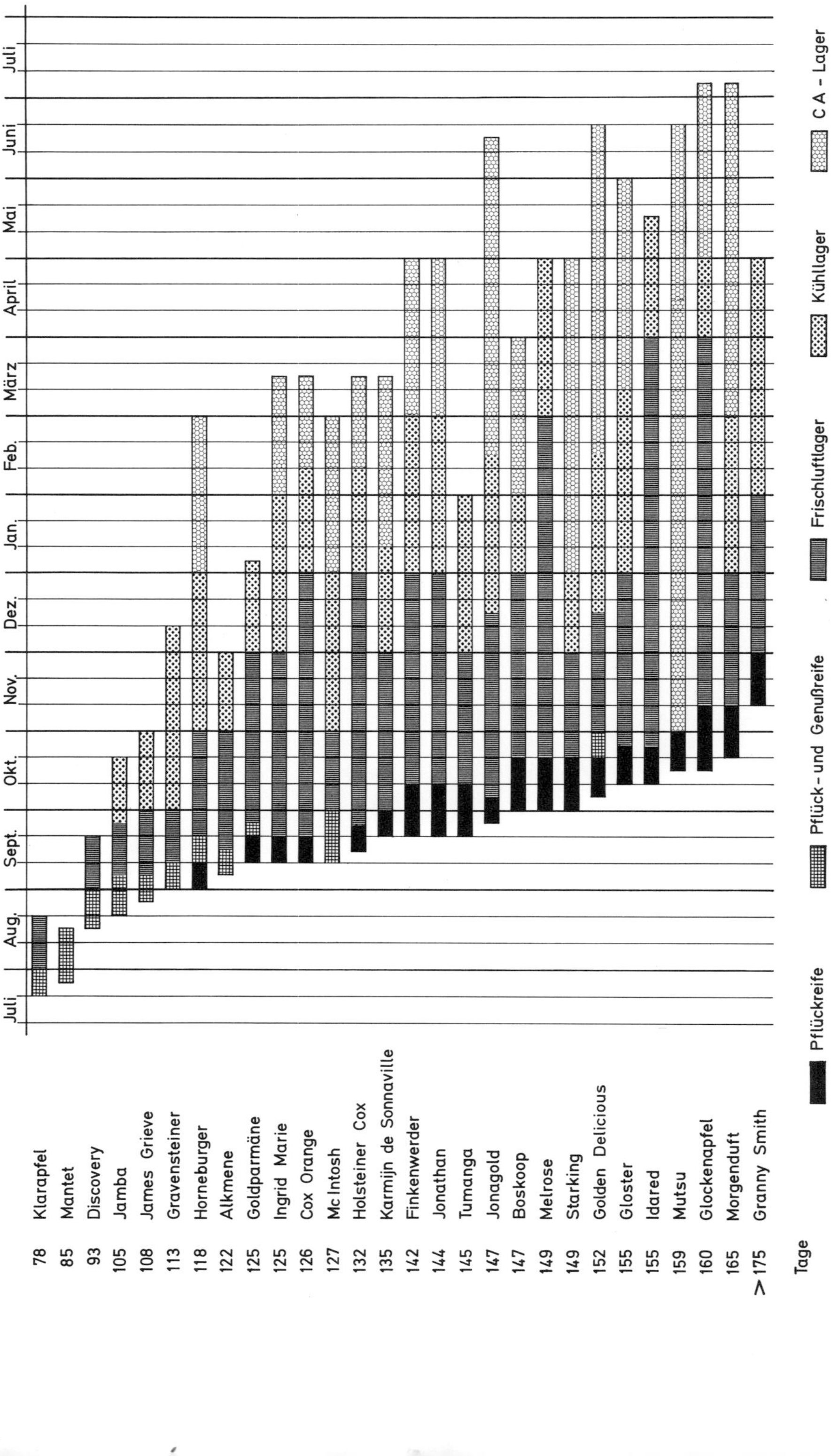

Abb. 26. Pflückreife, Genußreife und Lagerungszeit wichtiger Apfelsorten, hauptsächlich nach Messungen und Erfahrungen an der Versuchsstation Bavendorf. Die mittlere Fruchtwachstumszeit in Zahl der Tage weist auf die Mindestansprüche der Sorten an die Wachstumszeit hin (vgl. Tab. 7).

Tab. 7. Genetische Merkmale und ökologisches Verhalten wichtiger Apfelsorten

Sorten – nach Reifezeit geordnet	genetische Merkmale			ökologisches Verhalten				
					Anspruch an		Empfindlichkeit gegen	
	Abstammung (Fundgebiet)	Chromosomensätze	geeignet als Pollenspender	Wärme	Bodenfeuchtigkeit	Bodendurchlüftung	Spätfrost	Winterfrost
Klarapfel	Zufallssämling (Baltikum)	diploid	ja	hoch*	mittel	mittel	gering	sehr gering
Gravensteiner	Zufallssämling (Nordschleswig, Dänemark)	triploid	nein	mittel	hoch	mittel	hoch	mittel
James Grieve	aus Samen von Pott's Seedling (Schottland)	diploid	ja	mittel	mittel	mittel	gering	gering
Goldparmäne	Zufallssämling (England oder Frankreich)	diploid	ja	hoch	mittel	mittel	mittel	gering
Ingrid Marie	vermutlich aus Samen von Cox Orange (Dänemark)	diploid	ja	gering	hoch	mittel	mittel bis hoch	mittel
Cox Orange	aus Samen von Ribston Pepping (England)	diploid	ja	mittel	hoch	hoch	mittel bis hoch	hoch

Tab. 7. Genetische Merkmale und ökologisches Verhalten wichtiger Apfelsorten (Fortsetzung)

Sorten – nach Reifezeit geordnet	genetische Merkmale			ökologisches Verhalten				
				Anspruch an			Empfindlichkeit gegen	
	Abstammung (Fundgebiet)	Chromosomensätze	geeignet als Pollenspender	Wärme	Bodenfeuchtigkeit	Bodendurchlüftung	Spätfrost	Winterfrost
Holsteiner Cox	vermutlich aus Samen von Cox Orange (Norddeutschland)	triploid	nein	gering	hoch	hoch	mittel	mittel
Boskoop	Zufallssämling (Holland)**	triploid	nein	gering	hoch	gering	hoch	hoch
Jonathan	aus Samen von Esopus Spitzenberg (Nordamerika)	diploid	ja	hoch	gering	mittel	gering	gering
Starking	Knospenmutation von (Red) Delicious (USA)	diploid	ja	hoch	gering	hoch	hoch	mittel
Golden Delicious	Zufallssämling*** (Nordamerika)	diploid	ja	hoch	gering	mittel	gering	gering
Glockenapfel	Zufallssämling (Schweiz oder Norddeutschland)	diploid	ja	mittel	mittel	mittel	gering	gering
Morgenduft (Rome Beauty)	Zufallssämling (USA)	diploid	ja	hoch	mittel	gering	gering	hoch
Granny Smith	Zufallssämling (Australien)	diploid	ja	sehr hoch	mittel	mittel	gering	mittel

* Voraussetzung für früheste Reife; ** anscheinend eine Knospenmutation von ‘Reinette von Montfort’;

gutem Erfolg in weniger warmen Landschaften angebaut werden, jedoch mit späterer Pflück- und Genußreife. Ebenfalls hoch sind die Wärmeansprüche von 'Goldparmäne', 'Jonathan' und 'Golden Delicious', da in wärmeklimatisch benachteiligten Gebieten auch bei diesen Sorten Mängel in der Größe und im Geschmack der Früchte auftreten.

Bei 'Boskoop', 'Gravensteiner', 'Ingrid Marie', 'Holsteiner Cox' und 'Cox Orange ' ist günstiges Fruchtwachstum erheblich von einer gleichmäßigen oder im Verlauf der Vegetationszeit wenig schwankenden Bodenfeuchtigkeit abhängig, wobei sich 'Boskoop' im Gegensatz zu 'Cox Orange' auch noch auf weniger gut durchlüfteten Böden (tonreich, wechselfeucht) behaupten kann. 'Jonathan' und 'Golden Delicious' sind hinsichtlich der Bodenfeuchtigkeit demgegenüber verhältnismäßig anspruchslos. Beide Sorten vermögen deshalb auch auf trockeneren Böden genügend ertragreich zu sein. Die sortentypische Fruchtgröße ist in solchen Fällen allerdings verschlechtert.

In der Blüte besonders frostempfindlich sind die triploiden Sorten 'Boskoop' und 'Gravensteiner', deren Fruchtknoten nach Spätfrösten im Frühjahr oftmals schon dann erfroren sind, wenn die weniger empfindlichen Blüten der Sorten 'Klarapfel', 'James Grieve', 'Jonathan', 'Golden Delicious' und 'Glockenapfel' kaum Schäden zeigen. Langanhaltende kühle Witterung im Frühjahr kann bei 'Cox Orange' sowie bei den Abkömmlingen 'Alkmene', 'Ingrid Marie' und 'Holsteiner Cox' zum Abstoßen der Blüten führen. Sorten mit der ausgeprägten Neigung, am einjährigen Langtrieb (laterale) Blütenstände zu bilden, wie z.B. 'Golden Delicious' oder 'Jonathan', bringen

Tab. 8. Wuchs- und Ertragseigenschaften wichtiger Apfelsorten

Sorten	Wuchsstärke	Leitaststellung	Triebbildung	Ertragsbeginn	Baumertrag %	Alternanzneigung
Klarapfel	schwach	steil	schwach	früh	40	gering
Gravensteiner	sehr stark	mittel	mittel	spät	80	groß
James Grieve	sehr schwach	mittel	schwach	früh	90	sehr gering
Goldparmäne	mittel	steil	stark	mittel	60	mittel
Ingrid Marie	mittel	mittel	mittel	früh	80	groß
Cox Orange	mittel	mittel	sehr stark	mittel	55	groß
Holsteiner Cox	stark	flach	mittel	spät	70	mittel
Boskoop	sehr stark	flach	stark	spät	80	groß
Jonathan	mittel	flach	mittel	früh	70	gering
Starking	stark	mittel	mittel	spät	70	mittel
Golden Delicious	mittel	mittel	mittel	früh	100	gering
Glockenapfel	mittel	steil	stark	mittel	80	mittel
Morgenduft	mittel	steil	schwach	früh	100	gering
Granny Smith	mittel	flach	schwach	spät	75	mittel

Tab. 9. Fruchteigenschaften wichtiger Apfelsorten

Sorten	Größe	spezifisches Gewicht	Druckempfindlichkeit	Lagerfähigkeit	Anfälligkeit für Berostungen oder Rißbildungen	Neigung zu Stippigkeit
Klarapfel	gering bis mittel	niedrig	sehr hoch	sehr gering	gering	gering
Gravensteiner	groß	mittel	hoch	mittel	gering	groß
James Grieve	mittel	niedrig	hoch	mittel	mittel	mittel
Goldparmäne	klein	hoch	gering	gering	gering	groß
Ingrid Marie	mittel	mittel	mittel	mittel	hoch	mittel
Cox Orange	mittel	hoch	gering	mittel	hoch	groß
Holsteiner Cox	mittel bis groß	sehr hoch	gering	mittel	hoch	groß
Boskoop	groß	mittel	gering	hoch	hoch	groß
Jonathan	mittel	niedrig	gering	hoch	gering	gering
Starking	mittel bis groß	hoch	gering	hoch	gering	gering
Golden Delicious	mittel bis groß	mittel	hoch	hoch	hoch	gering
Glockenapfel	mittel	mittel	gering	hoch	gering	mittel
Morgenduft	groß	mittel	gering	hoch	gering	gering
Granny Smith	mittel bis groß	hoch	mittel	hoch	gering	gering

TAFEL 1 APFELSORTEN MIT MUTANTEN

Oben links: 'Roter James Grieve'. Oben rechts: 'Gelber Gravensteiner'. Mitte links: 'Cox Orange, Queen'. Mitte rechts: 'Cox Orange, Crimson'. Unten links: 'Gelber Boskoop'. Unten rechts: 'Roter Boskoop, Schmitz-Hübsch'.

TAFEL 2 APFELSORTEN

Oben links: 'Jonagold'. Oben rechts: 'Idared'. Mitte links: 'Golden Delicious'. Mitte rechts: 'Gloster'. Unten links: 'Glockenapfel'. Unten rechts: 'Mutsu'.

TAFEL 3 APFELSORTEN

Oben links: 'Alkmene'. Oben rechts: 'McIntosh, Rogers'. Mitte links: 'Elstar'. Mitte rechts: 'Holsteiner Cox'. Unten links: 'Karmijn de Sonnaville'. Unten rechts: 'Melrose'.

TAFEL 4 BIRNENSORTEN

Oben links: 'Trévoux'. Oben rechts: 'Williams'. Unten links: 'Bristol Cross'. Unten rechts: 'Conference'.

häufig auch nach extremen Spätfrösten mittlere Erträge. Meist erhält man aber in solchen Fällen Schalenberostungen und mangelnde Fruchtgrößen.

Obwohl die Empfindlichkeit des Holzes gegenüber Winterfrösten dank der meist guten Holzreife zu Winterbeginn keine so entscheidende Bedeutung mehr hat, wie in früheren Jahrzehnten, kommt es hin und wieder bei 'Boskoop' und 'Cox Orange' zu Frostschäden an Sproß und Wurzel. Bei 'Cox Orange' konnte dabei mehrfach beobachtet werden, daß früher Winterschnitt dieses Risiko erhöht. Deshalb sollte bei dieser Sorte mit dem Baumschnitt erst nach Winterende begonnen werden.

Die besten Voraussetzungen für frühe, reichliche und regelmäßige Erntemengen (vgl. Tab. 8) besitzen unbestritten 'Golden Delicious' und 'Morgenduft', gefolgt von 'James Grieve', während 'Klarapfel' und 'Cox Orange' den Schluß der Rangfolge bilden. Die Bemühungen, die Ertragsleistung von 'Cox Orange' mit Hilfe der Unterlage, der Pflanzdichte oder intensiver Pflege und Bewirtschaftung zu steigern, haben keine entscheidenden Fortschritte gebracht. Verbesserungen dieser Eigenschaft sind jedoch durch die Einführung ertragsfreudiger Mutanten (Typen) zu erreichen. Unregelmäßige Träger sind 'Gravensteiner', 'Cox Orange' und 'Boskoop'. Während bei 'Cox Orange' diese Eigenschaft indirekt oft auf ein nach Zahl und Länge starkes Triebwachstum zurückgehen dürfte, muß man bei 'Gravensteiner' und 'Boskoop' die Ursache in dem kräftigen Wuchs suchen. Durch die Verwendung schwachwachsender Unterlagen wie M9 läßt sich die sortenspezifische Wuchsstärke vermindern und damit die Neigung zum Fruchten verbessern. Umgekehrt muß jedoch schwächeres Sproßwachstum nicht gleichbedeutend mit hohen Erträgen sein, wie das Beispiel 'Klarapfel' in Tab. 8 zeigt.

Die Angaben zur Fruchtgröße in Tab. 9 gelten für sortentypisch mittlere Fruchtbehangdichten.

Neben der Druckempfindlichkeit von frühreifenden Sorten mit relativ lockerem Fruchtgewebe, wie vor allem bei 'Klarapfel', ist auch die hohe Druckempfindlichkeit der Fruchtschale und der darunterliegenden Gewebeschichten von 'Golden Delicious' in prallem, sog. sukkulentem Zustand, d.h. hauptsächlich frühmorgens bei der Ernte oder bei regnerischem Wetter, aber auch nach dem Auslagern, zu beachten. Das sofortige Sortieren ist in all diesen Fällen deshalb nicht ratsam.

'James Grieve' und 'Cox Orange' neigen hauptsächlich von der Blüte an bis zum Ende des Junifruchtfalles zu natürlichem Fruchtfall. Diese, den Junifruchtfall oft verstärkende Erscheinung wird meist durch ungünstiges Wetter (kühl und feucht) verursacht. Bei kurzstieligen Sorten mit zugleich dichtem, klumpigem Fruchtansatz, wie z.B. bei 'Gravensteiner', 'Cox Orange' und 'Glockenapfel', kommt es vor der Ernte nicht selten zum Abdrücken von Einzelfrüchten im Fruchtstand.

Bei den nichtparasitären Schäden steht die Neigung zur Stippigkeit im Vordergrund. Deshalb wird der Anbau stippeanfälliger Sorten wie 'Gravensteiner', 'Goldparmäne' und 'Cox Orange' zunehmend problematisch, denn die bekannten Bekämpfungsmaßnahmen erbringen nicht immer einen ausreichenden Erfolg.

1.2 Neuheiten

Den Beurteilungen der neuen Apfelsorten (Tabelle 10), die wie vor allem 'Gloster', 'Jonagold', 'Idared', 'Alkmene', 'McIntosh, Rogers' und 'Mutsu' aber auch schon Eingang in regionale Anbau-Sortimente gefunden haben, liegen langjährige Prüfungen ihres Anbau- und Marktwertes in Bavendorf zugrunde. Ergebnisse und Erfahrungen zahlreicher Versuchsansteller in verschiedenen europäischen Gebieten wurden ebenfalls berücksichtigt. Alle diese Sorten haben sich im Versuchsanbau, bei der Vermark-

Tab. 10. Genetische Merkmale sowie Wuchs- und Ertragseigenschaften neuer Apfelsorten

Sorten – nach Reifezeit geordnet	genetische Merkmale				Ertragseigenschaften		
	Abstammung (Fundgebiet bzw. Herkunft)	Chromosomensätze	geeignet als Pollenspender	Wuchsstärke	Ertragsbeginn	Baumertrag %	Alternanzneigung
Mantet	aus Samen von Tetofsky (Kanada)	diploid	ja	schwach bis mittel	spät	50	sehr groß
Discovery*	aus Samen von Worcester Pearmain (England)	diploid	ja	schwach	mittel	60	gering
Jamba	Melba × James Grieve (Bundesrep. Deutschland)	diploid	ja	stark	mittel	70	gering
Alkmene	Oldenburg × Cox Orange (DDR)	diploid	ja	mittel	früh	60	mittel
McIntosh, Rogers	rotfarbige Mutante des Zufallssämlings McIntosh (Kanada)	diploid	ja	mittel bis stark	früh	80	gering
Karmijn de Sonnaville	Cox Orange × ? Jonathan (Holland)	triploid	nein	stark	mittel	70	mittel
Jonagold	Golden Delicious × Jonathan (USA)	triploid	nein	stark	früh	85	gering
Tumanga (Auralia)	Cox Orange × Schöner aus Nordhausen (Bundesrep. Deutschland bzw. DDR)	diploid	ja	mittel	früh	80	mittel

Kalco (Carola)	Sämling von Cox Orange (Bundesrep. Deutschland bzw. DDR)	diploid	ja	mittel	früh	80	gering
Melrose	Jonathan × (Red) Delicious (USA)	diploid	ja, bedingt	stark	mittel	75	mittel
Idared	Jonathan × Wagenerapfel (USA)	diploid	ja	schwach	früh	85	gering
Gloster	Glockenapfel × Richared (Bundesrep. Deutschland)	diploid	ja	stark	früh	100	sehr gering
Maigold	Fraurotacher × Golden Delicious (Schweiz)	diploid	ja	mittel	mittel	80	groß
Mutsu (Crispin)	Golden Delicious × Indo (Japan)	triploid	nein	sehr stark	früh	95	mittel

*Angaben in den Tab. 10 und 11 beziehen sich auf Bäume mit starkwachsender, bei allen anderen Sorten auf solche mit schwachwachsender Unterlage

Tab. 11. Fruchteigenschaften neuer Apfelsorten

Sorten	Größe*	spezifisches Gewicht	Druckempfindlichkeit	Anfälligkeit für Berostungen oder Rißbildungen	Lagerfähigkeit	Neigung zu Stippigkeit
Mantet	klein bis mittel	niedrig	sehr groß	mittel	sehr gering	mittel
Discovery	klein	mittel	gering	mittel	gering	gering
Jamba	groß	niedrig	mittel	mittel	gering	groß
Alkmene	mittel	hoch	gering	hoch	gering	groß
McIntosh, Rogers	mittel bis groß	mittel bis niedrig	mittel bis groß	gering	hoch	gering
Karmijn de Sonnaville	groß	hoch	gering	sehr hoch	mittel	mittel
Kalco	mittel	mittel	groß	gering	mittel	gering
Jonagold	groß	mittel	mittel	gering	mittel bis hoch	gering
Tumanga	mittel	mittel	gering	mittel	mittel	gering
Melrose	groß	mittel	gering	mittel	hoch	gering
Idared	mittel bis groß	mittel	gering	sehr gering	sehr hoch	gering
Gloster	groß	mittel	gering	sehr gering	mittel bis hoch	gering
Maigold	mittel	mittel	mittel	gering	hoch	sehr groß
Mutsu	groß bis sehr groß	hoch	mittel	gering	hoch	gering

* ohne Ausdünnung

tung und beim Verbraucher bewährt. Mehr als zwei Drittel von ihnen gehen auf die kontrollierte Kreuzung mit nachfolgender Auslese zurück. Am meisten sind 'Cox Orange' und 'Jonathan' (je 4mal) als Eltern beteiligt. Der Anteil der triploiden Sorten (2n = 3× = 51) ist, gemessen an ihrem natürlichen Vorkommen (ca. 1%), verhältnismäßig hoch. Diese Wertschätzung dürfte auf die erblich bedingte Großfrüchtigkeit zurückzuführen sein.

Als besonders fruchtbar haben sich 'Gloster' und 'Mutsu' erwiesen, die in dieser Eigenschaft der Sorte 'Golden Delicious' kaum nachstehen. Fast ebenso ertragreich zeigten sich 'Jonagold' und 'Idared'. In allen diesen Fällen ist keine Beziehung zur Wuchsstärke zu erkennen. Nur mäßig fruchtbar sind 'Mantet', 'Discovery' und 'Alkmene', eine Erscheinung, die bei früh bis mittelfrüh reifenden Apfelsorten die Regel ist. Starke Neigung zum Alternieren ist immer wieder bei 'Mantet' und 'Maigold' zu beobachten.

Bei 'Jonagold', 'Maigold' und 'Mutsu' ist im Gegensatz zur Muttersorte 'Golden Delicious' die geringe Anfälligkeit für Berostung hervorzuheben, ebenso bei 'McIntosh, Rogers', 'Kalco', 'Idared' und 'Gloster', während 'Alkmene' und 'Karmijn de Sonnaville' diese nachteilige Eigenschaft einschließlich der Anfälligkeit für Rißbildung fast unvermindert von der Muttersorte 'Cox Orange' geerbt haben (vgl. Tab. 11).

Fast alle spätreifenden Sorten wie z. B. 'Melrose' und 'Mutsu', aber auch 'McIntosh, Rogers', zeichnen sich durch eine gute Lagerfähigkeit aus. Besonders günstig ist bei den meisten dieser Sorten die geringe Neigung zu Stippigkeit zu werten. Häufig kommt Stippigkeit dagegen bei 'Maigold' vor, während 'Melrose' besonders anfällig für Schalenbräune ist. Mehrjährige Bonitierungen in Bavendorf ergaben nach allerdings sortenspezifisch langer Kühllagerung, daß 'Karmijn de Sonnaville', 'Tumanga', 'Kalco' und 'Gloster' starke Ausfälle durch Fruchtfäulen erleiden können.

In spätfrostgefährdeten Lagen kann es bei 'Jonagold' und 'Gloster' zur Bildung von sog. Frostzungen oder sog. Schiefen Früchten kommen.

Als Ergebnis verstärkter Kombinationszüchtung konnten in den letzten Jahrzehnten weltweit zahlreiche neue Sorten (s. Seite 65) aus verschiedenen Nachkommenschaften selektiert werden. Die nachstehende, unvollständige Liste informiert über die in Europa bekannt gewordenen und im Versuchsanbau stehenden Neuzüchtungen einschließlich ihrer Elternsorten (nach Pflückreife geordnet):

Sommersorten (Juli–August)

Vista Bella – [(|'Melba' × 'Sonora'| × |'Williams' × 'Starr'|) × 'USDA 34'] × 'Julyred', USA
Julyred – ('Petrel' × 'Early McIntosh') × ['Melba' × ('Williams' × 'Starr')], USA
Jerseymac – 'NY24' × 'Julyred', USA
Eva (auch U-1215) – Sämling von 'Jonathan', Ungarn
Akane (auch 'Tohoku Nr. 3' oder 'Prime Rouge') – 'Jonathan' × 'Worcester Pearmain', Japan
Summerred – aus freier Abblüte eines Sämlings von 'McIntosh' × 'Golden Delicious', Kanada
Katja – 'James Grieve' × 'Worcester Pearmain', Schweden

Herbstsorten (September)

Lobo – aus freier Abblüte von 'McIntosh', Kanada
Spartan – 'McIntosh' × 'Newton Pepping', Kanada

Goldjon	– 'Golden Delicious' × 'Jonathan', Italien
Goro	– 'Golden Delicious' × 'Schweizer Orangenapfel', Schweiz
Elstar	– 'Golden Delicious' × 'Ingrid Marie', Holland
Kent	– 'Cox Orange' × 'Jonathan', England
Ingol	– 'Ingrid Marie' × 'Golden Delicious', Bundesrepublik Deutschland
Greensleeves	– 'James Grieve' × 'Golden Delicious', England

Wintersorten (Oktober)

Gala	– 'Kidds Orange Red' × 'Golden Delicious', Neuseeland
Undine	– aus freier Abblüte von 'Jonathan', DDR
Suntan	– 'Cox Orange' × 'Court Pendu Plat', triploid, England
Blushing Golden	– 'Golden Delicious' × 'Jonathan', USA
Charden	– 'Golden Delicious' × 'Reinette Clochard', triploid, Frankreich.

1.3 Ältere Nebensorten

Oldenburg (Geheimrat Dr. Oldenburg)

Abstammung: Aus der Kreuzung 'Minister von Hammerstein' × 'Baumann' (Geisenheim) hervorgegangen.
Als Pollenspender geeignet (diploid).
Pflückreife: Mitte bis Ende September.
Genußreife: September bis November.
Baum: Erträge früh, hoch und regelmäßig; Wuchs anfänglich mittelstark, später nachlassend und kleine Krone bildend; Verzweigungstendenz schwach, deshalb meist kräftiger Schnitt erforderlich; Blüte ziemlich frosthart; starke Behänge ausdünnen.
Frucht: Mittelgroße, gleichmäßig geformte Frucht; bei schwachem Behang Neigung zu Stippeflecken; mildsäuerlicher Geschmack: wenig lager-, aber gut transportfähig; 'Mc Intosh, Rogers' ist als Sorte ähnlicher Genußreife günstiger zu beurteilen.

Berlepsch (Goldrenette Freiherr von Berlepsch)

Abstammung: Aus der Kreuzung 'Ananasrenette' × 'Ribston Pepping' (Grevenbroich, Rheinland) hervorgegangen.
Als Pollenspender geeignet (diploid).
Pflückreife: Anfang bis Mitte Oktober.
Genußreife: November bis März.
Baum: Sehr starker Wuchs, der Beginn, Höhe und Regelmäßigkeit der Erträge ungünstig beeinflußt; auf M9 sind die Erntemengen verbessert; rotfrüchtige Mutanten ('Roter Berlepsch') sind weniger starkwüchsig und deshalb zu bevorzugen; schwefelempfindlich; stark spät- und mäßig winterfrostempfindlich; stellt nur mäßige Ansprüche an Bodenfeuchtigkeit; krebsanfällig.
Frucht: Hochfeiner, edelweiniger Geschmack mit vollsaftigem Fruchtfleisch, auch bei geschrumpften Früchten; welkeempfindlich und ziemlich anfällig für Schalenbräune; gut transportfähig; reich an Vitamin C.

Gewürzluiken

Abstammung: Zufallssämling (?).
Als Pollenspender geeignet (diploid).
Pflückreife: Mitte bis Ende Oktober.

Genußreife: Oktober bis Februar.
Baum: Mittelmäßiger Träger mit großer, runder und ziemlich flacher Krone; starke Verzweigungstendenz, Auslichten notwendig; wärmeanspruchsvoll; wenig frosthart im Holz.
Frucht: Auffällig bei der mittelgroßen Frucht ist die streifige Ausbildung der häufig dunkelroten Deckfarbe; grobzellig und kurz im Fruchtfleisch bei fruchtig-säuerlichem Geschmack; etwas anfällig für Schalenbräune.

Zabergäu (Zabergäu Renette)
Abstammung: Zufallssämling (Hausen, Württemberg).
Als Pollenspender ungeeignet (triploid).
Pflückreife: Mitte bis Ende Oktober.
Genußreife: November bis März.
Baum: Wuchs ist zunächst stark, läßt dann nach, es bildet sich eine lockere, breitkugelige Krone mit schwacher Triebbildung; Ertragsleistung ist nur mittel, wenn auch früh und regelmäßig; auch auf etwas trockenen Böden befriedigend, doch dann mehltauanfällig.
Frucht: Meist gelbbraun berostet, sonnseits leicht gerötet, in Form, Größe und auch im Geschmack ähnlich 'Boskoop', doch deutlich weniger säuerlich, sondern würzig; Fruchtfleisch mürbe, neigt zur Bildung von Stippeflecken; gut transportfähig, aber welkeempfindlich.

Brettacher (Brettacher Sämling)
Abstammung: Zufallssämling (Brettach, Württemberg).
Als Pollenspender ungeeignet (triploid).
Pflückreife: Mitte bis Ende Oktober.
Genußreife: Februar bis Mai.
Baum: Starkwüchsig mit flacher Aststellung und schwacher Verzweigungstendenz, deshalb lichte Krone bildend; Erntemengen sind zwar regelmäßig, aber nicht besonders hoch; wärmeanspruchsvoll; holzfrosthart.
Frucht: Groß; nach Naturlager zum Winterende noch saftig mit erfrischender Säure, geschmacklich jedoch flach; gut transportfähig; zu Schalenbräune neigend.

Ontario (Ontarioapfel)
Abstammung: Aus der Kreuzung 'Northern Spy' × 'Wagenerapfel' (Kanada) hervorgegangen.
Als Pollenspender geeignet (diploid).
Pflückreife: Mitte bis Ende Oktober.
Genußreife: Februar bis Mai.
Baum: Bei aufrechtem Wuchs kleine Kronen bildend; Ertragsvermögen mäßig bis allenfalls hoch mit Neigung zur Alternanz; überdurchschnittlich frostempfindlich im Holz, während die Blüten besonders frosthart sind; auf trockenen Böden mehltauanfällig.
Frucht: Groß; Haltbarkeit im Naturlager sehr gut, aber druckempfindlich; Fruchtfleisch stets vollsaftig mit säuerlichem bis feinsäuerlichem Geschmack; windfest; hoher Gehalt an Vitamin C.

Champagner (Champagner Renette, Zweijährling, Zwiebelapfel)
Abstammung: Zufallssämling (?).
Als Pollenspender geeignet (diploid).

Pflückreife: Ende Oktober.
Genußreife: Februar bis Juni.
Baum: Kleine, aufrechte und kompakte Kronen bildend, Kurztriebcharakter (Spur-Typ), Verzweigungstendenz schwach; frühe, aber nur mittelmäßige Erträge; wärmeanspruchsvoll; Blüte ziemlich frosthart.
Frucht: Klein bis mittelgroß mit grobzelligem, aber lange saftigem Fruchtfleisch und weinsäuerlichem Geschmack, später Fruchtfleisch mürbe werdend; gut lagerfähig, doch druckempfindlich; windfest.

1.4 Mostapfelsorten

Der zwar langsame, aber stetige Rückgang der Rohwarenbasis für die Saftindustrie infolge Überalterung und Rodung des sog. Streuobstbaues im In- und Ausland begünstigt zusammen mit der steigenden Nachfrage nach Obstsäften langfristig den Mostapfelanbau. Seine Rentabilität hängt jedoch ganz wesentlich ab von früh einsetzenden, hohen und regelmäßigen Erträgen. Diese sind aber nur mit von Natur aus wüchsigen und fruchtbaren Sorten zu erzielen, die zur Ausschöpfung dieser Eigenschaften wiederum auf tafeläpfelähnliche Standortverhältnisse (vgl. Seite 72), auf gut ernährte Organe und auf eine assimilationstüchtige Blattfläche angewiesen sind. Deshalb sind intensive Düngung und Bodenpflege sowie ein Mindestmaß an Pflanzenschutz für einen lohnenden Anbau von Mostäpfeln unumgänglich. Damit die Bestände langzeitlich lückenlos bleiben, ist bei der Sorten- und Unterlagenwahl auch auf die Widerstandsfähigkeit des Holzes gegenüber Winterfrost und pilzlichen Krankheiten zu achten. Die Früchte von Mostapfelsorten sollten aus Erzeugersicht auch nicht zu klein, gleichzeitig reifend, leicht schüttelbar und gegen Stoß, Druck und Fäulnis wenig empfindlich sein.

Die Saftindustrie stellt ebenfalls Forderungen an die Mostäpfel. Diese sollten aromatisch, wenig gerbstoffhaltig sowie zucker- und säurereich sein, eine hohe Saftausbeute mit wenig Trubstoffen garantieren und durch ihre feste Konsistenz mit einfachen Maßnahmen lange lager- und gut transportfähig sein.

Für einen bekömmlichen Saft können die Zucker- und Säuregehalte in relativ weitem Bereich streuen, doch werden Säfte mit weitem Zucker-Säure-Verhältnis als unharmonisch süß abgelehnt. Ausgesprochen saure Säfte sind dagegen zu Verschnittzwecken vom Safthersteller begehrt. Nach bisherigen Erfahrungen können nachstehende Mostapfelsorten (Tab. 12) auf starkwachsenden Unterlagen (Sämling, M25, A2) und mit einer Bepflanzungsdichte von 500 bis 600 Bäumen pro ha empfohlen werden.

Mutanten (Klone, Typen, Sports, Spielarten) von marktwichtigen Apfelsorten

(s. Farbtafel 1).

Die Apfelsorten der Tab. 7 bis 9 sind schon seit Jahrzehnten, manche sogar noch länger bekannt. Da ihre Vermehrung nur auf ungeschlechtlichem (vegetativem) Wege durch Okulation oder Pfropfung erfolgen konnte, sollte das Erbgut aller Bäume einer Sorte eigentlich gleich sein. Man bezeichnet solche erbgleichen Nachkommenschaften als Klone. In Wirklichkeit aber unterlag das Erbgut einer Muttersorte bei ihrem vielzähligen Klon mannigfachen Einwirkungen, die zu **Mutationen** einzelner oder weniger Erbanlagen und damit auch zu Veränderungen in den Eigenschaften führten. Als Orte derartiger *Gen-Mutationen* kommen fast ausschließlich sog. Körperzellen im teilungsfähigen (meristematischen) Gewebe von primären Vegetationskegeln (z. B. Knospen an Triebspitzen) in Frage. Das Ergebnis bezeichnet man als somatische (griech. soma =

Tab. 12. Eigenschaften von Mostapfelsorten

Sorte	Wuchs	Ertragsvermögen			Fruchtqualität			Baumreife	Schorfanfälligkeit
		Ertragsbeginn	Erntemenge	Alternanzneigung	Größe	Zucker	Säure		
Bittenfelder	anfänglich mittel, dann stark	sehr spät	mittel	mittel bis hoch	klein	hoch	hoch	Ende Oktober bis Anfang November	mittel
Börtlinger Weinapfel	mittel bis stark	mittel	hoch	mittel	klein bis mittel	mittel bis hoch	mittel bis gering	Anfang bis Mitte Oktober	gering bis mittel
Bohnapfel*	mittel bis stark	spät	hoch	hoch	mittel	mittel bis hoch	mittel	Ende Oktober bis Anfang November	mittel
Boskoop *	stark	mittel	hoch	hoch	groß	hoch	hoch	Anfang bis Mitte Oktober	mittel
Brettacher*	stark	mittel	mittel	gering	groß	mittel	mittel	Mitte bis Ende Oktober	gering
Engelsberger	mittel	früh	hoch	gering	klein	mittel bis hoch	hoch	Mitte September bis Anfang Oktober	gering
Gehrers Rambour	mittel	früh	hoch	gering	groß	mittel	hoch	Mitte bis Ende Oktober	gering
Hauxapfel	anfänglich stark, dann nachlassend	früh	hoch	gering	mittel bis groß	mittel	hoch	Mitte bis Ende Oktober	gering
Horneburger Pfannkuchenapfel**	anfänglich stark, dann mittel	mittel	hoch	gering	groß bis sehr groß	mittel	hoch	Mitte bis Ende September	mittel
Kardinal Bea	mittel bis schwach, Kurztriebform	früh	hoch	gering	mittel bis groß	mittel	mittel	Anfang Oktober	gering

* triploide Sorten ** auch als Kochapfel sehr gut geeignet

Körper) Mutante. Für den Begriff (somatische) Mutante werden auch solche wie Klon, Typ, Sport und Spielart verwendet. Allerdings neigt man heute dazu, unter dem Begriff Typ Gemische von Mutanten bzw. Klonen zu verstehen (s. Seite 70).

Doch nicht jede Veränderung muß die Folge einer Mutation sein. Zu beobachten sind oftmals auch sog. **Modifikationen** von Eigenschaften, die allein umweltbedingt und somit nicht vererbbar sind, beispielsweise, wenn es durch kleinklimatische Einflüsse innerhalb einer Pflanzung zu Unterschieden in der Berostung der Fruchtschale von Äpfeln kommt.

In der Regel werden Mutanten durch einen Zusatznamen wie z.B. 'Cox Orange, Ottensen' von der Normal- oder Standardform einer Sorte unterschieden. Diese Art der Kennzeichnung gründet sich bei Obstgehölzen auf die, zumindest bei den spontanen Mutanten festgestellten, nur geringfügigen und damit den Charakter der Sorte nicht wesentlich verändernden Mutationen. Es wäre deshalb nicht vertretbar, sie als Sorten auszuweisen und mit neuen Namen zu belegen, wie dies bei Mutanten der Weinrebe üblich ist. Leider wird in der Praxis nicht immer so gehandelt, wie die Beispiele 'Jonne' oder 'Jonared', beides rotfrüchtige Mutanten von 'Jonathan', beweisen.

Da Mutationen ungerichtet sind und sowohl günstige als auch ungünstige erbliche Veränderungen hervorrufen können, ergibt sich daraus zunächst die Notwendigkeit der **Erhaltungszüchtung,** deren Ziel es ist, durch ständige Auslese das Leistungsvermögen einer Sorte nicht absinken zu lassen. Schon im 17. Jahrhundert waren diese Erkenntnisse vorhanden. Das denkbare Vorkommen von Mutanten mit gegenüber der Standardform verbesserten Leistungen eröffnet über die Erhaltungszüchtung hinaus aber auch berechtigte Ansätze für die **Auslese** nach **wertvollen Formen.**

Somatische Mutationen treten gerade bei heterozygoten und zugleich polyploiden Gattungen wie dem Apfel auf. Am auffälligsten sind diejenigen, bei denen sich äußerliche Merkmale wie Fruchtfarbe oder Wuchscharakter verändert haben. Demgegenüber sind Mutationen z.B. im ertragsphysiologischen Bereich nur durch mehrjährige Messungen nachzuweisen. Tab. 13 gibt ein Beispiel über Ertragsunterschiede bei Mutanten von 'Cox Orange' aus den Selektionsarbeiten an der Versuchsstation Bavendorf.

Diese Ertragsstaffelung, die sich von Anfang an bei allen Mutanten gleichsinnig entwickelte, geht im wesentlichen auf klonebezogene Unterschiede in der Größe, im spezifischen Gewicht und im Ansatz der Früchte zurück.

Tab. 13. Fruchterträge von Cox Orange-Mutanten 1966 – 1976
Unterlage M 11, Mittelwerte von je 4 Bäumen

Mutante	Gesamtfruchtertrag		Ertrag pro cm Stammumfang	
	kg/Baum	%	kg/cm	%
Cherry	507	87	9,1	97
Blangsted (=Kortegård)	518	88	8,6	91
Crimson	522	89	8,5	90
Gailhöfe (=Normal)	550	94	8,8	94
Ottensen	682	117	10,4	111
Queen	724	124	11,0	117
Mittel	584	100	9,6	100

Durch vergleichende Prüfungen von **Herkünften** mit vermuteten oder von schon erkannten Mutationen sind möglichst rasch Mutanten zu bestätigen und ihre Leistungsmuster zu ermitteln. Dies geschieht durch **Klone-Prüfungen** in fast allen obstbautreibenden Ländern. Entsprechend viele Mutanten sind deshalb im obstbaulichen Bereich bei einzelnen Sorten in den letzten 2 Jahrzehnten bekanntgeworden.

Im Vordergrund dieser Klone-Prüfungen, auch als Klon-Selektionen bezeichnet, stehen die Merkmale Wuchs, Ertrag und Fruchtqualität, aber auch solche wie die Widerstandsfähigkeit gegenüber Krankheiten und Schädlingen. Heute versucht man, diese Prüfungen mit virusfreiem Material durchzuführen (vgl. Seite 328). Dies ist aber keine Voraussetzung, um Mutationen nachzuweisen, da auch an nicht virusfreien Apfelbäumen Mutationen im Erscheinungs- oder Leistungsbild durchschlagen. Viel wichtiger für die Selektion ist das Ausschalten von ungleichen äußeren Einflüssen, die im Apfelanbau vor allem über die Produktionstechnik wirksam sind.

Eine vollständige Übersicht über bewährte Mutanten wichtiger Apfelsorten zu geben, die mit Ausnahme von 'Lysgolden', einer nach Bestrahlung selektierten Mutante, alle aus zufälligen Mutationen hervorgegangen sind, ist wegen der Vielzahl nicht möglich. Neben allgemeinen Hinweisen über häufig vorkommende Mutationen sollen deshalb nur bei den Sorten 'Cox Orange', 'Boskoop' und 'Golden Delicious' die wichtigsten, in Mitteleuropa bekanntgewordenen Mutanten behandelt werden.

Bei allen marktwichtigen Apfelsorten mit Ausnahme von 'Klarapfel', 'Golden Delicious' und 'Glockenapfel', aber einschließlich von 'Holsteiner Cox', sind zahlreiche, teils mehr, teils weniger rotgefärbte Mutanten gefunden worden. Diesen wird nachgesagt, daß sie in der Saftigkeit des Fruchtfleisches und/oder im Geschmack ihre jeweiligen Standardformen nicht ganz erreichen, doch sind die Unterschiede nicht schwerwiegend. Verschiedentlich konnte festgestellt werden, daß zusammen mit der Fruchtfarbe auch andere Merkmale wie vor allem das Ertragsvermögen, der Wuchscharakter, die Reifezeit oder die Berostungsanfälligkeit mutiert sind. Als besonders mutationsfreudig ist die Sortengruppe '(Red) Delicious' zu bezeichnen, zu der auch 'Starking' gehört. Diese Mutante ist ihrerseits wieder die Ausgangsform anderer Mutanten, von denen 'Starkrimson', und 'Wellspur', beides ganzflächig rotgefärbte Mutanten mit Kurztriebcharakter, sog. Spur-Typen, auch in Europa (Frankreich, Italien) verbreitet sind. In ähnlicher Weise hat auch die Mutante 'Starkrimson' wieder zu verbesserten Spur-Typen wie 'Red Chief' oder 'Cooper 7 SB 2' geführt (vgl. Abb. 23).

Cox Orange. Bei der Sorte 'Cox Orange' werden gegenwärtig folgende Mutanten als ertragsstark und/oder mit guter Deckfarbenbildung herausgestellt:
England: 'EMLA 1'* und 'EMLA 2'
Dänemark: 'Blangsted' (= 'Kortegård')
Holland: 'T 12' und 'T 21' (= 'Korallo')
Schweiz: 'Kummer'
Bundesrepublik, Jork: 'Bargstedt', 'Hauschildt', 'Moje' und 'Ottensen'
–, Bavendorf: 'Queen' und 'Ottensen'.

Boskoop. Die einzige, vorwiegend ganzflächig rotgefärbte Mutante dieser Sorte ist 'Roter Boskoop, Schmitz-Hübsch'**, doch soll die im Rheinland gefundene und von

---

* Dieser Ausdruck leitet sich von den Anfangsbuchstaben der englischen Forschungsanstalten **E**ast **M**alling und **L**ong **A**shton ab und steht für genetisch wertvolles und zugleich virusfreies Material.

** In Holland als 'Bieling' bezeichnet.

'Roter Boskoop, Schmitz-Hübsch' abstammende Mutante 'Bakker' noch kräftiger und stabiler in der Deckfarbe, glatter in der Fruchtschale, aber auch etwas kleiner in der Fruchtgröße sein. Im Vergleich zur Standardform ist 'Roter Boskoop, Schmitz-Hübsch' im Wuchs um 10 bis 15% schwächer – eine Eigenschaft, die die Blühwilligkeit begünstigt –, im spezifischen Gewicht etwas höher und auch weniger empfindlich für Berostungen auf der Fruchtschale, während die Anfälligkeit für Stippigkeit leicht über derjenigen der Standardform liegt. Innerhalb der Gruppe der gelbschaligen Mutanten mit rötlicher bis roter „Backe" haben sich in Bavendorf 'Achberg' (Bodensee), 'Årösund' (Dänemark), 'Hohenheim' und 'Müllheim' (Südbaden) nach 15jähriger Prüfung als überdurchschnittlich fruchtbar erwiesen.

Hinsichtlich der Deckfarbenbildung stehen die holländischen Mutanten 'Kalfs', 'Lambrecht', 'Verheul' und 'Vogelaar' zwischen den gelbschaligen, rotbackigen Mutanten und der roten Mutante 'Roter Boskoop, Schmitz-Hübsch' bzw. 'Roter Boskoop, Bakker'.

Tab. 14. Eigenschaften von Mutanten der Sorte 'Golden Delicious'

sehr geringe (oben) bis geringe (unten) Neigung zu Berostungen	Reifezeit im Vergleich zu 'Standard'	Fruchtbarkeit		Neigung zu bräunlich-roter bis roter Deckfarbe
		überdurch-schnittlich	unterdurch-schnittlich	
Lysgolden (= Goldenir)	Schweiz ca. 5 Tage früher	Schweiz	Lysgolden	Weinsberg
Belgolden (= Goldensheen)	Spur-Typen ca. 8 Tage später	Dänemark (= A)	Smoothee	Belgolden
Smoothee	Belgolden ca. 14 Tage später	Missouri 4/4	Starkspur	
Weinsberg		Oregon EMLA	Russet Golden bzw. Rugginosa (ganzflächig berostete Typen)	
Schweiz (=B)				

Golden Delicious. Die Mehrzahl wertvoller Mutanten von 'Golden Delicious' stammt aus Nordamerika, denn neben 'Smoothee', 'Oregon', 'Missouri 4/4' und '85' geht auch die aus Holland verbreitete Mutante 'B', auch 'Schweiz' genannt, auf nordamerikanische Quellen zurück, ebenso die Spur-Typen 'Starkspur', 'Yellowspur' und 'Auvil Super'. In Europa wurden ergänzend dazu gefunden:
'A' oder 'Dänemark' in Dänemark,
'Belgolden' in Frankreich,

'Weinsberg' in der Bundesrepublik Deutschland,
'Rugginosa' in Italien und
'Testersspur' in Holland, während
'Lysgolden' aus bestrahltem Material in Frankreich
selektiert wurde.

Unterlagen

Früher war die *Sämlingsunterlage* im Apfelanbau vorherrschend, seit drei Jahrzehnten etwa wendet sich der intensiver werdende Apfelanbau, von einzelnen Ausnahmen abgesehen, immer mehr bestimmten Typenunterlagen aus der *Malling*-Reihe (früher *Malus*-Reihe) zu, die vegetativ vermehrt werden. Diese M-Unterlagen sind von HATTON in England geordnet, geprüft und ursprünglich mit römischen Zahlen (M bzw. EM I–XVI) belegt worden; heute werden sie mit arabischen Zahlen (M 2, M 11) bezeichnet. Fast gleichzeitig mit HATTON hat SCHINDLER 1911 in Pillnitz bei Dresden Unterlagen selektiert. Aus dieser Arbeit ist die im Wuchs zwischen M 26 und MM 106 einzureihende und frostwiderstandsfähige Unterlage Pi 80 hervorgegangen. Aus *Malus baccata* und *M. prunifolia* hat später MAURER in Berlin-Dahlem versucht, frostharte Unterlagen zu gewinnen. Diese, als Dab (Dahlemer *baccata*) benannten Klone haben sich nicht durchgesetzt. Außer in England züchtet man heute auch in anderen Ländern wie Japan, Polen, UdSSR und USA Apfelunterlagen. Die Zuchtziele sind hierbei auf Schwachwüchsigkeit, Toleranz gegenüber extremen Standortseinflüssen (Winterfrost) und auf Resistenz gegen pilzliche Holzkrankheiten ausgerichtet.

Neuerdings stellte man, wie bei den Sorten, so auch bei den vegetativ vermehrten Unterlagen, Virosen bzw. Mykoplasmosen fest. Mit Hilfe der sog. Wärmebehandlung konnte bei den wichtigsten Apfelunterlagen gesundes Vermehrungsmaterial gewonnen werden. Diese Pflanzen zeichnen sich gegenüber dem befallenen Material durch stärkeren Wuchs aus. Diese Tatsache ist im Anbau auf wüchsigen Standorten sowohl bei der Festlegung der Pflanzabstände als auch bei den Kulturmaßnahmen (N-Düngung, Schnitt) entsprechend zu berücksichtigen.

In Abb. 27 sind die z.Z. in Europa gebräuchlichen Apfelunterlagen zusammengestellt.

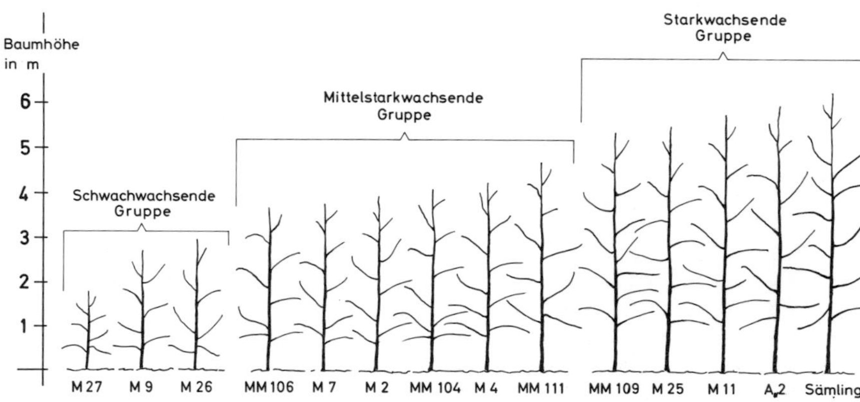

Abb. 27. Einfluß wichtiger Apfelunterlagen auf das Sproßwachstum der Edelsorte (nach MANTINGER 1972, abgeändert und ergänzt).

Malling-Unterlagen (früher *Malus-Typen*)
Unterlagen dieser Reihe stammen einerseits vom 'Paradiesapfel' und andererseits vom 'Johannisapfel' ab. Sie werden z. Z. meist als Gemische verschiedener Klone angeboten. Die nachfolgend beschriebenen Unterlagen sind nach zunehmender Wuchsstärke geordnet.

M 9
- fördert frühzeitige und regelmäßige Fruchtbarkeit, ebenso Fruchtqualität hinsichtlich Größe, Farbe und Inhaltsstoffe
- stellt hohe ökologische Ansprüche, insbesondere an Feuchtigkeit und Durchlüftung des Bodens
- ist frostempfindlich
- ist nicht standfest, deshalb Pfahl notwendig
- begrenzt Lebensdauer der Kombination
- bricht leicht an oder über der Veredlungsstelle ab
- erfordert hohen Pflegeaufwand
- wird von Hasen und Wühlmäusen bevorzugt
- ist weitgehend widerstandsfähig gegen Kragenfäule
- ist anfällig für Blutlaus
- bildet wenige oder keine Luftwurzeln.

M 7
- bewirkt mittelfrühe und mittlere Fruchtbarkeit
- begünstigt Fruchtqualität
- erträgt mehr als andere Unterlagen derselben Wuchsgruppe Trockenheit und Nässe
- ist nicht standfest, deshalb Pfahl notwendig
- ist weitgehend widerstandsfähig gegen Kragenfäule.

M 2
- verhält sich ähnlich M 7 bei gleichzeitig günstigerer Wirkung auf die Fruchtbarkeit
- ist auf etwas trockenen Böden noch leistungsstark
- ist nicht standfest, deshalb Pfahl notwendig
- ist anfällig für Blutlaus
- ist anfällig für Kragenfäule
- ist anfällig für K-Mangel.

M 4
- zeigt anfänglich kräftiges Wachstum, später läßt dieses nach
- fruchtet mittelfrüh und neigt zur Alternanz
- fördert Fruchtqualität
- ist empfindlich gegenüber Staunässe im Boden (Sauerstoffmangel) und gegenüber Trockenheit
- ist nicht standfest, deshalb Pfahl notwendig
- ist weitgehend widerstandsfähig gegen Kragenfäule.

M 11
- verursacht spätes Fruchten und erhöht Neigung zur Alternanz
- beeinträchtigt Fruchtgröße
- ist ökologisch anpassungsfähig
- ist standfest
- ist anfällig für Kragenfäule.

Abb. 28. Ungleicher Wuchs der beiden Veredlungspartner Unterlage und Edelreis. a = Edelsorte wächst stärker als die Unterlage; dadurch kommt es an der Veredlungsstelle zu einem sog. Assimilatstau. b = Edelsorte wächst schwächer als die Unterlage.

Ebenfalls aus East Malling stammen die Unterlagen:

M 27 (M 13 × M 9, auch unter der Nr. 3431 bekannt)

- wächst um 20 bis 40% schwächer als M 9
- ist für starkwüchsige Sorten auf besten Standorten geeignet
- fördert Fruchtbarkeit, weniger dagegen das Fruchtwachstum
- bildet viele Luftwurzeln, aber keine Wurzelschosse
- ist weitgehend widerstandsfähig gegen Kragenfäule
- ist nicht standfest
- bricht leicht im Wurzelbereich ab.

M 26 (M 16 × M 9, auch unter der Nr. 3436 bekannt)

- wächst etwas stärker als M 9 und ist deshalb für schwachwüchsige Sorten sehr gut geeignet
- ist frosthärter als M 9
- begünstigt Fruchtqualität, vor allem hinsichtlich Größe
- ist nicht standfest
- bildet Luftwurzeln, ist aber frei von Wurzelschossen
- ist weitgehend widerstandsfähig gegen Kragenfäule.

M 25 ('Northern Spy' × M 1 oder 2)
- verhält sich ähnlich wie M 11, begünstigt aber die Fruchtbarkeit
- ist standfest
- ist anfällig für Blutlaus
- ist weitgehend widerstandsfähig gegen Kragenfäule.

Malling-Merton-Unterlagen

Drei der in Abb. 27 aufgeführten Unterlagen dieser Reihe (MM 104, 106 und 109) sind aus Kreuzungen von 'Northern Spy' mit den Malling-Typen 1 und 2 hervorgegangen, während MM 111 zwar ebenfalls auf diese Kreuzungsserie zurückgeht, jedoch später aus einer Gruppe namens 'Merton 793' selektiert wurde. Die genannten MM-Unterlagen sind weitgehend widerstandsfähig gegenüber Blutlaus.

MM 106
- bewirkt frühes und jährlich gleichmäßiges Fruchten
- begünstigt Fruchtqualität
- ist ökologisch anpassungsfähig
- ist mit Spur-Typen oder nach Tiefpflanzen hochveredelter Bäume standfest, sonst Pfahl notwendig.

MM 104
- zeigt starke Ausfälle als Folge von Kragenfäule und Empfindlichkeit gegenüber Staunässe bzw. Trockenheit.

MM 111
- fruchtet mittelfrüh und verursacht mäßige Alternanz
- begünstigt Fruchtqualität
- ist gegenüber zeitweiliger Trockenheit wenig empfindlich
- ist weitgehend widerstandsfähig gegen Kragenfäule
- ist standfest.

MM 109
- steht im Wuchsverhalten zwischen M 11 und MM 111
- ist empfindlich gegenüber Staunässe, verträgt aber Trockenheit
- ist nicht standfest, deshalb Pfahl notwendig
- ist weitgehend widerstandsfähig gegen Kragenfäule.

In *Ålnarp* (Schweden) wurden Apfelsämlinge französischer Herkunft auf ihre Eignung als vegetativ vermehrbare Unterlagen geprüft. Aus dieser Selektion ist die Unterlage A 2 hervorgegangen.

A 2
- verhält sich hinsichtlich Wuchs und Fruchtbarkeit ähnlich wie M 25
- ist ökologisch anpassungsfähig, vor allem für etwas trockene Böden geeignet
- ist standfest
- besitzt hohe Frostresistenz
- bewirkt frühen Triebabschluß und ebensolchen Laubfall.

Sämlingsunterlagen werden heute fast ausschließlich aus Samen von den für diesen Zweck besonders geeigneten Kultursorten 'Bittenfelder' und 'Graham' gewonnen.

Sämlinge
- verursachen mehr als andere starkwüchsige Unterlagen spätes und jährlich schwankendes Fruchten

TAFEL 5 SÜSS- UND SAUERKIRSCHENSORTEN

Oben links: 'Kelleriis 16'. Oben rechts: 'Schattenmorelle'. Mitte links: 'North Star'. Mitte rechts: 'Langstieler'. Unten links: 'Knauffs'. Unten rechts: 'Hedelfinger'.

TAFEL 6 PFLAUMENSORTEN

Oben links: ‘Lützelsachser’. Oben rechts: ‘Große Grüne (Reneklode)’. Mitte links: ‘Nancy-Mirabelle’. Mitte rechts: ‘Bühler’. Unten links: ‘Hauszwetsche’. Unten rechts: ‘Stanley’.

TAFEL 7 ERDBEER- UND BROMBEERSORTEN

Oben links: ‘Gorella’. Oben rechts: ‘Red Gauntlet’. Mitte links: ‘Hummi Ferma’. Mitte rechts: ‘Sivetta’. Unten links: ‘Theodor Reimers’. Unten rechts: ‘Thornfree’.

TAFEL 8 JOHANNISBEER-, HEIDELBEER- UND STACHELBEERSORTEN

Oben links: 'Red Lake'. Oben rechts: 'Rondom'. Mitte links: 'Silvergieters'. Mitte rechts: 'Berkeley'. Unten links: 'Gelbe Triumph'. Unten rechts: 'Rote Triumph'.

- sind standfest
- beeinträchtigen Fruchtqualität bezüglich Größe
- sind ökologisch anpassungsfähig
- besitzen hohe Frostresistenz
- sind von Natur aus virusfrei
- sind anfällig für Kragenfäule.

Als *Stammbildnersorten* verwendet man hauptsächlich 'Hibernal' und 'Jacob Fischer'. Für *Hochveredlungen* mit mehr als 60 cm Stammhöhe werden zur Vermeidung von Kragenfäule weitgehend widerstandsfähige Stammbildner wie M 4 oder M 9 zwischen Wurzelunterlage und Edelsorte eingeschoben (Zwischenveredlungen), während man als Wuchsbremse bei starkwachsenden Sorten-Unterlagen-Kombinationen M 9 als Zwischenveredlung mit unterschiedlicher Länge einsetzen kann.

2 Die Birne

Allgemeine Bedeutung

Die Birne (*Pyrus communis* var. *domestica*) folgt hinsichtlich ihrer Anbaubedeutung beim Obst in der Welt auf den Apfel. Ihre Erzeugung erreicht ein Drittel der Menge des Apfels. Seit den 60er Jahren wurde der Anbau vor allem von Tafelbirnen in Italien und Frankreich kräftig ausgeweitet. Demgegenüber ging er in der Bundesrepublik seit dieser Zeit zurück und zwar sowohl bei den Tafelbirnen als auch bei den früher stark verbreiteten Mostbirnen.

Daß sich der Anteil dieser Obstart nicht wesentlich erhöhen wird, liegt hauptsächlich an der kurzen Genußreifezeit und der vergleichsweise zum Apfel begrenzten Lagerfähigkeit. Allerdings trifft das weniger für spätreifende Wintersorten wie 'Edelcrassane' zu, die im CA-Lager bis in den Sommer hinein gelagert werden können. Die Möglichkeit der Lagerung bei der Birne, auch für früher reifende Sorten, ist jedenfalls eine wichtige Voraussetzung für ihren wirtschaftlichen Anbau. Dieser wird bei Frühbirnen zunehmend dadurch beeinträchtigt, daß sie mit anderen Früchten wie z.B. Trauben oder Pfirsichen am Markt konkurrieren müssen.

Saftreiche, im Fruchtfleisch schmelzende Birnen mit süßlich-aromatischem Geschmack werden als Tafelfrüchte gerne gegessen. Allerdings stellt sich bei ihrem Verzehr früher als bei anderen Obstarten ein Sättigungsgefühl ein. Dies begrenzt die Nachfrage und damit auch die Möglichkeiten einer Anbauausweitung.

Größere Bedeutung als beim Apfel hat die Verarbeitung geeigneter Sorten zu Naßkonserven, zu Kompott und zu Dörrobst. Während die Gewinnung vergorener Säfte, sog. Moste, aus Birnen oder deren Beimischung zu Apfelmosten ständig zurückgeht, nimmt das Brennen zu sortenreinem Obstwasser (Birnenschnaps) immer mehr zu. Die für diesen Zweck bevorzugte Sorte ist 'Williams'.

Standortansprüche

Das Überwiegen südlicher Anbaugebiete beim Birnenanbau in Europa (Italien, Frankreich) weist auf einen *hohen Wärmeanspruch* dieser Obstart hin. In besonderem Maße trifft dies für spätreifende Sorten zu, die in Mitteleuropa nur auf wärmeklimatisch bevorzugten Standorten (Weinklima) oder nur in sonnenreichen Jahren bzw. an lokalklimatisch begünstigten Orten (sonnseitige Wände) ihre sortentypische Fruchtqualität auszubilden vermögen. Nach amerikanischen Erfahrungen erreichen feine Tafelbirnen nur dann höchste Qualitäten, wenn zwei Monate lang vor der Ernte hohe Temperaturen vorherrschen. Nach feuchtkühlen Vegetationsperioden bleiben diese Sorten geschmacklich nicht nur flach, sondern weisen meist auch einen rübigen Charakter auf, der sich in einem trockenen und zähen Fruchtfleisch äußert. In solchen Fällen findet man um das Kernhaus herum häufig auch die für die Birne typischen Steinzellen. Auf Sämlingsunterlagen sind solche Qualitätsmängel häufiger zu beobachten als auf Quittenunterlage. Bei im Sommer und im frühen Herbst reifenden Birnensorten ist die wärmeklimatische Anbaubreite größer, d. h. es können auch Höhenlagen, bei allerdings später Pflückreife, genutzt werden.

Mehr als die meisten Apfelsorten sind Birnen im *Holz* gegenüber extremen *Winterfrösten empfindlich.* Die *größere Blütenfrostempfindlichkeit* ist vor allem mit der frühzeitigen Blüte zu erklären.

Der Birne wird als Tiefwurzler nachgesagt, daß sie *Trockenzeiten besser als* der *Apfel überstehe,* da sie sich dank ihres tiefreichenden Wurzelsystems mit Wasser aus dem Untergrund versorgen könne. Diese Begründung kann nur für Kombinationen mit Sämlingsunterlage, nicht aber für solche mit der verhältnismäßig flachwurzelnden Quittenunterlage gelten.

Wenig zusagend sind der Birne im Untergrund *staunasse* oder *wechselfeuchte Böden* mit nach Regenperioden deutlichem Luftmangel im Wurzelbereich, dies vor allem bei Verwendung von Quitte als Wurzelunterlage. Daraus folgt, daß die Birne hinsichtlich der Anforderungen an den Boden (Wasserhaushalt, Lufthaushalt) vom mit dem Apfel gemeinsamen Optimum (tiefgründige, frische und gut humose Böden großer natürlicher Nährkraft) mehr zur trockenen und weniger zur feuchten Variante hin neigt. Auf Quitten veredelte Birnen zeigen auf kalkreichen Böden oder nach Naßperioden in der Vegetationszeit häufig auch Chloroseerscheinungen, deren Behebung oftmals Schwierigkeiten bereitet.

Befruchtungsverhältnisse

Die *Birnensorten* sind ebenso wie die Apfelsorten *selbstunfruchtbar,* d.h. ihre Blüten müssen normalerweise zur Befruchtung der Samenanlagen mit Pollen anderer Sorten bestäubt werden (Fremdbestäubung). Vereinfachend wirkt dabei, daß die meisten kultivierten Birnensorten diploid ($2n = 2\times = 34$) sind; nur wenige Sorten wie z.B. 'Lucas', 'Diels Butterbirne' oder 'Gelbmöstler' sind triploid ($2n = 3\times = 51$) und damit als Befruchtersorte ungeeignet. Somit gelten für den Anbau der Birne dieselben befruchtungsbiologischen Gesichtspunkte wie für den Apfel (vgl. dort), allerdings mit der Einschränkung, daß Birnenblüten wegen geringer Nektarproduktion weniger als Apfelblüten von den Bienen besucht werden. Bei der Birne ist wie beim Apfel auch nicht jede diploide Sorte als Befruchter geeignet. So soll zwischen den Sorten 'Williams', 'Gute Luise' und 'Trévoux' eine *Gruppenunfruchtbarkeit (Intersterilität)* vorliegen. In solchen Fällen können sich Sorten einseitig oder gegenseitig nicht befruchten.

Häufiger als beim Apfel kommt bei der Birne nach Ausfall der Samenanlagen durch Frost oder durch andere schädigende Einflüsse *Jungfernfrüchtigkeit (Parthenokarpie)* vor, d.h. Fruchtwachstum ohne vorausgegangene Befruchtung bzw. ohne die Mitwirkung der Samenanlagen als Hormonbildner. Bevorzugt tritt Parthenokarpie bei der Sorte 'Williams' auf. Durch Spritzungen mit Wuchsstoffen aus der Gruppe der Gibberelline in einem bestimmten Entwicklungsstadium läßt sich bei samenlosen Birnen die Fruchtbildung in Gang setzen, eine Möglichkeit, die man sich mit Erfolg nach Spätfrostschäden zunutze macht (s. Kapitel Wachstumsregulatoren für den Obstbau).

Marktsorten

Die Tatsache der Selbstunfruchtbarkeit und der Ungleicherbigkeit führte auch bei den Birnen zu einer großen Zahl von Sorten. Wie die Apfelsorten entstanden die meisten der in Europa marktbegehrten Birnensorten schon früh (18./19. Jahrhundert) und mehr oder weniger zufällig. Während man einen Teil davon als fruchtende Sämlingsbäume entdeckte ('Gellerts', 'Charneux', 'Lucas', 'Williams', 'Vereinsdechant', 'Vienne', 'Edelcrassane'), wurden andere Sorten bewußt aus Samen gezogen ('Gute Luise', 'Bosc', 'Trévoux', 'Clapps', 'Conference', 'Clairgeau'), jedoch sind die Eltern z.T. nicht oder nicht sicher bekannt. Bis auf 'Clapps' (USA) sowie 'Williams' und 'Conference' (beide England) lagen die Fundorte, meist Baumschulen, in Frankreich und Belgien. Eine erste Sichtung und systematische Auslese bei den Birnen erfolgte durch den Belgier VAN MONS am Ende des 18. Jahrhunderts.

Von den in den letzten Jahrzehnten aus kontrollierter Züchtung hervorgegangenen Birnensorten haben sich einige im Anbau verschiedentlich bewährt: 'Bristol Cross' ('Williams' × 'Conference', England), 'Gorham' ('Williams' × 'Mecheln', USA), 'Highland' ('Williams' × 'Vereinsdechant', USA), 'Merton Pride' ('Glou Morceau' bzw. 'Hardenponts' × 'Williams', tetraploid, England), 'Packhams Triumph' ('Uvedale St. Germain' × 'Williams', Australien) und 'General Leclerc' (Sämling von 'Vereinsdechant', Frankreich). Von diesen ist 'Merton Pride' als einzige Tafelbirne tetraploid, während von 'Gorham' die Mutante 'Grand Champion' abstammt. Im europäischen Anbau haben noch folgende Sorten marktwirtschaftliche Bedeutung: 'Abate Fetel', 'Coscia', 'Jules Guyot', 'Frühe Morettini' und 'Tongern', letztere auch 'Durondeau' genannt.

In den nachstehenden Tabellen werden die für die Beurteilung des Anbau- und Marktwertes wichtigen Merkmale und Eigenschaften behandelt.

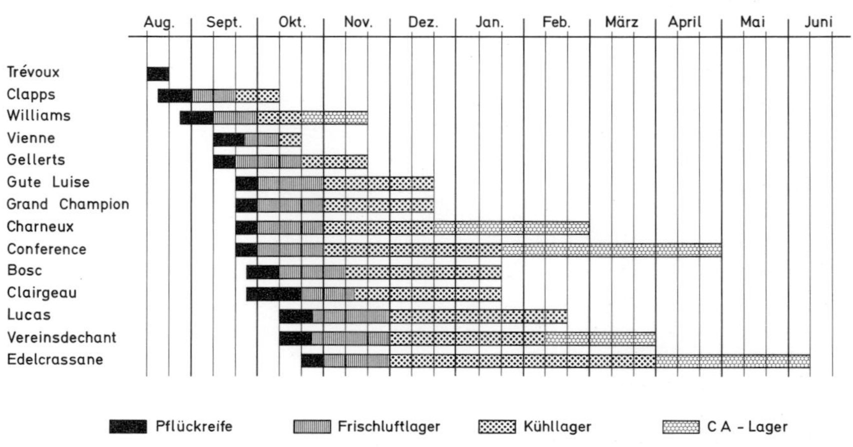

Abb. 29. Pflückreife und Lagerungszeit marktwichtiger Birnensorten, teilweise nach Messungen und Erfahrungen an der Versuchsstation Bavendorf.

Tab. 15. Genetische Merkmale und ökologisches Verhalten wichtiger Birnensorten

Sorten – nach Reifezeit geordnet	gleichbedeutende Namen	genetische Merkmale		ökologisches Verhalten				
				Anspruch an			Empfindlichkeit gegen	
		Chromosomensätze	als Pollenspender geeignet	Wärme	Bodenfeuchtigkeit	Bodendurchlüftung	Spätfrost	Winterfrost
Trévoux	Frühe aus Trévoux, Précoce de Trévoux	diploid	ja	mittel	mittel	gering	gering*	mittel
Clapps	Clapps Liebling, Clapps Favourite	diploid	ja	mittel	mittel	mittel	mittel	mittel
Williams	Williams Christ, Williams Bon Chretien, Bartlett	diploid	ja	mittel	mittel	hoch	mittel*	hoch
Vienne	Triumph aus Vienne	diploid	ja	hoch	hoch	mittel	hoch*	hoch
Gellerts	Gellerts Butterbirne, Beurré Hardy, Hardys Butterbirne	diploid	ja	mittel	hoch	hoch	gering	gering
Gute Luise	Bonne Louise d'Avranches, Prinz v. Württemberg	diploid	ja	hoch	hoch	mittel	gering	mittel
Charneux	Köstliche aus Charneux, Bürgermeisterbirne, Légipont	diploid	ja	mittel	hoch	gering	mittel	hoch

Conference	Konferenzbirne, Confirence	diploid	ja	hoch	mittel	gering	gering*	hoch
Bosc	Beurré Bosc, Boscs Flaschenbirne, Kaiser Alexander, Kaiserkrone, Cale Bassé	diploid	ja	mittel	mittel	hoch	hoch	hoch
Clairgeau	Clairgeaus Butterbirne, Beurré Clairgeau	diploid	ja	mittel	hoch	mittel	gering	hoch
Lucas	Alexander Lucas	triploid	nein	mittel	mittel	hoch	mittel*	mittel
Vereinsdechant	Vereins-Dechantsbirne, Doyenné de Comice	diploid	ja	hoch	mittel	hoch	gering	hoch
Edelcrassane	Passa crassana, Passe crassane	diploid	ja	hoch	hoch	hoch	gering	hoch

* Neigung zur Parthenokarpie (Jungfernfrüchtigkeit) vorhanden

Tab. 16. Wuchs-, Ertrags- und Fruchteigenschaften wichtiger Birnensorten

Sorten	Wuchs			mit Quitte verträglich		Ertrag			Frucht	
	Stärke	Leitaststellung	Trieb-bildung	ohne Zwischenveredlung	mit Zwischenveredlung	Baum-ertrag	Frucht-ansatz-vermögen	Alternanz	durch-schnittliche Größe	spezif. Gewicht
Trévoux	mittel	mittel	stark	nein	ja, bedingt	hoch	mittel	gering	gering	< 1
Clapps	stark	mittel (locker)	stark	nein	ja	mittel bis hoch	hoch	gering	gering bis mittel	< 1
Williams	mittel	steil, da Mitteltrieb vorherrschend (spindelartig)	stark	nein	ja	hoch	hoch	gering	mittel	> 1
Vienne	schwach	steil, da Mitteltrieb vorherrschend (spindelartig)	mittel	ja, bedingt	ja	hoch	hoch	groß	groß	< 1
Gellerts	mittel	steil (sparrig, dicht)	schwach	ja	ja	gering	gering	groß	mittel bis groß	< 1
Gute Luise	mittel	steil	mittel	ja, bedingt	ja	sehr hoch	hoch	gering	gering bis mittel	> 1
Charneux	schwach	steil (dicht)	stark	nein	ja, bedingt	mittel bis hoch	mittel	gering	mittel	< 1
Conference	mittel	mittel	mittel	ja, bedingt	ja	hoch	hoch	gering	gering bis mittel	~ 1

Bosc	schwach	steil, da Mitteltrieb vorherrschend (spindelartig)	schwach	nein	ja, bedingt	mittel bis hoch	gering	gering	gering bis mittel	< 1
Clairgeau	schwach	steil	schwach	ja, bedingt	ja	hoch	mittel	gering	mittel bis groß	< 1
Lucas	mittel	steil, da Mitteltrieb vorherrschend (spindelartig, sparrig)	mittel	ja, bedingt	ja	mittel bis hoch	mittel	gering	groß	< 1
Vereins-dechant	mittel	steil, sparrig	stark	ja, bedingt	ja	mittel	gering	groß	groß	> 1
Edelcrassane	schwach	mittel (krumm)	stark	nein	ja	mittel bis hoch	gering	mittel	mittel bis groß	> 1

Die Birnen zeigen im Vergleich zu den Äpfeln auch unter etwas trockenen Standortverhältnissen gute Leistungen in bezug auf Größe und Zahl der Früchte. Auf feuchteren Böden, wo in der Regel auch die Bodendurchlüftung schlechter wird, reagieren jedoch viele Birnensorten eher mit mangelhafter Blattausbildung und schlechtem Triebwachstum als der Apfel. Beide Erscheinungen beeinträchtigen Fruchtqualität und Fruchtbarkeit. Am wenigsten empfindlich in dieser Hinsicht sind die Sorten 'Trévoux', 'Charneux' und 'Conference'.

Bei Verwendung der Quitte als Unterlage ist das Wärmebedürfnis etwas geringer, aber die Ansprüche an die Bodenfeuchtigkeit sowie an die Bodendurchlüftung sind höher. Als besonders spätfrostempfindlich gilt 'Bosc', während die übrigen Sorten der Tab. 15 weniger frostempfindlich sein sollen. Schließlich ist auf die Empfindlichkeit von 'Gute Luise' gegen hohen Kalkgehalt im Boden hinzuweisen.

Die Angaben verschiedener Sortenwerke über die Verträglichkeit der Birnensorten mit der Wurzelunterlage Quitte sind widersprüchlich. Für die Praxis ist deshalb der Tab. 16 eine relativ strenge Bewertung zugrundegelegt. In Einzelfällen kann die Verträglichkeit günstiger sein als angegeben.

Das spezifische Gewicht der behandelten Birnensorten bewegt sich durchweg um 1, d. h. manche Sorten liegen knapp darunter, andere geringfügig darüber.

Mutanten wichtiger Birnensorten

Auch die Birnensorten sind mutativen Veränderungen ausgesetzt.

Die bis heute bekannt gewordenen Mutanten zeigen im Vergleich zu den im Anbau verbreiteten Normalformen vor allem Abweichungen in der Färbung, der Größe, der Reifezeit und in der Gestalt der Früchte.

Rotgefärbte Mutanten sind z. B.:
'Rote Williams', 'Rote Gellerts' und 'Rote Clapps' ('Starkrimson Pear').

Bronzeartig gefärbte Mutanten kommen z. B. vor bei:
'Vienne', 'Vereinsdechant' und 'Lucas'.

Bei 'Williams' sind Mutanten gefunden worden, die eine bis drei Wochen früher reifen und fruchtbarer als die Normalform sein sollen.

Großfrüchtige und damit meist auch in der Fruchtform veränderte Mutanten kennt man z. B. von 'Trévoux', bei welcher eine als 'Supertrévoux' genannte Mutante bekannt ist, sowie von 'Gute Luise' und von 'Conference'.

Mutanten mit veränderten Frucht- und Wuchseigenschaften – das klassische Beispiel bei den Apfelsorten dafür ist 'Starkrimson' – kommen bei Birnen ebenfalls vor. So dürfte die Mutante 'Supertrévoux' beispielsweise eine solche Doppelmutation darstellen, denn bei ihr ist nicht nur die Frucht, sondern auch der Wuchscharakter im Sinne einer Kurztriebform (kürzere Internodien, schwache Langtriebbildung) mutiert.

In bisherigen Sorten- und Klone-Prüfungen hat sich ergeben, daß die rotgefärbten Mutanten bei der Birne eher Nachteile wie geringere Fruchtbarkeit und/oder weniger Geschmack im Vergleich zur Normalform aufweisen und deshalb kaum zu empfehlen sind. Einzig die Mutante 'Supertrévoux' ist der Normalform aufgrund verbesserter Fruchtgröße mindestens ebenbürtig, so daß ihr Anbau anstelle der Normalform vertretbar ist.

Unterlagen

Als arteigene Unterlagen (Wurzel, Stamm) für die Birne kommen zur Zeit nur *Sämlinge* aus dem Formenkreis von *Pyrus communis* in Frage, die auf weniger fruchtbaren

Böden gegenüber der Quittenunterlage begünstigt sind. Gegenwärtig werden fast ausschließlich aus französischen Baumschulen bezogene, muttersortenreine Absaaten der im süddeutschen Raum (Hohenlohekreis) gefundenen 'Kirchensaller Mostbirne' als wurzelbildende Sämlingsunterlagen in West- und Mitteleuropa verwendet.

Sämlinge vermitteln der entsprechenden Sorten-Unterlagen-Kombination kräftigen Wuchs, lange Lebensdauer sowie gute Standfestigkeit bei hoher Widerstandsfähigkeit gegenüber Holzfrost. Die geschmackliche Qualität der Früchte sowie der Schmelz ihres Fruchtfleisches sind jedoch meist weniger gut als auf Quittenunterlage. Zur Gewinnung hochstämmiger Baumformen auf Sämlingsunterlage werden Stamm- und Gerüstbildner benötigt. Hierfür eignen sich vor allem 'Gellerts', aber auch Sorten wie 'Augustbirne' und 'Bertrams Stammbildner'.

Die wichtigste *vegetativ vermehrbare Unterlage* bei der Birne ist bis heute die gattungsverwandte *Quittenunterlage* geblieben. Die in *East Malling* (England) ausgelesene Quitte 'MA', auch 'Quitte aus Angers' genannt, hat die größte Verbreitung erreicht. Ihre wesentlichen Vorteile sind schwacher Wuchs und damit verbunden kleine Baumformen sowie günstiger Einfluß auf Reife, Größe und Qualität der Früchte sowie auf Verringerung der Alternanzneigung. Als Nachteile müssen genannt werden: Unverträglichkeit mit einigen Kultursorten, fehlende Standfestigkeit, verkürzte Lebensdauer, relativ geringe Frostwiderstandsfähigkeit im Wurzelkörper (Baumscheiben im Winter abdecken) und chloroseartige Erscheinungen. Letztere treten meist auf kalkreichem Boden oder während der Vegetationszeit nach Naßperioden auf.

In Frankreich haben sich neben Quitte 'MA' auch bestimmte Typen der dortigen 'Provence-Quitte' als wertvolle Unterlagen für die Birne gezeigt, während in Holland die ebenfalls aus England stammende Quitte 'MC' (schwächer wachsend als 'MA'), auch als 'Rheinlandquitte' bekannt, sowie die belgische Quittenselektion 'Adams' (früher fruchtbar als 'MA', aber mit Wurzelschossen) im Anbau verwendet werden. In Angers (Frankreich) werden z. Z. auch schwachwüchsige Sämlingsunterlagen der Birne auf ihre Eignung geprüft.

Die mangelnde Verträglichkeit zwischen Quitte und Kultursorten der Birne ist ein gravierendes Problem. Am wirksamsten kann dieser physiologischen Störung durch Zwischenveredlung mit einer verträglichen Birnensorte begegnet werden. Für diesen Zweck hat sich bislang 'Gellerts' am besten bewährt.

3 Die Quitte

Allgemeine Bedeutung

Die Kultur der Quitte (*Cydonia oblonga,* $2n = 2\times = 34$) spielt in West- und Mitteleuropa eine stark untergeordnete Rolle, im Gegensatz zum Mittelmeergebiet und zum Balkan, wo ihr Anbau mehr verbreitet ist. Sehr nachteilig wirkt sich die Tatsache aus, daß die Früchte für den Menschen nur in gekochtem Zustand genießbar sind. Ihr köstlich duftendes, starkes Aroma wird aber bei einer Vielzahl von Produkten geschätzt, so bei Kompott, Gelee, Marmelade, Süßmost und als Konserven- und Dörrfrucht. Häufig genügt schon ein Zusatz, um den geschmacklichen Wert solcher Verarbeitungsprodukte zu steigern.

Neben diesem unbestrittenen Nutzwert besitzt die Quitte dank ihrer herrlichen Blüte und ihres oft leuchtendgelben Fruchtschmucks im Herbst auch einen hohen Zierwert.

Dies und ihre Genügsamkeit in der Pflege läßt die Quitte als ideales, meist strauchartiges Gehölz für den Liebhaberobstbau und für den Hausgarten erscheinen.

Standortansprüche

Abgesehen von einem *hohen Bedürfnis* nach *Wärme,* bei dessen Befriedigung gleichzeitig die Holzreife gefördert und damit die Empfindlichkeit des Holzes (Sproß, Wurzel) gegenüber Winterfrösten herabgesetzt wird, ist die Quitte ökologisch verhältnismäßig anspruchslos. Sie bringt auch auf *weniger fruchtbaren, trockeneren Böden* ausreichende Fruchtgrößen und Erntemengen, versagt aber auf staunassen Böden. Vorteilhaft bei Quitte ist die sehr *späte Blüte,* so daß spätfrostgefährdete Lagen ohne großes Risiko genutzt werden können. Bei hohem Gehalt an aktivem Kalk im Boden besteht bei allen Sorten eine mehr oder minder große *Chlorosegefahr,* vor allem auf arteigener Unterlage. Ohne Ausnahme, aber mit gewissen Unterschieden, sind die Quittensorten im *Holz* gegenüber tiefen *Wintertemperaturen empfindlich.*

Befruchtungsverhältnisse

Über die Befruchtungsverhältnisse gehen die Meinungen bis heute noch auseinander. Während im allgemeinen von ausgeprägter Selbstfruchtbarkeit die Rede ist (in der Flur stehende Einzelbäume mit jährlich gutem Behang sind ein Indiz dafür), sollen nach ausländischen Ergebnissen verschiedene Quittensorten selbstunfruchtbar sein. Klagen über mangelnde Fruchtbarkeit bei den meist in Strauchform gewachsenen Quitten sind aber nicht bekannt geworden. So gesehen ist man geneigt, bei der Quitte *Selbstfruchtbarkeit* zu unterstellen.

Sorten

Die Pflückreife aller Quittensorten ist einerseits verhältnismäßig spät und andererseits zeitlich keineswegs eng begrenzt. In der Regel erstreckt sie sich über den ganzen Monat Oktober. Daran anschließend können ihre Früchte bis November und Dezember verarbeitet werden.

Vor allem nach der Fruchtform, aber auch nach inneren Qualitätseigenschaften, die beide im Einzelfall stark variieren können, lassen sich die bekannten Quittensorten in zwei Gruppen gliedern, nämlich
a) birnenförmige Quitten (weich im Fruchtfleisch, wenige Steinzellen),
b) apfelförmige Quitten (trocken und hart im Fruchtfleisch, aromatischer als Birnenquitten).

Wie die anderen vegetativ vermehrten Obstarten, sind auch die Quittensorten erblichen Veränderungen unterworfen. Hohe Erträge und günstige Fruchtqualitäten sind deshalb nur bei Verwendung von selektiertem Material zu erreichen.

Birnenförmige Quitten

Bereczkiquitte. Diese aus Ungarn stammende Quittensorte bringt sehr große und stark gefurchte, tiefgelbe Schaufrüchte. Auf wärmeklimatisch günstigen Standorten sind die Früchte zuckerreich. Ihre Verwertbarkeit ist allgemein gut, doch rötet sich das Fruchtfleisch beim Kochen etwas. Der starke Wuchs ist strauchartig und sperrig sowie wenig verzweigt; die Erträge setzen etwas spät ein. Für die Verarbeitung im Haushalt ist 'Bereczkiquitte' besonders geeignet.

Champion (Meisterquitte). Eine nordamerikanische Quittensorte mit großen, ziemlich gleichmäßig gestalteten Früchten von zitronengelber Farbe und hohem geschmacklichem Wert. Der nur mittelstarke Wuchs begünstigt den Ertragsbeginn. 'Champion' ist weniger frostempfindlich im Holz als die meisten anderen Quittensorten und auch verhältnismäßig genügsam in den Standortansprüchen. Nach der Ernte können die Früchte einige Zeit gelagert werden.

Meechs Prolific. Ebenfalls aus Amerika stammend, fällt diese ertragreiche Sorte einerseits durch kleine Blätter und andererseits durch betont große Blüten auf. Bei kräftigem Wuchs bilden sich dünne Triebe, die deshalb häufig nach unten kippen. Die sehr großen, schwach gerippten und goldgelben Früchte neigen zu filziger Oberfläche und besitzen einen aromatisch-herben, angenehmen Geschmack.

Portugiesische Quitte. Eine vorzügliche Sorte für alle Verarbeitungszwecke mit großen, leuchtend- bis strohgelben Früchten. Trotz ihres starken, aufrechten Wuchses ist die Fruchtbarkeit früheinsetzend und nachhaltig hoch. Das Blatt ist großflächig und dunkelgrün, die Winterfrosthärte gering.

Ebenfalls zu dieser Gruppe zählen die Sorten 'Vranja' und 'Bourgeaut'.

Apfelförmige Quitten

Konstantinopeler. Mittelstark und aufrecht wachsend, reichtragend, mehr als andere Quittensorten im Holz frosthart, das sind neben deutlich hervortretenden Wülsten und Rippen an den hellgelben Früchten die Kennzeichen dieser Sorte. Ihre Früchte lassen sich vorzüglich im Haushalt verarbeiten.

Riesenquitte von Leskovac. Aus Serbien (Jugoslawien) kommend, zeichnet sich diese Sorte durch ihre ungewöhnliche Fruchtgröße und durch die Tatsache aus, daß ihr Fruchtfleisch im Gegensatz zu den meisten anderen Sorten, deren Fleisch sich beim Kochen rötet, rein weiß bleibt. Die goldgelben Früchte zeigen ausgeprägte Furchen. Die Sorte ist sehr fruchtbar.

Unterlagen

Die von Natur aus strauchartig oder buschförmig wachsende Quitte wird heute fast ausschließlich auf die arteigene, selektierte Unterlage 'MA' bzw. 'Quitte aus Angers' veredelt. Früher verwendete man auch die gattungsverwandten *Crataegus*-Formen Weißdorn *(Crataegus monogyna)* für niedrige und Rotdorn *(Crataegus laevigata* 'Paulii' bzw. *oxyacantha* 'Paul's Scarlet') für hochstämmige Baumformen. Diese *Crataegus*-Formen dürfen aber nicht mehr eingesetzt werden, weil sie hoch anfällig für den gefürchteten Feuerbrand sind.

Die auf Quitte 'MA' veredelten Pflanzen sind anfänglich nicht standfest und bedürfen deshalb eines Pfahles.

4 Die Kirsche (Süß- und Sauerkirschen)

Allgemeine Bedeutung

An der Weltproduktion der Kirschen (ca. 1,6 Mio. t) ist Europa mit fast 80% beteiligt. Die Hälfte davon, also etwa 650000 t, wird in den EG-Ländern geerntet, bei denen Italien und die Bundesrepublik Deutschland an der Spitze der Erzeugung stehen.

Ebenfalls bedeutsam ist der Kirschenanbau in der Schweiz und in den osteuropäischen Staaten.

Süß- und Sauerkirschen, die in der Bundesrepublik Deutschland etwa im Verhältnis 2 zu 1 angebaut werden, sind dank ihres köstlichen Geschmacks und ihrer jahreszeitlich frühen Reife (Juni bis Juli) begehrte Früchte. Dies gilt vor allem für süße Tafelkirschen. Von diesen reifen die mehr weichfleischigen und deshalb weniger platzanfälligen Herzkirschen in der Regel als erste, doch sind sie hinsichtlich ihrer Transportfähigkeit den festfleischigen Knorpelkirschen unterlegen.

Anbauschwerpunkte in der Bundesrepublik Deutschland für Süßkirschen sind Täler, Hänge und Vorhügel des Schwarzwaldwestrandes, Hanglagen am schwäbischen und fränkischen Jura, solche in Nordhessen und am Mittelrhein sowie die Niederelbe bei Hamburg.

Ihr Anbau ist risikoreich, denn Spätfröste, Regen, Hagel und Vogelfraß beeinträchtigen oftmals Menge und/oder Qualität der Früchte. Virosen sowie Teil- oder Totalschäden an den Baumkronen als Folge des sog. Kirschensterbens verstärken noch dieses Risiko. Gebietsweise führten diese Wirkungen – auch unter dem Einfluß des hohen Pflückaufwandes und des späten Ertragsbeginns – zu einer Stagnation im Tafelkirschenanbau. An seine Stelle tritt zunehmend der Anbau von schüttelfähigen schwarzen Konserven- und/oder zuckerreichen Brennkirschen.

Soll der Anbau von Tafelkirschen rentabel bleiben, so sind neben der Anzucht virusfreier Edelreiser und Unterlagen die Erzeugung großer, festfleischiger und madenfreier Früchte ebenso wichtige Voraussetzungen wie frühe Erträge, die Senkung der Pflückkosten und die Sicherung des Erntegutes mit Netzen gegen Vogelfraß und mit Folien gegen Regen und damit gegen das Platzen der Früchte. Die geringe Platzfestigkeit wertvoller Süßkirschensorten – meist sind dies Knorpelkirschen – hat verschiedentlich zu Folienüberdeckung während der Reifezeit angeregt. Die bisherigen Erfahrungen daraus sind vielversprechend.

Der hohe Pflückaufwand bei Tafelkirschen kann für den Erzeuger durch das Angebot der Selbstpflücke nach dem System „rent a tree“ (miete einen Baum) erträglicher gestaltet werden.

Der starke Wuchs der Süßkirsche hat eine intensive Suche nach schwachwachsenden Unterlagen ausgelöst, mit deren Hilfe kleinkronige und somit biologisch wie ökonomisch günstigere Bäume als bisher kultiviert werden könnten. An zahlreichen Orten werden demzufolge aus verschiedenen Kirschenarten gezüchtete oder aus bekannten Arten selektierte Kirschenunterlagen geprüft. Die Praxisreife solcher schwächerwüchsigen Unterlagen steht aber ebenso noch aus wie diejenige der durch Bestrahlung erzeugten, meist kleinerfrüchtigen Spurtypen.

Im Vergleich zu den Süßkirschen ist der Anbau von Sauerkirschen ökologisch weniger beschränkt, sind die Erntekosten dank des strauchartigen Wuchses niedriger und die Ausfälle an Früchten durch Frost und Regen geringer. Hauptanbaugebiete in der Bundesrepublik Deutschland sind das Mainzer Becken, die Vorderpfalz und die Kölner Bucht.

Neben dem hohen Eigenverbrauch im Haushalt werden Süß- und Sauerkirschen heute in vielfältiger Weise gewerblich verarbeitet (Tiefgefrieren, Konserven, Süßmost, Liköre). Eine starke Aufwertung hat das Brennen zu Kirschwasser erfahren. Dazu werden neben den eigentlichen Brennkirschen auch für den Frischverzehr nicht mehr brauchbare Tafelkirschen verwendet. Als Spezialität ist „Schwarzwälder Kirschwasser“ berühmt geworden. Schließlich ist auch auf den Nutzholzwert von Kirschenstämmen, sog. Rundholz, für den Möbelbau hinzuweisen.

Sowohl Konserven- als auch Brennkirschen werden entweder mit den Händen vom Fruchtstiel „gestreift“ oder mit Geräten mechanisch bzw. mit Hakenstangen manuell geschüttelt. Alle drei Verfahren verbilligen die Ernte erheblich. Nicht selten entstehen jedoch beim maschinellen Schütteln Wunden an den Bäumen oder es kommt zu vorzeitigem Blattfall und Gummifluß. Die Lebensdauer, vor allem von Süßkirschenbäumen, kann dadurch vermindert werden.

Der Süß- und Sauerkirschenanbau dürfte sich aus den genannten Gründen zweigleisig entwickeln: Einer begrenzten Erzeugung hochwertiger Frischmarktware wird mehr und mehr ein umfangreicher Anbau von kostengünstiger Verarbeitungsware gegenüberstehen.

Der Pflegeaufwand und die Notwendigkeit zum Einsatz chemischer Mittel für die Gesunderhaltung von Holz, Blatt und Frucht sind bei Kirschen im Vergleich zu Äpfeln niedrig. Aus diesem Grund ist die Kirsche für den Selbstversorger- und Liebhaberobstbau hervorragend geeignet.

Die Reifetermine der zahlreichen Süßkirschensorten umfassen einen Zeitraum von etwa 7 Wochen (1. bis 7. Kirschenwoche). Die Reihenfolge der sortenspezifischen Fruchtreife ist dabei ziemlich konstant und unabhängig von der Witterung.

Standortansprüche

Süßkirsche

Die ökologische Anbaubreite der Süßkirsche *(Prunus avium)* ist, ähnlich derjenigen des Apfels, verhältnismäßig groß. Man findet ihre Kultur in ganz Europa, von Süditalien bis Südschweden, wobei allerdings luftfeuchte Landschaften entlang der Meeresküsten in der Regel gemieden werden.

Die Süßkirsche ist *nicht* besonders *wärmeanspruchsvoll.* Höhenlagen sind deshalb mit Erfolg nutzbar. Früchte höhergelegener Gebiete reifen naturgemäß später und verlängern so die Kirschensaison.

Besonders zu beachten ist die hohe *Empfindlichkeit* der Süßkirschenblüten gegenüber *Spätfrösten.* Für einen nachhaltigen Anbauerfolg sind deshalb wenig spätfrostgefährdete Lagen Voraussetzung. Auf kaltluftgefährdeten Flächen dürfte sich auch das Risiko des „Rötelns“ erhöhen.

Tiefe Wintertemperaturen (unter −20 °C) können, vor allem nach vorausgegangener milder Witterung, zu *Frostschäden im Holz* führen. Auch die Gefahr von Stammrissen bei Strahlungswetterlagen und Schneedecke ist bei Kirschen besonders groß; deshalb ist bei entsprechenden Bedingungen das Weißen der Stämme und nach Schäden eine sorgfältige Wundpflege anzuraten.

Der *Wasserbedarf* der Süßkirschen ist *mäßig,* so daß auch noch mittelgründige, mäßig trockene Böden kirschwürdig sind. Dabei kommt der Kirsche zugute, daß sie sich für die Fruchtausbildung und für den Triebzuwachs weitgehend aus dem Wasservorrat der Winterniederschläge versorgen kann. Bestes vegetatives und generatives Wachstum leistet jedoch auch die Süßkirsche nur auf tiefgründigen, humosen Böden, die sich durch große natürliche Nährkraft und günstige Wasserführung auszeichnen und auch gut durchlüftet sind.

Auf zur *Nässe neigenden* wie auch auf *wechselfeuchten Böden* wird sowohl das *Triebwachstum* als auch die *Fruchtentwicklung beeinträchtigt* und die Anfälligkeit für Schäden im Holz (Gummifluß, Spitzendürre, Erfrieren) verstärkt. Bei kurzzeitiger Überflutung (1 bis 2 Tage) während der Vegetationszeit, vor allem im Frühjahr, kann es rasch zum Totalausfall der Bäume kommen. Im Gegensatz zu früheren Auffassungen spielt demgegenüber die Bodenart wie auch der Kalkgehalt des Bodens eine untergeordnete Rolle.

Regenperioden während der Fruchtreife können in kurzer Zeit zu erheblichen Ertragseinbußen durch geplatzte Kirschen führen. Leider sind gerade die edlen, großfrüchtigen Knorpelkirschen besonders der Gefahr des Platzens ausgesetzt. Da es bis heute keine platzfesten Kirschsorten gibt, sind deshalb sommerregenreiche Landschaften wie z. B. das östliche Bodenseegebiet für den Kirschanbau weniger geeignet. Freie, dem Wind zugängliche Lagen fördern das Abtrocknen der Früchte und mindern so die Gefahr des Platzens.

Sauerkirsche

Die im Vergleich zur Süßkirsche schwächer wachsende Sauerkirsche *(Prunus cerasus)* mit ihren dünnen und hängenden Fruchtästen zählt zu den genügsamsten Obstarten. Sie stellt weder an den *Wärme-,* noch an den *Wasserfaktor* besondere Ansprüche und bringt es auch auf weniger fruchtbaren Böden zu befriedigendem Triebwachstum und Fruchtertrag. Mit der Süßkirsche als Unterlage lassen sich die mehr frischen, mit der Steinweichsel *(P. mahaleb)* dagegen auch mäßig trockene bis trockene Böden nutzen.

Geradezu sprichwörtlich ist die hervorragende *Winterfrosthärte* der Sauerkirsche. Dies erklärt ihre große Verbreitung in Gebieten mit kontinentalem Klimacharakter (heiße Sommer, kalte Winter). Gegen *Blütenfröste* sind Sauerkirschen *weniger empfindlich* als Süßkirschen, was hauptsächlich auf späten Blühbeginn, teilweise aber auch auf die Widerstandsfähigkeit der Blütenorgane gegenüber tiefen Temperaturen zurückzuführen ist.

Ebenso *empfindlich* wie die Süßkirsche reagiert jedoch auch die Sauerkirsche auf *mangelnde Bodendurchlüftung* als Folge von hohem Tongehalt, flachanstehendem Grundwasser oder zeitweiliger Vernässung. Neben ungenügenden Erträgen und Fruchtqualitäten wird dadurch auch die Kondition beeinträchtigt und die Anfälligkeit für Krankheiten bzw. nichtparasitäre Schäden erhöht. Sehr empfindlich gegenüber schlechter Bodendurchlüftung sind sowohl Klone-Unterlagen als auch Sämlinge von *P. mahaleb.* Besonders anfällig sind Sauerkirschen, vor allem die Sorte 'Schattenmorelle', für Monilia.

Befruchtungsverhältnisse

Süßkirsche

Mit Ausnahme der kanadischen Sorte 'Stella' ('Lambert' × 'John Innes Sämling 2420') und dem von ihr abstammenden Spurtyp 'Compact Stella' sind alle anderen *Sorten* der Süßkirsche ausgeprägt *selbstunfruchtbar (autosteril)* und deshalb auf die Bestäubung mit sortenfremdem Pollen angewiesen. Vorteilhaft ist hierbei, daß alle Süßkirschensorten diploid und somit gute Pollenspender sind, abgesehen von 'Bärtschis Adler', die nach Stösser (1979) pollenarm und deshalb „teilweise männlich steril" ist. Der Pollen sollte durch Bienen oder Wildinsekten übertragen werden, da Windbestäubung in der Regel nicht ausreichend ist. Fruchtwachstum ohne Befruchtung ist, wie beim Steinobst allgemein, auch bei der Kirsche nicht möglich, da die fleischige äußere Fruchthaut (das sog. Fruchtfleisch) aus dem Fruchtknoten hervorgeht. Ein besonderes Problem für die Befruchtung besteht bei Süßkirschen in der verbreiteten *Gruppenunfruchtbarkeit (Intersterilität).* Bis heute sind etwa 25 solcher Gruppen bekannt geworden, deren Darstellung den Rahmen dieses Buches sprengen würde. Ursache sind 6 verschiedene *Sterilitätsgene* (S 1 bis S 6), die, wenn Vater- und Muttersorte dieselben (homologe) Paare

Muttersorte Blüte ♀ \ Vatersorte Pollen ♂		1	2	3	4	5	6	7	8	9	10	11	12	13	14	15
Bärtschis Adler	1	–		•	•	•	•	•		•	•	•		•	–	•
Bleyhls Braune	2		–	•		–	–	–	–				•			
Büttners Rote Knorpel	3	•		–	•	•	•	•	•	•	•	•	•	•	•	•
Frühe Meckenheimer	4	•		•	–	•		•		•	•	•		•	•	•
Glemser	5	•		•	•	–	–	–	–	•	•	•	•	•	•	•
Große Schwarze Knorpel	6			•	•	–	–	–		•		•		•		•
Hedelfinger, Diemitz	7	•		•		–	–	–	–	•	•	•	•	•	•	•
Hedelfinger, rundfrüchtig	8			–					–						•	
Knauffs	9	•		•	•	•	•	•		–	•	•		•	•	•
Sam	10	•		•	•	•	•	•		•	–	•		•	•	•
Schneiders Späte Knorpel	11	•		•	•	•	•	•	•	•	•	–	•	•	•	•
Spitze Braune	12								•				–		•	
Starking Hardy Giant	13			•	•		•	•		•	•	•		–	•	•
Unterländer	14	–		•	•	•	•	•	•	•		•	•	•	–	•
Van	15	•		•	•	•	•	•		•	•		•	•	•	–

- • Kombination fruchtbar (fertil)
- – Kombination unfruchtbar (steril)
- ☐ Kombination nicht geprüft

Abb. 30. Fruchtbare und unfruchtbare Kreuzungskombinationen bei wichtigen Tafelkirschsorten, nach Stösser (1979 a + b) abgeändert.

bzw. deren Gameten die gleichen S-Gene besitzen (S1S5 × S1S5), zum Absterben der Pollenschläuche im Griffelgewebe führen. Volle Befruchtung ist deshalb nur erreichbar, wenn diese Genpaare bei der Vater- und Muttersorte verschieden (heterolog, z.B. S5S6 × S1S2) sind. Für eine Reihe wichtiger Sorten sind anstelle einer vollständigen Darstellung die Befruchtungsverhältnisse in Abb. 30 angegeben.

Wie beim Apfel sind auch bei Süßkirschen die Blühzeiten der Sorten zu beachten. Dies und die zeitlich begrenzte Befruchtungsfähigkeit der Eizellen machen bis zu 10

Sorten für eine Pflanzung notwendig, um einen guten Fruchtansatz zu sichern, der bei Kirschen zwischen 25 und 50% der vorhandenen Blüten betragen sollte. Erfahrungen lehren jedoch auch, daß sich im gemäßigten Klima die Blühzeiten von Sorten benachbarter Blühzeitgruppen wie beim Apfel genügend überlappen.

Sauerkirsche

Innerhalb der formenreichen Art der Sauerkirsche kommen sowohl *Selbstfruchtbarkeit* als auch *Selbstunfruchtbarkeit* vor. Die meisten Sorten gehören zu den hochgradig Selbstfruchtbaren, deren befruchtungsbiologisches Ertragsrisiko demzufolge gering ist. Obwohl bei den selbstfruchtbaren Sauerkirschen Windbestäubung möglich ist, sind hohe Baumerträge nur unter Mitwirkung von Insekten zu erzielen. Selbstunfruchtbare Sauerkirschen sind z.B. 'Köröser', 'Mailot', 'Spanische Glaskirsche', 'Königin Hortense' und 'Ostheimer Weichsel'. Bis auf die 'Ostheimer Weichsel' zählt man diese Gruppe zu den Bastardkirschen, die in der Regel als tetraploide Sorten gestörte Pollen haben und als Pollenspender deshalb ziemlich wertlos sind. Die häufig unbefriedigende Fruchtbarkeit von 'Köröser' beruht vermutlich auch auf geringer Anziehungskraft ihrer Blüten für Insekten und auf einer nur wenige Tage andauernder Nektarproduktion.

Bei Pflanzungen mit selbstunfruchtbaren Sorten beider Kirscharten ist darauf zu achten, daß Pollenspender und zu bestäubende Sorte nicht zu weit voneinander stehen. Überraschend ist die Feststellung, daß manche Süß- und Sauerkirschensorten gegenseitig befruchtbar sind, doch blühen Sauerkirschen in der Regel später.

Sorten

Süßkirsche

Bei der Süßkirsche ($2n = 2\times = 16$) ist im Lauf der Jahrhunderte eine unübersehbar große Zahl von Sorten entstanden. Fast alle sind Zufallssämlinge. Erst in jüngster Zeit sind neue Sorten meist durch kontrollierte Kreuzung wertvoller Elternsorten gezüchtet worden. Einige davon haben sich im praktischen Anbau als *Tafelkirschen* bewährt oder sind zumindest versuchsweise im Anbau vertreten wie z.B.:

Aus der Obstbauversuchsanstalt Jork bei Hamburg, Bundesrepublik Deutschland
- Annabella ('Rube' × 'Allers Späte')
- Erika ('Rube' × 'Stechmanns Bunte')
- Valeska ('Rube' × 'Schubacks Frühe Schwarze').

Aus der Versuchsstation Summerland, Kanada
- Sam ('Windsor', frei abgeblüht)
- Star ('Deacon', frei abgeblüht)
- Stella ('Lambert' × 'John Innes Sämling 2420')
- Van ('Empress Eugenie', frei abgeblüht).

Aus dem John Innes Institut in Merton Park bei London, England
- Merton Bigarreau ('Knight' × 'Napoleon')
- Merton Glory ('Ursula Rivers' × 'Noble').

Aus der Eidgenöss. Forschungsanstalt in Wädenswil, Schweiz
- Alfa ('Basler Adler' × 'Erstfrühe')
- Beta ('Zweitfrühe' × 'Basler Adler')
- Magda (Zufallssämling).

Als Zufallssämlinge haben sich auch 'Burlat' (Frankreich), eine frühreifende Herzkirsche, und 'Starking Hardy Giant' (USA) einen Namen gemacht. Letztere neigt jedoch verschiedentlich zu Blattschäden.

Aufgrund von vielen Fehlbenennungen erweist sich die Sortensystematik der Süßkirsche als äußerst schwierig. Manche alten Sorten sind zudem genetisch nicht einheitlich, sondern Gemische von Typen, die aber wenigstens nach äußeren Merkmalen sehr ähnlich sind. Um die Ordnung der Kirschen hat sich der fränkische FREIHERR V. TRUCHSESS (1755 bis 1826) verdient gemacht. ZWINTZSCHER (1962) baut auf dieser Ordnung auf und unterscheidet sowohl bei den Sorten der weichfleischigen Herzkirsche (franz. guigne, engl. gean- oder heart-cherries), als auch bei denjenigen der festfleischigen Knorpelkirsche oder Kracher (franz. bigarreau) noch nach Frucht- und Saftfarbe. Zwischen Herz- und Knorpelkirschen gibt es viele Übergänge.

Neben den großenteils übergebietlich bekannten Tafelkirschsorten wurden in den verschiedenen Anbaugebieten im Lauf der Zeit zahlreiche *Lokalsorten* aus dem jeweils vielfältigen Sämlingsgemisch selektiert, die heute überwiegend als *Konserven-* und *Brennkirschen* verwendet werden. Es handelt sich um Zufallssämlinge, die aus Tafelkirschen, teilweise vermutlich unter Mitwirkung von Wildkirschen, entstanden sein dürften. Ihre Vorzüge sind gute ökologische Anpassung, Widerstandsfähigkeit gegenüber parasitären Holzkrankheiten, reiche Fruchtbarkeit, geringe Platzempfindlichkeit, hoher Gehalt an vergärbaren Zuckern und gute Schüttelbarkeit. Nachfolgend sind wichtige Vertreter dieser Gruppe mit ihren relativen Blühzeiten zusammengestellt:

Basler Langstieler, mittelfrüh	Ritterkirsche, spät
Dolle(n)seppler, mittelfrüh	Rotstieler, mittelspät
Dolls Langstieler, mittelfrüh	Schlapper, mittelfrüh
Eichholzer Frühe, früh	Schüttler vom Albtrauf, mittelspät
Eßlinger Schecken, spät	Schüttler vom Bodensee, mittelfrüh
Mödinger, spät	Stöckemer Rote, spät
Offenburger Schüttler, spät	Zweitfrühe, früh

Daß die Lokalsorten aber keineswegs nur in ihren heimischen Landschaften anbauwürdig sind, beweist die gute Eignung der Altländer Sorten 'Zum Feldes Frühe Schwarze', 'Rube' und 'Schubacks' in den südwestdeutschen Kirschengebieten.

Das Wachstum der Süßkirsche ist vor allem in der Jugend als sehr kräftig zu bezeichnen. In diesem Stadium dominiert der Wuchs des Stammes bzw. des Mitteltriebes. Später wandeln sich die Kronen aufgrund der stärkeren Betonung quirlständiger Hauptäste dann meist vom anfänglich aufstrebenden, hochpyramidalen zu einem mehr breitkugeligen, ja oft sogar schirmartigen Wuchs um. Teils werden mehr lockere und lichte, teils betont knorrige, sparrige Kronen gebildet.

Im Gegensatz zu manchen Apfelsorten zeichnet sich die Süßkirsche bei intensivem Anbau durch jährlich reichen Blüten- und bei günstigem Blühverlauf auch durch reichen Fruchtansatz aus. Entsprechend niedrig ist deshalb auch das Alternanzrisiko dieser Obstart. Diese ertragsphysiologischen Vorzüge sind ohne Zweifel sowohl durch die frühe Fruchtreife als auch durch den frühen Triebabschluß mitbedingt. Dadurch können die in der zweiten Hälfte der Vegetationsperiode (ab August) gebildeten Assimilate wie auch in der Wurzel synthetisierte Stoffe in vermehrtem Maße für die generative Entwicklung und für den Reservestoffhaushalt, der ja Blühverlauf und erstes Fruchtwachstum mit beeinflußt, herangezogen werden. Doch nicht bei allen Süßkirschsorten ist reicher Fruchtansatz gleichbedeutend mit hohem Ertrag, da durch das sog. Röteln 60 bis 70 Tage nach der Blüte bzw. kurz vor der Fruchtreifeperiode beträchtliche Fruchtverluste entstehen können. Am meisten gefährdet hierfür ist 'Schneiders Späte'. Weitere ertragsunsichere Süßkirschensorten sind z.B. 'Große Prinzessin', 'Große Schwarze Knorpel' und 'Germersdorfer', bei denen häufig als Folge von Platzen und Faulen der Früchte die Erträge reduziert werden.

Tab. 17. Eigenschaften wichtiger Süßkirschensorten für den Frischmarkt (teilweise nach DÄHNE 1964 und GÖTZ 1970)

Sorten – nach Reifezeit geordnet	gleichbedeutende Namen	Wuchsstärke	generative Merkmale			Frucht			Bemerkungen
			Blühzeit	Pflückreife bezogen auf „Kirschenwoche"	Ertrag	Typ und Farbe	Größe	Platzfestigkeit	
Frühe Französische	Erstfrühe, Frühe Schwarze, Freinsheimer Schloßkirsche, Bozener Frühkirsche?	mittel	früh	1. – 2.	hoch	Herzk., dunkelbraun bis schwarz	mittel	gering	neigt zu Kümmerwuchs, anfällig für Gummifluß
Souvenir des Charmes	Bigarreau Moreau, Bigarreau Sandrin	groß	mittelfrüh	2.	mittel	Knorpelk., schwarz	sehr groß	gering	sparrig ausladende Krone, ökologisch anspruchsvoll
Frühe Meckenheimer	Mayrs Frühe Herzkirsche, Frühe Rote Herzkirsche, Frühe Rote Meckenheimer	mittel	früh	2. – 3.	hoch	Herzk., dunkelbraunrot	mittel bis groß	mittel bis hoch	flache und breite Krone
Schwarze Königin	Schwarze Kurzstieler, Zweite Schwarze, Erste Kurzstieler	groß bis mittel	mittelfrüh	2. – 3.	hoch	Herzk., schwarz	groß	mittel	trockenheitsempfindlich, als Brennkirsche gut geeignet
Teickners Schwarze	Teickners Schwarze Herzkirsche	mittel	mittelfrüh	3.	hoch	Herzk., braunschwarz	mittel	gering	kugelige Kronenform

Knauffs	Knauffs Schwarze, Knauffs Riesen	mittel	mittel-früh	3. – 4.	hoch	Herzk., braun-violett	mittel	gering	Krone breitkugelig, besonders empfindlich auf wechselfeuchten Böden
Spitze Braune	Spitzkirsche, Erligheimer Spitzenbraune, Walheimer Spitzenbraune	mittel	mittel-spät	3. – 4.	hoch	Herzk., schwarz-braun	mittel	mittel	breitkronig, große Anbaubreite
Bleyhls Braune	Bleyhls II	mittel	mittel-früh	3. – 4.	hoch	Herzk., dunkel-braun-rot	mittel	mittel	anfällig für Monilia, Krone kugelig, große Anbaubreite
Große Prinzessin	Kaiserkirsche, Münsterkirsche, Speckkirsche, Bigarreau Napoleon, Lauermannskirsche	mittel	mittel-spät	4.	mittel	Knorpelk., rotbunt	groß	gering	kugelige Kronenform, auf schweren Böden Gummifluß
Unterländer	keine	mittel	mittel-spät	4. – 5.	hoch	Knorpelk., schwarz-braun	groß	mittel bis gering	große Anbaubreite, auf schweren Böden Gummifluß
Hedelfinger	Hedelfinger Riesenkirsche, Typ Diemitz; Wahlerkirsche, Spiegelkirsche, Rommelshausener Riesen	sehr groß	spät	4. – 5.	hoch	Knorpelk., braun-violett	mittel bis groß	gering	mehrere Typen im Anbau, fäulnisanfällig, ökologisch anpassungsfähig

Tab. 17. Eigenschaften wichtiger Süßkirschensorten für den Frischmarkt (teilweise nach DÄHNE 1964 und GÖTZ 1970) (Fortsetzung)

Sorten – nach Reifezeit geordnet	gleichbedeutende Namen	Wuchsstärke	generative Merkmale			Frucht			Bemerkungen
			Blühzeit	Pflückreife bezogen auf „Kirschenwoche"	Ertrag	Typ und Farbe	Größe	Platzfestigkeit	
Germersdorfer	Marmorkirsche, Königskirsche, Große Germersdorfer Knorpelkirsche	mittel bis groß	mittel-spät	4. – 5.	mittel	Knorpelk., rotbraun	sehr groß	sehr gering	ökologisch anspruchsvoll, blütenfrostempfindlich
Büttners Rote	Büttners Rote Knorpelkirsche, Große Riesenkirsche	mittel bis groß	mittel-früh	5.	hoch	Knorpelk., rotbunt	groß	gering	anfällig für braune Fruchtflecken, Krone breitkugelig, große Anbaubreite
Große Schwarze Knorpel	Große Schwarze Knorpelkirsche, Typ Diemitz	mittel bis groß	spät	5. – 6.	hoch	Knorpelk., braunschwarz	mittel bis groß	gering	wenig verzweigte Krone, aufrechter Wuchs, große Anbaubreite
Schneiders Späte	Schneiders Späte Knorpelkirsche, Kaiser Franz, Zeppelin (?)	mittel bis groß	spät	5. – 6.	mittel	Knorpelk., dunkelbraunrot	sehr groß	gering	betont kugelige Kronenform, neigt stark zum „Röteln"

Bärtschis Adler	Adlerkirsche von Bärtschi, Bronnerkirsche, Besigheimer Braune, Braune Knorpel, Schwarze Adler	groß	mittelspät	5. – 6.	hoch	Knorpelk., dunkelbraun	groß bis sehr groß	mittel bis gering	große Anbaubreite, geringe Pollenproduktion
Glemser	Glemserkirsche, Hedelfinger, Typ Froschmaul	mittel bis groß	spät	6. – 7.	hoch	Knorpelk., dunkelbraun	groß	gering	Krone breitkugelig, große Anbaubreite

Sauerkirsche

Die Sauerkirschen ($2n = 4\times = 32$) werden in „Echte Sauerkirschen“ (franz. griottes, engl. morello-cherries) und „Bastardkirschen“ (franz. cerises, engl. duke-cherries) eingeteilt. Erstere gliedern sich wieder in die Weichseln und Amarellen, und letztere in die Süßweichseln und Glaskirschen. Diese 4 Gruppen können mit Hilfe ihrer Frucht- und Saftfarbe noch weiter unterschieden werden. Im erwerbsmäßigen Anbau spielen fast nur die Weichseln eine Rolle. Gebietsweise werden sie durch Amarellen wie z.B. ‘Ludwigs Frühe’ ergänzt, zu welchen auch die in Nordamerika vorherrschende Sorte ‘Montmorency’ und die dänische Hauptsorte ‘Stevnsbaer’ zählen. Zum Typengemisch von ‘Stevnsbaer’ rechnet man wiederum die holländische Sorte ‘Westerleese Kriek’ und die jugoslawische Sorte ‘Maraschka’.

Als möglicher Ersatz für die im Anbau Mängel zeigende ‘Ludwigs Frühe’ züchtete Zwintzscher sog. Dunstkirschen, die z.Z. auf folgende Eigenschaften geprüft werden: farbstabil, nichtblutend, dunkelsaftig, schüttelfähig und ertragreich.

Von den Weichseln hat die Sorte ‘Schattenmorelle’ aufgrund sicherer und hoher Erträge sowie wegen ihrer guten Fruchtqualität und weitgehenden Resistenz gegenüber Bakterienbrand die größte Verbreitung erlangt. Ihr Name wird fälschlicherweise mit betonter Schattentoleranz in Zusammenhang gebracht (‘Schattenmorelle’, abgewandelt aus dem französischen ‘Morelle de Chateau’ = ‘Schloßmorelle’ oder Chateau Morel = Schloß Morel). Als wertvolle Mutanten von ‘Schattenmorelle’, die auch die Synonyme ‘Große Lange Lotkirsche’, ‘Nordkirsche’ und ‘Späte Morelle’ trägt, sind ‘Boscha’ (= ‘Bockelmann’), ‘Scharö’ (= ‘Römer’) und ‘Rheinland’ (= ‘Wolbeck 105’) bekannt geworden.

In vergleichenden Anbauversuchen haben sich neben ‘Schattenmorelle’ und ihren Mutanten vor allem ‘Kelleriis 16’, auch ‘Morellenfeuer’ genannt (wie ‘Kelleriis 14’ vermutlich ein frei abgeblühter Sämling aus ‘Ostheimer Weichsel’ × ‘Früheste der Mark’), als frühreifend und ertragsstark, ‘Northstar’ (‘English Morello’ × ‘Serbian Pie’) dagegen als ertragsschwach, aber säurereich erwiesen. Die aus der Selbstbestäubung (Selbstung) von ‘Schattenmorelle’ hervorgegangenen Sorten ‘Cerella’, ‘Nabella’ und ‘Successa’ reichen in ihren Leistungen nicht an die Muttersorte ‘Schattenmorelle’ heran.

Die Heimanns-Züchtungen ‘Rubin’ (Syn. ‘Granat’) und ‘Konservenweichsel’ (Syn. ‘Fanal’ bzw. ‘Nr. 23’) wie auch die Sorten ‘Röhrigs Weichsel’ und ‘Beutelspacher Rexelle’ haben sich hinsichtlich Fruchtertrag und Fruchtgröße vor allem auf mäßig trockenen bis trockenen Böden und bei niedriger Luftfeuchtigkeit (Pfalz, Rheinhessen, Unterfranken) bewährt, zumal auf derartigen Standorten auch die Anfälligkeit dieser Sorten für Bakterienbrand geringer als auf frischen Böden bei gleichzeitig hoher Luftfeuchtigkeit sein soll.

Eine besondere Gruppe mit schmackhaften und großen Früchten, aber mit leider schwachen Erträgen bilden die Süßweichseln, die den Bastardkirschen (Kreuzung zwischen Süß- und Sauerkirschen) angehören. Am bekanntesten davon sind die Sorten ‘Königin Hortense’, ‘Mailot’ (‘Schattenmorelle’ × ‘Rote Mai’), ‘Rote Mai’, ‘Schöne aus Chatenay’ (lange Reifezeit) und ‘Köröser’. Während die erstgenannten nur für den Liebhaberobstbau in Frage kommen, fand ‘Köröser’ (ung. ‘Pándy meggy’) auch in den Erwerbsobstbau Eingang.

Tab. 18. Eigenschaften wichtiger Sauerkirschsorten (teilweise nach HEIN 1978)

Sorten – nach Reifezeit geordnet	gleichbedeutende Namen	systematische Einordnung	Wuchs	Ertrag	Frucht		Bemerkungen
					Größe	Pflückreife, bezogen auf „Kirsch-woche"	
Ludwigs Frühe	Frühe Ludwigs	Amarelle	schwach bis mittel	hoch, regelmäßig	gering bis mittel	2. – 3.	eng verwandt mit 'Diemitzer', geeignet für trockene Böden
Diemitzer	Diemitzer Amarelle	Amarelle	mittel	hoch, regelmäßig	gering bis mittel	3.	saftreich
Schwäb. Weinweichsel	keine	Weichsel	stark	mittel, regelmäßig	gering bis mittel	3. – 4.	viel Säure, aromatisch, große Anbaubreite, sehr anfällig für Monilia
Köröser	Köröser Weichsel, Ungarische Weichsel, Pándy meggy	Süßweichsel	stark	mittel, regelmäßig	groß bis sehr groß	4. – 5.	festfleischig
Heimanns Rubin	Heimanns Rubin-weichsel, Schatten-morelle Nr. 26, Granat	Weichsel	mittel	hoch, regelmäßig	mittel bis groß	5.	anfällig für Bakterien-brand, neigt zum „Röteln"
Beutelspacher Rexelle	keine	Weichsel	stark	hoch, regelmäßig	mittel bis groß	5. – 6.	saftreich, säurearm, an-fällig für Bakterienbrand

Tab. 18. Eigenschaften wichtiger Sauerkirschensorten (nach Literaturangaben)

Sorten – nach Reifezeit geordnet	gleichbedeutende Namen	systematische Einordnung	Wuchs	Ertrag	Frucht		Bemerkungen
					Größe	Pflückreife, bezogen auf „Kirsch-woche"	
Kelleriis 16	Morellenfeuer	Weichsel	stark	hoch, regelmäßig	groß	5.	anfällig für Bakterienbrand, vielseitig verwendbar
Schattenmorelle, Scharö	Schattenmorelle Römer	Weichsel	mittel bis stark	sehr hoch, regelmäßig	groß	6.	sehr anfällig für Monilia, vielseitig verwendbar, kann vollreif „gestreift" werden, empfindlich gegen Staunässe
Schattenmorelle, Bockelmann	Boscha 22	Weichsel	sehr stark	hoch, regelmäßig	sehr groß bis groß	6. – 7.	sehr anfällig für Monilia, vielseitig verwendbar, kann vollreif „gestreift" werden, empfindlich gegen Staunässe
Schattenmorelle, Rheinland	Rheinische Schattenmorelle, Wolbeck 105	Weichsel	sehr stark	hoch, regelmäßig	sehr groß bis groß	6. – 7.	sehr anfällig für Monilia, vielseitig verwendbar, kann vollreif „gestreift" werden, empfindlich gegen Staunässe
Kelleriis 14	keine	Weichsel	schwach	hoch, unregelmäßig	mittel bis gering	7.	robust
Stevnsbaer	vielleicht 'Maraschka' und 'Westerleese Kriek'	Weichsel	schwach bis mittel	hoch, unregelmäßig	gering	7. und später	viel Säure, formenreich, platzfest

Mutanten bei Süßkirschensorten

Neben vielfachen Sortenverwechslungen bei der Süßkirsche haben mit großer Wahrscheinlichkeit auch zufällig entstandene Mutanten zu manchen Unsicherheiten in der Sortensystematik beigetragen. Bei den Hauptsorten geht man deshalb immer mehr dazu über, den Sortennamen mit dem Namen der Edelreiserherkunft zu verbinden, wie z. B. 'Hedelfinger, Herkunft oder Typ Diemitz'.

In Kanada wurden nach Bestrahlung von Reisern der Sorten 'Lambert' und 'Stella' die sog. Kurztriebtypen 'Compact Lambert' und 'Compact Stella' gewonnen. Beide Typen oder Mutanten sind zwar schwachwüchsig, dürften aber wegen Kleinfrüchtigkeit für den Markt kaum Bedeutung erlangen.

Unterlagen

Wie die meisten anderen Obstgewächse können auch die Kultursorten der Kirsche nur vegetativ durch Veredlung auf geeignete Unterlagen erhalten werden.

Süßkirschen-Unterlagen

Bei der Süßkirsche herrschen bis heute starkwüchsige Unterlagen vor, die entweder über *Samen (Sämlinge)* oder auf *vegetativem* Weg *(Klone* oder *Typen)* gewonnen werden. Die Suche nach und die Prüfung von Unterlagen mit schwachem Wuchs wird an vielen Orten mit Nachdruck betrieben, doch können aus diesen Arbeiten noch keine Empfehlungen an die Praxis weitergegeben werden.

In den meisten deutschsprachigen Anbaugebieten hat sich in den letzten Jahren trotz verschiedener, keineswegs aber anbaubedrohender Mängel (Frostempfindlichkeit des Holzes, Gummiflußneigung, Schosserbildung u. a.) die vegetativ vermehrbare, aus der Vogelkirsche *(P. avium)* gezüchtete Klon-Unterlage F 12/1 aus East Malling (England) als für Süßkirschen am besten geeignet durchgesetzt. Diese Unterlage ist zwar ebenso starkwüchsig wie die Sämlinge, hat aber den Vorzug, die einzige, im Anbau bewährte Kirschunterlage zu sein, die z. Z. virusfrei angeboten wird.

Aus dem Formenkreis der Vogelkirsche sind als Klone-Unterlagen nur noch 'Prunave' aus Pillnitz bei Dresden und 'Wä 101' aus Wädenswil (Schweiz) bekannt geworden; beide befinden sich noch in Prüfung.

Bei den Sämlingen hat sich die 'Limburger Vogelkirsche' bewährt, die auf die „kleinfrüchtige hellrindige Harzer Vogelkirsche“ zurückgeht. Neben günstigen Anbaueigenschaften wie Frosthärte und geringe Neigung zu Gummifluß ist diese Unterlage dank hoher Keimfähigkeit, kräftigem Trieb und guter Verträglichkeit auch in der Anzucht für die Baumschule vorteilhaft.

Verbesserungen aus diesem Formenkreis wiederum stellen Sämlinge von 'Hüttner 170 × 53' dar, die als F_1-Hybriden zweier *P. avium*-Formen in speziellen Samenspenderanlagen gewonnen werden. Sie zeichnen sich durch ausgeglichenen kräftigen Wuchs, geringe Gummiflußbildung und gute Frosthärte aus. In Gebieten wie dem Alten Land, wo sich die Mängel von F 12/1 besonders nachteilig auswirken, verwendet man heute noch Vogelkirschensämlinge und als Gerüstbildner die dort heimische Form 'von Bremens Saure'. Alle Sämlinge der Vogelkirsche sind den Klonen-Unterlagen gegenüber benachteiligt, weil sie stets die Gefahr in sich tragen, mit pollen- und/oder samenübertragbaren Virosen infiziert zu sein.

Anbauversuche mit Sämlingen der Steinweichsel *(P. mahaleb)* haben ergeben, daß sie, mit Süßkirschen veredelt, ähnlich starkwüchsig wie Kombinationen mit Sämlingen der Vogelkirsche sind. Auf wenig fruchtbaren, trockenen Böden scheinen jedoch gesunde und verträgliche Sämlinge der Steinweichsel leistungsfähiger als solche der Vogelkirsche zu sein. Leider hat die aus *P. mahaleb* selektierte Unterlage 'Hüttners Heimann 10' die Erwartungen nicht ganz erfüllt, da sie mit dem Alter (etwa ab 10. Standjahr) zunehmend Ausfälle verzeichnet, eine Erscheinung, die im übrigen häufig bei Kombinationen von Süßkirschen auf *P. mahaleb* vorkommt.

In der Gruppe der vegetativ vermehrten Unterlagen werden gegenwärtig eine ganze Reihe von neuen Formen auf ihre Eignung als Süßkirschenunterlage (Vermehrbarkeit, Verträglichkeit, Schwachwuchs, Fruchtbarkeit, Fruchtgröße) geprüft. Nachstehend sollen einige genannt werden:

'Colt' *(P. avium × P. pseudocerasus)* aus East Malling, England; etwa ein Drittel schwächer als F 12/1 wachsend, empfindlich gegenüber Trockenheit und Winterfrost, begünstigt Fruchtbarkeit der Edelsorte.

'St. Lucie I. N. R. A. 64' *(P. mahaleb)* aus La Grande Ferrade bei Bordeaux, Frankreich; unempfindlich gegenüber Chlorose und Trockenheit, für schwere Böden aber ungeeignet.

'Vladimir' *(P. cerasus)* aus Kalifornien, USA.

'Landauer, W 1 bis 18' *(P. cerasus)* aus Weihenstephan, Bundesrepublik Deutschland, neuerdings unter dem Namen 'Weiroot' (engl. root = Wurzel) in den Handel eingeführt.

'Steppenkirsche, Selektion Oppenheim' *(P. fruticosa)* aus Oppenheim, Bundesrepublik Deutschland; nur mit bestimmten Süßkirschensorten verträglich.

Arten bzw. Klone aus wechselseitigen Kreuzungen zwischen *P. avium, P. cerasus, P. fruticosa* und anderen Kirscharten, meist Zierkirschenformen, aus Giessen (Bundesrepublik Deutschland), aus denen inzwischen vielversprechende Klone selektiert werden konnten; an ähnlichem Material für Süßkirschenunterlagen wird auch in Gembloux (Belgien) und Bologna (Italien) gearbeitet.

Sauerkirschen-Unterlagen

Wie bei der Süßkirsche hat sich auch bei der Sauerkirsche die vegetative vermehrbare und virusfreie Klon-Unterlage F 12/1 im Anbau bewährt. Neben F 12/1 haben nach wie vor Steinweichsel-Sämlinge als Unterlage für Sauerkirschen Bedeutung, da sie eine große ökologische Anbaubreite besitzen und insbesondere auf trockenen Böden den *P. avium*-Unterlagen überlegen sind. Für ihren Anbauerfolg entscheidend ist die langzeitliche Verträglichkeit mit der Edelsorte. Sämlinge der selbstfruchtbaren und somit genetisch ziemlich einheitlichen *P. mahaleb*-Form 'Hüttners Heimann 10' sind für Sauerkirschen nach bisherigen Erfahrungen besser als für Süßkirschen geeignet. Vor allem für 'Schattenmorelle' scheint eine Weihenstephaner Auslese aus *P. cerasus,* 'Landauer', nämlich der Klon 'Weiroot 11', eine vorteilhafte Unterlage zu sein. Für warme, trokkene und zugleich kalkreiche Böden können sowohl die aus der Art *P. fruticosa* hervorgegangene 'Steppenkirsche, Selektion Oppenheim' als auch der französische Klon 'St. Lucie I. N. R. A. 64' *(P. mahaleb)* empfohlen werden, die beide dazuhin problemlos vermehrt werden können. Für leichte Böden sind die in Bonn aus *P. mahaleb* vegetativ gewonnenen Klone gedacht, die u. a. auch auf gute Verträglichkeit ausgelesen wurden.

5 Die Pflaume (Rund- und Eierpflaumen, Renekloden, Mirabellen, Zwetschen)

Allgemeine Bedeutung

In Europa spielt der Anbau von Pflaumen als Abkömmlinge der Hauspflaume *(Prunus domestica)* seit altersher eine beachtliche Rolle. Schwerpunkte waren und sind heute noch die Balkanländer Jugoslawien und Rumänien, ferner die Bundesrepublik Deutschland, die zusammen mit etwa 40% an der Welterzeugung von durchschnittlich 4,3 Mio. t beteiligt sind. Davon sind die festfleischigen und aus diesem Grunde transportgünstigen Zwetschen begehrte Handelsobjekte.

Seit einigen Jahren ist allerdings im westdeutschen Anbauraum, und zwar von Süden nach Norden zunehmend, eine rückläufige Tendenz zu beobachten, da überalterte Bestände nach und nach ausfallen und neue Pflanzungen nur zögernd erstellt werden. Hauptsächliche Ursachen für diese Stagnation sind die Konkurrenz von Pfirsichen und Tafeltrauben auf dem Frischmarkt, das geringer gewordene Interesse an der Verarbeitung im Haushalt und die Ausbreitung der Scharka-Krankheit als der gefährlichsten Pflaumen-Virose. Für eine Reihe von Gebieten (Kaiserstuhl, Ortenau, Neckarbecken, Vorderpfalz, Bergstraße, Mainzer Becken, Unterfranken, Altes Land) hat der Pflaumenanbau jedoch nach wie vor marktwirtschaftliche Bedeutung.

Am stärksten verbreitet ist die zuckerreiche, sowohl durch Typengemische als auch durch Sämlingspopulationen in vielen Formen repräsentierte 'Hauszwetsche', deren Früchte vielseitig verwendbar sind (Frischverzehr, Kuchenbelag, Dörrobst, Naßkonservierung, Brennen). Für diese Zwecke ist eine gute Ausreife am Baum als Voraussetzung für reiche Zuckereinlagerung und volle Aromaausbildung anzustreben. Die Wertschätzung der 'Hauszwetsche' gründet sich aber auch auf ihre außergewöhnliche ökologische Anpassungsfähigkeit.

Ebenfalls formenreich ist die Mirabelle, bei der im lothringischen Anbauschwerpunkt sowohl bei der großfrüchtigen Nancy-Mirabelle als auch bei der frühreifenden und kleinfrüchtigen, aber zuckerreichen 'Mirabelle aus Metz' verschiedene Typen ausgelesen wurden.

Hauptsächlich für den Frischverzehr werden Frühzwetschen wie 'Lützelsachser', 'Ersinger', 'Zimmers' und 'Bühler' angebaut, da ihre Früchte durch das Kochen reichlich Saft abgeben und dabei auch ziemlich sauer werden. Für kühlere Klimate kann die Liste der Frühzwetschen durch 'Wangenheims' ergänzt werden. Die Möglichkeit kurzfristiger Kühllagerung begünstigt die Marktchancen der Frühzwetschen. In wärmeklimatisch bevorzugten Anbaugebieten haben neben der Hauszwetsche auch andere Spätzwetschen wie 'Chrudimer' (oder 'Crudimer'), 'Auerbacher', 'Ortenauer', 'Italienische' und 'Stanley' vor allem für den Frischmarkt zunehmende Bedeutung.

Andere Formen dieser Art wie Pflaumen im engeren Sinne (Rund- und Eierpflaumen), so z.B. 'Czar', 'Gerstetter' oder 'Kirkes Pflaume', und Renekloden wie 'Althans' und teilweise auch 'Große Grüne', haben ihre Anbauschwerpunkte im Hausgarten und sind deshalb weniger Handelsfrüchte.

Wie der Ausdruck „Sammelart" schon andeutet, sind die Pflaumen hinsichtlich ihrer äußerlichen Fruchteigenschaften sehr verschieden. Neben runden kommen längliche, neben kleinfrüchtigen relativ großfrüchtige Formen vor. Die Fruchtfarben reichen von grün über gelb und rot bis zu dunkelblau; die Reifezeiten erstrecken sich über vier Monate hinweg, nämlich von Mitte Juli bis Mitte Oktober. Diese Mannigfaltigkeit, die erwartungsgemäß auch für die inneren Fruchtqualitäten (Saftigkeit und Festigkeit des Fruchtfleisches, Aroma, Zucker-Säure-Verhältnis) zutrifft, ist das Ergebnis der Hybridisierung (s. Seite 64) mischerbiger Pflaumensorten.

Wie bei den Kirschen fehlen für kleinkronige Baumformen, wie sie der Intensivobstbau heute anstrebt, entsprechend schwachwachsende Unterlagen. Andererseits zeigen Anbaubeispiele mit verhältnismäßig hohen Besatzdichten in schräggepflanzter Heckenform, daß allein mit den gegenwärtig verfügbaren Sorten-Unterlagen-Kombinationen sowohl die Produktivität erhöht werden kann, als auch arbeitswirtschaftlich günstige Baumgrößen und Kronenformen verwirklicht werden können, sofern das Pflanzmaterial den heutigen Anforderungen hinsichtlich Gesundheit und Baumgestalt entspricht. Steil wachsende Sorten wie ‘Bühler’ oder ‘Hauszwetsche’ eignen sich allerdings weniger für die genannte Art der Erziehung.

Mehr als jede andere, für die gewerbliche Verarbeitung angebaute Obstart eignen sich verschiedene Pflaumensorten für die mechanische Ernte mit Hilfe eines Schüttelgerätes. Abgesehen von den hierfür wenig empfindlichen Spätzwetschen muß für den Frischmarkt bestimmte Ware jedoch von Hand gepflückt werden. Dies ist um so lohnender, je niedriger die Bäume und je besser die Fruchtqualitäten sind.

Standortansprüche

Wie schon betont, zeichnet sich die *‘Hauszwetsche’*, die hier im Vordergrund der Besprechung stehen soll, durch eine *große ökologische Anbaubreite* aus. Diese Veranlagung ist teils sortenspezifisch, teils die Folge lokal entstandener Typen und Sämlinge, die sich jeweils gut an die vorherrschenden Standortverhältnisse angepaßt bzw. sich auf diesen durchgesetzt haben. Ohne Zweifel spielt in diese Frage auch die Art der Vermehrung mit hinein, denn es ist bekannt, daß wurzelecht über Ausläufer (autovegetativ) gewonnene Ertragsbäume selbst auf geringwertigen Böden verhältnismäßig wüchsig und fruchtbar sind. Auch sollen die Früchte von wurzelechter ‘Hauszwetsche’ zukkerreicher als diejenigen veredelter Bäume sein.

Der Unterschied im ökologischen Verhalten zu den anderen Obstarten, wie z.B. zu Apfel und Birne, besteht, insbesondere bei ‘Hauszwetsche’, im wesentlichen darin, daß der Leistungsabfall vom Optimum einerseits zu kühlen und feuchten und andererseits zu warmen und trockenen Verhältnissen hin nicht so groß ist und auch Gesundheit wie Kondition der Bäume unter derartigen Standortverhältnissen weniger beeinträchtigt werden als bei anderen Obstarten. Auf extrem trockenen Böden kann es aber durchaus zu vorzeitigem Fall oder zu Notreifeerscheinungen der Früchte kommen.

Für die Pflaumengruppe gilt allgemein, daß *extreme Wintertemperaturen Teilschäden* an Sproß und Wurzel, vereinzelt aber auch *Totalschäden* verursachen können. Erfreulicherweise ist jedoch innerhalb der Gruppe die Fähigkeit, Teilschäden zu überwinden, gut ausgeprägt. In intensiv bewirtschafteten Beständen mit vor Winterbeginn günstigem Reservestoffhaushalt dürfte sich deshalb die Winterfrostempfindlichkeit, zumindest im westdeutschen Anbauraum, nicht anbaugrenzend auswirken.

Im Vergleich zu den übrigen Obstgehölzen reagiert *‘Hauszwetsche’* am *wenigsten nachteilig* auf *mangelnde Durchlüftung im Boden.* Über die Frosthärte der Blüten von ‘Hauszwetsche’ gehen die Auffassungen auseinander.

Rund- und Eierpflaumen, Renekloden und Mirabellen sowie Früh- und andere Spätzwetschen sind im Vergleich zur ‘Hauszwetsche’ ökologisch weniger anpassungsfähig. Dies gilt sowohl für die Wärme als auch für die Böden. Durch die Wahl bestimmter Unterlagen ist immerhin eine Anpassung an die Bodenqualität in gewissem Rahmen möglich. Günstige wärmeklimatische Bedingungen sind für Frühzwetschen aus Gründen früher Fruchtreife und damit hoher Primeurpreise, für die übrigen Sorten als Voraussetzung für gute Fruchtqualitäten zu fordern.

Befruchtungsverhältnisse

Obwohl alle in Europa zu der Sammelart Hauspflaume zählenden Kultursorten der Pflaume hexaploid ($2n = 6\times = 48$) sind, ist ihr Befruchtungsverhalten nicht einheitlich. Es kommen sowohl hochgradig *selbstfruchtbare* als auch *selbstunfruchtbare Sorten* vor, und zwischen beide Gruppen schieben sich noch sogenannte Übergangsformen, d.h. Sorten, die teils mehr, teils weniger selbstfruchtbar sind. Ein sicherer und wirtschaftlich ausreichender Fruchtansatz ist bei diesen Übergangsformen deshalb nur durch Fremdbestäubung zu erzielen, wozu es wichtig ist zu wissen, daß einzelne Sorten wie 'Ersinger' und 'Zimmers' wegen mangelhafter Pollenkeimfähigkeit als Befruchter ungeeignet sind.

Bemerkenswert in diesem Zusammenhang ist auch der Hinweis, daß die *Prunus*-Arten Schlehe *(P. spinosa)* und Kirschpflaume *(P. cerasifera)* fähig sind, Sorten der Hauspflaumen-Gruppe zu befruchten. Intersterilitäten sind innerhalb der genannten Gruppe noch nicht beobachtet worden.

Für das Formengemisch der an sich hochgradig selbstfruchtbaren 'Hauszwetsche' ist zu ergänzen, daß auf generativem und mutativem Weg auch weniger selbstfruchtbare Sämlinge und Mutanten entstanden sein können. Man muß also bei dieser Sorte bezüglich dieses Merkmals mit einer gewissen Streubreite rechnen. Ähnlich wie bei der Kirsche, sollten bei ausschließlicher Anpflanzung selbstunfruchtbarer Formen die Abstände nicht zu weit gewählt werden, um die gegenseitige Befruchtung sicherzustellen.

Sorten

Aus der großen Zahl von anbauwürdigen Pflaumensorten, die von der *P. domestica*-Gruppe abstammen, vorwiegend in Europa verbreitet und in der Regel als Zufallssämlinge entstanden sind, lohnt nur eine kleine Auswahl die Beschreibung ihrer wichtigen Eigenschaften (vgl. Tab. 19). Der Grund für diese Beschränkung ist darin zu sehen, daß sich im Lauf der Jahrzehnte allein die ertragreichen Qualitätssorten sowohl im erwerbsmäßigen als auch im liebhaberischen Anbau durchgesetzt haben. Unter diesen ist die 'Hauszwetsche' dank vielseitiger Verwendbarkeit, hoher Fruchtbarkeit und fast beispiellos großer Anbaubreite vorherrschend. Ihre einzige Schwäche liegt gegenwärtig in der Formenvielfalt. Diese ist auch bei den übrigen Pflaumensorten wie das Beispiel von 'Bühler, Typ Weisenheim' (früher als die Normalform von 'Bühler' reifend) beweist, vorhanden, wenn auch lange nicht in dem Ausmaß wie bei 'Hauszwetsche'. Es lohnt sich deshalb, selektiertes Vermehrungsmaterial zu verwenden und nach abweichenden Formen in den Beständen Ausschau zu halten. Denkbar ist es auch, daß z.B. die in Rheinland-Pfalz empfohlenen Zwetschen 'Auerbacher' und 'Chrudimer', wie auch die im Alten Land verbreitete Spätzwetsche 'Borsumer, Typ Vollmer', aus dem Formenkreis von 'Hauszwetsche' hervorgegangen sind. Neben den in Abb. 31 genannten Typen von Hauszwetsche hat die systematische Suche danach zu weiteren Typen wie z.B. 'Schraderhof', 'Tannenberg' (beide frühreifend), 'Etscheid' (spätreifend) und 'Purpurgold' (mittelspätreifend) geführt. In jüngster Zeit sind noch andere Typen (Mutanten oder Sämlinge) aus der Selektion südwestdeutscher Bestände wie z.B. 'Schüfer' oder 'Meschenmoser', beides großfrüchtige und fruchtbare Typen, hinzugekommen. Im

Tab. 19. Eigenschaften wichtiger Pflaumensorten (nach Literaturangaben)

Sorten – nach Reifezeit geordnet	gleichbedeutende Namen	Befruchtungs-verhältnisse	ökologische Anbaubreite	Wuchs	Ertrag	Fruchttyp	Bemerkungen
Gerstetter	Ruth Gerstetter	nicht ausreichend selbstfruchtbar	gering	schwach, kugelig	gering	Eierpflaume	wenig bestandessicher, holzfrostempfindlich
Lützelsachser	Lützelsachser Frühzwetsche	selbstunfruchtbar	mittel, spätfrost-empfindlich	mittel, flach	hoch	Zwetsche	platzempfindlich
Magna Glauca	keine	?	groß	stark, breit	hoch	Rundpflaume	langgezogene Reife-zeit
Zimmers	Zimmers Früh-zwetsche	selbstunfruchtbar	mittel, wärmean-spruchsvoll, spätfrostemp-findlich	schwach, kugelig	hoch	Zwetsche	anfällig für Scharka, klumpiger Fruchtansatz
Ersinger	Ersinger Früh-zwetsche, Eisentaler, Goldquelle	schwach selbstfruchtbar	groß	mittel bis schwach	hoch	Zwetsche	holzfrostempfindlich
Bühler	Bühler Früh-zwetsche	selbstfruchtbar	groß, feuchtig-keitsanspruchs-voll	stark, steil	hoch	Zwetsche	keine Einmachfrucht
Nancy-Mirabelle	Doppelte Mira-belle, Mirabelle aus Nancy	selbstfruchtbar	groß	mittel, flach	hoch	Mirabelle	gut schüttelbar, viel-seitig verwendbar

Große Grüne	G. G. Reneklode, Wahre Reneclaude	selbstunfruchtbar	groß	mittel, flach	mittel	Reneklode	gute Einmachfrucht
Wangenheim	Wangenheims Frühzwetsche, Rote Wangenheimspflaume	selbstfruchtbar	sehr groß	stark, kugelig	hoch	Zwetsche	Ersatz für Hauszwetsche in kühlen Gebieten
Ortenauer	Slawonische Zwetsche, Johannisberg II, Borzami Szliva	vermutlich selbstfruchtbar	gering, wärmeanspruchsvoll, spätfrostempfindlich	schwach bis mittel, flach	hoch	Zwetsche	sehr anfällig für Scharka
Stanley	Santa Clara	selbstfruchtbar	gering, wärmeanspruchsvoll	stark, breit	hoch	Zwetsche	ungleichreifend, schlecht steinlösend
Italienische	Italienische Zwetsche, Fellenberg, Kohlstock, Vöslauer, Schweizer Zwetsche	selbstfruchtbar	mittel	mittel, flach	mittel, unregelmäßig	Zwetsche	wertvolle Tafelfrucht
Hauszwetsche	Deutsche Hauszwetsche, Bauernpflaume, Brechpflaume, Quetsch Commune	selbstfruchtbar	sehr gering	mittel bis stark, steil	hoch	Zwetsche	große Anbaubreite, vielseitig verwendbar, zuckerreich

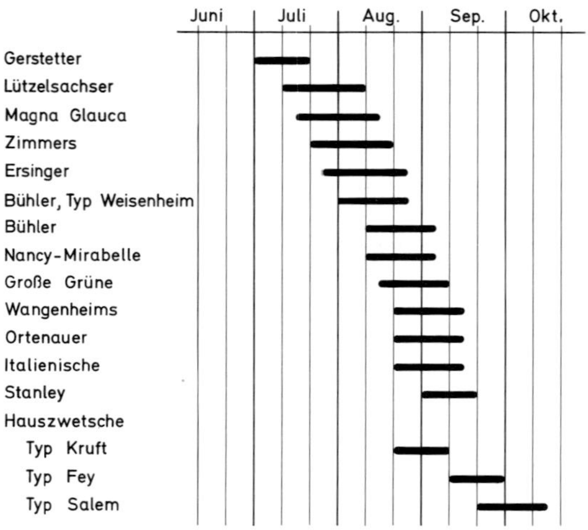

Abb. 31. Pflückreife wichtiger Pflaumensorten nach Erfahrungen in den wärmeren Teilen Südwestdeutschlands.

Vordergrund der Auslese stehen nach HARTMANN (1976) hierbei folgende Eigenschaften: Fruchtbarkeit, Reifezeit, Zucker- und Sorbitgehalt, Frostresistenz, Steinlösbarkeit, Resistenz gegenüber der sog. Halswelke, Größe, Farbe, Bereifung und Geschmack der Früchte sowie Stielansatz.

In den badischen Anbaugebieten spielen auch wenig kultivierte, sog. halbwilde Formen wie 'Wagenstädter Schnapspflaume', 'Hafer- oder Gebirgspflaume', und sog. Zibarten als Brennpflaumen für „Zwetschenwasser" eine ziemliche Rolle.

Ergänzungssorten oder Neuzüchtungen sind folgende:

Pflaumen, im engeren Sinne (Rund- und Eierpflaumen)

Ontario (Zufallssämling), gelbe Rundpflaume
Kirkes Pflaume (Zufallssämling), blaue Rundpflaume.

Renekloden

Althans (Zufallssämling), blaurote Reneklode
Oullins (Zufallssämling), gelbe Reneklode
Opal ('Oullins Reneklode' × 'Early Favourite'), rotviolette Reneklode.

Halbzwetschen

Czar ('Prinz Engelbert' × 'Frühe Fruchtbare'), dunkelblaue Halbzwetsche.

Zwetschen

Auerbacher, Syn. 'Achalmgräfin' (Zufallssämling), blaue Zwetsche
Borsumer, Typ Vollmer (Zufallssämling), rotblaue Zwetsche
Chrudimer (Zufallssämling), blaue Zwetsche
President (Zufallssämling), blaue Zwetsche.

Von dieser Auswahl wird die überdurchschnittlich fruchtbare, sehr frühreifende Reneklode 'Opal' zunehmend bevorzugt, während 'President' eine zwar sehr großfrüchtige Zwetschensorte ist, die aber nur in wärmsten Lagen befriedigt.

Die Züchtung neuer Sorten wird z. Z. vor allem in La Grande Ferrade bei Bordeaux (Frankreich) und in Čačak (Jugoslawien) betrieben.

Unterlagen

Wie bei fast allen Obstgehölzen lassen sich auch bei der formenreichen *Prunus domestica*-Gruppe die für die Vermehrung der Sorten notwendigen Unterlagen in die
generativ (Sämlinge) und
vegetativ (Klone- bzw. Typenunterlagen)
vermehrbaren Unterlagen gliedern.

Trotz eines reichhaltigen Angebots für beide Vermehrungsarten und trotz vielfacher Anbauprüfungen verschiedener Sorten-Unterlagen-Kombinationen hinsichtlich Verträglichkeit, Frosthärte, Wuchsstärke und Beeinflussung der Fruchtbarkeit, kann die Frage nach der jeweils am besten geeigneten Unterlage für die einzelne Sorte gegenwärtig nicht klar beantwortet werden. Sorteneigene Sämlingsunterlagen scheiden aus, weil diese mit den Edelsorten häufig unverträglich sind und wegen starker Aufspaltung, unzureichender Keimfähigkeit und schlechter Stammbildung sowie wegen störender Ausläufer- und Schosserbildung sich in der Anzucht und im Anbau als ungünstig gezeigt haben.

Bei den *Sämlingsunterlagen* am meisten verbreitet ist z. Z. die starkwachsende 'Myrobalane'. Ihre Samen sind zwar gut keimfähig, doch genetisch ziemlich uneinheitlich. Dazuhin ist sie wurzelfrostempfindlich und wirkt ertragsverzögernd. Als Unterlage für mäßig trockene bis trockene Böden von geringer Fruchtbarkeit (sandige Böden) scheinen Myrobalane-Sämlinge jedoch trotz der genannten Mängel noch ohne Konkurrenz zu sein. Dort dürfte auch der starke Wuchs am wenigsten Probleme aufwerfen. Neben der 'Myrobalane' gewinnt die Form 'St.-Julien-Pflaume' als Sämlingsunterlage zunehmend an Bedeutung. Sie ist nur mittelstarkwüchsig und fördert besonders auf frischen und nährkräftigen Böden die Fruchtbarkeit der aufveredelten Sorten, mit denen sie, von 'Gerstetter' abgesehen, durchweg gut verträglich ist. Ihre Neigung zur Schosserbildung ist allerdings groß. Neuerdings werden Absaaten der Herkunft 'Orlèans' (Frankreich) zur Gewinnung solcher Sämlinge bevorzugt.

Aus den genannten Sämlingsunterlagen hat man auch *Klone-Unterlagen* selektiert. Von diesen ist *Myrobalana alba,* 'Pfälzer Typ' bekanntgeworden. Diese ebenfalls starkwüchsige und auch befriedigend frostharte Unterlage eignet sich besonders für 'Hauszwetsche', und zwar auf trockenen Böden. Auf wechselfeuchten Böden reagiert dieser Klon dagegen mit mangelndem Wuchs und schwachen Erträgen. Eine mehr oder minder ausgeprägte Unverträglichkeit soll mit den Sorten 'Gerstetter', 'Lützelsachser', 'Czar', 'Große Grüne' und 'Nancy-Mirabelle' bestehen.

Als *Klon-Unterlage* für *Pflaumen* hat sich auch der in England (East Malling) ausgelesene Klon 'St. Julien (EM) A' einen Namen gemacht, der mittelstarken bis starken Wuchs verursacht, mit vielen Sorten verträglich ist und für tiefgründige und fruchtbare Böden empfohlen wird. Eine weitere, im Anbau bewährte englische Klon-Unterlage stellt 'Brompton' dar, die wie 'St.-Julien-Pflaume' von *P. domestica* ssp. *insititia* var. *juliana* abstammt. Sie ist gekennzeichnet durch starken bis sehr starken Wuchs, günstige Ertragsbeeinflussung, geringen Bodenanspruch, gute Verträglichkeit und Standfestigkeit. Mit 'Lützelsachser' und 'Czar' als Edelsorten war 'Brompton' verschiedentlich unverträglich. Ihre Vermehrung bedarf spezieller Maßnahmen. Gegenwärtig wird in East Malling die aus Originalsaat von 'St. Julien d'Orléans' hervorgegangene Unterlage 'Pixy' geprüft. Diese ist schwachwüchsig, gut verträglich und unempfindlich gegen Bakterienbrand. Auf leicht trockenen Böden sollen jedoch die Fruchtgrößen bei den aufveredelten Sorten nicht befriedigen. Ihre endgültige Empfehlung steht noch aus.

Als besondere Gruppe innerhalb der vegetativ vermehrbaren Unterlagen für Pflaumensorten sind die *wurzelechten Unterlagen* (Ausläufer) von 'Hauszwetsche', 'Nancy-Mirabelle' und 'Große Grüne (Reneklode)' zu bezeichnen, deren Anzucht aufwendiger als üblich ist, die aber hinsichtlich Verträglichkeit, Frosthärte und Ertragsbeeinflussung gute Ergebnisse erzielt haben. In Bavendorf war allerdings 'Große Grüne' als Edelsorte auf wurzelechter 'Nancy-Mirabelle' unverträglich, während in Rheinhessen starker Wuchs sowie Stammschäden bei dieser Unterlage bemängelt werden.

In südwestdeutschen Anbaugebieten geht man bei der Sortenvermehrung neuerdings zunehmend von *wurzelecht angezogenen Bäumen* aus (autovegetative Vermehrung), so vor allem bei 'Bühler', 'Ersinger', 'Hauszwetsche' und 'Mirabelle'. Ihre Vorzüge sind frühe Fruchtbarkeit, Frosthärte sowie gesunde und gute Wüchsigkeit, während als Nachteil die bis zu 5 Jahre dauernde Anzuchtzeit zu nennen ist. In der Regel sind derartige Bäume anfänglich schwach bedornt, eine Erscheinung, deren Ursache noch nicht eindeutig zu erklären ist.

Neben den besprochenen Unterlagen sind seit langem eine Reihe anderer, vegetativ vermehrbarer Pflaumen-Unterlagen bekannt, doch dürften wesentliche Verbesserungen im Anbau nach den vorliegenden Erfahrungen damit nicht zu erreichen sein, sie sollen aber nicht unerwähnt bleiben.

Aus Deutschland:	'Ackermannpflaume', auch 'Marunke' genannt sowie Hüttner-Typen.
Aus England:	'Common Mussel' und 'Common Plum'.
Aus Holland:	'Gelbe Kroosjes' ('Krossier') und 'Brüssel'.
Aus den USA:	'Marianna', vermutlich ein Sämling aus *P. cerasifera* × *P. munsoniana.*

Vereinzelt werden als Unterlagen für Pflaumen auch die Schlehe (*P. spinosa,* mit vielen Sorten unverträglich) und die schwachwüchsige, frühzeitig fruchtbare und trokkenheitsertragende „Östliche Sandkirsche" *(P. tomentosa),* auch „Nanking-Kirsche" genannt, geprüft.

Große Anstrengungen auf diesem Gebiet werden seit langem in Frankreich gemacht (La Grande Ferrade), wo es hauptsächlich darum geht, für bestimmte Böden geeignete und mit den einzelnen Arten und Sorten verträgliche Unterlagen zu züchten. Da die Bezeichnung dieser I.N.R.A.-Unterlagen für Steinobst nicht eindeutig ist und auch noch keine Anbauergebnisse mit einheimischen Sorten vorliegen, soll nur darauf hingewiesen werden, daß sich aus diesem Material durchaus einmal schwachwüchsige Formen für den deutschen Pflaumenanbau ergeben können.

Da die Pflaumensorten weitgehend am Wurzelhals veredelt und mit eigenem Stamm hochgezogen werden, spielen Stamm- oder Gerüstbildner eine untergeordnete Rolle. Nur die Sorten 'Bühler', 'Nancy-Mirabelle' und 'Kirkes Pflaume' sind zur Erziehung gerader Stämme auf sog. Stammbildner angewiesen. Hierfür verwendet man in der Regel die wüchsige Form 'Brompton', die jedoch gerne zu Rißschäden am Stamm neigt.

6 Der Pfirsich

Allgemeine Bedeutung

Die alte Kultur des Pfirsichs (*Prunus persica,* 2n = 2× = 16), die in China, dem Genzentrum dieser Art, schon vor 4000 Jahren bekannt war, hat in den vergangenen zwei Jahrzehnten in Europa einen starken Aufschwung genommen (vgl. Tab. 2). Entscheidend hierfür waren verbesserte Transportmöglichkeiten, wodurch neue Absatzmärkte erschlossen werden konnten. Die Anbauausweitung verlief stürmisch, so daß in erntereichen Jahren die Produktion, die überwiegend in den mittelmeernahen Gebieten Italiens, Frankreichs, Spaniens und in Griechenland betrieben wird, den Verbrauch übersteigen kann.

Im deutschsprachigen Mitteleuropa hat der Pfirsichanbau hauptsächlich in Österreich wirtschaftliche Bedeutung erlangt und zwar auf den wärmeklimatisch bevorzugten Standorten der Steiermark, des Burgenlandes und Niederösterreichs. In der Bundesrepublik Deutschland beschränkt sich diese Kultur dagegen auf einzelne Betriebe in sehr warmen und wintermilden Landschaften (Vorderpfalz, Rheinhessen, Vorhügelzone des Oberrheinischen Tieflandes, Neckarbecken), wo sie in Verbrauchernähe aber durchaus lohnend sein kann.

Pfirsiche sind gegenüber Stoß und Druck empfindliche Früchte, die entweder frisch verzehrt oder als Konservenware verwendet werden. Geschätzt werden ihr saftreiches Fruchtfleisch und ihr süßfruchtiger Geschmack. Nektarinen (vgl. unten) sind, wie der Name andeutet, in der Regel süßer und weniger fruchtig als Pfirsiche. Spätreifende Pfirsichsorten besitzen mehr Aroma als frühreifende; aus diesem Grunde sind sie auch für die Naßkonservierung besser geeignet. Spätsorten sind in gewissem Umfang auch kühllagerfähig, so daß ihre Verkaufssaison um einige Wochen verlängert werden kann. Für eine rationelle Ernte erschwerend, vor allem bei Frühsorten, ist die folgernde Fruchtreife, die ein mehrmaliges Durchpflücken erforderlich macht. Andererseits verbessert die lange Fruchtreifezeit aber auch die Nachreife spätentwickelter Früchte. Typisch für Frühsorten ist ihre fehlende bis schlechte Steinlösbarkeit. In Österreich werden solche Sorten als „Härtlinge", in den USA als „clingstone cultivars" und in Frankreich als „pavies" bezeichnet. Bei später reifenden Sorten verliert sich diese störende Eigenschaft zunehmend. Vergleichbar zu den Süßkirschen gliedert man auch die Pflückreife bei Pfirsichen nach sog. Reifewochen; dies nach Strauss und Mader (1972) vor allem deshalb, um die als Folge ähnlichen Aussehens schwierige Sortenbestimmung zu erleichtern.

Für den Transport müssen Pfirsiche in hartem Zustand geerntet werden. Leider reift diese Ware nicht vollkommen nach, so daß eine sortentypische Aromabildung später nicht mehr erreicht wird.

Im allgemeinen sind die anbauwürdigen Pfirsichsorten fruchtbar. Die Folgen sind meist überreiche Behänge mit einer Vielzahl kleiner und somit nicht marktfähiger Früchte. Um diesem Mangel zu begegnen, ist ein jährlich strenger Fruchtholzschnitt zweckmäßig, der je nach Stärke des Fruchtansatzes durch eine Handausdünnung zu ergänzen ist. Stärkere Schnitteingriffe sollten zum Zwecke guter Wundverheilung während der Vegetationszeit durchgeführt werden.

Die meisten Pfirsichsorten besitzen auf der Schale einen beim Frischverzehr unangenehmen wollig-haarigen Belag. Der Anbau glattschaliger Sorten, die als Nektarinen bzw. von Plock als *P. nucipersica* bezeichnet werden, zeigt deshalb ansteigende Tendenz, wenngleich diese Umstellung langsam erfolgt.

Standortansprüche

Der Pfirsichbaum stellt *hohe Ansprüche* an das *Wärmeklima.* Eine jährlich optimale Fruchtreife ist an weinklimatische Bedingungen gebunden. Dazuhin ist ein bestandessicherer Anbau nur dort möglich, wo keine extremen *Winterfröste* das *empfindliche Holz*

Tab. 20. Eigenschaften anbauwürdiger Pfirsichsorten in Österreich (Ö) und in der Bundesrepublik Deutschland (BRD) (nach Literaturangaben)

Sorten – nach Reifezeit geordnet	Abstammung, Herkunft und Fund- bzw. Entstehungsjahr	Wuchs	Ertrag	Frucht				Befruchtungs-verhältnisse	Steinlös-barkeit	empfohlen für
				Reife-zeit	Reife-woche	Größe	Fleisch-farbe			
Früher Roter Ingelheimer	Zufallssämling, Bundesrepublik Deutschland	mittel-stark	sehr hoch	Mitte bis Ende Juli	3.	klein bis mittel-groß	grünlich-weiß	selbstfrucht-bar	bedingt	BRD
Dixired	Sämling von Halehaven, USA*, 1939	mittel-stark, locker	hoch	Ende Juli bis Anfang August	3.–4.	mittel-groß	gelb	selbstfrucht-bar	mäßig	Ö und BRD
Dixigem	(Admiral Dewey × St. John) × South Haven, USA, 1937	mittel-stark, breit	hoch	Ende Juli bis Mitte August	4.	mittel-groß bis groß	gelb	selbstfrucht-bar	mäßig	Ö und BRD
Royalvee	(Halehaven × Vedette) × Veteran, Kanada, 1946	stark	sehr hoch	Anfang August	4.–5.	mittel-groß	gelb	selbstfrucht-bar	gut	Ö
Sunhaven	Redhaven × (J.H. Hale × Halehaven), USA, 1944	stark, später mittel-stark	hoch	Anfang August	4.–5.	mittel-groß bis groß	gelb	selbstun-fruchtbar	mäßig	Ö und BRD

Rochester	Zufallssämling, USA, 1932	stark, aufrecht	hoch	vor Mitte August	5.–6.	mittelgroß bis groß	gelb	selbstfruchtbar	gut	Ö und BRD
Redhaven	Halehaven × Kalhaven, USA, 1930	stark, später mittelstark, aufrecht	sehr hoch	Mitte August	6.	mittelgroß bis groß	gelb	selbstfruchtbar	gut	Ö und BRD
Mamie Ross	Zufallssämling, USA	stark	hoch und regelmäßig	Mitte bis Ende August	6.–7.	mittelgroß	weiß	selbstfruchtbar	gut	Ö
Fairhaven	J.H. Hale × South Haven, USA, 1935	stark, breit	hoch	Ende August	7.	sehr groß	gelb	selbstfruchtbar	gut	Ö und BRD
Halehaven	J.H. Hale × South Haven, USA, 1924	mittelstark	hoch	Ende August bis Anfang September	7.–8.	groß	gelb	selbstfruchtbar	gut	Ö und BRD
South Haven (Sun Glo)	Knospenmutation von 'St. John', USA, 1911	sehr stark	mäßig	Ende August bis Anfang September	7.–8.	groß bis sehr groß	gelb	selbstfruchtbar	gut	BRD
Roter Ellerstädter (Kernechter vom Vorgebirge)	Zufallssämling, Bundesrepublik Deutschland, um 1870	mittelstark, breit	hoch	Mitte bis Ende September	9.–10.	mittelgroß bis groß	grünlichweiß	selbstfruchtbar	gut	BRD

* alle aus den USA stammenden und gelbfleischigen Sorten sind anfällig für die Kräuselkrankheit

(Sproß, Wurzel) schädigen können. Sehr zu beachten ist die hohe *Frostempfindlichkeit* der Pfirsiche in der *Blüte.* Junge Früchtchen sind demgegenüber weniger frostgefährdet, da sie durch umhüllende Kelchblätter geschützt werden.

Der *Feuchtigkeitsanspruch* der Pfirsichbäume ist *mäßig,* doch ist für gutes Trieb- und Fruchtwachstum eine gleichmäßige Wasserversorgung von der Blüte bis zur Fruchtreife wichtig. Auf tonreichen, schweren und somit *schlecht durchlüfteten Böden* ist die Gefahr von *Gummifluß* und *mangelhafter Holzreife* zum Herbstende hin groß, während leichte, mehr sandhaltige Böden, möglichst mit kiesigem Untergrund, für Pfirsichkulturen als gut geeignet angesehen werden. Derartige Verhältnisse begünstigen auch die Lebensdauer. Auf ausgesprochen sandigen Böden können sich allerdings stark fruchtende Bäume rasch erschöpfen. *Chlorose* tritt verstärkt auf *Böden* mit hohem Anteil an *freiem Kalk* auf.

Befruchtungsverhältnisse

In der Regel sind Pfirsichsorten *selbstfruchtbar,* d.h. sie können mit Erfolg im reinen Bestand angebaut werden. Einige Sorten wie 'J.H. Hale', 'June Elberta', 'Halberta' u.a. haben sich aber als weitgehend pollensteril erwiesen. Für diese Gruppe sind deshalb zur Sicherung wirtschaftlicher Erträge Befruchtersorten erforderlich. Ebenso lehren Erfahrungen, daß mangelhafte Ernährung der Bäume zu funktionsschwachen Pollen führen kann.

Sorten

Als Folge der vorherrschenden Selbstfruchtbarkeit ist beim Pfirsich eine große Zahl wertvoller, sich häufig wenig voneinander unterscheidender Sorten entstanden. Die Mehrzahl davon ist das Ergebnis planmäßiger Züchtungsarbeit (Kreuzung, Klone-Prüfung), hauptsächlich in den USA, wo das „Register of New Fruit and Nut Varieties" allein 829 Pfirsichsorten und 132 Nektarinensorten, jeweils einschließlich ihrer Mutanten, anführt. Aber auch in Italien und Frankreich wurden mit Erfolg Pfirsich- und Nektarinensorten gezüchtet. Diese Fortschritte sind der Grund dafür, daß gerade beim Pfirsich die Sortimente starken und raschen Veränderungen unterworfen sind. Dazu tragen aber auch häufige Mutationen bei, wovon die Reifezeit der Sorten besonders betroffen ist.

Neben den aus kontrollierter Kreuzung entstandenen Sorten sind noch zahlreiche Zufallssämlinge im Anbau. Zu diesen gehören auch der bekannte und verhältnismäßig robuste 'Kernechter vom Vorgebirge', der mit 'Roter Ellerstädter' identisch sein dürfte und früher über Samen vermehrt wurde, sowie die im österreichischen Anbau vor Jahren maßgebend gewesene Sorte 'Mamie Ross'. Trotz Selbstfruchtbarkeit spalten diese Sämlinge aber mehr oder weniger auf. Um diese störende Eigenschaft zu umgehen, werden heute solche Sorten auch vegetativ vermehrt. Für diesen Zweck ist es wichtig, aus ihren formenreichen Populationen wertvolle Sämlinge für die Vermehrung auszulesen.

Unterschieden werden die Pfirsichsorten nach der Schalenbeschaffenheit (wollig, glatt), Steinlösbarkeit und Farbe des Fruchtfleisches (weiß, gelb, rot). Während die rotfleischigen Sorten, auch als Blutpfirsiche bekannt, immer mehr zurückgehen, werden zunehmend steinlösende, also mittelspät- bis spätreifende, und zugleich gelbfleischige Sorten vom Verbraucher bevorzugt. Dies trifft auch für die glattschaligen, ursprünglich aus Mutationen von Pfirsichen hervorgegangenen Nektarinen zu, von denen neuerdings großfrüchtige Sorten angeboten werden, im Gegensatz zu früher, als diese Mutanten noch wenig selektiert waren und kleinfrüchtige Formen, in Frankreich als 'brugnons' bezeichnet, vorgeherrscht haben. Nach Erfahrungen aus Österreich sind Nektarinen jedoch platzempfindlicher und anfälliger für Wespen als Pfirsiche. Nachstehend werden die gegenwärtig in Österreich und in der Bundesrepublik Deutschland hauptsächlich empfohlenen Pfirsichsorten in Tabellenform beschrieben (vgl. Tab. 20).

Über Nektarinensorten liegen bis jetzt nur spärliche Angaben hinsichtlich ihrer Anbau- und Markteignung vor. In Österreich und in der Bundesrepublik Deutschland werden folgende Sorten zum Versuchsanbau empfohlen:

Nectarose (USA),	weißfleischig und großfrüchtig, Mitte August bis Ende August reifend.
Nectared 6 (USA),	gelbfleischig und großfrüchtig, Ende August bis Anfang September reifend.
Lexington (USA),	gelbfleischig und mittelgroß, Ende August bis Anfang September reifend.

Unterlagen

Als gut verträgliche, standfeste und wenig winterfrostempfindliche Unterlagen mit gutem Regenerationsvermögen werden für Pfirsichbäume *arteigene Sämlinge* verwendet. Diese stammen aus sortenreinem Saatgut, das dank der Selbstfruchtbarkeit für diesen Zweck kaum störend aufspaltet.

Da es bis heute noch keine arteigenen Klone- und Typen-Unterlagen beim Pfirsich gibt, werden als Unterlagen für Kultursorten *vegetativ vermehrbare Formen* aus der *P. domestica*-Gruppe wie 'Brompton', 'Ackermann-Pflaume' ('Marunke') oder 'St.-Julien-Pflaume' gebraucht. Die beiden erstgenannten haben sich vor allem auf frischen und fruchtbaren Lehmböden mit pH-Werten um 7 bewährt. In den USA wird mit 'Nemaguard' eine nematodenresistente Unterlage für Pfirsiche, vermutlich ein Sämling aus *P. persica* × *P. davidiana,* empfohlen, die hinsichtlich Keimfähigkeit, Verträglichkeit und Fruchtbarkeit günstig beurteilt wird, im Holz jedoch frostempfindlich sein soll.

Stamm- und Gerüstbildner sind beim Pfirsich nicht erforderlich, da die Pflanzware als Buschbaum (Niederstamm) herangezogen wird.

7 Die Aprikose

Allgemeine Bedeutung

Der erwerbsmäßige Anbau der im deutschsprachigen Alpenraum als „Marille" bezeichneten Aprikose (*Prunus armeniaca,* 2n = 2× = 16) ist, ähnlich wie der des Pfirsichs, schon alt und geht ebenfalls auf die Chinesen zurück. Von der heutigen Welterzeugung (ca. 1,4 Mio. t) wird knapp die Hälfte in Europa geerntet. Obwohl der Markt dank der frühen Reife, des köstlichen Geschmacks und Aromas sowie der vielseitigen Verwendbarkeit der zuckerreichen Aprikosenfrüchte (Frischverzehr, Kompott, Marmelade, Dörrobst, Branntwein) für diese Steinobstart aufnahmefähig ist, stehen einer Ausweitung ihrer Kultur verschiedene Gründe entgegen. Es sind dies die eng begrenzte ökologische Anbaubreite, die Unsicherheit und Unregelmäßigkeit der Erträge sowie die geringe Lebensdauer der Bäume. Letztere äußert sich häufig in einem mehr oder minder plötzlichen Absterben der Bäume, auch als Apoplexie bezeichnet, dessen Ursache als summierende Wirkung pilzlicher, bakterieller und viröser Infektionen, sowie physiologischer (Gummosis), ökologischer (Frostschäden am Holz) und mechanischer Einflüsse erklärt werden kann. Meist sind falsche Standortswahl und/ oder mangelhafte Pflege die auslösenden Ursachen dieser Erscheinungen.

Die folgernd reifenden Früchte sind in nicht zu weichem Zustand gut transportfähig und können sowohl kühlgelagert als auch tiefgefroren werden.

Standortansprüche

Als ursprüngliche Steppenpflanze ist die Aprikose *wärmeliebend* und *trockenheitsertragend,* so daß vor allem sommertrockene und warme Anbaugebiete günstige klimatische Voraussetzungen für ihren Anbau abgeben. Solche Verhältnisse finden sich rings um das Mittelmeer und auf dem Balkan, kleinräumig aber auch in zentral gelegenen, regenarmen Alpentälern (Wallis, Vintschgau) mit ihren mitunter heftigen und rasch trocknenden Tal-Berg-Winden und hoher Sonneneinstrahlung sowie im Mainzer Bekken, dem Gebiet um den Süßen See bei Halle und im Wiener Becken, in der Wachau und im Burgenland. Außerhalb solcher Klimate ist ihr Anbau nur dann ratsam, wenn durch Schutzbauten, wie z. B. Vordächer, Nässe von Blüte, Blatt und Frucht abgehalten werden oder wenn es sich um klimatisch bevorzugte Orte wie sonnseitige Mauern oder Hauswände handelt. Gebiete mit hohen Sommerniederschlägen sind jedenfalls weniger aus Wärmemangel als vielmehr wegen starker Gefährdung durch pilzliche Infektionen (Monilia, Schrotschuß, Verticilliose) für Aprikosenbäume nicht oder nur wenig anbauwürdig. Aus diesem Grunde scheiden auch tau- und nebelreiche Lagen aus, während gute Anbauerfahrungen in Mitteleuropa aus leicht schattseitigen Hochlagen in aprikosengeeigneten Klimaten vorliegen.

Eine weitere Begrenzung ihrer Anbaumöglichkeiten bringt die frühe und deshalb gegenüber Spätfrösten besonders *empfindliche Blüte* (Mainzer Becken, Ende März bis Anfang April), während ihre *Winterfrosthärte* nach vorausgegangener guter Ausreife von Sproß und Wurzel größer als diejenige des Pfirsichs sein soll. Allerdings können Kälterückschläge im Nachwinter zu erheblichen Verlusten führen, weil das infolge kurzer Winterruhe frühzeitig saftreiche Holz in dieser Phase außerordentlich frostempfindlich ist. Durch das sog. Weißen oder Kalken der Stämme und starken Äste vor Winterbeginn läßt sich das Risiko von Frostschäden am Holz ebenso verkleinern wie solche am Stamm durch möglichst hohe Veredlung (70 bis 75 cm Stammhöhe).

Im gleichen Maße wie für den Sproß ist auch für die Wurzel *zuviel Feuchtigkeit von Nachteil.* Für eine vollwertige Fruchtausbildung ist jedoch eine rechtzeitige Bewässerung (14 Tage vor der Ernte) in der Regel nützlich und um so mehr anzustreben, je trockener die natürlichen Bedingungen sind. Im übrigen sind die Ansprüche der Aprikose an die Bodenverhältnisse sehr ähnlich denjenigen des Pfirsichs.

Befruchtungsverhältnisse

Die europäischen Kultursorten der Aprikose sind im allgemeinen *selbstfruchtbar.* Unter Mithilfe des Windes und der Insekten (Bienen) ist bei günstiger Blühwitterung deshalb eine für den Vollertrag ausreichende Befruchtung kein Problem. Vereinzelt kommen auch selbstunfruchtbare Sorten wie die österreichische 'Frühmarille aus Kittsee' vor; nach ungarischen Untersuchungen kann Selbstunfruchtbarkeit bei Aprikosen aber auch durch die erblich bedingte ungleiche Ausbildung der Fruchtknoten oder Staubgefäße verursacht werden.

Sorten

Die Selbstfruchtbarkeit der Aprikose wie auch zufällige Mutationen führten bei ihr zu einem großen Formenkreis vor allem hinsichtlich Reifezeit, Größe, Farbe, Geschmack und Saftigkeit der Früchte. Die Selektion übergebietlich verbreiteter wie auch lokal entstandener und deshalb ökologisch gut angepaßter Zufallssämlinge, einschließlich ihrer Mutanten, hat in jüngster Zeit zusammen mit vergleichenden Prüfungen des Anbauwertes Fortschritte in der Bewertung des Materials für den Anbau in den deutschsprachigen Gebieten Mitteleuropas gebracht. Nach dem Ergebnis dieser Arbeiten können aus der Vielzahl der Angebote folgende Aprikosensorten als anbauwürdig herausgestellt werden: Für österreichische Verhältnisse (nach DUHAN) –
Frühmarille aus Kittsee, als Klon aus der Sortengruppe 'Frühe Ungarische Gelbe' ausgelesen; Anfang Juli reifend, bestandessicher und hohe, regelmäßige Erträge bringend; klein bis mittelgroß, hellgelb, sonnseits orange; selbstunfruchtbar.
Klosterneuburger aus Mautern, ein Klon der Sortengruppe 'Ungarische Beste' (= 'Magyar Kajszi'); Mitte August reifend, sehr bestandessicher und ertragreich; mittelgroß bis groß, orangegelb, festfleischig; selbstfruchtbar.
Keczkeméter aus Mautern, Ende August bis Anfang September reifend, ziemlich bestandessicher und ertragreich; mittelgroß, orangefarbig, festfleischig; selbstfruchtbar.

Für deutsche Verhältnisse, hauptsächlich als frische Tafelware (teilweise nach PLOCK) –
Heidesheimer Frühe, Rotaprikose mit schlankem Stein; Zufallssämling aus Heidesheim, Rheinhessen; Anfang bis Mitte Juli reifend, mittelstarkwachsend, früh und reichlich fruchtbar; mittelgroß, rundlich bis oval, orangegelb, steinlösend; selbstfruchtbar.
Mombacher Frühe (Syn. 'Malede'), Gelbaprikose mit dickem Stein, Zufallssämling aus Mombach bei Mainz; Mitte bis Ende Juli reifend, mittelstarker Wuchs, reich und regelmäßig fruchtend; mittelgroß bis groß, plattrund, gelb, platzfest, steinlösend; selbstfruchtbar.
Temperão de Vila Franca, Gelbaprikose mit dickem Stein, aus Portugal stammende Sorte; Mitte bis Ende Juli reifend, fruchtbar, ziemlich starkwachsend, mittelgroß, rundoval, orangegelb, fest, steinlösend; selbstfruchtbar.
Ungarische Beste, Rotaprikose mit schlankem Stein, Zufallssämling aus Ungarn, in vielen Typen (Klonen) vorhanden; Ende Juli bis Mitte August folgernd reifend, mittelstarker Wuchs, Blüte wie Holz artbezogen wenig frostempfindlich, früh, reich und sicher fruchtend; mittelgroß, rund, orangegelb, feinsäuerlich, farbbeständig, steinlösend, Steinanteil hoch; selbstfruchtbar.

Unterlagen

Als Unterlagen für Aprikosenbäume werden in Abhängigkeit von den Bodenverhältnissen verschiedene Pflaumen-Arten verwendet: Für leichte, durchlässige und mäßig trockene Böden eignen sich vor allem *arteigene Sämlinge,* die aus Saatgut kleinfrüchtiger Sorten wie 'Millionär' gewonnen werden. Diese verwachsen gut mit der jeweiligen Edelsorte, verankern sich genügend im Boden und begünstigen auf den genannten Böden die Fruchtbarkeit, wenngleich manchmal auf Kosten der Fruchtgröße. Nachteilig ist ihre starke Anfälligkeit für Verticilliose. Die frühere Bedeutung der Myrobalanen-Sämlinge ist wegen ihrer Starkwüchsigkeit und häufigen Unverträglichkeit zurückgegangen. Allenfalls für trockene oder aprikosenmüde Böden werden sie noch verwendet. Für frische und schwere Böden hat sich die mit den Edelsorten besonders verträgliche und auch als Stammbildner verwendbare wurzelechte 'Hauszwetsche' bewährt ebenso die sog. Kriechenpflaume oder Haferschlehe; beide gelten dazuhin als verticilliose-resistent.

8 Die Erdbeere

Allgemeine Bedeutung

Wie keine andere Obstart ist die Gartenerdbeere (*Fragaria* × *ananassa*, $2n = 8\times = 56$) weit verbreitet. Sie wird als Folge der Züchtung von Sorten, die an unterschiedliche Temperatur- und Lichtverhältnisse angepaßt sind, vom subtropischen bis zum arktischen Bereich angebaut. Als ein- bis mehrjährige Spezialkultur ist sie in der Bundesrepublik Deutschland trotz gesteigerter Importe dort lohnend, wo sie standortsgemäß betrieben und die arbeitsintensive Ernte bewältigt werden kann. Zu dieser Wirtschaftlichkeit haben die Züchtung reichtragender, großfrüchtiger und wenig krankheitsanfälliger Sorten ebenso beigetragen wie die Verwendung geklonter, d.h. genetisch einheitlicher Jungpflanzen, die zuvor auf ihre Leistungseigenschaften geprüft sowie virus- und älchenfrei gemacht worden waren. Ausgeklügelte Kulturmethoden und rationelle Vermarktungsverfahren waren an dieser positiven Entwicklung ebenfalls beteiligt.

Wesentlich für ihre Wertschätzung auf dem in 10 Jahren mengenmäßig fast verdoppelten Frischmarktumsatz ist das köstliche Aroma und die frühe Reife, aber auch der hohe Vitamin-C-Gehalt. Gerade in Frühgebieten hat sich deshalb ihr Anbau ausgeweitet. Regionale Märkte ließen sich aber auch in Lagen mit später Reife erschließen, wo frische und vollreife Ware mehr als kostendeckende Preise erzielen (Feriengebiete).

Demgegenüber stagniert die Erzeugung von Industrieware. Hohe Erntekosten – mechanische Verfahren sind erst im Versuchsstadium – und mangelnde Nachfrage für Naßkonserven, bei denen der Fruchtzustand mehr als bei anderen Obstarten nachteilig verändert ist, sind die wesentlichen Ursachen hierfür. Durch das Angebot tiefgefrorener Früchte von wenig saftenden, formstabilen Sorten konnte die Nachfrage dennoch gesteigert und dem Trend zur Ganzjahresversorgung entsprochen werden.

Die mit verschiedenen Hilfsmitteln erreichbare Verfrühung der Ernte hat als Folge der Importe aus dem Mittelmeerraum etwas an Bedeutung verloren. Viel eher versucht man heute durch Ernteverspätung die Marktsaison zu verlängern (vgl. Methoden im Kapitel „Anbau von Beerenobst").

Noch immer ein Problem, insbesondere bei einjähriger Kultur, ist die rechtzeitige (15. August) Verfügbarkeit leistungsfähiger Jungpflanzen. Bewährt haben sich betriebseigene Vermehrungsbeete, aber auch sog. Wartebeete und die Verwendung sog. Frigo-Pflanzen.

Standortansprüche

Unter der Voraussetzung eines in gutem Krümelzustand befindlichen, *nährstoffreichen Oberbodens* (bis etwa 25 bis 30 cm Tiefe) mit einem pH-Wert zwischen 5,5 und 6,5 und eines *tiefgründig durchwurzelbaren Unterbodens* (bis in 80 bis 100 cm Tiefe) ist die ökologische Anbaubreite der Erdbeere, sieht man vom für die Frühzeitigkeit entscheidenden *Wärmefaktor* ab, wenig beschränkt. Allerdings sind gute Fruchtqualitäten und hohe Erntemengen nur bei *günstiger Wasserversorgung* nach dem Pflanzen sowie zur Blüte- bzw. Fruchtwachstumszeit zu erwarten, denn durch ausreichende Bodenfeuchtigkeit und bei gleichzeitig günstigen Ernährungs- und Kurztagsbedingungen wird im Herbst die Zahl der Blüten, im Frühjahr dagegen die Beerengröße gefördert. Für diesen entwicklungsbedingten Wasserbedarf ist der Einsatz einer Beregnungsanlage zweckmäßig. Diese kann, da die bodennahen *Erdbeerblüten frostempfindlich* sind, mit großem Erfolg auch zum Frostschutz eingesetzt werden. Durch Abdecken der Pflanzen, z. B. mit Stroh, können die Blüten ebenfalls vor dem Erfrieren geschützt werden. Windoffene Pflanzungen sind durch Auswinterungsschäden bedroht.

Befruchtungsverhältnisse

Die gegenwärtig im Anbau vorherrschenden Erdbeersorten besitzen meist voll ausgebildete zwittrige Blüten und sind *selbstfruchtbar,* d. h. sie können sich durch eigenen Blütenstaub befruchten. Dennoch lehren Beobachtungen, daß bei einer Reihe von Sorten die Erträge durch Fremdbestäubung steigerungsfähig sind. Aus diesem Grunde ist streifenweiser Anbau von Sorten mit gleicher Blühzeit von Vorteil. Mangelhafte Befruchtung der Einzelblüte führt zu mißgebildeten Beeren. Zur Verminderung dieses Risikos ist das Aufstellen von Bienenvölkern ratsam.

Sorten

Die Züchtung neuer Sorten war recht erfolgreich. Insbesondere konnte die Ertragsfähigkeit (ca. 500 g/Pflanze), die für hohe Pflückleistungen erforderliche Fruchtgröße (20 bis 25 g/Frucht), allerdings häufig auf Kosten geschmacklicher Werte, das Aussehen, die Transportfähigkeit und die Widerstandsfähigkeit gegenüber Grauschimmel verbessert werden. Das Ziel sind weitere Fortschritte in der Größe, der Krankheitsresistenz, der staudenbedingten Pflückbarkeit (wenige Blätter, freie Fruchtstände, gleichmäßige Reife und Stiellösbarkeit) sowie im Geschmack und in der Festigkeit der Beeren. Das züchterische Bemühen richtet sich aber auch auf Sorten für besondere ökologische und marktwirtschaftliche Verhältnisse.

Aus der Vielzahl bekannter Erdbeersorten können nur einige beschrieben werden (vgl. Tab. 21), wobei auch zu bedenken ist, daß einerseits der Sortenwechsel viel schneller erfolgt als beim Baumobst, und daß andererseits Anbaugebiet, Betrieb oder Absatzweg jeweils spezielle Sortimente verlangen. Neben der sich schon lange Zeit behauptenden und für die Selbstpflücke immer noch führenden 'Senga Sengana' haben vor allem 'Red Gauntlet', 'Gorella' und 'Hummi Ferma', eine sehr fruchtbare wie großfrüchtige Sorte, allgemeine Bedeutung erlangt. Bemerkenswerte Neuheiten sind: 'Elista', 'Pocahontas', 'Senga Litessa', 'Sivetta' und 'Tenira'. Frühsorten wie 'Senga Pantagruella', und 'Regina', die gegenüber Spätsorten nur um 10 Tage früher reifen, werden fast nur noch im Hausgarten genutzt. Bei all diesen Sorten handelt es sich um einmaltragende, mehr oder weniger großfrüchtige und kurztagabhängige Sorten. In der Gruppe der zweimaltragenden, der sog. remontierenden Sorten haben sich in letzter Zeit zwei Neuheiten für diesen sehr spezialisierten Anbau durchgesetzt, nämlich 'Hummi Gento' und 'Ostara'.

Ausgesprochen kleinfrüchtig, aber hocharomatisch sind die rankenlosen Monatserdbeeren (*Fragaria vesca* var. *semperflorens,* $2n = 2\times = 14$), die den Sommer hindurch

Tab. 21. Eigenschaften verbreitet angebauter Erdbeersorten (nach Literaturangaben)

Sorten – nach Reifezeit geordnet	Wuchs	Reife-zeit	Ertrag	Beeren-größe	Pflück-barkeit	Tiefkühl-fähigkeit	ergänzende Hinweise
Senga Pantagruella	mittel	sehr früh	hoch	mittel	gut	bedingt	anfällig für Grauschimmel
Pocahontas	stark	früh	sehr hoch	groß	?	sehr gut	mäßig festfleischig, anfällig für Verticilliumwelke, säuerlich
Gorella	stark	früh	mittel bis hoch	mittel bis groß	gut	bedingt	gutes Aussehen, festfleischig, anfällig für Verticilliumwelke
Hummi Ferma	mittel bis stark	mittel	hoch	groß	gut	mittel	ausreichend festfleischig, robust
Tenira	mittel bis stark	mittel	hoch	mittel bis groß	gut	bedingt	festfleischig, wenig anfällig für Fruchtfäulen und Verticilliumwelke
Sivetta	stark	mittel	hoch	groß	gut	?	wenig Aroma, bedingt transportfähig, anfällig für Grauschimmel
Senga Litessa	sehr stark	mittel bis spät	sehr hoch	groß	gut	mittel	festfleischig, anfällig für Grauschimmel
Red Gauntlet	stark (sparrig)	mittel bis spät	sehr hoch	mittel bis groß	schlecht	bedingt	festfleischig, robust, wenig Aroma
Senga Sengana	stark bis sehr stark	spät	sehr hoch	mittel	mittel	sehr gut	festfleischig, aromatisch, anfällig für Grauschimmel
Elista	mittel	spät	hoch	mittel bis groß	gut	?	weichfleischig, wenig anfällig für Grauschimmel

bis in den Herbst hinein fruchten. Als Sorten sind 'Baron Solemacher' und 'Rügen' zu nennen. Für den Erwerbsanbau spielt diese Art aber ebenso keine Rolle wie die aus *F. vesca* und *Fragaria × ananassa* von BAUER und BAUER (1967) in mehreren Stufen gezüchtete Sorte 'Vescana', mit der eine sog. Erdbeerwiese kultiviert werden kann.

9 Johannisbeere und Stachelbeere

Allgemeine Bedeutung

Neben dem festen Platz des Strauchbeerenobstes im Hausgarten, der eine Folge einfacher Kulturtechnik, geringer Pflegeansprüche und vielseitiger Verwendbarkeit ist, haben vor allem Johannisbeeren auch im Erwerbsobstbau Bedeutung erlangt. Vitaminreichtum und hohe Gehalte an Fruchtsäuren ließen ihre Säfte zu einem beliebten Getränk werden. Für den Frischmarkt eignen sich besonders Rote Johannisbeeren (*Ribes spec.*, $2n = 2\times = 16$), aber auch Stachelbeeren (*Ribes uva-crispa*, $2n = 2\times = 16$), deren Anbauumfang jedoch bescheiden ist. Schwarze Johannisbeeren (*Ribes spec.*, $2n = 2\times = 16$) werden heute dank vollmechanischer Ernte fast ausschließlich großflächig für die Saftindustrie angebaut. Für diesen Zweck haben sich vor allem Strauchformen mit möglichst vielen, basal austreibenden Fruchtruten bewährt, nach SCOTTI (1977) aber auch „stammbildende" und somit bodenfreie Formen, sog. Stämmchenformen. Weiße Johannisbeeren wie z.B. 'Weiße Versailler' haben nur noch für den Hausgarten Bedeutung.

Standortansprüche

Der *Wärmeanspruch* dieser Beeren-Arten hält sich *in Grenzen*, d.h. daß auch nicht zu kühle Höhenlagen erwerbsmäßig nutzbar sind. Auf der anderen Seite fördern warme und trockene Standortsverhältnisse bei Stachelbeeren den Mehltaubefall. Ökologisch am bedeutsamsten bei Schwarzen Johannisbeeren, aber auch bei frühblühenden Roten Johannisbeeren ist deren *Blütenfrostempfindlichkeit*. Als Folge davon kann es nach Frösten zu Totalschäden, in weniger kritischen Fällen immer noch zu erheblichen Verlusten durch Verrieselung der Trauben kommen. Stachelbeeren sind hauptsächlich als junge Früchte frostempfindlich. Beim Anbau dieser Gruppen sind deshalb Frostlagen zu meiden.

Als Flachwurzler stellen Johannisbeeren und Stachelbeeren *keine hohen Anforderungen* an die Gründigkeit des *Bodens*. Dieser sollte unter Voraussetzung eines günstigen Düngezustandes jedoch im Oberboden humos, gut durchlüftet sowie ausreichend und anhaltend feucht sein, denn das Beerenwachstum wird durch vorübergehende Trockenheit ebenso beeinträchtigt wie durch zeitweilige stauende Nässe. Die von *Ribes silvestre* abstammenden Sorten ('Heros', 'Rote Vierländer', 'Red Lake') sind anspruchsvoller an den Boden als die übrigen Johannisbeersorten, Stachelbeersorten dagegen am genügsamsten.

Befruchtungsverhältnisse

Johannis- und Stachelbeeren sind im allgemeinen *selbstfruchtbar*. Es hat sich jedoch mehrfach gezeigt, daß hohe Erträge nur durch Fremdbestäubung erreichbar sind. Aus diesem Grunde bevorzugt man im Erwerbsanbau Mischbestände verschiedener Sorten. Der Einsatz von Bienenvölkern während der Blüte verbessert die Befruchtung.

Sorten

Das gegenwärtige Angebot an leistungsfähigen Johannis- und Stachelbeersorten stellt ein Gemisch von z.T. schon älteren Zufallssämlingen, Mutanten bzw. Auslesen von diesen und von Neuzüchtungen aus kontrollierter Kreuzung dar. Entscheidend für den Wert einer Sorte sind nach wie vor Ertragshöhe und -sicherheit, qualitative Eigenschaften (Gehalte an Askorbinsäure, Zuckern und Säuren), Widerstandsfähigkeit gegenüber Krankheiten sowie zunehmend die Eignungen für spezielle Ernteverfahren (Handpflücke, masch. Ernte) und für die industrielle Verarbeitung.

Nachteilig bei den Roten und Schwarzen Johannisbeeren, vor allem bei den auf *R. silvestre* zurückgehenden Sorten, ist ihre starke Mutationsneigung, die hinsichtlich der Ertrags- und Fruchteigenschaften, aber auch bezüglich der Gesundheit eine ständige und sorgfältige Auslese notwendig macht. Zur Gewinnung von Jungpflanzen sollten daher nur geprüfte Klone herangezogen werden.

Die Einkreuzung der Art *R. multiflorum* führte zu spätreifenden und dank langer Trauben auch gut pflückbaren roten Sorten wie 'Rondom' und 'Heinmanns Rote Spätlese'. Bauer (1978) hat nach mehrstufigen Kreuzungen von Schwarzer Johannisbeere mit Stachelbeere die neue Art 'Josta' gezüchtet, die stachellos sowie gegenüber artspezifischen Krankheiten resistent ist und in der Beerenqualität wertvolle Eigenschaften der Ausgangsarten in sich vereinigt. Als strahleninduzierte Mutante von 'Westwick Choice' ist die Sorte 'Westra' entstanden, deren Vorzüge Straffwuchs kombiniert mit guter Schütteleignung sind.

Aufgrund langjähriger Anbauversuche kommen Metzner und Rösner (1977) sowie Bauckmann (1979) zu folgender Sortenempfehlung:

Schwarze Johannisbeeren

Für Handpflücke sind langtraubige, für maschinelle Ernte kurztraubige Sorten zu bevorzugen.

Langtraubige Sorten:

Rosenthals Langtraubige Schwarze, starkwüchsig, holz- und blütenfrostempfindlich, frühreifend, ertragreich, großbeerig, farbintensiv, hohe Gehalte an Vitamin C und Gesamtsäure, streng aromatisch.

Wellington XXX, wuchsfreudig, blütenfrostempfindlich, großbeerig, hoher Gehalt an Vitamin C, mittlerer Säuregehalt.

Daniels September, Wuchs überhängend, spätreifend, ertragreich, ertragssicher, hohe Gehalte an Vitamin C und Gesamtsäure, Traubenlänge mittel bis lang.

Silvergieters Schwarze, mittelstarkwüchsig, blütenfrostempfindlich, frühreifend, ertragreich, großbeerig, mittlerer Vitamin-C-Gehalt, wenig Säure, farbintensiv, gut pflückbar, für Rohgenuß geeignet.

Kurztraubige Sorten:

Roodknop, starkwüchsig, spätblühend, ertragreich, ertragssicher, großbeerig, sehr hoher Säure- und hoher Vitamin-C-Gehalt, weichschalig, Früchte schlecht haltbar, für die Verwertung günstig, maschinell sehr gut erntbar.

Baldwin Hilltop, feuchtigkeitsanspruchsvoll, blütenfrostempfindlich, spätreifend, aromatisch, sehr hohe Gehalte an Vitamin C und Gesamtsäure, gut geeignet für maschinelle Ernte und für Verwertung.

Rote Johannisbeeren
Jonkher van Tets, starkwüchsig, schnittaufwendig, frühreifend, ertragreich, langtraubig, großbeerig, dünnhäutig, pflückgünstig, hoher Säuregehalt, herber Geschmack, für Frischmarkt wenig, für Verwertung gut geeignet.
Heros, schwachwüchsig, Wuchs hängend, ertragreich, anspruchsvoll an Wärme und Feuchtigkeit, blütenfrostempfindlich, langtraubig, großbeerig, pflückgünstig, aromatisch, mildsäuerlich, geeignet für Frischmarkt.
Red Lake, schwachwüchsig, aber aufrechtwachsend, noch ertragreich, langtraubig, großbeerig, festhäutig, pflückgünstig, transportgünstig.
Rote Vierländer, starkwüchsig, aufrechtwachsend, verzweigungsfreudig, ökologisch anpassungsfähig, ertragreich, ertragssicher, robust, für Verwertung gut geeignet.
Rondom, starkwüchsig, aufrechtwachsend, spätreifend, sehr ertragreich, pflückgünstig, relativ hoher Vitamin-C-Gehalt, für Verwertung gut geeignet.
Heinemanns Rote Spätlese, starkwüchsig, aufrechtwachsend mit Neigung zum Überhängen, sehr spätreifend, ertragreich, besonders langtraubig, hellrote Saftfarbe, pflückgünstig, zuckerreich, säuerlich, für Frischmarkt geeignet, vogelfraßgefährdet.

Stachelbeeren
Gelbfrüchtige Sorten
Hönings Früheste, frühreifend, mittelgroß, dünnhäutig, süßaromatisch, wenig mehltauanfällig.
Lauffener Gelbe, mittelfrühreifend, groß, süßaromatisch, mehltauanfällig, geeignet für Rohgenuß.
Gelbe Triumph, mittelfrühreifend, mittelgroß, eiförmig, ertragreich, Wuchs überhängend, mehltauanfällig, geeignet für Verwertung.
Rotfrüchtige Sorten
Mauks Frühe Rote, frühreifend, mittelgroß, kugelig, ertragreich, mehltauanfällig.
Rote Triumph, relativ spätreifend, groß, dickschalig, ertragreich, säuerlich, robust.
Grünfrüchtige Sorten
Weiße Neckartal, frühreifend, mittelgroß, dünnschalig, ertragreich, süßaromatisch, mehltauanfällig.
Grüne Kugel, frühreifend, groß, kugelig, dickschalig, ertragreich, süßsäuerlich, aromatisch, mehltauanfällig.

10 Himbeere und Brombeere

Allgemeine Bedeutung

Neben den im Wald wachsenden und im Hausgarten kultivierten Himbeeren (*Rubus idaeus,* $2n = 2\times = 14$) und Brombeeren (*Rubus* spec., meist $2n = 4\times = 28$) hat der erwerbsmäßige Anbau beider Beerenarten im Spezialbetrieb oder im Nebenerwerb dank guter Preise für Schalenware zugenommen. Dies bewirkte ihre Wertschätzung als aromatische Frischfrüchte und als Rohware für Marmeladen und Säfte ebenso wie ihre Eignung zum Tiefgefrieren. Entscheidend für den Anbauerfolg bei Frischware sind neben der Bewältigung der arbeitsintensiven Ernte die Marktnähe und/oder die Möglichkeit des raschen Kühlens bzw. Tiefgefrierens der Früchte.

Zu der heute günstigen Situation haben aber auch ertragreiche und großbeerige Neuzüchtungen wie spezielle Anbauverfahren beigetragen. Allerdings sind die Pflückkosten hoch, so daß künftig die Selbstpflücke zunehmen und der Einsatz vollmechanischer Erntegeräte – dies vor allem bei Himbeeren – lohnend werden dürften. Brombeeren haben durch ihre folgernde, auf Wochen verteilte Ernte gegenüber den Himbeeren Vorteile hinsichtlich des kurzzeitigen Pflückaufwandes.

Im Himbeeranbau ist auf sorgfältiges Anbinden der Ruten an Draht oder Pfähle zur Verhütung von Scheuerwunden wegen der Gefahr nachfolgender Infektionen sowie auf Vermeidung jeglicher Blattverluste an den Fruchtästchen zu achten, da in beiden Fällen sonst Ertragsverluste eintreten. Gefürchtet sind die durch verschiedene Pilze verursachten sog. Rutenkrankheiten. Deshalb haben sich bei den bisher üblichen Vermehrungsmethoden zur Anzucht leistungsstarker Pflanzen Wurzelschnittlinge besser als Schößlinge bewährt. Eine besonders nachteilige Rolle können Virosen spielen.

Standortansprüche

Während Brombeeren eine große ökologische Anbaubreite zu eigen ist, sind von den zwar *wenig wärmeanspruchsvollen Himbeeren* nur bei *regelmäßiger Wasserversorgung* vom Austrieb bis nach der Ernte langjährig gute Wuchs- und Ertragsleistungen zu erwarten. Bei trockenen Verhältnissen ist der Fruchtansatz mangelhaft und das Rutenwachstum schwach. Während der Fruchtreife hat sich eine optimale Bodenfeuchte z. B. durch die sog. Tröpfchenbewässerung, als außerordentlich ertragssteigernd hinsichtlich der Größe der Beeren erwiesen. Auf *kalkreichen Böden* leiden Himbeeren unter *Chlorose;* da die jungen *Bodentriebe frostempfindlich* sind, ist der Anbau von Himbeeren in Spätfrostlagen zu meiden. *Windschutz* wirkt sich bei Himbeeren *vorteilhaft* aus, weil dadurch Ruten, Fruchtäste und Blätter unverletzt bleiben und die reifen Früchte weniger durch scharfe Blattspitzen oder behaarte Ruten beschädigt werden.

Brombeeren, vor allem die klassische Sorte 'Theodor Reimers', sind durch ihre *hohe Empfindlichkeit* gegenüber *Winterfrost* benachteiligt. Der Schnitt solcher Sorten erfolgt zweckmäßigerweise erst im Frühjahr, da Ranken und Blätter im Winter einen gewissen Frostschutz bieten. Neuerdings stehen weniger frostempfindliche Sorten zur Verfügung.

Befruchtungsverhältnisse

Himbeeren und Brombeeren sind *selbstfruchtbar.* Dennoch ist es vor allem bei Himbeeren ratsam, mehrere Sorten anzupflanzen, da erst durch Fremdbestäubung eine ausreichende Befruchtung als Voraussetzung für maximale Beerengrößen erzielt wird.

Sorten

Die Zahl anbauwürdiger Himbeersorten hat sich in den letzten Jahren vergrößert. Ihre Merkmale sind hohe Fruchtmengen pro Rute (150 bis 200 g) und große Beeren (100-Frucht-Gewicht zwischen 300 und 500 g). Neben den verbreiteten Sorten (vgl. unten) zählen u. a. dazu auch 'Himbostar', 'Malling Delight', 'Multiraspa' und 'Veten'. Ebenfalls großbeerige, frohwüchsige und dazu blattlausresistente Neuzüchtungen von Bauer wie 'Rucami', 'Rumilo' und 'Rutrago' stehen vor der Einführung in die Sortimente. Das heutige Sortiment umfaßt früh- und spätreifende Sorten. Bei 'Zeva 3', auch als 'Herbsternte' bekannt, und bei 'Korbfüller' wird die späte Reife durch bodennahes Entfernen der vorjährigen Ruten vor Vegetationsbeginn im Frühjahr verursacht. Die danach austreibenden Ruten blühen erst ab Juli/August und fruchten dann bis zum späten Herbst. Beide Sorten lassen sich auch als sog. zweimaltragende Himbeeren nutzen, sofern die Vorjahrstriebe im Frühjahr nicht entfernt werden; diese fruchten dann im Sommer (Juli). Die spätere zweite Ernte (September/Oktober) wird von kräftigen Neutrieben erbracht, da diese zur Bildung vorzeitiger Blütenstände veranlagt sind. Hauptsächliche Zuchtziele sind die Resistenz gegen die pilzlichen Erreger der Rutenkrankheiten sowie bessere Fruchteigenschaften hinsichtlich Größe, Farbe, Festigkeit und Schüttelbarkeit.

Zur Ausschöpfung der erblich veranlagten Wuchs- und Ertragspotentiale ist die Verwendung *virusfreier Pflanzen* eine dringende Forderung. Es zeichnet sich ab, daß dies durch eine Vermehrung über Meristeme (s. Seite 162) kombiniert mit einer sog. Wärmebehandlung am ehesten erreichbar ist. Auf diese Weise kann man auch wärmeresistente Viren ausschalten.

Die Kulturformen der Brombeere lassen sich in rankende und aufrecht wachsende sowie in bedornte (bewehrte) und dornenlose Sorten gliedern. Die bedornten Formen gehen auf *Rubus procerus* ssp. *discolor,* die dornenlosen dagegen auf *R. p.* ssp. *laciniatus* zurück. Von den Neuzüchtungen gehören zu den bedornten, aber aufrecht wachsenden Sorten, u.a. 'Darrow', 'Ranger' und 'Philicifolia' bzw. 'Farnblättrige (Brombeere)', zu den dornenlosen Sorten u.a. 'Merton Thornless', eine für diese Eigenschaft stabile Mutante, und 'Merton Evergreen', eine diesbezüglich instabile Mutante, d.h. bei ihr können nach Verletzung der äußeren Gewebeschichten wieder bedornte Triebe entstehen (sog. Periklinal-Chimäre), da dann nichtmutierte und somit zur Bedornung neigende Triebe aus den inneren Gewebeschichten wachsen können. Man versucht Sorten zu züchten, die genügend Frosthärte, günstige Ertrags- und Fruchteigenschaften sowie Dornenlosigkeit in sich vereinigen. Mit der Sorte 'Thornfree' ist für dieses Ziel ein bemerkenswerter Schritt getan worden.

Da bei beiden Beerenarten minderwertige Klone im Handel sind, sollten Jungpflanzen nur aus anerkannten Vermehrungsbeständen bezogen werden.

Im Anbau haben sich folgende Sorten bewährt:

Himbeeren

Malling Promise, mäßig wüchsig, zahlreiche Wurzelschosse (Ausläufer) bildend, frühblühend und -reifend, ertragreich, großbeerig, langkegelig, hellrot, aromatisch, wenig anfällig für Rutenkrankheiten, wind-, regen- und nässeempfindlich, vielseitig verwendbar, aber weniger geeignet zum Tiefgefrieren.

Zeva 1, wüchsig, zahlreiche Ruten treibend, für frische Standorte bzw. für Gebiete mit reichlichen Niederschlägen geeignet, kälteempfindlich, ertragreich, spitzkegelig, großbeerig, festfleischig, dunkelrot, mittleres bis kräftiges Aroma.

Zeva 2, wüchsig, starke Jungruten treibend, für weniger frische Standorte bzw. für Gebiete mit mäßigen Niederschlägen geeignet, ertragreich, großbeerig, rundkegelig, dunkelrot, aromatisch.

Zeva 3 (Herbsternte), mäßig wüchsig, ertragreich, geeignet für warme, sonnige Lagen, häufig 2 Früchte zusammengewachsen, mittelgroß, zapfenförmig, kräftig rot, aromatisch, Haupternte im September.

Schönemann, starkwüchsig und -triebig, robust, aber standörtlich anspruchsvoll, relativ spätblühend und -reifend, trägt reichlich und sicher, großbeerig, dunkelrot, säuerlich, vielseitig verwendbar, leicht pflückbar, empfindlich gegen Mehltau.

Brombeeren
Rankende, bedornte Sorte:
Theodor Reimers, Syn. 'Himalaya (Giant)', ökologisch anpassungsfähig, aber sehr winterfrostempfindlich, starkwüchsig, flachrankend, dicht verzweigt, spät und folgernd reifend, ertragreich, großbeerig, in reifem Zustand süßlich aromatisch, für Verarbeitung gut geeignet.

Rankende, dornenlose Sorten:
Thornfree, Syn. 'Schwarze Perle', mäßig winterfrostempfindlich, wüchsig, typisches Brombeerblatt, noch später als 'Theodor Reimers' reifend, ertragreich, aber erst im 2. Jahr einsetzend, betont großbeerig, vollreif aromatisch.
Thornless Evergreen, Syn. 'Blacky', starkwüchsig, Blätter geschlitzt, ertragreich, noch später als 'Theodor Reimers' reifend, mäßiger Brombeergeschmack, nach Wurzelverletzung können bedornte Triebe entstehen (vgl. 'Merton Evergreen').
Aufrecht wachsende, bedornte Sorten:
Wilsons Frühe, wenig frostempfindlich, mittelstarkwüchsig, feuchtigkeitsanspruchsvoll, frühreifend, ertragreich, kleine bis mittlere Beerengröße, süßlich, mäßig bedornt.
Spessarter Winterharte, Syn. 'Mammouth', ziemlich frosthart, starkwüchsig, frühreifend, mäßig im Ertrag, mittlere Beerengröße, bedornt.

Die amerikanischen Sorten 'Darrow' und 'Ranger' erweisen sich in Bavendorf als so starkwüchsig, daß sie aus diesem Grunde wenig anbauwürdig sind.

11 Die Heidelbeere

Allgemeine Bedeutung

Im Vergleich zu Nordamerika nimmt der Anbau der Kulturheidelbeere (*Vaccinium corymbosum,* $2n = 4\times = 48$) in Europa nur langsam zu. Die Ursachen sind in spezifischen Standortansprüchen und in reichlichen Angeboten an Waldheidelbeeren *(V. myrtillus),* auch Blaubeeren genannt, zu suchen. Als Schalenware wird die Kulturheidelbeere dank großer (14 bis 18 mm), formstabiler und deshalb sehr gut transportfähiger Beeren vom Handel jedoch gerne aufgenommen. Für den Verbraucher sind das den Waldheidelbeeren nicht nachstehende Aroma, der hohe Vitamin-C-Gehalt und der nichtfärbende Saft vorteilhaft.

Im Anbau sind wegen möglicher Fraßschäden durch Rehe und Vögel sowohl wildsichere Umzäunungen als auch Vogelschutznetze zweckmäßig. Neben dem Verjüngungsschnitt ist vor allem die Handpflücke arbeitsaufwendig. Für die maschinelle Ernte fehlen Sorten mit gleichzeitiger Beerenreife. Im Hausgarten wird neben dem Nutzwert auch der Zierwert der Kulturheidelbeere geschätzt.

Standortansprüche

Für einen erfolgreichen Anbau von Kulturheidelbeeren sind *saure Böden* mit einem pH-Wert zwischen 3,5 und 5,0 unbedingte *Voraussetzung.* Als geeignet haben sich humose Heidesandböden und nach LÖRCHER (mdl.) wenig abgetorfte, gut dränierte Niedermoorböden erwiesen. Die Leistungen der Kulturheidelbeere hängen auch wesentlich von einer *regelmäßigen Wasserversorgung* ab, da ihr Wurzelkörper flach verläuft und dazuhin schwach entwickelt ist und deshalb frühzeitig unter Trockenheit leiden kann.

In klimatischer Hinsicht ist die Kulturheidelbeere anspruchslos. Extreme *Frostlagen* sind jedoch wegen der *Empfindlichkeit der Blüten* gegenüber Spätfrösten zu meiden.

Befruchtungsverhältnisse

Trotz *Selbstfruchtbarkeit* sind bei Kulturheidelbeeren ausreichender Fruchtansatz und günstige Beerengröße nur durch Fremdbestäubung zu erreichen. Diese muß durch Insekten (Honigbienen, Wildinsekten) erfolgen, da der Pollen für den Transport durch Wind zu schwer und auch klebrig ist.

Sorten

Die Sortenzüchtung bei der Kulturheidelbeere hat, vor allem in Nordamerika, aber auch in der Bundesrepublik Deutschland, zu beachtlichen Erfolgen durch Auslese von Sämlingspopulationen nach zufälligen und kontrollierten Kreuzungen geführt. Im Vordergrund der züchterischen Bemühungen stehen Höhe und Sicherheit der Erträge, Größe und Farbe der Beeren sowie Frosthärte und gleichzeitige Beerenreife.

Aus dem nordamerikanischen Angebot an Kulturheidelbeeren, die sich bei Anbauversuchen in Europa als wüchsig, ertragreich und großbeerig gezeigt haben, bewährten sich folgende Sorten: 'Berkeley', 'Bluecrop', 'Darrow', 'Herbert' und 'Jvanhoe'. Allerdings ließen sich wirtschaftliche Flächenerträge mit diesen Sorten nur durch hohe Bestandesdichten erzielen.

In Deutschland hat HEERMANN (1967) die Gattung *Vaccinum* züchterisch bearbeitet und zwei Hybrid-Gruppen aus Kreuzungen von *V. corymbosum* mit *V. pennsylvanicum* hergestellt, nämlich die Gruppe Blauweiß-Goldtraube als Hochbusch- und diejenige der Blauweiß-Zuckertraube als Niedrigbusch-Form. Aus der Gruppe Blauweiß-Goldtraube wurden dann nachfolgend die Sorten 'Heerma I' und 'Gretha' ausgelesen. Ihre Eigenschaften sind kurzgefaßt folgende: Ertragreich, großbeerig, weißfleischig und aromatisch.

12 Der Holunder

Allgemeine Bedeutung

Aus dem großen Angebot wildwachsender Obstgattungen wurde in diesem Jahrhundert die Art Schwarzer Holunder (*Sambucus nigra,* $2n = 2\times = 36$), auch „Fliederbeere" genannt, als Kulturpflanze übernommen. Diese Entwicklung setzte in Nordamerika früher als in Europa ein. Inzwischen wird der seit altersher als Nahrungs- und Heilpflanze geschätzte Schwarze Holunder erwerbsmäßig in verschiedenen Ländern, insbesondere in Österreich, aber auch in der Schweiz, angebaut.

Begehrt sind die blauschwarzen Beeren, die hohe Gehalte an Kalium und Vitamin C aufweisen und hauptsächlich zu alkoholfreien Säften, zu Mischmarmeladen, aber auch zu Wein, und die violettroten Säfte zu Bränden verarbeitet werden. Blätter und Holz sind allerdings nicht ungefährlich, da sie ein giftiges Glykosid enthalten.

Gute Anbauerfolge (10 bis 20 t/ha) mit dem vermehrungswilligen (Holzstecklinge), frostharten und wuchskräftigen Schwarzen Holunder können durch Anzucht von mittelstämmigen Bäumen (anfänglich mit Pfahl, Anschnitthöhe 90 bis 100 cm) erzielt werden, die als Rundkrone mit kurzem Astgerüst erzogen, in einer Dichte von 500 bis

800 Stück pro ha gepflanzt und im Vollertragsalter (ab dem 4. Standjahr) jährlich fachgerecht geschnitten werden. Dieser Schnitt beruht auf dem Entfernen der 2jährigen abgetragenen Fruchtäste und schwacher Jungruten zugunsten von 15 bis 20 kräftigen, mindestens 10 mm dicken und nahe am Basisgerüst inserierter einjähriger Ruten als künftigen Fruchtästen.

Die Ernte ist etwas folgernd und verhältnismäßig aufwendig (25 kg/Akh), da die Mehrzahl der unangenehme Geschmacksstoffe abgebenden Stiele weggeschnitten werden müssen. Wichtig ist, daß die geernteten Kleindolden locker gelagert und möglichst rasch verarbeitet werden.

Trotz gelegentlichem Blattlausbefall sind chemische Behandlungen kaum erforderlich, so daß der Anbau von Schwarzem Holunder als besonders umweltfreundlich gilt.

Standortansprüche

Der *wenig wärmeanspruchsvolle* Schwarze Holunder zeigt bestes Gedeihen auf tiefgründigen *Lehmböden* mit *hoher natürlicher Nährkraft* und *regelmäßiger Wasserversorgung*. Sowohl zu Trockenheit als auch zu Feuchtigkeit und damit zu mangelnder Durchlüftung neigende Böden mindern das Wachstum und den Ertrag. Dank der *späten Blüte* (Juni) entstehen fast keine Ausfälle durch Blütenfröste. Die Holunderkultur zeichnet auch eine hohe Bestandessicherheit aus, da das ältere *Holz frosthart* ist und Schäden durch Winterfröste so gut wie nie auftreten.

Befruchtungsverhältnisse

Schwarzer Holunder ist *selbstfruchtbar,* d.h. es können sortenreine Bestände angepflanzt werden, ohne daß ernsthafte Befruchtungsmängel zu befürchten sind. Aus Nordamerika kommt allerdings der Hinweis, daß die Bestäubung der Narben mit sortenfremdem Pollen den Fruchtansatz erhöhen soll.

Sorten

Strauss und Novak (1971) haben das Verdienst, Herkünfte aus wildgewachsenen Beständen selektiert und daraus zwei leistungsfähige Klone gewonnen zu haben:
Haschberg, kräftig wachsend, fruchtbar, mit großen Fruchtständen (Dolden) und ebensolchen Beeren.
Donau, 10 bis 14 Tage früher reifend und mit größeren Fruchtständen als 'Haschberg'; Vermehrung über Stecklinge schwierig, deshalb werden zur Jungpflanzengewinnung Abrisse bevorzugt.

Amerikanische Sorten der Art *Sambucus canadensis,* die ebenfalls als Klone aus dem Wildbestand selektiert, aber auch durch Kreuzungen hergestellt wurden, haben sich im Rahmen vergleichender Prüfungen in Europa nicht leistungsfähiger als die österreichischen Klone bzw. Sorten erwiesen. Neuerdings wird in den USA die Sorte 'York' herausgestellt.

Unterlagen

Aufgrund der vegetativen Vermehrung der Art Schwarzer Holunder in Form von Stecklingen oder von Abrissen wertvoller Mutterpflanzen sind die Ertragsbäume wurzelecht und bedürfen deshalb keiner Wurzelunterlage.

13 Die Walnuß

Allgemeine Bedeutung

Die europäischen Hauptanbaugebiete der edlen Walnuß (*Juglans regia*, 2n = 2× = 32) liegen im Mittelmeerraum und auf dem Balkan. In der Bundesrepublik gibt es z. Z. nur wenige Beispiele für eine erwerbsmäßige Nutzung dieser pflegeanspruchslosen Schalenobstart, obwohl einerseits der Bedarf (Nüsse, Holz) groß ist und andererseits die Wirtschaftlichkeit des Anbaus durch Fortschritte bei der Sorten- und Unterlagenselektion wie auch durch die Verwendung veredelter Bäume anstelle der früher üblichen Sämlinge verbessert werden konnte. Unter welchen Bedingungen allerdings Walnußpflanzungen rentabel sind, darüber läßt sich gegenwärtig noch nichts aussagen.

Beim Pflanzen veredelter Bäume, die als Heister in der Regel mindestens eine vierjährige Wurzel haben, muß durch kräftiges Einschlämmen und mehrmaliges gründliches Wässern für einen ausreichenden Anwachserfolg gesorgt werden. Da die Standfestigkeit anfänglich ungenügend ist, sind Baumpfähle vorzusehen, ebenso eine Umzäunung, wenn die Gefahr des Fegens der Stämme durch Rehe besteht. Der Schnitt der Walnuß sollte sich auf Korrekturen in der Krone beschränken und entweder etwa 2 Monate vor dem Austrieb oder erst im Juli bis August ausgeführt werden.

Standortansprüche

Ökologisch ist bei der Walnuß die *hohe Empfindlichkeit* gegenüber *Spätfrösten* der beherrschende Faktor. Spätfröste können nicht nur den Fruchtansatz, sondern auch den jungen Sproßaustrieb teilweise oder total schädigen. Bei davon stark betroffenen Bäumen soll dadurch auch die Holzreife zu Winterbeginn als Folge mangelhafter Reservestoffeinlagerung geschwächt und somit die Anfälligkeit des Holzes für extreme Wintertemperaturen verstärkt werden. Wenig spätfrostgefährdete Flächen sind für den Anbau der Walnuß deshalb eine unabdingbare Forderung. Ihr *Wärmeanspruch tritt* demgegenüber etwas *zurück,* zumal diesem Faktor auch durch die Wahl geeigneter Sorten Rechnung getragen werden kann. In feuchten Klimaten besteht Infektionsgefahr durch Pilze und Bakterien.

Obwohl die Walnuß hinsichtlich des *Bodens* als ziemlich *anspruchslos* gilt, zeigen Anbauversuche, daß sowohl befriedigende Erträge und günstige Nußqualitäten als auch kräftiges Holzwachstum nur auf nicht zu trockenen und gut durchwurzelbaren Böden zu erzielen sind. Dabei sollen Kombinationen mit Schwarznuß *(Juglans nigra)* als Unterlage feuchtigkeitsanspruchsvoller als solche auf der Unterlage *Juglans regia* sein. Bei beiden Arten beeinträchtigt jedoch stauende Nässe im Untergrund das Wachstum. Chlorose oder andere Mangelerscheinungen sind dann meist die Folgen.

Befruchtungsverhältnisse

Die Walnuß ist selbstfruchtbar. Trotzdem bereitet die Befruchtung bei Sämlingen oft Schwierigkeiten, da die Blütenorgane eingeschlechtig, wenn auch einhäusig (monözisch) angelegt sind und dazu häufig Vormännigkeit (Protandrie) oder Vorweibigkeit (Protogynie) zeigen, d. h., daß der männliche Pollen reift, bevor die weibliche Narbe empfangsfähig geworden ist oder umgekehrt. In solchen Fällen müssen verschiedene, in ihren Blühzeiten aufeinander abgestimmte Sorten angepflanzt werden, um eine ausreichende Befruchtung mit Hilfe des Windes zu gewährleisten.

Tab. 22. Anbauwürdige Walnuß-Sorten (nach MAURER 1968 und METZNER 1975)

Bezeichnung bzw. Name	Abstammung	Fundort	Wuchs	Austrieb bzw. Blühzeit	Samenbildung	Nußgröße, Nußform	Schalenbeschaffenheit	Kernqualität	Ertrag	Reifezeit
Nr. 26	Zufallssämling	Geisenheim-Rüdesheim	mittel bis stark	spät (wenig spätfrostgefährdet)	apomiktisch	mittel	mittel bis dünnwandig, glatt	voll ausgebildet, guter Geschmack	früh, hoch, regelmäßig	Ende September bis Anfang Oktober
Nr. 120	Zufallssämling	Güls/Mosel	stark, breite, lockere Krone	mittel	Fremdbefruchtung erforderlich	groß bis sehr groß, oval	dünn, rauh	voll ausgebildet, guter Geschmack	hoch	Ende September
Nr. 139	Zufallssämling	Weinheim/Bergstraße	mittel	spät	apomiktisch	mittel	mittel bis dünnwandig, glatt	geschmackvoll	früh, sehr hoch, regelmäßig	Mitte bis Ende September
Weinsberg 1	Zufallssämling	Heilbronn	mittel, breitkronig	mittel-spät	Frembefruchtung erforderlich	groß bis sehr groß, länglich	dünn, wenig gefurcht	geschmackvoll, voll ausgebildet	mittel bis hoch	Ende September bis Anfang Oktober
Nr. 286	Zufallssämling	Straupitz/Spreewald	mittel, aufrecht	mittel	apomiktisch	mittel, oval	ziemlich glatt	voll ausgebildet, guter Geschmack	mittel bis hoch	Anfang bis Ende September
Nr. 1247	Zufallssämling	Mehlen/Kurmark	stark, breitkronig	früh (spätfrostgefährdet)	apomiktisch	mittel bis groß, oval, spitz auslaufend	dick, glatt	voll ausgebildet, guter Geschmack	früh, hoch	Mitte bis Ende September
Esterhazy II	Zufallssämling	Fertöd/Ungarn	mittel, breitkronig	mittel	apomiktisch	mittel bis groß, eiförmig	dünn, gefurcht	sehr guter Geschmack, gut lösend, voll ausgebildet	mittel bis hoch	Ende September bis Anfang Oktober

Die Mehrzahl der gegenwärtig für die Bundesrepublik empfohlenen Sorten besitzt jedoch apomiktische Eigenschaften, d. h., daß diese Sorten ohne Bestäubung und Befruchtung fähig sind, vollkernige Nüsse zu entwickeln. Allerdings soll die apomiktische Veranlagung von Jahr zu Jahr unterschiedlich ausgeprägt sein.

Sorten

Die züchterische Tätigkeit bei der Walnuß beschränkte sich bislang auf die Auslese (Selektion) zahlreicher Zufallssämlinge, die heute noch unter Nummern geführt werden. Aufgrund langjähriger, von der Arbeitsgemeinschaft Schalenobst durchgeführter Wertprüfungen auf Ertragsleistung, Wüchsigkeit, Frosthärte, Laubaustrieb und damit auch Blühzeit, Triebabschluß, apomiktische Eigenschaften und auf Nußqualität (glatte, helle und nicht zu dicke Schale; voller und gut lösbarer Kern mit angenehmem Geschmack) können die in Tabelle 22 zusammengestellten Sorten empfohlen werden. Diese sollen leistungsfähiger als die französischen Sorten ‘Franquette’, ‘Mayette’ und ‘Parisienne’ sein, die dazuhin wenig frosthart im Holz und nicht apomiktisch veranlagt sind.

Die sortenechte Vermehrung muß auf vegetativem Wege mit Hilfe von Kopulationen oder Okulationen, teils unter Glas, teils im Freiland erfolgen. Trotz beachtlicher Fortschritte bei diesen Verfahren sind die Ausfallquoten im Vergleich zu anderen Obstarten immer noch erheblich, was die relativ hohen Preise für sortenechte Walnußjungbäume verständlich macht.

Unterlagen

Als brauchbare *Sämlingsunterlagen* werden frostharte Herkünfte von *Juglans regia* und *Juglans nigra* verwendet. Kombinationen auf *Juglans regia* ergeben dabei starkwüchsige, großkronige und ertragreiche (40–60 kg Nüsse/Jahr) Bäume. Bei entsprechend hohem Anschnitt der Krone (mehr als 220 cm) eignen sich diese Bäume auch zur Furnierholzgewinnung. Schwarznuß als Unterlage führt in der Regel zu mittel- bis kleinkronigen Bäumen, die bei entsprechender Pflanzdichte jedoch ähnliche Flächenerträge leisten können wie Bäume auf *Juglans regia.* Steht die Nußerzeugung im Vordergrund des Anbauzieles, so neigt man heute eher zu Pflanzungen mit Schwarznuß als Unterlage.

14 Die Haselnuß

Allgemeine Bedeutung

Die meist strauchig wachsende Haselnuß (*Corylus avellana,* $2n = 2\times = 22$) findet man in Mitteleuropa im Hausgarten, als Zierpflanze und Feldgehölz oder als Teil von Sichtschutzhecken. Eine wirtschaftliche Nutzung lohnt nicht, da aus klimatischen Gründen die Erträge im langjährigen Mittel zu niedrig und auch zu unregelmäßig sind. Exportländer sind hauptsächlich die Türkei, Griechenland, Italien und Spanien.

Als Pflanzware verwendet man vegetativ durch Absenker und Abrisse gewonnene, reich bewurzelte Sträucher oder nach Veredlung auf arteigene bzw. artfremde Unterlagen wie die türkische Baumhasel *(Corylus colurna)* herangezogene Büsche mit Fußstämmchen. Letztere sollen früher und reichlicher als wurzelechte Sträucher fruchten. Bei den Sträuchern entwickeln sich überdies immer wieder lästige Bodentriebe, deren Entfernung einerseits zwar aufwendig ist, die aber andererseits eine Erneuerung des Sprosses ermöglichen. Ein mäßiger Auslichtungsschnitt wirkt dem Dichtwerden des Strauches bzw. des Busches entgegen und fördert darüber hinaus die Bildung von leistungsfähigem Fruchtholz.

Starke Ertragseinbußen können vor allem durch Eichhörnchen und Haselmäuse, aber auch durch Vögel entstehen.

Standortansprüche

Eine mittelmäßige Bodenfruchtbarkeit reicht für kräftiges Wachstum der Haselnuß aus. Stärker zu beachten sind ihre *Empfindlichkeiten* gegenüber *Lichtmangel* und *Wind.* Beide Einflüsse beeinträchtigen die Fruchtbarkeit.

Während das *Holz* der Haselnuß in der Winterruhe als *frosthart* gilt, zeigen sich die *männlichen Blütenstände* (Kätzchen) als *frostempfindlich.* Frostgefährdete oder den Frühjahrsaustrieb fördernde Lagen sind, soweit Wert auf den Nußertrag gelegt wird, bei ihrer Anpflanzung deshalb zu meiden.

Befruchtungsverhältnisse

Als selbstunfruchtbare Art ist die wie die Walnuß eingeschlechtig, aber einhäusig (Kätzchen und Narben sind eigenständige Organe) veranlagte Haselnuß, auf *Fremdbefruchtung* angewiesen. Als guter Pollenspender gilt die Sorte 'Daviana'. Da auch Gruppenunfruchtbarkeit (Intersterilität) vermutet wird, ist es zweckmäßig, stets mehrere Sorten (mehr als 3) anzupflanzen. Die Übertragung der Pollen erfolgt durch den Wind.

Sorten

Die wichtigsten Kultursorten der Haselnuß sollen von zwei Arten abstammen, nämlich von *Corylus avellana* und *Corylus maxima.* Während man die auf *C. avellana* zurückgehenden Sorten als Zellernüsse (Nüsse rundlich; Fruchtbecher 2–3blättrig, kurz und bei Reife offen) bezeichnet, wird die andere Gruppe von *C. maxima* ausgehend, zu den Lambertsnüssen (Nüsse länglich; Fruchtbecher 1blättrig, lang und bei Reife geschlossen) gerechnet. Zahlreiche Übergangsformen (Hybriden) zwischen beiden Sortengruppen mit teils mehr Zellernuß- oder mehr Lambertsnuß-Eigenschaften erschweren die Systematik bei der Haselnuß. Vorteilhaft bei den Zellernüssen ist das selbständige Herauslösen der Nuß aus der offenen Fruchthülle und die dadurch rationelle Ernte, doch sind sie geschmacklich schlechter als die Lambertsnüsse, deren Früchte bei der Ernte wiederum mühsam aus der geschlossenen Hülle geborgen werden müssen.

Die Sortenempfehlung in Tab. 23 stützt sich auf Hinweise der Arbeitsgemeinschaft Schalenobst sowie auf Ergebnisse eines Anbauversuches in Bavendorf.

Eine Reihe anderer Haselnußsorten wie 'Englische Zellernuß', 'Neue Riesennuß', 'Minnas Zellernuß', 'Lange Zellernuß' und 'Römische Zellernuß' sind nicht genügend ertragreich und/oder besitzen einen zu geringen Kernanteil im Verhältnis zum Nußgewicht. Deshalb wird diese Gruppe nicht empfohlen. Die Sorte 'Wunder von Bollweiler' soll mit der Sorte 'Hallesche Riesen' identisch sein.

Tab. 23. Anbauwürdige Haselnußsorten

Sorten (alphabetisch)	erbliche Zuordnung	Wuchs	Ertrag	durchschnittl. Kernanteil %	Reifezeit	Geschmack bzw. Schalenbeschaffenheit
Cosford	Zeller-Hybride	mittelstark, breitaufrecht	hoch	55	mittel	gut
Daviana	Zeller-Hybride	schwach bis mittelstark, schmalbuschig	mittel	50	früh	sehr gut, dünn
Hallesche Riesen	Zeller-Nuß	stark, breit	mittel	40	spät	mäßig, hart
Lambert Filbert	Lamberts-Nuß	mittelstark, breitaufrecht	hoch	40	spät	gut, mäßig hart
Nottingham Fruchtbare (Frühe Nottingham)	Lamberts-Hybride	stark, breit	hoch	50	früh	gut
Webbs Preis-Nuß	Lamberts-Hybride	mittelstark, aufrecht	hoch	40	früh	gut, dünn

Unterlagen

Haselnußsträucher werden in der Regel vegetativ durch Absenker oder Abrisse vermehrt, so daß sich in diesem Fall Unterlagen erübrigen. Für Büsche mit Fußstämmchen verwendet man als Unterlage jedoch verschiedentlich die türkische Baumhasel *(Corylus colurna)*.

Planung und Anlage von Obstpflanzungen

1 Anbaueignung

Aus den natürlichen Umweltbedingungen können wir Aussagen über das voraussichtliche Wachstum von Kulturpflanzen, über die zu erwartende Menge, Regelmäßigkeit und Qualität der Ernten ableiten. In der Ökologie spricht man dabei von *natürlicher Anbaueignung.* In diesem rein biologischen Sinne sind als anbauwürdig für eine bestimmte Sorte solche natürlichen Umweltbedingungen – häufig auch als *natürliche Standortbedingungen bezeichnet* – anzusehen, *welche unter Anwendung zeitgemäßer Bewirtschaftungsmethoden gesundes Wachstum sowie sortentypische Erträge und Fruchtqualitäten erwarten lassen.*

Die Problematik einer solchen Definition der Anbauwürdigkeit liegt in einem verhältnismäßig breiten Ermessensspielraum für Begriffe wie „gesundes Wachstum, sortentypische Erträge und Fruchtqualitäten".

Wirtschaftliche Gesichtspunkte müssen aber bei der natürlichen Eignungsbewertung bewußt ausgeklammert bleiben, da sie starken zeitlichen Veränderungen unterliegen können. Für eine Beurteilung der *wirtschaftlichen Anbaueignung* muß unsere Definition – unter Inkaufnahme einer je nach wirtschaftlicher Entwicklung ganz unterschiedlichen Beurteilung – natürliche *und* wirtschaftliche Kriterien enthalten:

Der Anbau einer obstbaulichen Kultur zum Zwecke des Erwerbs ist dort wirtschaftlich, wo unter Anwendung zeitgemäßer Bewirtschaftungsmethoden und bei ausgewogenem Verhältnis von Angebot und Nachfrage am Markt langfristig ein angemessener wirtschaftlicher Nutzen erwartet werden kann.

Die zeitlich befristete Gültigkeit der wichtigsten Anbaueignung bleibt auch dann bestehen, wenn wir kurzfristige Ungleichgewichte am Markt ausklammern, indem wir ein ausgewogenes Verhältnis von Angebot und Nachfrage voraussetzen. Indessen ist der wirtschaftliche Nutzen eine im Einzelfall berechenbare, quantitative Größe, während die verschiedenen Kriterien der natürlichen Anbaueignung viel schwieriger in einem einzigen quantitativen Maß zu definieren sind.

Der für den Markt produzierende Betrieb ist bei der Anbauplanung auf quantitative Entscheidungshilfen angewiesen, d.h. er *muß* Annahmen über Ertragserwartungen sowie bestimmte Vorstellungen über Bewirtschaftungskosten und Erzeugerpreise von Fall zu Fall in seine Überlegungen einbeziehen. Dementsprechend wird die Frage nach der Anbauwürdigkeit nicht nur von den natürlichen Umweltfaktoren abhängen, sondern auch je nach der wechselnden wirtschaftlichen Situation verschieden zu beantworten sein (s. auch Kapitel Obstbaubetrieb). Auch die Hinweise in diesem Lehrbuch können folglich nur allgemein gehalten sein und als Orientierungshilfe dienen, aber keine unbefristete Gültigkeit beanspruchen.

2 Anbauplanung

Da Obstkulturen hohe Kapitalinvestitionen verlangen und insbesondere Baumobst diese Investitionen ziemlich langfristig festlegt, sollte bei der Anbauplanung kein Risiko eingegangen werden. Liegt von unmittelbar anschließenden vergleichbaren Flächen keine Anbauerfahrung vor, sollte man die zur Bepflanzung vorgesehenen Flächen von einem Fachmann beurteilen lassen.

Je nach Art, Sorte und Unterlage reagieren die Obstbäume unterschiedlich auf die Umwelteinflüsse. Trotzdem kann man einige allgemeingültige Merkmale für die natürliche Anbaueignung eines Standortes herausstellen:

2.1 Gebietsklimatische Gesichtspunkte

In Mitteleuropa liegt die wärmeklimatische Grenze für den Intensivobstbau von Kernobst etwa dort, wo die Apfelblüte im langjährigen Mittel um den 20. Mai zu beobachten ist. Standorte mit späterem Blütentermin bieten nicht mehr die Gewähr für das Ausreifen vieler Kernobstsorten, für guten und regelmäßigen Fruchtansatz und für befriedigende Fruchtgrößen. Die genannte Grenze entspricht im süddeutschen Raum etwa einer Höhe von 600 Metern über dem Meer. Nach Süden steigt sie an (Südtirol ca. 900 m ü. NN), während sie nach Norden absinkt und auf den Breitegraden von Dänemark und Südschweden bei Meereshöhe liegt. Weiter nördlich kann also ein wirtschaftlicher Intensivobstbau kaum betrieben werden. (Näheres im Sortenkapitel.) Für wärmeanspruchsvolle Arten und Sorten gelten strengere Maßstäbe.

Eine Sonderstellung nimmt das *Frühobst* ein. Biologisch gesehen erlaubt die kurze Zeitspanne zwischen Blüte und Reife den Anbau von Frühsorten auch noch an Standorten mit ziemlich kurzer Vegetationszeit, was für den Liebhaberanbau von Bedeutung sein kann. Wirtschaftlich gesehen hat sich der Frühobstanbau aber gerade in wärmeklimatisch begünstigten Lagen durchgesetzt, weil dort Frühzeitigkeit des Gebietes zusammen mit den Sorteneigenschaften eine besonders frühe Belieferung des Marktes mit Obst aus neuer Ernte ermöglicht.

Unabhängig vom Einfluß der Meereshöhe und des Breitengrades unterscheiden wir in Europa drei Klimatypen, zwischen denen alle Übergänge anzutreffen sind:

1. *Das „atlantische" Klima* mit nur mäßigen Schwankungen der Temperatur, sowohl zwischen Tag und Nacht als auch zwischen Sommer und Winter, meist ziemlich hohem Wasserdampfgehalt der Luft, dementsprechend abgeschwächten Ein- und Ausstrahlungsverhältnissen. Weiterhin kennzeichnen vorherrschende Westwetterlagen mit meist reichlichen Sommerniederschlägen und häufig stärkerem Wind diesen Klimatyp. Das atlantische Klima ist in Westeuropa, z.B. in den meeresnahen Obstbaugebieten Großbritanniens, Frankreichs, der Niederlande und Belgiens, besonders deutlich ausgeprägt.
2. Das *„Festlandklima"* (Kontinentalklima), das sich im Gegensatz zum atlantischen Klima durch große Temperaturschwankungen sowie durch häufige Strahlungswetterlagen auszeichnet. Sommertrockenheit ist häufiger als im atlantischen Klima. Vor allem die kalten Winter und das zunehmende Holzfrostrisiko begrenzen die Anbauwürdigkeit der Obstarten in Ländern mit Festlandklima (z.B. Ungarn).
3. Das *„Mittelmeerklima"* (mediterranes Klima) bewirkt ähnlich dem atlantischen Klima ausgeglichenere Temperaturverhältnisse als das Festlandsklima, wegen der südlichen Lage jedoch mit höherem Gesamttemperaturniveau, also mit warmen Sommern und sehr milden Wintern. Eigentümlicherweise zeigt die Niederschlagsverteilung eine Frühjahrs- und eine Herbstspitze. Sommertrockenheit ist im typischen Mittelmeerklima sehr ausgeprägt und begrenzt die Anbauwürdigkeit der Obstarten auf Böden mit hoher Wasserkapazität oder mit Bewässerungsmöglichkeit. Die Wirksamkeit des Mittelmeerklimas wird erst südlich des Alpenraumes erkennbar.

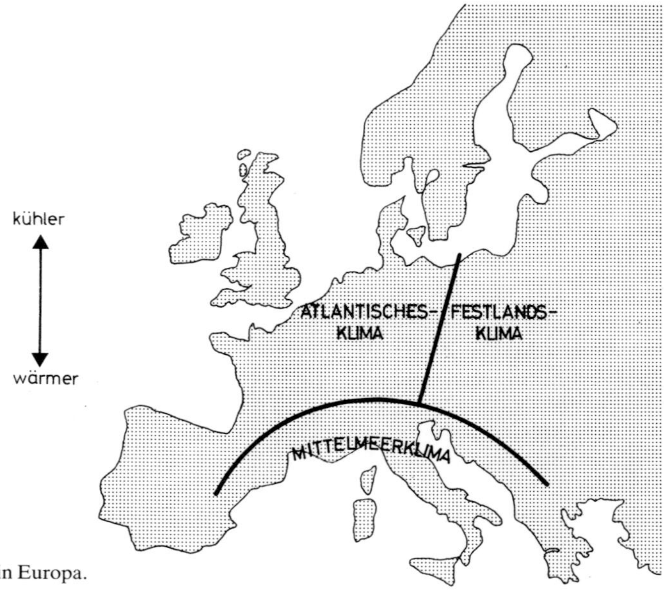

Abb. 32. Klimatypen in Europa.

2.2 Lokalklimatische Gesichtspunkte

Bei der Planung einer Neupflanzung verdient das *Spätfrostrisiko* (Frühjahrsfrostrisiko) deshalb besondere Beachtung, weil es vielerorts kleinräumig sehr verschieden ist.

Zu Frühjahrsfrostschäden kann es in wolkenlosen Nächten (Strahlungsnächten) kommen, meist im Zusammenhang mit dem Einfließen von Kaltluft polaren Ursprungs.

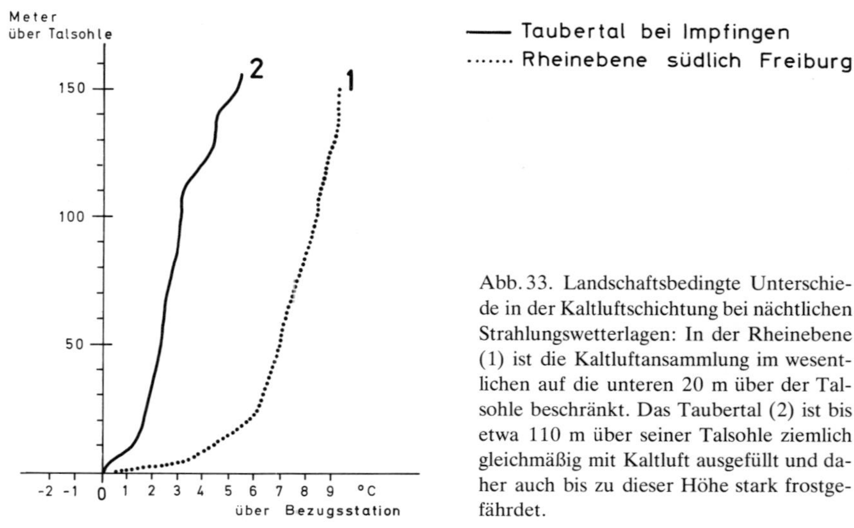

Abb. 33. Landschaftsbedingte Unterschiede in der Kaltluftschichtung bei nächtlichen Strahlungswetterlagen: In der Rheinebene (1) ist die Kaltluftansammlung im wesentlichen auf die unteren 20 m über der Talsohle beschränkt. Das Taubertal (2) ist bis etwa 110 m über seiner Talsohle ziemlich gleichmäßig mit Kaltluft ausgefüllt und daher auch bis zu dieser Höhe stark frostgefährdet.

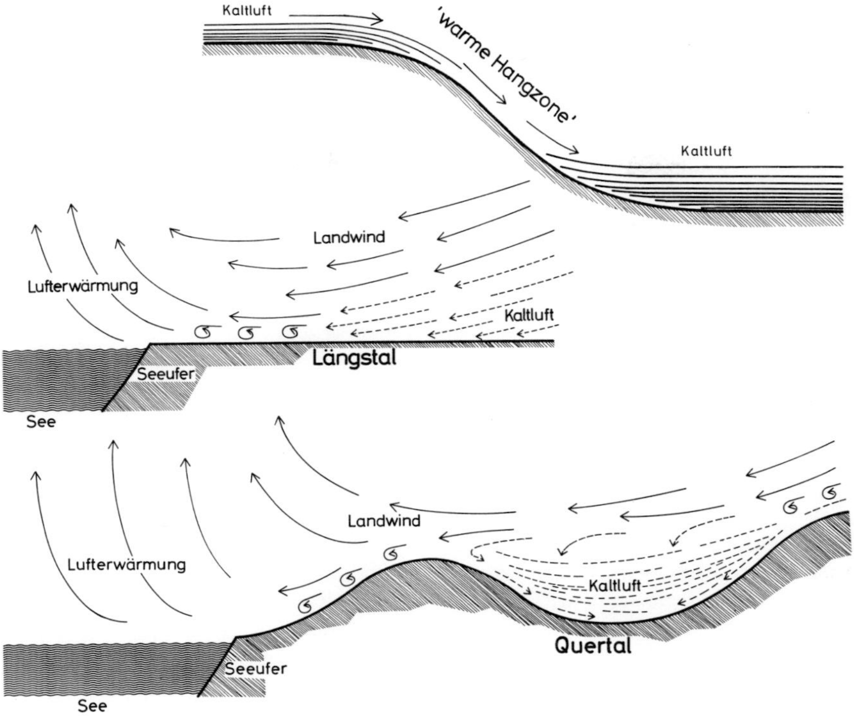

Abb. 34. Oben: Kaltluftverteilung in einem Gelände mit Ebene, Hang- und Talsohle bei flacher Kaltluftschichtung. Bei ausreichender Geländeneigung ist der obere Mittelhang am wenigstens frostgefährdet.
Mitte: Der Aufheizeffekt des Bodensees bewirkt einen Luftsog, der das Frostrisiko in angrenzenden Längstälern mindert, soweit am Boden ausreichende Windgeschwindigkeiten entstehen.
Unten: In Quertälern kann der Luftsog des Bodensees die Kaltluft nicht ausräumen. Sie sind daher stärker frostgefährdet als Längstäler in vergleichbarer Entfernung vom See.

Da Luft um so schwerer wird, je mehr sie sich abkühlt, sammelt sich die kältere Luft am Boden an und hat außerdem die Neigung, in Täler abzufließen. Daher bieten Tallagen in der Regel ein größeres Spätfrostrisiko als etwa Hanglagen mit gutem Kaltluftabfluß. Mitunter sind aber auch Tallagen sogar wenig frostgefährdet, sofern aufgrund örtlicher Besonderheiten der Landschaft regelmäßig in Strahlungsnächten örtliche Windsysteme in Gang kommen und jegliche Kaltluftschichtung verhindern. Solche Windsysteme beobachtet man vorzugsweise in Gebirgsrandlagen (Tälern des Odenwaldes und des Schwarzwaldes zur Rheinebene, Nordwestabfall der Schwäbischen Alb, „Windegg“ bei Lana in Südtirol).

Für die Beurteilung des Frostschadenrisikos in einem Anbaugebiet darf nicht die Wahrscheinlichkeit des Unterschreitens kritischer Minimumtemperaturen allein in Betracht gezogen werden. Wichtig ist ebenso das gesamte Temperaturniveau im Anbaugebiet (Gebietsklima, s. Tab. 24), weil es darüber entscheidet, wie schnell die phänologische Entwicklung und damit auch der Verlust an Frosthärte voranschreitet. Es sind die

Tab. 24. Frostschadensrisiko in Prozent mittlerer Einbuße am Fruchtertrag für 'Golden Delicious' bei lokalklimatisch unterschiedlicher Frostwahrscheinlichkeit und verschieden warmem Gebietsklima

Gebietsklima	Lokalklima		
Jahresmittel Temperatur	guter Kaltluftabfluß	normal	Kaltluftstau
in °C	Min. 2 °C über normal	Min. normal	Min. 2 °C unter normal
	Frostschadensrisiko in Prozent		
8	0	1	10
9	0	6	33
10	0	13	47
11	1	23	60
12	3	39	72

frostgefährdeten Lagen warmer Klimagebiete (Südtirol, Oberrheinebene), die am häufigsten unter Spätfrostschäden leiden.

Diese Zusammenhänge zeigt Tab. 24 (siehe dazu auch Abb. 17).

Wo bei der Anbauplanung keine ausreichenden praktischen Erfahrungen vorliegen, sollte man einen Fachmann zu Rate ziehen.

Obwohl es wirksame Maßnahmen zur Frostabwehr gibt, ist doch die Auswahl von wenig gefährdeten Standorten dort eine wirtschaftlich sehr zweckmäßige Maßnahme, wo sich eine solche Möglichkeit bietet.

2.3 Bodeneigenschaften

Die hohen Investitionen für die Erstellung und Bewirtschaftung von Intensivkulturen können nur dort wieder erwirtschaftet werden, wo neben den klimatischen Voraussetzungen auch die Bodenfruchtbarkeit ein normales und gesundes Wachstum der Obstgewächse erwarten läßt. In gewissen Grenzen kann man geringere Bodenfruchtbarkeit durch Anpassung der Unterlagen und der Bepflanzungsdichte ausgleichen. Höchsterträge bei gleichzeitig guter Fruchtgröße sind jedoch nur auf guten Böden erzielbar. Der Gefahr einer dabei zu starken vegetativen Entwicklung auf Kosten der Fruchtbarkeit versuchen wir heute durch geeignete Anbau- und Bewirtschaftungsmaßnahmen zu begegnen.

Folgende Bodeneigenschaften müssen als kritisch für Obstkulturen gelten:

Flachgründige Böden, in denen der Wurzelraum durch anstehendes Gestein oder Grobkies nach unten eingeengt ist. Die durchwurzelbare, zu Speicherung von Wasser und Nährstoffen fähige Schicht sollte 50 cm nicht unterschreiten.

Verdichtete Böden, die aufgrund eines hohen Tonanteils eine mangelhafte Wasserführung und infolgedessen auch eine schlechte Durchlüftung aufweisen. Sie sind nur bis in geringe Tiefe durchwurzelbar und neigen besonders in niederschlagsreichem Klima zu stauender Nässe. Durch Entwässerungsmaßnahmen (Dränung) können solche Böden bei nicht allzu hohem Tongehalt obstbaufähig gemacht werden. Es gibt jedoch Böden, wo auch dieses Mittel versagt.

Grundwasserböden, wenn der Grundwasserstand während der Vegetationszeit regelmäßig höher als 60 cm steigt.

Sandböden, wenn ihr Anteil an Schluff und Feinlehm gering ist, besonders in niederschlagsarmem Klima, wenn künstliche Bewässerung nicht möglich ist.

In der Bundesrepublik Deutschland haben wir durch die *Bodenschätzung* einen ziemlich guten und detaillierten Überblick der Bodenfruchtbarkeit. Mit der *Bodenzahl* wird dabei die natürliche Ertragsfähigkeit des Bodens bewertet, und zwar auf der Grundlage von drei Eigenschaften:

Nach der *Bodenart* werden acht mineralische und eine Moorbodenklasse unterschieden.

Zweites Kriterium ist das *geologische Alter* des Bodens, wobei nach dem Alter fünf Entstehungsgruppen gebildet wurden.

Als drittes Merkmal wird die *Zustandsstufe* bewertet, wobei der Entwicklungsgrad gemeint ist, den ein Boden von seiner Entstehung als Rohboden über seine höchste Leistungsfähigkeit bis zur Verarmung erreicht hat. Dabei können sieben *Zustandsstufen* von der niedrigsten Stufe 7 bis zur höchsten Stufe 1 und wieder zurück zur Stufe 7 durchlaufen werden.

Ein *Schätzungsrahmen* als Bewertungsskala erlaubt es dem Schätzer, aus den genannten Merkmalen die *Bodenwertzahl* zu ermitteln, die eine Prozentzahl darstellt und von 7 bis 100 reicht. Die Höchstpunktzahl kann ein Löß der Zustandsstufe 1 erreichen. Sandböden hingegen können günstigenfalls 44 Punkte bekommen.

Dieses für den Ackerbau entwickelte Bewertungssystem trifft im Wesentlichen auch die Ansprüche unserer Hauptobstarten an die Bodenfruchtbarkeit.

Die Bodenkunde teilt die Böden nach ihrem Entwicklungsstand und anderen Eigenschaften in *Bodentypen* ein (Bodensystematik). Die für Mitteleuropa wichtigsten unter ihnen sind die *Braunerden,* auf denen die meisten unserer Intensivobstpflanzungen gedeihen, die *Pseudogleye* (Stauwasserböden), *Gleye* (Grundwasserböden), *Podsole* (im Oberboden verarmte, meist stark saure Böden), und *Rendzinen* (Böden aus Kalkgestein). Eine Besonderheit der Küstengebiete stellen die Marschböden dar, die sich aus den Schlickablagerungen des Meeres und der Flußmündungen entwickelt haben. Bedeutende Obstbaugebiete Norddeutschlands und der niederländischen Polder stehen auf solchen Böden.

3 Vermehrung und Anzucht der Obstgewächse

3.1 Vermehrung

Fast alle einheimischen Obstarten und -sorten sind mischerbig (heterozygot). Das macht ihre sortenreine Vermehrung durch Samen unmöglich. Nur einige Pfirsichsorten können durch Samen vermehrt werden, so der 'Kernechte vom Vorgebirge'. Aber auch diese Sorten ergeben keine völlig einheitliche Nachkommenschaft.

Um Baumobstarten zu vermehren, werden sie in der Regel auf Unterlagen „veredelt". Als Unterlagen dienen Jungpflanzen, die entweder vegetativ aus Mutterpflanzen oder generativ aus Samen eigens ausgewählter Sorten (Samenspender) gezogen werden. Auf die Unterlagenanzucht sind Unterlagenbaumschulen spezialisiert. Auch die Obstbaumschulen, in denen die Veredlung und Anzucht des Pflanzmaterials erfolgt, beziehen meist ihre Unterlagen aus diesen Spezialbaumschulen.

Zur **generativen** Vermehrung der Sämlinge dient Saatgut von Sorten, die sich als Sämlingsunterlagen bewährt haben und – trotz einer unvermeidlichen Mischerbigkeit – relativ einheitlichen Wuchs zeigen. Zur Saatgutgewinnung bedient man sich spezieller Samenspenderanlagen oder -bäume. Nur Sorten mit zwei- oder vierfachem Chromosomensatz (diploide oder tetraploide Sorten) sind für Sämlinge geeignet. Bekannte Beispiele sind:

Apfel:	Grahams Jubiläum
	Bittenfelder
Birne:	Kirchensaller Mostbirne
Pflaume:	Myrobalane-Sämling,
	St.-Julien-Sämling
Kirsche:	Limburger Vogelkirsche
Pfirsich:	Kernechter vom Vorgebirge

Nach einer Spezialbehandlung des Saatgutes, einer Aufbewahrung in feuchtem Sand bei niedrigen Temperaturen um 4°C (Stratifizieren), erfolgt die Aussaat im Saatbeet. Um die Bewurzelung zu begünstigen, werden die Sämlinge nach Ausbildung des 2. und 3. Blattes pikiert (umgepflanzt) oder mit einem Spezialgerät „unterschnitten", d.h. die Pfahlwurzeln werden durchgetrennt. Nach einer Vegetationsperiode ist dasjenige Material zum Aufschulen brauchbar, das einen Sproßdurchmesser von über 6 mm am Wurzelhals hat. Die Unterlagenbaumschulen bieten die Pflanzen meist nach Sproßstärken zwischen 7 und 12 mm sortiert zu unterschiedlichen Preisen an.

Die **vegetative** (ungeschlechtliche) Vermehrung führt im Gegensatz zur Vermehrung über Samen zu Jungpflanzen mit einheitlichem Erbgut (Klone). Man unterscheidet drei Arten der vegetativen Vermehrung:

1. aus Sprossen oder Sproßteilen, die zur Bewurzelung angeregt werden;
2. aus Wurzelteilen, die einen Sproß bilden;

Abb. 35. Baumschulmutterbeet zur Gewinnung von Abrissen.

3. aus dem aktiven meristematischen Gewebe (Bildungsgewebe) der Sproßspitzen durch *Gewebekulturen*.

Die bei Obstbäumen häufigste Art der Jungpflanzengewinnung ist diejenige durch *Abrisse* von Mutterpflanzen in einem Unterlagenmutterbeet. Andere, vornehmlich bei Steinobst praktizierte Methoden beruhen auf der Gewinnung von *Absenkern* oder auch von *Ablegern*. Himbeeren, z.T. auch Zwetschen, kann man durch *Wurzelschosse* vermehren. Bei Himbeeren hat außerdem die Vermehrung über *Wurzelschnittlinge* wirtschaftliche Bedeutung. Bei Johannisbeeren ist die Vermehrung durch *Steckhölzer* üblich. Diese einfachste Vermehrungsart ist nur bei solchen Pflanzen durchführbar, deren einjährige Sprosse dazu neigen, sich im Boden losgelöst von der Mutterpflanze schnell zu bewurzeln.

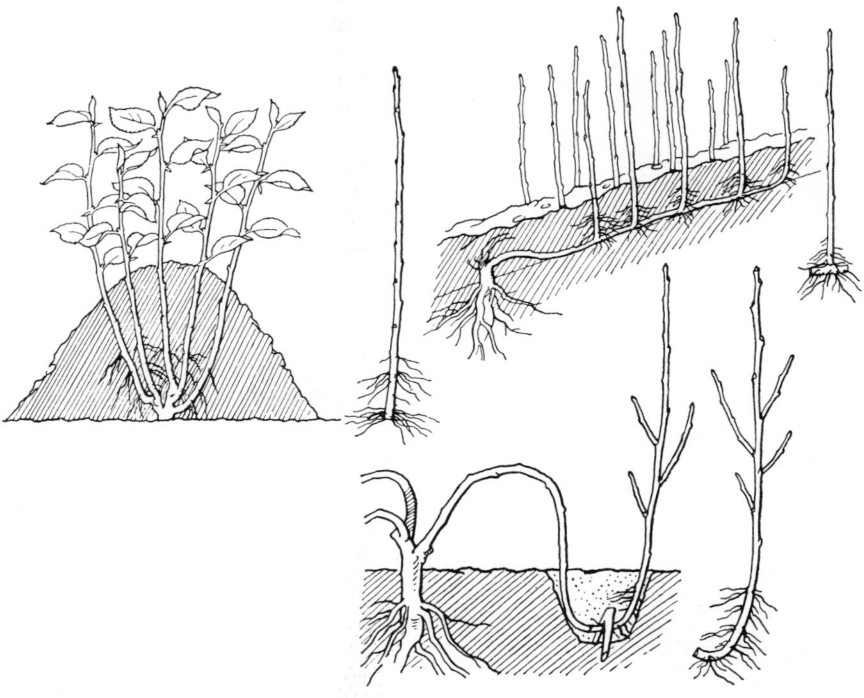

Abb. 36. Schematische Darstellung der Vermehrung (aus BRUMM und MEHLISCH 1964) durch Abrisse (oben links), Ableger (oben rechts) und Absenker (unten). Daneben jeweils bewurzelte Jungpflanze.

Mit Einführung des Sprühnebelverfahrens hat auch die Vermehrung durch *Grünstecklinge* an Bedeutung gewonnen, vor allem bei Kirschen. Durch gleichbleibend hohe Luftfeuchte gelingt es, die noch unverholzten, belaubten Stecklinge aus jungen Trieben vor Wasserverlusten zu schützen, bis sie sich ausreichend bewurzelt haben.

Durch Tauchen von Steckhölzern oder Grünstecklingen in Wuchsstofflösungen oder -puder vor dem Ausstecken kann man die Wurzelbildung verbessern. Bei bislang nur mit Schwierigkeiten über Stecklinge vermehrbaren Obstarten wie Äpfel und Pflaumen konnte man dadurch die Anwachsergebnisse von Stecklingen wesentlich verbessern. Wirtschaftliche Bedeutung hat aber dieses Verfahren im Obstbau noch nicht erlangt.

Die **Pflanzenvermehrung über Gewebekulturen** *(Mikrovermehrung)* gehört zu jenen Errungenschaften der modernen Forschung, von denen bedeutende Impulse auf die

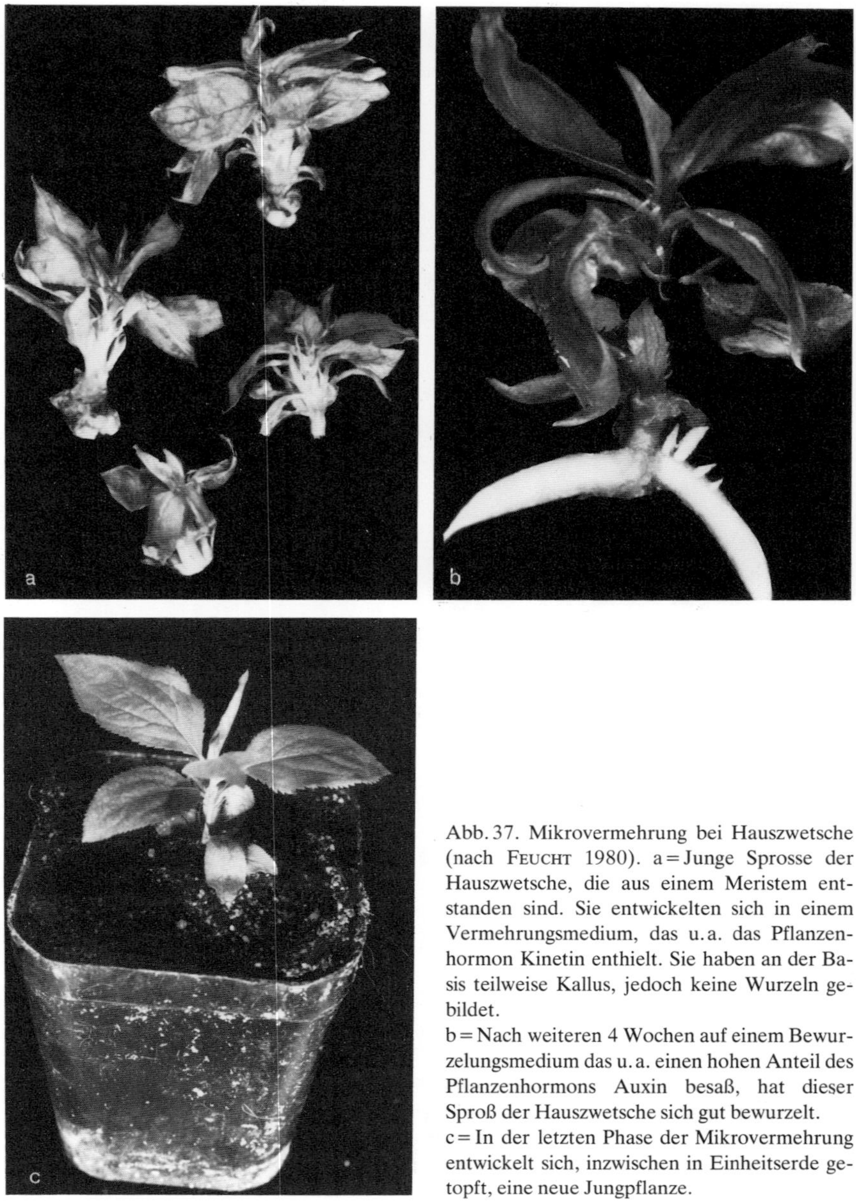

Abb. 37. Mikrovermehrung bei Hauszwetsche (nach FEUCHT 1980). a = Junge Sprosse der Hauszwetsche, die aus einem Meristem entstanden sind. Sie entwickelten sich in einem Vermehrungsmedium, das u.a. das Pflanzenhormon Kinetin enthielt. Sie haben an der Basis teilweise Kallus, jedoch keine Wurzeln gebildet.
b = Nach weiteren 4 Wochen auf einem Bewurzelungsmedium das u.a. einen hohen Anteil des Pflanzenhormons Auxin besaß, hat dieser Sproß der Hauszwetsche sich gut bewurzelt.
c = In der letzten Phase der Mikrovermehrung entwickelt sich, inzwischen in Einheitserde getopft, eine neue Jungpflanze.

Tab. 25. Vermehrungsmethoden für Obstarten und deren Unterlagen

Obstart	aus Samen	Bewurzelung von Sprossen an der Mutterpflanze			losgelöst von Mutterpflanze		Sproßbildung aus Wurzeln an der Mutterpfl.	losgelöst	Regeneration aus Meristem
		Abrisse	Absenker	Ableger	Steckholz	Grünstecklinge	Wurzelschosse	Wurzelschnittlinge	Gewebe*** Kulturen
Äpfel	+	+	–	–	○	○	–	–	○
Birnen*	+	–	–	–	–	–	–	–	–
Kirschen	+	–	–	+	–	○	–	–	○
Pflaumen	+	+	–	+	○	–	○	–	○
Pfirsiche**	+	–	–	–	–	–	–	–	–
Aprikosen	+	–	–	–	–	–	–	–	–
Quitten	–	+	–	–	–	–	–	–	–
Walnüsse	+	–	–	–	–	–	–	–	–
Haselnüsse	–	–	+	–	–	–	–	–	–
Himbeeren	–	–	–	○	–	–	+	+	○
Brombeeren	–	–	○	–	–	–	–	+	–
Johannisbeeren	–	○	–	–	+	–	–	–	–
Stachelbeeren	–	○	+	+	–	–	–	–	–
Erdbeeren	–	–	–	+****	–	–	–	–	+

+ üblich oder doch häufig, – nicht möglich oder nicht üblich, ○ selten

* Birnen werden häufig auf Quitte als Unterlage veredelt
** Pfirsiche und Aprikosen werden häufig auf Pflaume als Unterlage veredelt
*** Gewebekulturen bei Baumobstarten aus Triebspitzenmeristemen
**** Erdbeeren werden überwiegend über Ausläufer vermehrt, die man als eine Art natürliche Ableger bezeichnen kann

Praxis ausgehen. Bei vielen Gartenbaugewächsen beherrscht man bereits Methoden zur Vermehrung und Reproduktion neuer Pflanzen aus den besonders aktiven Bildungsgeweben der Triebspitzen (Vegetationskegel), oder aus meristematischem Gewebe von Mutterpflanzen.

Bei Erdbeeren genügen kleine Zellverbände aus dem *Meristem*, die man in Laboratorien unter bestimmten Temperatur- und Lichtbedingungen auf Nährböden in Reagenzgläsern (in vitro) kultiviert, um aus einer Mutterpflanze in relativ kurzer Zeit unzählige Jungpflanzen vegetativ zu gewinnen. Im *Vermehrungsmedium* wird dabei zuerst unbewurzeltes Material vermehrt. Erst nach dem Umsetzen auf einen anderen Nährboden, das Bewurzelungsmedium, bilden die Pflanzen auch Wurzeln aus, so daß sie später ins Gewächshaus oder Freiland verpflanzt werden können.

Bei Baumobst ist die Vermehrung aus Meristem bislang nicht gelungen, wohl aber über Gewebe aus den Triebspitzen, die – ebenfalls ohne Wurzel – im Vermehrungsmedium kultiviert werden.

Die Vermehrung über Gewebekulturen steht wohl erst am Beginn einer vielfältigen Anwendung. Die Probleme liegen darin, daß die Arten und Sorten unterschiedliche Ansprüche an die Vermehrungs- und Bewurzelungsmedien stellen, in denen Pflanzenhormone eine entscheidende Rolle spielen.

Vorteile der Gewebekulturen liegen

- in der hohen, von Freilandbedingungen unabhängigen Vermehrungsrate, beispielsweise zur Gewinnung von virusfreiem Material, aber auch zur Vermehrung von Neuzüchtungen und Mutationen, aus einer einzigen Mutterpflanze.
- In der Möglichkeit, Züchtungsmaterial in speziellen Laboratorien auf kleinstem Raum bei geringem Pflegeaufwand und unter sterilen Bedingungen aufzubewahren *(Genbanken)*.

3.2 Anzucht des Pflanzmaterials

Während man die Unterlagenanzucht spezialisierten Unterlagenbaumschulen überläßt, wird das Pflanzmaterial mitunter nicht aus der Baumschule bezogen, sondern in Obstbaubetrieben selbst herangezogen.

Die nach einem Vegetationsjahr ausreichend entwickelten Sämlings- und Klonunterlagen werden im folgenden Frühjahr im Baumschulquartier aufgeschult, und zwar je nach Wuchsstärke und Standortverhältnissen in Reihenabständen von 100 bis 120 cm

Abb. 38. Okulanten kurz nach der Okulation. Gummimanschetten anstelle des früher üblichen Bastverbandes drücken die Gewebe der Pfropfpartner aneinander.

Abb. 39. Baumschule im Jahr nach der Okulation. Die Sprosse der Unterlagen sind entfernt worden. An ihre Stelle sind in diesem Jahr Sprosse aus den Edelaugen getreten.

und Baumabständen von etwa 40 cm, nachdem die Wurzeln zurückgeschnitten und die Sproßlängen auf etwa 30 cm eingekürzt wurden.

Im Sommer des Aufschuljahres (August) werden Baumobstunterlagen in der Regel *durch Okulation veredelt.*

Im darauffolgenden Frühjahr schneidet man die Unterlagen dicht über dem Edelauge zurück. Unter der Veredlungsstelle entstehende „Wildtriebe“ müssen im Laufe des Sommers entfernt („geräubert“) werden.

Im darauffolgenden Winter, d.h. zwei Jahre nach dem Aufschulen der Unterlagen, steht das Pflanzmaterial als „einjährige Veredlungen“ für Obstneupflanzungen zur Verfügung, sofern man es nicht vorzieht, die Bäume nach einem weiteren Baumschuljahr als zweijährige Bäume zu verwenden. Einjährige Veredlungen haben noch keinerlei Kronenerziehung erfahren und sind je nach Wuchsbedingungen und Eigenschaften der Pfropfpartner Ruten mit mehr oder weniger zahlreichen „vorzeitigen Trieben“. Vor einem zweiten Jahr in der Baumschule ist es zweckmäßig, den Mitteltrieb einzukürzen, um eine Garnierung mit Seitenholz zu fördern. Beim Kauf zweijähriger Bäume ist zu prüfen, ob der Sproßaufbau der Baumschulware für das vorgesehene Erziehungssystem günstig ist.

Kirschenunterlagen werden zumeist nicht in Bodennähe, sondern erst in Kronenhöhe veredelt (Kopfveredlung). Auch bei Kernobst wird die *Hochveredlung* praktiziert, und zwar im Zusammenhang mit kleinen Baumformen und schwach- bis mittelstarkwachsenden Unterlagen. Dem liegt die Beobachtung zugrunde, daß das vegetative Wachstum der Edelsorten durch Hochveredlung auf schwach- und mittelstarkwachsenden Unterlagen verringert wird, ein Effekt, der bei starkwachsenden Sorten durchaus erwünscht sein kann.

Die Verwendung von *Stammbildnern* als Zwischenveredlung hat heute an Bedeutung verloren. Dabei wird die Unterlage oberhalb des Wurzelhalses zunächst mit einer Sorte veredelt, die sich durch günstige Eigenschaften als Stammbildner auszeichnet, insbesondere durch Holzfrosthärte und Widerstandsfähigkeit gegen Kragenfäule. Erst auf den Stamm oder in das Kronengerüst dieser Sorte veredelt man die Edelsorte.

Heute, da unsere Obstpflanzungen schneller in Produktion kommen und kurzlebiger sind, verzichtet man meist unter Inkaufnahme gewisser Risiken auf Stammbildner. Hingegen behalten Zwischenveredlungen zur *Überbrückung der Unverträglichkeit von Pfropfpartnern* ihre Bedeutung, so z.B. bei einigen Birnensorten auf Quittenunterlagen.

Neben der Veredlung des aufgeschulten Unterlagenmaterials am Wuchsort wird bei Kernobst auch das sog. *Handveredeln* praktiziert. Dabei werden die Unterlagen nach ihrer Anlieferung aus der Unterlagenbaumschule während der Vegetationsruhe in einem Arbeitsraum durch *Kopulation* veredelt. Die Veredlungsstelle muß in diesem Falle besonders sorgfältig durch Bestreichen mit Wachs vor dem Austrocknen geschützt werden. Nach der Aufschulung im Frühjahr treibt dann die Edelsorte aus. Durch den doppelten Schock der Verpflanzung und Veredlung ist allerdings die Ausfallquote höher als bei den üblichen Verfahren. Der Aufwand an Reisermaterial ist größer. Der Arbeitsaufwand zur Veredlung ist höher. Jedoch kann die Arbeit im Winter im geschlossenen Raum und somit witterungsunabhängig durchgeführt werden.

Versuche, bei der Handveredlung die Kopulationsflächen maschinell herzustellen *(Maschinenveredlung)*, haben zu gewissen Erfolgen geführt. Diese Methode hat sich in der Praxis jedoch noch nicht allgemein durchsetzen können.

4 Pflanzvorbereitung und Pflanzen

4.1 Auswahl geeigneten Pflanzmaterials

Durch den Bezug von Pflanzmaterial bei anerkannten Baumschulen ist im allgemeinen die Sorten- und Unterlagenechtheit gewährleistet. Darüber hinaus sollte der Bezieher sich aber auch vergewissern, daß sein Pflanzmaterial einer *Kontrolle auf Virusbefall* unterzogen wurde und daß das zu Veredlung verwendete Reisermaterial von anerkannten und soweit möglich, virusgetesteten Mutterbäumen stammt.

Für die Obstbauern ist wichtig zu wissen, daß stets beide Pfropfpartner, also Edelreis und Unterlage, von virusgetestetem Material stammen müssen. Ist einer der Pfropfpartner virusverseucht, so wird der andere mit Sicherheit infiziert. Sämlingsunterlagen gelten bei Kernobst als virusfrei, da man bisher bei geschlechtlicher Vermehrung keine Übertragung von Viruskrankheiten durch die Eltern nachweisen konnte.

Nach den bisherigen Erfahrungen bringt virusfreies Pflanzmaterial höhere Ernten bei besserer Fruchtqualität und allerdings auch stärkerem vegetativem Wachstum. Die Verträglichkeit mit Pfropfpartnern ist besser, was man besonders bei bis dahin teilweise schlecht verträglichen Birnensorten beobachten konnte. Nachteilige Folgen für Ertrag und Qualität sind bisher nicht nachgewiesen worden. Bei einigen von Natur aus starkwüchsigen Birnensorten wird allerdings eine zu starke vegetative Entwicklung auf Kosten des Ertrages für möglich gehalten.

Das Pflanzmaterial soll möglichst gute Voraussetzungen für das vorgesehene Anbausystem bieten. Bei Kernobst ist für Schlanke Spindeln eine gute Garnierung mit Seitenholz bei möglichst flachem Abgangswinkel in 60 bis 80 cm Stammhöhe erwünscht. Bei

Abb. 40. Pflanzmaterial („einjährige Veredlungen") unterschiedlicher Qualität. Links unverzweigte Rute, die beim Pflanzschnitt zurückgeschnitten werden muß, um eine Garnierung mit Fruchtholz zu erreichen. Beim rechten Baum ist ein Pflanzschnitt kaum erforderlich.

Sorten mit geringer Neigung zur Bildung vorzeitiger Triebe und auf schwachwachsender Unterlage ist dies allerdings nicht immer möglich.

Manche Sorten, wie z.B. 'Cox', neigen dazu, sich zu weit unten mit vorzeitigen Trieben zu garnieren. Abhilfe kann ein Zwischenstamm bis ca. 60 cm Höhe schaffen. Die Anzucht dauert dann zwar ein Jahr länger. Die Qualität der Jungbäume ist dann jedoch wesentlich besser.

Man kann einjähriges oder zweijähriges Pflanzmaterial verwenden. Diese Altersangabe bezieht sich auf den Zeitraum, der in der Baumschule seit der Veredlung vergangen ist. Bei starkwachsenden Pfropfkombinationen hat es sich bewährt, die Bäume zweijährig auszupflanzen. Sind sie gut mit Seitenholz garniert, so schneidet man nicht oder nur sehr wenig an und schafft durch den Verpflanzungsschock günstige Voraussetzungen für baldigen Blütenansatz bei gebremstem vegetativem Wachstum. Schwachwachsende Pfropfkombinationen werden jedoch durch dieses Verfahren zu stark gebremst, so daß man hier dem einjährigen Pflanzmaterial den Vorzug gibt, zumal es auch weniger kostet.

4.2 Bodenvorbereitung

Die natürliche Eignung des zur Bepflanzung vorgesehenen Grundstückes, also auch ausreichende natürliche Bodenfruchtbarkeit, muß vor der Pflanzung erwiesen sein (s. auch Kapitel Bodentypen). Während zu flachgründige oder stark kieshaltige Böden sich in der Regel mit wirtschaftlich vertretbarem Aufwand nicht entscheidend verbessern lassen, können stauende Nässe oder zu hoch anstehender Grundwasserspiegel als Ursachen unzureichender Anbaueignung unter geeigneten Bedingungen durch Entwässerungsmaßnahmen nachhaltig behoben werden. Es gibt zahlreiche Beispiele, wo auf früher vernäßten, nur zur Grünlandnutzung geeigneten Böden nach einer Bodenmelioration durch *Dränung* heute wüchsige Obstpflanzungen gedeihen.

Über Dränung mit Kunststoffröhren liegen im Obstbau noch wenig Erfahrungen vor. Wo geeignete Geräte zum Verlegen verfügbar sind, ist sie billiger als mit Tonröhren.

Zur Bodenvorbereitung für das Pflanzen wird im allgemeinen tiefgepflügt. Ein Tiefwenden (Rigolen) ist für Obstpflanzungen nicht anzuraten. Da die Obstbaumwurzeln nachweislich die obersten Bodenschichten am intensivsten durchwurzeln, wäre es normalerweise unzweckmäßig, den humusreichen Oberboden zu „vergraben".

Ob sich vor der Pflanzung eine Vorratsdüngung lohnt, muß von Fall zu Fall entschieden werden (s. dazu Kapitel Tiefendüngung).

Ist der Boden tiefgepflügt und abgeschleppt, kann mit dem Pflanzen begonnen werden. Der Einsatz eines mechanischen *Pflanzlochbohrers* ohne Tiefpflügen lohnt sich nur bei Pflanzungen mit weniger als 600 Bäumen je ha. Bei dichteren Pflanzungen ist ganzflächige Lockerung oder doch die streifenweise Auflockerung entlang den Reihen vorzuziehen.

Folgen auf derselben Fläche mehrere Baumgenerationen der gleichen Obstart aufeinander, so muß mit einem Nachlassen des vegetativen Wachstums gerechnet werden. Man bezeichnet diese Erscheinungen als *Bodenmüdigkeit* oder auch als *Nachbauprobleme,* ohne im Einzelfall die Ursachen genau zu kennen. Man vermutet, daß Bodenbakterien dabei eine Rolle spielen, die als Stoffwechselprodukte gesättigte Kohlenwasserstoffe wie Ethylen und Buten abgeben und deren Auftreten offenbar durch Nachbau gefördert wird (Kümmeler 1980). Es ist nicht auszuschließen, daß die Bodenmüdigkeit bei den verschiedenen Obstarten unterschiedliche Ursachen hat. Auf von Natur aus wüchsigen Standorten muß eine gewisse Verminderung des Baumwachstums kein Nachteil sein, zumal, wenn man dies bei der Unterlagenwahl und bei den Pflanzabständen berücksichtigt.

Tab. 26. Bodenentseuchungsmittel und ihre Anwendung

Wirkstoffe	Handelsname	Haupteinsatzbereich	zugelassen gegen	Mittelkosten DM/ha
Aldicarp	Temik 10 G	Baumschule Erdbeermutterbeete	Nematoden	750 - 1200
Dazomet	Basamid Granulat	Obstbau, Baumschule	Nematoden Bodenpilze, keimende Unkräuter	4500 - 9000
Dichlorpropen + Dichlorpropan	Shell DD	Obstbau Baumschule	Nematoden	2500
Dichlorpropen + Dichlorpropan + Methylisothiocyanat	Di-Trapex	Obstbau Baumschule	Nematoden Bodenpilze, keimende Unkräuter	5000 - 7500

Ein relativ aufwendiges Verfahren ist die sog. Bodenentseuchung mit Spezialmitteln, die in flüssiger Form oder als Granulat einige Zeit vor dem Pflanzen mit besonderen Maschinen ausgebracht werden, welche der Hersteller des Präparates zur Verfügung stellt. Die Mittelkosten betragen dabei 5000 bis 10000 DM/ha.

Experimentelle Untersuchungen deuten darauf hin, daß diese Mittel nicht immer den erhofften Erfolg bringen, wohl aber eine Bodensterilisierung durch Dämpfen. Im Feldobstbau kann aber diese Maßnahme nicht angewandt werden. Eine Möglichkeit, Nachbauprobleme zu verringern, ist die Beigabe von 10 bis 20 Liter *Torfkultursubstrat* in jedes Pflanzloch, ein im Gartenbau häufig verwendetes Produkt. Die Kosten betragen etwa 0,50 DM für je 10 Liter.

4.3 Vermessen und Pflanzen

Für die spätere Bearbeitung ist es vor allem wichtig, daß die Reihen sauber ausgefluchtet sind. Das Ausfluchten quer zu den Reihen ist mehr eine Formsache. Es kann zweckmäßig sein, die Baumabstände in der Reihe in einem Quartier mit mehreren Sorten der Wuchsstärke jeder Sorte anzupassen, die Reihenabstände jedoch aus bewirtschaftungstechnischen Gründen einheitlich zu wählen.

Zum Markieren der Flucht verwendet man eine Pflanzleine, an der man vor Pflanzbeginn mit farbigem Klebeband die Baumabstände markiert. Man kann auch eine Latte auf den einfachen oder mehrfachen Baumabstand zuschneiden und diese entlang der Pflanzleine zum Abmessen der nächsten Pflanzstelle mitführen. Man pflanzt entweder sofort entlang der Leine oder steckt die Pflanzstellen mit den Baumpfählen aus.

Das Pflanzen selbst erfolgt am besten in Arbeitsgruppen von je zwei Personen, wobei eine die Wurzel anschneidet und den Baum einsetzt und festhält, während die zweite den Boden einfüllt. Der Baum soll nicht tiefer im Boden stehen, als er in der Baumschule stand. Dabei ist zu berücksichtigen, daß sich der Boden in der Pflanzgrube noch etwas setzt. Nach dem Pflanzen soll die Veredlungsstelle mindestens 5 cm über dem Boden sein, damit diese auch später nicht unter die Bodenoberfläche gerät. Dann nämlich besteht die Gefahr, daß die Edelsorte Wurzeln schlägt und auf eigener Wurzel weiterwächst („sich frei macht").

Waren die Bäume in der näheren Umgebung aufgeschult, so ist ein Pflanzen mit 30 bis 40 cm großen Erdballen zu empfehlen. Die Wuchsleistung im Pflanzjahr ist dann deutlich besser als bei normaler Pflanzweise.

Abb. 41. Das „Einschlagen" von Pflanzmaterial zur Aufbewahrung über die Wintermonate. Die empfindlichen Wurzeln müssen durch vollständiges Abdecken vor Frosteinwirkung und vor dem Austrocknen geschützt werden. Vorn im Bild zwei noch nicht eingeschlagene Bündel.

Als *Pflanztermin* kommt der Zeitraum zwischen Vegetationsabschluß und Vegetationsbeginn in Frage. Die Pflanzung im Herbst wird etwas günstiger beurteilt als die Frühjahrspflanzung.

Da das Wurzelwerk von Obstgehölzen recht frostempfindlich ist, dürfen die Wurzeln bei niedrigen Frosttemperaturen nicht ungeschützt bleiben. Die Pflanzen sollen daher nicht bei Kälteperioden versandt werden. Das Pflanzen soll bei frostfreiem Wetter erfolgen. Pflanzmaterial, das nicht sofort gepflanzt werden soll, wird eingeschlagen, d.h. die Wurzeln werden zum Schutz vor Kälte und Trockenheit im Freien 10 bis 15 cm tief mit Erde abgedeckt.

4.4 Verpflanzen von Bäumen

Wie an zahlreichen Beispielen, insbesondere in Südtirol, gezeigt wurde, kann man auch ältere Obstbäume erfolgreich verpflanzen, sofern die dazu notwendige technische Ausrüstung zur Verfügung steht.

Die Anwachserfolge sind bei Verpflanzung im Frühjahr kurz nach Beginn des Austriebs besser als während der Vegetationsruhe. Im Sommer nach der Verpflanzung entwickeln die Bäume ein spärliches Blattwerk und kümmerliche Früchte; ein Fruchtansatz sollte ganz oder überwiegend entfernt werden. Unerläßlich sind im Verpflanzungsjahr Bewässerungsmaßnahmen, sobald Trockenperioden auftreten.

Abb. 42. Verpflanzen 4jähriger, vorgeschulter Bäume samt Wurzelballen mit Hilfe einer Spezialkonstruktion am Frontlader.

Bei richtiger Behandlung verpflanzter Bäume kann man schon im darauffolgenden Jahr wieder mit normaler Blatt- und Fruchtentwicklung rechnen. Die Neigung verpflanzter Bäume zum Blühen und Fruchten ist infolge des sog. *Verpflanzungsschocks* in den nachfolgenden Jahren größer und das vegetative Wachstum schwächer als ohne Verpflanzen. Daher sollten die Bäume im Verpflanzungsjahr stärker als üblich zurückgeschnitten werden. Ein solcher Rückschnitt ist auch zur Verringerung der Transpirationsfläche von Vorteil. Ein zu üppiger vegetativer Wuchs ist in diesem Fall nicht zu befürchten. Die Baumverpflanzung verliert allerdings in wesentlichem Maße an Bedeutung, wie sich in den Anbaugebieten Dichtpflanzungen mit kleinen Baumformen durchsetzen.

4.5 Umzäunung

In wildreichen Gegenden ist eine Umzäunung von Intensivobstanlagen unerläßlich. Ein Einzelschutz der Stämme im Niederstammobstbau mit hohen Pflanzdichten wäre unwirtschaftlich.

Pfähle. Hauptsächlich kommen Holz- oder Betonpfähle in Frage. Bei *Holzpfählen* ist auf gute Imprägnierung zu achten. Nicht imprägnierte Holzpfähle, selbst solche aus

Abb. 43. Dauerhafte Zäune mit verzinktem Drahtgeflecht. Oben Betonpfähle und Viereck-Drahtgeflecht, unten kyanisierte Holzpfähle mit „Ursus-Drahtgeflecht“.

Abb. 44. Gegen Zugbelastung abgestützter Beton-Eckpfahl.

Hartholz, sind imprägnierten Pfählen aus Fichtenholz in der Lebensdauer meist unterlegen.

Das gebräuchlichste Imprägnierungsverfahren für Holzpfähle ist die *Salzimprägnierung*. Ein Mangel war die unbefriedigende Eindringtiefe der Imprägnierlösung in das Holz. Das heute übliche Kesseldruckverfahren hat Abhilfe geschaffen. Auch wurde die Salzzusammensetzung verbessert. Ein anderes Verfahren ist die *Kreosotierung,* eine Imprägnierung mit Teeröl.

Eine wesentlich größere Lebensdauer als von Holzpfählen kann man von *Betonpfählen* erwarten. Bei der Herstellung oder beim Bezug von Betonpfählen ist zu beachten, daß die Halterungen für die Spanndrähte bei der Herstellung mit eingegossen werden sollen, da ein nachträgliches Anbringen schwierig ist.

Sowohl Holz- als auch Betonpfähle können selbst hergestellt werden. Sie sind aber in der Regel nur dann billiger als im Handel, wenn man die eigenen Arbeits- und Materialkosten nicht voll in Anrechnung bringt.

Drahtgeflechte. Die gebräuchlichsten Drahtgeflechte sind Sechseckgeflechte 51/1,0 mm und Viereckgeflechte 60/2,0 mm. Die dünneren Sechseckgeflechte sind zwar wesentlich billiger als die doppelt so starken Viereckgeflechte, jedoch von erheblich geringerer Lebensdauer.

Von Bedeutung für die Haltbarkeit ist die *Zinkauflage*. Der Handel bietet Geflecht mit normaler und mit starker Zinkauflage an. Da sich der Preis bei starker Zinkauflage nur um etwa 10% erhöht, die Lebensdauer aber etwa verdoppelt, sollte man stark verzinktem Geflecht immer den Vorzug geben. Neuerdings werden auch gerne Knotengeflechte verwendet (s. Abb. 42 und Tab. 27).

Sonstiges Material. Als *Spanndraht* sollte stark verzinkter, 3,1 mm starker Draht verwendet werden. Bei Drahtspannern ist die Größe II üblich. Als zweckmäßiger *Stacheldraht* wird der 4spitzige mit einem Drahtdurchmesser von 2,5 mm angesehen.

Erstellung des Zaunes. Vor dem Anlegen des Zaunes müssen die *nachbarrechtlichen Verhältnisse* geklärt sein, die in den Bundesländern verschieden sind. Unter Umständen muß ein Grenzabstand (in Baden-Württemberg 50 cm) eingehalten werden.

Dem *Jagdgesetz* zufolge kann der Eigentümer Wildschäden nur geltend machen, wenn sein Zaun wilddicht und mindestens 1,3 m hoch ist. Man verwendet daher in der Regel mindestens 1,2 m hohes Geflecht und in 1,3 m Höhe zusätzlich einen Stachel- oder Spanndraht. Bei einer Zaunhöhe von 1,3 m müssen die Pfähle etwa 2 m lang sein,

Tab. 27. Materialkostenbeispiele für Zäune. Preise je 100 lfd. m (Zirka-Angaben)

a) Stabiler Zaun, Lebensdauer ca. 20 Jahre			(DM)
26 St.	Betonpfähle 2,25 m lang à 6,–	=	156,–
2 St.	Verstrebungen à 13,–	=	26,–
100 m	Viereckdrahtgeflecht 60/2,0/1200 mm stark verzinkt		240,–
300 m	Spanndraht 3,1 mm stark verzinkt		30,–
100 m	Stacheldraht		20,–
	Kleinteile (Bindedraht, Drahtspanner, Kunststoffhaken)		25,–
			497,–

b) Provisorischer Zaun, Lebensdauer ca. 5 Jahre			
26 St.	Imprägnierte Holzpfähle 2,00 m lang ϕ 6–7 cm à 3,50	=	91,–
2 St.	Verstrebungen 2,50 m lang ϕ 6–7 cm à 4,50	=	9,–
100 m	Sechseckdrahtgeflecht 51/1,0/1200 mm stark verzinkt		110,–
400 m	Spanndraht 2,8 mm, stark verzinkt		33,–
	Kleinteile (Bindedraht, Drahtspanner, Schlaufen)		15,–
			258,–

davon ca. 65 cm im Boden. Die Pfahllöcher sollten mit einem Erdbohrer von passendem Durchmesser vorgebohrt werden, damit die Pfähle einerseits festsitzen, anderseits aber so leicht einzuschlagen sind, daß sie dabei nicht beschädigt werden.

Man setzt zuerst die Eckpfähle, die mit Verstrebungen abgestützt werden müssen. Danach zieht man am Boden den unteren Spanndraht, der als Richtschnur für die übrigen Pfähle dient. Der Pfahlabstand soll 3 bis 4 Meter betragen. Bei längeren Zaunfluchten soll etwa alle 80 m ein Stützpfahl mit Verstrebungen angebracht werden. Der obere Spanndraht wird in Höhe des Drahtgeflechtes, ein dritter in halber Höhe gezogen. Die Spanndrähte müssen an den Pfählen mit Hilfe von Krampen so angebracht werden, daß sie beim Spannen durchgezogen werden können. Man rechnet für je 100 m einen Drahtspanner. Nach dem Spannen der Spanndrähte wird das Geflecht ausgerollt und von außen an den Spanndrähten durch Einhängen oben und unten sowie durch Anbinden mit Drahtschlaufen befestigt.

In Tab. 25 sind die Materialkosten für zwei Zaunbeispiele zusammengestellt. Den Arbeitsaufwand muß man mit 25 bis 30 Stunden für je 100 m ansetzen, bei erheblichen Unterschieden je nach Geländeform und Art des Zaunes.

Zauntore. Es gibt zahlreiche verschiedene Konstruktionen. Am billigsten sind einzuhängende Tore mit Holzrahmen. Bei häufig zu benutzenden Toren sollte man Flügel- oder Kipptorkonstruktionen trotz höherer Herstellungskosten den Vorzug geben.

Abb. 45. Beispiele für Zauntore. Oben verschließbares Schwenktor mit geschweißtem Stahlrohrrahmen, unten einfaches, beiderseits einzuhängendes Tor mit Holzrahmen.

Anbausysteme

1 Begriffsbestimmungen

Kemmer (1951) unterscheidet beim Baumobst die folgenden Anbauformen entsprechend der Zusammensetzung der Bestände:

Gruppenkultur (= reiner Baumobstbestand)	Gruppenpflanzung (= einheitlicher Baumbestand)
	Mischpflanzung (= mehrere Arten und/oder Anbausysteme)
Mischkultur (= mehrere Betriebszweige, z. B. Baumobst mit Grasunternutzung oder Baumobst mit Beerenobst)	Gruppenpflanzung (s. oben)
	Mischpflanzung (s. oben)

Die Anbauform sagt indessen nichts über das *Pflanzensystem* aus. Darunter verstehen wir die Anordnung der Pflanzstellen zueinander. Die Pflanzentfernung zwischen zwei Baumreihen bezeichnet man als *Reihenabstand,* diejenige von Baum zu Baum in der Reihe als *Baumabstand.* Man gibt immer zuerst den Reihenabstand an, dann den Baumabstand, z. B. 4 m × 3 m oder 3,75 m × 1,25 m. Den freien Raum zwischen den Baumreihen, dessen Breite sich aus dem Reihenabstand abzüglich der Kronenbreiten ergibt, nennt man *Bewirtschaftungsgasse.*

Entfallen auf eine Bewirtschaftungsgasse zwei Baumreihen, so spricht man von Doppelreihen, bei mehr als zwei Reihen von Beeten (3reihige Beete, 7reihige Beete usw.). Bei Doppelreihen und Beeten gibt man zuerst den Abstand zwischen den beiden den Bewirtschaftungsgassen benachbarten Reihen an, danach die Abstände zwischen den Reihen im Beet, und zwar der Anzahl der Reihen im Beet entsprechend. Danach folgt die Angabe der Baumabstände in den Beetreihen, also z. B. für 5reihige Beete:

$$(3{,}5\ \text{m} + 1{,}2\ \text{m} + 1{,}2\ \text{m} + 1{,}2\ \text{m} + 1{,}2\ \text{m}) \times 1{,}8\ \text{m}.$$

Als *Bepflanzungsdichte* bezeichnet man die Anzahl der Pflanzen, die auf einen Hektar entfällt. Das Gegenstück dazu ist die *Standfläche,* die im Durchschnitt jeder einzelnen Pflanze zukommt. Man gibt sie in Quadratmetern je Baum an. Bei Bepflanzungsdichten von mehr als 1250 Bäumen sprechen wir heute von Dichtpflanzungen oder Engpflanzungen.

Standfläche und Bepflanzungsdichte ergeben sich aus dem Pflanzsystem:

$$\text{Standfläche} = \text{Reihenabstand} \times \text{Baumabstand}$$

oder für Doppelreihen und Beete:

$$\text{Standfläche} = \frac{\text{Reihenabstand} + \text{Beetbreite}}{\text{Anzahl Reihen im Beet}} \times \text{Baumabstand.}$$

Die Bepflanzungsdichte (Bäume je ha) ergibt sich aus

$$\text{Bepflanzungsdichte} = \frac{10\,000}{\text{Standfläche}}$$

Der *Standraum* für einen Baum ergibt sich aus der Standfläche mal der anzustrebenden Baumhöhe.

Die *Pflanzweise* der Bäume kann senkrecht oder in unterschiedlicher Weise schräg sein (gleichgerichtet, paarweise, V-förmig angeordnet u.a.).

Als *Baumform* bezeichnen wir das Erscheinungsbild eines einzelnen Baumes, wie es sich aus den natürlichen Wuchseigenschaften, der Pflanzweise und insbesondere aus der Kronenerziehung ergibt. Man kann dabei noch in die Merkmale *Kronenform* (z.B. Pyramidenkrone, Schlanke Spindel, längsformierte Dreiastkrone u.a.) und *Stammlänge* (in cm) gliedern (s. auch Kapitel Kronenerziehung).

Pflanzsystem, Pflanzweise und Baumform ergeben zusammen das *Anbausystem,* das somit alle äußeren Merkmale umfaßt, die eine Obstpflanzung als Ganzes aufweist. Der einzelne Baum ist nur ein Element des Anbausystems.

Einen Schritt weiter geht der Begriff des *Produktionsverfahrens.*

Er umfaßt das Anbausystem und alle Bewirtschaftungsmaßnahmen einschließlich der dabei verwendeten Arbeitsverfahren.

Keines der zahlreichen Merkmale eines Produktionsverfahrens darf isoliert oder vorrangig gesehen werden. Erst die Abstimmung aller Eigenschaften und Maßnahmen aufeinander und damit die Betrachtung der Zusammenhänge im Verfahren ermöglicht uns, dem Bewirtschaftungsziel nahe zu kommen, das im Erwerbsobstbau in der Regel in einem möglichst großen wirtschaftlichen Nutzen zu sehen ist. Ein einziges, für alle Zwecke ideales Produktionsverfahren kann es nicht geben, weil die Voraussetzungen je nach Betrieb, Standort, Sorte, Lohnkosten usw. verschieden sind. Die Bewertung von Produktionsverfahren kann, unter Würdigung aller biologischen und technischen Kriterien, letzten Endes nur aufgrund wirtschaftlicher Gesichtspunkte erfolgen (s. Kapitel: Der Obstbaubetrieb).

2 Merkmale von Anbausystemen

2.1 Bepflanzungsdichte und Ertragskapazität

Eine der zahlreichen Voraussetzungen für hohen Ertrag ist eine ausreichende Anzahl Pflanzen. Indessen kann der Ertrag durch immer mehr Pflanzen nicht beliebig gesteigert werden, sofern die verfügbare Fläche begrenzt ist. Wo also liegt jene Bepflan-

Abb. 46. Nicht mangelnde Ertragskapazität, sondern schwierige Zugänglichkeit bei Schnitt, Schädlingsbekämpfung und Ernte sowie die große Zeitspanne bis zur Vollkapazität machen Anbausysteme mit großkronigen Bäumen heute unwirtschaftlich.

zungsdichte, die den größten wirtschaftlichen Nutzen erlaubt? Es liegt auf der Hand, daß es auf diese Frage keine allgemeingültige Antwort gibt. Jedoch ist es nützlich, sich zu überlegen, von welchen Faktoren die jeweils optimale Bepflanzungsdichte bestimmt wird. Beim Baumobst stehen wir dabei – im Gegensatz etwa zum einjährigen Erdbeer-

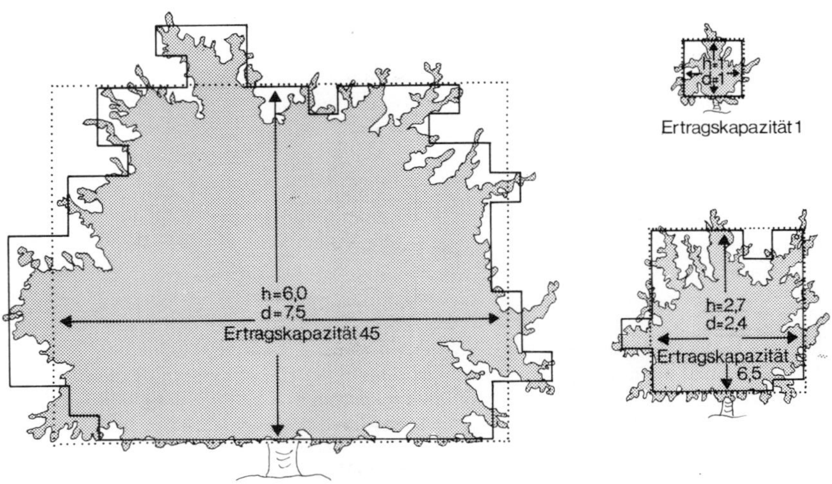

Abb. 47. Schematische Beispiele unterschiedlicher Ertragskapazitäten (Kronensilhouetten) von Obstbäumen.

anbau – vor der Schwierigkeit, daß sich der Standraumbedarf, aber auch das Ertragsverhalten eines Baumes, im Laufe seines Lebens verändert.

Sowohl für unsere Überlegungen zum Standraumbedarf als zum Ertragsverlauf ist es notwendig, den Wachstumsverlauf von Obstbaumkronen in Abhängigkeit vom Baumalter zu kennen. Als Maß für die Kronengröße ist die *Fläche der Kronensilhouette* geeignet, weil diese zur Ertragskapazität eines Baumes in direkter Beziehung steht. Aus zahlreichen Vergleichsmessungen geht hervor, daß z. B. ein Baum mit 6 m^2 Kronensilhouette (s. Abb. 47) bei gleicher Behangdichte das Doppelte an Früchten trägt wie ein Baum von 3 m^2 Kronensilhouette usw. Wir können daher die Ertragskapazität eines Baumes in Quadratmetern der Kronensilhouette ausdrücken. Die Ertragskapazität einer Obstpflanzung oder auch ganzer Anbaugebiete ergibt sich dann aus der Summe der Ertragskapazitäten aller in Betracht gezogenen Bäume. Sie kann aus dem mittleren Kronendurchmesser und der mittleren Kronenhöhe nach folgender Formel errechnet werden (Beispiel s. Abb. 47).

$$\text{Ertragskapazität} = \text{mittlerer Kronendurchmesser} \times \text{mittlerer Kronenhöhe}$$

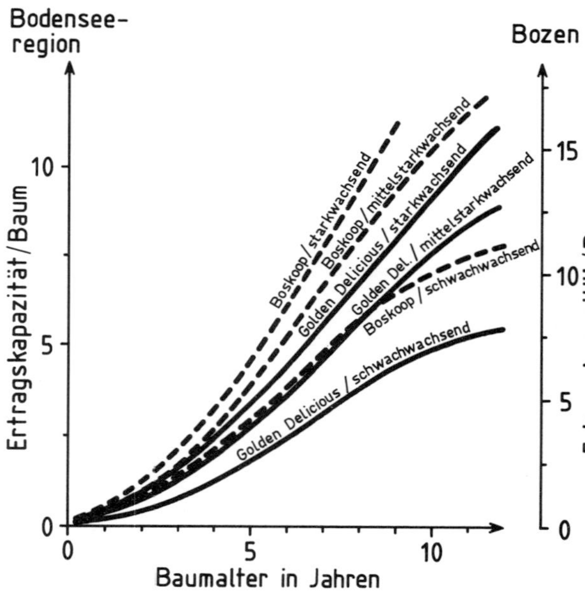

Abb. 48. Entwicklung der Ertragskapazität von Baumkronen der Apfelsorten ‘Boskoop’ und ‘Golden Delicious’ auf Unterlagen unterschiedlicher Wuchsstärken und unter den Wachstumsbedingungen der Bodenseeregion sowie von Bozen (Südtirol). Die starkwachsende Sorte ‘Boskoop’ wächst auf mittelstarken Unterlagen stärker als ‘Golden’/starkwachsend und kombiniert mit schwachwachsender Unterlage in den ersten 8 Jahren ähnlich ‘Golden’/mittelstarkwachsend. Mit zunehmendem Baumalter läßt das Wachstum auf schwachwachsenden Unterlagen mehr nach als auf stärkeren.

Im Klima von Bozen ist das Wachstum der Bäume fast eineinhalb mal stärker als am Bodensee.

Anmerkung: In Dichtpflanzungen wird die Ausdehnung der Baumkronen und damit der hier dargestellte natürliche Zuwachs bereits im 4. bis 7. Vegetationsjahr durch Rückschnitt gestoppt.

oder bei Längskronen:

$$\frac{\text{mittlerer Kronenlängsdurchmesser} + \text{mittlerer Kronenquerdurchmesser}}{2} \times \text{mittlere Kronenhöhe}$$

Je nach Wuchsstärke der Pfropfkombination und den Wachstumsbedingungen am Wuchsort ist die natürliche Zuwachskurve der Ertragskapazität verschieden. In jedem Falle folgt sie, wie andere Wachstumskurven in der Biologie auch, einer S-Kurve (s. Abb. 48), die früher oder später ihr natürliches Maximum erreicht. Nach diesem Maximalbedarf hat man früher den Standraum für jeden Baum bemessen, als man – allerdings auf starkwachsenden Unterlagen – 300 oder gar nur 100 Bäume je ha pflanzte.

Bei den meisten Obstarten beherrscht man heute die Begrenzung des Standraumes durch Veredeln auf schwache Unterlagen, Erziehen von schmalen Kronenformen (schlanke Spindel) und frühzeitig einsetzende, reichliche, regelmäßige Fruchterträge als Wachstumsbremse, so daß Bepflanzungsdichten zwischen 1000 und 3000 Bäumen je ha jetzt die Regel sind. Welche Bedeutung die Bepflanzungsdichte für das Erreichen der vollen Ertragskapazität hat, zeigt Abb. 49.

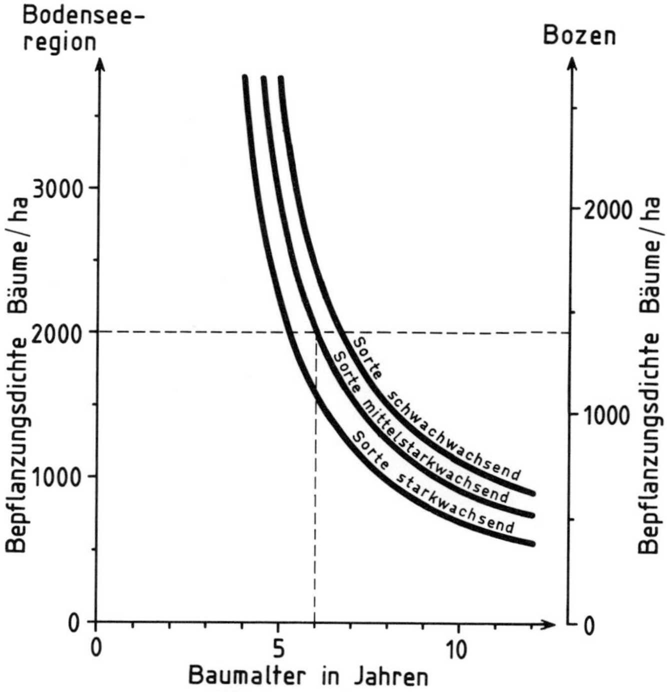

Abb. 49. Zusammenhang zwischen Bepflanzungsdichte und Baumalter, bis zu dem der verfügbare Standraum ausgefüllt, d.h. die volle Ertragskapazität erreicht ist, für stark-, mittelstark- und schwachwachsende Sorten, jeweils auf M 9. Beispiel (gestrichelte Linien): 'Golden Delicious' als mittelstark wachsende Sorte erreicht auf M 9 unter Wachstumsbedingungen der Bodenseeregion und bei einer Bepflanzungsdichte von 2000 B/ha im Baumalter von 6 Jahren die volle Ertragskapazität. Unter Bedingungen von Bozen genügen ca. 1400 Bäume, um im gleichen Baumalter den Standraum auszufüllen.

Je höher die Bepflanzungsdichte, um so schneller füllt jeder Baum seinen Standraum aus, um so eher wird also die volle Ertragskapazität der Pflanzung erreicht. Sie bleibt so lange in etwa konstant, bis sie durch Baumausfälle und notwendigen Verjüngungsschnitt wieder abnimmt.

Unsere nächste Überlegung soll der Frage gelten, wie hoch die Ertragskapazität je Hektar höchstens werden kann oder darf. Wenn man von den arbeitswirtschaftlichen Nachteilen zu hoher Bäume einmal absieht, so müssen wir das Licht als begrenzenden Faktor bezeichnen. Für jeden Reihenabstand gibt es eine optimale Baumhöhe. Wird sie überschritten, so werden die unteren Kronenpartien unzureichend belichtet, was Qualitäts- und Ertragsminderung zur Folge hat. Wird andererseits die mögliche Baumhöhe nicht ausgenutzt, so geht Ertragskapazität verloren.

Einen Anhaltspunkt für das biologisch optimale Reihenabstand/Baumhöhenverhältnis unter den Lichtbedingungen Süddeutschlands gibt die folgende einfache Formel:

$$\text{optimale Baumhöhe} = \frac{\text{Reihenabstand}}{2} + 1\,\text{m}$$

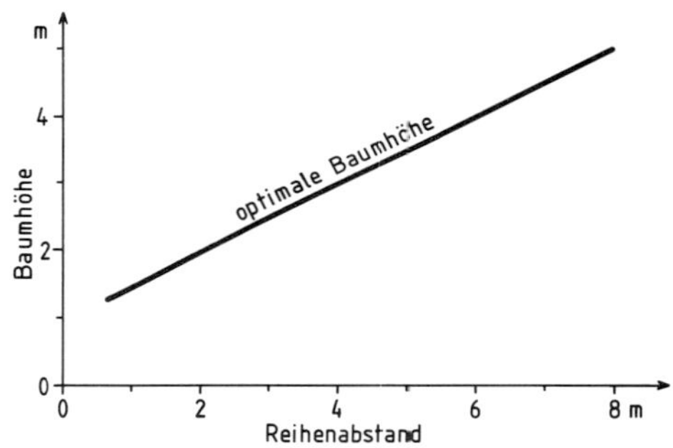

Abb. 50. Eine gute Ertragskapazität ist nicht nur die Frage einer zweckmäßigen Kronenform und einer Ausnutzung des Standraumes innerhalb der Reihen. Auch das Verhältnis zwischen Reihenabständen und Baumhöhen muß stimmen. Für mitteleuropäische Belichtungsverhältnisse gilt etwa die hier dargestellte Faustformel: Baumhöhe = halber Reihenabstand + 1 Meter.

In Abb. 50 ist dies graphisch dargestellt. Im sonnenreicheren Mittelmeerklima wird man das Optimum einen halben bis einen Meter höher, in Norddeutschland einen halben Meter tiefer anzusetzen haben.

Wird das Optimum überschritten, so leiden Fruchtfarbe, Fruchtgröße, Blütenbildung und Triebwachstum in den unteren, schlecht belichteten Kronenpartien. Mit niedrigeren Bäumen hingegen wird Ertragskapazität verschenkt.

Wir halten aus diesen Überlegungen folgende Gesichtspunkte fest:

- Je höher die Bepflanzungsdichte, um so schneller wächst Ertragskapazität zu und um so früher wird die volle Ertragskapazität je Flächeneinheit erreicht.
- Je geringer die Bepflanzungsdichte, um so größere (und höhere) Bäume sind notwendig, um die volle Ertragskapazität je Flächeneinheit zu erreichen.
- Der die Ertragskapazität im allgemeinen begrenzende Faktor ist das Licht. 5000 m^2 je Hektar können ohne Qualitäts- und Ertragseinbußen kaum wesentlich überschritten werden.

Es gibt biologische und wirtschaftliche Gründe, die gegen eine zu hohe Bepflanzungsdichte sprechen:

Ein wichtiger Faktor sind die Kosten für das Pflanzmaterial, die ja direkt von der Bepflanzungsdichte abhängen.

Ein anderer Gesichtspunkt ist der Mindeststandraum, den jeder Baum für die

Fruchtholzbildung und -erneuerung benötigt. Dieser hängt allerdings auch stark mit der Kronenform zusammen. Bäume mit ausladendem Kronengerüst brauchen ungleich mehr Standraum als Spindeln, deren Fruchtholz direkt an der Mittelachse ansetzt.

Noch einen Schritt weiter geht man, wenn man auf jegliches Kronengerüst verzichtet und einzelne Fruchttriebe unmittelbar aus dem bodennahen Veredlungskopf anzieht. Dann sind Pflanzungen mit mehr als 10000 Pflanzen je ha möglich. Indessen sind wirtschaftlich praktikable Lösungen eines solchen Produktionsverfahrens, das die Engländer meadow orchard („Obstwiese") nennen, noch nicht abzusehen. Zwar kann auf diese Weise schon nach zwei oder drei Jahren die volle Ertragskapazität erreicht werden. Der Begrenzungsfaktor Licht verbietet aber eine wesentlich höhere Kapazität als bei herkömmlichen Anbausystemen.

Ein weiterer Faktor, der bei der Bemessung des Standraumes beachtet werden muß, liegt in der natürlichen Wuchsstärke der Pfropfkombination begründet. Verlangt die Beschränkung auf einen kleinen Standraum zu starke Schnitteingriffe, so kann das ausgewogene Verhältnis zwischen Wachsen und Fruchten, das *physiologische Gleichgewicht,* gestört werden.

Schließlich sprechen bewirtschaftungstechnische Probleme, z. B. bei der Ausbringung von Pflanzenschutzmitteln und Herbiziden oder beim Einsatz von Großkisten zur Ernte, gegen zu hohe Bepflanzungsdichten. Anbausysteme mit mehr als etwa 4000 Bäumen je ha machen spezielle Arbeitsverfahren und dazu Spezialgeräte nötig.

Die zweckmäßige Bepflanzungsdichte erweist sich somit als Maß, das von zahlreichen Faktoren bestimmt wird. Die wichtigsten sollen hier nochmals aufgezählt werden:

1. Wuchsverhalten der Bäume, das seinerseits abhängt von:
   - Sorten- und Unterlagenwuchsstärke
   - sonstigen Wuchseigenschaften der Sorte (z. B. steiler oder flacher Wuchs)
   - Standorteigenschaften
   - Bewirtschaftung
   - Fruchtbarkeit
2. Art der Kronenerziehung
3. Ertragsverlauf (insbesondere im Jungbaumalter)
4. Erlöse für die produzierte Ware
5. Kosten des Pflanzmaterials
6. Verfügbarkeit und Kosten von Grund und Boden
7. Verfügbarkeit und Kosten von Arbeitskräften
8. Art und Umfang des Maschinenbesatzes.

2.2 Pflanzsysteme

Nach der Art der Anordnung der Pflanzstellen unterscheidet man Quadratpflanzung, Rechteckpflanzung und Dreieckpflanzung. Von diesen drei Möglichkeiten wird heute der *Rechteckpflanzung* der Vorzug gegeben, weil sie der Forderung nach frühzeitig geschlossenen Baumreihen bei ausreichend breiten Bewirtschaftungsgassen sowie den technischen Anforderungen und Möglichkeiten der maschinellen Bewirtschaftung am besten entspricht. Außerdem wird in manchen Gebieten in *Doppelreihen* und in *Beeten* gepflanzt.

Die Baumabstände wählt man in maschinell bewirtschafteten Obstpflanzungen so eng, wie es von der Wuchsstärke der Pfropfkombination her vertretbar erscheint. Mit kontinuierlich arbeitenden Geräten (Pflanzenschutzgeräte, Einrichtungen zum Abspritzen oder fortlaufenden mechanischen Bearbeiten der Baumstreifen oder des

Mulchrasens, Kreiseldüngerstreuer usw.) ist der Zeit- und Spritzmittelaufwand nicht oder doch kaum von den Baumabständen abhängig, so daß diese Kosten je Baum mit abnehmendem Baumabstand geringer werden.

Solange man nicht neue Produktionsverfahren, z.B. mit Hilfe von Hochschleppern, entwickelt hat, benötigen wir in den Obstanlagen befahrbare Gassen für die Bewirtschaftung. Man geht davon aus, daß – unabhängig vom Pflanzsystem – für die Bewirtschaftungsgasse (Reihenabstand abzüglich Kronenbreiten) 2 m Breite angemessen sind, je nach Schlepper- und Gerätetypen im Einzelfall zwischen 1,5 m und 2,5 m. Ist der Einsatz von Großkisten für die Ernte beabsichtigt, so sollte die Breite der Bewirtschaftungsgasse 2 m nicht unterschreiten.

Daß die Bewirtschaftungsgassen auch als „Lichtschächte“ Bedeutung haben und daß ein optimales Verhältnis zwischen Reihenabständen und Baumhöhen gefunden werden muß, wurde schon im Zusammenhang mit der Bepflanzungsdichte gesagt.

Die bei einem Maschinenarbeitsgang je Hektar zurückzulegende Gesamtstrecke hängt unmittelbar mit dem Abstand der zu befahrenden Gassen zusammen. Die Gesamtgassenlänge kann man nach folgender Formel berechnen:

$$\text{Netto-Fahrstrecke in km (ohne Vorgewende)} = \frac{10 \times \text{Anbaufläche in ha}}{\text{Reihenabstand in m (+ ggf. Beetbreite)}}$$

Beispiel: Anbaufläche (netto) = 2,5 ha, Reihenabstände = 4 m

$$\frac{10 \times 2{,}5}{4} = 6{,}25 \text{ km}$$

Nach Einführung kleinkroniger Baumformen lag der Gedanke nahe, den Anteil der „unproduktiven“ Bewirtschaftungsgassen gegenüber den „produktiven“ Baumreihen durch Doppelreihen oder Beetpflanzungen zu verringern. Bewirtschaftungstechnisch wurde dies möglich, da man heute über Pflanzenschutzgeräte mit hoher Reichweite verfügt und auch Herbizide mit Hilfe von Spezialdüsen ziemlich weit seitlich ausbringen kann.

Bei der Doppelreihe und beim dreireihigen Beet wird in der Tat der Zeitaufwand für die maschinelle Bewirtschaftung je Hektar verringert. Bei breiteren Beeten wird jedoch ein einseitiges Arbeiten der Pflanzenschutzgeräte und eine Zusatzausrüstung notwendig, was diese Vorteile wieder in Frage stellt.

Eine höhere Ertragsleistung scheint indessen nicht im erhofften Umfang einzutreten. Soweit man höhere Bepflanzungsdichten wählte als in Vergleichsparzellen mit Einzelreihen, erhielt man erwartungsgemäß höhere Anfangserträge und erreichte schneller die volle Ertragskapazität. Im Vollertragsalter jedoch sind in den vorliegenden ausländischen Beispielen Mehrerträge kaum oder doch nur auf Kosten der Qualität im Inneren der Beete zu verzeichnen. Bei Ertragsvergleichen zwischen Einzelreihen- und Mehrreihensystemen werden Einzelreihenpflanzungen oft dadurch benachteiligt, daß bei ihnen die aufgrund der besseren Belichtung möglichen größeren Baumhöhen nicht ausgenutzt werden.

Für die Ernte mit Großkisten bieten mehrreihige Pflanzsysteme Vorteile aufgrund der kürzeren Wege für die Pflücker. Bei der Planung des Pflanzsystems muß beachtet werden, daß die Pflücker jeden Baum erreichen können. Dies ist nur möglich, wenn die Baumabstände so weit sind, daß ein Pflücker dazwischentreten kann, um die Rückseite

Abb. 51. Beispiele verschiedener Pflanzsysteme. Am häufigsten findet man nach wie vor Pflanzsysteme in Einzelreihen mit je nach Wachstumsbedingungen 1000 bis 3000 Bäumen/ha. Regionale Bedeutung haben die Doppelreihen mit 2000 bis 3000 Bäumen/ha und – im „Nordholland-System" propagiert, das 3reihige Beet (3000 bis 5000 B/ha). Ein Extrem ist die „Vollfeldbepflanzung" mit ca. 6000 B/ha, die eine speziell technische Ausrüstung für die maschinelle Bewirtschaftung und für die Ernte erfordert.

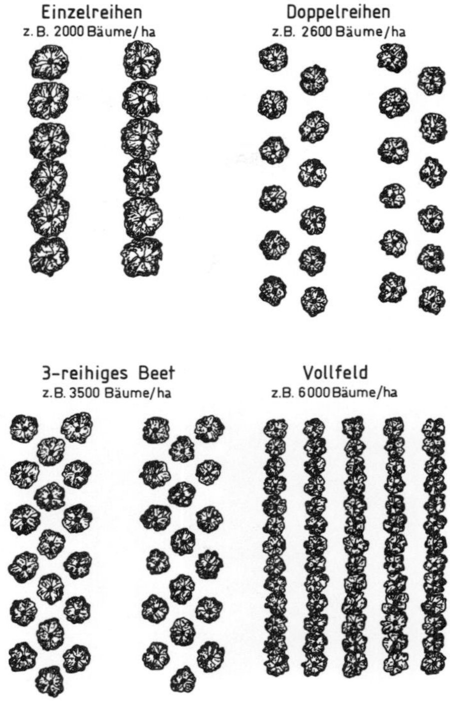

Abb. 52. Bei Dichtpflanzungen mit stark wachsenden Sorten müssen die Baumabstände den breiter ausladenden unteren Fruchtästen Rechnung tragen. Hier 'Boskoop' auf M 9 im 5. Vegetationsjahr.

des nächsten Baumes zu erreichen. So entsteht bei Doppelreihen eine Zick-Zack-Form. Breitere Beete erhalten begehbare Gassen (Abb. 51).

Es darf nicht übersehen werden, daß ein Pflanzsystem mit Einzelreihen am ehesten für eine Teil- oder Vollmechanisierung der Schnitt- und Erntearbeiten ausbaufähig ist.

Abb. 53. Beetpflanzungen ermöglichen hohe Bepflanzungsdichten und erreichen daher schnell ihre volle Produktionskapazität. Die Handpflückhöhe von 2,2 m braucht auch im Alter der vollen Kapazität nicht überschritten zu werden. Diesen Vorteilen stehen eine schlechtere Belichtung der Mittelreihe sowie Erschwernisse bei der maschinellen Bewirtschaftung und bei der Ernte gegenüber.

2.3 Anordnung der Arten und Sorten

Aus bewirtschaftungstechnischen Gründen pflegt man in Obstpflanzungen heute die Arten und Sorten *blockweise* zusammenzufassen. Nur so ist eine sortenindividuelle Behandlung bei den Pflanzenschutz-, Düngungs- und Bodenpflegemaßnahmen möglich. Auch bei der Ernte, die ja meist sortenweise erfolgt, sind sortenreine Blocks arbeitstechnisch im Vorteil.

Aus befruchtungsbiologischen Gründen darf aber die Größe sorteneinheitlicher Blocks nicht übertrieben werden. Nach günstigem Blühwetter liefern zwar selbst große, sorteneinheitliche Bestände gute Erträge. In ungünstigen Jahren jedoch zahlt sich eine Aufteilung in nicht zu große Blöcke aus, wie am Beispiel der Tabelle 28 deutlich wird. Bei allen Fremdbefruchtern, d.h. bei sämtlichem Kernobst und großenteils auch beim Steinobst, sollte die Entfernung bis zur Befruchtersorte, d.h. die halbe Blockbreite, etwa 20 m nicht überschreiten.

Will man sich aber auf den Anbau einer Sorte konzentrieren, so sollte man in den sonst sortenreinen Bestand eine Befruchtersorte einstreuen. Deren Anteil sollte 3 bis

Tab. 28. Einfluß der Entfernung zur Befruchtersorte auf den Ertrag in einem Jahr mit ungünstigen Befruchtungsverhältnissen (Bavendorf 1974, Mittel aus jeweils 40 Bäumen)

	Ertrag in % der Randreihe Abstand von der Befruchtersorte 'Goldparmäne' 5 m	10 m	15 m	20 m	25 m
'Roter Boskoop'	100	69	50	46	50
'Golden Delicious'	100	80	73	67	69

5% des Gesamtbestandes ausmachen. Dies wäre z. B. erreicht, wenn jeder 10. Baum in jeder 2. Reihe die Befruchtersorte wäre.

2.4 Bauform und Pflanzweise

Die Kronenerziehung sollte vom Pflanzjahr an dem Anbausystem angepaßt werden. Weite Standräume verlangen Baumkronen mit ausladendem Kronengerüst wie Pyramiden- oder Trichterkronen. Häufiger aber ist heute die Absicht, schlanke Baumkronen zu erhalten. Die Kronenform der Schlanken Spindel kommt der Forderung nach kleinem Standraum je Baum am besten entgegen, wenn man von dem Extrem der englischen Obstwiese, die für die Praxis nicht von Interesse ist, hier einmal absieht. Selbst bei schwachwachsenden Pfropfkombinationen wird man aber 1 m Baumabstand auch

Abb. 54. Pflanzung mit Birnenpalmetten in der Po-Ebene. Große Ertragskapazität je Hektar durch hohe, schlanke Baumkronen. Für mitteleuropäische Verhältnisse dürften die Baumhöhen im Verhältnis zum Reihenabstand etwas zu hoch sein (Lichtmangel).

mit Spindeln nicht ohne Nachteil unterschreiten können. Auch für stärker wachsende Pfropfkombinationen mit Kronendurchmessern bis zu etwa 3 m kommt die Spindelerziehung in Frage. Noch breitere Kronen allerdings können aus statischen Gründen mit den waagerecht gestellten Hauptästen einer Spindelkrone nicht ohne Nachteile gezogen werden. Für Pfropfkombinationen, die wegen ihres starken Wuchses nicht auf einen Baumabstand von etwa 3 m begrenzt werden können, muß daher eine andere Kronenform angestrebt werden, z.B. eine in Längsrichtung formierte Krone, eine Becherkrone, Trichter- oder Pyramidenkrone.

Die Kronenhöhe in der Phase der Vollertragskapazität muß wie die Kronenbreite in ihrer Größenordnung der Wuchsstärke der Pfropfkombination entsprechen. Eine ausreichende Belichtung der unteren Kronenpartien muß durch Anpassung der Baumhöhen an die Reihenabstände sichergestellt sein (s. Abb. 50). Innerhalb dieser Grenzen kann die optimale Kronenhöhe von Fall zu Fall verschieden sein: Der Kleinbetrieb wird zumeist bestmögliche Standraumausnutzung als Voraussetzung für höchste Flächenproduktivität anstreben, also möglichst hohe Baumkronen unter Inkaufnahme eines höheren Handarbeitsaufwandes für Kronenpflege, Pflücke usw. Demgegenüber kann für den größeren Betrieb höchste Arbeitsproduktivität wichtig sein, auch unter Verzicht auf die größtmögliche Kronenhöhe und damit auf möglichst hohen Flächenertrag.

Die Baumform kann im Rahmen der erblich vorgegebenen Eigenschaften der Pfropfkombination durch die Maßnahmen der Kronenerziehung entwickelt werden. Sie wird durch Stammlänge und Kronenform bestimmt.

Nach der Stammlänge unterscheidet man

Niederstämme	$<0{,}8$ m
Mittelstämme	0,8 bis 1,4 m
Hochstämme	$>1{,}4$ m

Da die Stammlänge nur mittelbar für das Ertragsverhalten Bedeutung hat und man heute zunehmend Niederstämme bevorzugt, ist dieses Kriterium in letzter Zeit zweitrangig geworden.

Die zweckmäßige Stammlänge ergibt sich aus der Überlegung, einerseits die Bodenpflegemaßnahmen nicht zu beeinträchtigen und zu verhindern, daß Äste mit Fruchtbehang sich bis auf den Boden neigen, andererseits aber keine Ertragskapazität in günstiger Pflückhöhe zu verlieren. Je kürzer die untersten Fruchtäste werden, um so kürzer darf auch der Stamm und der Baumabstand sein (s. auch Kapitel über Spindelerziehung).

Innerhalb dieser äußeren Grundform bildet hauptsächlich die Art der Erziehung des Astgerüstes das Unterscheidungskriterium.

Rundkronen

Die *Pyramidenkrone* ist in älteren Obstpflanzungen bei Kernobst, Zwetschen und Süßkirschen sehr verbreitet. Beim Kernobst hat sie aber bei den heute üblichen hohen Pflanzdichten manche Nachteile, nämlich hohen Aufwand für die Erziehung des Kronengerüstes, hohen Standraumbedarf, Gefahr einer „Überbauung“, schlechte Belichtung im Kroneninneren.

Die *Trichterkrone (Hohlkrone)* ist praktisch eine Pyramidenkrone ohne Mitteltrieb. In bezug auf Belichtung hat sie Vorteile gegenüber der Pyramidenkrone. Der Fruchtertrag ist aber unter sonst gleichen Bedingungen geringer als bei jener. Man findet diese

Abb. 55. Pyramidenkrone. Die Stammverlängerung (Mitteltrieb und 3 Leitäste) stellen das Naturgerüst dar. Die Stammverlängerung ist rundherum, die Leitäste sind nach außen mit Fruchtholz garniert.

Abb. 56. Becherkrone. Die Stammverlängerung ist entfernt, die 3 Leitäste verlaufen senkrecht. Der Standraumbedarf dieser Krone ist daher geringer als derjenige einer Pyramidenkrone.

Abb. 57. Spindelkrone. Die Garnierung mit Fruchtholz geht im wesentlichen von der Stammverlängerung aus. Nur die untere Astpartie stellt stärkeres, bleibendes Holz dar. Aber auch diese Äste sind mehr oder weniger waagrecht gezogen und der Stammverlängerung deutlich untergeordnet.

Abb. 58. Birnenbaum als schlanke Spindel gezogen.

Kronenform in einigen Anbaugebieten bei Kernobst, häufiger bei Sauerkirschen. Bei Pfirsichen ist sie sehr verbreitet.

Die *Becherkrone* (franz. Gobelet) ist eine Hohlkrone mit engstehenden senkrechten, nach außen mit Fruchtästen und Fruchtholz garnierten Gerüstästen. Sie hat sich nur in einigen französischen Gebieten eingeführt.

Die *Spindelkrone* ist heute in Dichtpflanzungen mit kleinkronigen Bäumen die am meisten verbreitete Kronenform. Ihr Kriterium ist die Unterordnung aller Seitensprosse (Fruchtäste) unter die Stammverlängerung als einzige tragende Hauptachse.

Der Aufbau solcher Kronen ist klar und daher beim Schnitt gut zu übersehen. Die Kronenausdehnung ist festgelegt. Vor allem aber erlaubt diese Kronenform am besten, einer Überbauung der Krone entgegenzuwirken, indem man von unten nach oben fortlaufend kürzeres und schwächeres Fruchtholz heranzieht, so daß die Krone die physiologisch vorteilhafte Form eines aufrechten Kegels erhält. Bei starkwachsenden Pfropfkombinationen stößt allerdings die Spindelerziehung aus statischen Gründen auf Schwierigkeiten, da waagrecht gestellte, fruchtbehangene Äste von über 1,5 m Länge (= 3 m Kronendurchmesser) manchmal bis zum Boden durchhängen.

Die für die Spindel erforderlichen Äste mit flachem Abgangswinkel erhält man dadurch, daß man nicht die übergeordneten starken, steil wachsenden Triebe, sondern die nachgeordneten schwächer entwickelten für den Kronenaufbau verwendet. Nicht nur der „Konkurrenzbetrieb“, sondern auch die 2 bis 3 nachgeordneten Triebe sind meist für den Aufbau solcher Kronen ungeeignet und müssen entweder entfernt oder heruntergebunden werden. Ihre Aufgabe besteht unter anderem darin, uns dank ihres hemmenden Einflusses auf untergeordnete Triebe zu einigen schwächeren, flach abzweigenden Fruchtästen zu verhelfen. In vielen Fällen lohnt sich in den ersten Vegetationsjahren durchaus der Handarbeitsaufwand zum Formieren der späteren Fruchtäste durch Binden.

Seit Anfang der 60er Jahre wird im Zusammenhang mit der Spindelerziehung häufig der Begriff „Pillar-System" verwendet. Er stammt von dem englischen Obstbauer MAC LEAN in Kingston (Berkshire) und soll auf die pfeilerartige Erziehung der Bäume hinweisen (engl. pillar = Säule, Pfeiler, Träger). Da es sich im Grunde um nichts anderes als eine besonders schlanke Form der Spindelkrone handelt, ist diese Kronenform durch den deutschsprachigen Begriff *„Schlanke Spindel"* gut gekennzeichnet.

Für die mit Schlanken Spindeln heute übliche hohe Bepflanzungsdichte hat sich bei uns der Begriff *„Dichtpflanzung"* eingeführt.

Längskronen

Man kann sich eine Form der längsformierten Krone als Pyramidenkrone mit 4 Leitästen vorstellen, von denen die beiden in die Fahrgasse ragenden entfernt oder doch stark zurückgenommen wurden. Tatsächlich sind auch die Vorteile von Längskronen gegenüber großkronigen Rundkronen in einigen Fällen erkannt worden, nachdem man sich aus bewirtschaftungstechnischen Gründen zu solcher „Amputation" genötigt sah.

In Ferrara hat BALTASARI die *Palmettenform* eingeführt, die dort vor allem bei Birnen bis heute die Hauptkronenform ist. Bei Äpfeln spielt die Palmette auch in Südtirol eine – inzwischen allerdings wieder rückläufige – Rolle. Die Leitaststellung in Palmetten wird meist so gewählt, daß die Triebkraft am ganzen Leitast ähnlich stark ist, d.h. etwa 30° zur Waagrechten. Als allgemeine Regel gilt: Je schwächer die Triebkraft der

Abb. 59. Bei der Südtiroler Palmette ist die Stammverlängerung wie eine Spindel mit Seitenholz garniert. Zwei Seitenäste sind in Reihenrichtung formiert und außen garniert. Das Ergebnis ist eine in Längsrichtung formierte Krone.

Pfropfkombination ist, um so flacher kann die Leitaststellung sein, d.h. bei sehr schwachem Wuchs nahezu waagrecht, bei sehr starkem Wuchs etwa 45°. Die angestrebte Kronengröße wird am schnellsten erreicht, wenn man die als Leitäste vorgesehenen Sprosse bis etwa zum 3. Vegetationsjahr senkrecht durchtreiben läßt und dann durch Fächern in eine für die Palmette zweckmäßige Stellung bringt. Je nach beabsichtigter „Etagenzahl" wird diese Maßnahme ein- oder mehrmals wiederholt.

Ein Problem bei älteren in Längsrichtung formierten Kronen mit schräg gestellten Leitästen ist die Fruchtholzerneuerung im „toten Winkel" zwischen zwei Bäumen. Daher hat man, insbesondere bei Birnen, auch mitunter auf die schräge Leitaststellung verzichtet und die Etagen waagrecht gezogen. Die dann entstehende Kronenform kann man als *längsformierte Spindel* bezeichnen. Bei dieser statisch instabilen Erziehung kann man auf künstliche Unterstützung durch Drähte in jeder Etage nicht verzichten, sofern die Fruchtäste ca. 1,5 m Länge überschreiten.

In die Kategorie der in Längsrichtung formierten Kronen sind auch die *schräg gepflanzten Baumformen* einzuordnen. Der Franzose BOUCHÉ-THOMAS führte im Obstbaugebiet des Loiretales eine nach ihm benannte Hecke ein, die – in etwas veränderter Form – in diesem wichtigen Anbaugebiet, das zu den bedeutendsten Europas zählt, bis heute mit Erfolg praktiziert wird. Jetzt wird es im Loiretal als „Drapeau-System" („Vorhang") bezeichnet, weil bei dieser Heckenform Fruchtholz und Blattwerk einen gleichmäßigen Vorhang bilden. Die Bäume werden im Abstand von 2 bis 3 m in der Reihe im Winkel von 30° zur Waagrechten gesetzt, und zwar alle in der gleichen Richtung. BOUCHÉ-THOMAS setzte paarweise wechselseitig schräg. Die oberseitig sich bildenden Ständertriebe werden am Drahtrahmen schräg in die Gegenrichtung gezogen. Bei 3 bis 3,25 m Reihenabstand entstehen auf diese Weise schmale Hecken, die bis dicht über dem Boden mit Fruchtholz garniert sind und, obwohl sie hohe Ertragskapazitäten erreichen, nicht viel größer als mannshoch werden.

Mißverständlich wird mitunter der Begriff *Obsthecke oder Heckenpflanzung* verwendet und unzutreffenderweise Bezeichnungen wie Rundkronen, Einzelbaumpflanzung u.a. gegenübergestellt. Angesichts der heute üblichen engen Baumabstände ist die Bezeichnung Hecke problematisch geworden und keinesfalls ein eindeutiger Gegensatz etwa zu Rundkronen. Man sollte heute von Obsthecken nur bei Anbausystemen sprechen, wo die Kronen benachbarter Bäume durch enge Baumabstände und die Art der Kronenerziehung so ineinandergewachsen sind, daß eine regelrechte Wand entsteht, wie z.B. bei dem vorher beschriebenen „Drapeau-System".

2.5 Besonderheiten bei den Anbausystemen verschiedener Obstarten

Was in diesem Kapitel bisher über Anbausysteme gesagt wurde, bezog sich in erster Linie auf den *Apfel,* obwohl es großenteils auch für andere Baumobstarten zutrifft. Einige Besonderheiten müssen aber doch aufgeführt werden:

Der Wuchscharakter der meisten *Birnensorten* mit ihrer starken Tendenz zur Unterordnung der Seitenäste unter den Mitteltrieb kommt einer Erziehung als Schlanke Spindel mehr entgegen als derjenige von Äpfeln. Werden die Fruchtäste nur in Reihenrichtung gezogen, so gelangt man leichter als bei den Apfelsorten zu jenen schmalen, aber relativ hohen Birnenhecken, wie sie im oberitalienischen Birnenanbau der Po-Ebene verbreitet anzutreffen sind. Diese Anbausysteme mit schmalen hohen Bäumen erbringen eine große Baumkapazität je Hektar und bei von Natur aus fruchtbaren Sorten daher hohe Erträge. Aber auch Birnenhecken mit sehr hohen Bepflanzungsdichten von bis zu 5000 Bäumen je Hektar und Baumhöhen von ca. 2 m auf Quitten-

Abb. 60. Die Bodensee-Birnenhecke ist ein mit Hilfe eines Lattengerüstes streng formiertes System, das hohe Bepflanzungsdichten und dementsprechend hohe Ertragskapazitäten erlaubt und bei dem mit kurzem Fruchtholz gearbeitet wird.

unterlage werden gebietsweise, z.B. im östlichen Bodenseegebiet, schon seit Jahrzehnten mit Erfolg kultiviert. Ähnlich wie bei Äpfeln setzt sich in den meisten Anbaugebieten auch bei den Birnen die Schlanke Spindel durch.

Auch bei *Süßkirschen* ist man bemüht, die Vorteile der kleinen Baumform auszunutzen. Besondere Bedeutung kommt dem hohen Pflückaufwand bei dieser Obstart zu, der durch die bisher üblichen, großen Hochstämme zusätzlich erschwert wird. Versuche mit „Süßkirschenhecken" verlaufen erfolgversprechend, obschon das Fehlen schwach wachsender Unterlagen eine anbautechnisch ideale kleine Baumform ähnlich dem Kernobst bislang nicht zuläßt. Es ist zu erwarten, daß der Praxis in absehbarer Zeit schwächerwachsende Pfropfkombinationen von Süßkirschen zur Verfügung stehen.

Aber schon heute gibt es genügend Beweise, daß bei zweckmäßiger Kronenerziehung, spindelähnlich oder als Dreiasthecke, Bepflanzungsdichten von mehr als 400 Bäumen je ha, somit höhere Anfangserträge und endgültige Baumhöhen unter 4 m möglich sind.

Bei *Sauerkirschen* hat sich mehr als bei Süßkirschen die Erziehung von Hohlkronen durchgesetzt. Da Sauerkirschen schwächer wachsen als Süßkirschen, lassen sie auch engere Pflanzabstände zu (z.B. 5,0 × 3,5 m als Rundkronen). Versuche mit Sauerkirschendichtpflanzungen, als schlanke Spindeln gezogen, haben gute Resultate gebracht, so daß auch bei dieser Obstart die Vorteile von Dichtpflanzungen genutzt werden sollten. Nur bei maschineller Ernte, die sich bei Sauerkirschen in einigen Gebieten eingeführt hat, wird man Anbausystemen mit größeren Kronenformen den Vorzug geben.

Abb. 61. Hohlkrone bei Kirschen.

Wo eine vollmechanische Ernte mit Hilfe von Schüttlern beabsichtigt ist, müssen Pflanzsystem und Kronenerziehung dem Rechnung tragen, indem die Reihenabstände nicht zu eng gewählt (ca. 6 m), die Stämme nicht zu kurz (ca. 1 m) und die Leitäste nicht zu flach (60° zur Waagrechten) gezogen werden. Die Hohlkronenform hat sich für das mechanische Schütteln bewährt.

Auch bei *Zwetschen und Pflaumen* versucht man durch Veredeln auf nicht zu stark wachsende Unterlagen, z. B. 'St. Julien A' wurzelechte 'Hauszwetsche' oder wurzelechte 'Bühler' die Kronenausdehnung stärker als früher zu begrenzen und Bäume von nicht mehr als 5 m Kronendurchmesser bei 0,8 bis 1 m Stammlänge zu erhalten. Im Bühler Anbaugebiet hat sich die Rundkrone mit flachen Astwinkeln am besten bewährt, wobei der Mitteltrieb beim älteren Baum heute meist entfernt wird, um die Kronenhöhe auf 3,5 bis 4 m zu begrenzen. Ausgesprochene Zwetschenhecken haben sich nicht durchsetzen können. Lediglich eine in Längsrichtung formierte Kronenform bei Pflanzabständen von ca. 6 × 6 m hat eine gewisse Verbreitung gefunden.

Bei *Pfirsichen* ist seit langem die Erziehung als Hohlkrone mit 3 bis 4 Leitästen üblich. Durch nicht zu steile Leitaststellung versucht man, die Kronenhöhen so zu begrenzen, daß weitgehend vom Boden aus geerntet werden kann. Die Pflanzabstände liegen je nach Wüchsigkeit zwischen 5 × 4 und 6 × 5 m. Auch Pfirsiche, die wie Sauerkirschen einen starken Schnitt vertragen, sind für Schlanke Spindeln in Dichtpflanzungen geeignet.

2.6 Zwischenpflanzungen

Im Kernobstbau war es zeitweilig üblich, Obstpflanzungen mit starkwachsenden Pfropfkombinationen durch Zwischenpflanzungen mit schwachwachsenden Bäumen zu ergänzen, um den von den starkwachsenden Bäumen erst nach längerer Zeit ausgefüllten Standraum inzwischen auszunutzen. In den seltensten Fällen wurden jedoch die

Zwischenpflanzungen wieder entfernt, sondern bildeten auch später entscheidend die Substanz der Anlage. Heute werden Zwischenpflanzungen dieser Art nur noch im Süßkirschenanbau, und zwar mit Sauerkirschen oder mit Pfirsichen, empfohlen. Anders liegen die Dinge bei der nachträglichen Zwischenpflanzung in älteren Anlagen, die sich als zu weiträumig erwiesen haben und die man nicht roden möchte.

Eine auch heute noch interessante Maßnahme stellt die Zwischenaufschulung dar, d.h. das vorübergehende Anziehen von Pflanzmaterial in Jungpflanzungen mit der Absicht, nach 3 bis 5 Jahren einen Teil der Bäume mit Wurzelballen auf einem anderen Grundstück zu einer neuen Anlage zu verpflanzen. Da ein großer Teil der Pflegearbeiten nicht von der Baumzahl abhängt, sondern flächenabhängig ist, da außerdem 3- bis 5jährige Bäume ein Jahr nach ihrer Verpflanzung erfahrungsgemäß reichlich blühen und fruchten, kann eine solche Maßnahme wirtschaftlich durchaus lohnen. Besonderes Interesse verdient dabei das Pflanzsystem des 3reihigen Beetes, dessen Mittelreihe nach 4 bis 6 Jahren verpflanzt wird, so daß Einzelreihen entstehen.

3 Unterstützungsgerüste

Anbausysteme auf schwachwachsenden Unterlagen sind nicht standfest und brauchen daher künstliche Unterstützung. Auch für einige Strauchbeerenobstarten wie Himbeeren und Brombeeren sind Unterstützungsgerüste notwendig.

Einzelne *Baumpfähle* dienen der Abstützung von Pfropfkombinationen, deren schwachwachsende Wurzeln von Natur aus nicht genügend standfest oder an der Veredlungsstelle bruchgefährdet sind. Sie sind außerdem geeignet, den Mitteltrieb der Jungbäume gegen ein Umbiegen unter der Fruchtlast abzustützen.

Abb. 62. Verschiedene Typen von Ankerscheiben und Stabankern, die zur Verankerung von Spanndrähten im Boden verwendet werden (aus METZNER 1965).

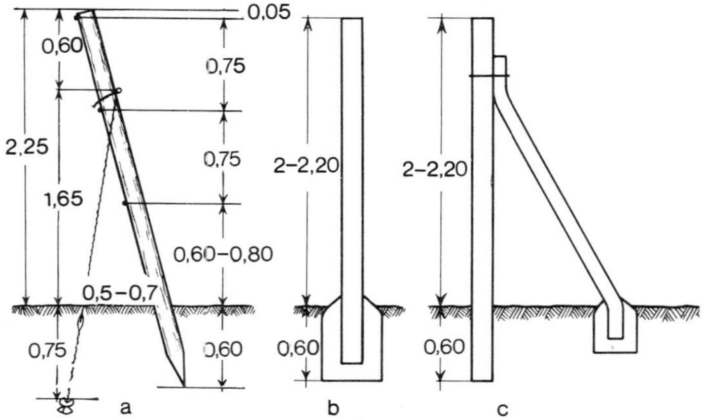

Abb. 63. Verschiedene Varianten von Endpfählen für Unterstützungsgerüste. a = Holzpfahl mit Verankerung, b = Eisenrohr mit Betonsockel, c = Betonpfahl mit Gegenstrebe (aus METZNER 1965).

Ein *Drahtrahmen,* d.h. ein Gerüst aus Pfählen und Drähten, kann darüber hinaus die Formierungsarbeiten beim Kronenaufbau und das Hochbinden stark mit Früchten behangener Fruchtäste erleichtern.

Für Baumpfähle wie auch für Drahtrahmen verwendet man meist Holzpfähle, gelegentlich auch Betonpfähle oder Winkeleisenkonstruktionen. Holzpfähle, die gegen vor-

Abb. 64. Betonendpfahl mit Stützstrebe, durch verschraubbare Stelle befestigt.

Abb. 65. Einzelpfähle (oben) sind je nach Pfahlkosten ab etwa 2 m Baumabstand billiger als kombinierte Systeme (unten) mit stärkeren Pfählen in 10 bis 15 m Abstand und Bambusstäben für jeden Baum.

Tab. 29. Aufwendungen für 100 lfd. m Unterstützungsgerüst bei Baumabständen von 2 m (Zirka-Angaben)

Einzelpfähle	(DM)	Einfacher Drahtrahmen	(DM)	Drahtrahmen mit Bambusstäben	(DM)	Drahtrahmen mit Querjoch	(DM)
50 imprägnierte Holzpfähle 2,25 m lang, ϕ 5–6 cm à 2,50 DM	125,–	2 imprägnierte Holzpfähle 2,50 m lang, ϕ 8–10 cm à 6,50 DM	13,–	2 imprägnierte Holzpfähle 2,50 m lang, ϕ 8–10 cm à 6,50 DM	13,–	2 imprägnierte Holzpfähle 2,50 m lang, ϕ 8–10 cm à 6,50 DM	13,–
100 St. Bindematerial à 0,15 DM	15,–	9 imprägnierte Holzpfähle 2,50 m lang, ϕ 7–8 cm à 5,20 DM	46,80	9 imprägnierte Holzpfähle 2,50 m lang, ϕ 7–8 cm à 5,20 DM	46,80	9 imprägnierte Holzpfähle 2,50 m lang, ϕ 7–8 cm à 5,20 DM	46,80
		2 Ankerscheiben ϕ 15 cm, à 3,– DM	6,–	2 Ankerscheiben ϕ 15 cm, à 3,– DM	6,–	2 Ankerscheiben ϕ 15 cm, à 3,– DM	6,–
		330 m Spanndraht 2,8 mm, stark verzinkt 16 kg à 1,75 DM	28,–	120 m Spanndraht ϕ 3,1 mm, stark verzinkt 7,0 kg à 1,75 DM	12,25	11 imprägnierte Querhölzer 100 cm lang, ϕ 7–8 cm à 2,– DM	22,–
		100 St. Bindematerial à 0,15 DM	15,–	50 Bambusstäbe 180 cm lang, ϕ 24 mm à 0,70 DM	35,–	480 m Spanndraht 2,8 mm, stark verzinkt 23 kg à 1,75 DM	40,25
		Kleinteile (Drahtspanner, Schlaufen)	4,–	100 St. Bindematerial à 0,15 DM	15,–	100 St. Bindematerial à 0,15 DM	15,–
				Kleinteile (Drahtspanner, Bindedraht, Schlaufen)	4,–	Kleinteile (Drahtspanner, Holzschrauben, Schlaufen)	6,50
Materialkosten je Reihe	140,–		112,80		132,05		149,55
Arbeitsaufwand je Reihe	4,0 AKh		4,5 AKh		5,5 AKh		6,0 AKh

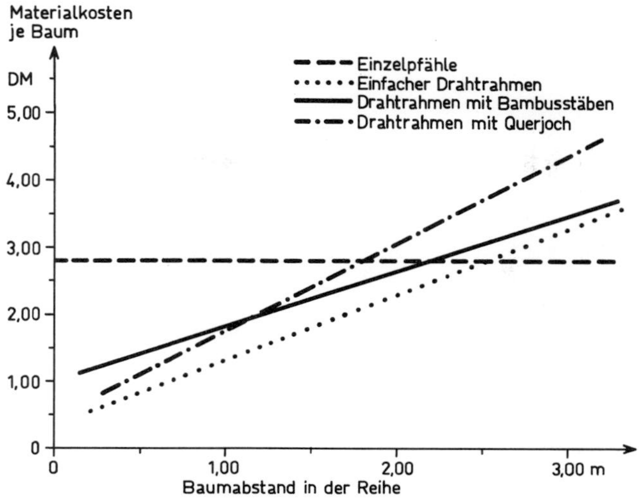

Abb. 66. Je nach Art des Unterstützungsgerüstes sind die Materialkosten, die auf den einzelnen Baum entfallen, mehr oder weniger vom Baumabstand abhängig. Bei den hier zugrundegelegten Kosten (entspr. Tab. 27) sind Drahtrahmen bei weniger als 2 m Baumabstand billiger als Einzelpfähle.

zeitiges Faulen imprägniert sind, werden in unterschiedlichen Zopfstärken von zahlreichen Firmen hergestellt. Die nur in einer Richtung belasteten Endpfähle stellt man schräg und verankert sie mit Erdankern. Der untere Draht von Drahtrahmen wird etwa in Stammhöhe gezogen, es folgen 1 bis 3 weitere Drähte in 60 bis 80 cm Abstand. Bei Dichtpflanzungen mit Schlanken Spindeln hat sich ein Drahtrahmen mit nur einem Draht in 1,8 bis 2 m Höhe und leichten Pfählen (Bambusstäbe oder Holzpfähle mit 2 bis 3 cm, Zopfstärke) für jeden Baum bewährt, die nur ca. 20 cm im Boden stecken, oben aber am Draht befestigt sind.

Bei Sorten, die viel Bindearbeit erfordern (z. B. ‘Cox Orange’, ‘Boskoop’), kann auch für Dichtpflanzungen in ca. 80 cm Höhe ein ca. 1,2 m breites *Querjoch* zweckmäßig sein, weil es die Bindearbeit quer zur Baumreihe erleichtert. Ein Querjoch hat meist bis zum 6. bis 7. Vegetationsjahr seine Aufgabe erfüllt und kann dann entfernt werden.

4 Obstbau in Hanglagen

Jede Hanglage bringt im Vergleich zur Ebene bewirtschaftungstechnische Erschwernisse mit sich, die im Intensivobstbau nicht minder schwerwiegend sein können als im Ackerbau. Dennoch wird auf die obstbauliche Nutzung von Hanglagen mitunter nicht gerne verzichtet, zumal ihre lokalklimatischen Bedingungen nicht selten besonders günstig sind. Ackerbau ist in Hanglagen unter manchen Bodenbedingungen wegen der Gefahr des Bodenabtrags (Erosion) problematischer als etwa eine Obstpflanzung im Mulchrasen.

Die Erschwernisse für den Hangobstbau bestehen vor allem in Kipp- und Rutschgefahr für Zugmaschinen und Anhängegeräte, in Schwierigkeiten beim Kistentransport und in höherem Zugkraftbedarf.

Bei Geländeneigungen ab 5% treten Erschwernisse auf. Bei Neigungen über 12 bis 15% ist eine Bewirtschaftung mit Radschleppern nicht mehr möglich. Vergleiche der Bewirtschaftung quer zum Hang (d.h. in Höhenschichtlinie) gegenüber der Bewirtschaftungen in der Fallinie ergaben für den Einsatzbereich des Radschleppers Vorteile für die Schichtlinienarbeit. Einer Abdrift von Schlepper und Anhängegerät muß allerdings durch um etwa 1 m breitere Reihenabstände Rechnung getragen werden. Normalspurschlepper sind Schmalspurschleppern in Hanglagen wegen der größeren Kippsicherheit vorzuziehen.

Aus Gründen der Kippsicherheit gibt es Einsatzgrenzen für Radschlepper, die je nach Schleppertyp bei etwa 10 bis 20% Neigung liegen.

Bei Bewirtschaftung in Fallinie entfällt das Problem der seitlichen Abdrift. Statt dessen wird die Bodenhaftung der Antriebsräder zum begrenzenden Faktor, so daß die Einsatzgrenze für Radschlepper dann eher noch niedriger liegt (unter 10% Neigung), zumal gerade bei feuchtem Boden im Intensivobstbau häufig Spritzungen notwendig sind. Die Zugkraftübertragung kann übrigens in Hanglagen durch Zwillingsbereifung nicht verbessert werden, wohl aber durch Allradantrieb. Eine wirksame Bodenhaftung angetriebener Vorderräder setzt allerdings Raddurchmesser über 75 cm voraus.

Wesentlich steilere Hanglagen hingegen können mit Raupenschleppern bewirtschaftet werden (25% und mehr). Mit Raupen ist die Bewirtschaftung in Fallinie der Schichtlinienarbeit vorzuziehen.

Eine andere Möglichkeit, Hanglagen einer intensiven obstbaulichen Nutzung zu erschließen, ist die Terrassierung durch Planierarbeit. Ob eine solche Maßnahme wirtschaftlich ist, kann nur im Einzelfall entschieden werden.

Kronenerziehung

1 Biologische Grundlagen der Kronenerziehung

1.1 Zweck der Kronenerziehungsmaßnahmen

Über Kronenerziehung ist schon viel diskutiert und geschrieben worden, wobei sich nicht selten recht unterschiedliche Auffassungen gegenüberstanden. Eine solche Vielfalt von Meinungen hat ihre Gründe:

1. Die mit der Kronenerziehung angestrebten Ziele können graduell, ja sogar prinzipiell verschieden sein. So fiel bis zur Mitte unseres Jahrhunderts die *Handarbeit* als Kostenfaktor weniger ins Gewicht als heute.
   Einen *frühzeitigen Ertragsbeginn*, und sei es auch auf Kosten der Nutzungsdauer, schenkte man früher geringere Beachtung, als es in unserer schnellebigen Zeit notwendig geworden ist.
   Die Vorteile der heutigen *technischen* Möglichkeiten können mitunter nur dann ausgeschöpft werden, wenn bezüglich der Kronenform und Kronengröße ganz bestimmte Bedingungen erfüllt sind.
   Die *Fruchtqualität* wird gegenüber der Erntemenge zunehmend vorrangig, eine Entwicklung, die sich noch fortsetzen wird.
2. Ein und dieselbe Maßnahme bei der Kronenerziehung kann je nach Baumalter, Jahreszeit, Pfropfkombination, Standort und Witterung, Fruchtbehang, Düngung – um nur einige wichtige Einflüsse zu nennen – unterschiedliche, ja sogar entgegengesetzte Auswirkungen haben.
3. Jede Baumkrone ist ein zusammenhängendes System. Ein Eingriff in dieses System beeinflußt nicht nur die Eingriffsstelle selbst, sondern mehr oder weniger das gesamte System. Dabei kann die Auswirkung auf das Gesamtsystem derjenigen an der Eingriffsstelle entgegengesetzt sein, da die Teile des Systems nicht nur einander ergänzen, sondern auch miteinander konkurrieren.

Diese Gesichtspunkte können uns helfen, scheinbare Widersprüche zwischen unterschiedlichen Auffassungen richtig zu deuten und zu erkennen, daß es ein einfaches, starres Schema von allgemeiner Gültigkeit für die Kronenerziehung nicht geben kann. Trotzdem müssen wir uns bemühen, dieses komplexe Problem dadurch übersichtlicher zu machen, daß wir nach einigen Regeln von allgemeiner Gültigkeit suchen, von denen wir unsere Rezepte für den Einzelfall ableiten können. Dabei werden wir vom Apfel ausgehen und auf wichtige Besonderheiten bei anderen Obstarten hinweisen.

1.2 Das Wachstum der Triebe

Alle Wachstumsvorgänge werden durch Umweltfaktoren beeinflußt. In der Pflanze selbst steuert darüber hinaus ein kompliziertes System von Wuchs- und Hemmstoffen die Richtung und Intensität des Wachstums. Daß dabei nicht nur jeder Trieb seine eigene Steuerung besitzt, sondern auch eine übergeordnete Gesamtsteuerung in der Pflanze wirksam ist (korrelative Hemmung), beweist uns der jeweils art- und sortentypische Aufbau natürlich wachsender Bäume und Sträucher.

Wir müssen hier darauf verzichten, die Wirkungsweise solcher Steuerungsvorgänge zu diskutieren, sondern uns auf die wichtigsten Erscheinungen beschränken.

Drei Kräfte beeinflussen in erster Linie die Wuchsrichtung:

- die Tendenz, entgegen der Schwerkraft zu wachsen,
- die Tendenz, dem Licht zuzustreben,
- die Konkurrenz der Kronenteile, Triebe und Knospen innerhalb einer Baumkrone, die eine art- und sortentypische Kronenform bewirkt.

Die Steuerung durch Schwerkraft bewirkt das senkrechte Wachstum, z.B. der von allen Seiten gleichmäßig belichteten und allen anderen Kronenteilen übergeordneten Mittelachse eines Baumes (s. Abb. 67a). Inwieweit die Mittelachse tatsächlich bevorzugt und damit allen Seitensprossen übergeordnet wird (*Spitzenförderung*), hängt erheblich von den Art- und Sorteneigenschaften ab. Bei Birnen ist die Tendenz zur Spitzenförderung meist bis ins hohe Alter beherrschend, bei Äpfeln zumindest bei jüngeren Bäumen. Beim Steinobst ist diese Tendenz weniger oder gar nicht vorhanden (ältere Pfirsichbäume).

Wachsen statt einer Mittelachse aus den Basisknospen schon bei der jungen Pflanze mehrere Achsen gleichberechtigt heran (*Basisförderung*), so entsteht ein Strauch (s. Abb. 67b).

Auch bei Naturkronen von Arten mit eindeutiger Spitzenförderung findet das senkrechte Wachstum des Mitteltriebes eines Tages sein Ende, wenn er sich unter der Last des Fruchtbehanges zu einem *Fruchtbogen* neigt. Die Knospen an der Oberseite des Fruchtbogens werden nun zum Austrieb angeregt (*Oberseitenförderung*), am

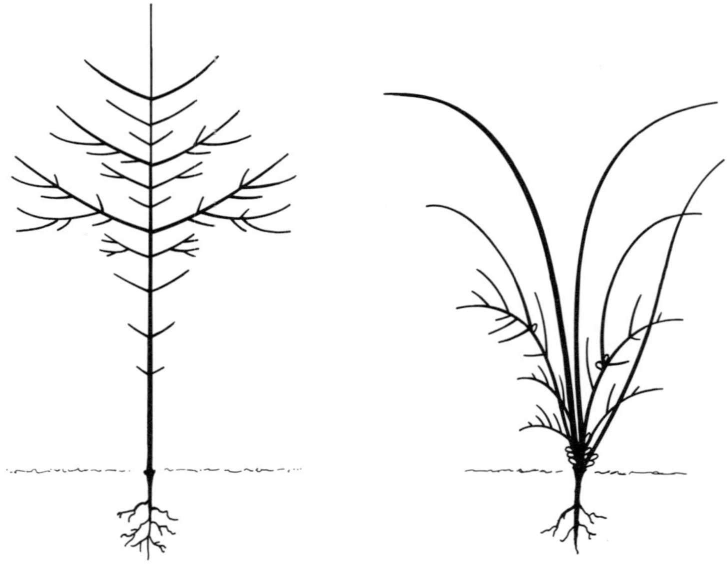

Abb. 67. Durch Spitzenförderung und Unterdrückung von Neutrieb an der Basis entsteht das Wuchsbild eines Baumes (a). Die Unterordnung der Seitensprosse unter die Mittelachse ist art- und sortenverschieden und bleibt teilweise bis ins hohe Baumalter erhalten (z.B. bei Birnen). Teilweise ist sie nur bei Jungbäumen deutlich vorhanden (z.B. bei Sauerkirschen).
Bilden sich neue Triebe vorwiegend aus der Basis, ohne von den bereits vorhandenen Sprossen unterdrückt zu werden, so entsteht das Wuchsbild eines Strauches (b), wie z.B. bei Johannisbeeren und Stachelbeeren (nach RAUH 1939, verändert).

meisten die Knospe am Scheitelpunkt (*Scheitelpunktförderung*). Einer der dort sich bildenden Langtriebe übernimmt im Normalfall die Rolle des abgekippten Mitteltriebes und hemmt seine Konkurrenten.

Diese Fruchtbogenbildung erfolgt früher oder später nicht nur am Mitteltrieb, sondern auch an vielen anderen Trieben der Naturkrone. „Lichtsteuerung“ bewirkt überdies, daß Seitenäste durch die Mittelachse mehr oder weniger nach außen abgedrängt werden und so zu einer mehr oder weniger breiten Krone beitragen.

Die Scheitelpunktförderung am Fruchtbogen deutet darauf hin, daß die Schwerkraft nicht nur eine Tendenz zu senkrechtem Triebwachstum bewirkt. Außerdem wird die Intensität des Wachstums im unteren (basalen) Bereich der Baumkronen zugunsten der übergeordneten (apikalen) Teile des Systems unterdrückt. Diese Erscheinung, die *Apikaldominanz*, hat für unsere Überlegungen zur Kronenerziehung insbesondere beim Kernobst große Bedeutung. Wir müssen bestrebt sein, dieser Tendenz durch geeignete Eingriffe in das System entgegenzuwirken.

Die Oberseitenförderung, eigentlich ein Sonderfall der Apikaldominanz, müßte an einem waagrecht gestellten Ast aus etwa gleich gut ausgebildeten Knospen die Bildung

Abb. 68. Naturkrone eines alten Mostbirnenbaumes. Eine alles beherrschende Mittelachse fehlt. Viele ehemals führende Hauptäste haben sich unter der Fruchtlast geneigt und sind dadurch anderen weiterhin nach oben strebenden Ästen untergeordnet worden. Die Bildung neuen Fruchtholzes dominiert im oberen Kronendrittel (Apikaldominanz). Die Tendenz der Sprosse, dem Licht zuzustreben (Phototropismus) begünstigt eine gleichmäßige Verteilung des Fruchtholzes und der Blätter an der Peripherie der Krone.

Abb. 69. Am senkrechten Sproß nimmt die Neutriebstärke von oben nach unten ab (Gipfelförderung oder Apikaldominanz).

einer Reihe gleichstarker *Ständertriebe* bewirken. Die Beobachtung zeigt aber, daß die Länge dieser Triebe von der Basis des Astes bis zur Spitze hin abnimmt. Während die über ein Wuchsstoff-Hemmstoff-System gesteuerte Apikaldominanz offensichtlich Einflüssen der Schwerkraft unterliegt, ist die Bevorzugung der der Hauptsache am nächsten gestellten Triebe eine ausschließlich durch Konkurrenz innerhalb des Systems bedingte Erscheinung. Die Teile des Versorgungssystems sind gewissermaßen hintereinander geschaltet. Der der Versorgungszentrale nächstgelegene Verbraucher wird am besten versorgt.

Sobald wir Zweige betrachten, die eine Zwischenstellung von senkrechter und waagrechter Position einnehmen, wird die Wechselwirkung von Apikaldominanz und Bevorzugung der Kronenmitte deutlich. Dabei erweist sich die Apikaldominanz bei Triebstellungen über etwa 30° zur Waagrechten (bei Arten und Sorten unterschiedlich) als die stärkere Kraft.

Neben der Entfernung der einzelnen Kronenpartien von der Zentralachse hat auch die *Aststärke* für die Triebkraft Bedeutung. Von zwei Trieben in sonst vergleichbarer Position wird in der Regel derjenige den stärkeren Zuwachs haben, auf den ein größerer Anteil vom „Zuleitungsquerschnitt“ entfällt. Diese Tatsache kann man sich beim Kronenaufbau von Schlanken Spindeln zunutze machen: Bei Sorten mit Neigung zur *Apikaldominanz* (zu starkem vegetativem Wuchs im Gipfelbereich) setzt man die Mittelachse einmal oder mehrmals im Laufe des Kronenaufbaues auf einen schwächeren Seitensproß um und erreicht so eine stärkere Verminderung des Durchmessers der Mittelachse. Die Folge ist eine Verschiebung des vegetativen Wachstums zugunsten der

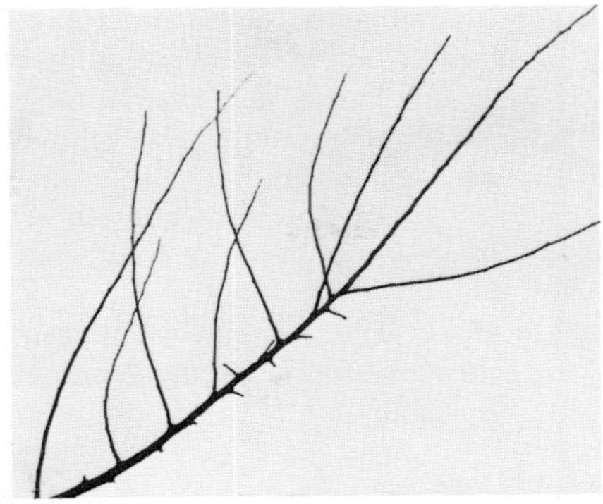

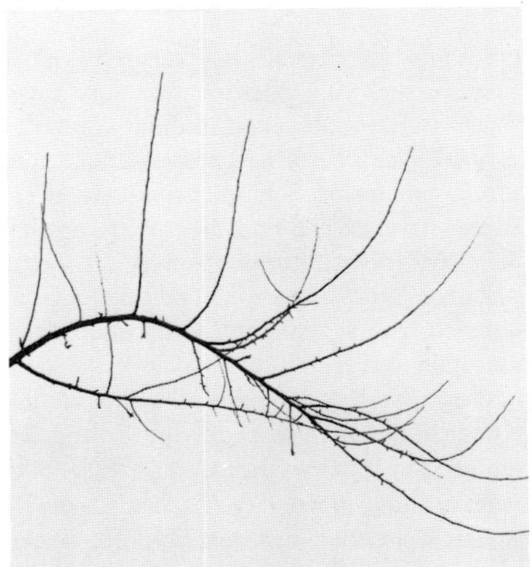

Abb. 70. Seitwärts gerichtete Sprosse bilden hauptsächlich an ihrer Oberseite neue Triebe (Oberseitenförderung). Bei waagrechter Aststellung nimmt die Triebkraft von der Basis nach außen hin ab (oben links). Bei Aststellung schräg nach oben gibt es einen je nach Wuchseigenschaften unterschiedlich steilen Winkel mit von der Basis bis zur Spitze etwa gleicher Triebkraft (oben rechts). Bei nach unten gebogenem Ast ist die Triebkraft in der Nähe des Scheitelpunktes am stärksten (Scheitelpunktförderung, unten).

unteren Kronenpartien. Die Sproßstärke beeinflußt also nachhaltig die Triebigkeit nachgeordneter Kronenteile (Erläuterung des Umsetzens s. Seite 220).

Umgekehrt wird das sekundäre Dickenwachstum von Zweigen, Hauptästen sowie des Stammes wesentlich von der Gesamtkapazität aller nachgeordneten Teile des Sproßsystems beeinflußt. Diese Wechselbeziehung – je stärker der Sproß, um so mehr Triebkraft der nachgeordneten Sprosse, aber auch je mehr Triebe, um so stärker das Dickenwachstum übergeordneter Sprosse – ist häufig Ursache zunehmender Ungleichgewichte in Baumkronen, der die Kronenerziehung entgegenzuwirken hat.

Die bisher diskutierten Fragen betrafen Einflüsse auf die Stärke und die Richtung des vegetativen Längenwachstums sowie des Dickenwachstums in einer Baumkrone. Wir wollen die Folgerungen nochmals zusammenfassen:

1. Richtung des Triebwachstums:
   a) Das Triebwachstum an Obstbäumen ist der Schwerkraft entgegengerichtet (negativer Geotropismus).
   b) Es hat darüber hinaus die Tendenz, dem Licht zuzustreben (positiver Phototropismus).
2. Intensität des Triebwachstums (Wuchsstärke):
   Innerhalb des Sproßsystems einer Baumkrone sind die Triebkräfte ungleich verteilt:

a) Es besteht eine Tendenz zur Hemmung des Wachstums der jeweils untergeordneten Teile durch die übergeordneten Teile des Sproßsystems (Apikaldominanz).
b) Darüber hinaus sind unter sonst gleichen Bedingungen die der Zentralachse (Stammverlängerung) näher gelegenen Partien gegenüber weiter entfernten Positionen begünstigt.
c) Bei sonst gleichen Bedingungen ist die Triebkraft um so stärker, je größer der Zweigquerschnitt im Verhältnis zu der durch ihn zu versorgenden Kronenpartie ist.
d) Das Dickenwachstum von Zweigen, Ästen sowie des Stammes hängt im wesentlichen von der Gesamttriebleistung der jeweils nachgeordneten Teile des Sproßsystems ab.

1.3 Die Bedeutung der Knospen für das Triebwachstum

Ob und wann eine Knospe austreibt, hängt nicht nur von ihrer Stellung im System ab, sondern auch von Eigenschaften der Knospe selbst.

Am besten entwickelt und zum Austrieb im Frühjahr fähig sind beim Kernobst die *Endknospen* (Terminalknospen) der Langtriebe und der Kurztriebe, die – soweit gesund – alle austreiben, um erneut einen Trieb oder aber eine Blattrosette mit oder ohne Blütenstand zu bilden. Nächst den Terminalen haben die in den Blattachseln gebildeten *Seitenknospen* (Leteralknospen) der letztjährigen Langtriebe die größte Tendenz zum Austrieb, und zwar am meisten diejenigen im mittleren Drittel der Langtriebe. An den unteren, zuerst entstandenen Teilen der Langtriebe hingegen sind in der Regel die Knospen weniger gut entwickelt, so daß sie entweder nur schwache, kurze Triebe hervorbringen, oder gar nicht austreiben und verkümmern. Die Qualität der oberen Knospen hängt wesentlich vom Zeitpunkt ihrer Entstehung ab. Je später der Triebabschluß, um so schwächer sind sie ausgebildet. Unter günstigen Wachstumsbedingungen neigen einige Sorten (z.B. 'Cox Orange') dazu, schon im Jahr der Langtriebbildung wieder Seitenholz aus den Lateralknospen der mittleren Langtriebzone zu bilden, die „vorzeitigen Triebe". Diese sind u.U. bei Jungbäumen erwünscht; später gehen sie

Abb. 71. Bei vielen Apfelsorten sind gut entwickelte Seitenknospen an einjährigen Langtrieben Blütenknospen (links). Schwache Knospen (rechts) bilden nur Blattanlagen oder verkümmern ganz (Triebverkahlung). In Grenzfällen (Mitte) ist nach dem Augenschein keine sichere Aussage möglich.

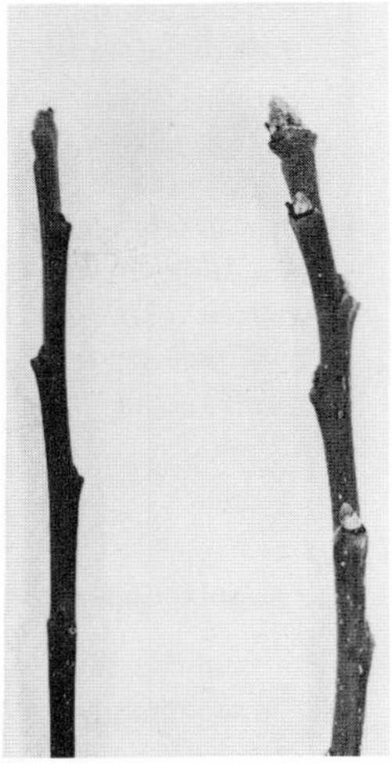

Abb. 72. Ob beim Kernobst auch die Endknospen längerer Triebe zu Blütenknospen werden, hängt u.a. mit dem Zeitpunkt des Triebabschlusses zusammen. Rechts Blütenknospe nach rechtzeitigem Triebabschluß, links unverholzte Triebspitze ohne Blütenknospe.

zumeist auf Kosten der Fruchtholzbildung. In den Blattachseln der Langtriebe werden außer den Hauptknospen eine oder mehrere (je nach Obstart verschieden) *Nebenknospen* (Beiaugen) gebildet, die im Falle einer Beschädigung der Hauptknospe austreiben, sofern ein ausreichender Anreiz besteht. Bei einigen Obstarten, so bei Pfirsichen, Zwetschen und Walnüssen, sind indessen die Beiknospen oft Blütenknospen.

Außer den Knospen verfügt jeder Obstbaum in großer Zahl über Knospenanlagen, die sog. *schlafenden Augen.* Sie befinden sich an den *Astringen,* in den Grenzzonen zwischen zwei Vegetationsabschnitten. Um schlafende Augen zur vollen Entwicklung und zum Austrieb zu bringen, bedarf es eines starken Reizes, z.B. durch Rückschnitt des letztjährigen Langtriebs bis dicht über den Astring.

Die schlafenden Augen sind normalerweise am Triebwachstum nicht beteiligt. Sie stellen aber eine Regenerationsreserve für den Fall eines stärkeren Eingriffes in die Baumkrone dar. Bei sehr starkem Triebreiz können auch aus dem Kambium neue Knospenanlagen gebildet werden, sog. *Adventivknospen,* z.B. bei starkem Rückschnitt von Hauptästen oder nach dem Absägen der gesamten Krone.

Für den Kronenaufbau von Bedeutung ist der Winkel, in dem Seitenknospen des Langtriebes austreiben. Dieser *Abgangswinkel* ist je nach Obstart und -sorte verschieden. Außerdem üben aber übergeordnete Triebe einen „steuernden" Einfluß auf, indem sie einen stumpferen Abgangswinkel untergeordneter Triebe bewirken. Dieser Effekt ist nicht nur mit Lichteinflüssen zu erklären, sondern auch auf Wuchsstoffeinwirkung zurückzuführen.

Fassen wir die Bedeutung der Knospen für das Triebwachstum zusammen:

1. Ein Trieb kann sich in der Regel nur aus einer Knospe (Auge) entwickeln. Die Tendenz zum Austrieb hängt außer von der durch die Position im System bedingten Triebkraft vom Entwicklungsstand der Knospen ab. Bezüglich der Austriebsbereitschaft kann man folgende Rangfolge aufstellen:
   a) End (Terminal)knospen an den Lang- und Kurztrieben.
   b) Seiten (Lateral)knospen im mittleren Drittel der letztjährigen Langtriebe.
   c) Seiten (Lateral)knospen im oberen und unteren Bereich der letztjährigen Langtriebe.

d) Nebenknospen der Seitenknospen letztjähriger Langtriebe (meist nur bei Zerstörung der Hauptknospe oder Entfernen eines Seitentriebes beim Sommerschnitt).
e) Seiten(Lateral)knospen im mittleren Bereich der diesjährigen Langtriebe (also noch im Jahre der Entstehung dieser Triebe, „vorzeitige Triebe", Tendenz sehr sortenverschieden).
f) Schlafende Augen an den Astringen, d.h. Knospenanlagen, die sich nur auf starken Reiz hin voll entwickeln und austreiben können.
g) Adventivknospen, die bei sehr starkem Reiz gebildet werden können.

2. Der Winkel des Austriebs von Lateralknospen ist sortenverschieden, wird aber darüber hinaus um so stumpfer, je stärker diese im Sinne der Apikaldominanz untergeordnet sind.

1.4 Zusammenhänge zwischen Triebwachstum und Blütenbildung

Die Blütenknospenbildung hängt eng mit dem Triebwachstum zusammen, da nur unter bestimmten Bedingungen und bevorzugt an bestimmten Orten des Sproßsystems Blütenknospen entstehen. Wie in einer Darstellung von FEUCHT (Abb. 73) anschaulich gezeigt wird, bestehen zwischen den Baumobstarten grundsätzliche Unterschiede. Während beim Kernobst vorzugsweise an den Endknospen der kürzeren Sprosse, aber zum wesentlich geringeren Teil aus den Seitenknospen der Langtriebe („Blüten am einjährigen Holz") Blütenknospen hervorgehen, entstehen beim Steinobst nur aus Seitenknospen Blüten.

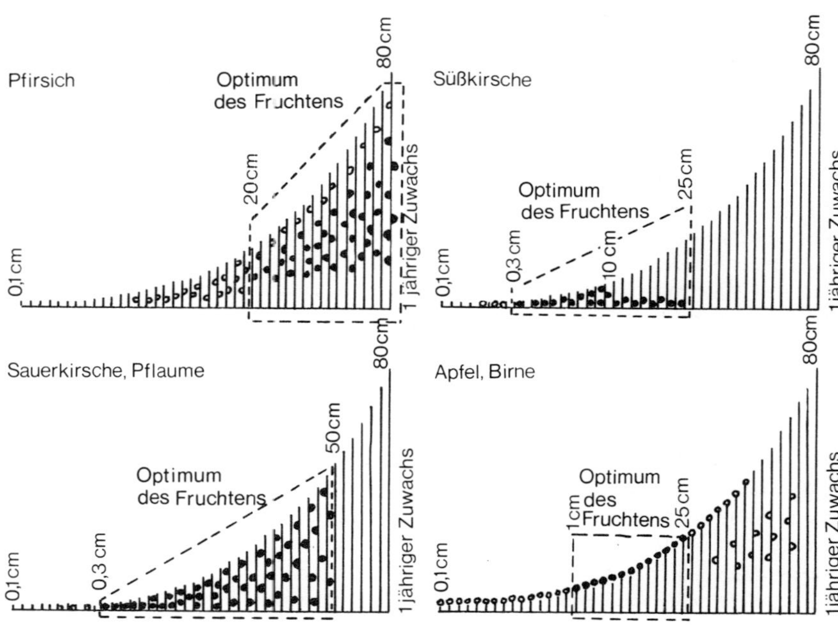

Abb. 73. Schematisch aufgezeichnete Verteilung und Position der fruchtenden Organe bei Obstarten (aus FEUCHT 1968).

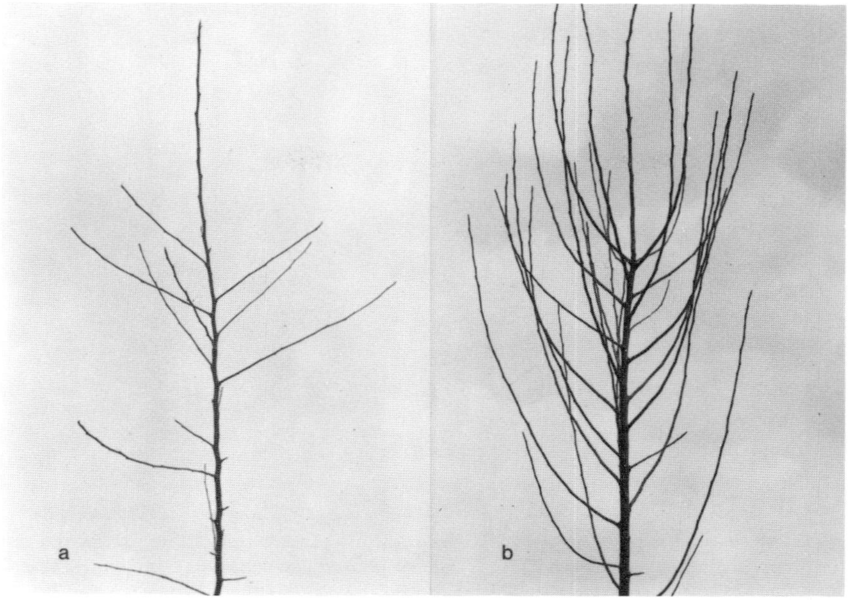

Abb. 74. Zwei Beispiele einseitig vegetativer Entwicklung beim Apfel.
a = Bei starker Triebkraft bilden Langtriebe noch im Entstehungsjahr Seitenholz, die „vorzeitigen Triebe“. Von Baumschulware und Jungbäumen abgesehen sind diese jedoch unerwünscht, da sie eine Blütenknospenbildung verhindern.
b = Seitensprosse einjähriger Langtriebe treiben bei starker Triebkraft mitunter durch, d.h. sie werden erneut zu Langtrieben, die nicht wie Fruchtspieße mit Blütenknospen abschließen.

Bleiben wir zunächst weiterhin beim *Kernobst*: Am einjährigen Langtrieb gehen aus den am besten ausgebildeten Seitenknospen der Mittelzone nicht selten – bei erheblichen Sortenunterschieden – Blütenknospen hervor. Wir hatten schon vermerkt, daß Knospen dieser Zone unter besonders wüchsigen Bedingungen schon im Jahr ihrer Anlage austreiben und sog. vorzeitige Triebe bilden können. In diesem Fall wäre eine Blütenknospenbildung dann nicht mehr möglich, ebensowenig wie eine zu schwach entwickelte Knospe zur Blütenknospe wird. Hier stoßen wir auf ein wichtiges Problem der Fruchtbarkeit von Kernobstbäumen:

Nur bei guter, jedoch nicht bei zu guter Ernährung einer Knospenanlage geht aus ihr eine Blütenknospe hervor. Beim Kernobst liefern allerdings nicht die Seitenknospen der Langriebe, sondern die Endknospen von kürzeren Seitensprossen der zweijährigen Triebe die für die Fruchtproduktion wertvollsten und zuverlässigsten Blütenknospen. Das Problem aber ist hier das gleiche: Seitensprosse mit zu starker Triebkraft werden zu lang, um Blütenknospen hervorzubringen. Sie schließen nach der großen Periode des Austriebes, die etwa 4 bis 5 Wochen nach der Blüte beendet ist, nicht mit dem Triebwachstum ab, sondern „treiben durch“, wachsen also zu lange weiter. Andere schließen zunächst ab, treiben jedoch unter besonders wachstumsfördernden Außeneinflüssen noch nach Johanni (24.6.) erneut an (Johannistriebe). Aber auch zu schlecht ernährte Kurztriebe legen nur Blattknospen an.

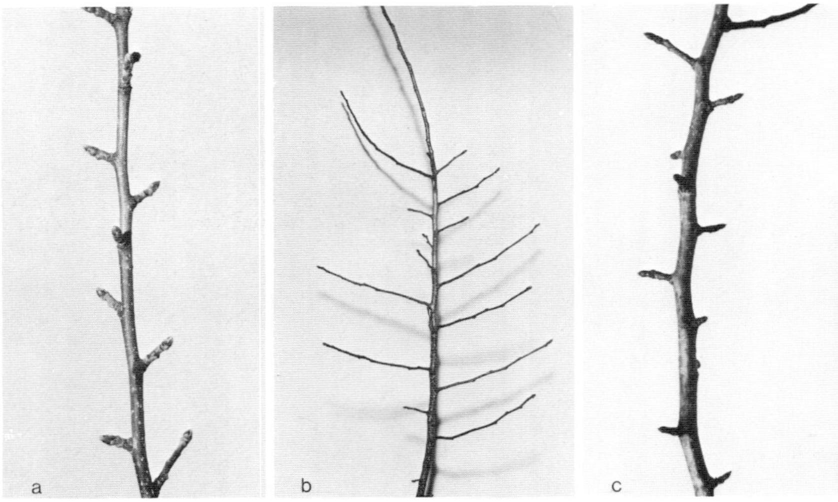

Abb. 75. Fruchtende Organe bei den Kernobstarten. Sowohl beim Apfel (a und b) als auch bei der Birne (c) haben die Endknospen der letztjährigen Fruchtspieße an den zweijährigen Langtrieben in der Regel die besten Voraussetzungen für gutentwickelte Blütenknospen. Die optimale Fruchtsproßlänge ist sortenverschieden. ‘Cox Orange’ (a) fruchtet z. B. überwiegend an kurzen Fruchtsprossen, ‘Golden Delicious’ (b) auch an längeren Sprossen.

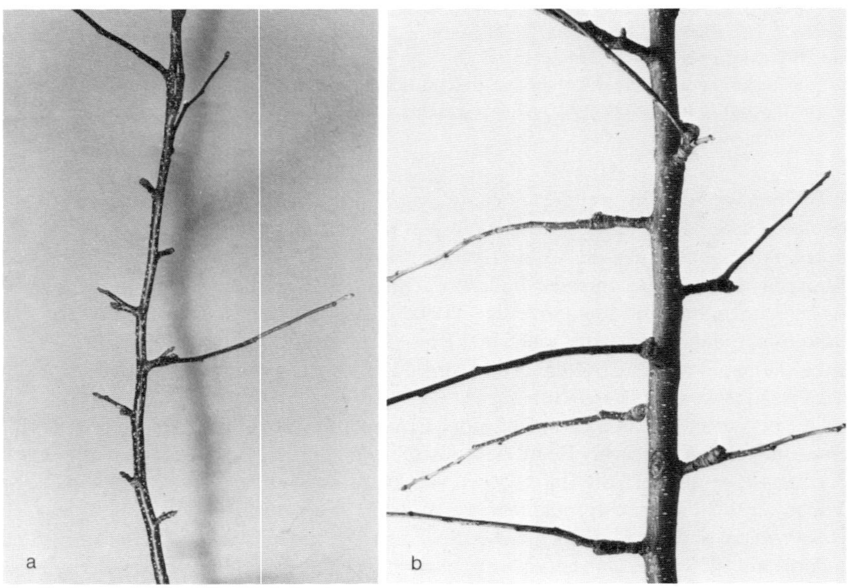

Abb. 76. Fruchtholz nach der Ernte (‘Golden Delicious’).
a = Fruchtsproß, der aus Blüten von Seitenknospen am vorjährigen Langtrieb (am „einjährigen Holz“) gefruchtet hat. Die Endknospen der neben den Fruchtständen gebildeten Seitensprosse bleiben in der Regel im folgenden Jahr vegetativ.
b = Fruchtsproß, der an vorjährigen Kurztrieben (am „zweijährigen Holz“) gefruchtet hat.

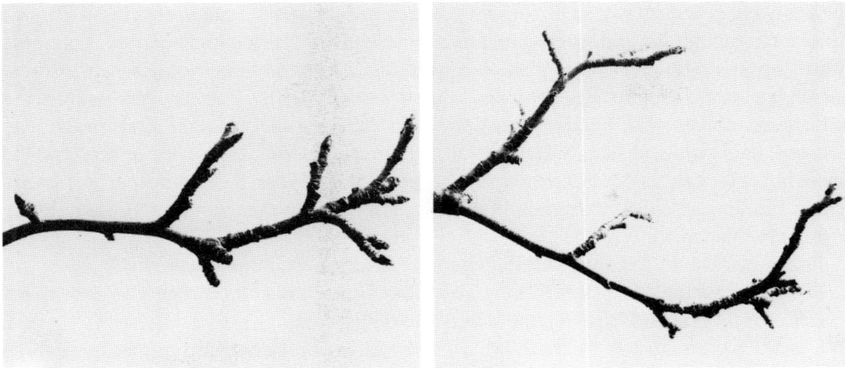

Abb. 77. Im Lauf der Jahre entstehen am älteren Langtrieb neben dem Fruchtansatz zahlreiche sich verzweigende Kurztriebe, die alle mit einer Knospe enden, das Quirlholz. Schlecht ernährtes, abgetragenes Quirlholz rechts neigt zur Alternanz. Es bringt häufig nur Blattknospen oder schlechte Fruchtqualität hervor. Neuere Beobachtungen deuten darauf hin, daß am gut ernährten älteren Fruchtast regelmäßige Ernten von guter Qualität möglich sind (links).

Die Blütenbildung an Kurztrieben der dreijährigen und älteren Langtriebe (Abb. 77) hängt in starkem Maße vom Fruchtbehang ab, da die Früchte einen hemmenden Einfluß auf die Blütenbildung der unmittelbar benachbarten Knospen haben (Alternanzproblem).

Die *Steinobstarten* zeigen einige wichtige Besonderheiten: Wie sich aus der schematischen Darstellung (Abb. 73) ergibt, gehen bei ihnen Blütenanlagen nur aus den Seitenknospen hervor. Ein weiterer Unterschied zum Kernobst ist, daß Blütenknospen keine Laubblätter enthalten. Bei der Süßkirsche blühen und fruchten nur die Kurztriebe, bei

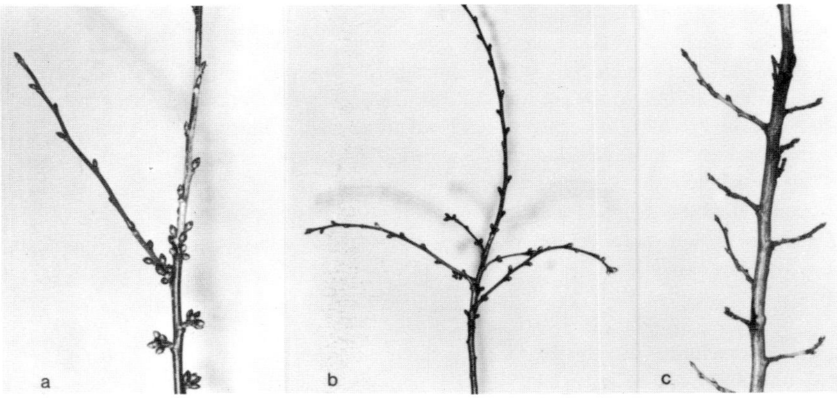

Abb. 78. Bei Süßkirschen (a) gehen Blütenknospen vorwiegend aus Seitenknospen einjähriger Kurztriebe an zweijährigen Langtrieben, aber auch aus den unteren Knospen letztjähriger Langtriebe hervor. Sauerkirschen (b) bilden vornehmlich an letztjährigen Langtrieben Blütenknospen aus, während die Knospen älterer Triebe verkümmern. Auch Pflaumen (c) fruchten überwiegend aus Seitenknospen letztjähriger Triebe, neigen aber weniger zur Verkahlung.

Sauerkirschen und Pflaumen bevorzugt Kurztriebe, aber auch Langtriebe, beim Pfirsich jedoch bevorzugt die Langtriebe, so daß bei dieser Obstart eine fortlaufende Anregung des Neutriebs besonders wichtig ist. Aufgrund der anderen blütenbiologischen Voraussetzungen ist die Gefahr eines für die Bildung von Blüten *zu* starken Wachstums, wie wir sie beim Kernobst kennen, bei den Steinobstarten viel weniger ausgeprägt. Am ehesten kann eine solche Situation bei Süßkirschen und Zwetschen eintreten, bei Sauerkirschen kaum. Bei Pfirsichen, die hauptsächlich an den Seitenknospen der Langtriebe blühen, scheidet zu starkes Wachstum als Ursache mangelhafter Blütenbildung im allgemeinen aus.

Fassen wir wiederum einige Gesichtspunkte dieses Abschnittes zusammen:

1. Die bevorzugten Orte der Bildung von Blütenknospen sind bei den Obstarten verschieden. Äpfel und Birnen ähneln sich allerdings stark.
2. Sowohl bei zu starker als auch bei zu schwacher Triebkraft ist beim Kernobst die Tendenz zur Anlage von Blütenknospen geringer als bei mittleren Bedingungen. Dies gilt sowohl für die Seitenknospen an einjährigen Langtrieben als auch für die Endknospen der Seitensprosse an den zweijährigen Langtrieben.
3. Das Blüh- und Fruchtungsverhalten von Steinobst unterscheidet sich grundsätzlich von demjenigen beim Kernobst. Auch zwischen den Steinobstarten bestehen beträchtliche Unterschiede (vgl. Schema). Zu starkes Triebwachstum scheidet bei Kirschen und Pfirsichen als mögliche Ursache mangelhafter Blütenbildung weitgehend aus.

2 Die Praxis der Kronenerziehung

2.1 Reaktion der Obstbäume auf Kronenerziehungsmaßnahmen

Das Entfernen von Teilen des Sproßsystems durch *Schnitt* und das Beeinflussen der Wuchsrichtung von Sprossen durch *Binden* oder *Spreizen* sind die gebräuchlichsten Maßnahmen, um

- den Baumkronen die gewünschte, dem Anbausystem angemessene Form und Größe zu geben;
- die zum Tragen der Fruchtlast notwendigen statischen Voraussetzungen zu schaffen (soweit sie nicht von einem Unterstützungsgerüst übernommen werden);
- das Gleichgewicht von Wachstum und Fruchten aufrechtzuerhalten oder herzustellen und die Produktion hochwertigen Fruchtholzes zu fördern;
- eine ausreichende Belichtung als Voraussetzung für Stoffproduktion und Fruchtqualität zu sichern;
- kranke und beschädigte Teile des Sproßsystems zu beseitigen.

Wie dies im einzelnen geschehen kann, ergibt sich aus der Reaktion der Bäume auf diese Maßnahmen.

Der **Rückschnitt**, also das Zurückschneiden eines Sprosses, regt die Knospen (Augen) unterhalb der Schnittstelle verstärkt zum Austrieb an, da der hemmende und konkurrierende Einfluß der bisher unmittelbar übergeordneten Teile des Systems beseitigt wird. Der Neuaustrieb der Knospen unterhalb der Schnittstelle ist in jedem Falle stärker als ohne Rückschnitt. In der Regel ist der Triebreiz um so größer, je weiter zurückgeschnitten wird. Allerdings ist die unterschiedliche Qualität der Knospen mit von Bedeutung. Die Gesamttriebmasse ist mit Rückschnitt meist geringer als ohne

Rückschnitt. Ergebnisse von Schnittversuchen stimmen darin überein, daß Baumkronen um so kleiner blieben, je stärker sie zurückgeschnitten wurden.

Zwischen den zum Austrieb angeregten Trieben setzt wieder ein Wettbewerb ein, wobei der oberste die besten Startbedingungen hat. Auch der zweite, der Konkurrenztrieb, und der dritte wachsen meist nicht viel schwächer. Die weiter untergeordneten jedoch unterliegen wieder dem hemmenden Einfluß der Apikaldominanz. Der zurückgeschnittene Sproß wird im ganzen durch den Rückschnitt gegenüber den anderen Sprossen des Systems geschwächt. In der Praxis hat sich der Begriff der *Saftwaage* eingeführt. Er besagt, daß sonst gleichwertige Sprosse in einer Krone dann gleiche Wachstumsbedingungen haben, wenn ihre Triebspitzen sich in der Waage befinden, d.h. gleich hoch sind. Dieser Gesichtspunkt ist z.B. beim Heranziehen gleichwertiger Leitäste zu beachten.

Wir haben damit zwei Auswirkungen des Rückschnitts kennengelernt, die sich auf den ersten Blick zu widersprechen scheinen:

1. Der Rückschnitt regt die Triebkraft der verbleibenden Knospen an.
2. Der Rückschnitt schwächt den betroffenen Sproß in dem Maße, wie er dadurch anderen untergeordnet wird.

   Man beachte, daß die erste Regel grundsätzlich gilt, die zweite aber im Einzelfall nur in Beziehung zum Gesamtsystem zu sehen ist. Diese beiden Regeln müssen wir durch zwei weitere ergänzen:
3. Die Ertragskapazität der Baumkrone wird in dem Maße vermindert, wie durch den Schnitt produktive Sproßteile entfernt werden.

   Diese dritte Feststellung mag selbstverständlich klingen. Gerade dieser Gesichtspunkt macht aber oft die Entscheidung am Objekt besonders schwierig.
4. Durch Schnitt werden die Belichtungsverhältnisse im verbleibenden System zumeist verbessert.

Die dritte und vierte Regel gelten nicht nur für den Rückschnitt, sondern für jede Art von Schnitt, also auch das Wegschneiden. Man spricht von **Wegschneiden** oder auch **Schneiden auf Astring**, wenn ein Sproß bis zum Ansatz ganz entfernt wird. Diese Maßnahme regt im Gegensatz zum Rückschnitt nicht vorzugsweise die Triebkraft einzelner Knospen an, weil ja der gesamte Teil des Systems entfernt wird. Für das Gesamtsystem ergibt sich allerdings doch eine gewisse Triebkraftvergrößerung. Aber sie verteilt sich auf größere Bereiche. Das Wegschneiden, z.B. bis zum Mitteltrieb oder zum Leitast, ist daher besser als der Rückschnitt geeignet, um den Kronenaufbau von Bäumen mit zu starker Triebkraft zu beeinflussen.

Ein Kompromiß zwischen Zurückschneiden und Wegschneiden ist das **Ableiten**. Hier wird ein Sproß bis zu einem als geeignet angesehenen Seitenzweig zurückgeschnitten. Man will diesen dadurch fördern und gleichzeitig den Neuaustrieb von zuviel Seitenholz verhindern. Bei starker Triebkraft ist die „Bremswirkung“ dieser Maßnahme aber nicht immer ausreichend.

Eine gemilderte Form des Wegschneidens ist der **Schnitt auf Zapfen**. Man schneidet nicht bis zum Ansatz, sondern beläßt einen Zapfen von 10 bis 20 cm Länge in der Erwartung, daß aus ihm ein neuer Trieb hervorgeht.

Durch **Waagrechtbinden** von Trieben kann man auf das Wachstum und die Konkurrenzverhältnisse in der Baumkrone Einfluß nehmen, ohne wie beim Schnitt Teile der vorhandenen Sproßmasse entfernen zu müssen. Deshalb wird das Binden auch insbesondere bei Jungbäumen angewandt. Man kann auf diese Weise Langtriebe den Leitästen unterordnen, ohne auf die Assimilationsleistung ihrer Blätter und auf die Chance verzichten zu müssen, an ihnen Früchte zu produzieren.

Abb. 79. Durch Schneiden „auf Zapfen“ kann man die Bildung von neuem Fruchtholz fördern.

Die Frage, ob man die Blütenknospenbildung durch Waagrechtbinden vermehren kann, wurde schon viel diskutiert. Im Grunde ist auch hierbei letztlich ausschlaggebend, ob man dadurch mehr Knospen produziert, die jenes ideale Gleichgewicht von ausreichender Ernährung und Kurztriebbildung mit rechtzeitigem Triebabschluß erreichen. In jedem Falle werden am waagrecht gestellten Trieb die Endknospe und die Seitenknospen der Unterseite zugunsten der Seitenknospen der Oberseite benachteiligt. Ob dies zu mehr Fruchtsprossen führt als die senkrechte Stellung, hängt ganz vom Einzelfall ab. Zwischen senkrechter Stellung und Waagrechtstellung sind alle Übergänge und damit Zwischenstufen in der Wirkung möglich. Allein das Argument der Unterordnung unter die Leitäste ohne Verringerung der für den Jungbaum so wichtigen Assimilationsfläche rechtfertigt aber bei Jungbäumen manchmal das Waagrechtbinden, sofern es arbeitswirtschaftlich vertreten werden kann.

Ein Sonderfall des Bindens ist das **Auffächern** von Jungbaumkronen im 3. bis 5. Vegetationsjahr, deren Langtriebe man zunächst bewußt mehrere Jahre ohne Anschnitt wachsen ließ. Es hat sich bewährt, wenn starkwachsende Pfropfkombinationen zu frühzeitigem Ertrag und zum schnellen Ausfüllen des Standraumes gebracht werden sollen. Auch das Abspreizen der beiden Schenkel von Palmetten ist eine Art Auffächern.

Für ältere Pflanzungen haben weder das Binden noch das Auffächern wirtschaftliche Bedeutung.

Das **Spreizen** mit Hilfe entsprechend hergerichteter Spreizhölzer soll den Leitästen einer Krone mit Naturgerüst die gewünschte Wuchsrichtung gegenüber der Stammverlängerung (Mitteltrieb) geben. Der *Abgangswinkel*, der Winkel in dem ein Seitenast vom übergeordneten senkrechten Hauptast abzweigt, wird allerdings schon beim Austrieb festgelegt. Er ist sortenverschieden, hängt aber außerdem stark von der Triebkraft zum Zeitpunkt des Austriebs ab. Je stärker die Triebkraft, um so steiler ist der Abgangswinkel. Für Hauptäste mit bedeutenden statischen Aufgaben bevorzugt man einen flachen Abgangswinkel. Äste mit steilem Abgangswinkel brechen unter großer Fruchtlast nicht selten an der Ansatzstelle aus, weshalb man auch steilwinklige Äste als *Schlitzäste* bezeichnet.

Abb. 80. Steil angesetzte Leitäste verwachsen am Ansatz beim Dickenwachstum unvollkommen mit dem Stamm (Schlitzäste) und brechen bei starkem Fruchtbehang aus.

2.2 Bedeutung des Schnittzeitpunktes

Die Zeit vor Vegetationsbeginn, also der *Spätwinter*, gilt als günstigste Jahreszeit für die Schnittarbeiten. Bei Süßkirschen und Walnüssen bevorzugt man den Spätsommer, weil die bei diesen Arten problematische Wundverheilung dann besser sein soll. Gegen das Schneiden zu Winterbeginn spricht eine Verminderung der Frostresistenz, deren Ursachen noch nicht geklärt sind. Ein Schneiden nach dem Austrieb hält man normalerweise für unzweckmäßig, weil die zu schneidenden Triebe dann bereits Reservestoffe verbraucht haben, die dem verbleibenden System verloren gehen.

In vielen Obstbaubetrieben sind die Schnittarbeiten mit betriebseigenen Arbeitskräften in den Wintermonaten nicht zu bewältigen. Neben biologischen Gesichtspunkten führen daher oft arbeitswirtschaftliche Überlegungen dazu, einen Teil dieser Arbeiten in die Sommermonate zu verlegen:

Ein *Sommerschnitt* kann biologisch, aber auch arbeitswirtschaftlich anstelle eines Winterschnittes, zweckmäßig sein. Aus biologischer Sicht ist das Triebwachstum der Bäume ein wichtiger Gesichtspunkt. Bei starkem Wachstum, das häufig mit nur schwachem bis mäßigem Fruchtansatz einhergeht, liegen folgende Vorteile auf der Hand bzw. sind nachgewiesen:
- bessere Fruchtfarbe durch bessere Belichtung der Früchte
- bei zur Stippigkeit neigenden Sorten geringeres Stipperisiko durch Verminderung der mit den Früchten um das Calcium konkurrierenden Triebe
- Eindämmung eines zu starken Triebwachstums (Sommerschnitt als Wachstumsbremse).

Hingegen werden Erwartungen auf einen stärkeren Ansatz von Blütenknospen bereits im folgenden Jahr im allgemeinen nicht erfüllt. Bei Bäumen, die auf Kosten des Ertrages zu starkem Triebwachstum neigen, kann langfristig über eine Wachstumsberuhigung allmählich auch die Fruchtbarkeit verbessert werden. Bei stark gestörtem Gleichgewicht von Wachsen und Fruchten im Hinblick auf zu starkes Triebwachstum kann es zweckmäßig sein, die gesamte Schnittarbeit im Winter zu unterlassen und stattdessen einen intensiven Sommerschnitt im August durchzuführen.

Der Zeitpunkt des Sommerschnittes darf auf keinen Fall zu früh liegen. Vor Ende Juli kann der dadurch ausgelöste Reiz zum Neuaustrieb diejenigen Triebe, die ihr Wachstum abgeschlossen hatten, zum „Durchtreiben" anregen. Spätestens Anfang August ist aber diese Gefahr vorüber.

Man entfernt beim Sommerschnitt in erster Linie diejenigen diesjährigen Triebe, deren Triebspitzen bis dahin ihr Wachstum noch nicht abgeschlossen haben, vor allem in der Gipfelpartie und im Kroneninnern, bei Jungbäumen insbesondere solche Triebe, welche den Kronenaufbau stören.

Da ein nicht zu scharfer Sommerschnitt bei termingerechter Durchführung im allgemeinen biologisch mehr Vorteile als Nachteile mit sich bringt, könnte man in Betrieben, wo dies arbeitswirtschaftlich sinnvoll ist, durchaus mehr Schnittarbeit in den Sommer verlagern als bislang allgemein üblich.

2.3 Wirtschaftlich zweckmäßige Maßnahmen der Kronenerziehung

Die Kenntnis der physiologischen Grundlagen des Wachstums unserer Baumobstarten und ihrer Reaktionen auf Maßnahmen der Kronenerziehung gibt uns die Möglichkeit, die Art und Intensität unserer Eingriffe in das Kronenwachstum auf das Ziel eines möglichst großen wirtschaftlichen Nutzens auszurichten. Allerdings bleibt auch bei sachgemäßer Durchführung aller Maßnahmen ein erheblicher Unsicherheitsfaktor im langfristig nicht vorhersehbaren Witterungsverlauf, der den Fruchtansatz und die Wachstumsvorgänge stark beeinflußt.

Das Bewirtschaftungsziel ändert sich im Verlauf des Heranwachsens und Alterns einer Obstpflanzung. Wir unterscheiden dabei zweckmäßigerweise drei Entwicklungsphasen:

1. Die Phase der *zunehmenden Ertragskapazität*, in der die Jungbäume den ihnen zugemessenen Standraum noch nicht ausgefüllt haben und das Bewirtschaftungsziel daher nicht nur auf frühzeitigen Ertragsbeginn, sondern auch auf schnellen Zuwachs der Bäume ausgerichtet ist.
2. Die Phase der *vollen Ertragskapazität*, in der es unser Ziel ist, die Bäume bei möglichst hohen, regelmäßigen Ernten auf dem ihnen zugemessenen Standraum zu halten.
3. Die Phase der *abnehmenden Ertragskapazität* mit zunehmenden Ausfällen von Bäumen oder Baumpartien, nachlassender Triebigkeit und ihren Folgen, in der es unser Bestreben ist, diesen „Alterserscheinungen" entgegenzuwirken, solange uns nicht eine Rodung geboten erscheint.

Meist hat man bisher Jugendstadium, Stadium des Ertragsanstieges, Ertragsstadium, Altersstadium, Abgangsstadium unterschieden. Da die Übergänge ohnehin fließend sind, scheint uns im Hinblick auf die immer kürzer werdenden Umtriebszeiten die genannte Dreiteilung ausreichend.

2.4 Besonderheiten bei den Steinobstarten

Beim Steinobst ist die Blütenbildung weniger als beim Kernobst ein Problem des physiologischen Gleichgewichts und daher weniger problematisch. Ausreichend Blütenknospen entwickeln sich in der Regel bei allen Steinobstarten, sofern eine regelmäßige Fruchtholzerneuerung durch gutes Triebwachstum und Entfernen abgetragenen Holzes sichergestellt ist. Bei Kirschen, deren Fruchtsprosse viele aufeinanderfolgende Jahre fruchtungsfähig sind, kommen Alternanzerscheinungen nicht vor. Abgesehen von ihren blütenbiologischen Besonderheiten reagieren die Steinobstarten im übrigen durchaus ähnlich auf Schnitteingriffe wie das Kernobst.

Das natürliche Wachstum der *Süßkirsche* kommt den Wünschen nach einer geöffneten, nicht zu dicht verzweigten Krone mehr entgegen als beim Kernobst. Deshalb muß sie im ganzen auch weniger geschnitten werden. Entgegen früheren Auffassungen hält man aber nicht nur den Pflanzschnitt und einen Erziehungsschnitt beim Jungbaum, sondern auch später einen regelmäßigen Auslichtungs- und Fruchtholzschnitt heute für richtig. Größere Sorgfalt als beim Kernobst verlangen die Schnittwunden. An größeren Wunden kann Gummifluß entstehen, wenn sie nicht schnell verheilen.

Die *Sauerkirsche* verträgt Schnittmaßnahmen besser als die Süßkirsche. Außer den üblichen Erziehungsmaßnahmen schneidet man Sauerkirschen von Zeit zu Zeit zurück, um der Tendenz zur Triebverkahlung entgegenzuwirken, die auf Kosten der Fruchtgröße geht. In Schnittversuchen wurde durch Rückschnitt die Ertragsmenge vermindert, die Qualität jedoch verbessert. HILKENBÄUMER (1964) empfiehlt einen Verjüngungsschnitt alle 3 bis 4 Jahre.

Bei *Zwetschen und Pflaumen* ist im Interesse regelmäßiger Ernten und guter Fruchtqualität eine laufende Fruchtholzerneuerung wichtiger als bei den Kirschen, denn ihre Fruchtsprosse sind nur 2 bis 3 Jahre fruchtungsfähig.

Der *Pfirsich* nimmt unter den Baumobstarten dadurch eine Sonderstellung ein, daß er an den Seiten der einjährigen Langtriebe die Blütenknospen mit dem besten Fruchtungsvermögen entwickelt. Die Kurztriebe hingegen sind nur einige Jahre regenerationsfähig und vergreisen schnell. Ältere Zweige neigen daher auch stark zum Verkahlen. Diese Eigenschaften verlangen eine laufende Anregung der Triebskraft durch regelmäßigen Rückschnitt. Im Interesse eines nicht zu starken Fruchtansatzes und von guter Qualität ist außerdem ein Anschneiden der Langtriebe auf 4 bis 6 Blütenknospen (bei Sortenunterschieden) ratsam.

3 Die Erziehung von Schlanken Spindeln

Die wichtigste Baumform im Intensivobstbau ist heute die Schlanke Spindel geworden. Bei Äpfeln und Birnen ist sie schon jetzt am meisten verbreitet, aber auch bei den Steinobstarten wird die Spindelerziehung mit Erfolg angewendet.

Vor allem drei Gründe sind zugunsten der Schlanken Spindel anzuführen:

- Diese Baumform ist besonders für hohe Bepflanzungsdichten geeignet, weil sie die Beschränkung der Kronenausdehnung erlaubt.
- Die Schlanke Spindel begünstigt eine optimale Belichtung bis zur Kronenbasis, ohne daß auf die für gute Ertragskapazitäten erforderliche Baumhöhe verzichtet werden muß (aufrechter Kegel).

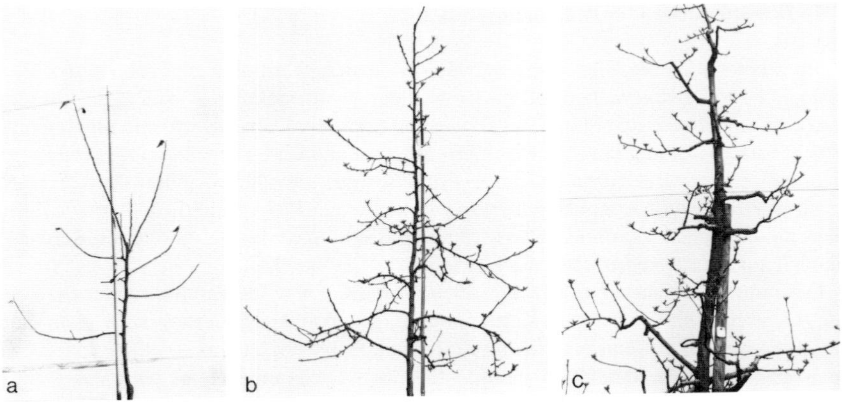

Abb. 81. Schlanke Spindeln von Golden Delicious in unterschiedlichem Alter. Der gut mit Seitenholz garnierte Jungbaum sichert gute Anfangserträge im 2. bis 4. Vegetationsjahr. Im Alter der vollen Ertragskapazität wird nur an der Kronenbasis stärkeres Holz gezogen und geduldet. Der Kronengipfel darf auch bei älteren Bäumen nur mit leichtem Fruchtholz garniert sein, um eine Überbauung der Krone zu verhindern und gute Fruchtqualität im gesamten Kronenbereich zu sichern.

– Die Erziehung von Schlanken Spindeln ist klar und einfach und daher leicht erlernbar.

Das entscheidende Kriterium der Spindel ist die Anordnung allen Seitenholzes und Fruchtholzes an einer einzigen Hauptachse, die als Mittelachse aus der Stammverlängerung aufgebaut ist. Wir sprechen von Schlanker Spindel im Gegensatz zur Spindel schlechthin, sobald die Kronenhöhe deutlich größer ist als der Kronendurchmesser.

3.1 Der Pflanzschnitt

Eine entscheidende Weichenstellung in bezug auf den späteren Kronenaufbau ist der Rückschnitt der Stammverlängerung beim Pflanzschnitt, bei zweijährigem Pflanzmaterial schon in der Baumschule. Grundsätzlich gilt dabei:

Auf *tiefen Rückschnitt, auf 50 bis 70 cm* Höhe reagiert die unverzweigte, mehr oder weniger mit vorzeitigen Trieben garnierte einjährige Rute durch einige wenige starke, meist steil gestellte Triebe aus den 3 bis 4 oberen, verbliebenen Augen. Diese Reaktion kann für den Aufbau einer Pyramidenkrone oder einer Palmette, also einer Krone mit Naturgerüst, erwünscht sein. Für eine Spindel ist sie unzweckmäßig, denn dafür benötigen wir eine dominierende Mittelachse, garniert mit leichtem, in flachem Winkel abzweigendem Seitenholz. Um dies zu erreichen, muß länger angeschnitten werden.

Ein *mittlerer Rückschnitt auf 80 bis 120 cm* führt zu einer weniger scharfen Reaktion der obersten Knospen, stattdessen reagieren aber in der Regel mehr als 3 bis 4 Augen durch Austrieb. Unter günstigen Bedingungen entsteht jenes leichte Seitenholz, das wir für die Spindel wünschen. Eventuell bereits vorhandene vorzeitige Triebe unterhalb der Rückschnittstelle werden in ihrer weiteren Entwicklung begünstigt. Der oberste, stärkste Sproß, beim ‚Umsetzen' auch der zweite oder dritte (s.u.), dient zum weiteren Aufbau der Spindelachse, andere starke und steile Triebe werden nach einem Jahr entfernt oder durch Binden untergeordnet.

Abb. 82. Erziehungsmaßnahmen am Jungbaum haben für die weitere Kronenentwicklung große Bedeutung. Stärkere, steilansetzende Sprosse nach dem Mitteltrieb, insbesondere den Konkurrenztrieb, kann man durch Schnitt entfernen (d). Im Interesse eines frühzeitigen Ertragsbeginnes wird heute versucht, möglichst wenig zu schneiden, dafür mehr zu binden (b und c).
Je höher die Bepflanzungsdichte und je geringer der Standraum, um so wichtiger wird die Bindearbeit am Jungbaum. Beim „Nordholland-System" werden alle stärkeren Sprosse des Jungbaumes unter die Waagrechte gebunden (c).

Abb. 83. Das „Nordholland-System" strebt frühzeitig hohe Ernten durch enge Bepflanzung in 3reihigen Beeten an. Frühzeitiges, starkes Herunterbinden soll die Bäume kleinhalten helfen.

Wird *höher als 120 cm oder gar nicht* zurückgeschnitten, so reagiert der Jungbaum durch einige wenige, meist mittelstarke Sprosse im Gipfel und durch je nach Wuchsstärke, Witterung und Sorteneigenschaften unterschiedlich starke Garnierung mit mehr oder weniger kurzem Seitenholz. Dabei besteht die Gefahr, daß anstelle ausreichend langer Fruchtsprosse Kurztriebe mit Blütenknospen gebildet werden und daß im folgenden Jahre unerwünschter Fruchtansatz direkt am Mitteltriebe den weiteren Aufbau der Spindelkrone stört.

Je länger der Rückschnitt war, um so wichtiger ist später das Entfernen stärkerer Sprosse im Gipfel, damit die Krone sich auch unten ausreichend garniert und nicht überbaut.

Hat das Pflanzmaterial *vorzeitige Triebe*, so sollten diese dem Jungbaum möglichst vollständig belassen werden. Sie tragen zu einer größeren Assimilationsfläche und zu besseren Anfangserträgen bei.

Entsprechend der Darstellung im Kapitel über die Grundlagen der Kronenerziehung fördert ein stärkerer Rückschnitt die vegetative Entwicklung der unteren Kronenpartien und damit auch die spätere seitliche Ausdehnung der Kronenbasis. Dies geht aber auf Kosten des schnellen Zuwachses an Kronenhöhe. Daher ist die Stammverlängerung bei größeren Pflanzabständen, die einen größeren Kronendurchmesser an der Kronenbasis erfordern, stärker zurückzuschneiden als bei sehr dichten Pflanzungen.

Darüber hinaus entscheiden Sorteneigenschaften, die Qualität des Pflanzmaterials und die örtlichen Wachstumsbedingungen über die zweckmäßige Anschnitthöhe.

Grundsätzlich gilt: Je stärkeres vegetatives Wachstum zu erwarten ist, je besser die Verzweigungstendenz ist und je schmaler der Baum werden soll, um so länger sollte angeschnitten werden.

Abb. 84. Schon beim Pflanzschnitt fällt eine wichtige Vorentscheidung über die weitere Entwicklung des Jungbaumes. Jungbäume, deren Stammverlängerung beim Pflanzschnitt angeschnitten wurde (a), entwickeln sich anders als solche ohne Pflanzschnitt (b).

3.2 Die weitere Jungbaumerziehung

Nach dem ersten Vegetationsjahr kennen wir die Reaktion der Bäume auf den Pflanzschnitt und sollten entsprechend handeln.

Bei optimaler Entwicklung sind nur geringe Eingriffe notwendig: In der Regel wird man zwei bis drei stärkere, steiler wachsende ‚Konkurrenztriebe' unterhalb der Stammverlängerung zu entfernen haben, um das darunter angeordnete leichte Fruchtholz zu begünstigen und eine Überbauung der Krone zu vermeiden. Man kann diesen Seitensprossen aber auch ihre Triebkraft nehmen und ihr Fruchtungspotential erhalten, indem man sie weit über die Waagerechte herunterbindet. Die so künstlich gebildeten ‚Fruchtbögen' setzen im folgenden Jahre meist Blütenknospen an und treiben außerdem am Scheitelpunkt aus. Je nach Stärke sind diese Austriebe nächsten Sommer zu entfernen, oder sie dienen der späteren Fruchtholzerneuerung.

Besonders zu achten ist in der Jungbaumphase auf ein von vornherein gutes Gleichgewicht zwischen unteren und oberen Kronenpartien. Je größer die Pflanzabstände sind, um so wichtiger ist die Ausbildung von 3 bis 4 kräftigen, aber dennoch flach gestellten Fruchtästen in der Kronenbasis in der Regel in 50 bis 80 cm Höhe. Wir können diese bleibenden Äste an der Basis der Spindelkrone als Basisäste bezeichnen, auch deshalb, weil sie nicht nur selbst Fruchtäste sind, sondern auch die Basis dafür bilden. Eine optimale Verteilung der Basisäste benachbarter Bäume wird bei sternför-

Abb. 85. Läßt man bei der Jungbaumerziehung die Stammverlängerung durchtreiben, so wird die entgültige Kronenhöhe schnell erreicht (a). Es besteht aber die Gefahr einer Überbauung der Krone mit fortschreitendem Baumalter. Durch ein- oder mehrmaliges Umsetzen der Mittelachse wird das Seitenholz an der Kronenbasis gefördert und die Wüchsigkeit der Stammverlängerung vermindert (b). Je nach Pflanzsystem und Sorteneigenschaften kann das eine oder andere zweckmäßig sein (Sorte 'Jonagold', aufgenommen im Versuchsgut Guttingen der Forschungsanstalt Wädenswil, Schweiz).

miger Anordnung von drei Basisästen je Baum erreicht. In die Fahrgasse hinein kann man sie sich nur bei ausreichend weiten Reihenabständen leisten.

Bei Beetpflanzungen müssen sie so angeordnet werden, daß die Beete für die Pflücker gut begehbar bleiben. Bei sehr dichten Pflanzungen müssen Basisäste entfallen. Die Spindelachse ist dann von oben bis unten mit ‚gleichrangigem' Fruchtholz garniert. Ihre optimale Höhe an der Mittelachse sollte sich an den Wuchseigenschaften der Sorte und am Pflanzsystem orientieren. Je größer der zu überbrückende Kronenradius und je stärker die Neigung zu hängendem Wuchs, um so höher sollten die Basisäste angeordnet, um so länger muß der Stamm sein.

Erscheinen die Basisäste nach dem ersten Vegetationsjahr im Verhältnis zum Kronengipfel zu schwach, so sollte die Mittelachse umgesetzt werden. Man versteht darunter das Entfernen des eigentlichen Mitteltriebes zugunsten des zweiten oder gar eines noch weiter nachgeordneten schwächeren Sprosses, der von nun an die neue Stammverlängerung bilden soll. Die dadurch bewirkte Reduktion der Hauptachse, verbunden mit einem *Knick im Saftstrom*, bremst fortan das Wachstum im Kronengipfel zugunsten einer Basisförderung.

Ob und wie stark man sich des Umsetzens als eines nachhaltig wirksamen Mittels zum Bremsen des Gipfelwachstums bedient, hängt außer vom Pflanzsystem und von der jeweiligen Kronenentwicklung auch von Sorteneigenschaften ab. Besonders ‚Golden

Abb. 86. Die Sorten unterscheiden sich nicht nur durch unterschiedliche Wuchsstärke und Triebigkeit, sondern auch durch verschiedene Eigenschaften in der Blütenbildung. 'Cox Orange' bildet vorwiegend an Kurztrieben Blütenknospen (a), während z.B. 'Gloster' (d) vorwiegend aus den Endknospen 10 bis 20 cm langer Sprosse Blüten bildet. Eine Mittelstellung nehmen 'Golden Delicious' (b) und 'Boskoop' (c) ein.

Abb. 87. Fruchtbare Sorten auf schwachwachsenden Unterlagen pflanzt man vorzugsweise als einjährige Veredlungen, da eine zu starke vegetative Entwicklung und ein zu später Ertragsbeginn nicht zu befürchten sind (oben). Auf starkwachsenden Unterlagen kann man frühzeitigen Blüten- und Fruchtansatz erzwingen, wenn man gut verzweigtes zweijähriges Pflanzmaterial verwendet und in den ersten Jahren wenig schneidet (unten). Hier 'Golden Delicious' auf M 9 als einjährige Veredlungen und auf M 25 zweijährig gepflanzt, beide im zweiten Vegetationsjahr.

Delicios', aber auch 'Gloster 69' neigen zur Apikaldominanz. Bei ihnen sollte man die Mittelachse einmal oder mehrmals umsetzen. Bei 'Cox Orange' oder 'Boskoop' kann das Wachstum im Gipfel durch Umsetzen auch zu stark reduziert werden.

Insgesamt ist es in der Jungbaumphase unser Ziel, den vorgesehenen Standraum nach Länge, Breite und Höhe der Krone möglichst schnell auszufüllen. Von Schnitteingriffen soll daher sparsam Gebrauch gemacht werden.

Vorzeitige Triebe unterhalb der Basisäste haben ihre Aufgabe, die Assimilationsfläche zur vergrößern und zu den Anfangserträgen beizutragen, nach 3 bis 4 Jahren erfüllt. Sie behindern dann die Bodenpflegearbeiten, hängen bis zum Boden durch, sind schlecht belichtet und sollten daher entfernt werden.

3.3 Die Kronenerziehung in der Phase der vollen Ertragskapazität

Je nach Pflanzsystem und Wuchsstärke der Bäume ist der Standraum nach 4 bis 7 Jahren ausgefüllt. Von nun an dient die Kronenerziehung der Erhaltung dieser Ertragskapazität bei regelmäßigen Erträgen von guter Qualität.

Eine wichtige Voraussetzung dazu ist die Erhaltung des Wachstumsgleichgewichtes zwischen Kronenbasis und oberen Kronenpartien.

Dies ist nur gewährleistet, wenn im Gipfelbereich die Entstehung stärkerer Sprosse konsequent vermieden wird. Der Gipfel soll schlank und mit leichtem Fruchtholz garniert sein. Dadurch wird ein ausreichender Neuwuchs in der Kronenbasis gefördert und eine gute Belichtung des Blattwerkes wie der Früchte auch in unteren Kronenpartien begünstigt.

Auf keinen Fall sollte der Gipfel der Mittelachse waagerecht umgebogen werden. Dies würde zur fortlaufenden Bildung von Ständertrieben mit der Gefahr einer Überbauung führen. Besser ist es, den Gipfel auf einen leichten Fruchtast zurückzuschneiden und mit der Rückschnitthöhe von Jahr zu Jahr etwas zu variieren.

Die Erneuerung abgetragenen Fruchtholzes erfolgt, soweit möglich, unter Ausnutzung der natürlichen Fruchtbogenbildung durch Rückschnitt auf Neutrieb in der Gegend des Scheitelpunktes. Fehlt ein geeigneter Neutrieb, auf den zurückgeschnitten werden könnte, so schneidet man auf einen 10 bis 20 cm langen Zapfen zurück. In der Regel reagiert die nächste Blattknospe im kommenden Jahr durch Sproßbildung. Ist die Hauptachse reichlich mit Fruchtholz garniert, so kann auch einmal ein abgetragener Ast ganz, d. h. ‚auf Astring', zurückgeschnitten werden.

Mehrjährige Fruchtäste, deren Fruchtungsvermögen man noch ausnutzen möchte, die aber nicht mehr stärker werden sollen, kann man bis in das zweijährige Holz auf eine Blütenknospe zurückschneiden.

Die Kronenbasis bilden in der Regel 3 bis 4 stärkere Basisäste, die nie ganz entfernt, sondern nur von Zeit zu Zeit teilweise zurückgenommen werden. Nur bei sehr hohen Bepflanzungsdichten, wie in Beetsystemen und Vollfeldbepflanzungen, kann es zweckmäßig sein, das Fruchtholz an der Mittelachse der Spindel von oben bis unten gleichrangig zu behandeln und regelmäßig bis in die Nähe der Stammverlängerung auf einen Neutrieb einzukürzen.

Eine *Sommerbehandlung* kann auch bei Spindeln zur Korrektur des Kronenaufbaues und zur Eindämmung eines zu starken vegetativen Wachstums hilfreich sein.

4 Die Erziehung von Kronenformen mit Naturgerüst

Bei der Schlanken Spindel ist die Mittelachse einziges tragendes Element, bei schwachwachsenden Unterlagen meist unterstützt durch einen Baumpfahl oder Drahtrahmen, das ‚Unterstützungsgerüst'. Diese Baumform wurde entwickelt für kleine Kronen mit Durchmessern bis zu 2,5 m.

Größere Baumformen erfordern ein verzweigtes, natürliches Kronengerüst. Es muß von Anfang an erzogen werden, um seine Aufgabe mit ansteigenden Erträgen erfüllen zu können.

Die klassische Baumform der *Pyramidenkrone* geht vom Mitteltrieb und drei bis vier starken Leitästen aus. Diese werden aus kräftigen Langtrieben entwickelt, die nach dem Anschneiden der Stammverlängerung am Jungbaum entstehen. Damit Mitteltrieb und Leitäste sich gut entwickeln können, müssen etwaige Fruchtäste durch Binden untergeordnet werden. Während der Mitteltrieb sich wie auch die Stammverlängerung der Spindel allseitig mit Fruchtholz garnieren soll, wird an den Leitästen Seitenholz hauptsächlich nach außen gezogen. Damit eine lichte, geöffnete Krone entsteht, werden die Leitäste auf äußere Augen zurückgeschnitten. Zum Korrigieren einer zu engen Leitaststellung kann man Spreizhölzer verwenden.

Die Häufigkeit und Stärke des Rückschnittes der Leitäste läuft auf einen Kompromiß zwischen einer möglichst schnellen Ausfüllung des Standraumes und ein ausreichend stabiles, genügend verzweigtes Kronengerüst hinaus.

Immer noch weit verbreitet im italienischen Obstbau, besonders bei Birnen, ist die *Palmette.* Diese in Längsrichtung formierte Krone wird aus drei zunächst senkrecht wachsenden starken Ästen entwickelt, von denen zwei nach dem zweiten oder dritten Vegetationsjahr in einen Winkel von ca. 45 Grad gespreizt werden. Die senkrecht verbleibende Mittelachse wird kräftig zurückgeschnitten und damit den beiden gespreizten Seitenästen wieder untergeordnet. Gleichzeitig wird damit die Sproßbildung für die nächste Palmettenetage ausgelöst. Die voll ausgewachsene Palmette hat drei bis vier Etagen.

Eine weniger strenge Form der Palmette mit nur einer Etage und spindelähnlicher Mittelachse findet man hauptsächlich in Südtirol.

5 Das Gleichgewicht von Sproßwachstum und Fruchtbarkeit

Eine entscheidende biologische Voraussetzung für frühzeitig einsetzende, regelmäßige und reiche Fruchterträge von guter Qualität ist ein optimales vegetatives Wachstum der Bäume. Es wird erkennbar an der Anzahl und Länge der jährlich neu entstehenden Langtriebe, an der „Triebigkeit" des Baumes. Zuviel Triebigkeit kann das rechtzeitige Eintreten von Jungbäumen in die Ertragsphase verhindern. Bei älteren Bäumen geht zuviel Sproßwachstum auf Kosten der Fruchtqualität (Stippigkeit, Fruchtfarbe, Haltbarkeit). Nicht selten verhindert es auch den Blütenansatz für das folgende Jahr und kann so zu einem langdauernden Ungleichgewicht mit Ertrags- und Qualitätseinbußen zugunsten einer unerwünschten „Holzproduktion" führen.

Die wirksamste Bremse des jährlichen Sproßwachstums ist der Fruchtbehang. Ein Baum mit reichem Fruchtansatz wird selten zuviel Triebwachstum zeigen.

Tab. 30. Die wichtigsten Einflüsse auf das Triebwachstum

Die Triebigkeit fördern	Das Triebwachstum bremsen
– fruchtbarer Boden	– geringe Bodenfruchtbarkeit
– jungfräulicher Boden	– gleiche Obstart seit einer oder mehreren Baumgenerationen
– reichliche Wasserversorgung, besonders im Hochsommer	– Wassermangel, besonders im Hochsommer
– Sorte, Unterlage starkwachsend	– Sorte, Unterlage schwachwachsend
– wenig mit Seitenholz garniertes Pflanzmaterial, einjährig gepflanzt	– reich mit Seitenholz garniertes Pflanzmaterial, zweijährig gepflanzt
– strenger Pflanzschnitt	– geringer (kein) Pflanzschnitt
– strenges Zurückschneiden im Jungbaum- und Ertragsalter	– wenig Zurückschneiden, dafür mehr Wegschneiden und Herunterbinden
– Schnitt nur im Winter	– regelmäßiges Entfernen überzähliger Langtriebe durch Sommerschnitt, im Extremfall gesamte Schnittarbeit im Sommer
– stärkere N-Düngung	– Weglassen der N-Düngung
– schwacher Fruchtbehang und somit alles, was den Fruchtbehang vermindert (u.a. Ausdünnung)	– reicher Fruchtbehang
	– wachstumshemmende chemische Wirkstoffe

Starker Fruchtbehang kann aber auch zur Störung des Gleichgewichtes in umgekehrter Richtung führen. Die unmittelbare Folge ist mangelhafte Fruchtgröße. Langfristig droht dem Baum, der „sich übertragen“ hat, *Alternanz*, d.h. ein Pendeln um das eigentliche Gleichgewicht durch *Abwechseln* zwischen Ertrags- und Ausfalljahren. Jungbäume, die zu früh und zuviel Frucht ansetzen, sind in der Entwicklung beeinträchtigt und füllen daher ihren Standraum zu spät aus.

Die Kunst des erfolgreichen Obstbauers besteht darin, das Wachstum seiner Bäume ständig zu beobachten und Ungleichgewichten stets frühzeitig entgegenzuwirken. Sein unberechenbarer Gegenspieler ist dabei die Witterung, deren Einflüsse auf Triebwachstum und Fruchtbarkeit das Gleichgewicht zu stören drohen.

Dem Fachmann steht eine Vielzahl von Einflußmöglichkeiten zu Gebote, die häufig erst in ihrer Gesamtheit den Erfolg sichern.

6 Schnittwerkzeuge und ihre Handhabung

6.1 Handgeräte

Das Standardgerät für den Baumschnitt ist die Baumschere. Früher verwendete man *Stahlscheren*, bei denen Griffe und Klingen jeweils aus einem Stück gefertigt sind. Heute werden fast nur noch *Leichtmetallscheren* mit auswechselbarer Stahlklinge und kunststoffbeschichteten Griffen benutzt. Während die Stahlschere meist doppelschneidig ist, hat die Leichtmetallschere eine Klinge, deren Widerlager durch einen Backen gebildet wird. Leichtmetallscheren sind leichter als Stahlscheren. Sie liegen besser in der Hand und führen der Hand nicht so viel Wärme ab, was bei kaltem Winterwetter wichtig ist. Ein vom üblichen Leichtmetallscherentyp abweichendes Prinzip finden wir bei der sog. Löwe-Schere, die in einigen Obstbaugebieten bevorzugt wird.

Eine Weiterentwicklung des Leichtmetall-Scherentyps ist die *Rollgriffschere*. Der Rollgriff rollt beim Öffnen und Schließen der Schere an den Fingern ab. Die Erfahrung zeigt, daß dieser Scherentyp eine Einübung erfordert, daß er aber danach sehr gerne benutzt wird, weil die Hand weniger ermüdet und weil insbesondere stärkere Äste bequemer als mit Normalscheren geschnitten werden können.

Für leichte Schnittarbeiten in oberen Kronenpartien, z.B. Sommerschnitt, Entfernen von Mehltautrieben, bieten mitunter *Stangenscheren* arbeitstechnische Vorteile. Stärkere Äste können allerdings mit der Stangenschere nicht gut geschnitten werden.

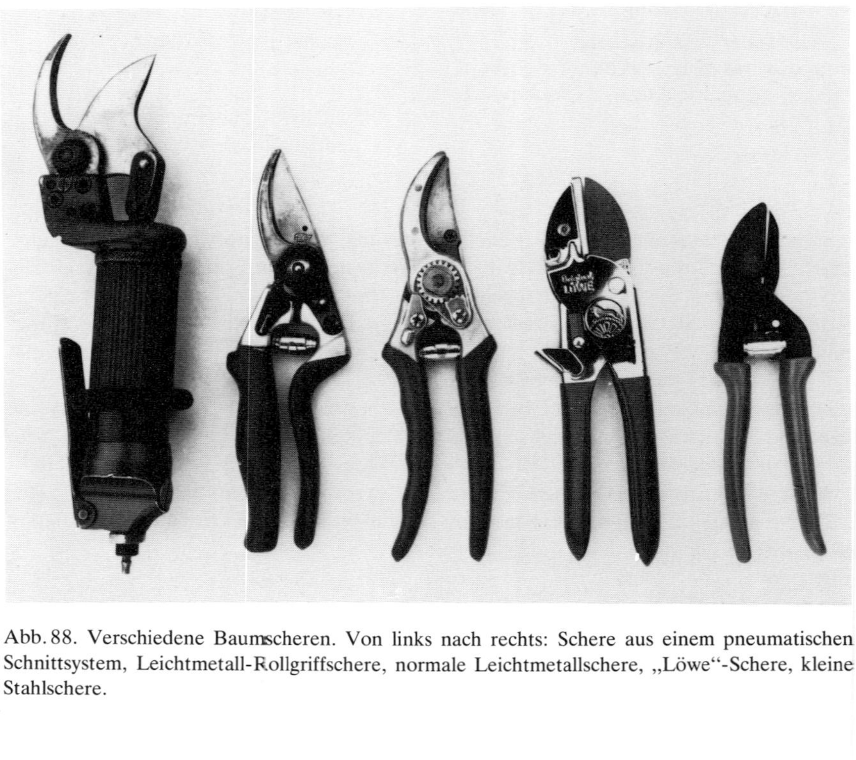

Abb. 88. Verschiedene Baumscheren. Von links nach rechts: Schere aus einem pneumatischen Schnittsystem, Leichtmetall-Rollgriffschere, normale Leichtmetallschere, „Löwe"-Schere, kleine Stahlschere.

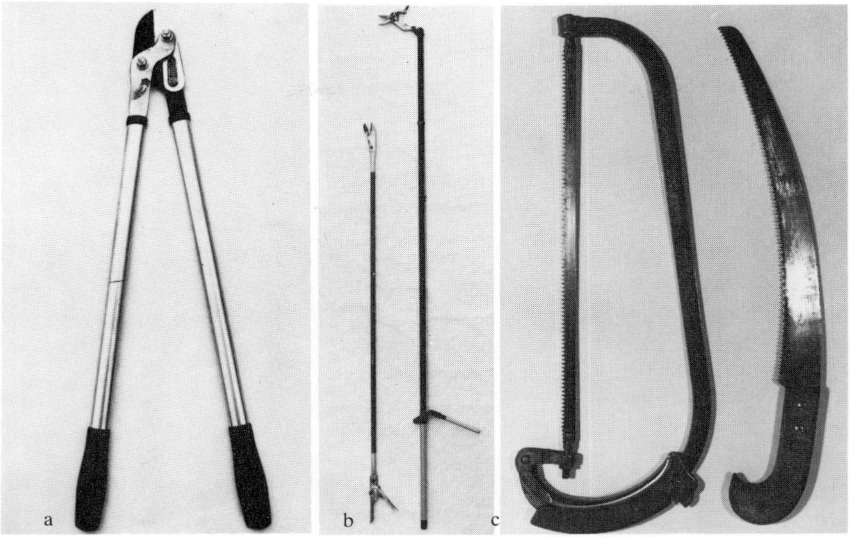

Abb. 89. a = Zweihandschere, hauptsächlich zum Schneiden von Strauchbeerenobst verwendet. b = Stangenscheren, besonders zum Entfernen von Mehltautrieben und zum Sommerschnitt (Grünschnitt) in Gipfelpartien geeignet. c = Baumsägen, innen Bügelsäge mit verstellbarem Blatt, außen Schwert- oder Aufastsäge.

Der Schnitt mit einer Baumschere soll so geführt werden, daß glatte Schnittflächen entstehen, die schnell verheilen können. Bei stärkeren Ästen unterstützt man den Schnittvorgang, indem man den Ast mit der freien Hand in die Richtung drückt, in welche die Klinge bewegt wird. Dabei ist etwas Fingerspitzengefühl nötig, damit der Ast nicht ausbricht.

Für starke Äste, die dicker als etwa 2,5 cm sind, setzt man an Stelle der Schere eine Baumsäge ein. Das in Süddeutschland bevorzugte Modell ist eine *Bügelsäge* mit verstellbarem Blatt. Mancherorts wird die *Schwertsäge* (Blattsäge, Aufastsäge) benutzt, die ein etwas schnelleres, jedoch weniger exaktes Arbeiten erlaubt.

6.2 Maschineller Schnitt

Da der Baumschnitt eine erhebliche Arbeitsspitze im Obstbaubetrieb darstellt, wird seit langem versucht, die Handarbeitsproduktivität beim Schneiden durch Mechanisierungsmaßnahmen zu steigern.

Eine Vollmechanisierung des Schnittes verlangt den Verzicht auf eine individuelle Behandlung jedes einzelnen Astes oder Triebes, führt also zum sog. *Massenschnitt*. Die dazu konstruierten Großgeräte entfernen alle Triebe oberhalb oder seitlich außerhalb einer bestimmten Ebene. Die Flächenleistung ist zwar außerordentlich hoch, jedoch scheint bei den bisher üblichen Anbausystemen die mit solchem Schnitt verbundene Qualitäts- und Ertragseinbuße die arbeitswirtschaftlichen Vorteile zu überwiegen. Am ehesten scheint der Massenschnitt bei ziemlich schmalen Hecken anwendbar. Als Geräte für den Massenschnitt in Heckenpflanzungen in kleinerem Umfang kommen Kon-

Abb. 90. Arbeitsgruppe beim Baumschnitt mit pneumatischen Scheren. Die Scheren sind über Schlauchleitungen mit der Kompressoranlage am Schlepper verbunden.

struktionen mit Mähbalken in Frage. Für Großeinsatz bevorzugt man hydraulisch steuerbare Anbaugeräte an stärkeren Traktoren.

Alle anderen Verfahren des maschinellen Schneidens verzichten nicht auf die Möglichkeit, die Schnittstellen einzeln auszuwählen (*selektiver Schnitt*), bedingen also, daß das Schnittgerät an jeder Schnittstelle von Hand angesetzt wird. Lediglich der Schnittvorgang selbst wird dann mechanisch ausgeführt.

Die Teilmechanisierung kann die Arbeitsproduktivität zwar unter günstigen Bedingungen steigern, aber stets nur in begrenztem Ausmaß. Immerhin sind Produktivitätssteigerungen bis zu 50% bekanntgeworden, insbesondere in Dichtpflanzungen, wo durch den Einsatz pneumatischer oder hydraulischer Stielscheren die Bockleiter ganz eingespart werden kann, und wo durch die Möglichkeit, Äste bis zu 3 cm Durchmesser zu schneiden, auch die Handsäge weitgehend entbehrlich wird.

Man unterscheidet nach der Art der Kraftübertragung zur Schere:
- pneumatische Geräte (Luftdruck)
- hydraulische Geräte (Öldruck)
- elektrische Geräte.

Gut eingeführt haben sich pneumatische Anlagen für Schnittkolonnen bis zu ca. 6 Personen. Die erforderliche Druckluft liefert ein Kompressor, der seinerseits vom Schlepper angetrieben wird. Damit der Schlepper bei kleineren Arbeitsgruppen nicht ständig laufen muß, verwendet man Druckkessel, die 500 bis 1000 Liter Druckluft fassen und den Bedarf von 4 Personen für 2 bis 4 Stunden decken. Auch vom Schlepper unabhängige Aggregate mit kleinen Diesel- oder Benzinmotoren sind heute auf dem Markt.

7 Veredeln und Umpfropfen

Da unsere Obstbäume nur in Ausnahmefällen auf eigener Wurzel gezogen werden (z. B. aus Wurzelschossen vermehrte Hauszwetschen), sind die Edelsorten in der Regel schon in der Baumschule auf die Unterlagen veredelt worden. Daneben hat aber das Veredeln auch bei größeren Bäumen seine Bedeutung, wenn in vorhandenen Pflanzungen die bisherige Sorte durch eine andere ersetzt werden soll, sei es aus wirtschaftlichen Gründen oder um eine neue Sorte zu testen. Die bisherige Sorte wird dann *abgeworfen* und der Baum mit der neuen umveredelt.

Durch die Veredlung sollen die Pfropfpartner so miteinander in Verbindung gebracht werden, daß der Stofftransport durch die Verbindungsstellen in beiden Richtungen in ausreichendem Umfang möglich wird. Dazu müssen sowohl die Siebteile (Phloem, transportiert werden hauptsächlich Produkte der Photosynthese) als auch die Holzteile (Xylem, Transport von Wasser und darin gelöster Salze) aneinander „angeschlossen" sein. Außerdem muß die Verbindungsstelle stabil genug sein, um mechanischen Beanspruchungen zu widerstehen. Diese sind mitunter beträchtlich. Man denke an die Belastung einer Veredlungsstelle am Wurzelhals durch größere Baumkronen mit starkem Fruchtbehang und bei Sturm.

Die Verwachsung einer Veredlungsstelle kann nur vom Kambium ausgehen, das durch den Wundreiz des Veredlungseingriffes zur Aktivität, d.h. zur verstärkten Bildung von meristematischem Gewebe, angeregt wird. Der zunächst aktive Teil muß

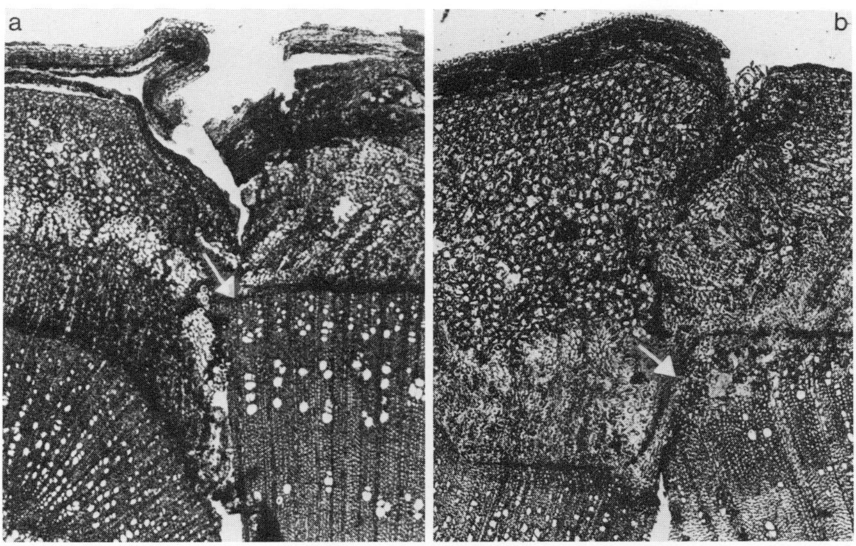

Abb. 91. Mikroskopische Ausschnitte der Verwachsungszonen von Geißfußpfropfungen bei Kirschen.
a = Nach etwa 3 Wochen haben sich ausgehend vom Kambium (Pfeil) der Unterlage (rechts) erste Parenchymbrücken gebildet.
b = Nach etwa 5 Wochen sind hier die Kambiumzonen der Pfropfpartner zusammengewachsen (Pfeil). Auch die Bastteile sind weitgehend miteinander verschmolzen. Unterhalb des Kambiums ist auch schon eine Holzbrücke entstanden.

dabei die Unterlage sein, deren Wasserversorgung ja intakt ist, während das Edelreis oder Edelauge bis zur Herstellung einer ersten Versorgungsbrücke über minimale Wasserreserven verfügt. Die erste kritische Phase ist überstanden, wenn ausgehend von der Unterlage erste Gewebeverwachsungen (Parenchymbrücken) hergestellt sind. Die Qualität der weiteren Verwachsung der Partner hängt sodann von der Sorgfalt beim Veredeln, von den Witterungsbedingungen und nicht zuletzt von der Verträglichkeit der Pfropfpartner ab. Abgesehen von totaler Unverträglichkeit, bei der ein Veredlungserfolg von vornherein ausgeschlossen ist, führt mangelhafte Verträglichkeit zu kümmerlichem Wachstum, vor allem aber zu Baumverlusten durch Bruch an der Veredlungsstelle. Neuere Untersuchungen (WIGGER, mündl. Mitt.) deuten darauf hin, daß zumindest ein Teil der Unverträglichkeitsprobleme bei Birnen nicht auftritt, wenn die Pfropfpartner virusfrei sind. Die Unverträglichkeit mancher Pfropfpartner versucht man durch Zwischenveredlungen zu umgehen, so z. B. zwischen manchen Birnensorten und der Quitte als Unterlage.

Während beim Apfel praktisch keine Verträglichkeitsprobleme auftreten, sind sie bei den Steinobstarten auch zwischen Pfropfpartnern der gleichen Art keine Seltenheit. Andererseits ist die immerhin weitgehende Verträglichkeit zwischen Birne und Quitte

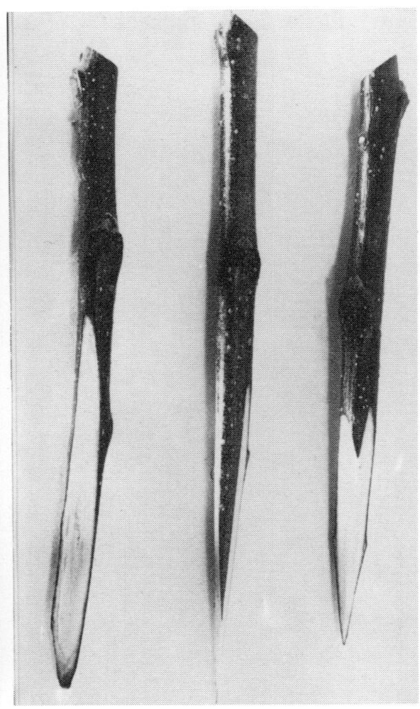

Abb. 92. Kirschensproß ein Jahr nach der Geißfußpfropfung. Nach außen haben die Pfropfpartner nahtlose Holz- und Bastteile gebildet. Im alten Holz hingegen bleibt hier ein keilförmiger Spalt bestehen.

Abb. 93. Für verschiedene Veredlungsverfahren zugeschnittene Edelreiser: links für Kopulation, Mitte für Rindenpfropfen, rechts für Geißfußpfropfen.

als Unterlage angesichts der nicht nur unterschiedlichen Art, sondern sogar verschiedenen Gattung der beiden Partner keineswegs selbstverständlich.

Besonders problematisch bei der Veredlung sind Walnüsse. Jedoch sind die Ursachen dafür nicht in Verträglichkeitsproblemen zu suchen, sondern in der unter normalen Freilandtemperaturen zu langsam anlaufenden Gewebebildung. Im mitteleuropäischen Klima werden Walnußveredlungen daher vorwiegend im Gewächshaus vorgenommen.

Voraussetzung für eine Veredlung ist geeignetes Reisermaterial. Es sollte von genetisch wertvollen und virusfreien Mutterbäumen stammen. Zur Veredlung braucht man gut ausgereifte, kräftige einjährige Triebe, die von den Mutterbäumen in der Vegetationsruhe geschnitten werden. Man bewahrt die Reiser kühl und feucht bis zum Beginn der neuen Vegetationszeit auf. Damit die Reiser nicht austrocknen, soll der Aufbewahrungsraum genügend hohe Luftfeuchtigkeit haben, jedoch ist eine relative Feuchte über 90%, wie etwa in gefüllten Obstlägern, zu hoch und führt zur Schimmelbildung. Ein gefülltes Obstlager ist auch deshalb ein problematischer Aufbewahrungsort, weil Veratmungsprodukte der Früchte die Triebkraft der Knospen offenbar beeinträchtigen, was man zumindest für Kirschenreiser nachgewiesen hat. Die Temperatur am Aufbewahrungsort soll im Frühjahr niedriger sein als im Freiland, damit die Knospen sich noch weitgehend im Ruhestadium befinden, wenn die zu veredelnden Bäume bereits im vollen Saft stehen.

Neben der Frühjahrsveredlung mit einjährigem Reisermaterial hat, insbesondere in der Baumschule, die Sommerveredlung große Bedeutung. Dazu werden im gleichen Jahr gewachsene, jedoch ausreichend kräftige, gut belichtete Triebe benötigt. Je Veredlungsstelle wird hierbei nur ein Auge des Edelreises verwendet (Okulieren). Die im Sommer entnommenen Reiser müssen durch Entblättern und Einlegen in Plastikbeutel vor Transpirationsverlusten geschützt und nach spätestens einigen Tagen zur Veredlung verwendet werden.

Ein Veredlungserfolg kann nur eintreten, wenn die Kambiumzonen von Unterlage und Reis, die zur Bildung neuen Zellgewebes fähig sind, miteinander verwachsen können, bevor die Wasser- und Ernährungsreserven des Edelreises oder Edelauges erschöpft sind. Alle Veredlungsverfahren gehen daher davon aus, die Kambiumzonen der Pfropfpartner auf möglichst großen Flächen miteinander in Kontakt zu bringen, die Ernährungs- und Wasserreserven im Edelreis(auge) bis zum Anwachsen möglichst zu schonen und nach dem Veredeln Wachstumsbedingungen zu erreichen, die das Kambiumwachstum anregen.

Die **Okulation** ist das in der Obstbaumschule gebräuchlichste Veredlungsverfahren. Man okuliert im Juli–August.

Wichtig ist dabei, daß weder die Unterlage noch das Edelreis bereits mit dem Trieb abgeschlossen haben. Das vom Reis getrennte Auge wird beim Okulieren in einen T-förmigen Einschnitt der Unterlage bzw. des Astgerüstes eingeschoben und mit einem im Handel für diesen Zweck erhältlichen Bast verbunden. In den Baumschulen hat sich in den letzten Jahren zum Verbinden die Gummimanschette durchgesetzt, die sich dem Wachstum anpaßt und daher nicht wie der Bast nach einigen Wochen abgenommen werden muß.

Die anderen Veredlungsmethoden werden mit einjährigem Reisermaterial im Frühjahr, bei Süßkirschen vielfach auch im Herbst, durchgeführt. Sie sind die Regel bei Umveredlungen von Obstpflanzungen.

Eine bei Jungbäumen übliche Veredlungsmethode, das **Kopulieren**, setzt etwa gleiche Stärke von Edelreis und Unterlage voraus. Unterlage und Edelreis müssen dabei

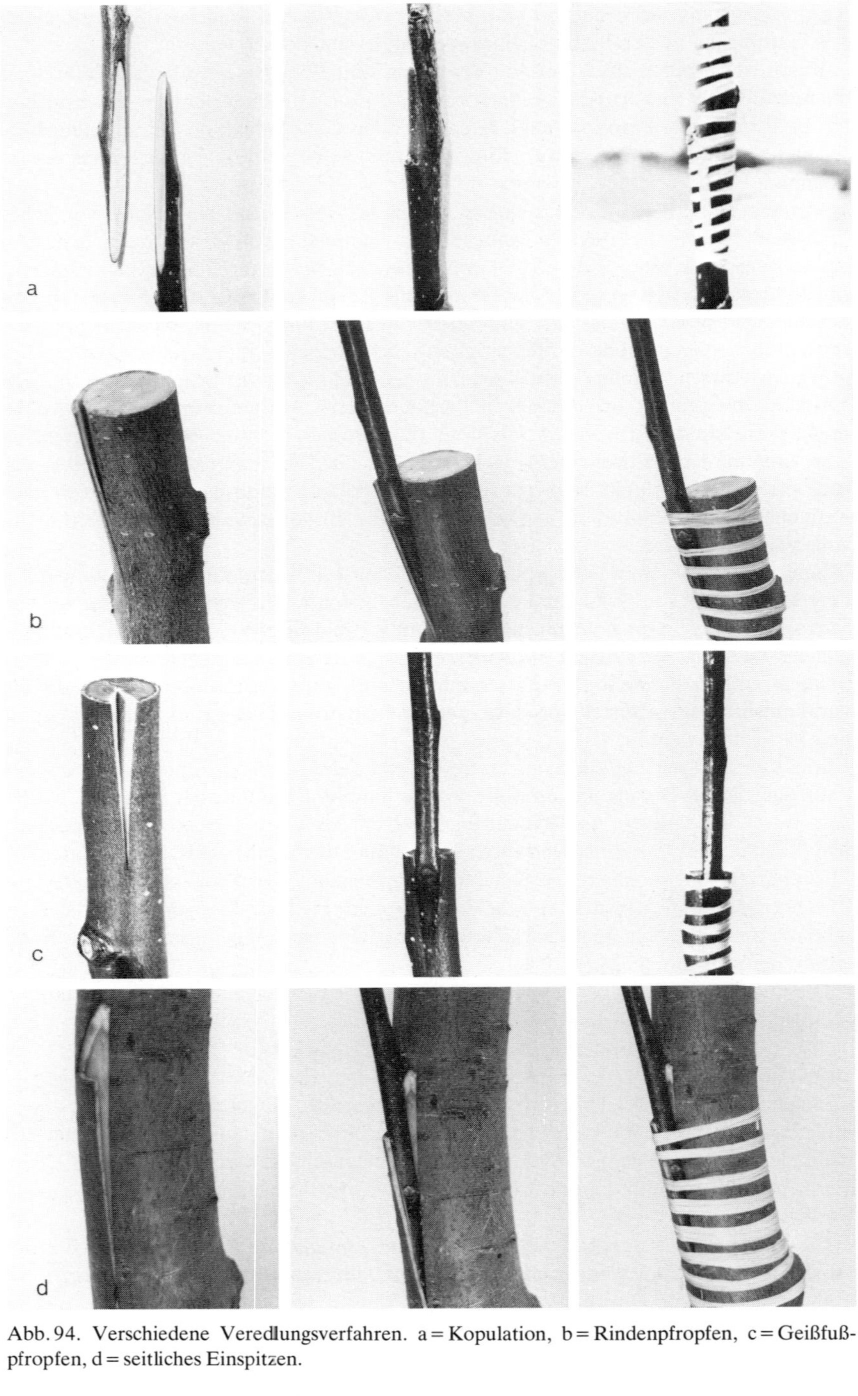

Abb. 94. Verschiedene Veredlungsverfahren. a = Kopulation, b = Rindenpfropfen, c = Geißfußpfropfen, d = seitliches Einspitzen.

schräg so geschnitten werden, daß die Schnittflächen aneinanderpassen. Der Schnitt ist an Reis und Unterlage so zu führen, daß sich auf Höhe der Schnittmitte gegenüber dem Anschnitt eine Knospe befindet, die Kopulation wird sodann durch einen Bastverband fixiert und mit Baumwachs verstrichen. Kopulationen führt man in der Vegetationsruhe oder zu Vegetationsbeginn aus. Die Edelreiser sollen 3 bis 5 Augen haben, was einer Länge von 10 bis 15 cm entspricht. Eine Kopulation ist auch die sog. *Handveredlung*, die man im Winter im geschlossenen Raum vor dem Aufschulen der Baumschulware durchführt.

Die Kopulation setzt, wie gesagt, gleiche Sproßstärken von Unterlage und Edelreis voraus. Bei älteren Unterlagen und bei Umveredlungen ist dies nicht der Fall, sondern die zu veredelnden Sproßteile sind stärker als das Reismaterial. Die bekanntesten, in diesen Fällen üblichen Veredlungsverfahren sind das Geißfußpfropfen und das Rindenpfropfen.

Beim **Geißfußpfropfen** wird die Unterlage in der gewünschten Veredlungshöhe rechtwinklig abgesägt, mit einem keilförmigen Einschnitt versehen und das Edelreis durch zwei Kopulierschnitte diesem Keil so angepaßt, daß – wie bei allen Veredlungen – die Kambiumzonen der Pfropfpartner sich auf möglichst großer Fläche abdecken. Auch diese Veredlung wird mit Bast verbunden und mit Baumwachs verstrichen. Die Geißfußveredlung wird häufig in Baumschulen bei Unterlagen angewendet, wenn die Okulation des Sommers nicht angewachsen ist.

Zum Umveredeln älterer Bäume dient vor allem das **Rindenpfropfen**. Es gibt zahlreiche Varianten dieser Methode. Ein gebräuchliches Prinzip, das Rindenpfropfen nach WENCK, besteht darin, die Rinde der Unterlage nach dem Abwerfen des Sprosses vom Holzteil vorsichtig etwas abzulösen und das beidseitig in geeignetem Winkel beschnittene Edelreis zwischen Holz und Rinde zu schieben. Dadurch kommt es beidseitig mit Kambiumschichten in flächigen Kontakt.

Abb. 95. Durch Rindenpfropfen umveredelter Ast nach einem Jahr. Aus vier Augen haben sich kräftige Langtriebe entwickelt.

Bei Bäumen mit dicker Rinde, insbesondere bei Birnen, bevorzugt man das **Tittelpfropfen**. Dabei wird die Rinde am Pfropfkopf in der Breite des Edelreises gelöst und das Reis eingeschoben, nachdem es an den späteren Kontaktstellen zum Kambium durch mindestens noch je einen Schnitt an Außen- und Innenseite vorbereitet wurde.

Das Rindenpfropfen setzt ablösbare Rinde voraus und wird daher nach Vegetationsbeginn um die Blütezeit ausgeführt, während das Geißfußpfropfen und das Kopulieren auch schon vor Beginn der Vegetationszeit vorgenommen werden können. Stärkeren Ästen pfropft man mehrere (meist zwei) Reiser auf. Der gesamte Pfropfkopf wird mit Bast verbunden und mit Baumwachs verstrichen. Bei schräg oder waagrecht stehenden Pfropfköpfen soll das Edelreis stets an der Oberseite eingesetzt werden, um ein späteres Ausbrechen zu vermeiden.

Kronen von Bäumen, die zum Umpfropfen vorgesehen sind, wirft man im vorhergehenden Winter ab. Es ist üblich, im unteren Kronenbereich einige sog. Zugäste zu belassen, bis sich eine neue Baumkrone entwickelt. Die Zugäste verhindern auch einen völligen Ertragsausfall nach der Veredlung. Eine biologische Notwendigkeit zum Belassen von Zugästen besteht indessen nicht. Veredlungen ohne Zugäste führen ebenfalls zum Erfolg. Steinobst darf nicht im Winter, sondern erst unmittelbar vor dem Veredeln abgeworfen werden. Vom schrittweisen Umveredeln der Baumkronen mit dem Ziel, Ertragseinbußen zu vermeiden, ist abzuraten. Der Wuchs der veredelten Reiser wird durch die Konkurrenz starker Äste zu sehr beeinträchtigt, und der Umveredlungsprozeß dauert viele Jahre. Bei konsequenter Umveredlung mit nur wenigen Zugästen im unteren Kronenbereich hingegen kann schon im dritten Lebensjahr nach der Veredlung wieder mit nennenswerten Erträgen gerechnet werden. Die Krone umveredelter Bäume wächst erheblich schneller zu als neugepflanzte Jungbäume. Trotzdem ist vor

Abb. 96. Zwei Jahre nach der Veredlung hat dieser Apfelbaum schon wieder eine ansehnliche Krone gebildet.

der Umveredlung ganzer Quartiere kritisch zu prüfen, ob nicht doch eine Rodung und Neupflanzung wirtschaftlicher sind.

Das Prinzip des Veredelns kann man auch dazu benutzen, Wunden an Stämmen von Bäumen zu „überbrücken“, die durch Frost, Obstbaumkrebs oder mechanische Schäden schwer geschädigt wurden, jedoch noch wirtschaftlich wertvoll sind. Man pfropft dabei das zur Überbrückung vorgesehene Reis an beiden Enden hinter die Rinde (Einspitzen), die man wie beim Okulieren mittels eines T-Schnittes löst, wenn der Baum im Saft ist, d.h. im Frühjahr mit Reisern oder im Hochsommer mit gleichjährigen, entlaubten Trieben. Auch bewurzelte Unterlagen kann man auf diese Weise als „Ammen“ oder Vorspann in Bäume einpfropfen, die zu schwach wachsen. Im neuzeitlichen Erwerbsobstbau haben das Überbrücken und das Einveredeln von Ammen an Bedeutung verloren, während das Umveredeln nach wie vor von Interesse sein kann, wenn das Anbausystem zweckmäßig, die Sorte aber nicht mehr marktkonform ist.

Bodenpflege

Die Wurzeln sind neben den Blättern die wichtigsten Aufnahme- und Synthesezentren der Obstpflanzen. Für eine hohe Leistung der Obstbäume und -sträucher sind deshalb gute Entwicklungs- und Funktionsbedingungen im Wurzelraum wichtig. Zum Durchdringen des Bodens benötigen die Wurzeln vor allem ein günstiges Bodengefüge und für eine ungestörte Tätigkeit zusagende Temperatur-, Wasser- und Luftverhältnisse. Zusagende Bedingungen liegen vor im Temperaturbereich von +2 bis +25 °C, bei einem Anteil von 15 bis 20% luftgefüllter Poren und einer Bodenluft-Zusammensetzung von mindestens 10% O_2 und höchstens 5% CO_2. Bei schlechter Wasserführung des Bodens bewirken hohe Regenfälle im Sommer (bei hoher Atmungsintensität der Wurzeln) eine Sauerstoffverarmung und Kohlendioxidanreicherung der Bodenluft. Sie können so Wurzelschäden auslösen, die u. U. erst im nächsten Jahr erkennbar sind.

Fruchtbare Böden bieten besonders günstige Bedingungen für die Entwicklung und Tätigkeit der Wurzeln. Die vordringlichste Aufgabe der Bodenpflege besteht in der Erhaltung und Steigerung der Bodenfruchtbarkeit. Ihre verschiedenen Maßnahmen beeinflussen vor allem ertragsbestimmende Faktoren wie Wasserspeicherung, Wasserführung, Durchlüftung und Nährstoffangebot der Böden, aber auch Bodenerosion und Befahrbarkeit der Obstanlagen.

1 Bodenbearbeitung

Die Bodenbearbeitung und -vorbereitung vor der Pflanzung ist an anderer Stelle dieses Buches behandelt (s. Seite 167). Nach dem Pflanzen der Obstgewächse soll die Bodenbearbeitung den Boden lockern, seine Durchlüftung fördern, die Wasserverdunstung herabsetzen, einen vorhandenen Unkrautbewuchs vernichten und vorher ausgebrachten Dünger in die Krume einmischen.

Das im Boden vorhandene Wasser und die Nährstoffe kommen bei diesem Kultursystem ausschließlich den Obstpflanzen zugute, und es kann festgestellt werden, daß Wachstum und Fruchtbarkeit in derart gepflegten Obstanlagen im allgemeinen recht gut sind.

Die regelmäßige Bearbeitung der Böden bringt aber auch einige wesentliche *Nachteile* mit sich: selbst eine nur auf die obersten 5 bis 10 cm beschränkte Bodenbearbeitung bedeutet eine fortwährende Beschädigung der oberflächennahen Wurzeln. Die ständig bearbeitete, nährstoffreichste Bodenschicht fällt damit als Nährstofflieferant weitgehend aus. Die Bodenoberfläche unterliegt starken Feuchtigkeits- und Temperaturschwankungen; sie ist ungeschützt der Sonneneinstrahlung und den Niederschlägen ausgesetzt. Strukturschäden des Bodens in Form von Krümelzerstörung und Verkrustung mit gestörtem Gasaustausch sind nicht selten die Folge davon. In Hanglagen besteht bei offengehaltenem Boden außerdem die Gefahr einer ständigen Bodenabtragung, durch die im Laufe der Zeit ein beträchtlicher Teil der fruchtbaren Krume

Tab. 31. Einfluß der Bodenpflege auf verschiedene Eigenschaften des Oberbodens (0 – 20 cm)

Bodenbehandlung	pH	organ. Substanz %	mg Nährstoff in 100 g Boden P_2O_5	K_2O	Mg
Strohmulch	5,5	3,8	14	35	16
offener Boden mit Gründüngung	5,0	3,2	10	26	13
Mulchrasen	5,6	4,0	13	49	16
Gras genutzt	5,3	4,0	4	8	14

verloren gehen kann. Das Befahren von offengehaltenen Obstanlagen kann in niederschlagsreichen Gegenden erheblich erschwert sein. Es bewirkt hier häufig zusätzliche Strukturschäden durch Bodendruck und durch Verschmieren der Bodenpartikel. Die häufige Bodenlockerung begünstigt den Humusabbau. Ohne Humuszufuhr in Form von Stallmist, Kompost, Torf o.ä. verarmt deshalb der Boden im Laufe der Zeit an Humus.

Steht nicht genügend Stallmist zur Verfügung, so läßt sich der Humusbedarf ganz oder teilweise durch den Anbau einer *Gründüngung* decken. Durch ihr intensives Wurzelwachstum bewirkt eine solche auch eine Strukturverbesserung der tieferen Bodenschichten. Bleibt sie über Winter stehen, so schützt sie die Obstbaumwurzeln vor Kahlfrösten; sie erleichtert darüber hinaus das Betreten und Befahren der Anlagen während der Winter- und Frühjahrsmonate und gestattet damit eine leichtere Durchführung der Schnitt-, Düngungs- und Pflanzenschutzmaßnahmen.

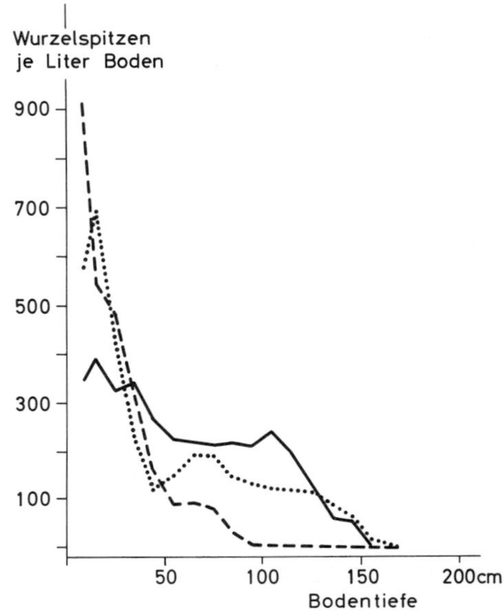

Abb. 97. Verteilung der Saugwurzeln von Apfelbäumen im Boden bei unterschiedlicher Bodenpflege. —— Rasenmulch, ––– Strohmulch, ... offener Boden (nach WELLER 1968, verändert).

Eine Gründüngungseinsaat sollte nicht vor Juli erfolgen. Zur Sommereinsaat eignen sich sowohl Reinsaaten von Raps und Rübsen (10 bis 12 kg/ha), Senf (20 bis 25 kg/ha) und Phazelia (15 bis 20 kg/ha) als auch Mischungen von Phazelia mit Senf oder Serradella sowie von Ackerbohnen mit Wicken und Senf.

2 Bodenbedeckung

Die Bedeckung des Bodens mit organischem oder anorganischem Material weist gegenüber einer regelmäßigen Bodenbearbeitung beachtliche Vorteile auf: die Bodentemperatur und -feuchtigkeit sind ausgeglichener; die Bodenbearbeitung kann entfallen, weil das Deckmaterial die Verdunstung und den Unkrautwuchs einschränkt; der Humusgehalt steigt je nach dem angewandten Verfahren an. Die einzelnen Bodenbedeckungsverfahren lassen sich nach der Art des aufgebrachten Materials unterscheiden. Es haben sich eingeführt:

1. die Folienbedeckung,
2. das Mulchen (= Bedecken) des Bodens mit Stroh, Gras, Kartoffelkraut, Baumrinde usw.
3. die Einsaat von speziellen Mulchrasenmischungen mit mehrmaligem, bis zu 12fachem Schnitt im Jahr; das Schnittgut bleibt jeweils an Ort und Stelle liegen (Grasmulch).

Eine Kombination des letztgenannten Verfahrens mit dem Offenhalten des Bodens stellt die Behandlung der Baumstreifen mit Herbiziden dar. Das in der Fahrgasse anfallende Schnittgut wird vorzugsweise auf die Baumstreifen abgelegt.

Die **Folienbedeckung** eignet sich hauptsächlich für den *Erdbeeranbau*. Durch die Anwendung von schwarzer Polyäthylenfolie werden der Unkrautwuchs unterdrückt, die Wasserverdunstung eingeschränkt und die Erwärmung des Bodens im Frühjahr beschleunigt. Diese frühere Erwärmung des Bodens führt teilweise zu einer um ca. 6 Tage früheren Reife der Beeren. Die Erträge können je nach der angebauten Sorte höher ausfallen als bei bearbeitetem Boden. Außerdem verschmutzen die Früchte bei Regenwetter nicht. Es hat sich die Pflanzung von 1 bis 3 Erdbeerreihen je Folienbahn bewährt, weil hierbei die Folie bei der Ernte nicht betreten werden muß und damit weniger beschädigt wird als bei Verwendung von breiteren Bahnen. Außerdem stellt sich das Problem der Folienbeschwerung nicht in dem Maße wie bei sehr breiten Folienbahnen. Schmale Bahnen können maschinell ausgelegt und gleichzeitig mit ihren Rändern in den Boden eingebracht werden.

Das **Mulchen** der Obstanlagen mit Stroh oder mit anderem organischem Material konnte sich trotz beachtlicher Vorzüge nur in Einzelfällen in der Praxis durchsetzen. Zur ausreichenden Unterdrückung des Unkrautwuchses sind durchschnittlich 100 dt Trockenmasse je ha erforderlich. Diese Menge ist alljährlich aufzubringen, weil ein großer Teil des organischen Materials verrottet. Dieser Vorgang bewirkt eine Anreicherung der obersten Bodenschichten mit Humus. Infolge des Wegfalls jeglicher Bodenbearbeitung dringen die Wurzeln der Obstpflanzen in die humose Schicht vor und verzweigen sich dort reichlich.

Die gewichtigsten Nachteile des Mulchens mit Stroh sind erheblicher Transportaufwand, Brandgefahr und erschwertes Befahren der Anlagen mit schweren Geräten in niederschlagsreichen Gebieten.

Abb. 98. Das Bedecken des Bodens mit Baumrinde erhält die Bodenfeuchtigkeit und hemmt den Unkrautwuchs.

Das **Rasenmulchen**. Durch Einsaat einer Grasmischung entsteht eine bei jedem Wetter befahrbare, durch den Wurzelfilz der Gräser und Kräuter verfestigte Bodenoberfläche. Diese Grasnarbe schützt den Boden vor Sonnenlicht und Tropfenschlag, gleicht Temperatur- und Feuchtigkeitsschwankungen aus und reichert den Boden infolge Wegfalls der Bodenlockerung und durch laufende Verrottung von Wurzeln und liegenbleibendem Schnittgut mit Humus an.

Allerdings treten Gräser und Kräuter als Wasser- und Nährstoffkonkurrenten der Obstgehölze auf. Auch ein Kurzhalten des Grases durch regelmäßiges Mähen kann diese Konkurrenz nicht restlos ausschalten.

Man ist deshalb dazu übergegangen, einen 1 bis 1,5 m breiten Streifen in den Baumreihen mit *Herbiziden* unkrautfrei zu halten. Dieses Teilbegrünungssystem ist gut ausgewogen, weil die Obstpflanzen im durchlüfteten, humus- und nährstoffreichen Oberboden des Herbizidstreifens besonders günstige Voraussetzungen für das Wurzelwachstum und die Nährstoffaufnahme finden. In der Fahrgasse bilden die Gräser ein dichtes Wurzelsystem mit gutem Nährstoffaneignungsvermögen aus. Beim Schnitt wird ein Teil der aufgenommenen Nährstoffe auf den Herbizidstreifen transportiert. Beschädigungen der Baumstämme durch die Mähvorrichtungen treten nicht auf.

In Gegenden mit hohem Grünlandanteil siedeln sich auf unbewachsenen Flächen auch ohne Aussaat rasch Gräser und Kräuter an. Sie ergeben bei regelmäßigem Mähen innerhalb einer Vegetationsperiode eine geschlossene und tragfähige Grasnarbe. Dies trifft besonders für frisch umgebrochenes Dauergrünland zu. Dennoch ist die Neuansaat einer Selbstbegrünung vorzuziehen. Sie bewirkt vor allem die rasche Ausbildung eines geschlossenen Pflanzenbestandes mit einer beträchtlichen Produktion an Grünmasse. Des weiteren können bei einer Neuansaat wertvolle Gräser, die sich bei Selbst-

Tab. 32. Einfluß verschiedener Bodenpflegesysteme auf den Ertrag bei Apfel

Bodenbehandlung	jährlicher Ertrag kg/Baum vom 4. bis 10. Standjahr		
	Roter Boskoop	Goldparmäne	Golden Delicious
Strohmulch	79	52	72
offener Boden mit Gründüngung	76	53	58
Mulchrasen	65	48	58
Gras genutzt	43	37	37

begrünung nicht immer in größerer Menge einfinden, bevorzugt in die Saatmischung aufgenommen werden.

Besondere Beachtung verdienen bei einer Einsaat die ausläufertreibenden und die horstbildenden Rotschwingel *Festuca rubra* ssp. *rubra (= F. rubra* var. *genuina)* und *Festuca rubra* ssp. *commutata (= F. rubra* var. *fallax)* sowie die Wiesenrispe und die Gemeine Rispe *(Poa pratensis* und *Poa trivialis)*. Ihnen können noch geringere Anteile von Deutschem Weidelgras *(Lolium perenne)* und Flechtstraußgras (*Agrostis stolonifera)* zugemischt werden. Saatgutmenge: 20 bis höchstens 30 kg je ha.

Weißklee *(Trifolium repens)* ist im Mulchrasen aus verschiedenen Gründen abzulehnen. Er verschwindet in graswüchsigen Beständen infolge Lichtmangels häufig innerhalb weniger Jahre von selbst. Größere Vorkommen im Bestand würden im Hinblick auf chemische Pflanzenschutzmaßnahmen Gefahrenherde für die Bienen bilden. Bei der Anwendung bienengiftiger Präparate ist der Obsterzeuger zwar verpflichtet, blühende Weißkleebestände vor der Spritzung zu mulchen. Eine Vergiftungsmöglichkeit läßt sich damit aber nicht restlos beseitigen, weil nur ein Teil des niedrig wachsenden Weißklees von den Messern der Mulchgeräte erfaßt wird. Weitere Bienenverluste entstehen öfters noch dadurch, daß viele, den Weißklee bevorzugt aufsuchende Bienen von den Mähwerkzeugen erschlagen werden.

3 Chemische Unkrautbekämpfung

Erst das Aufkommen der Herbizide (Unkrautbekämpfungsmittel) hat die Kombination Dauergras in den Fahrgassen und offengehaltene Baumstreifen ermöglicht. Eine weitgehende und lange anhaltende Unkrautfreiheit durch Herbizideinsatz ist jedoch nicht einfach herbeizuführen. Der Erfolg hängt hauptsächlich von der Art und Menge des verwendeten Mittels ab, aber auch von der Bodenart, vom Humusgehalt des Bodens, von der Bodenfeuchtigkeit nach der Behandlung und von der Zusammensetzung des Mulchrasens.

Jedes Herbizid kann bei unsachgemäßer Anwendung auch die Obstgewächse schädigen. Durch Blattherbizide verursachte Schäden sind nur zu erwarten, wenn Blätter und grüne Triebe der Obstpflanzen direkt von der Spritzbrühe getroffen werden. Dagegen hängt das Risiko für die Obstpflanzen und die Wirksamkeit gegen Unkräuter bei Mitteln, die auch oder nur über den Boden wirken, noch vom Grad ihrer Wasserlöslichkeit, von der ausgebrachten Wirkstoffmenge, den Niederschlägen nach der Behandlung, der Bodenart und vom Humusgehalt des Bodens ab: Schwere Böden halten die Herbizide besonders fest, humusreiche verursachen einen beschleunigten Abbau.

Der folgende Überblick über die im Obstbau gebräuchlichsten Mittel ist weder nach ihrer Art, noch nach ihren Einsatzgebieten vollständig. Eine umfassende Orientierung bietet das „Verzeichnis der Pflanzenschutzmittel", herausgegeben von der Biologischen Bundesanstalt für Land- und Forstwirtschaft. Einzelheiten über die Anwendungsbedingungen und Wartezeiten sind aus den Aufschriften der Herbizidverpackungen zu ersehen.

Amitrol ist Bestandteil von Kombinationsprodukten, die einen oder mehrere der Wirkstoffe Bromacil, Diuron, 2,4-D Salz, MCPA Salz, Metabenzthiazuron oder Simazin enthalten. Die amitrolhaltigen Herbizide (z.B. „Domatol", „Domatol forte", „Domatol Spezial", „Ustinex GL", „Ustinex KR", „Ustinex PA", „Ustinex Spezial" u.a.) sind vielverwendete Unkrautbekämpfungsmittel im Kernobstanbau, in der Bundesrepublik Deutschland aber nicht mehr zugelassen.

Alle zu dieser Gruppe zählenden Mittel werden vornehmlich im Frühjahr angewendet. Sie zeichnen sich durch eine rasche und anhaltende Wirkung gegen Unkräuter und Ungräser aus. Im Einzelfalle kann die Wirkung unbefriedigend sein, so bei Ampfer, Bärenklau, Giersch, Huflattich, Kriechender Günsel, Quecke, Schachtelhalm, Wiesenkerbel u.a. Überwiegende Anwendung vom 2. Standjahr an in herabgesetzter, vom 4. Standjahr an mit normaler Aufwandmenge.

Chloroxuron („Tenoran"). Gegen flachkeimende Samenunkräuter im Erdbeeranbau. Schlechte Wirkung bei Wurzelunkräutern. Anwendung 10 bis 14 Tage nach der Pflanzung, vor der Blüte oder nach der Ernte. Verschiedene Erdbeersorten reagieren empfindlich, deshalb Empfehlungen der örtlichen Berater beachten.

Chlorthiamid („Prefix"). Streugranulat für Winter- und Frühjahrsanwendung bei Kernobst ab 4. und bei Johannisbeeren ab 2. Standjahr. Gezielte Anwendung gegen Huflattich und Distel. Kann bei Johannisbeeren Blattrandverfärbungen hervorrufen.

Dichlobenil („Casoron G"). Streugranulat, in Wirkung und Anwendung vergleichbar mit Chlorthiamid. Anwendung bei Johannisbeeren ab 4. Standjahr.

Glyphosat („Roundup"). Anwendung in Kernobstanlagen ab Pflanzjahr bis Juli oder im Herbst mit durchschlagender Wirkung gegen Samen- und Wurzelunkräuter. Sommerbehandlungen können Schäden verursachen. Wird nur von den Blättern aufgenommen und soll deshalb nicht abtropfen. Mit Wuchsstoffen mischbar.

Lenacil („Venzar"). Gegen auflaufende Samenunkräuter in Erdbeeranlagen mit ähnlichem Wirkungsspektrum wie Chloroxuron. Bei unvollständiger Wirkung kann Phenmedipham zugemischt werden.

Paraquat („Gramoxone"). Einsatz bei Kern-, Stein- und Beerenobst ab Pflanzung im Frühjahr, Sommer und Herbst. Sichere Abtötung aller oberirdischen Teile. Wurzelunkräuter treiben aber bald wieder aus. Wirkungsverbesserung gegen Ampfer, Distel und Brennessel durch Zusatz von **Deiquat** („Reglone"). Wirkungsverlängerung nach Kombination mit Simazin vom 2. Standjahr an.

Phenmedipham („Betanal"). Zur Frühjahrsbehandlung von Erdbeerjunganlagen und -ertragsanlagen, in letzteren besser mit Lenacilzusatz.

Propyzamid („Kerb"). Zur Herbst- oder Winterspritzung in Kern-, Stein- und Strauchbeerenobstanlagen bei Temperaturen unter +10°C. Schwache Wirkung gegen zweikeimblättrige Pflanzen.

Simazin („Gesatop-Granulat" bzw. „Simazin-2-Granulat", „Gesatop 50" und „Simazin 50"). Gegen auflaufende Unkräuter bei Kern-, Stein- und Beerenobst. In Erdbeeranlagen vor der Blüte, bei mehrjährigem Anbau auch nach der Ernte. Frühjahrsanwendung bei Kern-, Stein- und Strauchobst ab 3. Standjahr. Bei Vergrasung ist eine Mischung mit Gramoxone besser wirksam.

Terbacil („Albranal", „Purgarol"). In Kombination mit Diuron und MCPA bzw. nur mit MCPA als Nachfolgeprodukte für die amitrolhaltigen Mittel. Zur Sommeranwendung gegen ein- und zweikeimblättrige Unkräuter ab 1. bzw. ab 4. Standjahr.

Wuchsstoffe wie MCPA-Salz, Mecoprop, 2.4.5-T, 2.4-D für die spezielle Bekämpfung zweikeimblättriger Pflanzen, die sich nach (selektiven) Herbizidbehandlungen oft verstärkt ausbreiten. Anwendung bei wüchsigen Bedingungen im Frühjahr und Sommer ab Pflanzjahr.

Die *Ausbringetechnik* und die Gerätefrage sind von besonderer Bedeutung für den Erfolg. Überdosierungen und Doppelbehandlungen (Überlappung der Spritzstreifen) sind insbesondere bei Bodenherbiziden zu vermeiden. Blätter, Früchte und unverholzte Triebe dürfen unter keinen Umständen von der Spritzbrühe irgendeines Herbizides getroffen werden. Deshalb bei windstillem Wetter und mit niedrigem Druck spritzen. Zur Ausbringung empfiehlt sich der Gebrauch eines speziellen Herbizid-Spritzbalkens. Die Spritzen müssen nach dem Ausbringen der Herbizide besonders gründlich mit Aktivkohle gereinigt werden.

Jeder Kontakt der Haut mit unverdünnten Präparaten und mit der Spritzbrühe sowie das Einatmen von Spritznebel sollte unbedingt vermieden werden.

Vor jeder Anwendung sollten die Empfehlungen des Pflanzenschutzdienstes, der amtlichen Obstbauberatungsstellen und die Anwendungsvorschriften der Hersteller (Dosierung!) genau durchgelesen werden. Die vorgeschriebenen Wartezeiten sind strikt zu beachten.

Ernährung und Düngung

Für den ungestörten Ablauf des Stoffwechsels der Obstpflanzen sind verschiedene mineralische Nährstoffe erforderlich. Deren entscheidende Bestandteile sind die Nährelemente. Dem Mengenbedarf der Pflanzen entsprechend werden sie in Haupt- und in Spurenelemente eingeteilt. Zu den in größeren Mengen benötigten *Hauptelementen* gehören Stickstoff (N), Phosphor (P), Kalium (K), Magnesium (Mg), Calcium (Ca) und Schwefel (S). Unter die am Ablauf biochemischer und physiologischer Vorgänge mit wesentlich geringeren Mengen beteiligten *Spurenelemente* fallen Bor (B), Eisen (Fe), Kupfer (Cu), Mangan (Mn), Molybdän (Mo) und Zink (Zn). Außer ihnen nimmt die Pflanze noch weitere, nicht immer lebensnotwendige, ja manchmal auch schädlich wirkende Elemente in teilweise beträchtlichen Mengen auf, so z. B. Chlor (Cl), Kieselsäure (Si) und Natrium (Na).

Die Nährelemente sind in den Mineralen und in den organischen Verbindungen des Bodens enthalten. Durch Verwitterung oder Mineralisierung werden aus den anorganischen Bodenteilchen hauptsächlich K, Na, Mg und Ca, aus den organischen Verbindungen dagegen die Elemente N, P und S freigesetzt und damit pflanzenverfügbar. Der Nährstoffvorrat eines Kulturbodens wird weitgehend durch seine Mineral- und Korn-

Tab. 33. Jährlicher Nährstoffentzug eines Apfelbaums bei einem Pflanzabstand von 10 × 10 m (nach BATJER und ROGERS 1952)

Pflanzenteile		Nährstoffmenge in g/Baum				
		N	P	K	Ca	Mg
in den Boden zurückkommende Mengen:						
Blätter	115 kg					
abfallende Blüten und Früchte	12 kg	530	52	457	938	165
Schnittholz	40 kg					
im Baum festgelegte Mengen:						
Zuwachs an Trieben	639 kg	146	35	114	368	18
und Wurzeln	56 kg					
weggeführte Mengen:						
Früchte	300 kg	157	47	422	33	16
jährlicher Gesamtbedarf		833	134	993	1339	199

größenzusammensetzung, durch seine Humusmenge und -qualität und durch seine Nährstoffzufuhr (Düngung) bestimmt.

Für die Wuchs- und Ertragsleistung der Obstgewächse ist ein ihrem Nährstoffbedürfnis entsprechendes Nährstoffangebot notwendig. Dieses setzt nicht nur einen hohen Nährstoffgehalt des Bodens, sondern auch eine gute Verfügbarkeit der einzelnen Elemente voraus.

Die Aufnehmbarkeit verschiedener Elemente wird ganz beträchtlich von der *Bodenreaktion* beeinflußt: Bor, Kupfer, Mangan und Zink sind bei saurer, Phosphat bei neutraler und Stickstoff und Molybdän bei neutraler und alkalischer Reaktion am besten für die Pflanze verfügbar. Die Nährstoffaufnahme kann auch durch die Anwesenheit eines anderen Elementes erschwert (Antagonismus) oder erleichtert werden (Synergismus). Ein steigendes N-Angebot fördert z.B. beim Apfel die Aufnahme von Calcium und Magnesium und hemmt die Phosphat- und Kaliumaufnahme.

Die mineralische Ernährung der Obstgewächse wird außerdem durch den *Wasser- und Lufthaushalt des Bodens* tiefgreifend beeinflußt. Eine gute Wasserversorgung bewirkt stets eine gute Ausnutzung der Nährstoffe. Der Wassergehalt des Bodens beeinflußt außerdem die Zusammensetzung der Bodenlösung: in Trockenjahren wird relativ wenig K und viel Mg und Ca aufgenommen; in niederschlagreichen Jahren sind umgekehrte Verhältnisse festzustellen. Die Durchlüftung des Bodens wirkt sich vor allem auf die Atmung der Wurzeln und damit auch auf die Nährstoffaufnahme aus.

Besonderheiten bei der Ernährung und Düngung der Obstgehölze ergeben sich beim Vergleich mit anderen gärtnerischen und landwirtschaftlichen Kulturen durch die Ausbildung eines umfangreichen und viele Jahre überdauernden Wurzel- und Sproßsystems. Es werden dafür einesteils erhebliche Nährstoffmengen benötigt und längere Zeit dem Nährstoffkreislauf entzogen. Gleichzeitig dient es aber auch als Speicher, aus dem im Bedarfsfall Nährstoffreserven mobilisiert werden können. Ein vorübergehend geringes Nährstoffangebot wirkt sich deshalb auf die Leistung der Obstgehölze in geringerem Maße aus als bei einjährigen Kulturen.

1 Mineralstoffe

1.1 Stickstoff

Der in den Böden vorhandene, vorwiegend organisch gebundene Stickstoff stammt fast ausschließlich aus der Luft. Mineralböden enthalten 0,3 bis 3‰ oder 900 bis 9000 kg N/ha in der 20 cm mächtigen Krume. Er wird erst durch Abbau (Mineralisation) verfügbar. Die organischen N-Formen werden bei diesem Vorgang von Mikroorganismen in die Ammoniumform übergeführt. Auf diese Weise werden jährlich 1 bis 3% des im Boden vorliegenden Stickstoffs oder 30 bis 270 kg N/ha mineralisiert. Nitrifizierende Bakterien wandeln den Ammonium-N schnell über Nitrit-N in Nitrat-N um.

Nitrat-N ist im Gegensatz zu Ammonium-N im Boden frei beweglich und leicht auswaschbar. Die Auswaschverluste sind auf unbewachsenen Böden größer als auf bewachsenen. Auf diesen nehmen Mikroorganismen und die Wurzeln höherer Pflanzen den leicht verfügbaren Nitrat-N auf und benutzen ihn zum Aufbau von Körpersubstanz. Diese biologische Festlegung des N vermindert die Auswaschungsverluste. Sie wirkt sich aber auch nachteilig aus, weil die Mikroorganismen und etwaige Unterkulturen, Grüneinsaaten usw. mit den Obstgewächsen um die leicht löslichen N-Verbindungen konkurrieren.

Stickstoff kann von den Wurzeln in Ammonium- und in Nitratform aufgenommen werden. Während aufgenommener Ammonium-N von der Pflanze unmittelbar weiterverarbeitet wird, muß Nitrat-N vorher in der Wurzel oder auch im Sproß in Ammonium-N umgewandelt werden. Anschließend wird er mit organischen Säuren zur Aminosäurebildung herangezogen.

Von diesen kommen der Asparagin- und Glutaminsäure eine zentrale Stellung im N-Stoffwechsel zu, weil die Obstgewächse mit ihrer Hilfe Amino-N speichern können. 20 bis 25 verschiedene, in der Natur vorkommende Aminosäuren bilden die Bausteine der Eiweiße. Diese kommen vor allem in wachsenden Pflanzenteilen und -geweben (in Blättern, Wurzel- und Triebspitzen, im Kambium und in jungen Früchten) vor.

Weitere wichtige Eiweißstoffe sind die Enzyme, die Vitamine und das Chlorophyll.

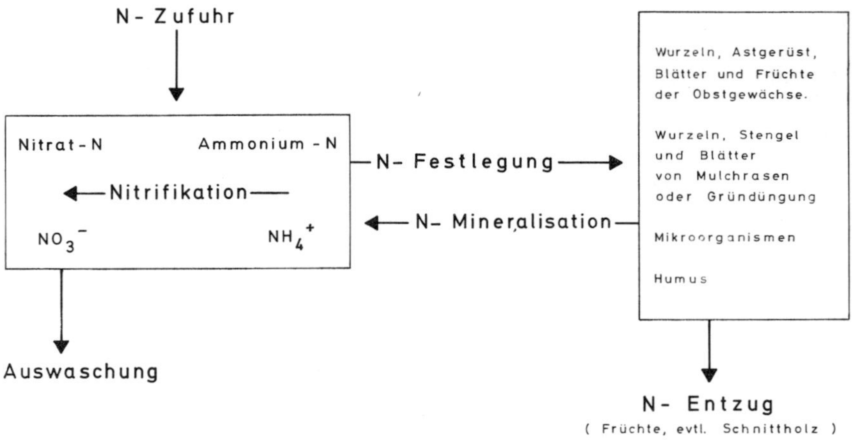

Abb. 99. Die wichtigsten Wege des Stickstoffs in einer Obstanlage.

Eine unterschiedliche N-Ernährung beeinflußt den Chlorophyllgehalt der Blätter und vor allem ihre Photosyntheseleistung in stärkerem Maße als irgendein anderes Element. Bei starkem N-Mangel kann die Assimilationsleistung von Apfelblättern bis um 60% geringer sein als bei ausreichender N-Versorgung.

Stickstoff, Wachstum und Ertrag

Die Stickstoffversorgung der Pflanzen und ihre Wuchsstärke stehen in enger Beziehung zueinander. Hohe N-Gaben verstärken besonders auffällig das Längen- und Dickenwachstum der oberirdischen Sproßteile; sie bewirken außerdem die Bildung von großen, chlorophyllreichen Blättern. Stickstoffmangel hingegen ist leicht an kleinen, hell- bis gelbgrünen Blättern und an kurzen, dünnen Trieben zu erkennen (s. Farbtafel Nährstoffmangelsymptome).

Enge Beziehungen zwischen der Intensität des Triebwachstums und dem Ausmaß der Blütenbildung machen auf die Bedeutung der N-Düngung als wichtiger Maßnahme zur Regulierung des Verhältnisses zwischen der vegetativen und generativen Entwicklung der Obstgewächse aufmerksam.

Für die Anlage von ausreichend vielen und gleichzeitig kräftigen Blütenknospen benötigt jede Obstart ein Mindestmaß an Triebneubildung. Viele weibliche Blüten werden bei der Walnuß nur bei starkem Triebwachstum angelegt. Auch der Pfirsich blüht bei starkem Wachstum am besten. Die übrigen Steinobstarten, vor allem die Süßkirschen, benötigen zum Blütenknospenansatz nur ein relativ schwaches Triebwachstum. Apfel und Birne blühen bevorzugt an 3 bis 25 cm langen Trieben. Sie stellen deshalb mittlere Ansprüche an die N-Versorgung. Stachelbeeren und Johannisbeeren legen – die Schwarze Johannisbeere ausgenommen – auch bei geringem Wachstum genügend Blütenknospen an. Dasselbe trifft für die Erdbeere zu, bei der eine hohe N-Versorgung hauptsächlich das Blattwachstum fördert.

Hohe N-Gaben regen das Triebwachstum nicht zwangsläufig übermäßig stark an. Sind genügend Blütenknospen vorhanden, so benötigen diese zum Austrieb, zum Fruchtansatz und zu ihrer weiteren Entwicklung vor allem erhebliche Mengen an Assimilaten. Diese stehen dann nur noch teilweise für das Triebwachstum zur Verfügung. Wie stark der wachstumshemmende Einfluß eines starken Fruchtbehangs tatsächlich ist, geht aus Untersuchungen hervor, nach denen 1 kg Früchte einem Triebzuwachs von 80 bis 90 cm entspricht.

Gänzlich andere Verhältnisse liegen vor, wenn ein nur schwacher Fruchtbehang keinen hemmenden Einfluß auf das Triebwachstum ausüben kann. Das Triebwachstum von nur schwach mit Früchten besetzten Bäumen wird durch eine N-Düngung meistens zu stark angeregt. Die Anwendung von niedrigeren N-Düngermengen in den ertragslosen Jahren würde nicht nur Kosten ersparen, sondern der Fruchtbarkeit der Bäume auch besser bekommen als eine starke N-Düngung.

Tab. 34. Einfluß der N-Düngung auf den Ertrag einiger Apfelsorten

Düngergabe kg N/ha	Mittlerer Ertrag in kg/Baum und Jahr		
	Cox Orange M 9	G. Delicious M 9	Gravensteiner M 11
50	13	21	83
100	14	23	88
200	13	22	81
300			83

Ein wesentliches Problem beim Anbau vieler Kernobstsorten stellt die Alternanz, d. h. der Wechsel zwischen Ertrags- und ertragslosen Jahren dar. Eine in Praktikerkreisen geläufige Ansicht über ihre Ursachen ist, daß der starke Fruchtbehang im Ertragsjahr den Nährstoffhaushalt der Bäume über Gebühr beanspruche, so daß für den Blütenknospenansatz und für das Triebwachstum nicht mehr genügend Bildungsstoffe zur Verfügung stehen. Eine geringe Blütenknospenbildung geht jedoch weniger auf ein zu geringes Triebwachstum im Ertragsjahr als auf hormonale Vorgänge im Stoffwechsel der Pflanze (s. Kapitel Blüte) zurück. Versuche, die Alternanz durch N-Düngung zu mildern, haben deshalb meistens unbefriedigende Ergebnisse erbracht.

Auf die Entfaltung der Blüten folgt der für die Ertragsbildung wichtige Vorgang der Fruchtbildung mit den Phasen des Blüten- und des Junifalles. Zum Fruchtansatz und während der ersten Wochen des Fruchtwachstums benötigen die Obstpflanzen zwar nicht besonders hohe N-Mengen für die während dieser Zeit besonders intensive Zellteilung in den jungen Früchten. Ernsthafte Konkurrenten um die N-haltigen Verbindungen sind aber die gleichzeitig rasch wachsenden Triebe.

Mit steigender N-Versorgung nimmt bei sämtlichen Obstarten der relative Fruchtansatz zunächst zu. Bei Johannisbeeren verstärkt jedoch eine übermäßige N-Versorgung den Blütenfall („Verrieseln“) oft beträchtlich. Meistens wird diese Erscheinung von einem starken Triebwachstum begleitet. Ähnliches ist von der Rebe bekannt. Eine direkte Förderung des Blütenfalles durch hohe N-Gaben bei Kern- und Steinobst tritt nicht ein. Der günstige Einfluß einer zunehmenden N-Versorgung auf den Fruchtansatz wird bei diesen Obstarten jedoch immer schwächer. Beim Beerenobst steht nach Abschluß des Blütenfalles der endgültige Fruchtbehang weitgehend fest, nicht dagegen bei Kern- und Steinobst. Bei ihnen vermindert der Junifall den Fruchtbehang noch deutlich. Der N-Versorgung kommt in dieser letzten kritischen Phase der Fruchtbildung Bedeutung zu, weil anscheinend ein besonders starkes Triebwachstum den Junifall über ein wirtschaftlich vertretbares Maß hinaus verstärken kann.

Tab. 35. Auswirkungen der N-Ernährung auf Wachstum, Ertrag und Fruchtqualität

	Stickstoffquelle und Bereich der Stickstoffversorgung		
Merkmale	natürliche N-Vorräte des Bodens	natürliche N-Vorräte des Bodens mit zusätzlicher Düngung	
	N-Mangel	gute N-Versorgung	N-Überschuß
Triebwachstum	schwach	ausreichend	stark
Blütenbildung	schwach	stark	nachlassend
Fruchtansatz	schwach	stark	stark
Ertrag	niedrig	hoch	hoch
Früchte	klein	ausreichend groß	groß
	stark gefärbt	gut gefärbt	verstärkt gefärbt, schwächer rotgefärbt
	fade, trocken	schmackhaft	weniger aromatisch
	gut haltbar	gut haltbar	schlechter haltbar, gelegentlich stippig, gelegentlich fleischbraun

Insgesamt gesehen beeinflußt die N-Versorgung den Ertrag der Obstgewächse auf verschiedenartige Weise. Bei N-Mangel wird der Standraum infolge des geringen Wachstums erst spät ausgefüllt; Blütenbildung und Fruchtansatz sind im Vergleich zu ausreichend mit N ernährten Pflanzen gering; die Alternanz tritt häufig deutlich ausgeprägt in Erscheinung. Falls die N-Versorgung ein sehr starkes Triebwachstum verursacht, kann daraus auch eine verminderte Blütenbildung und ein stärkerer Juni-Fruchtfall resultieren. Das bedingt zwangsweise auch einen Ertragsrückgang. Die beste Gewähr für frühzeitige, regelmäßige und hohe Flächenerträge bietet auf einer guten N-Versorgung basierendes zügiges und ausreichend starkes Wachstum, weil die Einzelpflanzen einer Obstanlage hiermit sowohl bald in Ertrag kommen, als auch ihren Standraum rasch ausfüllen.

Stickstoff und Fruchtqualität

Fruchtgröße. Dem Stickstoff wird vom Obsterzeuger allgemein ein günstiger Einfluß auf die Fruchtgröße zugesprochen. Zahlreiche N-Steigerungsversuche haben diesbezüglich jedoch verwirrende Ergebnisse erbracht.

Bei gleichbleibender Fruchtbehangdichte bewirken ansteigende N-Gaben bis zu einer gewissen Höhe eine Förderung der Fruchtgröße. Das Ausmaß der Fruchtwachstums-Steigerung hängt außer von der N-Menge auch von der Sorte ab. Sehr hohe N-Gaben können zu Lasten des Fruchtwachstums einseitig dem Triebwachstum zugute kommen. Hieraus resultiert öfters eine geringere Fruchtgröße als bei mittlerer N-Versorgung. Häufig verursachen aber ansteigende N-Gaben eine Steigerung der Blütenknospenanlage und des Fruchtansatzes. Sie ergeben damit auch einen stärkeren Fruchtbehang. Die durch hohe N-Düngung vermehrt gebildeten N-haltigen Verbindungen und Kohlenhydrate verteilen sich dann auf mehr Früchte. Unter diesen Umständen können mit hohen N-Gaben versorgte Bäume keine größeren Früchte hervorbringen als schwächer gedüngte.

Fruchtfarbe. Sowohl die grüne Grundfarbe als auch die rote Deckfarbe der Früchte werden durch die N-Versorgung beeinflußt. Mit steigender N-Gabe nimmt im allgemeinen die Grünfärbung der Früchte durch verstärkte Chlorophyllbildung und verzögerten Chlorophyllabbau während der Fruchtentwicklung zu. Die Fläche des rotgefärbten Anteils der Fruchtschale und die Intensität der Rotfärbung gehen mit zunehmender N-Versorgung zurück. Dafür kann einesteils das bei hoher N-Versorgung starke Trieb- und Blattwachstum (überdurchschnittliche Schattenbildung) verantwortlich gemacht werden. Die Bildung der roten Farbstoffe (Anthocyane) setzt bekanntlich eine gute Belichtung der Früchte voraus. Andererseits erfolgt aber auch bei hoher N-Versorgung ein auf Kosten der Anthocyanbildung gesteigerter Aufbau von Eiweißstoffen.

Da die Fruchtfärbung nicht nur ein äußerliches Merkmal für den Handelswert der Früchte darstellt, sondern bei bestimmten Obstarten, wie z. B. beim Apfel und beim Pfirsich, auch mit dem Geschmack der Früchte in engem Zusammenhang steht, sollte der ungünstige Einfluß des Stickstoffs auf die Fruchtfarbe bei der Düngung im Auge behalten werden. Außer der Höhe der N-Gabe ist auch der Zeitpunkt der N-Düngung von Bedeutung. Bei früher Anwendung von März bis Mai sind im allgemeinen nur geringe Auswirkungen zu erwarten; eine etwas stärkere Minderung der Fruchtfärbung erfolgt anscheinend nach Gaben in den Monaten Juni bis August.

Lagerfähigkeit der Früchte. Die Haltbarkeit der Früchte wird u. a. durch verschiedene physiologische Fruchterkrankungen erheblich beeinträchtigt. Deren wichtigste sind die Schalen-, die Kernhaus- und verschiedene Formen der Fleischbräune sowie die Stippigkeit. Von geringerer Bedeutung für die Haltbarkeit ist die Fruchtfleischfestigkeit. Sie wirkt sich noch am ehesten auf die Transportfähigkeit beim Weichobst aus.

Die Rolle des Stickstoffs beim Zustandekommen dieser Fruchterkrankungen ist trotz einer Fülle von einschlägigen Untersuchungen noch nicht klar ersichtlich. Der Befall der Früchte mit Fleischbräune und mit Kernhausbräune wurde durch unterschiedlich hohe N-Versorgung teils verstärkt, teils gesenkt. Eine engere Beziehung zwischen der N-Versorgung und dem Befall der Früchte mit diesen Krankheiten scheint demnach nicht vorzuliegen. Gegen Schalenbräune sind anscheinend schwach rotgefärbte Früchte etwas anfälliger als gut gefärbte. Daraus läßt sich ein gewisser Nachteil von hohen N-Gaben herleiten.

Fällt in Obstbaukreisen der Begriff „Stippigkeit", so braucht man auf das Wort Stickstoff meistens nicht mehr lange zu warten. In verschiedenen N-Steigerungsversu-

Tab. 36. Einfluß der N-Düngung auf die Stippigkeit (bei einheitlicher Behangdichte und Fruchtgröße innerhalb der Sorten)

N-Düngung kg N/ha	Anteil stippiger Früchte in %			
	James Grieve	Gravensteiner	Cox Orange	Goldparmäne
50	31	14	18	1
100	26	20	23	3
200	24	28	9	2
300	39	40	16	4

chen ergab N-Überdüngung oftmals eine Steigerung der Stippigkeit. Dies bedeutet jedoch nicht, daß hohe N-Gaben generell eine Steigerung des Stippebefalles bewirken. Eine erhöhte Gefahr dafür scheint dann zu bestehen, wenn die N-Düngung ein üppiges Triebwachstum verursacht.

Termin der Stickstoffdüngung

Selbst im Winter sind die Obstbaumwurzeln funktionstüchtig und können Nährstoffe aufnehmen, sofern die Bodentemperatur über 0 °C liegt. Beträchtliche N-Mengen werden jedoch erst nach stärkerer Erwärmung des Bodens aufgenommen. Die höchste Stickstoffaufnahme ist in den Monaten Juni und Juli festzustellen.

Eine N-Düngung im Herbst oder im Winter birgt insbesondere in offengehaltenen Anlagen die Gefahr der Nährstoffauswaschung. In Anlagen mit Rasenmulch nehmen die Graswurzeln den zu dieser Zeit ausgebrachten Stickstoff nicht in gleichem Maße auf wie bei später N-Düngung. Der Stickstoff kann deshalb durch die Niederschläge in die Hauptwurzelzone der Obstgewächse eingewaschen werden. Ob dabei schon Auswaschung auftritt, hängt hauptsächlich von der Niederschlagsmenge ab. Ein späteres Ausbringen des N-Düngers im März verringert zwar die N-Auswaschung, bedeutet aber auch, daß zunächst die Graswurzeln viel und die Baumwurzeln wenig Stickstoff bekommen. Der Stickstoffdünger sollte möglichst so zeitig ausgebracht werden, daß er mit Hilfe der späteren Niederschläge einen Monat vor der Blüte in der Hauptwurzelzone der Obstgehölze vorliegt. Das Düngerstreuen bei gefrorenem Boden soll unterbleiben, weil dieser bei Schneeschmelze oder starkem Niederschlag nicht schnell genug auftauen und den gelösten Stickstoff aufnehmen kann.

Eine günstige Zeit für das Ausbringen der Haupt-N-Gabe dürfte aus den behandelten Gründen die Spanne zwischen Mitte Februar und Ende März sein. Begrünte und mittelschwere bis schwere Böden sollten möglichst schon im Februar gedüngt werden, offengehaltene sowie leichte Böden (auch begrünte) von Ende Februar bis Ende März. Eine Teilgabe des Stickstoffs wird zweckmäßigerweise noch kurz vor der Blüte verabreicht (bessere Ausnutzung durch Aufteilung der Gesamt-N-Menge).

Die Frage nach dem günstigsten N-Düngetermin kann auch von anderer Seite aus angegangen werden: Ein erhöhter Stickstoffbedarf besteht bei den Obstgehölzen um die Zeit der Blüte; der Austrieb der Blüten- und Blattknospen wird hauptsächlich aus den in Stamm, Ästen und Wurzeln gespeicherten N-Reserven bestritten. Nach dieser Erkenntnis wurde versucht, den Bäumen nach Abschluß des Triebwachstums im Sommer noch so hohe N-Mengen zur Verfügung zu stellen, daß sie davon eine N-Reserve aufbauen können. Unter dieser Zielsetzung durchgeführte Gefäßversuche erbrachten einen äußerst günstigen Einfluß der „Spätsommer-N-Düngung“ auf die Qualität der Blütenknospen und auf den Fruchtansatz. Im Freiland lassen sich die Ziele einer derartigen „Termindüngung“ aber kaum verwirklichen. Sieht man davon ab, daß das N-Angebot nur in offengehaltenen Böden kurzfristig angehoben werden kann – bei Grasunterwuchs kommen immer zuerst die Graswurzeln in den Genuß der N-Gabe –, so ist eine derartige N-Termindüngung auch mit dem Nachteil verbunden, daß bei Kernobst und auch bei Pfirsich die Fruchtfarbe unter einem späten und hohen N-Angebot leidet.

Gute Erfolgsaussichten für eine auf die Bildung von N-Reserven ausgerichteten N-Termindüngung bestehen allenfalls in Obstanlagen mit so geringer N-Versorgung, daß man eigentlich von einer N-Mangel-Anlage sprechen müßte. In regelmäßig und ausreichend gedüngten Anlagen sind gelegentliche Erfolge (höhere Fruchtbarkeit) durchaus möglich, man darf aber keine zu hoch gespannten Erwartungen hegen. Berücksichtigt man außerdem die möglichen Nachteile, dann ist eine uneingeschränkte Zustimmung zu späten N-Gaben nur beim Beerenobst und insbesondere bei Erdbeeren möglich. Bei Kern- und Steinobst besteht dagegen keine Veranlassung, von der meistens praktizierten Methode, die Hauptmenge des N-Düngers im Spätwinter auszubringen, abzugehen.

Höhe der Stickstoffdüngung

Die angemessene Stickstoffdüngermenge für Obstpflanzen ergibt sich aus dem Stickstoffangebot der Böden mit oder ohne N-Düngung einerseits und dem N-Bedarf der Obstpflanzen andererseits. Diese beiden Komplexe setzen sich aus einer Vielzahl von Faktoren zusammen. Ihre wichtigsten sind: Bodenpflege, Bodenbeschaffenheit, Vorkultur und Witterungsverlauf bzw. Obstart und -sorte, Alter, Unterlage, Schnittbehandlung und Triebwachstum der Obstanlagen. Schon diese kurze Aufzählung macht deutlich, daß allgemeingültige, starre Rezepte der N-Düngung besonders im Obstbau aus ökologischen, pflanzenbaulichen und ökonomischen Gründen nicht zu vertreten sind.

Besonders rege ist der biologische N-Kreislauf unter einem gedüngten Mulchrasen. Die fortlaufend anfallenden stickstoffreichen ober- und unterirdischen Pflanzenteile setzen beim mikrobiellen Abbau beträchtliche N-Mengen frei. Diese stehen jedoch nicht unbedingt den Obstpflanzen zur Verfügung. Wird eine Obstanlage mit Mulchrasen auf einer ehemaligen Ackerfläche erstellt, so besteht einige Jahre lang ein sehr hoher Bedarf an Düngerstickstoff, weil viel Stickstoff sowohl vom Pflanzenbestand des Mulchrasens aufgenommen als auch in die organische Substanz des Bodens eingebaut wird und damit zunächst für die Obstpflanzen nicht verfügbar ist. Nach verschiedenen Berechnungen werden in dieser Zeit bis zu 1500 kg Stickstoff dem N-Kreislauf entzogen. Eine junge Grasmulchdecke bildet damit einen ernstzunehmenden Nährstoffkonkurrenten für die Obstgewächse. Bei ungenügender N-Düngung leiden in erster Linie die Obstbäume Mangel. Jährliche Düngergaben von 100 bis 200 kg N/ha erscheinen in dieser Entwicklungsphase einer Obstanlage für den raschen Aufbau einer strapazierfähigen Mulchdecke und einer guten Versorgung der Obstbäume notwendig.

Ist durch mehrjähriges Mulchen der Gleichgewichtszustand zwischen Auf- und Abbau von stickstoffreicher organischer Substanz erreicht, so steht ein N-Reservoir mit 2000 bis 10000 kg N/ha zur Verfügung, aus dem jährlich 20 bis 300 kg Stickstoff mineralisiert werden können – genügend, um die Konkurrenz der Grasnarbe zu kompensieren. Die Düngung einer regelmäßig gemulchten Anlage muß dann ebenso wie bei einer offengehaltenen Anlage im wesentlichen nur die durch Entzug eingetretenen Verluste ausgleichen.

Diese setzen sich aus der mit den Früchten der Obstanlage entnommenen N-Menge (15 bis 30 kg/ha) und etwaigen Auswaschungsverlusten zusammen. Die nur vorübergehend in Gras, Blättern, Holz und Rinde festgelegten N-Mengen kommen ja wieder in den Boden zurück, vorausgesetzt, daß Neuwuchs und Schnittholzmenge sich ungefähr die Waage halten und das Schnittholz in der Anlage verbleibt. Eine jährliche Stickstoffgabe von 50 kg/ha dürfte unter diesen Bedingungen ausreichend sein.

Humusarme Böden benötigen, sofern nicht Wassermangel den Ertrag begrenzt, höhere N-Gaben als humusreiche. Eine höhere N-Düngung ist auch auf leichten Sandböden und schweren, schlecht durchlüfteten Böden notwendig. N-Mangel kann während niederschlagsreicher Perioden auf leichten, durchlässigen ebenso wie auf schweren, staunassen Böden auftreten. Im ersten Falle – als Folge von Auswaschung – läßt er sich mit einer zusätzlichen N-Gabe ausgleichen. Auf schweren Böden spielt bei Vernässung (Sauerstoffmangel) die Hemmung der Mineralisation und der Aufnahme bzw. Verarbeitung des Stickstoffs in der Wurzel eine Rolle. Derart verursachter N-Mangel kann durch zusätzliche N-Gaben über den Boden nicht behoben werden. Eine Harnstoffspritzung (s. Blattdüngung) wäre dagegen hier aussichtsreich.

Von den wichtigsten Obstarten benötigt der Pfirsich wie auch das übrige Steinobst, mit Ausnahme der Süßkirsche, viel Stickstoff. Die Birne lohnt hohe N-Gaben ebenfalls durch hohen Ertrag. Beim Apfel ist den Bedenken hinsichtlich einer Verschlechterung der Fruchtqualität durch zu hohe N-Gaben Beachtung zu schenken, indem reichtragende Sorten gut mit N versorgt werden müssen, schlecht und unregelmäßig tragende Sorten dagegen eine dem Fruchtbehang und dem Triebwachstum angemessene N-Düngung erhalten sollten. Eine zu starke Anregung des Triebwachstums durch N-Düngung muß unterbleiben.

Tab. 37. Eine unterschiedlich hohe N-Düngung kann den Gehalt des Bodens an organischer Substanz und an verfügbarem K_2O steigern (bei gleichhoher P-, K- und Mg-Düngung)

Düngergabe kg N/ha	organ. Substanz %	mg Nährstoff in 100 g Boden		
		P_2O_5	K_2O	Mg
50	2,5	18	36	15
100	3,0	16	44	16
200	3,4	15	49	14
300	3,9	20	58	17

Ein- bis dreijährige Obstgehölze besitzen noch kein stark entwickeltes Wurzelsystem. Sie leiden deshalb unter einer vorübergehenden Trockenheit und damit einhergehendem Nährstoffmangel stärker als ausgewachsene Bäume. Außer den in den Blättern vorübergehend gebundenen N-Mengen benötigen Jungbäume beträchtliche N-Mengen zum Aufbau ihres Sproß- und Wurzelsystems. Selbst gute Standorte vermögen Jungpflanzungen im allgemeinen ohne N-Düngung kein ausreichendes Wachstum zu sichern. Aus diesen Gründen bietet sich an, Jungbäumen im Pflanzjahr ca. 200 g eines Blauvolldüngers in 2 bis 3 Gaben auf einer 1 m^2 großen und um die Stämmchen verteilten Fäche zu geben. Das entspricht je nach Pflanzdichte 40 bis 60 kg N/ha. In Engpflanzungen wird schon ab 2., bei weiterer Pflanzweise ab 3. Standjahr die Düngermenge in 2 bis 3 Gaben gleichmäßig auf die gesamte Fläche verteilt.

Voll im Ertrag stehende Bäume neigen besonders im Alter zu schwachem Wachstum. Bei ihnen gilt es, das Triebwachstum durch N-Düngung (und Schnitt) anzuregen, um genügend kräftiges und leistungsfähiges Fruchtholz zu erhalten. Je nach dem Wachstum der Bäume in den Vorjahren ist eine Grundgabe von 50 bis 80 kg N/ha nötig, die erforderlichenfalls noch durch eine oder zwei weitere, geringe Gaben im Mai und Juni ergänzt werden kann. Bei Verdacht einer Überversorgung (starkes Wachstum, große dunkelgrüne Blätter, schlechte Färbung und Haltbarkeit der Früchte) sollte die Stickstoffdüngung aber wenigstens vorübergehend ganz ausgesetzt werden. Eine objektive Ermittlung der erforderlichen Stickstoffmenge erlaubt zukünftig möglicherweise die N_{min}-Methode (s. Kapitel Ermittlung des Düngebedarfs).

1.2 Phosphor

Der **Phosphor im Boden** setzt sich zusammen aus einem geringen Anteil freier Phosphat-Ionen in der Bodenlösung und einem vergleichsweise hohen Betrag an festgelegtem P. Auf sauren Böden wird Phosphat durch verstärkte Bindung an den Bodenkomplex und durch Bildung von unlöslichen Aluminium- und Eisenphosphaten in nicht pflanzenverfügbarer Form festgelegt. Auf kalkreichen Böden leidet die P-Verfügbarkeit unter der Bildung von Kalziumphosphaten. Eine gute Phosphatversorgung der Pflanzen hängt deshalb wesentlich von der Schaffung und Einhaltung eines optimalen pH-Wertes zwischen pH 6 und 7 ab.

Von Bedeutung für die P-Ernährung der Pflanze ist weiterhin der Gehalt des Bodens an organischer Substanz. Bei ihrem Abbau durch Mikroorganismen entstehen Säuren, welche schwerlösliche Phosphate angreifen und teilweise in pflanzenverfügbares Phosphat überführen. Auch die Pflanzenwurzeln selbst besitzen ein beachtliches Aufschließungsvermögen für schwerlösliche Phosphate. Von bedeutendem Einfluß auf die Verfügbarkeit des Phosphats ist auch der Wassergehalt des Bodens: In trockenen Jahren wird weniger Phosphat von der Pflanze aufgenommen als in feuchten. Insgesamt gesehen ist die Versorgung der Pflanzen um so besser, je höher die biologische Aktivität des Bodens ist.

Der **Phosphor in der Pflanze** ist gut beweglich. Ein großer Teil des aufgenommenen Phosphats wird schon in der Wurzel in organische Verbindungen eingebaut.

Größere P-Mengen enthalten die Blütenblätter, die als P-Speicher für die spätere Fruchtbildung angesehen werden können sowie der Pollen und die Samen. Von den vegetativen Organen enthalten die Blätter am meisten Phosphor; wesentlich geringere Gehalte weisen die Rinde und das Holz auf.

Im Stoffwechsel der Pflanze kommt dem Phosphor eine hohe Bedeutung zu, weil er an fast allen Umsetzungen in der Pflanze, für die Energie nötig ist oder durch die Energie frei wird, beteiligt ist. Eine wichtige Rolle spielt er z.B. beim Kohlenhydrat- und Eiweißaufbau.

Es mag verwunderlich erscheinen, daß trotz dieser zentralen Stellung des Phosphors im stoffwechselphysiologischen Geschehen Phosphor-Mangelerscheinungen im Obstbau nur aus Gefäßversuchen bekannt geworden sind. Im Freiland ergaben Versuche zur **Phosphordüngung** keinen Einfluß von Phosphat auf die Leistung der verschiedenen Obstarten. Als Ursachen hierfür kommen die gute Beweglichkeit des Phosphors in der Pflanze und die Art und Weise seiner Wirkung in Betracht. Bei vielen Reaktionen, die er beeinflußt, wird er nicht verbraucht, sondern kann mehrere, aufeinanderfolgende Vorgänge steuern. Es könnte außerdem sein, daß die Obstgewächse durch ein relativ gutes Aneignungsvermögen für Phosphate und ihr im Vergleich zu einjährigen Kulturen weit- und tiefreichendes Wurzelsystem in Zeiten geringen P-Bedarfs soviel Phosphor aufnehmen und für Bedarfszeiten speichern, daß eine zusätzliche P-Düngung im allgemeinen ohne sichtbare Auswirkungen auf Wachstum, Fruchtbarkeit und Fruchtqualität bleibt.

Trotzdem sollte die P-Düngung im Interesse der Erhaltung der Bodenfruchtbarkeit der Obstanlagen nicht vernachlässigt werden. Die bodenbedeckenden Pflanzen einer Grasmulchdecke oder einer Grüneinsaat gedeihen nur bei ausreichender P-Versorgung gut. Kleintiere und Mikroorganismen tragen sehr wesentlich zur Bildung der Krümelstruktur bei; sie finden in phosphatreichen Böden bessere Lebensbedingungen als in phosphatarmen.

Die starke Festlegung verhindert eine Auswaschung von Phosphat. Nur auf leichten Sandböden ist eine geringe Tiefenwanderung unter dem Einfluß der Niederschläge festzustellen. Aus diesem Grunde eignen sich phosphathaltige Düngemittel besonders zur Anreicherung phosphorarmer Böden im Rahmen einer Vorratsdüngung. Diese stellt praktisch die einzige Möglichkeit zur Anreicherung P-armer und tiefergelegener Bodenschichten dar. Wegen der festen Bindung des Phosphors an den Bodenkomplex sollten phosphatarme Böden stärker gedüngt werden, als es dem P-Bedarf der Pflanzen entspricht. Kurzfristige Phosphorüberdüngung schadet nicht. Anhaltend hohe P-Gaben führen dagegen zu einer starken P-Anreicherung in der obersten Bodenschicht.

Infolge verbreiteter und intensiver Anwendung von Volldüngern befinden sich viele Erwerbsanlagen gegenwärtig in einem guten P-Versorgungszustand. Teilweise liegt auch schon eine Überversorgung vor, welche Eisen- oder Zinkmangel nach sich ziehen kann. Außerdem wird die Stickstoffaufnahme durch hohe P-Gaben gedrosselt.

Eine Richtschnur für die P-Bemessung bietet die Bodenanalyse (siehe Kapitel Ermittlung des Düngebedarfs). Es ist allerdings noch nicht genügend bekannt, welche Gehalte im Boden die beschriebenen Schäden befürchten lassen. Um unnötig hohe P-Gehalte, welche zumindest die Möglichkeit von Schädigungen einschließen, gar nicht zu bekommen oder auf die anzustrebenden Werte zu senken, düngt man bei sehr hohen P-Gehalten entweder vorübergehend überhaupt nicht mit Phosphor, oder man gibt eine jährliche, aber stark verminderte P-Gabe unter Betonung der Elemente N und K.

1.3 Kalium

Das **Kalium im Boden** besteht aus einer geringen und in Ionenform vorliegenden gelösten Menge K. Der Anteil des für die Ernährung der Pflanzen besonders wichtigen pflanzenverfügbaren Kaliums (= austauschbares K) am Gesamt-K-Vorrat eines Bodens richtet sich sehr stark nach der Bodenart. Mineralböden haben gegenüber organischen Böden nur einen geringen Anteil ihres K in austauschbarer Form vorliegen. Der Rest ist so stark an die Bodenteilchen gebunden, daß er nicht pflanzenverfügbar ist.

Im allgemeinen steigt der Gesamt-K-Gehalt eines Bodens mit dessen Tonanteil an. Trotz relativ hohen K-Gehaltes sind schwere Böden nicht unbedingt in der Lage, genügend K-Ionen abzugeben. Es kommt auf diesen Böden oft zu einer so starken Bindung des bei der Düngung zugeführten Kaliums, daß in kurzer Zeit kein K mehr in pflanzenverfügbarer Form vorliegt (K-Fixierung).

Diese K-Fixierung stellt einen wirksamen Schutz vor Auswaschungsverlusten dar. Bei schweren und gleichzeitig an K-verarmten Böden ist der pflanzenverfügbare

K-Anteil durch die K-Fixierung jedoch so gering, daß die K-Ernährung der Obstgewächse in Frage gestellt wird.

Der Wassergehalt des Bodens beeinflußt das Ausmaß der Fixierung sowie den Übergang des fixierten Kaliums in die austauschbare (= pflanzenverfügbare) Form. Anhaltend trockene Witterung fördert die Fixierung in einem schweren Boden u. U. so stark, daß vorher in Lösung gegangener K-Dünger in der betreffenden Vegetationsperiode überhaupt nicht zur Wirkung kommen kann.

Kalium wird der Bodenlösung oder dem Bodenkomplex von der Pflanzenwurzel als Ion entnommen. Obwohl die Bodenlösung mehr Ca und Mg enthält als K, wird K in gleichgroßer Menge wie Ca aufgenommen. Trotz dieses Wahlvermögens der Pflanze kann die K-Aufnahme durch andere Ionen behindert werden. So findet durch allzustarke Mg-Versorgung eine so starke Hemmung der K-Aufnahme statt, daß dadurch K-Mangel entstehen kann.

Das **Kalium in der Pflanze** ist gut beweglich. Größere Mengen sind an Orten mit intensivem Stoffwechsel, mit intensiver Zellteilung und Organneubildung zu finden. Es kommt deshalb vor allem in den Vegetationskegeln, in jungen Blättern, im Kambium, im Rindenparenchym, am Entstehungsort von Wurzeln und in der Nähe von Wunden vor. Ganz erhebliche Mengen befinden sich in den Früchten. Jüngere Organe weisen höhere K-Gehalte auf als ältere.

Über die Bindungsform des Kaliums im pflanzlichen Organismus ist nur wenig bekannt. Man muß annehmen, daß es fast ausschließlich in Ionenform vorliegt und vorwiegend im Zellsaft gelöst ist. Eine wichtige Rolle kommt ihm und den Nährstoffen Ca und Mg bei der Regulierung des Wasserhaushalts zu. K-Mangel führt leicht zu Welkeerscheinungen. Bei guter K-Versorgung wird das Bodenwasser besser ausgenützt und der Wasserverbrauch in Trockenzeiten eingeschränkt. Auf die Photosynthese übt es einen unmittelbaren Einfluß aus: Bei stärkerem K-Mangel wird nicht nur die Photosyntheseleistung gesenkt, sondern auch die Atmung erhöht; eine gute Versorgung vermindert dagegen die Atmung und erhöht den Gehalt an Kohlenhydraten. Als weitere Funktion fällt ihm die Neutralisierung von organischen Säuren zu.

Kaliummangel tritt verstärkt bei reichem Fruchtbehang auf, weil die wachsenden Früchte große K-Mengen an sich ziehen. An den Blatträndern beginnend bilden sich zuerst gelbliche, später in Braun übergehende Flecken aus abgestorbenem Gewebe (Nekrosen) aus, die auf das ganze Blatt übergreifen können. Diese Mangelsymptome treten vor allem an den älteren Blättern der Triebbasis auf. Auch bei starkem Mangel fallen die Blätter nicht ab, wie es bei Mg-Mangel zu beobachten ist (s. Farbtafel Nährstoffmangelsymptome).

K-Düngungsversuche bei Obstbäumen ergaben nur teilweise eine Beeinflussung von Wachstum und Ertrag durch die K-Versorgung. Im allgemeinen förderte die **Kaliumdüngung** nur bei sichtbarem Mangel die Gesundheit der Bäume, den Blattstand, das Triebwachstum und den Ertrag. Bei guter Versorgung beeinflußten mittlere bis hohe K-Gaben den Ertrag nur in wenigen Fällen.

Hinsichtlich der Fruchtqualität werden dem Kalium allgemein qualitäts- und haltbarkeitsfördernde Eigenschaften zugeschrieben. Die Bedeutung der K-Düngung im Obstbau wird insbesondere in einer gezielten Beeinflussung der Fruchtqualität gesehen. Man verspricht sich von ihr z.B. einen vorbeugenden Effekt gegen die schädlichen Auswirkungen einer starken N-Düngung.

Wie sich erwiesen hat, beeinflußt die K-Düngung am ehesten den Säuregehalt der Früchte: Ansteigende K-Gaben haben oftmals ein Ansteigen des Säuregehaltes zur Folge. K-Mangel übte schon öfters einen ungünstigen Einfluß auf Fruchtfärbung,

Fruchtfleischfestigkeit, Geschmack und Befall mit Fleischbräune aus; er dürfte heute jedoch nur in relativ wenigen Obstanlagen so anhaltend auftreten, daß daraus regelmäßige Beeinträchtigungen der Fruchtqualität hervorgehen. K-Überschuß im Boden kann demgegenüber die Gefahr vom Mg-Mangel und eine Erschwerung der Ca-Aufnahme mit sich bringen. Es besteht jedoch kein Anlaß zur Besorgnis, daß eine mittlere K-Versorgung das Ausmaß des Stippebefalls erhöht. Eine gezielte Qualitätsbeeinflussung durch eine in sinnvollen Grenzen gehaltene K-Düngung ist nach dem derzeitigen Wissensstand kaum möglich. Zumindest hat die K-Düngung geringere Aussichten, die geschmackliche Qualität der Früchte und ihre Lagerfähigkeit zu verbessern als andere Maßnahmen, wie Ausdünnen, Wahl des Erntetermins und Lagerungstechnik.

Zur Aufrechterhaltung einer guten K-Versorgung müssen die meisten Böden regelmäßig mit Kalium gedüngt werden. Leichte Sandböden und organische Böden haben von Natur aus nur einen geringen K-Vorrat. Zudem wird K auf ihnen verhältnismäßig leicht ausgewaschen. Auf schwereren, tonreichen Böden können die Pflanzen zwar auf K zurückgreifen, welches durch Verwitterung frei wird. Meistens ist eine sichere K-Versorgung aber auch bei ihnen nur durch K-Düngung gewährleistet. Die Obstgewächse finden dann auch während längerer Trockenperioden noch genügend pflanzenverfügbares Kalium vor.

Durch die verbreitete Anwendung von Mehrnährstoffdüngern im Intensivobstbau ergab sich für die K-Düngung eine ähnliche Lage wie bei der Düngung mit Phosphat. Nicht wenige Obstanlagen sind nach den Ergebnissen der Bodenuntersuchung so gut mit K versorgt, daß über die Dauer von mehreren Jahren entweder jegliche K-Düngung unterlassen oder zumindest eine starke Verringerung der K-Gaben vorgenommen werden sollte, bis die Bodenanalyse nicht mehr eine übermäßige Versorgung anzeigt.

Infolge der Speicherfähigkeit des Bodens für Kalium tritt auf schwereren und ausreichend mit Kalium versorgten Böden nicht so schnell eine Beeinträchtigung der K-Ernährung bei Obstgewächsen auf, wenn die K-Düngung zeitweise unterlassen wird. Leichte Böden hingegen sind auf eine alljährliche K-Düngung angewiesen.

Kalidünger enthalten das Kalium in Chlorid- oder in Sulfatbindung. Höhere Chloridmengen sind für Johannisbeeren, Himbeeren, Stachelbeeren und Erdbeeren schädlich. Eine erhöhte Empfindlichkeit der übrigen Obstarten gegenüber chloridhaltigen Düngern besteht nicht. Die Anwendung chloridfreier oder -armer K-Dünger hat sich jedoch auch bei ihnen bewährt.

1.4 Magnesium

Die Pflanze ist bei ihrer Magnesiumernährung auf in der Bodenlösung vorhandene oder an die Bodenteilchen absorbierte Mg-Ionen angewiesen. Der größte Teil des **Magnesiums im Boden** liegt in unlöslicher Form, in der Hauptsache als Magnesit ($MgCO_3$) oder Dolomit ($CaCO_3 \cdot MgCO_3$), vor. Die Magnesium-Karbonate besitzen eine größere Wasserlöslichkeit als Ca-Karbonate. Ein Boden verarmt deshalb schneller an Magnesium als an Calcium. Der Magnesiumgehalt und die Mg-Nachlieferung der Böden hängen stark vom Bodentyp ab. Sie nehmen in der Reihenfolge podsolierte Sandböden, Podsol, Braunerden, sandige Braunerden, lehmige Braunerden, Marschböden zu.

Magnesium liegt **in der Pflanze** als Ion, in sorptiver und in chemischer Bindung vor. Seine physiologische Bedeutung erlangt es als Baustein des Chlorophylls: 15–20% des in der Pflanze vorliegenden Magnesiums sind darin gebunden. Magnesiummangel hemmt die Chlorophyllbildung. Darunter leidet in erster Linie die Photosyntheseleistung, d.h. die Kohlenhydratbildung. Weiterhin aktiviert Magnesium wichtige Prozesse der Energieumformung und -übertragung bei der Photosynthese, bei der Atmung, beim N-Stoffwechsel und bei der Inhalts- und Reservestoffbildung. Außerdem beeinflußt es als „Phosphatträger" die Phosphataufnahme und den Phosphattransport der Pflanzen.

Die geringere Assimilationsleistung der stark von Magnesiummangel betroffenen Obstgewächse schränkt das Dickenwachstum der Triebe ein. Früchte von stark Mg-mangelkranken Apfelbäumen reifen nicht normal aus; sie sind relativ klein, schwach gefärbt und schmecken wenig aromatisch. Die Fruchtfleischfestigkeit wird manchmal verringert. Der Ertrag kann merklich nachlassen.

Gegenüber Ca und K wird Mg in deutlich geringeren Mengen aufgenommen. Der Mg-Gehalt in verschiedenen Organen der Obstgewächse ist deshalb erheblich niedriger als der Kalium- und Calciumgehalt. Die größten Magnesiummengen enthalten die Blätter. Holz, Rinde und Früchte verfügen über merklich weniger Magnesium. Die Mg-Aufnahme unterliegt einer starken Beeinflussung durch Kalium. Ein Überschuß an Kalium ruft beim Apfel oft Magnesiummangel hervor.

Die Mangelerscheinungen werden meistens im Juli, bei starkem Mangel auch schon im Juni, sichtbar. Zwischen den Blattadern sind anfänglich ovale Aufhellungen des Blattgrüns festzustellen. Diese Partien können an heißen Tagen innerhalb von wenigen Stunden absterben. Bei verschiedenen Apfelsorten entstehen die nekrotischen Schadstellen am Blattrand. Durch Zusammenfließen von mehreren derartigen Stellen kommt ein dem Kaliummangel ähnliches Bild zustande. Im Gegensatz zu Kaliummangel dringen die Nekrosen jedoch tiefer zwischen die Blattadern ein. Bei starkem Magnesiummangel fallen die Blätter schon bei leichtem Berühren bis auf einige wenige an der Triebspitze ab.

Besonders häufig tritt Magnesiummangel beim Apfel auf. Seine Anfälligkeit wird durch Sorte und Unterlage deutlich beeinflußt. Hochempfindlich ist 'Cox Orange' auf Unterlage M 9. Unter den anderen Obstarten weisen noch Süßkirsche und Schwarze Johannisbeere eine erhöhte Anfälligkeit auf; die übrigen scheinen weniger empfindlich zu reagieren.

Magnesiummangel trat solange selten auf, als nur geringe Mengen mineralischen Düngers verwendet wurden und starke Stallmistgaben üblich waren. Er kommt vor allem auf Sandböden vor. Seine wichtigsten Ursachen sind: erhöhte Auswaschung, niedriger pH-Wert und unausgeglichene K-Mg-Versorgung.

Bei vorhandenem Magnesiummangel darf keinesfalls ein Überangebot an K zustande kommen. Bei zu stark abgesunkenem pH-Wert sollte eine Aufkalkung vorgenommen werden. Enthält ein Boden zu wenig Mg (vgl. Ermittlung des Düngebedarfs), so ist eine **Mg-Düngung** vorzunehmen. Die Düngung über den Boden verdient im allgemeinen den Vorzug. Magnesiumspritzungen auf die Blätter wirken zwar rascher, aber wenig nachhaltig. Außerdem fördern sie oft die Stippigkeit der Früchte. Die Art des Düngemittels richtet sich zweckmäßigerweise nach den Bodeneigenschaften und nach den Ursachen des Mangels. Sulfathaltige Mg-Düngemittel wie Stickstoff- und Kalimagnesia enthalten das Magnesium in leichtlöslicher Form und haben eine rasche Wirkung. Die Karbonatform der dolomitischen Kalke wirkt weniger schnell. Sie ist deshalb weniger zur Bekämpfung eines akuten Mangels, als zur Aufrechterhaltung eines ausreichenden Mg-Gehaltes im Boden geeignet. Man wendet karbonathaltige Mg-Düngemittel vorzugsweise auf sauren Böden an. Als mittlere Düngegabe im Obstbau sind 20 bis 30 kg Mg/ha anzusehen.

1.5 Calcium

Der Anteil des Calciums am Aufbau der festen Bodenbestandteile ist recht beträchtlich. Der Ca-Gehalt des Bodens ist im Vergleich zu anderen Elementen deshalb ziemlich groß. Die überwiegende Menge des Gesamtcalciums der Böden liegt in Form von schwerlöslichen Salzen vor. Deren wichtigste sind kohlensaurer Kalk ($CaCO_3$) und Dolomit ($CaCO_3 \cdot MgCO_3$). Unter dem Einfluß von kohlendioxidhaltigem Wasser (= Regen + bei der Atmung der Wurzeln gebildetes CO_2) bildet sich aus ihnen wasserlösliches Ca-Bicarbonat, das im Boden gut beweglich ist und leicht ausgewaschen werden kann.

Ca wird von der Pflanze als Ion aufgenommen. Nach der Aufnahme durch die Wurzel wird es im Xylem vorwiegend in die jüngeren Blätter und Triebspitzen transportiert. Die weitere Wanderung zu Ca-Bedarfsstellen ist jedoch erschwert. Namentlich der Rücktransport des Ca aus den Blättern in andere Pflanzenteile stößt auf Schwierigkeiten. Dadurch kommt es zu einer Anhäufung des Ca in den Blättern mit deren fortschreitendem Alter. Die zunächst festgelegten Ca-Mengen werden erst nach dem Abfallen und der Verrottung der Blätter wieder frei. Beträchtliche Mengen befinden sich außerdem in der Rinde und im Holz der Obstpflanzen. Ein gewisser Teil davon kann an die Stätten des Bedarfs transportiert werden.

Erfolgt die Versorgung eines bestimmten Pflanzenorgans hauptsächlich über das Phloem, so können Versorgungsschwierigkeiten mit Ca auftreten. Beim Apfel trifft dies besonders für die Frucht zu und ist von erheblicher praktischer Bedeutung, weil Ca-Mangel und Stippigkeit in enger Beziehung stehen.

Calcium tritt in der Pflanze als freies Ion sowie in anorganischen und organischen Verbindungen auf. Von diesen ist das Ca-Pektat ein wichtiges Bauelement der Mittellamelle zwischen den Zellen und für die Gewebefestigkeit von Bedeutung. Ca übt keine direkte Wirkung auf die Photosynthese aus. Eine gute Ca-Versorgung fördert das Wurzelwachstum, die Nitrataufnahme und die Eiweißbildung.

In der Pflanzenproduktion kommt dem Ca eine zweifache Funktion zu. Sein günstiger Einfluß auf Bodenstruktur und Krümelstabilität, Mikroorganismenleben und auf die verschiedensten Auf- und Abbauprozesse im Boden sichern ihm zusätzlich zu seiner ernährungsphysiologischen auch eine große Bedeutung als Bodendünger. Wenn der Ca-Haushalt des Bodens in Ordnung gehalten wird, ist bei vielen Kulturpflanzen auch deren Ca-Ernährung gesichert. Eine Beeinflussung der Wuchs- und Ertragsleistung konnte im Freiland trotz großer Unterschiede in der Ca-Ernährung der Obstgewächse nur in Ausnahmefällen beobachtet werden.

Durch eine Kalkung werden dem Boden Ca-Ionen und alkalisch wirkende Verbindungen zugeführt. Sie beeinflußt also sowohl das Ca-Ionenangebot des Bodens als auch seinen pH-Wert. Eine Erhöhung des pH-Wertes ist nicht immer wünschenswert. Hohe pH-Werte fördern bei gleichzeitig hohem Kalkgehalt im Obstbau das Auftreten von Bor-, Mangan- und Zinkmangel. Apfel, Birne, Pflaume, Pfirsich und Erdbeere leiden sehr stark unter der kalkinduzierten Eisenmangelchlorose, die sich, wenn überhaupt, nur durch kostspielige Maßnahmen beseitigen läßt. Auf stärker sauren Böden treten hingegen häufig Magnesiummangel und ein pflanzenschädigendes Manganüberangebot auf.

Die unter mitteleuropäischen Verhältnissen stattfindende jährliche Auswaschung von 300 bis 400 kg CaO/ha erfordert selbst bei augenblicklich ausgeglichenem Kalkhaushalt des Bodens einen Ersatz der in den Untergrund ausgewaschenen Mengen. Im Ackerbau ist eine zweckdienliche Erhaltungskalkung in dreijährigem Turnus üblich.

Die hierzu aufgewendeten Mengen betragen je nach Kulturart 10 bis 25 dt CaO/ha. Im Obstbau wurde die Kalkdüngung infolge der starken Anwendung von Mehrnährstoffdüngern vernachlässigt. Die pH-Werte der obstbaulich genutzten Böden sind infolgedessen vielerorts auf nicht mehr vertretbare Werte abgesunken.

Es wäre jedoch verfehlt, diesem Versäumnis in der Kalkdüngung die alleinige Schuld an dem in den vergangenen Jahren stärkeren Auftreten der Stippigkeit zuzuschreiben und in der Aufkalkung ein Allheilmittel gegen diese physiologische Störung zu erblikken (vgl. Physiologische Krankheiten des Lagerobstes). Sobald aber der pH-Wert um mindestens 1 bis 1,5 Einheiten unter der erstrebenswerten Höhe liegt (s. Kapitel Ermittlung des Düngebedarfs), besteht eine erhöhte Dringlichkeit zur Kalkung.

1.6 Eisen

Der größte Teil des im Boden vorhandenen Eisens liegt in anorganischer Form vor. Normalerweise enthalten die Böden genügend pflanzenverfügbares Eisen. Auf bestimmten Standorten ist die Fe-Versorgung der Obstgewächse dennoch gestört. Bei saurer Bodenreaktion kann die Fe-Aufnahme durch Überschuß an Mangan, Kupfer oder Zink leiden. Sie wird jedoch weniger durch eine derartige Ionenkonkurrenz als durch Festlegungsprozesse im Boden beeinflußt. Hoher Phosphatgehalt ist die Ursache für die Ausfällung von Eisen in Form von schwerlöslichen Eisenphosphaten. Diese Ausfällung kann nicht nur im Boden, sondern auch in den Leitungsbahnen der Pflanze erfolgen. Die am meisten verbreitete und wirtschaftlich bedeutendste Beeinträchtigung der Fe-Ernährung der Obstgewächse findet man auf kalkreichen, alkalischen Böden. Sie führt zu dem Krankheitsbild der Kalkchlorose.

Die Mangelsymptome werden immer an den jüngsten Blättern der Langtriebe zuerst sichtbar. Sie breiten sich bei starkem Mangel auch auf ältere Pflanzenteile und letztlich auf die ganze Pflanze aus. Die Blätter verfärben sich gelbgrün bis gelb; bei extremem Mangel kann eine vollständige Ausbleichung erfolgen. Nur die Blattadern bleiben bis in ihre feinsten Verzweigungen grün. Blatt- und Triebwachstum werden oft erheblich eingeschränkt. Bei stärkerem und anhaltendem Mangel sterben Triebe und ganze Astpartien von der Spitze aus ab. Die Fruchtbarkeit wird stark vermindert. Die Früchte sind beim Apfel wie bei N-Mangel stark gerötet.

Unter den Apfelsorten reagiert 'Cox Orange' am schnellsten auf Fe-Mangel. Sehr anfällig sind auch Birnen auf Quittenunterlage, Quitten, Pflaumen, Pfirsiche, Himbeeren und Erdbeeren.

Bei Eisenmangelchlorose („Kalkchlorose") sollten alkalisch wirkende Düngemittel vermieden werden. Eine Senkung des pH-Wertes durch verstärkte Anwendung von sauer wirkenden Düngemitteln ist jedoch nur in begrenztem Umfang und nur sehr langsam zu erreichen. Manchmal können erkrankte Bäume nach Graseinsaat soweit gesunden, daß sie mittlere Ernten produzieren. Eine kurzfristige und sichere Behebung des Fe-Mangels ist in der Regel nur durch eine Fe-Düngung möglich.

Die Düngung kalkreicher Böden mit anorganischen Eisensalzen, wie z.B. Eisensulfat, verspricht keinen Erfolg, weil die Fe-Ionen auf diesen Böden sofort festgelegt werden. Nur Fe-Komplexsalze (Chelate) eignen sich zur Bekämpfung der Kalkchlorose. Sie können über den Boden und über das Blatt den Obstgewächsen zugeführt werden. Bei allen Obstarten, den Pfirsich ausgenommen, haben sich mehrmalige Blattspritzungen mit Fe-Komplexsalzen bewährt. Meistens ist eine 4- bis 5malige Behandlung im Abstand von 10 Tagen für einen guten Erfolg notwendig. Man beginnt mit den Spritzungen bald nach dem Blütenblattfall. Beim Pfirsich ist eine Bodenbehandlung

(Lanzendüngung mit 1- bis 2%igen Lösungen) vorzuziehen. Leichtere Mängel lassen sich auf diese Weise beheben. Einen schon längere Zeit bestehenden hochgradigen Mangel kann nur eine über größere Zeiträume vorgenommene Eisendüngung beheben.

1.7 Bor

Bormangelerscheinungen sind bei vielen Obstarten und aus zahlreichen Obstbaugebieten bekannt. Obwohl viele Böden nur geringe Bormengen enthalten, tritt der Bormangel weniger als Folge eines geringen Borgehalts des Bodens, als eher durch Borfestlegung bei hohen pH-Werten in Erscheinung. Auf schlecht durchlüfteten, schweren, staunassen Böden treten Mangelerscheinungen bevorzugt auf. Eine Häufung von Schadensfällen ist in Trockenjahren zu verzeichnen.

Bor ist für das Längenwachstum der Wurzeln und für deren Verzweigung notwendig. Der größte Teil des Bors in der Pflanze befindet sich in den Zellwänden. Vermutlich kann es sich in ähnlicher Weise wie Ca mit Pektinstoffen verbinden. Bormangel äußert sich im Zusammenbruch dünnwandiger Gewebe. Durch Schädigung des Phloems kommt es zu einer Behinderung des Kohlenhydrattransportes und einer sich daraus ergebenden Anhäufung von Zuckern und Stärke in den Blättern. Außerdem wird der Eiweißstoffwechsel und damit vor allem das Trieb- und Fruchtwachstum gestört. Eine spezielle Borverbindung beeinflußt die Entwicklung des Pollenschlauches; bei Bormangel kann es deshalb zu mangelhaftem Fruchtansatz kommen.

Bormangelgefährdet ist vor allem der Apfel. Aber auch bei Birne, Pflaume, Pfirsich und Kirsche treten Mangelsymptome auf. Bei der Apfelfrucht äußert sich Bormangel je nach dem zeitlichen Auftreten in Form von Außen-, Innen- und von diffusem Kork. Außenkork ist, wie der Name schon ausdrückt, auf die Fruchtoberfläche beschränkt und gibt sich durch eine borkige Fruchtschale zu erkennen, ein Schadbild, das man mit der virösen Rauhschaligkeit verwechseln könnte. Innenkork und diffuser Kork treten im Fruchtfleisch auf. Durch Innenkork entstehen charakteristische Fruchtdeformationen. Diffuser Kork ist von außen kaum erkennbar. Das Schadbild kommt dem der Stippigkeit nahe. Bormangel kann auch das Absterben von Triebspitzen und bei starkem Mangel das Absterben ganzer Astpartien zur Folge haben. Die Blätter sind rötlichbronzefarben, löffelartig gekrümmt und öfters rosettenartig angeordnet.

Sämtliche Bormangelschäden lassen sich durch Bordüngung beheben. Durch Trokkenheit hervorgerufener Bormangel verschwindet in der Regel nach ausreichenden Niederschlägen wieder von selbst. Zur Bekämpfung eines absoluten oder eines durch hohen pH-Wert induzierten Bormangels bieten sich Boden- und Blattdüngung an. Die Bodendüngung ist auf die Dauer wirksamer als die Blattdüngung. Ihre Bemessung stößt jedoch auf Schwierigkeiten. Je nach pH-Wert können schon 10 bis 30 kg Borax/ha zur Behebung des Mangels ausreichen. Bei hohen pH-Werten ist die Borfestlegung jedoch so stark, daß diese Mengen um das 10fache gesteigert werden müßten. Um keinen Borüberschuß mit stark toxischen Wirkungen auf das Pflanzenwachstum herbeizuführen, empfiehlt sich in solchen Fällen, zur Blattdüngung zu greifen. Es eignen sich hierzu 0,15 bis 0,2%ige Borsäurelösungen, die in für Bormangel anfälligen Anlagen 2- bis 3mal in 10tägigem Abstand ab der Blüte auszubringen sind.

1.8 Zink

Im Boden kommt Zink im allgemeinen in genügender Menge vor. Das Auftreten von Zinkmangel ist deshalb nur selten auf eine Verarmung des Bodens an Zink zurückzuführen. Eine solche ist noch am ehesten auf leichten, sauren Böden anzutreffen. Die häufigste Ursache für Zinkmangel sind hoher pH-Wert und hoher Phosphatgehalt des Bodens. Sie beeinflussen durch verstärkte Festlegung des Zinks dessen Pflanzenverfügbarkeit am deutlichsten.

Die Beweglichkeit des Zinks in der Pflanze ist nicht sehr gut. Es kann jedoch in ihr auf- und abwärts transportiert werden. Relativ gut ist seine Beweglichkeit in jüngeren Blättern. Diese können auch eher das durch eine Blattdüngung auf sie gelangte Zink aufnehmen als ältere.

Die Zinkmangelerscheinungen kommen oft plötzlich zum Vorschein. Sie sind entweder auf bestimmte Astpartien beschränkt oder erfassen die ganze Pflanze. Das Triebwachstum ist äußerst schwach. Bei starkem Mangel sterben ganze Äste ab, bei schwächerem lediglich Triebspitzen. Die Knospen treiben kümmerlich aus. Die dichtgedrängten Blätter sind rosettenartig angeordnet, steif aufgerichtet und insbesondere bei der Birne sehr schmal. Sie weisen im Vergleich zu gesunden Blättern eine bis zu 90% verminderte Flächenausdehnung auf. Die sichtbar zinkmangelkranken Baumpartien tragen infolge von gestörter Blütenbildung und mangelhaftem Fruchtansatz keine oder nur wenige, teilweise abnormal geformte Früchte (Spitzfrüchtigkeit bei Pfirsich). Das Fruchtwachstum wird in nächster Nähe der Mangelsymptome am stärksten beeinträchtigt.

Von den verschiedenen Obstarten leiden Apfel, Birne und Kirsche am meisten unter Zinkmangel; Pflaume und Pfirsich werden seltener geschädigt. Im Einzelfall kann Zinkmangel wirtschaftlich bedeutungsvoll sein. Eine Bekämpfung durch Düngung mit Zinksulfat ist nur auf zinkarmen, leichten und zugleich stärker sauren Böden möglich. Geht der Mangel auf eine Festlegung des Zinks im Boden zurück, so ist eine Düngung mit Zinksulfat wirkungslos. In solchen Fällen haben sich bei Kernobst eine Spritzung mit 5% Zinksulfat auf das kahle Holz während der Vegetationsruhe oder 2 bis 3 Spritzungen mit 0,5% Zinksulfat nach der Blüte in 14tägigem Abstand bewährt. Da Zinksulfatlösungen schwach sauer sind, sollten der Spritzbrühe 0,5% gelöschter Kalk zur Neutralisierung der Säure zugesetzt werden, um Pflanzenschädigungen zu vermeiden. Beim Steinobst sind nur Spritzungen auf belaubte Bäume erfolgversprechend.

1.9 Mangan

Manganmangel tritt am ehesten bei Apfel, Süßkirsche und Himbeere auf. Hohe pH-Werte leisten ihm Vorschub. Er zeigt sich zuerst an den Blättern der Kurztriebe. Vom Blattrand ausgehend entwickelt sich eine zwischen die Blattnerven vordringende Chlorose, die jedoch nicht so stark ausgeprägt ist wie bei Eisenmangel. Entlang den Hauptnerven bleibt das Blattgewebe grün, wodurch eine tannenbaumartige Zeichnung des Blattes zustande kommt. Es erfolgt nur ein schwaches Triebwachstum und ein Absterben der Äste. Auch bei starkem Mangel werden Fruchtansatz und -wachstum kaum beeinträchtigt. Die zu beobachtende Verminderung der Erntemenge scheint hauptsächlich auf die geringere Größe der Bäume zurückzugehen.

Zur Behebung von Manganmangel empfiehlt sich auf leicht sauren Böden eine Düngung mit 0,5 bis 1 dt Mangansulfat je ha. Auf neutral bis alkalisch reagierenden Böden kann die Pflanzenverfügbarkeit des Mangans durch allmähliche Senkung des pH-Werts (sauer wirkende Düngemittel, Graseinsaat) gefördert werden. Zur direkten Bekämpfung des Manganmangels eignet sich eine Spritzung mit 5% Mangansulfat auf das kahle Holz oder eine ein- bis zweimalige Blattbehandlung mit 0,2 bis 0,5% Mangansulfat kurz nach der Blüte. Der Spritzbrühe sind zur Neutralisation der Säure 0,2% Löschkalk zuzusetzen.

Manganüberschuß tritt nur auf extrem sauren Böden auf. Er bewirkt ein Absterben von Rindenpartien und geringes Wachstum. Sein Auftreten zeigt die unbedingte Notwendigkeit einer Aufkalkung an.

1.10 Kupfer und Molybdän

Kupfer- und Molybdän-Mangelerscheinungen treten bei verschiedenen Obstarten zwar vereinzelt auf. Ihre praktische Bedeutung ist aber so gering, daß auf eine Beschreibung der Krankheitssymptome und auf eine Behandlung der Kupfer- und Molybdän-Düngung verzichtet werden kann.

2 Technik der Düngung

2.1 Oberflächendüngung

Das gleichmäßige Ausstreuen der Dünger auf die gesamte Bodenoberfläche hat sich auch im Obstbau durchgesetzt. Beim Stickstoff entstehen infolge seiner guten *Löslichkeit und Beweglichkeit* im Boden keine Probleme für die Versorgung der Pflanzen. Je nach Bodenart und Niederschlagsmenge wandert er schon innerhalb von wenigen Wochen in den Wurzelbereich der Obstgewächse. Die Wanderungsgeschwindigkeit des Kalks ist zwar deutlich geringer als die des Stickstoffs; über längere Zeiträume hinweg wird er jedoch nicht im Boden festgehalten. Seine Wanderungstiefe läßt sich an der Veränderung des pH-Wertes im Bodenprofil nachweisen. Auch Magnesium ist im Boden ausreichend wanderungsfähig. Bei Kalium erfolgt dagegen eine wesentlich geringere Wanderung in die tieferen Bodenschichten. Noch stärker wird Phosphat im Boden festgehalten. Schon kurze Zeit nach einer Phosphatdüngung werden, ungeachtet der Form, in der das Phosphat ausgebracht wird, kaum wanderungsfähige, wasserunlösliche Produkte gebildet.

Tab. 38. Verteilung von organischer Substanz, pH-Wert und Nährstoffen im Profil einer Parabraunerde bei Oberflächendüngung

cm Tiefe	organ. Substanz %	pH-Wert	mg Nährstoff in 100 g Boden P_2O_5	K_2O	Mg
0 - 5	3,6	5,0	15	26	20
5 - 10	2,5	5,3	6	14	17
10 - 15	2,2	5,7	4	9	14
15 - 20	2,0	5,6	4	7	11
20 - 25	1,6	5,9	2	7	10
25 - 30	1,4	6,1	1	7	10
30 - 35	1,2	6,2	1	7	11
35 - 40	0,7	6,3	0	8	10

Die unterschiedliche Löslichkeit und Wanderungsfähigkeit der Hauptelemente bedingt bei regelmäßiger Oberflächendüngung eine Anreicherung der oberflächennahen Bodenschichten mit Kalium und mit Phosphat. Der tiefer als 20 cm gelegenen Bodenschicht, in der sich die Hauptmasse der nährstoffaufnehmenden Wurzeln befindet, werden auch durch langjährige Oberflächendüngung bei mittelschweren bis schweren Böden nur geringe Kalium- und Phosphatmengen zugeführt. Eine merkliche Verlagerung der ausgestreuten Dünger in die Tiefe ist durch Bodenbearbeitung nicht möglich, wenn man größere Wurzelbeschädigungen vermeiden will. In Grasmulchanlagen bleibt der Dünger zunächst direkt an der Oberfläche liegen.

2.2 Tiefendüngung

Ein großer Teil der bestehenden Obstanlagen ist infolge der schlechten Beweglichkeit von Kali und Phosphorsäure im Untergrund schlecht mit diesen Nährstoffen versorgt. Beim Rasenmulchsystem kommt hinzu, daß stets der Wurzelfilz der bodenbedeckenden Pflanzen zuerst in den Genuß der im Dünger oder in verrottenden Pflanzenteilen enthaltenen Nährstoffe kommt, weil er sich näher an der Bodenoberfläche ausbreitet als die Obstgehölzwurzeln.

Eine direkte Versorgung der nährstoffarmen Bodenschichten wurde schon auf verschiedene Art angestrebt. Beim Einbringen der Kali- und Phosphatdünger durch **Lanzendüngung** werden Nährstofflösungen mit speziell konstruierten Düngelanzen in den Boden gepumpt. Für eine ausreichende Nährstoffversorgung und -verteilung ist mindestens 1 Einstich je m^2 erforderlich. Auch unter günstigen Bedingungen entsteht hierdurch ein Arbeitsaufwand von 50 Std./ha. Weitere erschwerende Momente gegen die Anwendung der Lanzendüngung im Obstbau bilden Schwierigkeiten bei der Herstellung der Düngerlösung, falls herkömmliche Dünger Anwendung finden sollen. Infolge ihrer schlechten Löslichkeit oder hoher unlöslicher Rückstände erscheint die Anwendung voll wasserlöslicher, d.h. auch teurer Düngemittel, angebracht. Hinzu kommt die starke Korrosion der mit der Düngerlösung in Kontakt kommenden Geräte. Da außerdem die Untersuchungen zur Auswirkung von Oberflächen- und Lanzendüngung auf den Ertrag keine überzeugenden Vorzüge der Lanzendüngung erkennen ließen, verlor letztere nach einer anfänglichen Blütezeit in den 50er Jahren rasch an praktischer Bedeutung.

Eine besondere Form der Tiefendüngung stellt die **Vorratsdüngung** dar. Da die tiefere Einbringung von Phosphat und Kali in bestehenden Obstanlagen auf Schwierigkeiten stößt, ist man bemüht, diese Nährstoffe schon vor der Pflanzung bei der vorbereitenden Pflugarbeit in die tieferen Bodenschichten einzubringen. Geeignete Düngemittel und in der Obstbaupraxis gebräuchliche Aufwandmengen sind Thomasmehl (20 dt/ha) und Patentkali (13 dt/ha) oder schwefelsaures Kali (8 dt/ha). Sie werden entweder vor dem Tiefpflügen auf die Bodenoberfläche oder während des Pflügens auf Pflugsohle und -balken ausgestreut. Die Ausnutzung einer derartigen Phosphat-Vorratsdüngung ist infolge der raschen Bildung von schwerlöslichen Phosphaten bedeutend schlechter als bei einer alljährlichen Düngung.

Bei Böden mit einem hohen Festlegungsvermögen für Kali liegt die Bedeutung der Vorratsdüngung weniger in der Anhebung des Nährstoffgehaltes des Bodens. In Anbetracht der auf bindigen Böden großen Kalireserven kann kaum von einer nennenswerten Anreicherung des Bodens durch eine einmalige Gabe von im Obstbau seither üblichen 300 bis 500 kg K_2O je ha gesprochen werden. Ihren größten Einfluß entfaltet sie vielmehr durch eine Verbesserung der K-Pflanzenverfügbarkeit, wenn eine ausreichend bemessene K-Vorratsdüngung das Festlegungsvermögen eines Bodens für Kali so stark senkt, daß die späteren laufenden Kaligaben gut beweglich und in hohem Maße pflanzenverfügbar sind. Hierfür sind jedoch u.U. 1000 bis 2000 kg K_2O/ha notwendig, die für Obsterzeuger vielleicht phantastisch klingen, im Weinbau aber üblich sind. Eine genauere Auskunft über die zur Senkung der K-Festlegung erforderliche Kalimenge kann im Einzelfall die Bodenuntersuchung auf fixierbares Kalium erbringen.

2.3 Nährstoffspritzungen

Die Technik der Blattdüngung mit Nährstoffen, die normalerweise von der Wurzel aufgenommen werden, ergab sich aus dem guten Aufnahmevermögen der Blätter für die verschiedensten Elemente. Trotz der theoretischen Möglichkeit einer ausschließlichen Ernährung über das Blatt mit Haupt- und Spurenelementen kommt der Blattdüngung aber nur eine begrenzte praktische Bedeutung zu, weil für die Deckung des gesamten Nährstoffbedarfs der Pflanzen eine sehr große Zahl von Spritzungen notwendig ist. Das gilt vor allem für die Hauptnährstoffe. Der geringe Bedarf an Spurenelementen kann dagegen mit einer oder mehreren Spritzungen gedeckt werden. Ihre Bedeutung erlangen Nährstoffspritzungen dadurch, daß sie oft schneller und besser als die Bodendüngung wirken. Bisweilen stellen sie sogar die einzig mögliche Maßnahme zur Behebung eines Nährstoffmangels dar, weil Probleme, die bei der Düngung über den Boden zu Schwierigkeiten in der Nährstoffversorgung der Obstgewächse führen (Löslichkeit der Dünger, ihre Verteilung im Bodenprofil, Nährstoff-Festlegung im Boden) automatisch entfallen.

Eine Blattvolldüngung mit speziellen Düngern ist grundsätzlich möglich und erscheint fürs erste vorteilhaft, weil sie die Nährstoffe in ausgewogenem Verhältnis enthält. Sie zielt auf die Erhaltung von Gesundheit und Leistungsfähigkeit des Blattwerks oder auf deren Wiederherstellung ab, wenn nicht genau definierbare Mangelerscheinungen auftreten. Insbesondere gegen die seit einigen Jahren bei 'Golden Delicious' gehäuft vorkommenden Blattflecken und Blattaufhellungen mit anschließendem Blattfall hat man noch keine bessere Maßnahme gefunden als das Spritzen von Blattdüngern, denen man beim Herstellen der Brühe im Spritztank noch extra 2% Magnesiumsulfat (Bittersalz) und 0,5% Mangansulfat zusetzt.

Eine gewisse Verbreitung im Obstbau erlangte die Blattdüngung auch als regulierende Maßnahme der N-Versorgung. Sie wurde oftmals als Termindüngung eingestuft, mit deren Hilfe man sich den individuellen Bedürfnissen der Bäume eher anpassen kann als durch Bodendüngung. Nach einer Reihe von Untersuchungen bestehen zwar im Einzelfalle günstige Auswirkungen auf Blatt- und Triebwachstum, auf Fruchtansatz und -größe sowie auf den Ertrag. Im großen und ganzen sind aber deutlich erkennbare Auswirkungen auf Wachstum und Ertrag nur in Obstanlagen mit schlechter bis mittlerer N-Versorgung oder bei länger anhaltender Trockenheit festzustellen.

Zur Behebung von Magnesiummangel eignen sich 4 bis 6 Spritzungen mit 2% Magnesiumsulfat ab Mitte Juni recht gut. Es sind damit u.U. beachtliche Ertragssteigerungen zu erzielen. Man sollte jedoch nicht übersehen, daß Magnesiumspritzungen bei Apfel das Auftreten der Stippigkeit verstärken.

Calciumreiche Blattdünger werden mit gebietsweise wechselndem Erfolg gegen die Stippigkeit der Früchte eingesetzt (s. Physiologische Krankheiten des Lagerobstes).

Eindeutig diagnostizierbarer Spurenelementmangel läßt sich durch entsprechende Blattdüngung schnell, jedoch nicht nachhaltig, beseitigen oder mildern. Da seine Ursachen weniger in absolutem Mangel, als mehr in geringer Verfügbarkeit (ungünstige pH-

Werte) zu sehen sind, stellt die Blattdüngung die oft einzige Möglichkeit zur raschen Behebung dar. Eine gewisse Bedeutung erlangten gebietsweise Eisen- und Bor-, in geringerem Maße auch Zink- und Manganspritzungen.

3 Ermittlung des Düngebedarfs

3.1 Bodenanalyse

Die am weitesten verbreitete Methode zur Ermittlung des Düngebedarfs von Obstanlagen ist die chemische Untersuchung des Bodens auf seinen Gehalt an pflanzenverfügbaren Nährstoffen. Hierbei werden die im Boden vorhandenen Nährstoffe mit einer geeigneten Lösung, deren Zusammensetzung dem Lösungs- und Aufnahmevermögen der Pflanzenwurzel möglichst entsprechen soll, extrahiert. Die chemische Analyse des Bodenextraktes gibt Aufschluß über den momentanen Nährstoffgehalt des Bodens. Sie besitzt jedoch nur eine begrenzte Aussagekraft über die Düngermenge, welche noch eine rentable Ertrags- und Qualitätssteigerung zu erbringen vermag. Bei regelmäßiger Durchführung ergibt sie aber wertvolle Hinweise über schädliche Bodeneinflüsse, wie z. B. Nährstoffverarmung, unharmonisches Verhältnis der einzelnen Nährstoffe zueinander und unerwünschte pH-Veränderungen. In 3- bis 5jährigem Turnus durchgeführte Untersuchungen eignen sich deshalb besonders dazu, die Zweckmäßigkeit der über eine Reihe von Jahren hindurch ergriffenen Düngungsmaßnahmen zu überprüfen.

Die *übliche Bodenanalyse* konzentriert sich auf die Erfassung der Nährstoffe P, K, Mg und Ca. Die Phosphorsäure- und Kaliumuntersuchung findet überwiegend nach der CAL-Methode statt (extrahiert wird mit einer Lösung, die Calciumlactat, Calciumacetat und Essigsäure enthält), die Magnesiumbestimmung nach der Calciumchlorid ($CaCl_2$)-Methode. Nach einem Schema des Verbandes der Landwirtschaftlichen Untersuchungs- und Forschungsanstalten (VDLUFA) werden die Böden in Nährstoffgehaltsklassen eingeteilt. Die Ermittlung des Düngebedarfs erfolgt über die Gehaltsklassen. In früheren Jahren lag die Bedeutung der Bodenuntersuchung hauptsächlich bei der Feststellung eines Nährstoffmangels. Heute ist aber auch der obere Teil der Versorgungsskala im Hinblick auf die Gefahr von Überdüngungen und auf den sparsamen Einsatz der Düngemittel für die Praxis wichtig.

Im intensiven Ackerbau wird allgemein die Nährstoffgehaltsklasse C angestrebt. Nach Erfahrungen aus Düngungsversuchen im Obstbau sollte die Düngung im Interesse einer guten Fruchtqualität auf die niedrigere Gehaltsklasse B ausgerichtet sein. Negative Auswirkungen auf den Ertrag sind dadurch nicht zu befürchten. Liegt ein mittlerer Nährstoffgehalt vor, so genügt es, die entzogenen Nährstoffmengen durch Düngung zu ersetzen und dadurch den vorhandenen Düngungszustand aufrecht zu erhalten. Bei hohem Gehalt sollen die Düngergaben unter die dem jährlichen Entzug entsprechenden Mengen gesenkt werden. Weisen die Bodenuntersuchungsbefunde einen sehr hohen Nährstoffgehalt aus, so sollte eine Düngung wenigstens vorübergehend ganz unterbleiben.

In den Grenzwert-Tabellen des VDLUFA sind für die einzelnen Nährstoffe Von-bis-Werte angegeben. Davon haben die hohen für die Krume, die niedrigen für den Unterboden Geltung. Für die Düngepraxis ergeben sich daraus mitunter Konflikte, weil der Untergrund meistens nährstoffarm, aber in nicht unbeträchtlichem Maße durchwurzelt ist und deshalb eigentlich mit Nährstoffen angereichert werden sollte. Eine Anhebung

Tab. 39. Grenzwerte für die Beurteilung des Nährstoffgehalts und des Düngebedarfs von Böden

Gehaltsklasse nach VDLUFA	Nährstoffgehalt	mg Nährstoff in 100 g Boden			Düngungsempfehlung*
Phosphor (P_2O_5), CAL-Methode					
		leichte Böden	mittelschwere Böden		kg P_2O_5/ha
A	niedrig	0 - 10	0 - 10		100
B	mittel	11 - 20	11 - 20		50
C	hoch	21 - 35	21 - 40		–
D	sehr hoch	36 - 50	41 - 60		–
E	extrem hoch	über 50	über 60		–
Kalium (K_2O), CAL-Methode					
		leichte Böden	mittelschwere Böden	schwere Böden	kg K_2O/ha
A	niedrig	0 - 12	0 - 15	0 - 20	100 - 150
B	mittel	13 - 20	16 - 25	21 - 35	50
C	hoch	21 - 30	26 - 40	36 - 50	–
D	sehr hoch	31 - 50	41 - 60	51 - 70	–
E	extrem hoch	über 50	über 60	über 70	–
Magnesium (Mg), $CaCl_2$-Methode					
		leichte Böden	mittelschwere Böden	schwere Böden	kg MgO/ha
A	niedrig	0 - 5	0 - 7	0 - 9	60
B	mittel	6 - 10	8 - 12	10 - 14	30
C	hoch	11 - 15	13 - 20	15 - 25	–
D	sehr hoch	über 15	über 20	über 25	–

* nach Erfahrungen an der Versuchsstation Bavendorf. Die Empfehlungen der Untersuchungsstellen liegen teilweise erheblich höher.

der Kalium- und Phosphatgehalte im Unterboden ist aber bei vorherrschender Oberflächendüngung nur über eine starke Anreicherung der betreffenden Nährstoffe im Oberboden zu erreichen. Ist dieser schon hoch versorgt, so empfiehlt es sich nicht, bei schlecht versorgtem Unterboden durch hohe Düngermengen gegen dieses Übel anzugehen, weil der größte Teil des verabreichten Düngers von den oberen Bodenschichten festgehalten würde. Die ohnehin gute Versorgung könnte dadurch hochgetrieben werden, ohne daß Ertrag oder Qualität einen lohnenden Gegenwert bieten, ja teilweise gar negativ beeinflußt werden. Es ist deshalb vernünftig, die Entscheidung über die Höhe der Düngung nur nach der Nährstoffversorgung des Oberbodens zu treffen.

Die *Calciumversorgung* wird für die Düngepraxis ausreichend genau durch den pH-Wert eines Bodens ausgedrückt. Der anzustrebende pH-Wert schwankt je nach der Bodenart zwischen 5,5 bei reinen Sandböden und 6,5 bei Ton-, Lehm- und Lößböden, auch wenn sich der Apfel erstaunlich pH-tolerant zeigt und noch bei pH-Werten von 4,5 und 5,5 gut wächst und fruchtet.

Eine Untersuchung des Bodens auf pflanzenverfügbaren Stickstoff schien bis vor wenigen Jahren in Anbetracht der starken, unter dem Einfluß von Witterung und Bodenlebewelt stehenden Stickstoffdynamik nicht sinnvoll zu sein. Möglicherweise läßt sich aber auch im Obstbau, wie schon jetzt im Getreidebau, zukünftig mit der *N_{min}-Methode* der Bedarf an Stickstoffdünger objektiv feststellen. Diese Methode beruht auf der Messung der Mineralstickstoffmenge (N_{min}), die der Boden zu Vegetationsbeginn in der durchwurzelten Bodenschicht enthält. Dieser Vorrat muß durch N-Düngung auf einen „Sollwert" ergänzt werden. Auch eine N-Überdüngung ließe sich mit dieser Methode frühzeitig und objektiv feststellen.

3.2 Pflanzenanalyse

Der Nährstoffgehalt ganzer Pflanzen oder bestimmter Pflanzenteile gibt gegenüber der Bodenanalyse direkt Aufschluß über die aufgenommenen Nährstoffmengen. Die Pflanzenanalyse stellt damit eine unmittelbare Kontrolle der getroffenen Düngungsmaßnahmen dar. Beziehungen zwischen dem Mineralstoffgehalt von Früchten und ihrer Lagerfähigkeit ermöglichen aber auch eine Vorhersage des Verhaltens von Früchten im Lager, d.h. nicht lagerwürdige Posten könnten durch eine Analyse erkannt und ausgeschieden werden.

Blatt- und Fruchtanalyse gewinnen zwar in der Wissenschaft immer mehr an Bedeutung, werden aber in Deutschland, im Gegensatz zu anderen Ländern, derzeit kaum in

Tab. 40. Beurteilung von Ergebnissen der Blatt- und Fruchtanalyse bei Apfel

	Nährstoffgehalt von Blättern (% in der Trockensubstanz)*				
	N	P	K	Ca	Mg
niedrig	2,2 - 2,4	0,1 - 0,14	0,85 - 1,1	1,4 - 1,8	0,1 - 0,2
mittel	2,4 - 2,8	0,14 - 0,22	1,1 - 1,5	1,8 - 2,2	0,2 - 0,3
hoch	über 2,8	über 0,22	1,5 - 1,7	über 2,2	über 0,3

bei Entnahme des 3. und 4. vollentwickelten Blattes über der Triebbasis in der ersten Augusthälfte

	Nährstoffgehalt von gut lagerfähigen Früchten (mg in 100 g Frischsubstanz)**				
	N	P	K	Ca	Mg
Cox Orange	50 - 70	mind. 11	130 - 160	$5{,}0_a$ $4{,}5_b$	5,0

a bei Kühllagerung, b bei CA-Lagerung

* nach A. POUWER 1974 (Niederlande), ** nach R.O. SHARPLES 1980 (England)

der Obstbaupraxis genutzt. Zweifellos müssen dazu noch mehr Untersuchungen im Hinblick auf die anzustrebenden Nährstoffgehalte unter unseren Anbaubedingungen durchgeführt werden. Aber auch so „einfache“ Dinge wie der personelle und sachliche Aufwand für Probenahme und Untersuchung der Blätter und Früchte sowie die Bewertung der Analysenergebnisse standen der praktischen Anwendung der Blatt- und Fruchtanalyse bisher entscheidend entgegen.

4 Düngemittel

Die im vorliegenden Kapitel aufgeführten Handelsdünger stellen nur eine Auswahl aus einer Vielzahl von handelsüblichen Düngemitteln dar. Ohne den Anspruch auf Vollständigkeit zu erheben, wurde angestrebt, die für den Obstbau wichtigsten Dünger zu erfassen. Infolge der sich ständig ändernden Preise wird auf die Wiedergabe einer Preisliste verzichtet. Der Leser sei jedoch auf die nach zeitlichen Lieferabschnitten gestaffelten Preise und auf die sich hieraus ergebende Möglichkeit der Kosteneinsparung beim Düngerkauf hingewiesen. Späteinkauf kommt bei allen Düngemitteln stets teurer als eine frühzeitige Auftragserteilung.

4.1 Mineralische Dünger

Stickstoffdünger

Außer *Chilesalpeter* werden sämtliche in unserem Raum auf dem Markt befindlichen mineralischen N-Dünger durch komplizierte technische Verfahren aus dem großen Vorrat an Luftstickstoff gewonnen.

Kalksalpeter enthält 15,5% Nitrat-N, daneben 28% CaO. Er ist ein weißes, grob gekörntes, stark wasseranziehendes und deshalb leicht lösliches Düngemittel. Der hohe Kalkanteil bewirkt eine Verbesserung der Kalkversorgung von mit Kalksalpeter gedüngten Flächen. Auch wird Kalksalpeter wegen seines hohen Calciumgehaltes zu Spritzungen gegen Stippigkeit verwendet (s. Kapitel Physiologische Krankheiten des Lagerobstes). Nächst dem Kalkstickstoff ist Kalksalpeter der teuerste N-Dünger.

Das Ammoniak der ammoniumhaltigen N-Dünger wird im Austausch gegen Calcium von den Bodenkolloiden festgehalten und durch Nitrifikation in Nitrat übergeführt. Ammonium-N-Dünger wirken dadurch etwas langsamer als Nitrat-N-Dünger. Sie beanspruchen den Kalkhaushalt der Böden unterschiedlich stark. Nach längerer Anwendung erfolgt, insbesondere bei Düngung mit schwefelsaurem Ammoniak, eine Senkung des pH-Wertes. Bei Kalkamonsalpeter hebt der Gehalt an Kalk und Magnesia die kalkzehrende Wirkung des in ihm enthaltenen Ammoniumnitrats (NH_4NO_3) völlig auf. Dies sichert ihm u.a. seine hervorragende Bedeutung als N-Dünger.

Kalkammonsalpeter: 24% N, davon je die Hälfte in Nitrat- und Ammoniumform, mit 33% $CaCO_3$ und ca. 5% $MgCO_3$. Kalkmehrend.

Schwefelsaures Ammoniak: 21% N. Neigt zum Erhärten; stark kalkzehrend.

Ammonsulfatsalpeter: 26% N, davon $^1/_4$ in Nitrat-, $^3/_4$ in Ammoniumform. Ist kalkzehrend, nimmt Feuchtigkeit auf und zerfließt, wenn sein Wassergehalt 7% übersteigt.

Stickstoffmagnesiumsulfat: 20% N, davon $^1/_3$ in Salpeter-, $^2/_3$ in Ammoniakform sowie 8% wasserlösliches MgO.

Harnstoff ist mit 46% der stickstoffreichste Handelsdünger. Er wird aus Kohlendioxid und Ammoniak hergestellt. Verdünnte Lösungen können vom Blatt aufgenommen werden (Harnstoffspritzung). Über Boden und Wurzel muß zuvor eine Umwandlung in Ammoniumcarbonat erfolgen. Die Geschwindigkeit dieser Umwandlung hängt von der Tätigkeit der Bodenbakterien und damit auch von der Temperatur ab. Harnstoff beansprucht den Kalkgehalt des Bodens nicht so stark wie schwefelsaures Ammoniak.

Kalkstickstoff ist ein langsam wirkender N-Dünger. Er enthält durchschnittlich 21% N, 60% CaO und 14% Kohlenstoff. Seine Düngewirkung tritt erst nach der Umwandlung in Harnstoff und Ammoniumcarbonat ein. Er wird bevorzugt während der Vegetationsruhe angewendet, eignet sich infolge der pflanzenschädigenden Wirkung seines Umwandlungsproduktes Zyanamid aber auch dann nicht für die Düngung von Erdbeeren. Unannehmlichkeiten bei der Ausbringung (ätzende Wirkung auf Haut und Schleimhäute) treten vor allem bei der Verwendung von feinpulverigem Kalkstickstoff auf. Dieser sollte nur mit dichtschließender Kleidung und Schutzbrille unter Verwendung einer Hautschutzsalbe (vom Hersteller des Düngers erhältlich) ausgestreut werden. Die geölte Form sowie Korn- und Perlkalkstickstoff sind besser zu handhaben. Ihr gegenüber Kalkammonsalpeter ca. 15% höherer Preis je kg N bedingt eine geringe Anwendung im Obstbau.

Phosphatdünger

Superphosphat wird aus Rohphosphat durch Umsetzung mit Schwefelsäure hergestellt. Es enthält 18% wasserlösliches Phosphat (P_2O_5) und eignet sich außer für ausgesprochen saure, für alle Böden.

Thomasphosphat (Thomasmehl) ist ein Produkt des Thomasverfahrens, bei dem in einem Arbeitsprozeß Stahl und Thomasphosphat gewonnen werden. Es enthält 15% citronensäurelösliches Phosphat (= pflanzenphysiologisch wirksames P_2O_5). 47% CaO, beträchtliche Mengen an Magnesium, Mangan, Eisen und Silizium sowie eine Reihe weiterer Spurenelemente. Seine Anwendung ist vor allem auf sauer reagierenden Böden anzuraten.

Hyperphos. Außer den aufbereiteten Phosphatdüngern werden auch weicherdige Rohphosphate gehandelt. Der wichtigste Rohphosphatdünger Europas ist Hyperphos, ein feingemahlenes und nachträglich gekörntes Rohphosphat mit 29% P_2O_5, 45% CaO und einigen Spurenelementen. Hyperphos ist nicht nur auf Hochmoor, Grünland, sauren Mineral- und Sandböden anwendbar, sondern hat sich, was Böden und Pflanzen anbelangt, auf breiter Basis bewährt. Es ist ein nicht sehr schnell, aber nachhaltig wirkender Phosphatdünger mit beachtlicher Kalkwirkung.

Kalidünger

Bei der Düngung der Obstgewächse verdienen chloridfreie oder -arme K-Dünger den Vorzug. Als solche kommen in Betracht das *schwefelsaure Kali* (Kalisulfat) mit 48–53% K_2O (höchster Chloridgehalt 2,5%) und *Kalimagnesia* (Patentkali). Dieses Düngemittel enthält außer 26 bis 30% K_2O noch 9% MgO in Form von Kieserit. Beide Düngemittel sind für alle Böden geeignet.

Calcium- und Magnesiumdünger

Kohlensaurer Kalk mit 95% $CaCO_3$ entsprechend 53% CaO und *kohlensaurer Magnesiumkalk* mit 55% $CaCO_3$ und 40% $MgCO_3$ entsprechend 31% CaO und 19% MgO sind in reinem Wasser nur wenig, in CO_2-haltigem dagegen in beträchtlichem Ausmaß löslich (1 l mit Kohlendioxid gesättigtes Wasser kann maximal 1,1 g kohlensauren Kalk lösen). Sie können auf allen Böden angewendet werden und sind infolge ihrer langsamen und nachhaltigen Wirkung zur Vorrats- und Erhaltungskalkung besonders geeignet.

Branntkalk und *Magnesia-Branntkalk* erhält man durch Erhitzen von Kalk- und Dolomitgestein auf 1100 °C. Branntkalk enthält 90% CaO, Magnesia-Branntkalk 55% CaO + 30% MgO. Beide Branntkalksorten nehmen begierig Feuchtigkeit auf und erhitzen sich während dieses Vorgangs beträchtlich (Kalklöschen). Bei der Lagerung müssen sie vor Feuchtigkeit geschützt werden. Im Boden setzt sich Branntkalk mit der Bodenfeuchtigkeit zu Kalkhydrat um. Er wirkt besonders schnell und eignet sich vor allem für eine Gesundungskalkung.

Hüttenkalk ist feingemahlene Hochofenschlacke. Er enthält 50% CaO, mindestens 3% MgO und einige Spurenelemente, vor allem Mangan. Seine Löslichkeit und Anwendung entspricht weitgehend den über kohlensauren Düngekalk gemachten Ausführungen.

Magnesiumsulfat wird in den 2 Formen Kieserit (28% MgO) und Bittersalz (16% MgO) für die Düngung verwendet. Bittersalz ist wesentlich besser wasserlöslich als Kieserit und deshalb für eine Blattdüngung eher geeignet.

Spurenelementdünger

Borsäure (17,5% B) ist für die Herstellung von Spritzlösungen dem ebenfalls handelsüblichen Borax (11,3% B) seiner besseren Löslichkeit wegen vorzuziehen. Borsäure ist giftig. Schon 8 g gelten für den Menschen als tödlich.

Fetrilon und *Sequestren* 138 Fe enthalten das Eisen in Form einer sehr stabilen, wasserlöslichen Verbindung (Chelat). Sie eignen sich vorzugsweise zur Blattdüngung, Sequestren auch zur Bodendüngung.

Mangansulfat ($MnSO_4 \cdot 4\,H_2O$ oder $MnSO_4 \cdot 1\,H_2O$) ist leicht wasserlöslich. Es enthält 24,6% bzw. 32,5% Mn.

Zinksulfat kommt mit 7 oder mit 1 Teil Kristallwasser vor ($ZnSO_4 \cdot 7\,H_2O$ und $ZnSO_4 \cdot 1\,H_2O$) und enthält 22,7 bzw. 36,4% Zink. Zur Herstellung von Spritzlösungen werden 200 bis 1000 g Zinksulfat und 100 bis 500 g Kalkhydrat in 100 l Wasser gelöst.

Mehrnährstoffdünger

Mehrnährstoffdünger werden durch ihren Nährstoffgehalt charakterisiert unter Angabe der Gewichtsprozente an N, P_2O_5 und K_2O. Diese Reihenfolge wird immer beibehalten. Fällt ein Nährstoff aus, so steht an seiner Stelle eine 0. Die Elemente Calcium und Magnesium werden durch das angewandte Zahlensystem nicht erfaßt.

Unter einer Vielzahl von angebotenen Mischdüngern verdienen im Obstbau diejenigen den Vorzug, die das Kali in Sulfatform enthalten. Das sind in Deutschland die mit dem Zusatz „blau" bezeichneten Volldünger. Ihre Nährstoffzusammensetzung entspricht in den meisten Fällen dem Verhältnis 12/12/20 oder 12/12/17 + 2% MgO, 0,1% Mn, 0,1% B, 0,04% Cu, 0,02% Zn und 0,0005% Co. Diese Mengen an Spurenelementen entsprechen bei normalen Düngergaben ungefähr dem jährlichen Entzug durch die Pflanzen. Akute Mangelzustände können mit ihnen deswegen nicht behoben werden.

Die Verwendung der genormten NPK-Dünger hat Vor- und Nachteile. Sie vereinfacht die Düngung, weil mit der notwendigen N-Menge auch die P- und K-Versorgung annähernd sichergestellt ist, grobe Düngungsfehler also kaum vorkommen. Wenn der Boden aber bereits reichlich mit einem Nährstoff versorgt ist, kann die „harmonische"

Düngung eine unharmonische Versorgung der Pflanze bewirken. Eine gezielte Anpassung der Düngung an den Bedarf ist am besten durch Kombination von Einzelnährstoffdüngern möglich. Man kann aber auch NPK-Dünger verwenden und die Gabe auf den in geringster Menge notwendigen Nährstoff ausrichten. Der Fehlbedarf an anderen Elementen wird dann durch entsprechende Einzelnährstoffdünger ausgeglichen. In beiden Fällen ist jedoch eine zuverlässige Bedarfsanalyse erforderlich (s. Ermittlung des Düngebedarfs).

4.2 Organische Dünger

Stallmist. Seine Qualität wird durch die zur Verfügung stehenden Einstreu- und Futtermittel, durch die Tierart, durch die Art der Gewinnung und durch das Lagerungsverfahren bestimmt. Er enthält 15 bis 20% organische Substanz, die sich zu annähernd $^2/_3$ aus Nährhumus und zu $^1/_3$ aus schwer zersetzbarem Dauerhumus zusammensetzt. Der durchschnittliche Nährstoffgehalt umfaßt 0,5% N, 0,25% P_2O_5, 0,6% K_2O, 0,5% CaO, 0,2% MgO sowie vor allem Mn und Zn und geringere Mengen B, Cu, Co und Mo. Diese Nährstoffe sind größtenteils organisch gebunden. Sie werden während des Abbaus der organischen Substanz allmählich frei.

Stallmist besitzt, neben seiner Eigenschaft als Nährstoffträger, durch seinen günstigen Einfluß auf die biologischen, physikalischen und chemischen Eigenschaften des Bodens eine besondere Bedeutung als Bodendünger. Er ist aufgrund seines Gehaltes an organischer Substanz und an sämtlichen Haupt- und Spurenelementen sowie an Wirkstoffen ein überall einsetzbarer Dünger. Oftmalige kleine Gaben beeinflussen den Stickstoff- und Humushaushalt des Bodens günstiger als hohe, in großen zeitlichen Abständen verabreichte Mengen.

Jauche, ein Gemisch aus dem zersetzten Harn der Tiere, aus dem Sickersaft der Dunglege und aus Regenwasser, enthält durchschnittlich 1,7% N, 0,1% P_2O_5 und 5,7% K_2O.

Mistgülle (Flüssigmist) stellt einen mit Jauche und Wasser verflüssigten Stallmist dar. Im Kubikmeter sind ungefähr enthalten 125 kg organische Masse, 4,6 kg N, 1,8 kg P_2O_5 und 7,0 kg K_2O. Sie wird im Boden rasch abgebaut. Ihre humusanreichernde Wirkung ist gering.

Jauche und *Mistgülle* sind ausgesprochene Stickstoff- und Kalidünger. Überhöhte Gaben im Obstbau lassen negative Folgen für die Qualität und Lagerfähigkeit der Früchte befürchten.

Klärschlamm, Müllkompost und *Müll-Klärschlamm-Kompost.* Ihre Zusammensetzung ist sehr starken Schwankungen unterworfen. Entwässerter Klärschlamm enthält je m^3 ca. 80 kg organische Substanz, 4 kg N, 13 kg P_2O_5, 1 kg K_2O, 3 kg MgO und 25 kg CaO. Müllkomposte und Müll-Klärschlamm-Komposte unterscheiden sich von Klärschlamm durch annähernd doppelten Gehalt an organischer Substanz und an basisch wirksamen Bestandteilen (CaO). Die übrigen Nährstoffe liegen auf ungefähr gleicher Höhe. Die zulässige Gabe richtet sich weitgehend nach den Inhaltsstoffen. Eine laufende Qualitätskontrolle ist deshalb und wegen des unterschiedlich hohen Schwermetallgehaltes der Siedlungsabfälle unerläßlich. Da die Gefahr eines übermäßig hohen Schwermetallgehaltes bei Klärschlamm besonders gegeben ist, darf dieser Siedlungsabfall im Land Baden-Württemberg nur dann auf landbaulich genutzte Flächen ausgebracht werden, wenn er chemisch untersucht wurde und eine Auswertung des Untersuchungsergebnisses sowie eine Beurteilung des Klärschlamms durch das zuständige Landwirtschaftsamt erfolgt ist.

Besondere Kultur- und Pflegemaßnahmen

1 Anwendung von Wachstumsregulatoren

Eine bedeutsame Rolle bei der Steuerung der Pflanzenentwicklung, d.h. bei der Frage, ob Wachstum, Blüten- und Fruchtbildung für den Obsterzeuger günstig oder weniger günstig verlaufen, spielen pflanzeneigene Wuchs- und Hemmstoffe (Phytohormone). Mittels „hergestellter" Wachstumsregulatoren, die mit den in der Pflanze vorkommenden teils identisch, teils nur von der Wirkung her vergleichbar sind, kann die Pflanzenentwicklung in begrenztem Umfang nach dem Wunsch des Obsterzeugers ausgerichtet werden. Die natürlichen und synthetischen Wachstumsregulatoren lassen sich in folgende 5 Gruppen einteilen: Äthylen, Auxine, Gibberelline, Cytokinine und Wachstumshemmstoffe.

Äthylen. Dieses gasförmige Pflanzenhormon wird hauptsächlich in Blättern und Früchten gebildet. In jungen Pflanzenteilen hemmt es das Wachstum, in älteren beschleunigt es das Altern (Blattfall, Fruchtreife, Fruchtfall). Äthylen kann als das wichtigste, wenn auch nicht einzige Reifungshormon der Früchte angesehen werden. Es wirkt in sehr geringen Konzentrationen (ab 0,2 ppm = 0,2 Teilen pro Million), bei gleicher Konzentration allerdings auch unterschiedlich, je nach dem Entwicklungsstand von Pflanze und Frucht. Mit fortschreitendem Alter reagieren Früchte zunehmend schneller und auf geringere Konzentrationen als in jüngeren Stadien. Andere Phytohormone (Auxine und Gibberelline) können der Reifeförderung von Äthylen in Früchten entgegenwirken. Äpfel und Birnen, die noch am Baume hängen, reifen deshalb weniger schnell als vergleichbare, vom Baum abgenommene, also nicht mehr unter dem Einfluß von Auxinen und Gibberellinen stehende Früchte. Wenn Äthylen durch Unterdruck-Lagerung aus der Frucht weitgehend entfernt wird, geht deren Reifung beträchtlich zurück. Durch Spritzung von äthylenabspaltenden Mitteln wie Ethephon kann der Pflanze von außen Äthylen zugeführt werden. Sie setzen im Pflanzengewebe Äthylen frei und lassen sich zur Verbesserung der Blütenbildung, der Fruchtreife und -färbung einsetzen.

Auxine. Sie wurden als erste Gruppe der Pflanzenhormone entdeckt. Ein wichtiges natürliches Auxin ist die Indolessigsäure (IAA). Die natürlichen Auxine und ihre Derivate (Abkömmlinge) werden bevorzugt in Triebspitzen, jungen Blättern und Samenanlagen gebildet. Sie kontrollieren das Zellwachstum, leiten bei jungen Früchten den Fruchtfall ein oder verzögern ihn auch. In älteren bis ausgewachsenen Früchten regen sie die Äthylensynthese an und beschleunigen so die Reife, verzögern andererseits aber auch den Fruchtfall. Bekannte synthetische Auxine sind Naphthylessigsäure (NAA), Naphthylacetamid (NAAm), Indolbuttersäure (IBA), 2,4,5-Trichlorphenoxypropionsäure (2,4,5-TP) und die als Herbizide bekannten Mittel 2,4-Dichlorphenoxyessigsäure (2,4-D), 2,4,5-Trichlorphenoxyessigsäure (2,4,5-T) und Methylchlorphenoxyessigsäure (MCPA).

Gibberelline. Die Gibberelline werden in jungen Blättern, Trieben, Samenanlagen und Wurzeln gebildet. Sie brechen die Winterruhe, fördern die Keimung von Samen, das Triebwachstum und den Fruchtansatz und hemmen die Blütenbildung. Von außen zugeführtes Gibberellin hemmt oder beschleunigt bei verschiedenen Obstarten die

Tab. 41. Einsatzmöglichkeiten von Wachstumsregulatoren*

Zweck	Obstart	Konzentration	Anwendungszeit
Äthylenentwickler (Ethephon)			
Blütenbildung	Apfel	150–250 ppm**	4 Wochen nach der Blüte
Chemische Ausdünnung	Apfel, Pflaume	150–500 ppm	Blüte bis 6 Wochen später
Förderung von Fruchtreife und -farbe	Apfel	250 ppm	2 Wochen vor der Ernte
Ernteerleichterung (besseres Ablösen der Frucht)	Kirsche, Pflaume, Johannis-, Heidel-, Preiselbeere	250–500 ppm	10 Tage vor der Ernte
Ernteerleichterung (besseres Lösen der Nuß aus der Fruchthülle)	Walnuß	500 ppm	bei beginnendem Platzen der Fruchthüllen
Auxine			
Bewurzelung von Steckhölzern	Apfel, Birne, Pflaume	500–2500 ppm IBA	vor dem Stecken
Kontrolle von Wurzelschößlingen	Apfel, Birne, Pflaume, Kirsche	1000 ppm NAA oder 2,4-D	Frühsommer
Kontrolle von Wasserschossen	Apfel	1000 ppm NAA	Wundbehandlung nach dem Schnitt
Chemische Ausdünnung	Apfel	10–20 ppm NAA oder 20–60 ppm NAAm	Blüte bis 14 Tage später
gegen frühen Fruchtfall (Rötel)	Kirsche	70 ppm NAAm	abgehende Blüte
gegen vorzeitigen Fruchtfall	Apfel	10 ppm 2,4,5-TP oder 20 ppm NAA oder 25 ppm NAAm	3–4 Wochen vor der Ernte, 2–3 Wochen vor der Ernte
Gibberelline			
Verbesserung des Fruchtansatzes	Birne, Heidel-, Preiselbeere	10–20 ppm GA 10–50 ppm GA	Blüte Blüte – abgehende Blüte
Förderung der Glattschaligkeit	Apfel	10–50 ppm GA	1–2 Wochen nach der Blüte

* Diese Angaben bedeuten keine Anwendungsempfehlung. Jeder Einsatz von Wachstumsregulatoren muß den gesetzlichen Bestimmungen entsprechen.
** ppm = parts per million = Teile pro Million, entsprechend 1 mg pro l oder 1 g pro 1000 l

Tab. 41. Einsatzmöglichkeiten von Wachstumsregulatoren* (Fortsetzung)

Zweck	Obstart	Konzentration	Anwendungszeit
Wachstumshemmstoffe			
Kontrolle des Wachstums	Apfel, Kirsche	850-1700 ppm SADH	bei 15 cm Trieblänge (Neuwuchs)
	Birne	1000-2500 ppm CCC	
Blütenbildung	Apfel	850 ppm SADH	bei 15 cm Trieblänge (Neuwuchs)
	Birne	500-1000 ppm CCC	
gegen vorzeitigen Fruchtfall und zur Förderung der Fruchtfarbe	Apfel	850-1700 ppm SADH	45-60 Tage vor der Ernte
Förderung von Fruchtreife und -farbe	Kirsche	500-2000 ppm SADH	2-5 Wochen nach der Blüte

Reife und die Ausfärbung der Früchte. Die Fruchtform kann verändert werden. Alle bekannten Gibberelline (über 40) sind natürlichen Ursprungs. Gehandelt werden GA_3 (Gibberellinsäure) und ein Gemisch von GA_{4+7} aus Kulturen des Pilzes *Gibberella fujikuroi*.

Cytokinine. Sie stellen verschiedene natürliche oder auch synthetisch hergestellte Purinabkömmlinge dar und stimulieren vor allem die Zellteilung (cytokinesis). Außer der Zellteilung fördern sie u.a. die Zellstreckung, die Entwicklung der Seitenknospen (= Milderung der Apikaldominanz), verzögern das Altern und Abfallen von Blättern, Blüten und Früchten, beeinflussen den Nährstofftransport und die Wurzelentwicklung. Cytokinine werden vor allem in Wurzeln und jungen Früchten gebildet. Eine Anwendung in der Obstbaupraxis ist derzeit nicht gegeben. Von erheblicher Bedeutung sind sie bei der Mikrovermehrung (Meristemkultur) bestimmter Obstarten. Bekannte Cytokinine sind Kinetin, Zeatin und Benzyladenin.

Wachstumshemmstoffe. Ein natürlicher Wachstumshemmstoff ist die Abscisinsäure (ABA). Sie hemmt das Triebwachstum, fördert den Blatt- und Fruchtfall und ist für die Knospen- und Samenruhe bedeutsam. In vielen Fällen hemmt ABA die von Auxinen, Gibberellinen und Cytokininen positiv beeinflußten Entwicklungsprozesse. Wichtige ABA-Bildungsorte sind die Blätter im Spätsommer, aber auch Früchte, Triebe und Wurzeln.

Einige synthetische Wachstumshemmstoffe, z.B. Chlormequat (CCC) und Daminozide (SADH) hemmen die Gibberellinbildung in der Pflanze. Sie hemmen das Triebwachstum und fördern die Blütenbildung. Daminozide vermindert die Fruchtgröße, verbessert die Fruchtfarbe bei Kirsche und einigen Apfelsorten, verzögert die Fruchtreife bei Apfel, beschleunigt sie aber bei Kirsche.

Die äußerst vielfältigen Möglichkeiten des Zusammenwirkens von Äthylen, Auxinen, Gibberellinen, Cytokininen und Hemmstoffen verhinderten zwar bisher eine umfassende Erkenntnis über ihre Funktion in der Pflanze. Dennoch können verschiedene

Wachstumsregulatoren natürlichen und synthetischen Ursprungs in der Obstbaupraxis schon erfolgreich und nutzbringend eingesetzt werden. Die Ergebnisse der Forschung haben sogar schon vereinzelt die Hoffnung geweckt, daß Pflanze und Frucht in absehbarer Zeit mit diesen Mitteln weitestgehend manipulierbar sein werden.

Für den Verbraucher hat diese Aussicht bedrohlichen Charakter, weil er noch mehr „Chemie" auf sich zukommen sieht. Eine gewisse Beruhigung für ihn dürfte aber sein, daß entsprechende Behandlungen teils nur an jungen, noch nicht fruchtenden Bäumen, teils in frühen Stadien der Fruchtentwicklung und selbstverständlich nur mit zugelassenen, d. h. streng geprüften Präparaten stattfindet.

Für den Obsterzeuger stellen die Wachstumsregulatoren ein Anwendungsgebiet dar, das hohe Anforderungen an sein Spezialwissen und ein hohes Verantwortungsbewußtsein gegenüber dem Verbraucher voraussetzt. Diese Mittel sollten keinesfalls verwendet werden, wenn herkömmliche Kultur- und Pflegemaßnahmen zum gleichen Ziele führen. Nicht verzichten kann man derzeit auf die chemische Fruchtausdünnung. Alle übrigen, in diesem Kapitel ebenfalls beschriebenen Anwendungsmöglichkeiten sind in der Praxis noch von untergeordneter Bedeutung.

1.1 Regulierung des Fruchtbehangs

Die Fruchtausdünnung ist als ertrags- und qualitätsregulierende Maßnahme im Erwerbs-Apfelanbau nicht mehr zu entbehren. Sie vermindert die Neigung der Bäume zur Alternanz und trägt maßgeblich zur Verbesserung von Fruchtgröße, Fruchtfarbe, Geschmack und von weiteren Qualitätsmerkmalen bei. Je früher sie erfolgt, um so günstiger sind auch ihre Auswirkungen. Findet sie noch während der Zellteilungsperiode der Früchte statt, so kann sie die Zellteilung der am Baum verbleibenden Früchte anregen. Diese erhöhte Zellteilung und das mit der Fruchtausdünnung erweiterte Blatt-Frucht-Verhältnis bieten die besten Voraussetzungen für das Heranwachsen großer Früchte. Da ein frühes Ausdünnen von Hand in Erwerbsanlagen kaum möglich ist, kommt dafür nur die chemische Methode in Frage. Die Handausdünnung hat als zusätzliche Maßnahme aber nach wie vor ihre Berechtigung und Bedeutung.

Chemische Ausdünnung

Die wichtigsten Ausdünnungsmittel im europäischen Obstbau sind Naphthylessigsäure (NAA), Naphthylacetamid (NAAm) und Carbaryl (NMC). Von diesen Mitteln ist z. Z. in der Bundesrepublik Deutschland nur NAAm („Amidthin") zugelassen.

Die Wirkungsweise dieser Verbindungen ist z. Z. noch nicht bis ins einzelne geklärt. Man neigt zu der Annahme, daß der Ausdünnungseffekt von NAAm auf einer Beeinflussung des pflanzeneigenen Wirkstoff-Haushaltes und/oder -Transportes beruht. Carbaryl scheint in ähnlicher Weise wirksam zu werden, indem es sich in den die Frucht versorgenden Leitbündeln anreichert und den Transport lebensnotwendiger Stoffe in die oder aus der Frucht beeinträchtigt.

Die Ausdünnungsmittel bringen physiologisch schwache Blüten oder Früchte bevorzugt zum Abfallen; die widerstandsfähigeren überstehen eine Ausdünnungsspritzung besser. Auf diese Weise bewirkt die chemische Ausdünnung eine für den Obstproduzenten günstige Auslese unter den Früchten, aus der nicht nur absolut größere, sondern auch größenmäßig gleichmäßigere Früchte hervorgehen als bei unbehandelten Bäumen.

Das Ausdünnungsergebnis ist erfahrungsgemäß starken Schwankungen unterworfen. Sowohl zwischen und innerhalb verschiedener Anlagen als auch von Jahr zu Jahr unter-

Abb. 100. Fruchtbehang bei 'Golden Delicious'. Links nicht ausgedünnt, rechts ausgedünnt. Blätter teilweise entfernt.

Abb. 101. Auswirkungen einer zu hoch konzentrierten NAAm-Ausdünnungsspritzung bei 'Golden Delicious': Ein großer Teil der Früchte bleibt im Wachstum zurück.

scheiden sich die Ausdünnungsresultate oft recht beträchtlich. Es ist dafür hauptsächlich das Zusammenwirken der folgenden Faktoren verantwortlich: Wirkstoffkonzentration, Benetzungsdauer, Spritztermin, Wetter, Blühstärke und Sorte.

Konzentration. Die Konzentration der Wirkstofflösungen beeinflußt nicht immer in deutlichem Maße das Ergebnis der Ausdünnungsspritzungen. Eine mit der Konzentration zunehmende Ausdünnungsintensität ist noch am ehesten nach Carbaryl-Anwendung zu beobachten. Bei Naphthylacetamid-Anwendung ist dies nur bei den chemisch leicht ausdünnbaren Sorten der Fall. Zu hohe Konzentrationen können bei Carbaryl eine zu starke Ausdünnung bewirken, bei Naphthylacetamid-Mitteln eher das Gegenteil; übersteigt nämlich bei diesen die Konzentration einen gewissen Wert, so können mehr Früchte am Baum hängen bleiben als bei unbehandelten Bäumen. Erschwerend kommt hinzu, daß ein beträchtlicher Teil der Früchte dann, wie bei zu später Spritzung, klein bleibt.

Benetzungsdauer. Bei ein und derselben Sorte wird das Ausdünnungsergebnis mehr von der Benetzungsdauer als von der Konzentration bestimmt. Es empfiehlt sich deshalb, mit normaler Konzentration und hohem Brüheaufwand (2000 l/ha und mehr) zu arbeiten. Es liegen zwar auch gute Versuchsergebnisse mit Ausdünnungsspritzungen in doppelter Konzentration (also halbem Brüheaufwand) vor, jedoch haben im Durchschnitt Spritzungen mit normaler Konzentration bessere Ausdünnungsresultate erbracht. Bei genügend hohem Brüheaufwand ist es gleichgültig, ob mit Gebläsespritze oder mit Spritzpistole gearbeitet wird.

Spritztermin. Sowohl NAAm als auch Carbaryl vermindern den Fruchtansatz von der Blüte an während 2 bis 4 Wochen. Spätere Spritzungen besitzen keinen Einfluß mehr auf den Fruchtbehang. Die Wirksamkeit einer NAAm-Spritzung ist meistens unmittelbar nach der Blüte am besten. Sie sinkt bis zum Ende der genannten 2 bis 4 Wochen mit fortschreitender Fruchtentwicklung auf Null ab. Mit Carbaryl kann man je nach Sorte bis 4 Wochen nach der Blüte ausdünnen, wobei die Wirksamkeit von der Blüte an gerechnet vom 10. bis zum 20. Tag kaum und erst später merklich nachläßt.

Tab. 42. Anwendungszeit von Carbaryl und NAAm zur Fruchtausdünnung

Wirkstoff	Ausdünnungszeitraum	günstigster Spritztermin	Folgen falscher Spritztermine
Carbaryl	abgehende Blüte bis 4 Wochen danach	2–3 Wochen nach der Blüte	Fruchtberostungen
NAAm und NAA	abgehende Blüte bis 2 Wochen danach	unmittelbar nach der Blüte	gelegentlich kleine, bei Frühsorten manchmal aufplatzende, mehlige Früchte

Außer der zeitlich begrenzten Wirksamkeit schränken verschiedene Einflüsse der Ausdünnungsmittel auf die Fruchtqualität den Zeitraum der chemischen Ausdünnung weiter ein. Behandelt man z.B. Frühsorten wesentlich später als 10 Tage nach dem Blütenblattfall mit NAAm oder NAA, so wird die Fruchtreifung beschleunigt. Beachtet man dies nicht und erntet zu spät, so können die Früchte schon am Baum aufplatzen und mehlig werden. Bei Lagersorten schädigt ein entsprechendes Vorgehen manchmal die Fruchtqualität durch anhaltende Hemmung des Fruchtwachstums. Keine dieser beiden Erscheinungen konnte bisher nach Carbaryl-Anwendung beobachtet werden. Carbaryl kann jedoch die Berostung der Frucht verstärken. Wie es scheint, ergeben jedoch nur Spritzungen auf ganz junge Früchte eine Berostungsförderung, spätere Behandlungen der dann schon haselnußgroßen Früchte dagegen kaum mehr.

Wetter. Als erster Schritt für ein späteres Wirksamwerden der Ausdünnungsspritzung müssen die Ausdünnungswirkstoffe durch die Pflanzen aufgenommen werden. Aus Laborversuchen mit NAA-Mitteln ist bekannt, daß deren Aufnahme stark durch Temperatur und relative Luftfeuchtigkeit beeinflußt wird. Diese Versuche haben die Forderung bestimmt, entsprechende Ausdünnungsspritzungen möglichst nur bei Temperaturen zwischen 15 und 20 °C, bei möglichst hoher Luftfeuchtigkeit, bedecktem Himmel und geringer Luftbewegung auszubringen, d. h. unter Witterungsbedingungen, die eine möglichst lange Benetzungsdauer der Pflanzen garantieren.

Die Wirkung von Carbaryl-Behandlungen soll nach amerikanischen Berichten in merklich geringerem Maße von der Witterung abhängen als das Ergebnis von Naphthylacetamid-Spritzungen. Nach Bavendorfer Versuchsergebnissen ist die Ausdünnung mit Carbaryl im Ergebnis jedoch genauso starken Schwankungen unterworfen wie die mit Naphthylacetamid. Ein in der Praxis erkennbarer Zusammenhang zwischen der zur Zeit der Spritzung herrschenden Temperatur (und Luftfeuchtigkeit) und der Ausdünnungsintensität scheint, wenigstens im Bodenseegebiet, nicht vorzuliegen. Auch weniger günstiges Wetter während der Versuchsspritzungen führte dort in keinem Falle zu einem Mißerfolg.

Von größerem Einfluß als das Wetter *während* der Spritzung dürfte die *vor* und auch noch längere Zeit *nach* der Spritzung herrschende Witterung sein. So verstärken z. B. anhaltende Regenfälle bei relativ niedriger Temperatur und geringer Sonnenscheindauer die Wirkung einer anschließend ausgebrachten Ausdünnungsspritzung mit Carbaryl teilweise erheblich. Herrschen andererseits nach einer Spritzung anhaltend gute Wuchsbedingungen, so leidet unter dem dadurch einsetzenden starken Triebwachstum der Fruchtansatz erfahrungsgemäß stark. Eine chemische Ausdünnung kann dann besonders wirksam werden. Im Einklang damit steht auch die Beobachtung, daß starktriebige, vor allem auch junge Bäume, sich leichter chemisch ausdünnen lassen als ältere mit schon stärker ausgeprägtem Fruchtungsvermögen.

Blühstärke. Schwach blühende Bäume setzen stärker Frucht an als stark blühende. Zugleich verringern Ausdünnungsspritzungen bei schwacher Blüte den Fruchtbehang in nur geringem Ausmaß. Natürlich sollte bei schwacher Blüte oder nach schwachem Fruchtansatz nicht noch zusätzlich chemisch ausgedünnt werden. Wenn dennoch ein nur schwach fruchtender Baum in einer sonst volltragenden Anlage mit behandelt wird, ist die Wahrscheinlichkeit einer radikalen Ausdünnung seines ohnehin schwachen Fruchtbesatzes gering.

Sorten. Der erstrebenswerte Fruchtbehang kann bei den einzelnen Sorten nicht durch ein einheitliches Ausdünnungsrezept erzielt werden. Infolge einer unterschiedlichen Empfindlichkeit der einzelnen Sorten gegenüber den Ausdünnungsmitteln, müssen unterschiedliche Konzentrationen angewandt werden, um der optimalen Fruchtbehangdichte nahe zu kommen.

Die sortenspezifische Wirksamkeit von NAA, NAAm und Carbaryl nimmt in der Reihenfolge 'James Grieve', 'McIntosh', 'Cox Orange', 'Klarapfel', 'Stark Earliest', 'Jonathan', 'Boskoop', 'Gravensteiner', 'Golden Delicious', 'Goldparmäne' und 'Glokkenapfel' ab. Außerdem scheinen sich Spurtypen viel leichter ausdünnen zu lassen als Normaltypen.

Der Erfolg einer Ausdünnungsspritzung hängt sehr wesentlich von der Voraussetzung ab, daß der nach dem Junifall bei unbehandelten Bäumen vorhandene Fruchtbehang einen zwar sehr hohen Ertrag, aber nur eine mäßige mittlere Fruchtgröße verspricht. Einer der wichtigsten Faktoren für eine zu starke Ausdünnung ist schlechter Fruchtansatz oder starker Junifall. Von Ausnahmen abgesehen, setzen schwer ausdünnbare Sorten wie 'Golden Delicious' und 'Goldparmäne' im allgemeinen auch stark Frucht an. Sie eignen sich aus zweierlei Gründen besonders für die chemische Ausdünnung: die Gefahr der Überdünnung ist gering, und die Ausdünnungsergebnisse sind einheitlicher als bei Sorten mit geringem Fruchtungsvermögen. Diese lassen sich zwar leicht chemisch ausdünnen, aber auch leicht überdünnen.

Zur Verringerung des Fruchtbehangs sind demnach bei der einen Sorte höhere, bei der anderen geringere Wirkstoffmengen notwendig, weil das Fruchtungsvermögen der einzelnen Sorten starke Unterschiede aufweist. Daß ihre Blüten oder Früchte gegenüber den Ausdünnungsmitteln mehr oder weniger widerstandsfähig sind, dürfte demgegenüber von geringerer Bedeutung sein.

Bei 'James Grieve' muß man von einer chemischen Ausdünnung grundsätzlich abraten. Der Junifall dieser Sorte ist oft so stark, daß der Fruchtbehang allein hierdurch schon ausreichend reguliert wird. Eine chemische Ausdünnung würde den natürlichen Fruchtfall nur noch verstärken. Bei 'Cox Orange' ergibt sich eine ähnliche Sachlage. Jedoch bietet die chemische Ausdünnung dieser Sorte unbestreitbare Vorzüge bei der Bekämpfung der Alternanz. Deshalb ist es besonders wichtig, durch sorgfältiges Abschätzen des Fruchtansatzes unter Einbeziehung der Erfahrungen über das Ausmaß des Junifalles in den vorhergehenden Jahren zu entscheiden, ob überhaupt, und wie stark ausgedünnt werden sollte.

Trotz des weitgehend einheitlichen Verhaltens der verschiedenen Apfelsorten gegen hohe oder niedere Konzentrationen von NAA, NAAm oder Carbaryl verdient, wenn diese alle zugelassen sind, in besonderen Fällen eines der Mittel den Vorzug. Frühsorten sollten hauptsächlich wegen der Aufplatzgefahr durch NAA und NAAm besser mit Carbaryl ausgedünnt werden. Bei den Sorten 'Jonathan' und 'Goldparmäne' verdient es teils seiner regelmäßigeren, teils seiner besseren Wirkung wegen den Vorzug. Auch 'Golden Delicious' läßt sich nach vielfältigen Erfahrungen mit Carbaryl besser ausdünnen als mit NAA oder NAAm. Es ist jedoch zu beachten, daß Carbaryl bei zu früher Anwendung die Berostung bei 'Golden Delicious' verstärkt (vgl. oben Spritztermin). Bei 'Boskoop' ist eine ausreichende Ausdünnung mit Carbaryl anscheinend nicht möglich. Für ihn ist NAA oder NAAm eher zu empfehlen.

Die zweckmäßige Konzentration der Ausdünnungsmittel entnehme man den Empfehlungen der Firmen und richte sich nach den örtlichen Erfahrungen.

Handausdünnung

Die Handausdünnung sollte nicht vor Abschluß des Junifalles vorgenommen werden. Bei früherer Durchführung, zwischen Blüte und Junifall, entsteht nicht nur ein unverhältnismäßig hoher, bei 350 h/ha liegender Arbeitsaufwand, sondern es treten auch beträchtliche praktische Schwierigkeiten auf, das erstrebenswerte Maß der Ausdünnung zu erreichen. Allein der Junifall lichtet den Fruchtbehang schon soweit, daß anschließend nur noch 150 bis 200 Arbeitsstunden für die Ausdünnung von 1 ha Obstanlage aufgewendet werden müssen. Außerdem erkennt man dann schon mißgestaltete und durch mancherlei Krankheiten oder anderweitige Schäden befallene Früchte. Diese entfernt man natürlich als erste. Bei immer noch zu starkem Fruchtbehang dünnt man ihn noch so weit aus, daß die übrigbleibenden Früchte ungefähr eine Handbreite voneinander entfernt sind. Sehr oft beläßt man nur die größte Frucht eines Fruchtstandes. Besonders leistungsfähigem Fruchtholz kann man aber ohne weiteres

2 oder 3 Früchte je Fruchtstand belassen. Hierunter fallen vor allem die 10 bis 30 cm langen Triebe, die nur an der Spitze Früchte tragen.

Deutlich im Wachstum zurückgebliebene Früchte sollten auch bei genügend lockerer Verteilung ausnahmslos entfernt werden, weil sie den Wachstumsvorsprung der größeren Früchte nicht mehr aufholen können. Bevorzugte Orte für die Erzeugung solcher nicht ausreichend großer Früchte sind bei 'Golden Delicious' und 'Jonathan' die längsseits der einjährigen Langtriebe oder – bei weniger intensiver Fruchtholzerneuerung – auch die im Kroneninneren an überaltertem und schlecht belichtetem Fruchtholz (Ringelspieße, Quirlholz) befindlichen Fruchtstände.

Ging der Handausdünnung eine chemische Ausdünnung, und sei es auch eine augenscheinlich kaum wirksame, voraus, so dürfen nur noch die relativ kleinen Früchte durch Handausdünnen entfernt werden. Eine gewisse räumliche Ballung von Früchten kann in diesem Fall ohne weiteres geduldet werden, sofern die Früchte gleichmäßig und ausreichend groß sind. Eine schematische Ausdünnung mit dem Ziel, einen bestimmten Abstand zwischen den Früchten herzustellen, würde in diesem Falle nur zu einer Überdünnung der leistungsfähigsten Astpartien führen und den Ertrag unnötig senken.

Die Technik der Handausdünnung gestattet nicht viele Varianten. Langstielige Sorten lassen sich durch Festhalten des Fruchtstiels zwischen Daumen und Zeigefinger und Abdrücken der Frucht mit Mittel- oder Ringfinger ausdünnen. Wenn bei kurzstieligen Sorten nur bestimmte Früchte im Fruchtstand entfernt werden sollen, ist dafür eine geeignete Schere, z. B. eine Rebschere mit Wellenschliff, erforderlich.

Auswirkungen der Fruchtausdünnung

Ertrag. Im Ausdünnungsjahr wird die Erntemenge mit jeder beim Ausdünnen weggenommenen Frucht um einen gewissen Betrag verringert, weil die verstärkte Gewichtszunahme der am Baum verbleibenden Früchte den bewirkten Fruchtverlust nicht ausgleichen kann. Die Höhe der Ertragseinbuße im Ausdünnungsjahr ist sortenbedingt und von der Stärke des ursprünglichen Fruchtbehanges abhängig. Sie schwankte in Bavendorfer Versuchen zwischen 14 und 40%. Bei 'Boskoop' erbrachten ausgedünnte Bäume im Ausdünnungsjahr gegenüber unbehandelten um 25 bis 30%, bei 'Golden Delicious' um 20 bis 25%, bei 'Goldparmäne' um 20% und bei 'Cox Orange' um 15% geringere Erträge.

Im Folgejahr erbringen chemisch ausgedünnte Bäume durch gesteigerte Blütenknospenbildung um 20 bis 40%, teilweise noch erheblich höhere Erträge als nicht ausge-

Tab. 43. Einfluß der Fruchtausdünnung auf Fruchtgröße und Ertrag bei Golden Delicious im Ausdünnungsjahr

	Ertrag in kg/Baum je Fruchtgrößenklasse in mm			
	bis 60	60 – 70	über 70	insgesamt
nicht ausgedünnt	10	38	23	71
Chemische Ausdünnung	2	18	37	57
Handausdünnung	0,6	15	40	56

dünnte. Bei stark alternanzanfälligen Sorten kann dadurch ein mittlerer Ertrag im sonst ertraglosen Jahr erzielt werden. Bei sehr fruchtbaren Sorten verstärkt die chemische Ausdünnung die Blütenbildung oft so stark, daß abermals chemisch ausgedünnt und damit die Erntemenge wiederum verringert werden muß. So kommt es, daß bei zwangsläufig regelmäßig ausgedünnten Golden-Delicious-Bäumen der Ertrag auch im mehrjährigen Durchschnitt um 10 bis 15% niedriger ausfällt als bei nicht ausgedünnten. Sorten wie 'Cox Orange' oder 'Boskoop' müssen dagegen nicht alljährlich ausgedünnt werden und haben im mehrjährigen Durchschnitt mindestens gleich hohe Erträge wie ohne Ausdünnung.

Fruchtqualität. Der finanzielle Ertrag pro Baum hängt neben der Ertragsmenge insbesondere von der Fruchtgröße ab. Die Preise für große Früchte können so viel höher sein als für kleine, daß die ausdünnungsbedingten Mehreinnahmen aus großen Früchten die Mindereinnahmen aus den kleineren Früchten bei weitem übertreffen. In diesem Fall ist die je Baum oder je Hektar erzielte Erntemenge in den vom Markt gesuchten und gut bezahlten Größenklassen für den wirtschaftlichen Erfolg dieser Kulturmaßnahme wichtiger als die Gesamterntemenge. Die Ausdünnung verringert die Erntemenge an kleinen und vergrößert den Ertrag an großen Früchten. In für das Fruchtwachstum ungünstigen Jahren bringt die Sorte 'Cox Orange' nur nach frühem (chemischem) Ausdünnen (kurz nach der Blüte) mehr kg in den marktgünstigen Größen. Ausdünnen nach dem Junifall vermindert zwar den Anfall an kleinen Früchten, bringt aber keine entscheidende Zunahme in den absatzgünstigen Größenklassen. Ähnlich reagiert 'Boskoop', nicht so deutlich 'Golden Delicious'.

Ein weiterer, den Preis des Obstes deutlich beeinflussender Faktor ist die *Berostung* der Früchte. Wie im Abschnitt Spritztermin dargelegt, kann eine frühe Carbaryl-Spritzung bei 'Golden Delicious' die Fruchtberostung so deutlich fördern, daß finanzielle Einbußen kaum zu umgehen sein dürften. Spritzt man 'Golden Delicious' hingegen erst 2, besser 3 Wochen nach der Blüte, so kann nach Bavendorfer Erfahrungen kein Unterschied im Berostungsgrad zwischen behandelten und unbehandelten Früchten festgestellt werden. Mit Naphthylacetamid behandelte Früchte sind meistens etwas weniger berostet als unbehandelte.

Früchte von ausgedünnten Bäumen sind allgemein besser gefärbt als solche von unbehandelten. Der Einfluß der Fruchtausdünnung beschränkt sich aber nicht nur auf dieses äußerliche Merkmal der Fruchtqualität. Die *Fruchtfärbung* gibt insbesondere bei

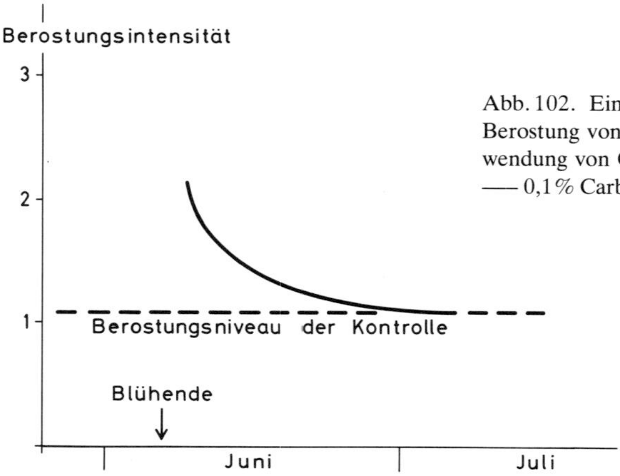

Abb. 102. Einfluß des Spritztermins auf die Berostung von 'Golden Delicious' bei der Anwendung von Carbaryl als Ausdünnungsmittel. —— 0,1% Carbaryl, --- unbehandelt.

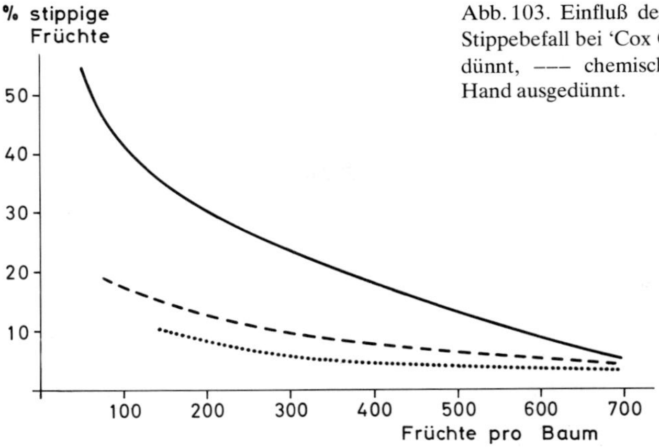

Abb. 103. Einfluß des Fruchtbehangs auf den Stippebefall bei 'Cox Orange'. —— nicht ausgedünnt, --- chemisch ausgedünnt, ... von Hand ausgedünnt.

'Golden Delicious' verläßlich Auskunft über die geschmackliche Qualität der Früchte. Nur grüngelb bis gelb geerntete Früchte entwickeln bei dieser Sorte ein volles, sortentypisches Aroma; grüne und gelblichgrüne schmecken dagegen fade und wäßrig (Grüngeschmack).

Auf die *Lagerfähigkeit* der Früchte wirkt sich eine in sinnvollen Grenzen gehaltene Ausdünnung nicht nachteilig aus. Nur bei erheblicher, frühzeitig vorgenommener Überdünnung kann eine mäßige Förderung der *Stippigkeit* eintreten. Eine erst nach dem Junifall stattfindende praxisgerechte Handausdünnung fördert die Stippigkeit nicht mehr. Eine frühe, d.h. in der Regel eine chemische Ausdünnung, hat im Jahre danach oft einen deutlich stärkeren Fruchtbehang zur Folge. Es bestehen bekanntlich stetig auftretende Unterschiede im Stippebefall zwischen Früchten von schwach und von stark behangenen Bäumen (vgl. Kapitel Stippigkeit). Auch relativ kleine Äpfel leiden stark unter Stippigkeit, wenn sie von schwachbehangenen Bäumen stammen. Chemisch ausgedünnte Bäume weisen im auf die Ausdünnung folgenden Jahr infolge ihres stärkeren Fruchtbehangs weniger stippige Früchte auf als unbehandelte. Die chemische Ausdünnung ist damit im Behandlungsjahr eine die Stippigkeit zwar schwach fördernde, im darauffolgenden Jahr aber eine desto wirksamere Maßnahme gegen diese Krankheit.

Verbesserung des Fruchtansatzes

Ein geringer Fruchtansatz bei Apfel geht vor allem auf schlechte Pollenspender oder ungünstiges Blühwetter mit ungenügender oder nicht rechtzeitiger Bestäubung zurück. Birnen leiden darüber hinaus in ihren ersten Standjahren unter dem Einfluß eines zu starken Triebwachstums. Ertragsmindernd bei verschiedenen Süßkirschensorten ist ihr starker physiologischer Fruchtfall (Rötel).

Dermaßen gefährdete Blüten oder Fruchtansätze können bei Apfel noch nicht mit Hilfe von Wachstumsregulatoren zur Weiterentwicklung bis zur ausgewachsenen Frucht veranlaßt werden. Anders bei der Birne und in begrenztem Umfang auch bei der Süßkirsche.

Eine Gibberellinbehandlung während der Blüte veranlaßt viele Birnensorten zur Fruchtentwicklung, sei es beim Vorliegen o.g. Schwierigkeiten, sei es auch nach dem Auftreten von Spätfrösten, wenn nur das Gewebe der Blütenachse, aus dem die Frucht

Abb. 104. Veränderung der Fruchtform bei der Birne durch Gibberellinsäure bei 'Lucas' (links) und 'Williams' (rechts); oben Normalform, unten mit Giberellinsäure behandelt.

Abb. 105. Rötel bei 'Schneiders Späte Knorpel'. Von den abgebildeten Früchten entwickeln sich nur die drei größten weiter, alle übrigen fallen noch ab.

hervorgeht, noch intakt ist. Stempel und Samenanlagen dürfen dagegen – ohne Schaden für den Ertrag – durch einen Spätfrost abgetötet worden sein. Die Spritzung mit 1000 bis 2000 ppm Gibberellinsäure (1000 l/ha) sollte auch dann erst zur Vollblüte erfolgen, wenn etwaige Spätfröste schon früher auftraten. Frühere Behandlungen verursachen nämlich häufig Fruchtdeformationen, spätere sind nicht mehr so wirksam. Am besten reagieren die Sorten 'Conférencé', 'Gute Luise', 'Trévoux' und 'Vienne' auf diese Maßnahme, zweifelhaft ist der Erfolg bei 'Vereinsdechant'.

Rötel bei Süßkirschen kann (nicht sehr zuverlässig) durch Spritzen von 50 ppm NAA oder 75 bis 100 ppm NAAm (entsprechend 0,08% „Amidthin") gemildert werden. Den besten Erfolg erzielt man mit einer Spritzung in die abgehende Blüte. Behandelt man wesentlich später, so besteht Gefahr, daß die Früchte zwar am Baume bleiben, jedoch so ungleich heranwachsen und reifen, daß behandelte Bäume kaum höhere vermarktungsfähige Erntemengen erbringen als unbehandelte.

1.2 Förderung von Ertragsbeginn und Ertragstreue

Der Jungbaum bildet erfahrungsgemäß erst dann in nennenswertem Umfang Blüten, wenn sein Triebwachstum wenigstens vorübergehend nachläßt. Wie schon im Kapitel Blüte beschrieben, bilden starkwachsende Triebe in ihrer Spitze bestimmte Pflanzenhormone, welche die Blütenbildung direkt beeinträchtigen. Durch Einsatz von Wachstumsregulatoren läßt sich der natürliche Vorgang der Wachstumsberuhigung bei Jungbäumen beschleunigen und der Ertragseintritt einer jungen Obstanlage um 1 bis 2 Jahre vorverlegen.

Eine Spritzung mit dem synthetischen Wachstumshemmstoff Daminozide („Alar 85") bei 10 bis 20 cm Trieblänge und einer Konzentration von 1700 ppm (= 0,2% „Alar 85") bewirkt bei Apfel und Süßkirsche neben der angestrebten Steigerung der Blühfreudigkeit die Ausbildung kürzerer Triebe mit gestauchten Internodien. Die Sor-

Abb. 106. Einfluß von Alar auf das Wachstum von 'Boskoop' auf M 11. a = unbehandelt, b = mit 0,2% Alar behandelte Krone.

ten 'Berlepsch' und 'Goldparmäne' reagieren besonders deutlich, 'Boskoop' weniger und 'Cox Orange' nur in geringem Maße.

Für eine vergleichbare Wirkung bei Birne eignet sich der ebenfalls synthetische Wachstumshemmstoff Chlormequat besser als Daminozide (SADH). Eine Spritzung der Jungbäume mit 2000 ppm Chlormequat (CCC, „Cycocel", 0,3%) müßte auch bei 10 bis 20 cm Trieblänge erfolgen, wegen des raschen Abbaus von CCC in der Pflanze jedoch noch 1- bis 2mal im Abstand von je 10 bis 14 Tagen wiederholt werden. Höhere CCC-Konzentrationen als 2700 ppm können Blattrandchlorosen oder -nekrosen verursachen.

Im Ertragsalter stehende, aber unregelmäßig fruchtende (alternierende) Apfelbäume sind mit einer frühzeitigen, reinen SADH-Spritzung im Ertragsjahr meistens nicht zu regelmäßigerem Fruchten zu bringen. Sehr wirkungsvoll wird aber die Blütenbildung alternanzanfälliger Apfelsorten durch eine ca. 2 Wochen nach der chemischen Ausdünnung ausgebrachte kombinierte Spritzung von 850 ppm SADH (0,1% „Alar 85") und 140 bis 240 ppm CEPA (0,03 bis 0,05% Ethrel) angeregt. Gute Erfahrungen mit dieser Maßnahme liegen bei den Sorten 'Boskoop', 'Glockenapfel' und 'Gloster' vor. Diese Behandlung läßt allerdings die Früchte ungefähr eine Woche früher reifen, was eine frühere Ernte erforderlich macht.

1.3 Vorbeugen gegen vorzeitigen Fruchtfall

Erhebliche Ernteeinbußen können sich mit fortschreitender Reife bei Apfel ergeben, wenn sich zwischen Fruchtstiel und Fruchtholz zu früh ein Trenngewebe ausbildet, welches das Ablösen der Frucht von der Mutterpflanze ermöglicht. Verschiedene Sorten, so 'Goldparmäne' und 'McIntosh' haften dann nur noch leicht am Fruchtholz und können bei Berührung oder Wind abfallen. Die auxinartigen Wachstumsregulatoren NAA, NAAm und 2,4,5-TP wirken der Ausbildung des genannten Trenngewebes entgegen. Weit gebräuchlich sind Spritzungen gegen vorzeitigen Fruchtfall mit 12 bis 20 ppm NAA, 16 bis 25 ppm NAAm oder 10 ppm 2,4,5-TP. In der Bundesrepublik Deutschland ist nur noch das NAAm-Präparat Amidthin zugelassen und mit 20 bis 30 g je 100 l Spritzbrühe 2 bis 3 Wochen vor der Ernte einzusetzen. Da diese Mittel die Fruchtreife merklich beschleunigen, darf der Pflücktermin nicht über Gebühr hinausgeschoben werden. Andernfalls könnten die Früchte am Baum überreif werden.

Ein sehr wirksames Mittel gegen vorzeitigen Fruchtfall ist auch Daminozide. Es verzögert etwas die Fruchtreife und fördert bei einigen Sorten, insbesondere bei 'Boskoop', 'Jonagold' und 'Jonathan', die Rotfärbung der Früchte. Für eine gute Wirkung gegen vorzeitigen Fruchtfall bei 'Goldparmäne' und 'McIntosh' genügen 850 bis 1700 ppm SADH (0,1 bis 0,15% „Alar 85"). Die Spritzung sollte in einem möglichst späten Stadium der Fruchtentwicklung vorgenommen werden, um die von SADH ausgehende Wuchshemmung bei den Früchten wenig zur Wirkung kommen zu lassen. Die vorgeschriebene Wartezeit von 45 Tagen ist jedoch unbedingt einzuhalten.

1.4 Förderung der Fruchtreife

Früh- und Herbstapfelsorten lassen sich durch Einsatz von 240 ppm CEPA (0,05% „Ethrel") vorzeitig zur Reife bringen. Diese Maßnahme fördert außerdem die Fruchtfarbe und oft auch den Geschmack der Früchte. Sie gestattet ein Auseinanderziehen der Erntearbeiten und die frühe Versorgung des Marktes mit geschmacklich hochwertigen Früchten.

Die vorgezogene und auch schneller verlaufende Reife führt aber zu frühem und heftig einsetzendem Fruchtfall, wenn nicht gleichzeitig mit CEPA ein fruchtfallhemmender Wachstumsregulator ausgebracht wird. Dazu eignen sich nur auxinartige Mittel wie NAA, NAAm und 2,4,5-TP, nicht aber SADH. Bei Verwendung von NAAm kann 'Goldparmäne' aber immer noch zu früh fallen. Hier und in ähnlich gelagerten Fällen ist eine weitere, 10 Tage vor der kombinierten CEPA-NAAm-Behandlung stattfindende Spritzung mit NAAm anzuraten. Mit der Ernte sollte bei Herbstsorten ca. 10 Tage nach der CEPA-Spritzung begonnen werden. Schon vorher von Tag zu Tag vorgenommene Pflückproben lassen rechtzeitig die zunehmende Lösbarkeit der Früchte erkennen und ergeben Hinweise auf den Pflücktermin.

Eine einheitlichere Fruchtreife und Fruchtfärbung bei Kirschen stellt sich nach einer 1 Woche vor der Ernte vorgenommenen SADH-Behandlung ein. Diese Maßnahme wird zwar in den USA gehandhabt, ist aber bei uns nicht zulässig. CEPA könnte die maschinelle Ernte von Kirschen erleichtern, weil sie die Haftung der Früchte am Stiel herabsetzt und das Bluten der Kirschen bei stielloser Ernte verhindert. Diese sich abzeichnende Möglichkeit muß aber noch näher geprüft werden, nicht zuletzt auch hinsichtlich der Gefahr eines verstärkten Auftretens von Gummifluß nach CEPA-Einsatz.

Ansätze zur Vorverlegung des Reifetermins bei Johannisbeeren durch CEPA liegen im praktischen Obstanbau nur vereinzelt vor.

2 Beregnungsanlagen

Die Erstellung einer Beregnungsanlage verlangt hohe Investitionen, die sich nicht unter allen natürlichen Standortbedingungen bezahlt machen. In vielen Obstbaubetrieben hat sich aber diese Investition doch als wirtschaftlich erwiesen, zumal dieses Betriebsmittel verschiedenen Aufgaben dienen kann, insbesondere
- der Bewässerung (anfeuchtende Beregnung)
- der Frostabwehr
- der Ausbringung von Pflanzenschutz- und Düngemitteln.

2.1 Bewässern durch Beregnung

Der ursprüngliche und – weltweit gesehen – auch wirtschaftlich bedeutendste Zweck der Beregnung ist die Wasserversorgung der Pflanze.

Nur für einen kleinen Teil der Obstkulturen in Europa ist aufgrund der Klima- und Bodenverhältnisse die Möglichkeit zur künstlichen Bewässerung eine Existenzfrage, beispielsweise in Südfrankreich im Rhônemündungsgebiet. In der Bundesrepublik Deutschland kann eigentlich nur für den Erdbeeranbau unter bestimmten Standortverhältnissen, z.B. Sandböden in der Rheinebene, von der wirtschaftlichen Notwendigkeit künstlicher Bewässerung von Obstkulturen gesprochen werden.

Eine Bewässerung kann aber auch schon insoweit nützlich und wirtschaftlich sein, als sie der Ertragssteigerung und Qualitätsverbesserung dient.

Während im Erdbeeranbau die Möglichkeit zur zusätzlichen Bewässerung, zumindest in manchen Jahren, wohl überall Vorteile bringt, liegen die Verhältnisse beim Baumobst keineswegs so einfach. Zusätzliche Wassergaben im Sommer fördern in manchen Fällen vorwiegend das Triebwachstum auf Kosten des Blütenansatzes für das folgende Jahr.

Abb. 107. Überkronenberegnung mit freiverlegten Kunststoffschläuchen.

Die Bewässerung von **Baumobst** sollte nach folgenden Gesichtspunkten vorgenommen werden:

Jungbäume, besonders im Pflanzjahr, sollten während der ganzen Vegetationszeit reichlich mit Wasser versorgt sein. Ihr Wurzelsystem ist noch schwach entwickelt und flach. Außerdem ist man an einem guten Zuwachs der Jungbaumkronen interessiert. Bäume in der Vollertragsphase hingegen leiden im Sommer auch dann noch nicht unter Trockenheit, wenn der Mulchrasen sich bereits braun zu verfärben beginnt – falls der Boden ausreichend tiefgründig ist.

Zwar steigt der mittlere tägliche Wasserverbrauch von Obstbäumen – wie auch von anderen Kulturpflanzen – im Frühjahr an, um im Juli ein Maximum zu erreichen und dann wieder abzunehmen. Eine leichte Unterversorgung im Juni/Juli als Wachstumsbremse kann, zumindest bei den Kernobstarten, für den Blütenansatz des folgenden Jahres durchaus vorteilhaft sein. Umgekehrt kann reichlich Wasser im Juli nach vorheriger trockener Witterung einen zu dieser Zeit unerwünschten zweiten Schub des Sproßwachstums auslösen. Andererseits beeinträchtigt stärkerer Wassermangel in der zweiten Vegetationshälfte das Fruchtwachstum und damit Fruchtertrag und Fruchtgröße.

Eine einzelne Wassergabe sollte beim Baumobst nicht unter 25 mm bleiben, da geringere Mengen in erster Linie dem Mulchrasen zugute kommen, ohne in die tieferen Bodenschichten einzudringen.

An die Gleichmäßigkeit der Regenverteilung sind beim Baumobst nicht allzu hohe Anforderungen zu stellen, da das weitverzweigte Wurzelsystem kleinräumige Unregelmäßigkeiten auszugleichen vermag. Für die anfeuchtende Beregnung von Baumobst sind daher auch Großflächenregner geeignet.

Erdbeeren sind wesentlich mehr trockenheitsgefährdet als Baumobst. Im einjährigen Anbau, der ein Pflanzen im Juli–August verlangt, kann eine Bewässerung des Bodens vor dem Pflanzen entscheidende Voraussetzung für den Anbauerfolg sein. Um die

Erntezeit ist trockenwarmes Wetter zwar der Ausreife und Gesundheit der Früchte förderlich, jedoch leidet schon bei mäßigem Wassermangel die Fruchtgröße und damit die Ertragsmenge in stärkerem Maße als bei anderen Obstarten. Man kam bei Bewässerungsversuchen mit Erdbeeren zu dem Ergebnis, daß man mit Wassergaben kurz vor der Blütenknospenbildung das Blattwachstum auf Kosten der Blütenknospenbildung fördern kann. Daher sollte man im 2jährigen Erdbeeranbau die Bewässerung im August des zweiten Standjahres nur mit Maßen einsetzen, um reichliche Blüte im Folgejahr zu sichern.

Eine Umwälzung der Bewässerungsmethoden brachte bei Obstkulturen die Technik der Tropfbewässerung (engl. trickle irrigation). Dieses Verfahren wurde erst wirtschaftlich interessant nach der Einführung von Kunststoffen für die Leitung und Ausbringung des Wassers. Obwohl Obstbäume ein weitverzweigtes Wurzelsystem haben, zeigte sich in Versuchen, daß schon ein gut mit Wasser versorgter Teil der Wurzeln in der Lage ist, den Wasserbedarf des Baumes zu decken. Nach mehreren Jahren der Anwendung stellte man darüber hinaus fest, daß das Wurzelsystem der Bäume sich den gut mit Wasser versorgten Partien des Bodens angepaßt hatte. Es genügt daher, die Kunststoffleitungen mit den Austrittsöffnungen für die Bewässerung entlang den Baumreihen am Boden zu verlegen und – je nach Wasserkapazität, Textur und Struktur des Bodens – in Abständen von etwa einem bis 3 Metern Tropfen austreten zu lassen. Unter der Bodenoberfläche breitet sich das Wasser „zwiebelförmig“ um die Tropfstelle aus. Am geringsten ist der Zwiebeldurchmesser bei Kiesböden (50 cm), während er bei tonigen Böden bis zu 3 m betragen kann.

Ein Problem bei der Tropfbewässerung war lange Zeit die Verstopfungsgefahr der Austrittsöffnungen. Durch Filtern des Wassers vor der Einspeisung, durch Einführung der „Langwegaustrittsöffnungen“ bei wenig Wasserdruck, aber großen Öffnungsdurchmessern von über 1 mm, sind die Verstopfungsprobleme heute bedeutungslos geworden.

Die Wasserspende je Tropfstelle liegt bei den heute üblichen Systemen zwischen 1 und 5 Litern je Stunde. Die Vielfalt der heute angebotenen Systeme ist groß, besonders, was die Konstruktion der Düsen bzw. Austrittsöffnungen betrifft.

Bei sehr leichten Böden mit geringer horizontaler Ausbreitungsmöglichkeit des Wassers kann es vorteilhaft sein, anstelle des Niederdrucksystems mit Wasseraustritt am Boden ca. 50 cm über dem Boden Rohrleitungen mit Sprühdüsen zu verlegen, die eine breitere Verteilung des Wassers schon an der Oberfläche gewährleisten.

Als Vorteile der Tropfbewässerung gegenüber konventionellen Beregnungsanlagen sind zu nennen:

- bessere Ausnutzung des Wassers. Senkung des Wasserbedarfes um bis zu 50%
- geringere Erstellungs- und Betriebskosten.

Der Nachteil einer Verstopfungsgefahr der Austrittsöffnungen fällt bei den neuen Systemen kaum noch ins Gewicht.

Über die Tropfbewässerung kann auch Flüssigdünger eingespeist werden, sofern die dazu notwendige Vorrichtung vorhanden ist.

Soll über die Beregnung nicht nur das Wurzelsystem der Pflanzen, sondern auch das Sproßsystem mit Blättern, Blüten und Früchten erreicht werden, wie es für den Frostschutz und bei der Ausbringung von Pflanzenschutzmitteln notwendig ist, so kommt nur die Überkronenberegnung in Frage, wobei üblicherweise nach wie vor Kreisregner mit den Abständen angepaßter Wurfweite und möglichst gleichmäßiger Ausbringung bevorzugt werden. An Stelle der früher gebräuchlichen Metallrohre wird heute für die Leitungen allgemein Kunststoff verwendet.

2.2 Verregnen von Pflanzenschutzmitteln

Anlagen, die den Erfordernissen der Frostabwehr genügen, können mit geringem zusätzlichen Aufwand auch zur Ausbringung von *Pflanzenschutzmitteln* eingesetzt werden. Umfangreiche Erfahrungen darüber wurden in Südtirol gesammelt. Insbesondere die Bekämpfung des Apfelschorfs wird dort in manchen Betrieben über die Beregnungsanlagen vorgenommen. Bei Krankheiten und Schädlingen, deren Bekämpfung eine besonders gleichmäßige Wirkstoffverteilung erfordert, hat jedoch die Beregnungsanlage ihre Grenzen.

Die Einspeisung der Spritzmittel erfolgt in der Praxis zumeist saugseitig aus einem Behälter, in dem die „Stammbrühe" 10 bis 20fach konzentriert hergerichtet wird. Deren Einspeisung im gewünschten Verhältnis zum Beregnungswasser wird durch einen Dosierschieber geregelt, der meist im Probelauf ein für allemal richtig eingestellt wird. Für druckseitiges Einspeisen sind aufwendigere Einrichtungen notwendig, z.B. eine Dosierpumpe.

In der Praxis hat es sich bewährt, vor dem Ausbringen der Spritzbrühe „vorwegzuberegnen", um das Blattwerk zu benetzen. Sobald alle Spritzbrühe eingespeist ist, wird durch nachfolgendes Klarwasser die noch in der Zuleitung befindliche Spritzbrühe zu den Regnern gedrückt. Um aber ein Abwaschen der Spritzbrühe durch Klarwasser zu vermeiden, muß die Anlage abgeschaltet werden, sobald das Klarwasser die ersten Regner erreicht hat. Erst nach dem Antrocknen darf die Regenanlage durchgespült werden. Um ein Nachtropfen der Regner zu vermeiden, empfiehlt sich das Anbringen von Rückschlagklappen an den Regnern. Um eine größere Zeitverschiebung beim Durchlauf der Spritzbrühe an den einzelnen Regnern zu vermeiden, ist eine möglichst zentrale Einspeisung anzustreben. Die einzelne Beregnungsparzelle soll nach Ramoser (1971) 5 ha nicht überschreiten, die Fließgeschwindigkeit in den Rohren soll bei 1,5 m/sec liegen.

Das für die gleichmäßige Verteilung notwendige feine Zerstäuben der Spritzbrühe wird durch 4-mm-Düsen und einen Druck von mindestens 4 atü an den Regnern erreicht. Die Stammbrühe wird so eingespeist, daß die Gesamtwassermenge für eine Ausbringung 2000 bis 3000 l/ha beträgt.

Die entscheidenden Vorzüge der Pflanzenschutzmittelverregnung sind der geringe Zeitaufwand, der mit 5 bis 10 Minuten für einen Spritzgang angegeben wird, und – unabhängig von der Befahrbarkeit der Pflanzung – die ständige Einsatzbereitschaft.

Trotz dieser Erfolge mit der Pflanzenschutzberegnung darf man von einer Wirtschaftlichkeit dieser Maßnahme nur dort sprechen, wo die Beregnungsanlage außerdem für die Bewässerung und für die Frostschadensverhütung gebraucht wird. Außerdem läßt sich ein gewisser „Luxusverbrauch" von Spritzmitteln bei diesem Verfahren nicht vermeiden, da ja stets auch die Fahrgassen mitbehandelt werden. Auch die Belange des Umweltschutzes verlangen eine kritische Einstellung zu dieser Methode.

Mit einer zur Verregnung von Pflanzenschutzmitteln ausgerüsteten Anlage können nach dem gleichen Prinzip *Mineraldünger* ausgebracht werden. Wie leicht einzusehen ist, sind die Anforderungen an die Gleichmäßigkeit der Verteilung hier wiederum weit weniger streng als für den Pflanzenschutz. Jedoch ist auch das Bedürfnis der Praxis nach Vereinfachung der Mineraldüngerausbringung weit geringer als beim Pflanzenschutz, da diese Bewirtschaftungsmaßnahme keinen arbeitswirtschaftlichen Engpaß darstellt. Bei einer Überkronenberegnung von Mineraldünger ist zu beachten, daß höhere Konzentrationen Blattschäden verursachen können.

3 Frostabwehr

Sowohl vorbeugende als auch unmittelbare Maßnahmen beziehen sich im europäischen Obstbau fast immer auf die Verminderung von Frostschäden an Knospen, Blüten und Früchten im Frühjahr. Zwar muß alle 10 bis 20 Jahre auch mit umfangreicheren Frostschäden am Holz gerechnet werden. Für deren Verhütung bleibt jedoch ein ziemlich enger Spielraum, so

- der Verzicht auf den Anbau besonders empfindlicher Sorten (z.B. die Apfelsorte 'Ontario'),
- das Vermeiden von starker Erschöpfung der Bäume durch übermäßigen Behang und ungenügende Ernährung,
- und der Strahlungsschutz der Stämme an der Süd- und Westseite durch Kalken.

Das *Kalken* ist besonders bei kalten, aber sonnenreichen Februar- und Märzwetterlagen mit Schneedecke notwendig. Man verwendet dazu eine Mischung von 10 kg Weißkalkhydrat und 1,5 kg Kaltleimpulver auf 10 l Wasser, die mit einem Pinsel auf die Stämme aufgetragen wird. Die Aufwandmenge beträgt 100 bis 150 g je m^2 Anstrichfläche. Eine AK kann je nach Baumgröße und Zugänglichkeit der Stämme 30 bis 120 Bäume pro Stunde bearbeiten, wenn nur die Sonnseiten behandelt werden.

3.1 Vorbeugende Maßnahmen

Bei der Planung von Neupflanzungen sollte zuerst immer versucht werden, das Frostschadensrisiko durch *Wahl geeigneter Standorte* möglichst gering zu halten. Dabei sollte besonders beachtet werden, daß neben der Frostgefährdung an einem bestimmten Standort auch der *Phänologie,* d.h. in diesem Fall dem Zeitablauf der pflanzlichen Entwicklung im Frühjahr, besondere Bedeutung zukommt: Frostlagen in Südtirol oder in der Rheinebene bieten wegen der um einige Wochen früheren Blüte ein größeres Risiko als in bezug auf die Minimumtemperaturen vergleichbarer Lagen im Bodenseegebiet oder an der Niederelbe.

Wo ein hohes Risiko vorhanden ist, empfiehlt es sich, das *Sortiment* auf den Anbau von weniger frostempfindlichen Arten und Sorten zu beschränken.

Weitere Maßnahmen zur Verminderung des Risikos müssen darauf abzielen, entweder ein zu starkes Absinken der Temperatur zu verhindern oder die Widerstandsfähigkeit der Pflanzen zu verbessern. Leider haben Versuche, die Widerstandsfähigkeit der Knospen und Blüten gegen Frostschäden durch chemische Präparate zu erhöhen, bisher keine für die Praxis gangbaren Wege gezeigt. Auch über die Mineraldüngung konnte kein eindeutiger Erfolg erzielt werden, wenn man von der gelegentlich festgestellten Verbesserung der Holzfrostresistenz durch ausreichende Stickstoffversorgung absieht.

Jedoch verdient eine Maßnahme in diesem Zusammenhang Beachtung: Die *Anwendung von Gibberellinen* zur Rettung des Fruchtbehanges bei Frostschäden *an Birnenblüten.* Durch die Behandlung mit diesem Wuchsstoff wird erreicht, daß die Blüten trotz der Schädigung nicht abgestoßen werden, sondern aus den Blütenböden kernlose Früchte bilden. Sie sind manchmal größer als normale Früchte, in ihrer Form allerdings meist nicht sortentypisch. Bei 'Williams' und 'Kaiser Alexander' (Bosc) war die Deformation bei Versuchen in Südtirol so stark, daß eine Vermarktung als Tafelobst nicht möglich war. Bedingung für den Erfolg ist, daß das Bildungsgewebe des Blütenbodens, aus dem die Frucht entsteht, noch intakt ist (Näheres dazu s. Kapitel Wachstumsregulatoren für den Obstbau).

Zur vorbeugenden Verbesserung des Kleinklimas in einer Obstpflanzung bleibt dem Obstbauern nur geringer Spielraum: Die Möglichkeiten zur Beeinflussung des Kaltluftstroms durch *Anlage von Hecken* oberhalb der Kultur oder durch sog. *Kaltluftdränage,* d.h. Durchbrüche in Hindernissen unterhalb der Kultur, werden häufig überschätzt. Viele Landschaftsbecken, Täler und Mulden sind in kritischen Nächten so hoch mit Kaltluft angefüllt, daß örtliche Hindernisse den Kaltluftfluß allenfalls ganz kleinräumig zu beeinflussen vermögen. Nur bei sehr flacher Kaltluftschichtung mag hier und da durch solche Kunstgriffe etwas zu erreichen sein. Hingegen ist es vorteilhaft, in Frostlagen auf Hecken und andere Bepflanzungen, die dem natürlichen Windzutritt hinderlich sein können, zu verzichten, denn jede kleine Windbö sorgt für eine Durchmischung der bodennahen Kaltluft mit höheren, wärmeren Schichten.

Wirksam, wenngleich meist recht aufwendig, ist die *Anlage von Wasserflächen* am Grund frostgefährdeter Hänge. Ein nicht zu kleiner Weiher kann durch seine Wärmekapazität das örtliche Klima einer Mulde deutlich verbessern.

Einen spürbaren Einfluß auf die Lufttemperatur in der Obstkultur kann der *Zustand und Bewuchs des Bodens* haben, denn aus dem Boden erfolgt die entscheidende Wärmenachlieferung in Strahlungsnächten. In frostgefährdeten Lagen wird daher manchmal emfohlen, zur Verringerung des Frostrisikos den *Boden offenzuhalten.* Steht aber die Anlage in *Mulchrasen,* sollte man den Bestand in der frostkritischen Zeit *kurzhalten,* da das gemulchte Gras weniger stark isoliert als stehender Rasen. Die Möglichkeiten, durch Maßnahmen der Bodenpflege das Kleinklima zu verbessern, können in Grenzfällen Bedeutung haben, dürfen jedoch auch nicht überschätzt werden. Daher wird es nicht immer gerechtfertigt sein, auf Vorteile des Mulchverfahrens allein des kleinklimatischen Effektes wegen zu verzichten.

Da in Frostlagen die bodennahen Kronenteile besonders gefährdet sind, liegt die Überlegung nahe, das Frostrisiko durch *höhere Baumkronen* zu vermindern. Die bewirtschaftungstechnischen Nachteile hochkroniger Obstbäume sind jedoch so schwerwiegend, daß ein etwas gemildertes Frostrisiko auf diese Weise zu teuer erkauft wäre.

3.2 Abwehr von Frühjahrsfrösten

Wirtschaftlichkeitserwägungen im Frostschutz sind schwierig, weil sich nicht voraussagen läßt, wie oft in den nächsten Jahren und Jahrzehnten akute Frostgefahr eintreten wird. Während zwischen 1953 und 1959 viermal erhebliche Frühjahrsfröste auftraten, sind die Frostschutzanlagen beispielsweise in Obstbaubetrieben der Bodenseeregion im Zeitraum von 1960 bis 1980 kaum irgendwo in Betrieb gewesen. Ob der Aufwand für eine Frostschutzanlage sich schon nach einem Jahr bezahlt macht oder sich nach 10 Jahren als für diesen Zeitraum unnötig erweist, ist im Einzelfall nicht vorhersehbar.

Folgende Frostschutzverfahren werden oder wurden vor allem angewandt:

1. Geländeheizung
2. Beregnung
3. Bedeckung
4. Lufttrübung
5. Luftdurchmischung.

Von Interesse für den Erwerbsobstbau sind vor allem Beheizung und Beregnung.

Auch das *Bedecken* vor der Frostnacht ist wirksam. Wirtschaftliche Bedeutung hat es aber nur für den *Erdbeeranbau.* Die Bedeckung mit Stroh ist auch für größere Flächen schnell durchführbar und kann die Erdbeerblüten zumindest gegen mittlere Strahlungsfröste schützen. Das Stroh kann anschließend zum Unterlegen weiterverwendet werden. Im Kleingarten kann schon Zeitungspapier ausreichen, um bei leichteren Frösten Schäden abzuwehren.

Die Abschirmung von Baumobst mag auch vielleicht dem Besitzer von Einzelbäumen noch möglich sein, ist aber für den Erwerbsobstbau zu aufwendig.

Da bekannt ist, daß natürlicher Nebel die gefährliche Ausstrahlung weitgehend abzuhalten vermag, lag der Gedanke nahe, durch *künstliche Lufttrübung* einen ähnlichen Effekt herbeizuführen. Die Ergebnisse solcher Räucher- oder Kunstnebelverfahren waren aber enttäuschend. Der Grund dafür liegt in der Tatsache, daß die künstlich erzeugten Nebelteilchen sehr viel kleiner sind als die natürlichen. Der Kunstnebel ist daher wohl in der Lage, die kurzwellige Lichtstrahlung abzuschirmen, so daß er dem Auge wie eine Wolke erscheint. Die langwellige Wärmestrahlung kann aber damit nicht abgeschirmt werden. Zahlreiche Versuche haben gezeigt, daß dieses Verfahren als Frostschutzmaßnahme leider praktisch wirkungslos ist.

Vom sog. Räuchern, dem Verbrennen von feuchtem Holz, Autoreifen und anderem brennbaren Material mit der Absicht, die Kulturen mit Hilfe der Rauchentwicklung zu schützen, ist kein Erfolg zu erwarten, sofern nicht durch die Verbrennung ein Heizeffekt eintritt.

Mit der Geländebeheizung sind in der Vergangenheit im Obstbau wie auch im Weinbau gute Erfolge erzielt worden.

An die Wirkung einer Geländeheizung sind folgende Anforderungen zu stellen:

1. Die Heizleistung muß in der Größenordnung von 3 Mill. Kilokalorien (kcal) je Hektar und Stunde liegen.
2. Ein möglichst hoher Anteil dieser Leistung sollte aus Strahlungswärme bestehen, weil diese geradlinig von der Heizquelle den Pflanzen zugeführt wird.
3. Wegen der starken Abnahme der Heizleistung mit der Entfernung von der Heizquelle sind viele Heizstellen, je nach Leistung bis zu 400 Stück, mindestens aber 150 je Hektar, erforderlich. Es ist nicht möglich, mit wenigen, wenn auch sehr leistungsstarken Heizaggregaten große Flächen zu bestreichen.
4. Der Frostschutzeffekt wird um so besser, je größer die beheizte Gesamtfläche ist. Der besonderen Gefährdung der Randzonen muß durch dichtere Ofenaufstellung Rechnung getragen werden.
5. Da die Temperatur im Laufe einer Frostnacht meist sinkende Tendenz zeigt, darf die Heizleistung der Öfen während des Betriebes nicht absinken, sondern soll nach Möglichkeit von selbst ansteigen oder regulierbar sein.

Um diesen Anforderungen zu genügen, wurden sowohl leistungsfähige Einzelöfen für Heizölbetrieb als auch zentral gespeiste Heizöl- und Propananlagen entwickelt. Im Zeitalter zunehmender Energieknappheit und steigender Energiekosten dürfte allerdings diesen Methoden der Frostabwehr keine Zukunft beschieden sein. Immerhin erfordert eine wirksame Ölheizung ca. 2000 l Heizöl je ha und Frostnacht.

Beregnung

Die Beregnung hat gegenüber der Beheizung zwei wichtige *Vorzüge:*

1. Die Beregnungsanlage dient nicht nur dem Frostschutz, sondern kann daneben andere wichtige Aufgaben bei der Regulierung des Wasserhaushaltes sowie bei der Ausbringung von Pflanzenschutz- und Düngemitteln übernehmen.
2. Die Betriebskosten der Beregnung sind im Vergleich zu Heizanlagen gering.

Andererseits gibt es aber auch einige *Probleme,* die bei der Beheizung unbekannt sind:

Abb. 108. Apfelbaum während der Frostschutzberegnung.

1. Nicht überall sind die benötigten Wassermengen ohne erheblichen Kostenaufwand verfügbar. Selbst bei günstigem Wasserzugang sind die Anschaffungskosten höher als die von Heizanlagen.
2. Eine schlecht funktionierende und unzweckmäßig eingesetzte Frostabwehrberegnung kann mehr schaden als nützen.
3. Durch hohe Regengaben können Nässeschäden eintreten.

Das Prinzip der Frostabwehrberegnung beruht auf der Ausnutzung der Erstarrungswärme von Wasser. 1 Liter Wasser gibt beim Gefrieren 80 kcal (= 335 kJ) Wärme an seine Umgebung ab. Bei einer Regenmenge von 4 mm je Stunde beträgt somit die zugeführte Wassermenge 40000 Liter, die umgesetzte Wärmeenergie 3,2 Mio. Kilokalorien (= 13,4 Mio. Kilo-Joule) je Hektar. Sie erreicht damit die gleiche Größenordnung wie bei der Beheizung.

Durch das unmittelbar an den Pflanzen gefrierende Wasser kommt die Wärme den empfindlichen Pflanzenteilen gezielter zugute als beim Heizverfahren. Das große Risiko aber besteht darin, daß die Frosthärte der Blüten und Jungfrüchte durch die Benetzung und Eisbildung verringert wird. Während trockene Obstblüten −3 bis −4 °C, unter günstigen Bedingungen noch tiefere Temperaturen überleben können, sind sie in nassem und eingeeistem Zustand bei etwa −3 °C erfroren. Daraus folgt, daß die Beregnung nur dann eingesetzt werden darf, wenn von der Funktion und von der Witterung her die Voraussetzung dafür gegeben ist, daß die Temperatur der zu schützenden Pflanzenteile damit über −2 °C gehalten werden kann. Ob dies erreicht wird, hängt von mehreren Faktoren ab, und zwar

meteorologisch:
- von der Lufttemperatur,
- von der Windgeschwindigkeit,
- von der relativen Luftfeuchte;

funktionstechnisch:
- von der Regendichte und der Gleichmäßigkeit der Regenverteilung,
- von der Unterbrechungsdauer, die durch die Umlaufgeschwindigkeit der Regner bestimmt wird,
- von der Auffangfläche der Pflanzen.

Unter sonst günstigen Bedingungen kann noch bei Lufttemperaturen bis −7 °C ein Frostabwehrerfolg erwartet werden. Einen sehr störenden Einfluß kann der Wind ausüben. Bei Windgeschwindigkeiten über 2 m/sec und Absinken der Temperatur unter −5 °C kann der Bekämpfungserfolg in Frage gestellt sein. Zum Glück ist aber bei Frösten mit Wind selten mit tiefen Temperaturen zu rechnen, weil der Wind die gefährliche Schichtung der Kaltluft verhindert.

Ist die relative Luftfeuchte gering, so kann ein Teil der Erstarrungswärme durch Verdunstung verloren gehen (1 Liter Wasser entzieht seiner Umgebung beim Verdunsten 539 kcal = 2256 kJ). Besonders groß ist die Verdunstungsmenge, wenn Wind und geringe Luftfeuchte gleichzeitig auftreten. Wegen der starken Abkühlung erreicht allerdings in Strahlungsnächten die relative Feuchte in Bodennähe in der Regel im Laufe der Nacht bald 100%. Wird die Beregnung großer Flächen durchgeführt, so trägt sie auch selbst dazu bei, daß bald eine Wassersättigung erreicht wird.

Entscheidend für den Erfolg ist die Regendichte, d. h. die Regenmenge je Stunde, denn das Wasser selbst liefert ja beim Gefrieren die schützende Wärmeenergie, entspricht also gewissermaßen dem Heizöl bei der Frostschutzbeheizung.

Die Gesamtwärmeabgabe in einer Strahlungsnacht (ohne Wolkendecke) erfolgt durch Ausstrahlung, Wärmeübergang und Verdunstung. Die Ausstrahlung hängt von der Bewölkung ab. Sie wird bei klarem Himmel mit 60 kcal (= 251 kJ) je Quadratmeter und Stunde angenommen. Wärmeübergang und Verdunstung werden stark von der Windgeschwindigkeit beeinflußt, die Verdunstung außerdem von der Luftfeuchte.

Tab. 44. Erforderliche Regendichte in mm/h bei 90% rel. Luftfeuchte und Strahlungswetter (nach NIEMANN 1958 und Bavendorfer Untersuchungen)

Lufttemperatur	Luftruhe	schwache Luftbewegung	Wind
- 5 °C	1,3	1,8	3,0
-10 °C	1,7	2,8	5,0

Die mittlere Regendichte, die sich aus dem Wasserverbrauch und der beregneten Fläche leicht errechnen läßt, bedeutet leider noch nicht, daß an jedem Punkt der Obstanlage die gewünschte Regenmenge fällt. Die Regenverteilung hängt hauptsächlich vom Regnertyp, von der Regneraufstellung, von der Düsengröße und vom Betriebsdruck ab. Moderne Frostschutzregenanlagen betreibt man mit Langsamregnern im Verband von etwa 20 × 18 m, Düsengrößen um 4 mm und Betriebsdrücken bei 4,5 bar. Auch bei bester Konstruktion muß in Kauf genommen werden, daß in unmittelbarer

Nähe der Regner und im Überschneidungsbereich mehr Niederschlag fällt als in mittlerer Regnerentfernung, wo die Niederschlagsmenge etwa 1 mm unter dem Mittelwert liegt.

Da das Wasser nur im Augenblick des Gefrierens Wärme abgibt, kann ein wirksamer Frostschutz nur erreicht werden, wenn in kurzen Zeitabständen immer neues Wasser zugeführt wird. Es wäre ein Irrtum, vom Eispanzer eine Isolierwirkung und damit einen Schutz vor weiterer Kälte erwarten zu wollen. Eis ist im Gegenteil ein guter Wärmeleiter und gibt die Erstarrungswärme daher schnell wieder ab. Versuche, durch zeitweilige Unterbrechung der Beregnung (intermittierende Beregnung) Wasser zu sparen, mußten daher scheitern. Man kam im Gegenteil zu dem Ergebnis, daß die Umlaufgeschwindigkeit der Regner 1 Minute nicht überschreiten sollte.

Wird die Beregnung auf großen Flächen zusammenhängend durchgeführt, wie z. B. im Südtiroler Obstbaugebiet, so tritt ähnlich wie bei der Großflächenbeheizung ein so beträchtlicher Temperatureffekt ein, daß die Probleme des „Mikroeinflusses" auf die einzelnen Blüten demgegenüber belanglos werden. Das Temperaturniveau im ganzen Tal wird so deutlich angehoben, daß selbst unbehandelte Parzellen mitgeschützt werden. Die meisten kritischen Probleme der Frostabwehr durch Beregnung erledigen sich dann gewissermaßen von selbst.

Der Ausbringung großer Regenmengen sind leider auch Grenzen gesetzt. Der Grund kann ganz einfach in einem *knappen Wasservorrat* liegen. Man muß ja davon ausgehen, daß die Wasserreserven notfalls für drei aufeinanderfolgende Frostnächte ausreichen müssen. Legt man bei 2 mm Regendichte jeweils 6 Stunden Beregnungsdauer zugrunde, so werden 36 mm Niederschlag, d. h. 360 m^3 Wasser je Hektar benötigt.

Eine zweite Schwierigkeit, die insbesondere schwere Böden betrifft, besteht in der *Vernässung* mit ihren nachteiligen Folgen. Die Gefahr, daß die Pflanzen einen Schock erleiden, kann ihre Ursache in der Vernässung selbst haben, es scheint aber auch die *extreme Bodenabkühlung* durch das eiskalte Sickerwasser dabei eine Rolle zu spielen. Jedenfalls wurde nach der Verregnung großer Wassermengen im Zuge von Frostschutzmaßnahmen schon öfters ein starker Fruchtfall, insbesondere bei Birnen, beobachtet, ohne daß eigentlich Frostschäden festzustellen waren.

Weiterhin können auch die Eismassen, die sich im Laufe einer Frostberegnungsnacht an den Bäumen bilden, *Astbruchschäden* hervorrufen.

Als weiterer Nachteil der hohen Regengaben ist schließlich die *Gefahr der Bodenabtragung* bei offenem Boden und Hanglagen zu nennen.

Es steht heute fest, daß in Obstkulturen das *Einschalten der Frostabwehrberegnung* nicht bei allen Blütenstadien schon bei 0 °C notwendig ist. Allerdings muß berücksichtigt werden, daß die Pflanzenteile in benetztem Zustande empfindlicher sind als im trockenen. Man kann daher mit dem Einschalten auch nicht bis zu der Temperatur warten, die von den unbenetzten Pflanzen ertragen würde. Eine Sicherheitsspanne von 1 °C erscheint notwendig. Als Orientierungshilfe für die zweckmäßige *Einschalttemperatur* in Abhängigkeit von den Entwicklungsstadien nach FLECKINGER kann folgende Einteilung dienen:

– vor dem Sichtbarwerden von Blütenblättern (Stadium D)	−4 °C
– im Ballonstadium (Stadium E)	−3 °C
– in der Vollblüte (Stadium F)	−2 °C
– nach dem Abblühen	−0,5 °C

Diese Richtwerte sind um 1 °C wärmer anzusetzen.

- bei besonders empfindlichen Sorten
- bei schwachem Blütenansatz

- bei Wind
- wenn die Pflanzen durch vorausgegangenen Regen oder Schnee naß sind.

Achtung: Wenn unter 0°C eingeschaltet werden soll, müssen die Regnerleitungen und Regner entwässert sein, damit sie nicht einfrieren.

Wird die angegebene Einschalttemperatur erst gegen Morgen erreicht, so sollte geprüft werden, ob auf die Inbetriebnahme nicht besser ganz verzichtet wird. Herrscht bei klarem Himmel Windstille, so ist ab etwa 4 Uhr morgens kein nennenswertes Absinken der Temperatur mehr zu erwarten. Ist aber die Luft bewegt, so muß mit raschem und unter Umständen kräftigem Absinken gerechnet werden, falls der Wind sich legt.

Außerdem sollte der Himmel ständig beobachtet werden. Zieht Bewölkung auf, so kann baldiger Temperaturanstieg erwartet werden. Umgekehrt hat das nächtliche Aufreißen der Wolkendecke fast immer kräftigen Temperaturrückgang zur Folge.

Mit dem *Ausschalten der Frostabwehrberegnung* braucht nicht etwa gewartet zu werden, bis das Eis abgeschmolzen ist. Da Eis ein guter Wärmeleiter ist, entspricht seine Temperatur und die der eingeeisten Pflanzenteile nach dem Abschalten ziemlich genau der Lufttemperatur. Nur die Erwärmung der Pflanze über 0°C wird solange verzögert, bis das Eis abgeschmolzen ist. Es ist daher durchaus zu verantworten, die Anlage abzuschalten, sobald die ansteigende Lufttemperatur sich dem Gefrierpunkt nähert. Maßgebend ist dabei die Temperatur eines außerhalb der laufenden Anlage ausgelegten Thermometers.

Das über den Ein- und Ausschaltzeitpunkt der Beregnung Gesagte gilt im Prinzip auch für die Geländeheizung. Jedoch entfällt dabei das Problem der höheren Empfindlichkeit durch Benetzung, so daß die Temperaturen für Beginn und Ende des Einsatzes um etwa 1°C tiefer liegen können. Durch zu langes Heizen können zwar keine Pflanzenschäden entstehen, doch sind es hier die hohen Betriebskosten, die eine möglichst knappe Heizdauer ratsam erscheinen lassen.

Temperaturbeobachtung

Voraussetzung für eine gezielte Frostabwehr in der beschriebenen Weise sind zuverlässige und richtig aufgestellte *Meßinstrumente.* Größere Anlagen müssen über mehrere geeichte Thermometer, eventuell Minimumthermometer verfügen. Mindestens sollte je ein Thermometer innerhalb und außerhalb der Frostschutzanlage verfügbar sein. Man legt Minimumthermometer 50 cm über dem Boden (bei Erdbeeren 10 cm) waagrecht auf einem kleinen Pflock mit Drahtbügel aus. Sie sollen, wie ein Teil der Obstblüten auch, frei der Strahlung ausgesetzt sein, also nicht im Schutze eines Baumes liegen. Läßt die Geländeform Temperaturunterschiede innerhalb der Anlage erwarten, so ist die kälteste Stelle für die Temperaturbeobachtung auszuwählen.

Zur Beschaffung der verschiedenen Meßinstrumente wendet man sich am besten an die zuständige Stelle des *Wetterdienstes.* Dort erhält man auch Auskunft über die voraussichtliche Wetterentwicklung der nächsten Nächte. In manchen Gebieten, z.B. in Süddeutschland beim Wetteramt Stuttgart, kann man auch ein „Frostwarnabonnement" abschließen und erhält gegen eine geringe Gebühr in der kritischen Zeit der Frühjahrsfröste regelmäßige Mitteilungen und bei Frostgefahr Warnmeldungen. Um den regionalen *Frostwarndienst* für die eigenen Pflanzungen richtig anzuwenden, muß allerdings deren örtliche Frostgefährdung im Vergleich zum Gebietsdurchschnitt entweder aufgrund eigener langjähriger Erfahrung oder durch Beurteilung von Spezialisten bekannt sein. In manchen Anbaugebieten, vor allem im Weinbau, in Südtirol auch im Obstbau, sind örtliche Frostwarndienste organisiert.

4 Windschutz

Daß Windschutz in windoffenen Gebieten nicht nur zweckmäßig, sondern sogar eine Existenzfrage für die Obstkulturen sein kann, beweisen insbesondere holländische Erfahrungen.

Häufig wird aus windreichen, küstennahen Gebieten von Mehrerträgen der Obstbäume um 50% in der Nähe wirksamer Windschutzhecken im Vergleich zu ungeschützten Lagen berichtet. Vor allem Jungbaumbestände sind dort auf wirksamen Windschutz angewiesen. Die Windschutzstreifen beeinflussen die Temperatur und den Wasserhaushalt. Außerdem geben sie bei Sturm Schutz vor mechanischen Schäden an Trieben, Blättern und Früchten.

Trotz solcher Erfolge in windreichen Gebieten, wie Dänemark und den meeresnahen Zonen Nordwestdeutschlands, der Niederlande, Belgiens und Frankreichs kann ein ertragssteigernder Effekt von Windschutzhecken in anderen Anbaugebieten, z.B. in Südwestdeutschland, bei Obstkulturen kaum erwartet werden. Da eine Windschutzpflanzung ja auch Geld kostet, Pflege braucht, Fläche beansprucht und in ihrer Nähe durch Wurzelkonkurrenz und Beschattung eine nachteilige Randwirkung haben kann, muß ihre Zweckmäßigkeit wohl erwogen werden.

Freilich kann eine Schutzhecke auch eine landschaftsgestaltende und das Bild von Obstplantagen auflockernde Bedeutung haben.

Für Windschutzhecken hat sich die Kombination hochwachsender Baumarten mit Sträuchern bewährt. In den Niederlanden pflanzt man vorwiegend Schwarzpappeln in einer Reihe auf 1,5 bis 2 m und etwa 2 m davor auf Lücke eine Reihe Schwarzerlen. In Dänemark wird anstelle der Schwarzerlen eine Ebereschenart *(Sorbus intermedia)* verwendet. Die Möglichkeiten, je nach Landschaft und Standort auch andere Gehölze zu verwenden, sind vielfältig.

Abb. 109. Blattschäden durch Sturm. Besonders gefährdet sind junge Blätter.

5 Hagelabwehr

In allen bedeutenden Obstbaugebieten treten jährlich Hagelschäden auf. Die betroffenen Betriebe haben meist erhebliche Ertragseinbußen, wenn nicht den Verlust der Ernte zu verzeichnen. Seltener werden die Bäume selbst so stark geschädigt, daß nachhaltige Folgen auftreten und Junganlagen womöglich gerodet werden müssen.

Es gibt drei Möglichkeiten, den Hagelschäden zu begegnen:

1. Aktive Hagelabwehr durch Einflußnahme auf die Hagelentstehung (Hagelraketen u.a.).
2. Passiver Schutz der Kulturen (Hagelnetze).
3. Finanzielle Absicherung bei einer Hagelversicherung.

Die **aktive Hagelabwehr** wird seit geraumer Zeit lebhaft diskutiert. Obwohl von der Wissenschaft und von Praktikern schon große Anstrengungen unternommen wurden, konnte bis heute kein Verfahren gefunden werden, das mit wirtschaftlich vertretbaren Mitteln eine ausreichend sichere Abwehr gewährleistet.

Folgende *Erkenntnisse der Hagelforschung* können heute als gesichert gelten:

Hagel kann sich an Gewitterfronten, den Grenzschichten zwischen Warm- und Kaltluft, bilden, wenn wasserdampfgesättigte Luft durch starke Aufwindsysteme in große Höhen mit Temperaturen weit unter dem Gefrierpunkt getragen wird. Dabei bilden sich Eiskeime, denen sich unterkühlte Wassertropfen anlagern. Große Hagelkörner können entstehen, wenn starker Aufwind der Schwerkraft eine Weile entgegenwirkt. Diese kommen als Hagel am Boden an, während kleinere Hagelkörner auf ihrem Wege durch wärmere Luftschichten zum Boden wieder tauen und als meist ziemlich große Regentropfen den Boden erreichen.

Das Vorhandensein von wenigen Kondensationskernen in der Luft begünstigt die Entstehung großer Hagelkörner. Durch kräftige Anreicherung der Luft mit solchen Kernen kann man eine Bildung von vielen kleinen Regentropfen oder auch Hagelkörnern begünstigen, die wieder schmelzen, bevor sie den Boden erreichen. Man hat festgestellt, daß bestimmte chemische Verbindungen, insbesondere *Silberjodid,* geeignet sind, als Kondensationskerne zu dienen. Die aktive Hagelabwehr zielt deshalb heute darauf ab, die hagelträchtigen Wolken mit ausreichend Silberjodid-Kernen zu „impfen".

Abb. 110. Totalschaden durch Hagelschlag. Nicht nur die Früchte wurden hier vernichtet, auch die Bäume sind rodungsreif.

Durch *Raketen* oder Granaten, mit Hilfe von Bodengeneratoren und auch von Flugzeugen aus, versucht man, die Kerne auszubringen. Obwohl die Methode der Auslösung von Regen (anstelle von Hagel) durch Silberjodid als gesichert gelten kann, konnte doch ein nachhaltiger Erfolg der Hagelabwehr in zahlreichen Experimenten nicht überzeugend nachgewiesen werden. Lediglich sehr aufwendige Versuche des russischen Militärs mit radargesteuerten Geschützen scheinen Erfolg gehabt zu haben. Es ist anzunehmen, daß es mit den Möglichkeiten, die dem Berufsstand zugänglich sind, nicht gelingen wird, eine wirksame Hagelabwehr zu organisieren.

Eine Frage der Wirtschaftlichkeit ist der Schutz vor Hagelschäden durch **Hagelnetze** aus Kunstfasern. In Anbaugebieten Italiens und Frankreichs konnte die Wirksamkeit dieses Verfahrens nachgewiesen werden. Die Wirtschaftlichkeit der Hagelnetze ist eine Frage ihrer Kosten, ihrer Lebensdauer und der beträchtlichen Kosten für das Gerüst. Man rechnet mit Materialkosten zwischen 15000 und 25000 DM/ha, je nach Konstruktionsprinzip, für die gesamte Anlage.

Ein wünschenswerter Nebeneffekt von Hagelnetzen kann ein gewisser Ausstrahlungsschutz in Frostnächten, verbunden mit einer Temperaturerhöhung um 1 bis 2°C, sein. Andererseits muß ein Belichtungsverlust bei Tage in Kauf genommen werden. Er beträgt bei weißen Hagelnetzen ca. 5%, bei schwarzen das Doppelte. Trotzdem gab man bisher schwarz eingefärbten Netzen wegen der geringeren Anfälligkeit gegenüber ultravioletter Strahlung und daher größerer Lebensdauer den Vorzug. Es scheint aber, daß auch weiße Netze aus geeignetem chemischem Grundmaterial mindestens 10 Jahre halten können.

Die bis heute am meisten praktizierte Methode zur Verringerung des Hagelschadensrisikos ist der Abschluß einer **Hagelversicherung.** Die Prämien für Hagelversicherungen sind von den Versicherungsgesellschaften je nach Hagelhäufigkeit gebietsweise unterschiedlich hoch angesetzt. Im übrigen kann der Versicherungsnehmer selbst festlegen, wie hoch er den Wert seiner zu versichernden Obstkulturen bemißt. Schätzt ein Erzeuger den Produktionswert seiner Anbaufläche mit 50000 DM ein und beträgt die örtlich

Abb. 111. Hagelschutznetze über einer Obstpflanzung in Südtirol.

gültige Prämie 15%, so muß er 7500 DM Prämie einzahlen. Meldet er einen Schaden an, so wird dessen Ausmaß durch Fachleute geschätzt, die im Auftrage der Gesellschaft arbeiten. Der Schätzer gibt den Schaden in Prozent eines Totalschadens an. Der Geschädigte erhält dann den entsprechenden Prozentanteil der versicherten Summe ausbezahlt. Bei Schäden bis zu 60% werden allerdings 10%, von 60 bis 80% noch 5% der Versicherungssumme einbehalten.

6 Vogelabwehr

Durch Vogelfraß kann in Obstpflanzungen erheblicher Schaden angerichtet werden. Süß- und Sauerkirschen werden von Staren, Amseln und Wacholderdrosseln (Krammetsvögeln) sehr gern gefressen. Diese Vögel suchen in den Wochen vor der Pflückreife oft mit großer Hartnäckigkeit Kirschbäume auf. Besonders gefährlich können Stare dadurch werden, daß sie in größeren Schwärmen plötzlich in die Bäume oder Pflanzungen einfallen und in kürzester Zeit große Schäden anrichten. Wacholderdrosseln und insbesondere Amseln sind dagegen mehr oder weniger ortstreu und treten meist in kleineren Schwärmen oder einzeln auf. Der durch diese Vogelarten angerichtete Schaden ist daher mehr das Ergebnis stetiger Kleinarbeit, jedoch mitunter auch durchaus erheblich, zumal Amseln und insbesondere Wacholderdrosseln sich seit einigen Jahren stark vermehren.

Die Wacholderdrossel beschränkt ihren Appetit nicht auf Kirschen, sondern pickt auch sehr gerne Kernobst an, wobei sie für Frühbirnen und bei Äpfeln für ‘Golden Delicious’ besondere Vorliebe zeigt.

Die Vogelabwehr ist schwierig. Eine wirksame, aber für größere Baumbestände zu kostspielige Maßnahme ist das Überdecken der Bäume mit *Kunststoffnetzen*. Die Abwehr von Amseln und Wacholderdrosseln durch Netze wird zudem durch deren Gewohnheit erschwert, auch von der Seite und von unten in Bäume einzufallen, die nach oben abgedeckt sind.

Abb. 112. Knallapparat, aus Propanflaschen betrieben.

Von den aktiven Abschreckungsmaßnahmen hat die Verwendung von *Knallapparaten* die größte Verbreitung. Das den Knall auslösende Gas wird heute überwiegend aus einer Propanflasche zugeführt. Auch Geräte mit sowohl akustischer als auch optischer Abschreckung, wobei der Knall weniger laut und damit für die Nachbarschaft weniger belästigend, jedoch vom Hochschnellen eines Blechtopfes begleitet ist, sind am Markt.

Das Aussenden von *Angstgeschrei* der Vögel vom Tonband über Lautsprecheranlagen hat trotz einer gewissen Wirkung weniger Erfolg gebracht als der Einsatz von Knallapparaten.

Optische Abwehreffekte versucht man durch farbige und blinkende *Kunststoffbänder* zu erreichen, die sich im Wind bewegen.

Bei allen akustischen und optischen Abschreckungsmaßnahmen tritt früher oder später eine Gewöhnung ein, insbesondere bei Amseln und Wacholderdrosseln. Ein voll befriedigendes Mittel gibt es bis heute noch nicht.

Eine Dezimierung der in Betracht kommenden Vogelarten durch Abschießen ist z. Z. nicht ohne weiteres möglich, da Stare und Amseln durch das Naturschutzgesetz geschützt sind, während die Wacholderdrossel zwar als *jagdbares Wild* gilt, nach dem Jagdgesetz aber ganzjährig geschützt ist.

Anbau von Beerenobst

Im folgenden werden allgemeine Anbaufragen der Beerenobstarten behandelt. Sorten s. Kapitel: „Die wirtschaftlich wichtigen Arten", Pflanzenschutz s. Kapitel: „Allgemeiner obstbaulicher Pflanzenschutz" und „Krankheiten und Schädlinge".

1 Erdbeeren

1.1 Umtriebszeit

Für Erwerbszwecke bevorzugt man den ein- bis zweijährigen Anbau. Bei rechtzeitiger Pflanzung bis Ende Juli mit gesundem Pflanzmaterial und guter Entwicklung der Pflanzen bis zum Ende der Vegetationszeit sind schon nach dem ersten Jahre hohe Erträge bei guten Fruchtgrößen zu erwarten. Die Fruchtgröße ist dabei vor allem auch im Hinblick auf die Pflückleistung wichtig. Der entscheidende Nachteil des zweijährigen Anbaues ist die im zweiten Jahr wesentlich geringere Fruchtgröße und infolgedessen eine schwächere Pflückleistung, während die Erntemengen im zweiten Jahre meist höher ausfallen als im ersten. Betriebe mit Selbstpflücke ernten daher in der Regel ihre Bestände im ersten Jahre in eigener Regie und geben sie im zweiten Jahre für die Selbstpflücke frei.

Grundsätzlich gilt: Je billiger und je kräftiger das Pflanzmaterial ist, je besser die Entwicklung der Pflanzen bis zum Ende der Vegetationszeit des Pflanzjahres verläuft und je höher die Pflückerlöhne sind, um so mehr spricht zugunsten des einjährigen Anbaues.

1.2 Pflanzmaterial

Für den Erwerbsanbau sollte man auf gesundes und genetisch hochwertiges Pflanzmaterial zurückgreifen, da Erträge und Fruchtqualitäten stark von der Gesundheit der Pflanzen abhängen. Unter normalen Anbaubedingungen leiden Erdbeeren nach wenigen Jahren unter Abbauerscheinungen, insbesondere Virusbefall.

Für größere Erdbeerquartiere lohnt sich eine Vermehrungsstufe im eigenen Betrieb durch Jungpflanzenanzucht im Mutterbeet. Dabei sollte jährlich die Hälfte des Mutterbeetes mit zugekauftem Hochzuchtpflanzgut angelegt werden, um Abbauerscheinungen zu vermeiden. Die Vermehrung im eigenen Betrieb ist besonders bei geschützten Sorten interessant, weil deren Pflanzgut wesentlich teurer ist als das von ungeschützten. Für den Eigenbedarf ist die Vermehrung geschützter Sorten statthaft, nicht jedoch für den Weiterverkauf.

In den Mutterbeeten werden durch Entfernen der Blüten, durch gute Bodenvorbereitung zwischen den Reihen sowie durch ausreichende Düngung und Bewässerung günstige Voraussetzungen für eine gute Ausläuferbildung und für reichliche Bewurzelung der Ausläufer geschaffen.

Die Jungpflanzen aus den Mutterbeeten werden entweder einige Wochen vor dem endgültigen Auspflanzen in Torfpreßtöpfe mit Torfkultursubstrat pikiert und später samt Topf gepflanzt, oder aber bei besonders guter Entwicklung unter Verzicht auf das Pikieren direkt dem Mutterbeet entnommen.

Im zunehmenden Maße verwendet man im Erdbeeranbau *'Frigo'-Pflanzen*. Dies sind Jungpflanzen, zumeist Hochzuchtmaterial, die im Winter zuvor einem Vermehrungsbeet entnommen und dann in Plastiksäcken bis zum Pflanzzeitpunkt im Juli bei 1 bis 2 °C im Kühlraum gelagert wurden. Auf diese Weise entfällt die Notwendigkeit, schon im Hochsommer genügend gut entwickeltes frisches Pflanzmaterial zu haben. Große Vermehrungsbetriebe bieten heute Frigo-Pflanzen an, die auf Gewebekulturen (Meristemvermehrung) zurückgehen, d.h. die über einige Vermehrungszwischenstufen von einer oder wenigen ausgelesenen, leistungsfähigen und auf Virusfreiheit getesteten Mutterpflanzen abstammen.

Im Gegensatz zu frischem Pflanzmaterial haben die Frigo-Pflanzen keine Blätter, sondern treiben nach dem Pflanzen aus dem Vegetationskegel neu aus. Ihr Wasserbedarf ist daher in der Anwachsphase geringer als derjenige der belaubten Frischpflanzen.

1.3 Sortenwahl

Da immer wieder Neuzüchtungen angeboten werden, fällt die Sortenwahl oft schwer. Bevor man neue Sorten in größerem Umfang pflanzt, sollte man zuverlässige Informationen über deren Eignung unter ähnlichen Anbaubedingungen haben. Als ertragreiche Sorten halten sich im europäischen Sortiment seit längerer Zeit 'Red Gauntlet' und 'Gorella' sowie die altbewährte 'Senga Sengana' (weitere Hinweise siehe Sortenkapitel Seite 138). Bei der Sortenwahl sollte auch der Reifetermin berücksichtigt werden. Allerdings variiert zwischen den ertragsreichen Hauptsorten der mittlere Reifetermin unter sonst vergleichbaren Bedingungen um höchstens zwei Wochen.

Unter den mehrmals im Jahr tragenden (remontierenden) Sorten haben in manchen Anbaugebieten die holländische Züchtung 'Ostara' sowie die deutsche Sorte 'Hummi Gento' Bedeutung im Erwerbsobstbau erlangt. Nach dem Entfernen der Frühjahrsblüten (von Hand oder chemisch) bringen diese Sorten im Spätsommer beachtliche Erträge, die dann meist einen guten Markt finden, solange dieser Anbau begrenzten Umfang behält.

1.4 Bodenvorbereitung

Vor dem Pflanzen soll der Boden so bearbeitet werden, daß er locker und feinkrümelig ist. Eine mittlere Gabe eines chlorfreien Volldüngers (ca. 5 kg/ar) vor der Bodenbearbeitung ist besonders bei vorhergegangener Ackernutzung zweckmäßig. Eine Überdüngung mit Stickstoff sollte aber vermieden werden, damit das vegetative Wachstum der Pflanzen nicht zu stark wird.

Wichtig ist eine gute Bodenfeuchte sowohl beim Pflanzen als auch im weiteren Entwicklungsverlauf. Wegen der Bedeutung einer ausreichenden Wasserversorgung besitzen größere Erdbeerbetriebe meist Beregnungsanlagen. Im trockenen Klima und auf sandigen Böden ist eine Bewässerungsmöglichkeit unerläßlich.

1.5 Pflanzsysteme

Im Erdbeeranbau ist weniger die Fläche als die Arbeit der Hauptkostenfaktor. Man bevorzugt daher Systeme, die eine Mechanisierung der Bewirtschaftungsmaßnahmen begünstigen. Die Spurweite des Schleppers und der Anbaugeräte müssen zum Pflanzsystem passen. In der Regel wählt man für den mehrjährigen Anbau Reihenabstände von 80 bis 90 cm, für einjährigen Anbau von 60 bis 80 cm. Der Abstand in der Reihe sollte etwa 30 cm betragen, im einjährigen Anbau und bei Sorten mit schwacher Laubentwicklung eher weniger, jedoch nicht mehr als 35 cm.

1.6 Bewirtschaftungsmaßnahmen

Neben einer reichlichen Wasserversorgung und einer ausreichenden Düngung ist ein Freihalten des Erdbeerbestandes von Unkrautwuchs entscheidend für den Anbauerfolg.

Dies kann auf verschiedene Weise geschehen:

- mehrmalige *Bodenbearbeitung* je Saison, vor allem einige Wochen nach der Pflanzung, bei zweijährigem Anbau nach der ersten Ernte, sowie im Frühjahr zwischen den Reihen mit Bodenfräse oder Maschinenhacke, ergänzt durch Handhacken innerhalb der Reihen.
- *chemische Unkrautbekämpfung* mit Herbiziden vor der Bepflanzung (z.B. Glyphosate wie im Round up); nach dem Pflanzen gegen keimende (z.B. Chloroxuron wie im Tenoran) und bereits aufgelaufene Unkräuter (z.B. Lenazil wie im Venzar), (Einzelheiten über Herbizide s. Seite 240).
- Bodenabdeckung vor dem Auspflanzen mit schwarzer *Mulchfolie.*

Zumeist werden Bodenbearbeitung und Herbizidanwendung in Kombination durchgeführt.

Die Mulchfolie wird im Erwerbsanbau maschinell ausgelegt, wobei das dafür verwendete Spezialgerät im gleichen Arbeitsgang auch ein Bodenentseuchungsmittel ausbringen kann, das unter der Folie besonders wirksam ist. Wegen der erheblichen Kosten dieser Mittel wird aber eine solche Maßnahme nur für Flächen empfohlen, die bereits seit mehreren Jahren mit Erdbeeren bepflanzt waren. Man verwendet schwarzeingefärbte Polyäthylenfolien von 0,03 bis 0,05 mm Stärke und 0,7 bis 1,1 m Breite. In die nach dem Auslegen mit Pflöcken von Hand eingestanzten Löcher wird ein- oder zweireihig gepflanzt. In Verbindung mit Folie ist getopftes Planzmaterial besonders vorteilhaft.

Außer ihrer Wirkung gegen den Unkrautwuchs vermindert die Folie Wasserverluste durch Verdunstung (Evaporation) und trägt zur Temperaturerhöhung im Erdbeerpflanzenbestand bei. Dadurch reifen die Früchte einige Tage früher als ohne Folie.

Wurde keine Mulchfolie ausgelegt, so bringt man im Frühjahr zwischen Blüte und Ernte zwischen die Reihen etwa 120 dt/ha Stroh aus, mit dem man die Pflanzen unterlegt. Zum Ausbringen gibt es fahrbare Strohhäcksler.

Eine bemerkenswerte Reifeverfrühung um etwa 10 Tage bringt die klare Lochfolie, die im Frühjahr ganzflächig über dem Erdbeerbestand ausgelegt und für Bewirtschaftungsmaßnahmen (Pflanzenschutz) sowie vor der Ernte leicht abgenommen werden kann. Diese Folie kann mehrere Jahre wiederverwendet werden.

Wer eine frühe Ernte anstrebt, leistet sich den Aufwand eines *Folientunnels,* wodurch etwa 20 Tage gegenüber dem Freiland gewonnen werden können. Diese Tunnel haben sich in Gebieten mit ohnehin warmem Klima im Wettlauf um die Primeurpreise durchgesetzt.

Im mehrjährigen Erdbeeranbau hat sich das Abmähen des Blattes sowie eine Volldüngergabe nach der Ernte des ersten bzw. zweiten Ertragsjahres als zweckmäßig erwiesen.

Abb. 113. Oben: Ausbringen von Stroh in eine Erdbeerpflanzung mit einem fahrbaren Häcksler. Unten: Ausbringung eines Bodenentseuchungsmittels und einer Folie im gleichen Arbeitsgang. Etwa drei Wochen später werden die mit Topfballen angezogenen Jungpflanzen gesetzt. Zuvor werden die Pflanzstellen mit Hilfe eines Holzpfahles entsprechender Stärke ausgestanzt.

Abb. 114. Durch Abdecken mit Lochfolie kann man die Reife der Erdbeeren um etwa 10 Tage beschleunigen. Links im Vordergrund Lochfolie entfernt, rechts ohne Lochfolie. Kleine Sandsäkke dienen zum Festhalten der Folie.

Abb. 115. Pflückwagen erleichtern die Erntearbeit. Die Pflückerin bewegt den Wagen mit den Füßen rückwärts weiter.

1.7 Ernte

Die Erträge im intensiven Erdbeeranbau liegen zwischen 150 und 300 dt/ha. Die Pflückleistung beträgt 6 bis 10 kg/AKh. Die Erntezeit einer Sorte erstreckt sich über zwei bis drei Wochen, wobei sechs- bis achtmal durchgepflückt wird. Eine Arbeitskraft kann dabei eine Fläche von etwa 5 a beernten. Man pflückt zumeist in Schalen mit $^1/_2$ kg Inhalt. Bei der ersten Pflücke fallen in der Regel die größten Früchte an. Im einjährigen Anbau kann das mittlere Fruchtgewicht dann nahe 30 g liegen. Später sinkt es auf weniger als 15 g, und damit nimmt auch die Pflückleistung ab.

Zur Erleichterung der Pflückarbeit haben sich kleine Pflückwagen, einer für jeden Pflücker, bewährt, auf denen die Pflücker sich während des Pflückens rückwärts sitzend weiterbewegen und die gleichzeitig zum Abstellen der Pflückbehälter dienen.

2 Johannisbeeren und Stachelbeeren

2.1 Pflanzsysteme

Im Plantagenanbau sollte bei *Johannisbeeren* vor dem Pflanzen entschieden werden, ob von Hand oder mechanisch geerntet werden soll. Für die maschinelle Ernte kommt nur die Straucherziehung in Frage. Für die Handpflücke hingegen kann eine Heckenerziehung mit Hilfe eines Drahtrahmens vorteilhaft sein. Dies gilt allgemein auch für *Stachelbeeren.* Die Heckenerziehung erlaubt größere Pflanzdichten und damit höhere Anfangserträge; sie erleichtert die maschinelle Bewirtschaftung bei Bodenpflege und Pflanzenschutz sowie die Handpflücke.

Je nach Wüchsigkeit aufgrund von Standort und Sorte werden Reihenabstände von 2,5 bis 3,0 m, innerhalb der Reihe 1,5 bis 2,0 m empfohlen. Bei Heckenerziehung können die Reihenabstände 2,0 bis 2,5 m betragen. Für die maschinelle Ernte bevorzugt man geringe Abstände in der Reihe, von 1 m und weniger, um möglichst schnell geschlossene Bestände zu erhalten. Die Reihenabstände hingegen bemißt man auf mindestens 3 Meter.

2.2 Schnitt

Wie beim Baumobst hat sich auch beim Strauchbeerenobst die Tendenz durchgesetzt, bei der Pflanzung gar nicht oder nur in bestimmten Fällen zu schneiden. Nur Jungpflanzen mit zu wenig Trieben werden zurückgeschnitten, um eine Verzweigung anzuregen.

Später sorgt man für Fruchtholzerneuerung, indem man abgetragene Triebe zugunsten von Jungwuchs entfernt, der aus dem Wurzelstock nachwächst. Ein gesunder Strauch soll 8 bis 10 kräftige Triebe haben.

Zum Schneiden von Strauchbeerenobst bedient man sich auch spezieller Scheren mit langem Griff. (Zweihandschere s. Kapitel Schnittwerkzeuge.)

2.3 Bodenpflege und Düngung

Der Boden wird beim Strauchbeerenobst in der Regel offengehalten. Zur Unkrautbekämpfung in den Strauchreihen werden auch Herbizide eingesetzt. Auch das Rasenmulchen ist möglich, wenn die N-Düngung nicht zu knapp bemessen wird und die Wasserversorgung reichlich ist. Im übrigen gelten hinsichtlich der Düngung für Strauchbeerenobst ähnliche Gesichtspunkte wie für Baumobst.

2.4 Ernte

Im Erwerbsanbau von *Schwarzen Johannisbeeren* wird in den letzten Jahren zunehmend mechanisch geerntet.

Der Kleinbetrieb verwendet dazu Handschüttler, mit denen die Sträucher astweise geschüttelt werden, so daß die Beeren in mitgeführte Behälter fallen. Der Antrieb dieser Handschüttler erfolgt bei der Schüttelpistole durch Druckluft aus einem Kompressor, bei der umgerüsteten Stichsäge elektrisch aus einem Stromerzeuger.

Die Pflückleistung, die bei Handpflücke 4 bis 8 kg/AKh beträgt, kann mit diesen Handschüttlern auf etwa das fünffache gesteigert werden.

Die Entwicklung von Maschinen zur vollmechanisierten Ernte ist heute bis zur Praxisreife fortgeschritten. Großbetriebe und Lohnunternehmen in den Anbaugebieten setzen vollautomatisch arbeitende Geräte ein.

Abb. 116. Teilmechanisierung der Ernte von Schwarzen Johannisbeeren durch Einsatz von Schüttelpistolen.

Die Mechanisierung der Ernte von Schwarzen Johannisbeeren hat auch Konsequenzen für die Sortenwahl: Für die Handpflücke sind Sorten mit vielen Beeren je Traube von Vorteil (z.B. 'Rosendahls Langtraubige'). Hingegen lassen sich kurztraubige Sorten (z. B. 'Wellington XXX') besser schütteln.

Bei *Roten Johannisbeersorten* stößt die Mechanisierung der Ernte auf größere Schwierigkeiten, weil sich die Beeren der bisher im Anbau befindlichen Sorten nicht genügend leicht vom Stiel lösen. Außerdem werden Rote Johannisbeeren aus deutscher Produktion überwiegend für den Frischmarkt verwendet. Dies schließt eine vollmechanisierte Ernte aus. *Stachelbeeren* werden allgemein mit der Hand gepflückt.

3 Himbeeren und Brombeeren

Beide Obstarten müssen am Drahtrahmen gezogen werden, da die Ruten nicht standfest sind und Ranken nicht von Natur aus aufrecht wachsen können.

Himbeeren pflanzt man auf ca. 50 cm in der Reihe und 3 bis 3,5 m Reihenabstand als einjährige Ruten. Als Anbausystem hat sich die Erziehung am V-förmigen Drahtrahmen mit Drähten in ca. 70, 120 und 170 cm Höhe bewährt. Bei der Pflanzung schneidet man die Ruten auf etwa 40 cm zurück. Die Ruten der für den Erwerbsobstbau wichtigen Sorten blühen und fruchten im zweiten Jahr. Etwa 10 bis 16 Ruten je lfd. m werden wechselseitig rechts und links an den Drahtrahmen geheftet. Aus den Wurzelstöcken, später auch aus Wurzelausläufern, wachsen jährlich neue Ruten nach. Von diesen beläßt man wiederum die 10 bis 16 kräftigsten und entfernt die überzähligen im Mai durch Ausziehen mit der Hand oder durch Abschneiden am Boden. Man hat auf diese Weise jeweils zwei Generationen von Ruten, die letztjährigen, schräg angehefteten und fruchtenden und in der Mitte die noch frei wachsenden diesjährigen.

Neben der Erziehung am V-förmigen Drahtrahmen findet man vielfach auch noch am senkrechten Rahmen gezogene Himbeerpflanzungen.

Sofort nach der Ernte werden die abgetragenen Ruten am Boden abgeschnitten. Im kommenden Frühjahr heftet man die letztjährigen Ruten an und vereinzelt die diesjährigen. So entsteht ein fortlaufender zweijähriger Umtrieb der Ruten.

Bei Brombeeren ist der Umtrieb im Prinzip gleich. Die aus Absenkern, Wurzelschnittlingen oder Grünstecklingen stammenden Brombeerjungpflanzen pflanzt man auf 2 m in der Reihe und 3 m Reihenabstand. Man unterscheidet bei diesen jedoch

Abb. 117. Himbeeren zieht man heute meist am V-förmigen Drahtrahmen. Die im Vorjahr entstandenen, in diesem Jahre tragenden Ruten sind angeheftet. In der Mitte wachsen die Ruten für den nächstjährigen Ertrag heran.

Abb. 118. Unsere meisten Brombeersorten bilden Ranken. Diese werden an den senkrechten Drahtrahmen geheftet. Am Boden bilden sich neue Ranken, die im folgenden Jahr angeheftet werden und den Ertrag liefern.

Ranken und Ruten bildende Sorten. Während die Erziehung der Ruten bildenden und daher aufrecht wachsenden Brombeersorten denen von Himbeeren entspricht, zieht man rankende Sorten immer am senkrechten Drahtrahmen. Die diesjährigen Ranken müssen im Laufe des Sommers einige Male am Boden entlang den Reihen geführt werden, da sie sonst die Bewirtschaftung behindern und beschädigt werden. Im kommenden Frühjahr werden 6 bis 8 Ranken je Pflanze am senkrechten Drahtrahmen fächerförmig angeheftet. Überzählige Ranken werden entfernt. Die abgetragenen Ranken werden im Winter dicht über dem Boden abgeschnitten.

Die Geiztriebe der Brombeerranken müssen im Laufe des Sommers auf ein bis zwei Blätter zurückgeschnitten werden. Die für den Erwerbsanbau wichtigen Brombeersorten sind rankend. Man zieht die Brombeeren auf eine Höhe von etwa 2 m. Der Drahtrahmen sollte mindestens drei Drähte in gleicher Höhe wie beim Himbeergerüst haben.

Die Streifen innerhalb der Reihen werden bei beiden Obstarten offengehalten. Da die Herbizidanwendung problematisch ist, bevorzugt man das Abdecken mit Stroh, Laub oder Holzrinde. Zwischen den Reihen werden Fahrgassen durch Bodenbearbeitung offengehalten. Im niederschlagsreicheren Klima hat sich das Rasenmulchen bewährt.

Himbeeren wie Brombeeren reifen folgernd. Die Reife einer Sorte erstreckt sich über etwa 4 Wochen. Um Spitzenqualität zu ernten, muß etwa zweimal je Woche durchgepflückt werden. Die Erträge erreichen etwa 100 dt/ha. Die Pflückleistung liegt bei 5 kg/AKh. Für den Frischmarkt erntet man in Schalen von $^1/_2$ kg Inhalt.

Ein großes Problem ist bei beiden Obstarten der Befall mit Viruskrankheiten. Gesundes Pflanzmaterial ist Voraussetzung für hohe Erträge.

4 Kulturheidelbeeren

Unter allen in diesem Buch behandelten Obstarten nimmt die Kulturheidelbeere wegen ihren speziellen Ansprüche an die Bodenqualität eine Sonderstellung ein. Sie verträgt nicht nur, sie verlangt kalkfreie, durchlässige Böden von ziemlich stark saurer Reaktion. Daher hat sie z. B. in der Lüneburger Heide eine gewisse Verbreitung gefunden.

Die Früchte der Zuchtsorten sind wesentlich größer, indessen nicht ganz so wohlschmeckend wie diejenigen der Wildheidelbeere.

Man pflanzt Kulturheidelbeeren auf 2 × 1 m. Die Sträucher wachsen frei. Abgetragenes Holz entfernt man ähnlich wie bei Johannisbeeren. Die Vermehrung erfolgt durch Steckhölzer. Als Bodenpflegemaßnahme hat sich das Mulchen mit Sägespänen bewährt. Man düngt mit chloridfreiem Volldünger. Die Ernte zieht sich über 2 bis 3 Monate hin und ist sehr handarbeitsaufwendig. Man erntet von ausgewachsenen Büschen ca. 1 kg, was etwa 50 dt/ha ergibt.

Allgemeiner obstbaulicher Pflanzenschutz

1 Einleitung

Obstgewächse bieten für Krankheitserreger und Schädlinge hervorragend günstige Lebensbedingungen. Denn sie stellen in Form von Früchten, Blättern, Blüten, grünen Trieben und holzigen Pflanzenteilen ein ungewöhnlich vielfältiges Angebot von Nahrungsquellen zur Verfügung und ermöglichen – dank ihrer Lebensdauer – den Schadorganismen, sich an Ort und Stelle verhältnismäßig lange festzusetzen und zu verbreiten.

Der Obstanbauer steht daher vor der schwierigen Aufgabe, seine Kulturen vor einer besonders großen Anzahl von Schädigern zu schützen. Dabei geht es aber nicht nur um die Ernte des laufenden Jahres, sondern es muß auch gleichzeitig der Ertrag für die späteren Jahre gesichert werden. Das macht viele zusätzliche, z.T. sehr aufwendige Maßnahmen noch weit über den Zeitpunkt der Ernte hinaus notwendig, die namentlich der weiteren Erhaltung der Assimilationsfläche und dem Schutz der langlebigen Pflanzenteile dienen.

Ein weiteres Problem bildet die Tatsache, daß es mit der Produktion einer großen Obsternte allein keineswegs getan ist: im Obstbau werden auch noch besonders hohe Anforderungen bezüglich der Qualität und des gesundheitlichen Wertes des Erntegutes gestellt. Das setzt bei Pflanzenschutzmaßnahmen, vor allem bei Anwendung chemischer Mittel, neben ausreichenden Fachkenntnissen ein hohes Maß von Verantwortungsbewußtsein voraus.

Andererseits sind die Obstgewächse bei ihrem wirtschaftlichen Wert in der Regel durchaus lohnende Objekte für konsequente und gut überlegte Krankheits- und Schädlingsbekämpfung. Außerdem finden in Obstanlagen neben den Schadorganismen viele Nützlinge günstige Entfaltungsmöglichkeiten. Sie bieten daher für diejenigen umweltschonenden Pflanzenschutzmaßnahmen, die auf die selbsttätige Mithilfe natürlicher Gegenspieler von Pflanzenfeinden abgestimmt sind (integrierter Pflanzenschutz) hervorragende und ökonomisch durchaus interessante Voraussetzungen.

Jedem Obsterzeuger stehen für seine Pflanzenschutzprobleme verschiedene fachliche Institutionen mit Rat und Auskunft zur Verfügung. Namentlich seien hier die in allen Bundesländern eingerichteten Pflanzenschutzämter bzw. deren Bezirksstellen und die meist auf Kreisebene eingerichteten Obstbauberatungsstellen genannt. Für geschlossene Obstgebiete ist oft ein spezieller Warndienst eingerichtet, der durch Post, Telefon (Anrufbeantworter) oder anderweitige Vermittlung laufend die notwendigen Bekämpfungsmaßnahmen angibt. Eine wichtige Hilfe bieten auch die von den Beratungsstellen jährlich neu herausgegebenen Pflanzenschutzkalender und die in mehreren Fachzeitschriften veröffentlichten monatlichen Hinweise.

Die nachfolgenden Ausführungen können kein Ersatz für diese unmittelbaren Hilfen und Anleitungen sein. Sie sollen lediglich einen Überblick über die wichtigsten Probleme sowie über die Grundsätze und Möglichkeiten obstbaulichen Pflanzenschutzes vermitteln.

2 Grundmaßnahmen des Pflanzenschutzes

Die Gesunderhaltung der Obstgewächse basiert zu einem entscheidenden Teil auf vorbeugenden Maßnahmen anbautechnischer Art, die – ohne unmittelbar auf Schadorganismen einwirken zu müssen – langfristig die Verminderung von Krankheits- und Schädlingsbefall erreichen. Diese indirekten Bekämpfungsmaßnahmen bestehen im Obstbaubetrieb bereits im wesentlichen aus der zweckentsprechenden Planung der zu errichtenden Obstanlage; aber auch fast alle späteren Pflegearbeiten allgemeiner Art beeinflussen in irgendeiner Weise den Befall durch Schadorganismen. Wir wollen sie hier – zusammen mit den gesetzlichen und züchterischen Maßnahmen, auf die wir nicht näher eingehen können – als die Grundmaßnahmen des Pflanzenschutzes bezeichnen.

2.1 Planung der Obstanlage

Bei der Errichtung von Obstanlagen sind die *sachgemäße Auswahl des Standortes,* die *Verwendung geeigneten Pflanzgutes* und die *zweckvolle Pflanzweise* wichtige Mittel, um das Befallsrisiko von vornherein so gering wie möglich zu halten.

Sachgemäße Auswahl des Standortes bedeutet unter dem Aspekt des Pflanzenschutzes vor allem, daß die Gefahr der direkten oder indirekten Ansteckung durch benachbarte bzw. auf gleicher Fläche zuvor angebaute Pflanzen beachtet wird. So bilden ungepflegte Obstbaumbestände oder auch einzelne verwahrloste Obstbäume (Straßenbäume!) oft gefährliche Befallsherde (z.B. für Apfelwickler, San-José-Schildlaus, Spinnmilben, Schorf, Obstbaumkrebs, Apfelmehltau, Viruskrankheiten usw.), die in ihrer Bedeutung häufig unterschätzt werden. In der Regel sind bei uns Obstanlagen besonders dann gefährdet, wenn sie an der Ostseite von Befallsherden errichtet werden und damit in Richtung der meist feuchten, krankheitsübertragenden Westwinde liegen. Wo keine Ausweichmöglichkeit besteht (schon durch einige 100 Meter Abstand wird die Infektionsgefahr um ein Beträchtliches vermindert), sollte man keine Mühe scheuen, in der Nähe von Neupflanzungen Sanierung oder Rodung verwahrloster Obstbestände zu erreichen.

Auch andere, nicht zu den Obstgewächsen zählende Gehölzarten kommen als Wirtspflanzen (z.T. als Zwischenwirte) für Obstschädlinge in Frage: z.B. Weißdorn für Feuerbrand; Weymouthskiefer für Johannisbeer-Säulenrost; Sadebaum für Birnengitterrost; Weißdorn und japanische Quitte für San-José-Schildlaus; verschiedene Heckenkirschenarten für Kirschfruchtfliege; Eiche für Frostspanner; Weißdorn und Schlehe für Erdbeerblütenstecher. Hier gilt es ebenfalls, entweder durch Rodung dieser Wirtspflanzen oder durch Einhalten eines möglichst großen „Sicherheitsabstandes" die Ansteckungsgefahr so gut wie möglich zu verringern.

Auf gerodeten Flächen ist zu berücksichtigen, daß einige Krankheitserreger im Boden längere Zeit überdauern können und so eine Gefahr für Nachpflanzungen darstellen. Das gilt z.B. für die Erreger der Kragenfäule und der Verticilliumwelke und für gewisse Fadenwürmer (Nematoden).

Auch der Einfluß des lokalen Klimas auf den Schädlingsbefall sollte bei der Auswahl des Standortes mit in Betracht gezogen werden: In feuchtem Klima sind vor allem pilzliche und bakterielle Krankheiten gefährlich. Bei Trockenheit kommen Insekten, Spinnmilben und auch echte Mehltaupilze eher zum Zuge. Im allgemeinen muß man sich allerdings mit der besonderen Bedrohung durch eine der beiden Schädlingsgruppen mehr oder minder abfinden. In extremen Lagen kann man aber versuchen, die

Abb. 119. Apfeljungbaum mit starkem Befall durch Wurzelkropf *(Agrobacterium tumefaciens)*, einer speziellen Baumschul-Krankheit. Solche Ware ist selbstverständlich zurückzuweisen bzw. von der Pflanzung auszuschließen.

klimabedingten Gefahren abzuschwächen, indem man den Anbau derjenigen Arten und Sorten einschränkt, die gegen die jeweils begünstigten Schadorganismen speziell empfindlich sind.

Bei der *Auswahl des Pflanzgutes* ist darauf zu achten, daß die Pflanzen nicht schon von der Baumschule bzw. von dem Aufzuchtbeet her krank sind. Die schwerwiegendsten Folgen haben Virus- und Mykoplasmakrankheiten, da hier in der Anlage keine Abhilfe mehr möglich ist. Gewisse bakterielle, pilzliche und von Tieren hervorgerufene Krankheiten und Schäden, die später kaum oder nur mit zusätzlichem Aufwand und mit erheblichen Eingriffen in die Pflanze ausgerottet bzw. beseitigt werden können und die oft das Wachstum der Neuanpflanzungen von vornherein nachteilig beeinflussen, sind ähnlich zu bewerten. Dazu gehören u.a.: Feuerbrand, Wurzelkropf (Abb. 119), Bleiglanz, Obstbaumkrebs, Gloeosporium-Rindenbrand, Mehltau, Blutlauskrebs, Befall durch San-José-Schildlaus bzw. andere Schildlausarten und – bei Erdbeeren – Verticilliumwelke, Rote Wurzelfäule oder Befall durch Nematoden und Milben.

Selbst für den Fachmann ist es aber schwierig und in vielen Fällen unmöglich, den tatsächlichen Gesundheitszustand der Baumschulware zu erkennen. Denn neben Virosen können in gesund erscheinenden Pflanzen auch bakterielle und pilzliche Krankheiten bereits in einem latenten, d.h. äußerlich noch nicht sichtbaren Zustand vorhanden sein. Obstbaumkrebs kommt z.B. oft erst viele Monate nach der Infektion zum Ausbruch. Es ist daher unbedingt zu empfehlen, das Pflanzgut nur von solchen Baumschulen zu beziehen, die sich nachweislich um die ständige Gesunderhaltung ihrer Quartiere bemühen. Zur Ausschaltung von Viruskrankheiten sollte, soweit verfügbar, ausschließlich virusfreies bzw. -getestetes Pflanzmaterial verwendet werden.

Zur richtigen Auswahl des Pflanzgutes gehört auch die Frage nach der Zweckmäßigkeit des Anbaues hochanfälliger Sorten – selbst wenn es sich um gute Marktsorten handelt. Es wird oft übersehen, daß solche Sorten vielfach ein spezielles und aufwendiges Bekämpfungsprogramm benötigen, und daß sie andererseits bei ungenügender Pflege nicht nur besonders schnell in ihrer Leistung nachlassen, sondern auch zu massiven Infektionsherden und somit zur ständigen Gefahr für andere Sorten werden.

Hinsichtlich der *Pflanzweise* ist es u.a. wichtig, daß die Zuordnung der Obstsorten zueinander und der Pflanzabstand den Belangen des Pflanzenschutzes entsprechen. So ist es möglichst zu vermeiden, daß überdurchschnittlich anfällige Sorten in Einzelreihen oder gar als Einzelexemplare zwischen andere Sorten gepflanzt werden. Denn erfahrungsgemäß bleiben die spezifischen Bedürfnisse der in Minderheit vertretenen Sorten schon aus arbeitstechnischen Gründen meist vernachlässigt. Gerade hiermit ist dann häufig die Bildung von Infektionsherden verbunden. In Apfelanlagen geht z.B. Mehltaubefall oft von einzelnen, als Pollenspender gepflanzten 'Jonathan'-Bäumen aus. Beim *Pflanzabstand* ist zu beachten, daß sehr dichte Anlagen nicht nur für viele pilzliche Krankheiten förderlich sind, sondern daß sie auch noch die ordnungsgemäße Durchführung von Spritzbehandlungen erschweren.

2.2 Allgemeine Pflegemaßnahmen

Obwohl kein Zweifel darüber besteht, daß das Auftreten von Krankheiten und Schädlingen durch Pflegemaßnahmen, wie Düngung, Bodenbearbeitung, Baumschnitt usw., in irgendeiner Weise beeinflußt werden kann, ist die Bedeutung solcher allgemeiner Maßnahmen für den Pflanzenschutz nur selten abzuschätzen. Genaue, experimentell untermauerte Kenntnisse fehlen auf diesem Gebiet weitgehend. Zudem sind eine sichere Bewertung und sich daraus ergebende Folgerungen für die Praxis u.a. dadurch erschwert, daß sich positive und negative Nebenwirkungen oft die Waage halten.

Als problematisch gilt vor allem die *Stickstoffdüngung*. Es ist bekannt, daß mit Erhöhung der Stickstoffzufuhr der Befall durch einige Pilzkrankheiten, wie Obstbaumkrebs und Gloeosporium, und von einigen Schädlingen, wie Spinnmilben, Fruchtschalenwickler, Blatt- und Blutläuse, zunimmt. Andererseits wurde aber auch schon ein Rückgang bestimmter Schadorganismen, z.B. von einigen Käfer- und Schmetterlingsarten, registriert. Darüber hinaus wird in gut mit Stickstoff versorgten Obstanlagen – u.a. durch Förderung des Großen Regenwurms *(Lumbricus terrestris)* – der natürliche Abbau der gesamten Bodenstreu und damit die Vernichtung wichtiger Infektionsquellen von Obstkrankheiten (Apfel- und Birnenschorf, Sprühfleckenkrankheit usw.) beschleunigt. Vom Standpunkt des Pflanzenschutzes aus kann daher der Wert des Stickstoffs allgemein nur schwer beurteilt werden. Der übergeordnete Maßstab für die Anwendung dieses Nährstoffes muß die Erzielung eines ausgeglichenen Wachstums und Ertrages der Obstgewächse sein. Dabei wird man sich zwangsläufig um ausgewogene Düngegaben bemühen, so daß nachteilige Nebenwirkungen in kontrollierbaren Grenzen bleiben.

Auch bei *anderen Nährstoffen* wird gelegentlich ein indirekter Einfluß auf parasitäre Obstkrankheiten und -schädlinge vermutet. An überzeugenden Beweisen fehlt es aber nach wie vor.

Eine eindeutig positive Wirkung für die Gesundheit der Obstgewächse dürften alle diejenigen Kulturmaßnahmen besitzen, die der Anreicherung des Bodens mit *organi-*

schem Material dienen. Es sei hier vor allem auf die damit verbundene Förderung des Bodenlebens hingewiesen, durch das eine einseitige, schnelle Ausbreitung im oder am Boden lebender Schadorganismen verhindert wird. Überdies sind in einem gesunden, biologisch aktiven Boden die Obstgewächse weitgehend gegen Schwächeparasiten gefeit.

Da bestimmte Unkräuter für einige Obstkrankheiten und -schädlinge (z.B. Kragenfäule, Spinnmilben- und Blattlausarten) als Wirtspflanzen dienen, ist die *Unkrautbekämpfung* ebenfalls in gewissem Sinne zu den Grundmaßnahmen des Pflanzenschutzes zu rechnen. Bei der mechanischen Unkrautbekämpfung besteht jedoch die Gefahr, daß durch Stammverletzungen Eintrittspforten für Pilze geschaffen werden. Mit der chemischen Unkrautbekämpfung lassen sich diese Folgen vermeiden.

Schließlich muß der *Baumschnitt* erwähnt werden. Er bildet insofern ein Problem für den Pflanzenschutz, als Schnittwunden wichtige Eintrittspforten für Holzparasiten darstellen. Selbstverständlich kann deshalb nicht auf den Baumschnitt verzichtet werden. Es ist aber gut zu wissen, daß folgende Faktoren die Infektionsgefahr verringern: 1. Trockenheit (oder Frost) während und einige Tage nach den Schnittarbeiten. 2. Später Winterschnitt (ab Februar–März). 3. Glatte, saubere Schnittflächen.

Größere Wunden werden mit Wundabdeckungsmitteln verschiedener Art behandelt. Soll diese Behandlung auch gegen Pilzinfektionen wirksam sein, so ist unbedingt darauf zu achten, daß an der Schnittfläche nicht nur der Holzkörper, sondern auch der Rindenteil lückenlos abgedeckt wird. Außerdem muß das Verstreichen möglichst unmittelbar nach der Schnittarbeit erfolgen, spätestens vor Benetzung der Wunde durch Regen oder Tau.

3 Bekämpfungsmaßnahmen

3.1 Biologische Bekämpfung

Für das Verständnis der biologischen Bekämpfung ist die Kenntnis folgender Zusammenhänge wichtig: Innerhalb eines unberührten, geschlossenen Lebensraumes wird die Vermehrungsquote aller Lebewesen selbsttätig und auf natürliche Weise durch andere konkurrierende oder feindliche Lebewesen reguliert. Das hieraus resultierende sogenannte biologische Gleichgewicht (das allerdings auch in der „reinen Natur“ nicht immer vor zeitweiliger und einseitiger Vermehrung bestimmter Pflanzen- und Tierarten schützt!) wird aber nachhaltig gestört, wenn fortgesetzt fremde Einflüsse wirksam werden. Eine Kulturlandschaft, die ja das Ergebnis ständiger, menschlicher Tätigkeit ist, und biologisches Gleichgewicht sind daher ihrem Wesen nach unvereinbar.

Eine durchaus empfindliche Störung ergibt sich beispielsweise schon dann, wenn ein einzelner Obstbaum angepflanzt, d.h. in einen Lebensraum künstlich eingeführt wird. Um diesen Baum in der ihm von Natur aus meist weitgehend feindlichen und fremden Umgebung zu erhalten, müssen ständig Maßnahmen ergriffen werden (z.B. Pflanzenschutz), die zwangsläufig erneute Eingriffe in die natürlichen Gegebenheiten bedeuten.

Es ist auf keinen Fall Aufgabe der biologischen Bekämpfung, den ursprünglichen Naturzustand und damit das frühere Gleichgewicht wieder herzustellen. Das würde für alle unsere Kulturpflanzen, die ihre Existenz ja von vornherein einem künstlichen Eingriff in die Natur verdanken, auf die Dauer den sicheren Ruin bedeuten. Ziel der biologischen Verfahren ist vielmehr, einerseits durch gezielte Maßnahmen die noch vorhandene natürliche Regulation, soweit es für die Kulturpflanzen nützlich ist, zu erhalten oder zu fördern, andererseits durch (z.T. massiven) Einsatz von Nutzorganismen, die fehlenden oder unzureichend vorhandenen Abwehrkräfte aus Tier- und Pflanzenwelt zu ergänzen. Besonders bewährt haben sich diese Maßnahmen bisher dort, wo Pflanzenschädlinge durch Einschleppung in einen neuen Lebensraum gelangten, in dem sie sich wegen des Fehlens natürlicher Gegenspieler zunächst ungehemmt ausbreiten konnten.

Obstanlagen sind im Gegensatz zu vielen anderen, in ihrem Pflanzenbestand häufig veränderten landwirtschaftlichen Kulturflächen ein verhältnismäßig günstiges Feld für den Einsatz der biologischen Bekämpfung. Sie bieten vor allem eine Chance für die langfristige Ansiedlung von Nützlingen. Gerade auf diesem Gebiet gibt es deshalb auch einige erfolgreiche bzw. erfolgversprechende Aktionen, die allerdings weitgehend in der Hand öffentlicher Institutionen liegen. Als Beispiel sei der Einsatz der Zehrwespe *Prospaltella perniciosi* zur Bekämpfung der San-José-Schildlaus genannt. Dem Obstbauer selbst bieten die seit einigen Jahren im Handel befindlichen Präparate mit *Bacillus thuringiensis* die Möglichkeit zur biologischen Bekämpfung von gewissen Schmetterlingsraupen. Gegen einige Holzpilze, insbesondere den Bleiglanz-Erreger, hat sich die vorbeugende Behandlung von Schnittwunden mit Sporen von als Gegenspieler wirkenden Pilzen (z.B. *Trichoderma viride*) bewährt. Ebenfalls ist die Verwendung von Viren (Granulosevirus) gegen Apfelwickler inzwischen ein praxisreifes, wenn auch z.Z. noch nicht zugelassenes Verfahren. Die für die Praxis zunächst noch interessantesten biologischen Verfahren sind diejenigen, die – im Sinne des integrierten Pflanzenschutzes (s. dort) – der Erhaltung der in der Anlage schon vorhandenen Nutzorganismen dienen.

3.2 Physikalische Bekämpfung

Es gibt im Obstbau viele Situationen, in denen die physikalische Bekämpfungsmethode immer noch die beste oder sogar einzig wirksame Waffe des Pflanzenschutzes ist. Als Beispiele seien genannt: Einsatz von Säge, Schere, Messer und ähnlichen Geräten zur Ausrottung von Holzerkrankungen; Verbrennen oder Abbrennen von Raupennestern und pilzlichen bzw. bakteriellen Krankheitsherden; Verwendung von Zäunen, Drahthosen, Plastikmanschetten usw. zur Wildabwehr, von Netzen oder akustischen und optischen Geräten zur Vogelabwehr, von Fallen zur Wühlmausbekämpfung, von Wundverschlußmitteln zur Verhütung von Pilzinfektionen, von Leimringen zur Bekämpfung von Frostspannern. Der Vollständigkeit halber sei bemerkt, daß auch das Spritzen mit Obstbaumkarbolineum und anderen Mineralölen eigentlich zur physikalischen Bekämpfung gehört (Ersticken der Schädlinge!).

Im Obstbau hat insbesondere die örtliche Beseitigung von Krankheitsherden an Holz einen großen Stellenwert. Denn bei Obstgewächsen lohnt sich aufgrund des Einzelwertes der Objekte in der Regel diese etwas mühevolle Behandlung. Außerdem ist praktisch nur so die wirksame Bekämpfung von bereits festgesetzten Holzkrankheiten zu erreichen. Dabei kommt es allerdings darauf an, daß auch die letzte Spur des sichtbar kranken Rinden- oder Holzgewebes entfernt wird. Geeignete Werkzeuge sind die mit beweglichem Sägeblatt ausgestattete Baumsäge bzw. eine leichte, handliche Motorsäge (Abb. 120). Damit geht das saubere und sachgerechte Beseitigen der Holzschäden (u.a. Obstbaumkrebs!) erheblich besser und zugleich schneller als durch das oft noch übliche Ausschneiden mit dem Messer oder ähnlichen Werkzeugen. Um eine Neuinfektion der ausgeschnittenen Wunden zu erschweren, sollten die Arbeiten auf keinen Fall bei

Abb. 120. Aussägen einer Krebsstelle mit Motorsäge.

regnerischem Wetter erfolgen. Wundverschlußmittel sind möglichst unmittelbar nach dem Aussägen bzw. Ausschneiden aufzubringen.

Ist die Krankheit tief und auf eine größere Strecke in das Holz eingedrungen, oder ist der Holzkörper des Baumes gänzlich erfaßt, dann hilft meist nur noch die völlige Wegnahme des befallenen Baumteiles bzw. das Roden des Baumes.

3.3 Chemische Bekämpfung

Die chemische Bekämpfungsmethode umfaßt die Anwendung von chemischen Verbindungen, die flüssig (vor allem als Spritzbrühe), aber auch gas- und staubförmig oder in fester Form ausgebracht werden und in der Regel vergiftende oder ätzende Wirkung auf Schadorganismen besitzen. Die Mehrzahl der chemischen Pflanzenschutzmittel ist durch einen schnellen, radikalen Bekämpfungserfolg gekennzeichnet. Bei termingerechtem Einsatz kann die Entstehung parasitärer Krankheiten und Schäden meist schon im Keim unterdrückt werden. Auch bereits ausgebrochene Schädlingskalamitäten werden oft noch schlagartig beendet. Ohne chemische Bekämpfung wäre der wirtschaftliche Anbau vieler wertvoller Kultursorten nicht möglich.

Die **chemischen Pflanzenschutzmittel** bestehen aus dem Wirkstoff, d.h. dem Bestandteil, der als aktive Substanz die eigentliche Wirkung auf die Schädlinge ausübt, und aus den Beistoffen, die u.a. bessere Löslichkeit, Haftfähigkeit und Benetzbarkeit des Präparates ermöglichen.

Im Obstbau stehen zur Zeit Mittel aus ca. 80 *Wirkstoff-Substanzen* zur Verfügung (ohne Herbizide). Davon findet kaum mehr als die Hälfte breitere Verwendung. Allerdings wird fast jeder Wirkstoff von verschiedenen Firmen jeweils als eigenes *Handelsfabrikat* und vielfach unter eigenem *Handelsnamen* herausgebracht. Außerdem gibt es noch Wirkstoffkombinationen und verschiedene Arten unterschiedlicher Zubereitungen, wie z.B. Spritzpulver, Emulsionskonzentrate, Stäubemittel usw. Hieraus ist die verhältnismäßig große und verwirrende Zahl der angebotenen Pflanzenschutzmittel zu erklären.

Für den Einsatz im Obstbau sind von den verschiedenen *Wirkstoff-Zubereitungen* vor allem Spritzpulver und Emulsionskonzentrate interessant. *Spritzpulver* ergeben bei Zusatz von Wasser Suspensionen, d.h. Spritzbrühen, in denen sich die Pulverteilchen fein verteilt in freischwebendem Zustand befinden. Im Obstbau werden die meisten Pflanzenschutzmittel als Suspension eingesetzt. Ähnliche Eigenschaften wie Spritzpulver haben auch die als Spritzmittel (zum Auflösen in Wasser) angebotenen Granulate. *Emulsionskonzentrate* sind flüssig aufbereitete Präparate, in denen der Wirkstoff in einer öligen Substanz gelöst ist, und die mit einem Mittel versehen sind, das die Wirkstofflösung dauerhaft in feiner Verteilung hält. Bei Zugabe von Wasser entstehen daraus Spritzbrühen in Form einer Emulsion mit fast milchigem Aussehen. Insektizide werden gern in dieser Form eingesetzt, da Emulsionen oft durch bessere Wirkung gegen saugende Schädlinge ausgezeichnet sind. Zu Spezialeinsätzen dienen *Stäubemittel, Streugranulate, Streupulver, Köder-Präparate* und andere Zubereitungen.

Nach ihrer **Wirkungsweise** werden durch den Begriff *Breitenwirkung* Pflanzenschutzmittel gekennzeichnet, die für zahlreiche und verschiedenartige Gruppen von Schädlingen, bzw. Krankheitserregern giftig sind (und daher in der Regel auch einen großen Teil der nützlichen Gegenspieler mit vernichten). Im Gegensatz dazu stehen die *selektiv* (auslesend) wirksamen Mittel, die nur einzelne Arten erfassen. Unter *Nebenwirkung* werden zunächst ganz allgemein die Ergebnisse eines regulären Pflanzenschutzmitteleinsatzes zusammengefaßt, die über das eigentliche Ziel, d.h. die unmittelbare Bekämpfung der Pflanzenfeinde hinausgehen (z.B. indirekte Förderung von Schädlingen, Einwirkung auf Nützlinge, „kosmetischer" Effekt usw.). Darüber hinaus wird der Begriff Nebenwirkung auch im Sinne von schwacher Wirkung gegen weitere Schädlinge verwendet, die bei geringem Befall oder wiederholter Anwendung u.U. aber ausreicht.

Von *Tiefenwirkung* spricht man, wenn ein Mittel die behandelten Pflanzenorgane zu durchdringen vermag und auch Schadorganismen erreicht, die sich im Inneren von Pflanzen oder z.B. auf der Innenseite eingerollter Blätter befinden. Bei *systemischer* Wirkung wird der Wirkstoff dazuhin noch in den Leitungsbahnen der Pflanzen weitergeleitet, so daß auch die nicht unmittelbar davon getroffenen, u.U. auch neu zuwachsende Pflanzenteile geschützt sind. An holzigen Pflanzen, wie Obstbäumen und Beerensträuchern, kann sich die systemische Wirkung nur begrenzt entfalten. Das gilt vor allem dann, wenn noch nicht genügend Blattmasse vorhanden ist. Namentlich bei den z.Z. verfügbaren systemischen Fungiziden liegt im Obstbau der eigentliche Vorteil mehr in der mit diesen Mitteln verbundenen hervorragend guten Tiefenwirkung.

Besonders im Zusammenhang mit der Bekämpfung von Pilzkrankheiten ist der Begriff *kurative* (heilende) Wirkung gebräuchlich. Man versteht in der obstbaulichen Praxis darunter die Fähigkeit von Fungiziden, eine sich entwickelnde Krankheit abzustoppen, solange die Infektion noch im Gange ist („Stoppspritzungen"). Wird eine bereits festgesetzte Krankheit wieder ausgerottet, dann handelt es sich um einen *eradikativen* (ausrottenden) Effekt. Auf der anderen Seite steht die *präventive* (vorbeugende) bzw. *protektive* (schützende) Wirkung.

Probleme der chemischen Bekämpfung

Fehlende Wirkung. Nicht alle Krankheiten und Schädlinge können mit chemischen Mitteln bekämpft werden. So fehlt gegenüber Virus- und Mykoplasmakrankheiten jede unmittelbare Wirkung. Bakterielle Erkrankungen sind nur sehr schwer zu erfassen. Nach erfolgter Infektion sind auch bei Pilzkrankheiten die Möglichkeiten chemischer Bekämpfung stark begrenzt. Ebenso sind die älteren Larvenstadien von Insekten oft weitgehend unempfindlich gegen chemische Pflanzenschutzmittel.

Resistenz. Nach wiederholter und vor allem einseitiger Anwendung eines chemischen Pflanzenschutzmittels wird gelegentlich die Beobachtung gemacht, daß die Bekämpfungswirkung bei bestimmten Schädlingen oder Krankheitserregern mit der Zeit nachläßt oder sogar völlig verschwindet: Die betreffenden Lebewesen sind gegenüber dem angewendeten Wirkstoff, selbst wenn er in stark überhöhter Dosierung ausgebracht wird, resistent (widerstandsfähig) geworden. Mit dieser Erscheinung muß vor allem bei solchen Schadorganismen gerechnet werden, die im Laufe des Jahres mit mehreren Generationen auftreten (Obstbaumspinnmilbe!). Meist handelt es sich um die Folge einseitiger Auslese von bereits ursprünglich widerstandsfähigen Individuen oder „Stämmen" einer Art, die sich nach Ausschaltung ihrer empfindlichen Konkurrenz nun ungehemmt vermehren können.

Bei Resistenzverdacht sollte die Fachberatung eingeschaltet werden, um sicher zu gehen, ob tatsächlich eine echte Resistenz vorliegt oder ob nicht etwa technische Fehler die Ursache für das Versagen der Spritzbehandlungen sind. Zur Vermeidung von Resistenz ist anzuraten, mit den chemischen Pflanzenschutzmitteln abzuwechseln (insbesondere bei Einsatz von systemischen Fungiziden) und sie, im Sinne des integrierten Pflanzenschutzes, möglichst sparsam und gezielt einzusetzen.

Wirkung auf Obstgewächse. Bei jeder chemischen Pflanzenschutzmaßnahme ist damit zu rechnen, daß davon auch die Kulturpflanzen unmittelbar beeinflußt werden: Der günstigen kosmetischen Wirkung, z.B. Glättung der Fruchtschale, Verbesserung des Blattstandes, steht die phytotoxische (pflanzenschädigende) Wirkung in Form von Verätzungen, Verbrennungen, Berostungen, Verminderung des Blütenansatzes usw. gegenüber. Dazu kommen: Verschmutzung der Früchte (Spritzflecken), Einfluß auf Geschmack und Geruch, Wirkung auf den Reifevorgang. Es gilt deshalb, aus den Pflanzenschutzmitteln so auszuwählen, daß ausreichender Bekämpfungserfolg mit möglichst günstiger Nebenwirkung auf die behandelten Pflanzen verbunden ist. Das ist nicht immer leicht. Selbst die als mild geltenden Präparate sind nicht in jedem Fall harmlos. Denn die Pflanzenverträglichkeit wird von sehr vielen Faktoren und Umständen bestimmt:

1. *Obstart und Obstsorte.* Kirschen sind z.B. gegen Kupfer weniger empfindlich als Pflaumen, Birnen im allgemeinen weniger als Äpfel. Im einzelnen ist aber wieder die jeweilige Sorte ausschlaggebend. So reagieren 'Golden Delicious' und 'Cox Orange' sehr unterschiedlich auf bestimmte Pflanzenschutzmittel, insbesondere Schwefel.
2. *Gesundheitszustand.* Schwächliche Obstgewächse mit krankem Laub sind empfindlicher als gesunde Exemplare. Bei Ernährungskrankheiten, Frost- und Kälteschädigungen, parasitärem Krankheitsbefall (Schorf!) und ähnlichen Störungen ist demnach besondere Vorsicht geboten.
3. *Jahreszeit.* Apfelfrüchte sind zur Zeit ihrer beginnenden Entwicklung (Zellteilungsperiode), d.h. bis etwa 4 Wochen nach der Vollblüte, besonders empfindlich. Vor allem in dieser Zeit sollten keine bedenklichen Mittel eingesetzt werden. Dagegen kann man vor der Blüte die im Preis und in der Bekämpfungswirkung oft vorteilhaften „härteren" Mittel einsetzen.
4. *Tageszeit.* Spritzungen am Abend gelten als riskant, weil dann die Spritzbeläge oft unter dem Einfluß hoher Luftfeuchtigkeit nur verzögert abtrocknen und auf diese Weise sehr lange in aktivem, für die behandelten Pflanzen evtl. schädigendem Zu-

stand bleiben. Andererseits können Spritzbehandlungen im Sommer auch während der (heißen) Mittagszeit zu Schäden führen. Das gilt namentlich für die Anwendung von schwefelhaltigen Mehltaufungiziden.

5. *Technische Fehler.* Die Schädigung der Pflanzen ist auch oft das Ergebnis von Fehlern bei der Ausbringung von Pflanzenschutzmitteln, z. B. Überdosierung, unvollständige Verteilung der Mittel in der Spritzbrühe, Verwendung ungenügend gereinigter Spritzgeräte (vor allem nach Herbizidspritzungen), zu dichte Spritzfolge bei weniger verträglichen Mitteln, Ausbringung ungeeigneter Mischungen usw.

Wirkung auf Nützlinge. Beim Einsatz von Pflanzenschutzmitteln werden neben Schadorganismen oft zwangsläufig auch nichtschädliche Pflanzen und Tiere, darunter viele Nützlinge, vernichtet. Diejenigen Schädlinge aber, die eine Bekämpfungsmaßnahme überleben oder neu zuwandern, können sich nun in dem Maße, in dem ihre Gegenspieler (Nützlinge) fehlen, mehr oder weniger ungehemmt ausbreiten. Mitunter werden hierdurch weitere, zusätzliche Bekämpfungsmaßnahmen notwendig. Diese durchaus bedauerliche Entwicklung ist aber nicht völlig zu umgehen, da wir uns nicht allein auf die Tätigkeit der Nützlinge verlassen können. Es kann indessen versucht werden, durch Auswahl geeigneter, selektiver Pflanzenschutzmittel und durch möglichst sparsame, d. h. gezielte Anwendung von Spritzbehandlungen die Hilfe aus der Natur soweit wie möglich zu erhalten.

Wirkung auf Bienen. Die bienenschädlichen Pflanzenschutzmittel sind auf der Verpackung mit der Aufschrift: „Bienengefährlich!“ versehen. Die meisten Insektizide fallen unter diese Rubrik. Die Anwendung solcher Mittel an blühenden Pflanzen (außer Hopfen und Kartoffeln) ist ausdrücklich verboten. Darüber hinaus dürfen sie, gleichgültig, ob blühende Pflanzen vorhanden sind oder nicht, in der Nähe von Bienenständen (bis 60 m) ohne Zustimmung der Imker nur außerhalb der Zeit des täglichen Bienenflugs eingesetzt werden. Einige der allgemein als bienengefährlich deklarierten Mittel sind unter bestimmten Bedingungen (z. B. abends nach dem täglichen Bienenflug bis spätestens 23 Uhr) auch an blühenden Pflanzen zugelassen. Weiteres in der Bienenschutzverordnung vom 19. 12. 1972.

Abgesehen von der Obstblüte bereitet am ehesten die Rücksicht auf blühende Unkräuter Schwierigkeiten. Wenn solche (z. B. Weißklee zur Zeit der Apfelwicklerbekämpfung) vorhanden sind, muß bei Verwendung bienengefährlicher Mittel vor der Spritzung gründlich gemäht bzw. gemulcht werden.

Gefahr für den Anwender. Unverdünnt oder auch als Spritzbrühe können bestimmte Pflanzenschutzmittel bei unsachgemäßem Umgang eine erhebliche Gefahr für den Anwender bilden. Entsprechende Hinweise sind auf den Behältern angebracht. Seit 1. 1. 1981 gelten zur Kennzeichnung der Gefahrenstufen nur noch folgende, den Richtlinien der europäischen Gemeinschaft angepaßte Kurzbezeichnungen bzw. Symbole:

T

Giftig
(**t**oxique)

C

Ätzend
(**c**orrosive)

Xn

Gesundheitsschädlich
(**n**ocive)

Xi

Reizend
(**i**rritant)

TAFEL 9 VIRUS- UND MYKOPLASMAKRANKHEITEN 1

Oben links: Apfelmosaik. Oben rechts: Triebsucht („Besentriebe“) bei ‘James Grieve’. Mitte: Rauhschaligkeit bei ‘Glockenapfel’, links Fruchtschäden, rechts Holzschäden. Unten links: Ringfleckenmosaik bei Birne. Unten rechts: Steinfrüchtigkeit bei Birne.

TAFEL 10 VIRUS- UND MYKOPLASMAKRANKHEITEN 2

Oben links: Ringflecken an Süßkirschen. Oben rechts: Stecklenberger Krankheit an Sauerkirschen. Mitte: Scharka-Krankheit an Pflaumen, Symptome an Blättern (links) und Früchten (rechts). Unten links: Himbeermosaik. Unten rechts: Brennesselblättrigkeit an Schwarzen Johannisbeeren.

TAFEL 11 PILZKRANKHEITEN 1

Oben links: Monilia-Zweigdürre an Apfel. Oben rechts: Moniliafäule. Mitte links: Apfel-Fruchtschorf. Mitte rechts: Apfel-Zweigschorf („Zweiggrind"). Unten links: Obstbaumkrebs (Blattnarbeninfektion) mit Konidienlager. Unten rechts: Apothezien von Pezicula malicorticis an Apfelzweig (Vergr. ca. 15×).

TAFEL 12 PILZKRANKHEITEN 2

Oben links: Apfelmehltau. Oben rechts: Stachelbeermehltau. Mitte links: Narren-(Taschen-) Krankheit an Pflaumen. Mitte rechts: Kräuselkrankheit an Pfirsich. Unten links: Lederfäule an Erdbeere. Unten rechts: Grauschimmel an Erdbeere.

Die Gefahrenbezeichnungen sind von den in Klammern hinzugefügten Begriffen aus der französischen Sprache abgeleitet. Die Mehrzahl der Fungizide, aber auch eine kleine Anzahl von Insektiziden und Akariziden gehören überhaupt keiner Gefahrengruppe an.

Rückstände und Wartezeiten. Pflanzenschutzmittel kommen in sehr starker, meist in 500 bis 1000facher Verdünnung auf die Pflanze. Sie werden dann infolge des Zuwachses der grünen Pflanzenteile sehr schnell weiter verdünnt. Darüber hinaus werden die applizierten Mittel sowohl durch äußere Einflüsse (Niederschläge, UV-Licht) als auch durch die Pflanzen selbst abgebaut. Würde die chemische Behandlung kurz vor der Ernte erfolgen, so könnte dieser Verdünnungs- und Abbauprozeß nicht mehr in ausreichendem Maße stattfinden. Deshalb sind von dem Gesetzgeber für jedes Pflanzenschutzmittel bestimmte Wartezeiten vorgeschrieben. Das heißt, zwischen letzter Behandlung und Ernte muß je nach Abbaugeschwindigkeit der Präparate und der Wachstumsgeschwindigkeit des Erntegutes ein gewisser Zeitraum verstreichen. Außerdem richtet sich die Wartezeit auch nach anderen Eigenschaften, u.a. nach dem Ausmaß der Bedenklichkeit bzw. Unbedenklichkeit der einzelnen Chemikalien. Die Wartezeiten schwanken im Obstbau zwischen 3 Tagen und mehreren Wochen. Einige Pflanzenschutzmittel dürfen bei bestimmten Obstarten oder auch ganz allgemein nur in der Zeit nach der Ernte und vor der Blüte eingesetzt werden.

Diese Sicherheitsvorkehrungen dienen dazu, den Verbraucher vor dem Genuß von Früchten mit unzulässigen Rückstandswerten zu schützen. Es ist für den Obsterzeuger nicht nur ein selbstverständliches Gebot, daß er sich daran hält, sondern daß er die Wartezeit möglichst noch weiter als vorgeschrieben ausdehnt. Es ist schon einiges zu erreichen, wenn alle Möglichkeiten zur Schädlingsbekämpfung in den für das Rückstandsproblem belanglosen Jahreszeiten ausgenutzt werden, das heißt in der Zeit nach der Ernte bis zur Blüte, ein Zeitraum, der selbst bei Kernobst den größten Teil des Jahres ausmacht. Daneben sollte sich jeder Betriebsleiter auch mit den Gedanken des integrierten Pflanzenschutzes (s. übernächstes Kapitel) vertraut machen, um die damit verbundenen Chancen, das Rückstandsproblem zu verringern, so weit es geht, ausnutzen zu können.

3.4 Biotechnische Bekämpfung.

Unter diesem Begriff werden seit einigen Jahren Bekämpfungsverfahren zusammengefaßt, die eine Mittelstellung zwischen biologischen und physikalischen bzw. chemischen Maßnahmen einnehmen: Die Schädlinge werden durch Ausnutzung ihrer natürlichen Reaktion auf bestimmte physikalische (z.B. optische) oder chemische Reize (z.B. Lockstoffe) bekämpft. Die biotechnischen Verfahren sollen nicht unbedingt eine völlige Ausrottung der Schädlinge bewirken, sondern eher eine Herabsetzung des Befalls unter die wirtschaftliche Schadensschwelle (siehe integrierter Pflanzenschutz). Die Anlockung von Kirschfruchtfliegen mit Hilfe gelber Leimtafeln oder von Schnecken durch Metaldehyd-Köder bilden in der obstbaulichen Praxis bekannte Beispiele.

3.5 Integrierter Pflanzenschutz

Integrierter (ganzheitlicher) Pflanzenschutz bedeutet planvolle Kombination aller bekannten Bekämpfungsmethoden, einschließlich der unter Grundmaßnahmen beschriebenen Verfahren. Genaugenommen beinhaltet schon allein der Begriff Pflanzenschutz (auch ohne das Beiwort „integriert") den Einsatz sämtlicher zu Gebote stehender

Mittel. In den vergangenen Jahren wurde jedoch Pflanzenschutz zunehmend mit chemischem Pflanzenschutz gleichgesetzt. Das war im Hinblick auf die unbestreitbaren Vorteile dieses Verfahrens im modernen Pflanzenbau nicht ohne Grund. Es zeigte sich aber immer wieder, daß die chemische Bekämpfung auch mit erheblichen Nachteilen und Rückschlägen verbunden sein kann, und es erwies sich daher als notwendig, auch den nichtchemischen Methoden wieder stärkere Beachtung zu schenken.

Der integrierte Pflanzenschutz kennt aber auf keinen Fall das bloße Nebeneinander verschiedener Verfahren, sondern es geht um die bewußte harmonische Abstimmung aller Pflanzenschutzmaßnahmen aufeinander. Im Vordergrund steht das Ziel, chemische und biologische Maßnahmen in der bestmöglichen Weise miteinander zu verbinden. Im Obstbau ist diese Methode bisher am weitesten entwickelt.

Eine wesentliche Grundlage des integrierten Pflanzenschutzes bildet die laufende Kontrolle der Populationsentwicklung von Schaderregern und Nützlingen zur Befallsprognose und insbesondere zur Ermittlung der wirtschaftlichen Schadensschwelle. Nur wenn von den einzelnen Schädlingen diese Schwelle erreicht wird, d.h. wenn bei weiter zunehmendem Befall höhere Verluste zu erwarten sind als die Bekämpfungskosten ausmachen, darf eingeschritten werden. Im gegebenen Fall ist, soweit vorhanden, auf nützlingsschonende Präparate mit engbegrenztem, selektivem Wirkungsbereich zurückzugreifen. Hiermit ist bewußt der Verzicht verbunden, grundsätzlich immer völlig reinen Tisch zu machen und den letzten Schädling zu vernichten. Bei der Auswahl und dem Einsatz von Fungiziden und Herbiziden besteht ebenfalls das Prinzip, möglichst wenig – auf direkte oder indirekte Weise – den Schädlingsbefall zu fördern bzw. die Nützlingstätigkeit zu stören.

Die Schadensschwellen werden entweder mit der „Klopfmethode" erfaßt, wobei die Schädlinge in einen unter die Baumkrone gehaltenen speziellen Fangtrichter abgeklopft werden, oder es werden Proben (wie Blätter, Blütenbüschel, Zweige) entnommen und mit Hilfe einer Lupe unmittelbar auf Schädlingsbefall untersucht (visuelle Kontrolle). Weitere Hilfsmittel sind neben Lichtfallen, die ihren Platz vor allem bei dem amtlichen Pflanzenschutzdienst haben, die Pheromonfallen. Letztere haben aufgrund einer verhältnismäßig leichten Handhabung und eines relativ geringen Preises in der Praxis bereits einen breiten Eingang zur Kontrolle des Fluges von Apfel- und Fruchtschalenwickler und sonstiger wichtiger Wicklerarten gefunden. Die auch als Duftstoff- oder Sexfallen bezeichneten Geräte locken die männlichen Insekten mit Hilfe synthetisch hergestellter Duftstoffe auf eine mit Raupenleim bestrichene Fläche (Abb. 121). Zur Feststellung der Schadensschwelle sind die Fallen allerdings nur bedingt und nur in Verbindung mit zusätzlichen Kontrollen (z.B. der Eiablage) geeignet.

Eine internationale Arbeitsgruppe hat für fast alle wichtigen Apfelschädlinge in den entscheidenden Abschnitten während der Vegetationszeit (vor, nach der Blüte, Früh- und Spätsommer) wirtschaftliche Schadensschwellen festgelegt. Einige Beispiele für die Zeit nach der Blüte zeigt Tab. 45. Die angegebenen Zahlen sind nur als Anhaltspunkte zu betrachten. Ob eine Bekämpfung tatsächlich erforderlich ist, muß in jeder einzelnen Anlage von Fall zu Fall beurteilt werden. Das richtet sich außer nach der Jahreszeit u.a. auch noch nach der allgemeinen Befallslage, der Anzahl vorhandener Nützlinge (Tafel 13), der Wetterlage, dem Befallsdruck von außen, der Anfälligkeit der angepflanzten Sorten, den zu erwartenden Nebenwirkungen der Fungizid-Spritzungen und nicht zuletzt nach den zur Verfügung stehenden Insektiziden bzw. Akariziden. Schließlich muß auch die Möglichkeit der Übertragung von Viren oder Mykoplasmen durch bestimmte Insekten und andere Vektoren (s. Kap. Viruskrankheiten) einkalkuliert werden. Bei akuter Übertragungsgefahr ist die Schadensschwelle u.U. gleich Null zu setzen! Es hat

Abb. 121. Pheromonfalle.

sich aus den genannten Gründen gezeigt, daß auch der gut geschulte Obstbauer kaum in der Lage ist, ohne intensive Anleitung durch die Fachberatung eine optimale Entscheidung im Sinne des integrierten Pflanzenschutzes zu treffen. Es ist aber schon viel gewonnen, wenn sich jeder Obstbauer mit den Prinzipien dieses Verfahrens vertraut macht und – so weit es geht – danach handelt.

Als Vorteile des integrierten Pflanzenschutzes seien genannt: Verringerung der Resistenzgefahr; Vorbeugung einer plötzlichen Massenvermehrung von Schädlingen; geringere Umweltbelastung durch Pflanzenschutzmittel, insbesondere Verringerung der Rückstände auf dem Erntegut; u.U. Senkung der Produktionskosten aufgrund verminderter Anzahl von Spritzbehandlungen.

Nähere Anleitungen und auch einschlägiges Schrifttum sind über die Landesanstalt für Pflanzenschutz in Stuttgart zu erhalten. In den nachfolgenden Kapiteln können bei den einzelnen Schädlingen aus Platzgründen nur schwerpunktweise wirtschaftliche Schadensschwellen angegeben werden. Es handelt sich dabei immer um Zahlen bei visueller Kontrolle.

4 Pflanzenschutzmittel

Im folgenden wird eine Auswahl von im Obstbau wichtigen Pflanzenschutzmitteln gebracht. Fast ausschließlich handelt es sich dabei um chemische Substanzen. Es ist zunächst der Name des Wirkstoffes, ausnahmsweise auch der einer Wirkstoffgruppe, aufgeführt. Da die Wirkstoffbezeichnungen dem Praktiker oft wenig sagen, folgen in Klammern meist ein oder mehrere der bekanntesten Handelsnamen. Damit ist auf keinen Fall die Empfehlung eines bestimmten Präparates verbunden! Der angegebene Wirkungsbereich umfaßt nur die Haupteinsatzgebiete; teilweise liegt hierfür z.Z. keine amtliche Zulassung vor. Die Liste aller im Obstbau zugelassenen Mittel und die Bedingungen für deren Anwendung können dem jeweils neuesten Pflanzenschutzmittelverzeichnis, Teil II, der Biologischen Bundesanstalt für Land- und Forstwirtschaft entnommen werden. Die einzelnen Bedingungen liegen aber nicht endgültig fest. Die entsprechenden Angaben im vorliegenden Kapitel, für die das obengenannte Verzeichnis zugrundegelegt wurde, sind daher als vorläufig und lediglich als Hilfe für eine grobe Orientierung zu betrachten. Die jeweils gültigen Anwendungsbedingungen sind den Aufschriften der Pflanzenschutzmittelbehälter zu entnehmen. Allgemein bewegen sich die Wartezeiten zwischen 1 und 4 Wochen. Auf besondere Abweichungen wird bei den einzelnen Mitteln hingewiesen. Herbizide s. Seite 241.

4.1 Mittel gegen Pilzkrankheiten (Fungizide)

Benzimidazole. Systemische Fungizide, die sich im Obstbau vor allem wegen ihrer hervorragenden Wirkung gegen die Gloeosporium-Fruchtfäule auszeichnen. Sie sind jedoch schädlich für Regenwürmer. Zu den Benzimidazolen (im weiteren Sinne) gehören **Benomyl** („Du Pont Benomyl"), **Carbendazim** („Derosal"), **Thiabendazol** („Tecto FL" u.a.) und **Thiophanat-methyl** („Cercobin M"). Z.Z. ist im Obstbau kein Benzimidazol zugelassen.

Bupirimat („Nimrod" u.a.). Spezialmittel gegen Apfelmehltau und andere echte Mehltaupilze. Bei der Apfelsorte 'Morgenduft' nicht anwenden!

Captan („Orthocid" u.a.). Zur Bekämpfung u.a. von Schorf, Lagerkrankheiten (Gloeosporium u.a.), Monilia und Sprühfleckenkrankheit. Hervorragend durch gute Anfangswirkung. Geeignet für kurative Schorfbekämpfung. Vermindert Bildung der Lentizellenröte beim Apfel. Bei reiner Captan-Anwendung besteht die Gefahr der Förderung von Apfelmehltau und Spinnmilben. Nur kurze Wartezeit! Auch in Kombination mit Mancozeb, z.B. als „Colosan" oder „Pomuran", und anderen Wirkstoffen im Handel.

Dichlofluanid („Euparen"). Bevorzugt eingesetzt gegen Erdbeerkrankheiten, wie Grauschimmel, Gnomonia-Fruchtfäule und Lederfäule. Auch zur gleichzeitigen Bekämpfung von Schorf und Botrytis-Kelchfäule beim Apfel. Nebenwirkung gegen echte Mehltaupilze und Spinnmilben.

Dithianon („Delan"). Zur Bekämpfung u.a. von Schorf, Gloeosporium, Rost, Sprühflecken-, Kräusel- und Blattfallkrankheit. Hervorragend durch gute Anfangs- und Dauerwirkung. Geeignet für kurative Schorfbekämpfung. Vermindert Bildung der Lentizellenröte beim Apfel. Bei hellschaligen Apfelsorten (z.B. 'Goldparmäne' und 'Golden Delicious') nur bis Mitte Juli anwenden.

Fenarimol („Rubigan"). Regenbeständiges systemisches Fungizid zur Bekämpfung von Schorf und Echtem Mehltau. Bei Schorf auch geeignet zur kurativen Bekämpfung und mit gewisser eradikativer Wirkung. Nicht häufiger als im 10-Tage-Abstand einsetzen! Vorsicht bei 'Golden Delicious' in der berostungskritischen Zeit!

Folpet („Orto-Phaltan", „Vinicoll" u.a.). Zur Bekämpfung verschiedener Pilzkrankheiten im Kernobst. Wirkung ähnlich wie Captan (s. dort). Nur kurze Wartezeit.

Iprodion („Rovral"). Zur Bekämpfung von Grauschimmel bei Erdbeeren und anderen Botrytis-Krankheiten. Auch gegen Monilia-Pilze wirksam. Keine Wirkung gegen Lederfäule!

Kupferoxychlorid („Cupravit", „Funguran", „Grünkupfer" u.a.). Zur Bekämpfung u.a. von Schorf, Obstbaumkrebs, Kragenfäule, Schrotschuß- und Blattfallkrankheit.

Auch gegen Bakterienbrand begrenzt wirksam. Während der Vegetationszeit ist die Anwendung nur bedingt möglich. Hier muß bei allen Obstarten mit nachteiligen Nebenwirkungen gerechnet werden. Örtliche Erfahrungen beachten! Bei Apfel-, Birnen- und Pflaumenbäumen Einsatz von Kupfer grundsätzlich nur bis zum Austrieb bzw. erst nach der Ernte („Blattfallspritzungen"). In geringer Konzentration evtl. auch als Zusatz zur ersten Vorblütespritzung, wenn vom örtlichen Warndienst empfohlen. Hemmender Einfluß auf die Regenwurmtätigkeit. Bei Strauchbeerenobst 42 Tage Wartezeit!

Mancozeb. Zur Bekämpfung u.a. von Schorf, Rost und Blattfallkrankheit. Im Handel vor allem in Kombination mit Captan (s. dort).

Metiram („Polyram-Combi"). Zur Bekämpfung u.a. von Schorf, Rost und Blattfallkrankheit. Gute Dauerwirkung.

Nithrothal-isopropyl. In Kombination mit Schwefel, als „Kumulan", Spezialmittel gegen Echten Mehltau; in Kombination mit Metiram, als „Pallinal" auch zur Bekämpfung von Schorf.

Schwefel. Vor allem in Form von **Netzschwefel**. Zur Bekämpfung u.a. von Schorf, echten Mehltaupilzen und Schrotschußkrankheit. Mit Nebenwirkung gegen Spinnmilben. Gute Anfangswirkung. Bevorzugte Verwendung bei gleichzeitigem Auftreten von Schorf und Mehltau. Birnen und einige Apfelsorten dürfen nicht unbedenklich mit Schwefel behandelt werden. Örtliche Erfahrungen beachten! Vorsicht insbesondere nach der Blüte. Ab Mitte Juni Schwefel nur noch bei Wirtschaftsobst verwenden. Auch bei Stein- und Beerenobst gibt es gegenüber Schwefel unverträgliche Sorten.

Thiram („Pomarsol forte"). Zur Bekämpfung u.a. von Schorf, Gloeosporium, Monilia-Spitzendürre und Erdbeerkrankheiten, wie Grauschimmel und Lederfäule. Fördert Ausfärbung der Früchte. Vermindert Bildung der Lentizellenröte beim Apfel. – Bei niedrigen Temperaturen Bekämpfungswirkung nicht immer genügend.

Triadimefon („Bayleton spezial"). Systemisches Fungizid zur Bekämpfung von Apfelmehltau und anderen echten Mehltaupilzen.

Triforin („Saprol"). Systemisches Fungizid. Haupteinsatz bei Stein- und Beerenobst gegen Monilia-Spitzendürre, Sprühfleckenkrankheit und Stachelbeermehltau.

Vinclozolin („Ronilan"). Zur Bekämpfung von Grauschimmel bei Erdbeeren und anderen Botrytis-Krankheiten. Auch gegen Monilia-Pilze wirksam. Keine Wirkung gegen Lederfäule!

4.2 Mittel gegen Gliederfüßer (Akarizide und Insektizide)

Akarizide. Sie umfassen im weiteren Sinne alle gegen Spinnmilben wirkenden Pflanzenschutzmittel. In der Praxis versteht man aber unter Akariziden gewöhnlich nur diejenigen Substanzen, die ausschließlich oder schwerpunktmäßig gegen Milben eingesetzt werden. Hierzu gehören u.a. **Azocyclotin** („Peropal"), **Cyhexatin** („Plictran") und **Fenbutatin-oxid** („Torque"). Die genannten Mittel wirken nur gegen bewegliche Stadien und entfalten ihre beste Wirkung im Frühjahr, z.Z. des Schlupfes der Spinnmilben aus den Wintereiern. Zu den speziellen Akariziden kann man auch die reinen **Mineralöle** („Attraco 7 E" u.a.) rechnen. Sie werden gegen die Wintereier von Spinnmilben kurz vor Schlupfbeginn (bei Äpfeln etwa Stadium C_3 bis D_3) eingesetzt. Sie haben außerdem eine Wirkung gegen die San-José-Schildlaus. Alle oben genannten Akarizide sind im zugelassenen Anwendungsbereich bienenungefährlich.

Austriebspritzmittel. In erster Linie Kombinationen eines Mineralöls mit einem synthetischen Insektizid („Para-Weiß", „Eftol-Öl", „Folidol-Öl" u.a.). Vor allem zur Bekämpfung der an Obstgewächsen überwinternden Schädlinge. Anwendung nur während des Knospenaufbruchs, bei Kernobst noch bis etwa Stadium D.

Azinphos-methyl. Breitwirkendes Fraß- und Berührungsgift zur Bekämpfung von Apfelwicklern, Fruchtschalenwicklern, anderen beißenden Insekten, saugenden Insekten und Spinnmilben. Nur in Kombination mit Demeton, u.a. als „Gusathion MS" und „Rospin", im Handel (bei Pflaumen 35 Tage Wartezeit).

Bacillus thuringiensis („Dipel", „Tarsol" u.a.). Biologisches Insektizid zur Bekämpfung von Schmetterlingsraupen, wie Frostspanner, Gespinstmotten, Goldafter und Ringelspinner. Keine Wartezeit erforderlich. Für Anwender unbedenklich.

Bromophos („Nexion stark" u.a.). Breitwirkendes Fraß- und Berührungsgift zur Bekämpfung von saugenden Insekten, insbesondere Blutlaus, und beißenden Insekten. Weitgehend unbedenklich für den Anwender. Bei Kernobst 35 Tage Wartezeit.

Chlorpyrifos („Dursban"). Atem-, Fraß- und Berührungsgift zur Bekämpfung von Blutlaus, Apfelwickler u.a. beißenden Insekten.

Chlorthiophos. Fraß- und Berührungsgift zur Bekämpfung von saugenden und beißenden Insekten (einschließlich Apfelwickler). Vor allem in Kombination mit Dimethoat als „Celathion Combi" im Handel.

Demeton-S-methyl („Metasystox (i)" und **Oxydemeton-methyl** („Metasystox R"). Systemische Insektizide zur Bekämpfung von saugenden Insekten, insbesondere auch schwer bekämpfbaren Blattläusen, ferner von Sägewespen und Spinnmilben. Vorzügliche Dauerwirkung. Verwendung erst nach fortgeschrittener Entfaltung der Laubblätter sinnvoll. Für Nützlinge verhältnismäßig harmlos.

Diflubenzuron („Dimilin"). Bienenungefährliches Insektizid mit neuartigem Wirkungsmechanismus zur Bekämpfung von Apfelwicklern und sonstigen beißenden Insekten. Bemerkenswerte Wirkung auch auf Birnenblattsauger. Weitgehend nützlingsschonend und unbedenklich für den Anwender. Spritztermine entsprechend den Anweisungen des Herstellers genau beachten!

Dimethoat („Perfekthion", „Rogor", „Roxion" u.a.). Systemisches Insektizid zur Bekämpfung von saugenden und beißenden Insekten und von Spinnmilben. Gute Dauerwirkung. Bei 'Golden Delicious' günstige kosmetische Nebenwirkung.

Endosulfan („Beosit", „Thiodan"). Bienenungefährliches Berührungs- und Fraßgift zur Bekämpfung von beißenden und saugenden Insekten, ferner gegen Erdbeermilben und Gallmilben. Stark hemmender Einfluß auf die Regenwurmtätigkeit. Bei Schwarzen Johannisbeeren 60 Tage Wartezeit.

Etrimfos („Ekamet"). Fraß- und Berührungsgift gegen beißende und saugende Insekten, einschließlich Blutlaus und Birnenblattsauger. Weitgehend unbedenklich für den Anwender.

Fenthion („Lebaycid"). Hauptsächlich als Spezialmittel gegen Kirschfruchtfliege eingesetztes Insektizid.

Heptenophos („Hostaquick"). Systemisches Blattlaus-Mittel mit kurzer Wartezeit.

Parathion („E 605", „Eftol" u.a.). Fraß- und Berührungsgift zur Bekämpfung von Apfelwicklern, anderen beißenden Insekten, saugenden Insekten (einschließlich San-José-Schildlaus) und Spinnmilben. Gute Tiefenwirkung, hervorragende Anfangs-, geringe Dauerwirkung. Volle Wirksamkeit bei 10 bis 22 °C.

Phosalon („Rubitox"). Bienenungefährliches Fraß- und Berührungsgift zur Bekämpfung von saugenden und beißenden Insekten und von Spinnmilben. Bei Kern- und Steinobst 35, bei Strauchbeerenobst 42 Tage Wartezeit.

Pirimicarb („Pirimor Granulat"). Bienenungefährliches Blattlaus-Mittel. Für Nützlinge weitgehend harmlos.

Propoxur („Unden" u. a.). Berührungsgift zur Bekämpfung von saugenden und beißenden Insekten, insbesondere Blutläusen. Hemmender Einfluß auf die Regenwurmtätigkeit. Kurze Wartezeit.

Pyrethroide. Eine Gruppe neuer, für den Anwender weitgehend unbedenklicher Berührungsgifte, die mit Pyrethrum (s. dort) nahe verwandt sind, jedoch synthetisch hergestellt werden und sich durch eine hervorragend lange Wirkungsdauer, verbunden mit hoher Anfangs- und großer Breitenwirkung, auszeichnen. Insbesondere gegen schwerbekämpfbare Käfer, Schmetterlingsraupen und Blattsauger. Wegen ihrer Schädlichkeit für Nützlinge sind Pyrethroide möglichst nur in Sonderfällen einzusetzen. Im Obstbau zugelassen sind: **Decamethrin** („Decis"), **Fenvalerat** („Sumicidin") und **Permethrin** („Ambush").

Pyrethrum + Piperonylbutoxid („Parexan" u. a.). Für den Anwender unbedenkliches Berührungsgift pflanzlicher Herkunft. Zur Bekämpfung von beißenden und saugenden Insekten, z. T. auch gegen Spinnmilben. Ohne Dauer- und Tiefenwirkung. Schädlinge müssen von der Spritzbrühe unmittelbar getroffen werden.

Winterspritzmittel (Gelbspritzmittel, Gelbkarbolineum, Obstbaumkarbolineum u. a.). Hauptsächlich zur Bekämpfung von ruhenden Insektenstadien, insbesondere von Eiern. Der Einsatz ist auf die Zeit der Vegetationsruhe beschränkt. Gelbspritzmittel möglichst kurz vor Knospenaufbruch anwenden. Wegen verschiedener nachteiliger Nebenwirkungen ist bei Einsatz von Winterspritzmitteln vorherige Rücksprache mit den Beratungsstellen zu empfehlen.

Krankheiten und Schädlinge und ihre Bekämpfung

1 Virus- und Mykoplasmakrankheiten (Virosen und Mykoplasmosen)

Die Erreger der **Viruskrankheiten,** die Viren (Einzahl: das Virus), sind kleine, unter dem normalen Lichtmikroskop nicht mehr sichtbare Gebilde aus Eiweiß- und Nukleinsäuremolekülen. Sie haben keinen eigenen Stoffwechsel, und es ist fraglich, ob es sich überhaupt um belebte Wesen handelt. Die im Pflanzenreich auftretenden Viren vermehren sich im Innern der lebenden Zellen, wobei sie sich störend in deren Stoffwechsel einschalten. Durch Übergang der Krankheitserreger von Zelle zu Zelle oder auch auf dem Wege über die Leitungsbahnen erfolgt die Durchseuchung der Wirtspflanzen.

Die Folgen des Befalls bei Obstbäumen können je nach Virusart, Wirtspflanze, Art der Umwelteinflüsse recht verschiedenartig sein und auch verschieden schnell, z.B. nach einigen Monaten oder erst nach vielen Jahren, zutage treten. Die auffälligsten Symptome sind: Verfärbungen und Mißbildungen an Blättern, Trieben, Früchten und holzigen Pflanzenteilen, sowie Kümmerwuchs- und Absterbeerscheinungen. Daneben gibt es mehr oder weniger latente (= verborgene) Viren, die in der Regel keine speziellen Krankheitssymptome hervorrufen, aber oft die allgemeine Wuchs- und Ertragsleistung der Obstgewächse beträchtlich vermindern. Auch die „Unverträglichkeit" zwischen Unterlage und Edelsorte ist nicht selten die Folge von Virusbefall. Diese Art der latenten Schädigung, die nur im genauen Vergleich mit gesunden virusfreien Pflanzen deutlich sichtbar wird, trägt dazu bei, daß in der Praxis die Bedeutung der Obstvirosen oft unterschätzt wird.

Die Verbreitung der Obstvirosen geschieht hauptsächlich bereits bei der Anzucht der Obstgewächse durch Verwendung von krankem Veredlungs- und Vermehrungsmaterial oder – verhältnismäßig selten – auch vermittels virusinfizierter Samen. Eine natürliche Übertragung von Pflanze zu Pflanze (ohne Zutun des Menschen) ist nur für einen Teil der Obstvirosen bekannt. Sie erfolgt mit Hilfe von bestimmten Überträgern (Vektoren) aus dem Tierreich, z.B. Blattläuse, Gallmilben, Nematoden, oder auch durch Blütenpollen. Auf dem Wege über zusammengewachsene Baumwurzeln ist außerdem ein unmittelbares Überwandern von Viren denkbar. Ob bei Obstgewächsen auch vermittels Schnittwerkzeugen die Krankheitsübertragung möglich ist, war bisher noch nicht nachzuweisen.

Für den Obstanbauer, der seine Anlagen von Viruskrankheiten freihalten will, ist in erster Linie die Gesundheit des Pflanzgutes entscheidend. Die beste Sicherung bietet virusgetestetes bzw. virusfreies Material. Virusgetestet bedeutet, daß die entsprechend deklarierte Baumschulware aufgrund spezieller Test- und Ausleseverfahren als frei von den wirtschaftlich wichtigsten Virosen festgestellt worden ist. Dabei handelt es sich in der Regel um äußerlich sichtbare Erkrankungen. Virusfreies Material ist darüber hinaus – meist infolge einer Wärmebehandlung – auch noch frei von allen bisher für die betreffenden Pflanzenarten bekannten sonstigen, insbesondere latenten Viren. Ein großer Fortschritt ist die neue „Verordnung zur Bekämpfung von Viruskrankheiten im Obstbau", die ab 1.9. 1981 bei Kern- und Steinobst den Baumschulen den Vertrieb von ungetesteten Bäumen grundsätzlich nicht mehr gestattet. Steinobst auf *Sämlings-*

unterlagen darf allerdings noch bis zum 31.8. 1989 ohne Einschränkung vertrieben werden. Auch sonst können in bestimmten Fällen, z. B. bei Lokalsorten, die örtlichen Behörden Ausnahmen erlassen.

Bei Umveredlungsmaßnahmen darf das Virusproblem ebenfalls nicht außer acht gelassen werden. Die verwendeten Edelreiser sind selbstverständlich nur von gesunden Pflanzen, die bei langjährigen Beobachtungen keine Viruserscheinungen zeigten, zu entnehmen. Günstig ist es, wenn zur Reiserentnahme virusfreie bzw. -getestete Reiserschnittgärten (Muttergärten) zur Verfügung stehen, oder wenn bereits Herkünfte aus entsprechendem Pflanzgut in der Anlage vorhanden sind. Sowohl hier als auch bei eigener Baumschul-Anzucht von Obstbäumen ist daran zu denken, daß nicht nur das Edelreis, sondern auch die Unterlage von Virosen frei sein muß, um einen gesunden Baum zu erhalten. Sofern eine Übertragung durch Vektoren stattfinden kann, ist deren regelmäßige und rechtzeitige Bekämpfung eine weitere, sehr wichtige vorbeugende Maßnahme gegen Viruskrankheiten. Das gilt vor allem in unmittelbarer Nachbarschaft verseuchter Bestände.

Die nachträgliche Heilung mit Viren bereits erkrankter Obstgewächse ist in der Obstanlage völlig ausgeschlossen. Treten trotz aller vorbeugender Maßnahmen Viruserkrankungen auf, geht es nur noch um die Frage, wann die befallenen Pflanzen gerodet werden müssen. Eine Rodung ist notwendig, wenn eine weitere Übertragung der Krankheit in der Anlage sicher oder sehr wahrscheinlich ist. Im anderen Fall sind rein anbautechnische Überlegungen für die weiteren Schritte maßgebend. Z. B. wird man bei im Augenblick noch geringer Ertragseinbuße in der Regel die erkrankten Bäume bzw. Sträucher einstweilen stehen lassen. Sie sollten dann aber unbedingt zur weiteren Beobachtung ihres Verhaltens, und um die Entnahme von Edelreisern zu verhindern, deutlich gekennzeichnet werden.

Seit einigen Jahren besteht die begründete Meinung, daß es sich bei einigen der bisher den Viruskrankheiten zugerechneten Schäden, wie Gummiholzkrankheit und Triebsucht beim Apfel, Birnenverfall u. a., in Wirklichkeit um eine **Mykoplasmose** handelt. Die Erreger, die bereits länger als Krankheitsursache bei Mensch und Tier bekannt sind, wurden 1967 erstmals auch in Pflanzen nachgewiesen. Man bezeichnet sie bei diesen vorläufig noch als mykoplasma-ähnliche Organismen. Es sind echte, jedoch äußerst kleine und primitive Lebewesen, die in mancher Hinsicht den Bakterien nahestehen. Sie besiedeln vornehmlich den Siebteil (Phloem) der befallenen Pflanzen. Typische Schäden sind: Blattvergilbung, Rotlaubigkeit, Blütenvergrünung, Blütenmißbildung, Besenwuchs. Die Übertragung findet ähnlich wie bei den Viren statt; die oben beschriebenen vorbeugenden Abwehrmaßnahmen sind daher auch gegen Mykoplasmosen anzuwenden. Eine unmittelbare Bekämpfung in der Obstanlage (z. B. mit Antibiotika) ist zwar – im Gegensatz zu Virosen – nicht ganz ausgeschlossen, doch bieten sich bei uns z. Z. hierzu keine praktischen Möglichkeiten.

1.1 Kernobst-Virosen (einschließlich Mykoplasmosen)

Das **Apfelmosaik** (Tafel 9), eine der bekanntesten Obstvirosen, findet man vor allem an 'Boskoop', 'Golden Delicious' und 'Jonathan'. Auf den Blättern tritt eine hellgrüne bis cremefarbene Scheckung in Form von Flecken, Ringen und Bändern auf. Vielfach sind nur die Blätter einzelner Zweige befallen. Rückgang der Wuchsleistung und Ertragsausfälle bis zu 40%.

Die **Gummiholzkrankheit** ist bei uns an den Apfelsorten 'James Grieve', 'Jonathan' und 'Golden Delicious', insbesondere bei Veredlung auf M 1 und M 4, bekannt. Symptome: Ein- und mehrjährige Zweige werden übermäßig biegsam und stellenweise gummiartig weich. Erhebliche Einschränkung der Wuchsleistung.

Die **Flachästigkeit** des Apfels tritt vor allem an 'Gravensteiner' auf. Durch Wachstumsstörungen im Kambium kommt es, vornehmlich an älteren Ästen, zu Verdrehungen, Eindellungen, Geschwulsten, Rillen und Furchen. Mangelhafte Laubausbildung. Ertragsausfälle bis über 50%. Oft Folgeschäden durch Pilzbefall (Obstbaumkrebs).

Die **Triebsucht** (Tafel 9) ist hauptsächlich in Süddeutschland verbreitet und verursacht u.a. bei 'Boskoop', 'Golden Delicious', 'Gravensteiner', 'Cox Orange' hohe wirtschaftliche Schäden. Symptome: Vorzeitiger Austrieb ruhender Seitenknospen und Zurückbleiben des Haupttriebes („Besentriebigkeit"); verspätetes Durchtreiben einzelner Endknospen im Herbst; Kleinbleiben der Früchte bis auf die Hälfte der normalen Größe („Kleinfrüchtigkeit"); vorzeitige Herbstfärbung der Blätter zu rötlichbraun; Vergrößerung der Nebenblätter u.a. Sehr wahrscheinlich findet eine Übertragung durch Vektoren (Zikaden?) statt. Es sind auf jeden Fall Beobachtungen bemerkenswert, nach denen in nicht mit Insektiziden behandelten Anlagen die Krankheitserscheinungen ungewöhnlich schnell zunehmen.

Für die viröse **Rauhschaligkeit** (Tafel 9) sind u.a. die Apfelsorten 'Boskoop', 'Golden Delicious', 'Gravensteiner', 'Ontario', 'Jonathan' und 'Glockenapfel' anfällig. Symptome: Auf der Fruchtschale entstehen zunächst dunkelgrüne Flecke. Mit zunehmender Fruchtreife entwickeln sich Berostungen und Korkstellen, die zur Rißbildung neigen. Ferner: Hemmung der Wuchsleistung, Kleinfrüchtigkeit, Absterben von Triebspitzen, verzögerter Blühbeginn. Übergreifen der Virose von Baum zu Baum ist nicht auszuschließen.

Ringfleckenmosaik (Tafel 9) und **Adernvergilbung** sind die bei uns häufigsten *Birnenvirosen.* Die Schäden kommen in erster Linie bei jungen Bäumen zur Auswirkung. Sie bestehen in einer allgemeinen Minderung der Wuchsleistung. Spezielle Krankheitssymptome treten nur an Blättern auf, vor allem als ringförmige Aufhellungen bzw. als Aufhellung der (feineren) Blattadern.

Die **Steinfrüchtigkeit** (Tafel 9) der Birne tritt vor allem an 'Bosc' und 'Clapps', aber auch an vielen anderen Sorten auf. Symptome: Durch Beulen und Eindellungen z.T. stark deformierte Früchte mit „Steinzellen", wodurch die Birnen ungenießbar werden (ein ähnliches Schadbild kann auch als Folge von Wanzenstichen oder aufgrund von Bormangel auftreten).

Birnenverfall. Diese in Westdeutschland 1971 erstmals nachgewiesene Krankheit spielt bei den allgemein als „Birnbaumsterben" bezeichneten Schäden eine wichtige Rolle. Betroffen sind in erster Linie auf Sämlingsunterlagen veredelte Bäume. Außerdem sind frühreifende Sorten (z.B. 'Williams') offensichtlich besonders empfindlich. Der Befall äußert sich durch verschiedene, jedoch nicht unbedingt typische Symptome, wie Rotlaubigkeit, geringer Fruchtansatz, vorzeitiger Blattfall, Kümmerwuchs, sowie bei jungen Bäumen oft durch plötzliches Absterben. Als Vektoren wurden Birnenblattsauger festgestellt.

1.2 Steinobst-Virosen

Die bekanntesten *Kirschenvirosen* sind die **Pfeffinger-Krankheit** und verschiedene **Ringfleckenkrankheiten** an Süßkirschen und die **Nekrotische Ringfleckenkrankheit (Stecklenberger Krankheit)** an Sauerkirschen. Es sind daran oft gleichzeitig mehrere Virusarten beteiligt, die z.T. (außer an weiteren Obstarten) auch noch an anderen Kulturpflanzen festgestellt wurden. Ring- oder bandförmige Blattflecken, schrotschußartige Löcher, Auswüchse (Enationen) an der Blattunterseite, Blattmißbildungen, Steckenbleiben der Blüten, verkümmertes Triebwachstum, Rosettenbildung, Verkahlung, Ertragsrückgang sind alarmierende Zeichen, die auf Virusbefall hinweisen, insbesondere, wenn am gleichen Baum mehrere der genannten Symptome auftreten. Da durch natürliche Übertragung eine schnelle Verbreitung in Obstanlagen stattfinden kann (Blütenpollen, Nematoden) und große wirtschaftliche Schäden bis zu völligem Verlust möglich sind, ist bei Virusverdacht unbedingt ein Fachmann zu Rate zu ziehen. Neuanlagen sollten auf keinen Fall in der Nähe erkrankter Bestände aufgepflanzt werden (s. auch Tafel 10 u. Abb. 122).

Abb. 122. Durch Pfeffinger-Krankheit geschädigte Süßkirschenblätter mit Enationen auf der Blattunterseite.

An *Pflaumen* und *Aprikosen,* weniger an *Pfirsichen,* tritt als gefährlichste Virose die **Scharka-Krankheit** auf. Die Früchte befallener Pflaumenbäume erhalten ein marmoriertes Aussehen und sind im Extremfall kreuz und quer von breiten Furchen durchzogen (s. Tafel 10). Das Fruchtfleisch ist stellenweise bis zum Kern hin rötlich verfärbt. Auf den Blättern entstehen hellgrüne, verwaschene, gelegentlich auch von einem braunroten Rand umgebene Flecke. Durch vorzeitigen Fruchtfall und aufgrund der oft stark verminderten Qualität der Früchte treten nicht selten Totalverluste ein. Besonders anfällige Pflaumensorten sind u.a. 'Hauszwetsche', 'Zimmers' und 'Italiener'. Da in großem Umfang eine Übertragung durch Blattläuse stattfindet, sollten diese Insekten in gefährdeten Anlagen zumindest durch eine Kurznachblütespritzung regelmäßig bekämpft werden. Wegen der Gefährlichkeit der Krankheit besteht schon bei Verdacht auf Befall die Verpflichtung, die zuständige Behörde zu benachrichtigen. Zeigen ausschließlich Früchte Krankheitssymptome, so handelt es sich u.U. auch um die sog. **Pseudoscharka**. Eine sichere Unterscheidung von der eigentlichen Scharka-Krankheit ist nur Spezialisten möglich.

1.3 Beerenobst-Virosen

An *Schwarzen Johannisbeeren* verursacht die **Brennesselblättrigkeit** (Tafel 10) bei uns hohe Ertragseinbußen. Sie ruft Blattmißbildungen, wie Rückbildung einzelner Blattlappen, weniger Seitenadern, gröbere Zahnung des Blattrandes, und Sterilität der Blüten hervor. Es ist noch umstritten, ob es sich bei dieser Krankheit um eine Virose oder um eine Mykoplasmose handelt.

An *Himbeeren* ist von den zahlreichen dort auftretenden Viruskrankheiten das **Himbeermosaik** (Tafel 10) am gefährlichsten. Die Krankheit, die auch *Brombeeren* befällt und an der mehrere Viren beteiligt sind, äußert sich am auffälligsten in Form von chlorotischen Blattflecken entlang den Hauptadern und Nebenadern erster Ordnung, wobei das dazwischenliegende Gewebe noch voll grün oft aber blasig aufgetrieben ist. Bei starkem Befall sind die wenigen Früchte meist nicht normal entwickelt und unverkäuflich. Weitverbreitet sind außerdem die **Adernbänderung,** mit bandförmigen Vergilbungen entlang den Blattadern, und die **Adernchlorose,** bei der die Adern selbst Aufhellungen zeigen.

Bei *Erdbeeren* sind die **Blattrandvergilbung** und die **Kräuselkrankheit** von besonderer Bedeutung. Beide Virosen sind bei uns erst seit 1974 nachgewiesen. Außer den typischen Symptomen, die aus den Namen hervorgehen, verursachen sie u.a. Kleinblättrigkeit, vorzeitige Herbstfärbung und allgemeinen Kümmerwuchs. Erhebliche Ertragsausfälle entstehen vor allem bei gleichzeitigem Befall durch andere Viruskrankheiten, wie z.B. **Erdbeerscheckung**.

Als Überträger der Brennesselblättrigkeit ist die Johannisbeergallmilbe verantwortlich. Die sonstigen obengenannten Beerenobstvirosen werden durch Blattläuse übertragen. Für weitere Virosen sind auch Nematoden als Vektoren bekannt. Zur Vermeidung von Schäden bzw. einer Übertragung dienen die Verwendung von gesundem Pflanzgut, die baldige Rodung virusbefallener Pflanzen, Kulturflächenwechsel und die gründliche Bekämpfung der Vektoren. Dabei ist zu beachten, daß bei Him- und Brombeeren auch wildwachsende Bestände wichtige Infektionsquellen darstellen.

2 Bakterielle Krankheiten (Bakteriosen)

Die Erreger der bakteriellen Pflanzenkrankheiten sind einzellige, stäbchenförmige Organismen. Sie bilden – im Gegensatz zu der Untergruppe der Bazillen – keine Sporen, sondern sie vermehren sich ausschließlich durch Teilung. Die Übertragung bzw. Verbreitung der im Durchschnitt kaum mehr als eintausendstel Millimeter großen Krankheitserreger erfolgt u.a. durch Regenspritzer, Tiere (z.B. Insekten) oder verseuchtes Pflanzgut. Der Schwerpunkt der Bekämpfung, die außerordentlich schwierig ist, liegt auf vorbeugenden kulturtechnischen Maßnahmen.

Der **Bakterienbrand** verursacht an Kern- und Steinobst in manchen Jahren erhebliche Schäden. Am meisten betroffen sind Birne und Sauerkirsche. Als Erreger werden *Pseudomonas syringae* (überwiegend an Birne, Apfel, Sauerkirsche und Aprikose) und *P. morsprunorum* (überwiegend an Süßkirsche und Pflaume) genannt. Beide werden heute als engverwandte Typen mit unterschiedlicher Wirtsspezifität betrachtet und unter dem Namen *P. syringae* zusammengefaßt.

Bei der *Birne* (gelegentlich auch beim Apfel) tritt die Krankheit besonders als Blütenwelke in Erscheinung: Die Blütenstände bleiben – meist in noch geschlossenem Zustand – in der Entwicklung stecken, sterben ab und sind dann als vertrocknete,

Abb. 123. Bakterienbrand an Birne: vertrocknete Blütenstände bei 'Lucas'.

braune Blütenbüschel oft noch bis in den Winter hinein an den Bäumen zu finden (s. Abb. 123). Von den Blüten aus dringt die Krankheit in die Fruchttriebe ein, die sie ganz oder teilweise zerstört. Darüber hinaus werden junge Holztriebe, unreife Früchte, Blätter und Knospen angegriffen. Zu den anfälligsten Birnensorten zählen 'Lucas' und 'Bosc'. Beim *Apfel* wurde die Bakteriose u. a. an 'Cox Orange' festgestellt.

Bei der *Sauerkirsche* äußern sich die schwerstwiegenden Schäden durch Holzbefall, der zum Absterben von Zweigen, Ästen oder ganzen Bäumen führen kann. Im An-

Abb. 124. Bakterienbrand an Sauerkirsche: Schäden an Blättern und Früchten bei 'Rubin' (aus STAHL und MICHEL 1966).

fangsstadium entstehen hier auf der Rinde eingesunkene, rötlichbraune Flecken, die sich dann zu ausgedehntem Rindenbrand oder zu krebsartigen Wucherungen entwikkeln. Die Krankheit ist in der Regel mit starkem Gummifluß verbunden. Blüten- und Triebwelke, schrotschußartige Erscheinungen an den Blättern, verderbende grüne Früchte mit eingesunkenen schwarzen Flecken sind weitere wichtige Symptome (s. Abb. 124). Zu den anfälligsten Sorten gehören 'Heimanns Konserven', 'H. Rubin' und 'Beutelsbacher Rexelle'. Weitgehend widerstandsfähig sind u.a. 'Schattenmorelle', 'Köröser', 'Ludwigs Frühe', 'Kelleriis 14' und 'Scharö'.

Ähnliche, jedoch meist weniger umfangreiche Schäden entstehen auch an Süßkirsche, Pflaume und Aprikose.

Die Erreger überdauern die Wintermonate an den Befallsstellen am Holz und in den erkrankten Knospen. Der Übergang auf die grünen bzw. neuzuwachsenden Pflanzenorgane findet vornehmlich in der Zeit zwischen Austrieb und Frühsommer statt. Für die Besiedlung des Holzes (bei Steinobst) ist die Blattfallzeit im Herbst der entscheidende Jahresabschnitt. Die Infektionen erfolgen hier u.a. auf dem Weg über Blattnarben. Die Bakterien leben weitverbreitet auch an der Oberfläche völlig gesunder Pflanzen. Beobachtungen in der Praxis und auch neuere experimentelle Untersuchungen weisen darauf hin, daß sie vor allem dann als Krankheitserreger schlagartig in Erscheinung treten, wenn die Wirtspflanzen bei regnerischem Wetter zur Zeit des Austriebes oder während der Blüte zeitweise tiefen Temperaturen um oder unter dem Gefrierpunkt ausgesetzt sind. Spätfrostgefährdete Anlagen sind daher besonders gefährdet.

Bekämpfung: Der Verzicht auf anfällige Sorten ist zumindest bei Sauerkirschen die wirkungsvollste Maßnahme. Ausgeglichene Düngung und gute Bodenpflege tragen allgemein zur Abwehr der Krankheit bei. Durch regelmäßige Fruchtholzerneuerung ist dafür zu sorgen, daß die Ausbildung schwacher (besonders anfälliger) Knospen möglichst unterbleibt. Die abgestorbenen, kranken Baumteile sind, so weit es geht, restlos zu entfernen. Daneben kann in kritischen Befallssituationen (s. oben) bei Steinobst versucht werden, durch wiederholte Kupferspritzungen im Frühjahr (von Austrieb bis Nachblüte) und Herbst (Blattfallspritzungen) die Krankheit niederzuhalten.

Der **Feuerbrand,** hervorgerufen durch das Bakterium *Erwinia amylovora,* zählt zu den gefährlichsten Krankheiten des Kernobstes. Am meisten sind die Birnen bedroht. Die ursprünglich nur aus Amerika bekannte Krankheit ist seit 1957 nach und nach in einigen nordeuropäischen Ländern und seit kurzem auch in Südwestfrankreich aufgetaucht. 1971 wurde sie zum ersten Mal im Norden der Bundesrepublik (Westküste von Schleswig-Holstein) gefunden. Inzwischen gibt es an weiteren Stellen Norddeutschlands und seit Frühjahr 1981 auch in Süddeutschland (Baden) Befallsherde. Mit weiterem Vordringen ist zu rechnen. Nach ersten vorläufigen Untersuchungsergebnissen aus dem norddeutschen Befallsgebiet scheinen dort von den wirtschaftlich wichtigen Birnensorten vor allem 'Trévoux' und 'Vereinsdechant' hochanfällig zu sein, während 'Lucas' und 'Gellerts' offenbar weitgehend resistent sind. Apfelbäume zeigten insgesamt eine relativ geringe Anfälligkeit; unter den widerstandsfähigsten Sorten war u.a. 'Golden Delicious'. Der Wirtspflanzenkreis umfaßt neben Birne und Apfel auch Quitte und zahlreiche weitere Rosaceen, namentlich Weißdorn, Feuerdorn, *Stranvaesia davidiana* und verschiedene, insbesondere großblättrige *Cotoneaster*-Arten (z.B. *C. bullatus, C. salicifolius, C. watereri*).

Schadbild: Die ersten Zeichen des Befalls findet man im Frühjahr an Fruchttrieben: Blüten bzw. junge Früchte sowie die benachbarten Blätter sind – wie von Feuer versengt – vertrocknet und braun bis schwarz verfärbt. Im Sommer geht der Befall auch von grünen Triebspitzen aus, die sich dann oft hakenförmig herunterbiegen. Die

Krankheit greift sehr rasch auf größere Abschnitte der Baumkrone über. Anfällige Birnensorten können bereits im Verlaufe einer einzigen Vegetationsperiode, ja schon innerhalb weniger Wochen, vollständig absterben. Das vertrocknete Laub und die mumienartig eingeschrumpften Früchte haften äußerst fest und bleiben lange Zeit hängen. Aus den erkrankten Zweigen und Ästen treten milchige, zähflüssige Tröpfchen hervor. Beim Abheben der Rinde erscheint ein fadenziehender Schleim. Der Holzkörper ist meist rötlichbraun verfärbt.

Die Erreger, die in den holzigen Baumteilen und in Fruchtmumien überwintern, treten ab beginnendem Saftsteigen mit den erwähnten, schleimigen Ausscheidungen zutage und werden u.a. durch Insekten (z.B. auch Bienen!), Regentropfen, Schnittwerkzeuge und möglicherweise auch durch Vögel verbreitet. Die Infektion erfolgt über Blütenorgane (vor allem an verspäteten Blüten), Wunden und Atemöffnungen.

Die Bekämpfung von bereits eingetretenem Feuerbrandbefall ist sehr schwierig. Sie besteht aus einem Bündel verschiedener, sich einander ergänzender Maßnahmen, unter Anleitung der zuständigen Behörden (amtlicher Pflanzenschutzdienst, Landwirtschaftsämter). Diese sind laut gesetzlicher Verordnung bereits bei Befallsverdacht unverzüglich zu benachrichtigen. Zur vorbeugenden Abwehr ist insbesondere zu empfehlen, im näheren Bereich von Obstanlagen die wichtigsten der als Infektionsquellen in Frage kommenden Wirtspflanzen (s. oben) regelmäßig auf Befall zu kontrollieren. U.U. ist auch eine vorsorgliche Rodung dieser Pflanzen angebracht, zumindest sollten sie hier nicht mehr neu angepflanzt werden.

3 Pilzkrankheiten (Mykosen)

Die bedeutendsten Krankheitserreger an den Obstgewächsen sind Pilze. Ihre Verbreitung erfolgt durch Sporen. Diese winzigkleinen, bestenfalls in der Masse sichtbaren Infektionskeime werden vor allem durch Wind oder Wasser (Regen, Tau) verfrachtet. Von den verschiedenen Sporentypen sind für den Obstbauer in erster Linie Askosporen und Konidien interessant. Askosporen entstehen infolge eines sexuellen Vorgangs und entwickeln sich in einem sackförmigen Gebilde (Askus), meist innerhalb von kugel- bzw. becherförmigen Behältern (Perithezien bzw. Apothezien, letztere s. Tafel 11). Sie sind oft wesentlich für die Erstinfektionen im Frühjahr und für die Fernverbreitung verantwortlich. Konidien entstehen auf vegetative Weise in offenen Lagern oder ebenfalls in besonderen Behältern (Pyknidien) und dienen u.a. für die schnelle, lokale Weiterverbreitung der Pilzkrankheiten im Sommer. Viele Pilze bilden ausschließlich Konidien.

Die chemische Bekämpfung der Pilzkrankheiten muß im allgemeinen vorbeugend erfolgen, d.h. die auf die Pflanze aufgetroffenen Pilzsporen müssen schon vor oder während der Infektion abgetötet werden. Die Bekämpfungstermine richten sich nach den jeweiligen Infektionsbedingungen, die – vor allem in Abhängigkeit von der Witterung – von Jahr zu Jahr verschieden sind. Da die Übertragung bzw. Keimung der Pilzsporen an Regen und Feuchtigkeit gebunden ist (Ausnahme: echte Mehltaupilze, s. dort), muß während Regenperioden häufiger gegen Pilzkrankheiten gespritzt werden als in Trockenzeiten.

3.1 Pilzkrankheiten an Kernobst

Der **Apfelschorf** *(Venturia inaequalis)* ist bei uns die wichtigste pilzliche Krankheit der Apfelbäume. Seine Bekämpfung gibt während der Vegetationszeit den Rahmen für das gesamte chemische Spritzprogramm.

Schadbild: An Blättern, Früchten, Blütenblättern und gelegentlich auch (grünen) Trieben entstehen bis etwa 1 cm große, samtartige Flecken von olivgrüner, grauer Farbe. Mit der Zeit trocknet das Zentrum der Befallsstelle aus (bei Blättern) oder es vernarbt (bei Früchten). Früh im Jahr erkrankte Blätter vergilben vorzeitig und fallen zu Boden. Früchte bleiben nach Frühbefall (Abb. 125 und Tafel 11) oft in der Entwicklung stehen, sie verkrüppeln, reißen auf und werden zum Teil ebenfalls vorzeitig abgestoßen. Nach Infektionen im Hochsommer oder Herbst entstehen schärfer umgrenzte, kleinere, häufig nur punktförmige, schwärzliche Tupfen („Spätschorf"). Bei sehr spätem Fruchtbefall, kurz vor der Ernte, kommen die Schäden erst auf dem Lager zum Vorschein („Lagerschorf"). Auf Trieben treten Schorfflecken nur an einzelnen Apfelsorten (z.B. 'Goldparmäne', 'Cox Orange') und bei sehr nachlässiger Bekämpfung auf. Nach dem Verholzen der Triebe entwickelt sich die Krankheit weiter. Man findet dann pustelartige Erhebungen auf z.T. zerrissener, abblätternder Rinde („Zweiggrind", Tafel 11). Bei starkem Befall sterben die Triebe völlig ab.

Der Schadpilz überwintert sowohl in den abgefallenen Blättern am Boden als auch unmittelbar am Holz der Wirtspflanzen. In dem Fallaub findet man vom zeitigen Frühjahr an (spätestens ab Austrieb) die mit geübtem Auge als schwärzliche Punkte gerade noch sichtbaren Fruchtkörper (Perithezien). Die hier nach und nach heranreifenden Askosporen werden nach Durchfeuchtung des Fallaubes bis ca. 3 cm hoch in die Luft geschleudert und gelangen, von Luftströmungen erfaßt, in die Baumkrone. Die Überwinterung am Holz erfolgt nur sehr selten in Verbindung mit „Zweiggrind". Weit häufiger entstehen an den Zweigen völlig unscheinbare Krankheitsherde, vornehmlich im Bereich der Knospen und Triebspitzen. Von hier aus tragen Konidien ebenfalls zur ersten Verbreitung des Schorfes bei.

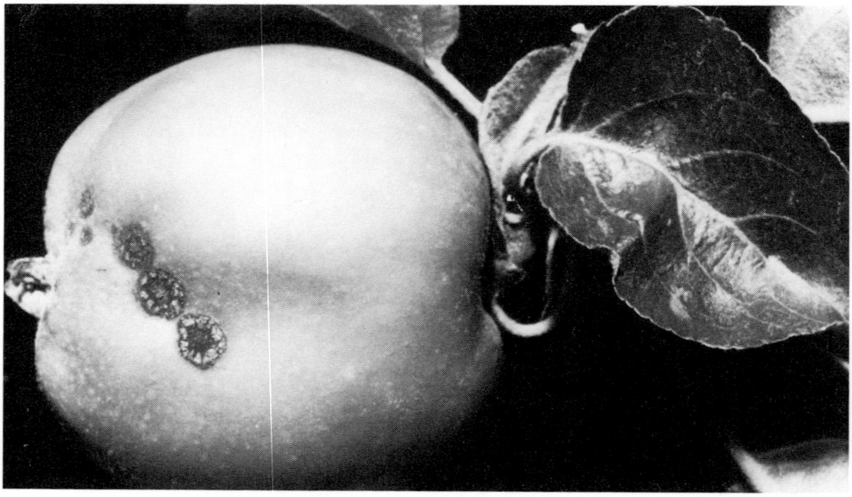

Abb. 125. Apfelschorf (Frühbefall) an 'Gravensteiner'.

TAFEL 13 NÜTZLINGE

Oben links: Schwebfliege. Oben rechts: Schwebfliegenlarve in einer Blattlauskolonie. Mitte links: Florfliege. Mitte rechts: Florfliegenlarve beim Angriff auf eine Blattlaus. Unten links: Marienkäferlarve. Unten rechts: Blumenwanze.
Schwebfliegen (nur Larven), Florfliegen und Marienkäfer gehören im Obstbau zu den wichtigsten Blattlausvertilgern; Raubwanzen (Blumen- und Blindwanzen) greifen auch Spinnmilben an.

TAFEL 14 SCHADTIERE 1

Oben links: Erdbeermilben. Oben rechts: Wintereier von Obstbaumspinnmilbe. Mitte: Schwarze Johannisbeere mit Befall durch Johannisbeergallmilbe (links) und Johannisbeerblattgallmücke (rechts). Unten: Blattschäden durch Apfelfaltenlaus (links) und Apfelblattgallmücke (rechts).

TAFEL 15 SCHADTIERE 2

Oben links: Frostspannerraupe. Oben rechts: Obstbaumeulenraupe. Mitte links: 'Kotsäckchen' von Rindenwickler an Kirsche. Mitte rechts: Ampferblattwespen-Larve in Apfelfrucht. Unten: Schäden durch Apfelsägewespe (links) und Apfelblütenstecher (rechts).

TAFEL 16 NÄHRSTOFFMANGEL-SYMPTOME

Oben links: Harmonische Ernährung. Oben rechts: Stickstoffmangel. Mitte links: Kalimangel. Mitte rechts: Magnesiummangel. Unten links: Manganmangel. Unten rechts: Eisenmangel.

Die an den Ort ihrer Bestimmung gelangte Spore bildet, sofern die Voraussetzungen dazu erfüllt sind (s. unten), schon nach wenigen Stunden einen Keimschlauch aus, mit dem sie im Verlauf einiger weiterer Stunden unter die äußerste Schutzschicht (Kutikula) der befallenen Organe dringt. Hiermit ist die kritische „erste Infektionsphase" beendet. Es entsteht nun ein zartes Fadengeflecht, das nach Zerreißen der Kutikula und Bildung neuer, mit Konidien besetzter Sporenlager im Verlaufe von ca. 2–3 Wochen als Schorffleck sichtbar wird. Während um Mitte Juni die Infektionsquellen aus den Überwinterungsherden weitgehend versiegen, sorgen die neugebildeten Konidien bis Herbst für die weitere Verbreitung der Krankheit.

Der oben beschriebene Beginn der Krankheitsentwicklung ist in starkem Maße witterungsabhängig: Die Infektion gelingt nur dann, wenn die von den Sporen erreichten Pflanzenorgane während der „ersten Infektionsphase" von Wasser benetzt sind. Die Dauer dieser Phase (und damit auch die erforderliche Benetzungszeit) wird im wesentlichen von der jeweils herrschenden durchschnittlichen Temperatur bestimmt.

Nachfolgende Zahlen geben die mindestens notwendigen Benetzungszeiten für Askosporen-Infektionen an Apfelblättern wieder (Mills'sche Tabelle).

Temperatur (°C)	0–5	6	7	8	9	10	11	12	13	14–15	16–24
Benetzungszeit (Std.)	>48	25	20	17	15	14	12	11,5	11	10	9

Kurze Unterbrechungen der Feuchtigkeitsperiode (weniger als ca. 4 Std. bei sonnigem, weniger als ca. 8 Std. bei trübem Wetter) schaden dem Pilz nicht, die Entwicklung bleibt aber stehen. Die Zwischenzeiten müssen daher bei Berechnung der Benetzungszeit abgezogen werden. Trocknen die Blätter vor Beendigung der „ersten Infektionsphase" für längere Zeit als oben angegeben ab, dann geht der Erreger zugrunde, und die Infektion ist mißglückt. Es besteht nun erst wieder Gefahr, wenn bei späteren Regenfällen erneut Sporen auf die Blätter gelangen.

Es gibt bei uns kein Apfelanbaugebiet, in dem nicht alljährlich mehrfach die Bedingungen für Schorfinfektionen erfüllt sind. Auf die regelmäßige Schorfbekämpfung kann daher im Erwerbsobstbau nirgendwo verzichtet werden. Da alle auf dem Markt befindlichen wichtigen Apfelsorten anfällig sind, bietet die Sortenauswahl nur eine sehr begrenzte Chance, die Gefahr zu verringern: Man müßte dann vor allem auf 'Golden Delicious' verzichten! Der Anbauwert der bisher bekanntgewordenen Neuzüchtungen schorfresistenter Apfelsorten (z.B. ‚Prima') für den Erwerbsobstbau ist noch umstritten. Für den Hausgarten bietet sich hier jedoch eine Möglichkeit. Durch andere nichtchemische Maßnahmen kann der Befall bestenfalls erheblich vermindert aber nicht völlig gebannt werden. Dazu gehören: Verkürzung der Benetzungsdauer durch Auslichten der Baumkrone; Förderung des Fallaubabbaus durch Erhaltung und Förderung der Regenwurmtätigkeit; Reduzierung der Perithezienentwicklung durch Harnstoffspritzungen im Herbst oder vor Vegetationsbeginn im Frühjahr; Entfernen von grindigen Trieben beim Winterschnitt.

Der Schwerpunkt der Schorfbekämpfung liegt auf Fungizid-Spritzungen während der Vegetationszeit. Dabei ist es außerordentlich wichtig, durch rechtzeitige Bekämpfung schon die ersten Infektionen möglichst vollständig zu verhindern. Zu welchem Zeitpunkt die Spritzungen beginnen sollen, ist etwas umstritten. Langjährige Beobachtungen führen jedoch zu dem Schluß, daß ein Befall bereits möglich ist, sobald das erste Grün an den Knospen erscheint. Allerdings treten nicht in jedem Jahr tatsächlich schon so früh Infektionen auf. Zu dieser Zeit ist jedoch die Infektionsgefahr nur äußerst schwer abzuschätzen. In der Regel versagt hier die Mills'sche Tabelle. Es ist daher sofort bei Austriebsbeginn (Stadium B) zunächst eine vorbeugende Spritzbehandlung vorzunehmen. Hierbei ist es unerläßlich, den besonders frühen Austrieb einzelner Apfelsorten, wie z.B. 'Gravensteiner' und 'Boskoop', zu berücksichtigen. Die weiteren Behandlungen können vorbeugend und/oder auch kurativ erfolgen. Im ersten Fall werden die Spritzungen routinemäßig in einem Abstand von 1–3 Wochen ausgebracht. Im Frühjahr, während des Hauptwachstums der Bäume, solange sehr schnell neuer, noch ungeschützter Zuwachs entsteht, ist die Spritzfolge am dichtesten zu legen. Im Sommer sind weiter auseinanderliegende Spritzabstände bis zu 3 Wochen möglich. Ist jedoch schon Schorfbefall eingetreten, dann dürfen auch hier die Spritzabstände kaum 10 bis 14 Tage überschreiten. Zu beachten ist in jedem Fall, daß in der Regel durch Niederschläge in Höhe von etwa 25 mm der zuvor ausgebrachte Fungizidbelag weitestgehend abgewaschen wird.

Es sind zahlreiche gegen Schorf zugelassene Fungizide im Handel, die alle für vorbeugende Maßnahmen geeignet sind. Bei ihrer Auswahl ist aber auch die Wirkung auf andere Krankheiten (z.B. Gloeosporium-Fruchtfäule, Mehltau, Botrytis-Kelchfäule, Lentizellenröte) und der Einfluß auf die Obstbäume selbst zu berücksichtigen. Einige Schorffungizide haben außerdem eine interessante Nebenwirkung gegen Spinnmilben (s. bei Pflanzenschutzmittel).

Bei der vorbeugenden routinemäßigen Bekämpfung werden fast immer einige Spritzungen umsonst durchgeführt. Diesen Nachteil umgeht die auf tatsächliche Infektionsgefahr abgestimmte kurative Schorfbekämpfung. Dabei macht man sich die Tatsache zunutze, daß der Schorferreger auch noch eine kurze Zeit nach Ablauf der „ersten Infektionsphase" durch Fungizide abgetötet wird. Mit der Bekämpfung kann daher solange abgewartet werden, bis jeweils die in der Mills'schen Tabelle angegebenen Daten (z.B. 14 Std. Benetzung bei 10°C) erreicht und damit die Infektionsbedingungen tatsächlich erfüllt sind. Es muß dann im allgemeinen innerhalb von etwa 12 bis 36 Std. danach eingeschritten werden.

Die auf rein kurativen Maßnahmen aufgebaute Bekämpfung bedarf (falls kein darauf eingestellter Warndienst vorhanden ist) außer der Ausstattung mit speziellen meteorologischen Meßgeräten sehr gründlicher Sachkenntnisse. Es hat sich deshalb vielfach als zweckmäßig herausgestellt, eine Kombination zwischen beiden Verfahren zu praktizieren, indem vor allem im Frühjahr bei im Prinzip vorbeugender Spritzfolge für besonders kritische Situationen die Möglichkeit kurativer Bekämpfung (gleichsam als Notbremse) einkalkuliert wird. Für die kurative Behandlung sind nicht alle Schorffungizide gleich gut geeignet. Bewährt haben sich neben den Benzimidazolen u.a. Captan, Dithianon und Fenarimol.

Birnenschorf *(Venturia pirina)*. Die Birnen werden durch eine dem Apfelschorf nahe verwandte Art befallen. Die Krankheit tritt hier häufiger als beim Apfel auch als „Zweiggrind" auf. Bekämpfungsmaßnahmen wie bei Apfelschorf, jedoch keine Schwefelanwendung mehr ab Beginn der Blüte.

Der **Apfelmehltau** *(Podosphaera leucotricha)* gehört zu den Krankheiten, die vor allem unter den neuzeitlichen Anbaubedingungen zu einem Problem geworden sind. Von den wichtigsten Apfelsorten werden besonders 'Jonathan', 'Idared', 'Gravensteiner' und 'Cox Orange' befallen. Zu den Wirtspflanzen zählen auch die Birnen. Die Schäden sind hier aber unbedeutend.

Schadbild: Blätter, Blütenstände oder auch ganze Triebe von pudrigweißem Belag überzogen (s. Tafel 12). Auch einzelne, mehr oder weniger große, weißgepuderte Flecken auf der Unterseite von Blättern. Im fortgeschrittenen Stadium: Triebe bis auf einen kleinen Blattschopf oder ganz entblättert, mit verkümmertem, gestauchtem

Wuchs und hellgrauem, filzigem Überzug. Die Endknospen erhalten ein pelziges Aussehen.

Der Schadpilz, der zu den echten Mehltaupilzen gehört, überwintert in den Knospen, vor allem Terminalknospen, der im Vorjahr gebildeten Holz- und Fruchttriebe. Im Frühjahr wächst der Pilz mit Blättern und Trieben aus den Knospen hervor, überzieht die neugebildeten Pflanzenteile oberflächlich mit seinem Fadengeflecht und beutet sie mit Hilfe kurzer, in die Epidermiszellen eingedrungener Saugfäden aus (Primärbefall). Bereits nach kurzer Zeit entwickeln sich als pudriger Belag die Sporen, die durch Luftströmungen verfrachtet, die Krankheit innerhalb des Baumes weiter verbreiten bzw. auf noch gesunde Bäume übertragen (Sekundärbefall). Auch hier entstehen bald wieder Sporen, und erneut werden frische Krankheitsherde hervorgerufen: Ein Vorgang, der sich mehrmals wiederholt und die schnelle Verbreitung des Mehltaus innerhalb einer Vegetationsperiode ermöglicht. Von den neu angesteckten Blättern aus gelangt der Pilz unter geeigneten Bedingungen wiederum unmittelbar auf den Trieb selbst und wächst mit diesem weiter. Schon ab Mai/Juni erfolgt die Besiedlung der neuen Knospen, dem Überwinterungsort des Pilzes. Durch tiefe Temperaturen, insbesondere ab −20 °C, wird ein Teil dieser Krankheitsherde im Winter zerstört.

Neuinfektionen (Sekundärbefall) finden in der Zeit etwa kurz vor Apfelblüte bis Triebabschluß statt. Die gefährlichste Zeit ist Mitte Mai bis Mitte Juli. Optimale Bedingungen sind: Temperatur um 20 °C, relative Luftfeuchtigkeit von nahezu 100% (jedoch kein Regen!) und Windstille. Ferner ist das Vorhandensein junger, erst einige Tage alter Blätter unbedingt Voraussetzung. Bei Temperaturen unter 10 °C kann die Mehltaugefahr weitgehend vernachlässigt werden.

Die chemische Bekämpfung setzt entsprechend den Infektionsbedingungen für Mehltau kurz vor der Apfelblüte ein und endet, wenn sich die Endknospen der Langtriebe schließen. Aus Gründen der Arbeitsvereinfachung wird Mehltau soweit wie möglich in Verbindung mit Schorf bekämpft. Im Frühjahr ist – zumindest in Süddeutschland – der Schwefel hierzu ein bewährtes Mittel. Dieses preiswerte Fungizid erfaßt beide Pilze zugleich. Um seine fehlende Dauerwirkung gegen Schorf zu ergänzen, wird es aber in kritischen Befallssituationen oft in Verbindung mit organischen Schorffungiziden verwendet. Bei schwefelempfindlichen Marktsorten werden ab 1. Nachblütespritzung statt Schwefel spezielle Mehltaumittel zugesetzt (siehe bei Pflanzenschutzmittel) oder organische Fungizide mit kombinierter Schorf-Mehltau-Wirkung verwendet. Erfolgt die Schorfbekämpfung auf kurative Weise, d. h. nicht in regelmäßigen dichten Abständen, so sind in der Regel mehrere Sonderbehandlungen gegen Mehltau erforderlich. In der kritischen Zeit sollten bei den anfälligeren Sorten (s. oben) die Spritzabstände bei der Mehltaubekämpfung nicht mehr als 7 bis 10 Tage betragen. Bei wöchentlicher Spritzfolge kann und soll (um Spritzschäden zu vermeiden) die Spritzbrühe-Konzentration auf etwa die Hälfte der sonst üblichen vermindert werden.

Die **Regenfleckenkrankheit** an Apfel- und Birnenfrüchten wird durch die Pilze *Gloeodes pomigena* und/oder *Schizothyrium pomi* hervorgerufen. Die Symptome (Rußflecken, oft in Verbindung mit fliegenschmutzartigen Punkten) treten erst ab Spätsommer auf. Bei regelmäßiger Schorfspritzfolge hat die Krankheit im allgemeinen keine Bedeutung.

Die **Weißfleckenkrankheit** *(Mycosphaerella sentina)* schädigt gelegentlich Birnenblätter durch Bildung von 2 bis 3 mm großen weißlichen Flecken. Die Überwinterung erfolgt im Fallaub am Boden. Bekämpfung, falls erforderlich, mit Schorffungiziden.

Der **Birnengitterrost** *(Gymnosporangium sabinae)* erscheint in Gestalt orangeroter Flecken auf der Oberseite bzw. als knorpelige Pusteln auf der Unterseite von Birnenblättern. Die Bekämpfung wird durch Beseitigung des Hauptzwischenwirts (Sadebaum) erleichtert. Fungizidbehandlung mit Dithianon oder Metiram von Mai bis Juli.

Der **Obstbaumkrebs** *(Nectria galligena)* hat in Gebieten mit feuchtem Klima eine sehr große wirtschaftliche Bedeutung. Besonders anfällige Apfelsorten sind u. a. 'Berlepsch', 'Klarapfel', 'Cox Orange', 'Gloster', 'Idared', 'Goldparmäne'. Auch Birnen können befallen werden.

Schadbild: Im Anfangsstadium ziemlich unauffällige, etwas dunkelbraun verfärbte Flecke (Rindenfäule), die meist von Blattnarben, Knospen, Kurztrieben, Astwinkelrissen oder Schnittwunden ausgehen. Die abgestorbene Rinde vertrocknet bald und reißt auf. Auf den Befallstellen entstehen zunächst die als gelblichweiße kompakte Polster ausgebildeten Konidien-Lager (Tafel 11), später die rotgefärbten rundlichen Askosporen-Behälter (Perithezien). Die Konidien-Lager sind hauptsächlich im Sommer, die Perithezien das ganze Jahr über anzutreffen. Unter günstigen Bedingungen und bei anfälligen Sorten breitet sich die Krankheit von ihrem Ausgangspunkt her schnell flächenartig aus, dringt außerdem tief in das Holz und führt oft innerhalb kurzer Zeit zum Absterben des befallenen Baumteiles. Junge Bäume können der Krankheit völlig zum Opfer fallen. Die Befallsstellen werden nicht selten ringsum durch wulstförmige Wundkallusbildungen abgeriegelt (s. Abb. 126). Dieses Bild („Krebs") trifft man vornehmlich bei älteren Bäumen, an stärkeren Ästen und am Stamm.

Die Übertragung des Schadpilzes erfolgt im Nahbereich hauptsächlich durch die Konidien. Die Askosporen sind vor allem für die Fernverbreitung von Baum zu Baum bzw. von Anlage zu Anlage verantwortlich. Feuchtwarmes Wetter fördert ihre Entwicklung, so daß sie meist gegen Herbst besonders zahlreich vorhanden sind. Voraussetzung für die Infektion sind neben Regen, der die Verbreitung der Sporen bedingt,

Abb. 126. Obstbaumkrebs an Stamm von 'Goldparmäne'.

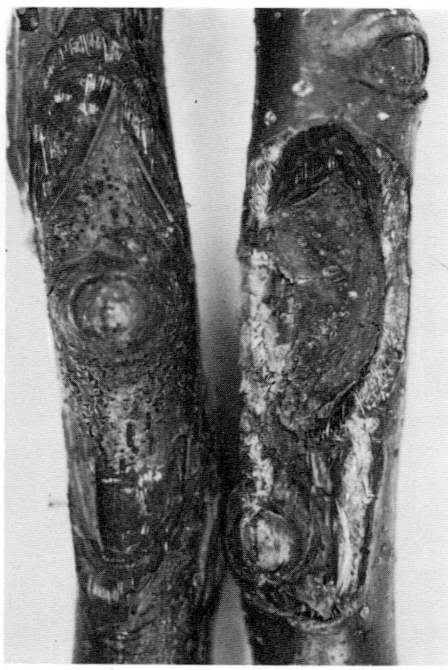

Abb. 127. Gloeosporium-Rindenbrand an 'Cox Orange'.

frische Wunden, wie sie vor allem im Herbst beim Blattfall (Blattnarben!) oder in Form von Pflückwunden, Schnittwunden und Rindenrissen entstehen.

Bekämpfung: Zur Verminderung der Infektionsgefahr sollten Neupflanzungen möglichst nicht in unmittelbarer Nachbarschaft und insbesondere nicht an der Ostseite stark von Obstbaumkrebs befallener Apfelanlagen errichtet werden. Die wichtigste Maßnahme ist die rechtzeitige und gründliche Beseitigung der entstehenden Krebsstellen bzw. der erkrankten Baumteile. Hiermit ist ein doppelter Zweck verbunden: Es geht darum, das Weiterwachsen des Pilzes in angrenzende gesunde Bereiche zu verhindern und zugleich die Quellen (Sporenbildung!) für weitere Infektionen auszuschalten. Aus letztgenanntem Grund ist es auch unbedingt zu vermeiden, daß das aus- bzw. abgeschnittene kranke Material in der Anlage liegen bleibt.

Bei anfälligen Sorten in Befallslagen und in Baumschulen ist darüber hinaus eine spezielle chemische Bekämpfung am Platze. Sie erfolgt vor allem durch 2 bis 3 Spritzungen mit Kupferoxychlorid oder Captan im Abstand von 10 bis 14 Tagen während der Blattfallperiode („Blattfallspritzung").

Krebsartige Schäden werden auch noch durch andere Pilze hervorgerufen. In Norddeutschland findet man vor allem den durch *Pezicula malicorticis* hervorgerufenen **Gloeosporium-Rindenbrand** (Abb. 127) Bekämpfung wie bei Obstbaumkrebs. Gegen *P. malicorticis* sind allerdings Kupferspritzungen wirkungslos. Von örtlicher Bedeutung ist die bei einzelnen Apfelsorten (z.B. 'James Grieve') auftretende **Monilia-Zweigdürre** (Tafel 11). Sie wird durch *Sclerotinia laxa* gelegentlich auch durch *S. fructigena* verursacht. Bekämpfung: Siehe Spitzendürre bei Steinobst.

Die **Kragenfäule** *(Phytophthora cactorum)* verursacht in einzelnen Anbaugebieten erhebliche Schäden an Apfel. Zu den anfälligsten Sorten gehören 'Cox Orange', 'Berlepsch', 'James Grieve' und 'Discovery'.

Schadbild: An der Stammbasis über der Veredlungsstelle (seltener weiter aufwärts oder an der Unterlage) bildet sich ein zunächst unscheinbarer violettbrauner Fäulnisherd. Er nimmt gewöhnlich von etwas rissigen Rindenpartien her seinen Ausgang. Schneidet man die kranke Rinde an, dann zeigt sich das Gewebe, insbesondere das frisch abgestorbene, schokoladenbraun verfärbt mit ziemlich deutlichen Abgrenzungen zum gesunden Gewebe. Die Fäulnis breitet sich in der Rinde, vor allem stammaufwärts, aber auch in seitlicher Richtung aus und kann schon innerhalb einer einzigen Vegetationsperiode den Stamm völlig umgürten.

Der Schadpilz befällt auch die Apfelfrüchte und lebt außerdem an Unkräutern oder an toter organischer Substanz im und auf dem Boden. Für sein Auftreten in den Obstanlagen sind anscheinend vor allem humusarme, untätige Böden günstig, in denen natürliche Abwehrkräfte fehlen. Unter gewissen Voraussetzungen (wahrscheinlich mit Regenspritzern oder bei der Bodenbearbeitung) gelangen die Sporen des Pilzes direkt vom Boden, von Unkräutern oder auch von angesteckten Apfelfrüchten her an den Baumstamm. Die Zeit zwischen Austrieb und Öffnen der Blüten ist für die Infektion am günstigsten.

Bekämpfung: In Befallslagen ist bei Neupflanzungen zu beachten, daß die Veredlungsstellen empfindlicher Apfelsorten möglichst weit über dem Boden stehen. Dabei muß allerdings einkalkuliert werden, daß auch einige Unterlagen, insbesondere M 2, M 11 und MM 104, befallen werden, während M 4, M 7, M 9 und M 26 weitgehend resistent sind. Eine Möglichkeit bietet evtl. auch die Verwendung widerstandsfähiger Stammbildner (z.B. 'Maunzen'). An bereits erkrankten Bäumen sind die Befallsstellen gründlich auszuschneiden und mit Wundpasten zu behandeln. Darüber hinaus sollten Maßnahmen zur Verminderung der Infektionsquellen am Boden ergriffen werden:

Humuszufuhr, Düngung mit Rizinusschrot (10 bis 20 dt/ha), Gründüngung mit Ackersenf, Lihoraps, Rübsen oder Stoppelrüben, Graseinsaat, gründliche Unkrautbekämpfung, Auflesen des Fallobstes. Als chemische Maßnahme ist die wiederholte Behandlung der Baumstämme ab März/April mit einem Kupfer-Fungizid zu empfehlen. Es gibt neuerdings auch speziell gegen *Phytophthora*-Arten und verwandte Pilze wirksame Fungizide, wie z. B. Aluminiumfosetyl („Aliette“) und Furalaxyl (“Fonganil“). Sie sind z. Z. jedoch im Obstbau noch nicht zugelassen.

Bleiglanz-Krankheit. Der Schadpilz, *Chondrostereum (Stereum) purpureum* (Abb. 128), dringt gewöhnlich von Wunden aus in das Holz der Bäume und bringt diese ganz oder teilweise zum Absterben. Die Blätter der erkrankten Bäume erhalten schon beim Austrieb einen silbrigweißen Glanz. Außer Apfel und Birne werden auch Stein- und Beerenobstarten befallen. Darüber hinaus dienen weitere Laubbäume verschiedener Art als Wirtspflanzen, z. B. Erle, Pappel und Buche. Bekämpfung durch rechtzeitiges Entfernen befallener Baumteile und – vorbeugend – durch Verstreichen größerer Wunden mit Wundabdeckungsmitteln, vor allem im Frühjahr. Völlig erkrankte Bäume sollten alsbald gerodet und verbrannt werden (s. auch Kapitel biologische Bekämpfung).

Bleiglanzartige Erscheinungen werden nicht selten auch durch Störungen nichtparasitärer Art oder durch gewisse Gallmilben verursacht.

Abb. 128. Fruchtkörper von *Chondrostereum purpureum* auf Schnittwunde an Apfel (‘Boskoop’).

Unter den Baumschwämmen ist der **Hallimasch** *(Armillaria mellea)* am bekanntesten. Er befällt unter bestimmten Voraussetzungen vom Boden (Wurzelreste!) her die Obstgewächse und tötet sie ab. Die Krankheit tritt vor allem in Waldnähe auf. Bei der Rodung erkrankter Bäume ist darauf zu achten, daß auch das Wurzelwerk, soweit es geht, mitentfernt wird.

Die **Gloeosporium-Fruchtfäule** ist die gefährlichste parasitäre Lagerkrankheit an Äpfeln. Sie wird in den Anbaugebieten südlich des Mains vor allem durch *Pezicula alba*

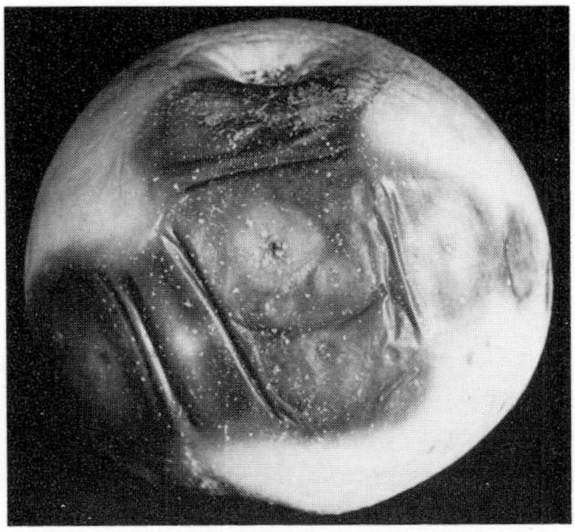

Abb. 129. Gloeosporium-Fruchtfäule an 'Cox Orange' (Lentizelleninfektionen).

(= *Gloeosporium album*), im Norden häufiger auch durch *Pezicula malicorticis* (= *Gloeosporium perennans*) verursacht. Ganz selten tritt daneben noch der hier weiter nicht mehr berücksichtigte Pilz *Glomerella cingulata* (= *Gloeosporium fructigenum*) als Erreger in Erscheinung. Die Schäden entstehen besonders an einigen der wichtigsten Lagersorten, wie 'Golden Delicious', 'Cox Orange' und 'Boskoop'. Auch Birnen werden gelegentlich befallen.

Schadbild: An gelagerten Früchten erscheinen hell- bis dunkelbraun gefärbte Faulstellen, die oberflächlich betrachtet als flache, oder zum Zentrum hin leicht vertiefte Scheiben ausgebildet sind. Sie gehen im typischen Falle von Lentizellen (s. Abb. 129), aber auch von größeren Schalenverletzungen verschiedener Art (z.B. Schorfflecken, Hagelwunden) sowie von Kelch- und Stielgrube aus. Die Fäulnis gewinnt stetig, doch verhältnismäßig langsam an Umfang und Tiefe und kann mit der Zeit das Kernhaus erreichen. Oft treten mehrere Flecken nebeneinander auf, die dann miteinander verwachsen; das völlige Durchfaulen der einzelnen Früchte ist aber eine Ausnahme. In feuchten Lagerräumen entstehen auf den Faulstellen bald zahlreiche Konidien-Lager in Gestalt sehr kleiner, hellweiß bis hellbraun gefärbter Pusteln (s. auch Tafel 20).

Die Schadpilze leben während des ganzen Jahres in Rindenbrand-Stellen oder auch ganz oberflächlich – ohne unmittelbar Schäden hervorzurufen – auf verschiedenen oberirdischen Organen der Apfel- und Birnbäume und sonstiger Laubbäume. Insbesondere werden Blattnarben, Fruchtkuchen und die Ränder von Schnittwunden besiedelt. Von diesen ständig fließenden Infektionsquellen aus gelangen die Sporen (bei regnerischem Wetter) auf die heranwachsenden Früchte. Die Ansteckungsgefahr beginnt schon im frühesten Stadium der Fruchtentwicklung. Sie nimmt bis zum Herbst fortschreitend zu und erreicht in der Zeit kurz vor der Ernte ihren Höhepunkt. Aber erst dann, wenn ein gewisses Reifestadium erreicht ist, das in der Regel nicht vor einer längeren Lagerzeit eintritt, ist es den Pilzen möglich, mit ihrem eigentlichen Zerstörungswerk zu beginnen. Bis dahin verharren die im Sommer und Herbst auf die Apfel- und Birnenfrüchte gelangten Krankheitserreger im Ruhezustand, ohne daß ein äußeres Zeichen auf ihre Anwesenheit hindeutet.

Bekämpfung: Durch Lagerung des Obstes im CA-Lager kann die durch *P. alba* hervorgerufene Fruchtfäule stark eingedämmt werden. Wo *P. malicorticis* vorherrscht, ist die Lagerung im einfachen Kühllager von günstigerer Wirkung. In der Obstanlage kann versucht werden, den Befallsdruck durch Beseitigen der sichtbar mit Rindenbrand erkrankten Zweige und Äste zu verringern. In mit *P. malicorticis* verseuchten Anlagen sollte wenigstens das gröbere Schnittholz aus den Anlagen geholt und verbrannt werden. Bei speziellen Lagersorten sind diese Maßnahmen unbedingt durch wiederholte chemische Behandlungen der heranwachsenden Früchte zu ergänzen. Als Bekämpfungsmittel stehen u.a. Captan, Folpet und Thiram zur Verfügung. Da es sich hier um bewährte Schorffungizide handelt, die außerdem auch gegen Lentizellenröte wirksam sind, wird die Bekämpfung gewöhnlich im Rahmen der Schorfspritzfolge durchgeführt. Die ausreichende Verhütung des Gloeosporium-Befalls ist damit nicht immer möglich. In erfahrungsgemäß besonders gefährdeten Anlagen sollten deshalb in der kritischen Zeit vor der Ernte (etwa ab Mitte August) die Spritzabstände nicht mehr als 10 bis 14 Tage betragen. Das gilt besonders für Perioden regnerischen Wetters. In den vergangenen Jahren hatten sich die Benzimidazol-Fungizide als außergewöhnlich gute Gloeosporium-Mittel bewährt (s. Kapitel „Pflanzenschutzmittel").

Der oben beschriebenen Lagerkrankheit sehr ähnliche Erscheinungen werden u.a. durch **Phoma-** und **Alternaria-**Arten hervorgerufen (s. Tafel 20). Eine sichere Unterscheidung anhand des Schadbildes ist im Frühstadium der Erkrankung nicht möglich. Nicht selten wird auch durch den Erreger des Obstbaumkrebses (s. dort) eine Lagerfäule verursacht (**Nectria-Fäule** s. Tafel 20), die selbst im fortgeschrittenen Stadium ohne mikroskopische Hilfe nicht sicher von der Gloeosporium-Fruchtfäule unterschieden werden kann.

Eine weitere sehr verbreitete Lagerkrankheit des Kernobstes ist die **Monilia-Fäule**, die jedoch auch schon an heranreifenden Früchten am Baum erscheint (s. Tafel 11). Erreger sind die bereits unter Zweigdürre genannten Pilze. Im Gegensatz zu Gloeosporium entwickelt sich die Monilia-Fäule vor allem auf dem frisch eingelagerten Obst. Schon innerhalb weniger Tage können die befallenen Früchte völlig verdorben sein. Unter bestimmten Voraussetzungen färben sich die Früchte dabei völlig schwarz und werden lederartig zäh. An den angefaulten Früchten entstehen die für Monilia typischen Schimmelpolster als auffällig gelb oder grau gefärbte Sporenlager. Die Infektion erfolgt nur auf dem Weg über Wunden oder durch unmittelbaren Kontakt mit kranken Früchten. Die Befallsgefahr im Freiland wird indirekt durch alle Maßnahmen verringert, die die Verletzung der Früchte verhindern (z.B. Schorf- und Apfelwicklerbekämpfung). Bei der Ernte sollten die bereits erkrankten Früchte wegen ihrer Bedeutung als Infektionsquelle nicht am Baum belassen, sondern abgeworfen werden.

Graufäule. Diese ebenfalls schnell um sich greifende, vielfach von unscheinbaren Infektionen in der Kelchgrube (s. unten) oder auch von Schalenverletzungen ausgehende Lagerfäule wird durch *Botrytis cinerea* hervorgerufen. Von befallenen Früchten aus greift die Fäule im Lager sehr schnell auf die benachbarten Früchte über, so daß die gefürchteten Botrytis-Nester (s. Tafel 20) entstehen. Auf den hellbraun gefärbten wäßrigen Faulstellen entstehen graufarbene Sporenrasen. Der Pilz verursacht außerdem schon im Sommer auf den heranwachsenden, jungen Früchten eine meist eng auf die Kelchgrube, z.T. fast nur auf die Kelchblätter beschränkte, „trockene" Fäule (Botrytis-Kelchfäule). Zur Bekämpfung der Kelchfäule haben sich kurz nach der Blüte Spritzungen mit den gegen Botrytis bzw. Grauschimmel zugelassenen Fungiziden, wie Dichlofluanid und Thiram, bewährt. Diese Behandlungen bilden auch gleichzeitig eine vorbeugende Maßnahme gegen die Graufäule im Lager.

Bei der **Grünfäule** (s. Abb. 130 u. Tafel 19), die eine ausgesprochene Lagerkrankheit darstellt, entstehen auf gelblichen bis bräunlichen Faulstellen grüne oder blaugrüne Sporenrasen. Als Erreger kommen verschiedene *Penicillium*-Arten in Frage. Die Pilze dringen durch Lentizellen oder auch durch Verletzungen, die bei der Ernte und Aufbe-

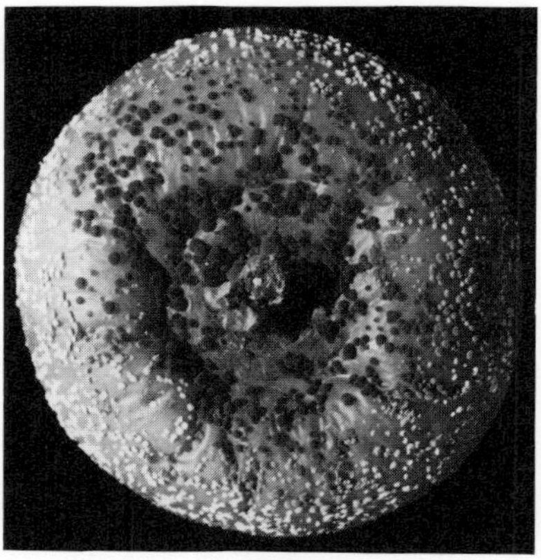

Abb. 130. Durch Grünfäule völlig zerstörte Apfelfrucht.

reitung des Obstes entstehen, in die Früchte ein. Durch schonende Behandlung des Erntegutes und durch Kühllagerung wird die Befallsgefahr vermindert.

3.2 Pilzkrankheiten an Steinobst

Die **Sprühfleckenkrankheit** *(Blumeriella jaapii)* kann in feuchten Jahren an Süß- und Sauerkirschen erhebliche Schäden verursachen, gelegentlich tritt sie auch an anderen Steinobstarten (z. B. Pflaumen) auf.

Schadbild: Die Blätter erhalten durch rotviolette, unscharf begrenzte, bis ca. 1 mm große Flecken ein gesprenkeltes Aussehen. Bisweilen findet man auch schrotschußartige kleine Löcher. Auf der Blattunterseite entstehen auffällige Sporenlager in Gestalt hellweißer, wachsartiger Beläge (s. Abb. 131). Im fortgeschrittenen Stadium verfärben

Abb. 131. Sprühfleckenkrankheit an Süßkirsche (Blattunterseite mit Sporenlager).

sich die Blätter leuchtend gelb und fallen ab. Die hierdurch oft um Monate zu früh entlaubten Bäume werden in ihrer Wuchs- und Ertragsleistung stark geschwächt und gehen – bei wiederholtem Befall – im Laufe weniger Jahre völlig ein. Eine unmittelbare Erkrankung von Zweigen oder anderen holzigen Baumteilen wurde bei uns bisher noch in keinem Falle beobachtet.

Der Schadpilz überwintert im Fallaub am Boden. Von dort aus infiziert er im Frühjahr vermittels Askosporen oder auch mit „Winterkonidien" die neu austreibenden Bäume. Auf den Befallsstellen bilden sich unter geeigneten Bedingungen nach wenigen Tagen wiederum neue Sporen („Sommerkonidien"), die dann bei regnerischem, warmem Wetter für die schnelle Ausbreitung der Krankheit in der Baumkrone sorgen. Als Wirtspflanzen kommen auch wildwachsende *Prunus*-Arten, wie Steinweichsel *(P. mahaleb),* in Frage.

Bekämpfung: Da der Schadpilz wahrscheinlich in der Regel nur in den abgefallenen Blättern überwintert, kann versucht werden, durch Beseitigen des Fallaubes oder durch Maßnahmen, die die Verrottung der Bodenstreu fördern, den Infektionsdruck im Frühjahr zu verringern. Zur chemischen Bekämpfung sind die gegen Schorf bewährten Mittel fast alle mehr oder weniger geeignet. Besonders haben sich Captan- und Dithianon-Präparate bewährt. Wo die Krankheit erfahrungsgemäß auftritt, ist die erste Spritzung spätestens sofort nach der Blüte durchzuführen. Die Behandlung muß dann je nach Witterung im Abstand von 8 bis 14 Tagen noch 2 oder 3mal wiederholt werden. Blattfallspritzungen haben gegen die Krankheit keine Wirkung.

Die **Schrotschußkrankheit** *(Clasterosporium carpophilum)* verursacht auf den Blättern aller Steinobstarten scharf abgegrenzte braune Flecken, die nach einiger Zeit herausfallen und im Blatt die als typisch geltenden Schrotschußlöcher hinterlassen. (Schrotschußähnliche Erscheinungen werden aber noch häufiger durch Viruskrankheiten, durch Bakterienbrand oder auch durch die Sprühfleckenkrankheit hervorgerufen.) Auf Früchten und Trieben entstehen leicht eingesunkene Flecken, die oft von einem rötlichen Rand umgeben sind. Überwinterung in Zweigwunden oder evtl. auch in erkrankten Früchten und Blättern. Bekämpfung: 1. Sofort nach der Blüte und evtl. 2 bis 3 Wochen später mit Netzschwefel oder organischen Fungiziden (letztere bei Pfirsich ausschließlich) spritzen. 2. Kupferspritzung während des Blattfalles im Herbst.

Die **Monilia-Spitzendürre** *(Sclerotinia laxa)* kommt vornehmlich an Sauerkirschen und hier besonders an 'Schattenmorellen' vor. Der Schadpilz dringt auf dem Wege über die Blütenorgane in das Fruchtholz ein und bringt dieses mit den Blüten zum Absterben. Wie bei Kernobst werden außerdem auch die Früchte durch Monilia angesteckt. Die Überwinterung erfolgt vor allem in den erkrankten Zweigen, in denen bereits ausgangs des Winters die Sporenlager in Form grau gefärbter Konidien entstehen. Bekämpfung: Abschneiden der erkrankten Zweige spätestens vor Beginn der Blüte und 2 bis 3maliges Spritzen mit Fungiziden (Captan, Thiram, Triforin) kurz vor und während der Blüte.

Die **Valsakrankheit** führt zu Rindenbrand oder Krebs und schließlich zum Absterben von Zweigen, Ästen oder sogar ganzen Bäumen. Sie wird bei Kirschen durch *Leucostoma persoonii,* bei Pflaume und Pfirsich vor allem durch *L. cincta* hervorgerufen. Die Pilze dringen durch Wunden verschiedener Art, einschließlich Blattnarben, in die Bäume ein. An den Schadstellen findet man kleine schwarze Pusteln, die Fruchtkörper der Nebenfruchtform *(Cytospora),* aus denen oft rötliche Sporenmassen in langen Schnüren heraustreten. Bekämpfung durch gründliches Aus- oder Wegschneiden der erkrankten Baumteile. Das Schnittholz sollte in der Anlage nicht liegenbleiben. Als chemische Maßnahmen wurden bisher Blattfallspritzungen mit Kupfer empfohlen. Besser dürften vermutlich (neben Benzimidazolen) organische Fungizide, wie Captafol oder Triforin, wirken. Erfolgversprechend ist auch eine biologische Bekämpfung mit pilzlichen Antagonisten, z. B. mit *Trichoderma viride.*

Die **Verticilliumwelke** oder **Verticilliose** *(Verticillium albo-atrum)* erscheint außer an Steinobst noch an vielen weiteren Obstarten. Bei Steinobst wurden in den letzten Jahren größere Schäden an Aprikose, Pfirsich, Sauerkirsche und Pflaume beobachtet. Auch an Unterlagen, wie *Prunus mahaleb,* 'Myrobalane' und 'St. Julien', wurde die Krankheit gefunden. Die befallenen Bäume bzw. Baumteile reagieren durch Vergilbung des Laubes, langsames Dahinkümmern, oder auch durch plötzliches, oft mit völligem Absterben verbundenen Welken. In dem erkrankten Holz zeigen sich im Querschnitt dunkelviolette bis braunschwarze Verfärbungen, die tintenfleckenartig verteilt sind. Der Erreger ist ein bodenbewohnender Pilz, der über Wurzeln oder auch Stammverletzungen in die Wirtspflanzen eindringt. Zur Bekämpfung werden u. a. folgende Maßnahmen empfohlen: 1. Rodung erkrankter Bäume. 2. Mäßige Anwendung von Stickstoff. 3. Bei Neupflanzungen: Bodenentseuchung nach stark anfälligen Vorkulturen (z. B. – außer Steinobst – Erdbeere, Himbeere, Johannisbeere, Hopfen, Kartoffel, Tomate) bzw. Wechsel der Pflanzfläche. 4. Verwendung von Pflanzgut mit gering anfälligen Unterlagen (z. B. wurzelechte 'Hauszwetsche').

Die **Kräuselkrankheit** *(Taphrina deformans)* befällt die Blätter von Pfirsichen. Sie werden bald nach dem Austrieb rot oder gelb gefärbt und infolge starker Kräuselung, beuliger Anschwellung oder Verdickung mehr oder weniger verunstaltet (Tafel 12). Auf den Schadstellen erscheint ein weißer samtartiger Flaum. Bei starkem Befall tritt frühzeitig völlige Verkahlung (und damit Verlust der Früchte und Schwächung des Baumes) ein. Der später im Jahr neu erscheinende Austrieb bleibt von der Krankheit meist verschont. Der Schadpilz überwintert an der Oberfläche der Rinde. Von hier aus werden im Frühjahr (bei regnerischem Wetter) die gerade austreibenden jungen Blätter infiziert. Die Bekämpfung besteht vor allem aus einer chemischen Behandlung kurz vor Knospenaufbruch. Die Knospen müssen zu diesem Zeitpunkt noch vollständig geschlossen sein. Während des Austriebs kann u. U. eine weitere Spritzung folgen. Als Fungizid hat sich vor allem Dithianon bewährt. Ist erfahrungsgemäß ein hoher Befallsdruck zu erwarten, dann sollte die oben beschriebene Behandlung durch eine vorhergehende (späte) Winterspritzung mit einem Gelbspritzmittel unterstützt werden.

Der **Pflaumenrost** *(Tranzschelia discolor* bzw. *T. pruni spinosae)* erscheint zunächst auf der Blattunterseite in Form eines rostbraunen, stäubenden Pilzrasens. Vorzeitiger Blattfall. Bekämpfung durch Spritzung, u. a. mit Metiram, Mitte bis Ende Juni.

Kirschenschorf *(Venturia cerasi)* und **Pfirsichschorf** *(Venturia carpophila)* verursachen ähnliche Schäden wie Kernobst-Schorf, doch bleiben beim Pfirsich die Blätter meist verschont. Bekämpfung mit Schorffungiziden, vor allem nach der Blüte.

Die **Narren-** oder **Taschenkrankheit** *(Taphrina pruni)* erscheint an Pflaumen in Form mißgebildeter, kernloser Früchte (Tafel 12). Bekämpfung durch Zusatz von Kupfer zur Winter- bzw. Austriebspritzung und/oder durch 1 bis 2 Spritzungen u. a. mit Mancozeb oder Captan + Mancozeb während und nach der Blüte.

Pfirsichmehltau *(Sphaerotheca pannosa).* Schäden ähnlich wie bei Apfelmehltau. Bekämpfung mit Mehltaufungiziden nach der Blüte.

Bleiglanzkrankheit und **Hallimasch** s. Kernobst.

3.3 Pilzkrankheiten an Strauchbeerenobst

Die **Blattfallkrankheit** *(Drepanopeziza ribis)* kommt an allen Johannisbeerarten und – seltener – an Stachelbeeren vor: Auf den Blättern (Unter- und Oberseite) erscheinen kleine braune Tupfen, die, bei gehäuftem Auftreten, größere unregelmäßige Flecken bilden. Stärker erkrankte Blätter vergilben rasch und fallen vorzeitig ab. Der Schadpilz überwintert in dem Fallaub und infiziert von dort (mit Askosporen) das junge Laub. Im Sommer Verbreitung mit Konidien. Bekämpfung mit einem Kupferoxychlorid-Mittel oder (bei Schwarzen Johannisbeeren) mit organischen Fungiziden, z.B. Dithianon oder Metiram. Die Behandlung muß sofort nach der Ernte erfolgen und evtl. noch 2 bis 3mal wiederholt werden. Tritt erfahrungsgemäß der Befall sehr früh auf, dann ist es zweckmäßig, auch schon zwischen Blüte und Ernte 1 bis 2 Spritzungen einzulegen.

Der **Amerikanische Stachelbeermehltau** *(Sphaerotheca mors uvae)* kann neben Stachelbeeren auch Johannisbeeren befallen: Auf (grünen) Trieben, Blättern und – bei Stachelbeeren – an den noch unreifen Früchten (Tafel 12) erscheint ein anfangs weißer, später brauner pelziger Überzug. Die erkrankten Organe verkümmern und sterben ab. Der Schadpilz überwintert an den Trieben, vor allem an den Triebspitzen, und im Fallaub. Bekämpfung: 1. Regelmäßiges Auslichten der Sträucher, dabei Entfernen der verkrüppelten, geschwächten Triebe und sämtlicher Triebspitzen. Das anfallende Material muß unbedingt noch vor Austriebsbeginn aufgesammelt und verbrannt werden. 2. Chemische Bekämpfung durch späte Winterspritzung mit Gelbspritzmitteln und/ oder ab Austrieb je nach Befallslage 3 bis 5 Spritzungen mit Mehltaufungiziden im Abstand von 7 bis 10 Tagen.

Der **Säulenrost** *(Cronartium ribicola)* hat bei uns ausschließlich bei Schwarzen Johannisbeeren wirtschaftliche Bedeutung. Der Befall erfolgt an der Unterseite der Blätter. Erste Zeichen sind kleine hellgelbe Pusteln; später, im Hochsommer, wird die Blattunterseite von einem lockeren fädigen rostbraunen Belag überzogen. Als Folge: Vorzeitiges Absterben der Blätter. Der Schadpilz überwintert u.a. auf der Weymouthskiefer und ruft dort den Weymouthskiefer-Blasenrost hervor. Bekämpfung: Möglichst die Nähe des Hauptzwischenwirtes (Weymouthskiefer) meiden. Außerdem Fungizid-Spritzungen mit den unter Blattfallkrankheit angegebenen Mitteln: 1. Sofort bei erstem Auftreten der Krankheitserscheinung im Frühjahr (meist Mitte Juni). Evtl. Wiederholung nach 2 Wochen, wenn die Wartezeit ausreicht. 2. Sofort nach der Ernte und nach weiteren 2 bis 3 Wochen. Bei der Spritzung die Blattunterseite gründlich benetzen!

An Himbeeren bilden Pilze vor allem als Erreger verschiedener **Rutenkrankheiten** ein Problem. Am wichtigsten sind ihrer Bedeutung nach: 1. *Leptosphaeria coniothyrium*, 2. *Didymella applanata*, 3. *Botrytis cinerea*, 4. *Elsinoë veneta*. Der erstgenannte Erreger verursacht ein Absterben der Ruten und tritt häufig in Verbindung mit Befall durch die Himbeerrutengallmücke *(Thomasiniana theobaldi)* auf. Die beiden weiteren Pilze sind vor allem für Schäden an Knospen und Seitentrieben verantwortlich, während *E. veneta* an den Ruten sog. Brennflecken verursacht. Bekämpfung: Durch reichliche Humusversorgung und Erhaltung gleichmäßiger Bodenfeuchtigkeit für gesunden Wuchs der Himbeeren sorgen. Das Wurzelwachstum nicht durch Bodenbearbeitung stören. Abgetragene Ruten und zu dicht stehende Jungtriebe entfernen. Evtl. vor der Blüte Spritzung mit Insektiziden (z.B. Dimethoate, Parathion) zur Bekämpfung der Himbeerrutenmücke oder mit geeigneten Fungiziden (z.B. Dichlofluanid) zur direkten Abwehr des Pilzbefalls. Im Ausland hat sich auch die Abtötung der besonders gefährdeten ersten Jungtriebgeneration mit einem Gelbspritzmittel (Dinoseb) bewährt.

3.4 Pilzkrankheiten an Erdbeeren

Der **Grauschimmel** *(Botrytis cinerea)* ist in feuchten Jahren die gefährlichste Erdbeerkrankheit. Blüten und grüne oder auch reife Früchte werden fleckenweise braun, faulen und sind schließlich von mausgrauem Pilzrasen überzogen (Tafel 12). Der Schadpilz überwintert an den im Vorjahr erkrankten, abgestorbenen Pflanzenteilen, von wo aus vermittels Konidien die Infektion im Frühjahr erfolgt. Die Früchte werden in einem entscheidenden Umfange auf dem Wege über Blüten-Infektionen befallen. Vom erkrankten Blütenboden aus wird die heranreifende Frucht direkt angegriffen (s. Abb. 132). Optimale Bedingung für die Krankheit ist regnerisches warmes Wetter. Bei 15 bis 20 °C genügen für das Zustandekommen stärkerer Infektionen ca. 12 Std. Feuchtigkeit. Nach 3 bis 4 Tagen können an den Infektionsstellen schon wieder neue Sporen erscheinen, die die Krankheit weiter verbreiten. Von seiten der Pflanzen wird die Botrytis-Fäule durch dichten mastigen Wuchst begünstigt, zumal wenn die Blüten unterhalb des Laubdaches erscheinen.

Bekämpfung: Wenn möglich, nur 1- oder 2jährige Kulturen durchführen, um damit u.a. die zunehmende Verseuchung der Kulturflächen zu vermeiden. Pflanzabstände nicht zu dicht wählen (Mikroklima!). Keine übermäßige Stickstoffanwendung, vor allem nicht im Frühjahr. Bei kleinen Erdbeerbeständen sorgfältig die erkrankten Pflanzenteile entfernen. Blüten- bzw. Fruchtstände mit Stroh oder Holzwolle unterlegen. Die chemische Bekämpfung besteht aus Spritzbehandlungen u.a. mit Dichlofluanid, Rovral, Thiram oder Vinclozolin während der Blütezeit: 1. Spritzung zu Beginn der Hauptblüte, 2. Spritzung ca. 7 bis 10 Tage später. Bei sehr feuchtem Witterungsverlauf und Verlängerung der Blütezeit sind u.U. noch eine oder zwei weitere Spritzungen erforderlich. Wartezeit beachten! Wichtigste Voraussetzung für einen ausreichenden Bekämpfungserfolg ist, daß alle Pflanzenteile, insbesondere die versteckt sitzenden Blüten, gründlich benetzt werden. Dazu ist es notwendig, mit hohem Druck, großer

Abb. 132. Vom Blütenboden ausgehende Botrytis-Fäule (Grauschimmel) an Erdbeerfrucht.

Düsenöffnung und ausreichendem Brühaufwand (20 l/a) zu arbeiten. Bei leistungsschwachen Spritzgeräten evtl. die Erdbeerreihen 2mal, jeweils in entgegengesetzter Richtung befahren. Als besonders zweckmäßig hat sich die Verwendung einer speziell für die Grauschimmel-Bekämpfung konstruierten 3-Düsen-Gabel bewährt (Abb. 133).

Bei der **Lederfäule** *(Phytophthora cactorum)* der Erdbeere entstehen wie bei Grauschimmel auf den noch grünen Früchten zunächst fleckige Verbräunungen. Das Fruchtfleisch wird in der Regel jedoch nicht weichfaul, sondern lederartig hart, und es fehlt der (graue) Sporenrasen. Chemische Bekämpfung mit Dichlofluanid (nicht mit Rovral oder Vinclozolin!) im Rahmen der gegen Grauschimmel gerichteten Spritzfolge.

Die Schäden bei der **Gnomonia-Fruchtfäule** *(Gnomonia fructicola)* sind ähnlich wie bei den beiden vorher beschriebenen Krankheiten. Die Fäulnis beginnt meist an den Kelchblättern und geht von dort auf Frucht und Fruchtstiel über (Tafel 12). Die chemische Bekämpfung muß, früher als bei Grauschimmel, zwischen Blattaustrieb und Blühbeginn erfolgen. Als Fungizide haben sich u. a. Dichlofluanid und Thiram bewährt.

Der **Echte Mehltau** der Erdbeere *(Sphaerotheca humuli)* ist bei trockenem warmem Wetter (optimal 18 bis 25 °C) eine erhebliche Gefahr für den Anbau einiger Sorten. Sämtliche oberirdischen Teile können erkranken. Die Blätter zeigen den Befall am auffälligsten durch Aufrollung des Blattrandes und rötliche Verfärbung. Die Früchte vertrocknen und sind von einem gipsartig weißen Belag überzogen. Bekämpfung mit Mehltaufungiziden kurz vor der Blüte, zu Beginn der Vollblüte und evtl. nach der Ernte.

Kümmerwuchs oder plötzliches Verwelken von Erdbeerpflanzen ist vielfach auf den Befall durch **bodenbürtige Pilze** zurückzuführen. Am häufigsten treten die Erscheinungen infolge von Rhizomfäule, Roter bzw. Schwarzer Wurzelfäule oder Verticillium-Welke auf. Bei der **Rhizomfäule,** hervorgerufen durch eine spezielle Rasse des Erregers der Kragenfäule *(Phytophthora cactorum)*, wird in erster Linie das Rhizom angegriffen,

Abb. 133. Dreidüsengabel für Botrytis-Spritzung bei Erdbeeren.

das schon im frühen Stadium der Erkrankung im Anschnitt eine rotbraune Verfärbung zeigt. Für die **Rote Wurzelfäule** ist ebenfalls eine *Phytophthora*-Art *(Ph. fragariae)* verantwortlich. Die Krankheit ist, obwohl bereits weit verbreitet, erst in jüngster Zeit in Deutschland nachgewiesen worden. Das wichtigste Kennzeichen ist eine von der Wurzelspitze ausgehende rotbraune Verfärbung des inneren Wurzelgewebes (Zentralzylinder). Dieses Symptom findet man allerdings in der Regel nur von Herbst bis Frühjahr. Bei der **Schwarzen Wurzelfäule,** für die mehrere Pilze – oft in Verbindung mit Nematodenbefall – verantwortlich gemacht werden, ist die Fäulnis anfänglich auf den Bereich der Wurzelrinde beschränkt, die sich dunkel bis schwarz verfärbt und sich von dem vorerst noch hellen Zentralzylinder leicht abziehen läßt. Bei der **Verticillium-Welke** (Näheres bei Steinobst) beschränken sich die Krankheitserscheinungen ausschließlich auf die oberirdischen Pflanzenteile.

Die Bekämpfung der durch die bodenbürtigen Pilze hervorgerufenen Krankheiten ist entsprechend den Anweisungen der zuständigen Beratungsstellen vorzunehmen. Sie besteht vor allem aus verschiedenen Grundmaßnahmen, wie Verwendung von gesundem Pflanzenmaterial und von örtlich als resistent erwiesenen Sorten, Vermeidung von Böden mit stauender Nässe, Kulturflächenwechsel usw. Zur chemischen Bekämpfung der *Phytophthora*-Pilze stehen in naher Zukunft vermutlich auch spezielle Fungizide zur Verfügung (s. bei Kragenfäule).

4 Schadtiere

Die meisten Schädlinge befinden sich unter den Insekten und Milben und gehören damit zu dem Tierstamm der Gliederfüßer (Arthropoden). Bei den Insekten unterscheiden wir eine Gruppe mit unvollständiger Verwandlung und eine Gruppe, die eine vollständige Verwandlung durchmacht. Zur ersten Kategorie gehören die (durch Saugtätigkeit schädigenden) Blatt-, Schild- und Blutläuse, Blattsauger, Zikaden und Wanzen. Hier sind schon die unmittelbar aus den Eiern geschlüpften Larven dem erwachsenen Tier mehr oder weniger ähnlich. Sie entwickeln sich nur durch allmähliche Übergänge, die jeweils von Häutungen begleitet sind, zu dem geflügelten oder auch ungeflügelten Vollinsekt. Zu den Insekten mit vollständiger Verwandlung gehören im Obstbau die (fast ausnahmslos durch Fraßtätigkeit schädigenden) Schmetterlinge, Käfer, Blattwespen (einschließlich der Sägewespen) und Zweiflügler. Hier sind die Larven völlig anders gestaltet als das Vollinsekt. Die Umwandlung der nach mehreren Häutungen heranwachsenden Larven findet während einer Ruhepause, dem Puppenstadium, statt. Die Larven führen z.T. spezielle Namen: Sie werden bei den Schmetterlingen als Raupen, bei den Blattwespen als Afterraupen und bei den Zweiflüglern (Fliegen und Mücken) als Maden bezeichnet.

Viele Obstschädlinge überwintern im Ei- oder Larvenstadium, seltener auch als erwachsene Tiere, unmittelbar an den Wirtspflanzen selbst. Hier kann man oft schon vor dem Austrieb die Gefahr abschätzen und entsprechend eingreifen, z.B. durch eine Winter- oder Austriebsspritzung. Bei Schädlingen, die erst nach und nach aus ihren Winterverstecken kommen, von außen zufliegen oder mit mehreren Generationen im Jahr auftreten, sind fortlaufend weitere Kontrollen notwendig. Die chemischen Bekämpfungsmaßnahmen sollten möglichst gezielt und unter Berücksichtigung der jeweiligen Befallslage durchgeführt werden. Insgesamt ist zu beachten, daß trockenes, warmes Wetter die Entwicklung und Vermehrung der Insekten und Milben gewöhnlich stark fördert. Anders als bei den meisten Pilzkrankheiten besteht also hier während Trockenperioden die größere Gefahr. Nachdrücklich sei in diesem Zusammenhang auf die Verfahren des integrierten Pflanzenschutzes hingewiesen (s. dort).

4.1 Schadtiere an verschiedenen Obstarten

Die **Obstbaum-Eulen** *(Monima incerta* und verwandte Arten) leben an zahlreichen Laubgehölzen, darunter sämtliche Obstarten. Durch Fraßschäden an Früchten, aber auch an Blättern und jungen Trieben, können erhebliche Verluste entstehen. Die Schädlinge treten mit nur einer Generation jährlich auf. Sie überdauern die längste Zeit des Jahres (von etwa Mitte Juni bis zum beginnenden Frühjahr) als Puppe im Boden. Die Falter fliegen ab März und legen ihre Eier u.a. an Zweige und Knospen. Die blaugrüngefärbten, mit gelblichen Punkten gezierten Raupen (Tafel 15) erscheinen ab April und schädigen bis Mitte-Ende Juni. Sie erreichen eine Größe von maximal 5 cm. Die Bekämpfung erfolgt mit Fraß- bzw. Berührungsgiften nach der Blüte bei Befall von 1–2% der Früchte.

Der **Kleine Frostspanner** *(Operophthera brumata)* ist, ähnlich wie die vorgenannten Schädlinge, auf Laubgehölzen weit verbreitet; von den Obstgewächsen werden (außer Pfirsich) alle Arten befallen. Die zunächst dunkelgrau, später grün oder braungefärbten Raupen des Schmetterlings (Tafel 15) schädigen im Frühjahr an Blättern, Blüten und jungen Früchten. Im Extremfall Kahlfraß! Die Raupen besitzen nur 2 Paar Bauchfüße, wodurch ihre typische „katzbuckelnde“ Fortbewegungsweise bedingt ist. Über Sommer lebt der Schädling (von dem jährlich nur eine Generation auftritt) als Puppe im Boden. Die Überwinterung erfolgt im Eistadium an der Wirtspflanze. Bekämpfung durch Winter- bzw. Austriebspritzung oder bei der 1. Vorblütespritzung. Gelegentlich ist vor oder kurz nach der Blüte (Schadensschwelle s. Tab. 45) eine weitere Spritzung gegen Frost-

Tab. 45. Beispiele wirtschaftlicher Schadensschwellen beim Apfel, nach der Blüte, visuelle Kontrolle (nach BAGGIOLINI et al. 1980)

Schädling	Probe	Befallshöhe (an je 100 Proben)
Obstbaumspinnmilbe	Blätter	60–65% befallen
Grüne Apfelblattlaus	Langtriebe	8–10 Kolonien
Apfelgraslaus	Langtriebe	60 Kolonien
Mehlige Apfelblattlaus	Kurztriebe	1–2 Kolonien
Apfelfaltenlaus	Langtriebe	3–5 Kolonien
Apfelsägewespe	Früchte	3% befallen (Einstiche oder Minen)
Obstbaumminiermotte	Blätter	100–200 Minen
Frostspanner	Fruchtbüschel	5–10% befallen
Obstbaum-Eulen	Früchte	1–2% befallen

spanner notwendig, z. B. wenn die Raupen später noch von unbehandelten Laubbäumen zugeweht werden. In Klein- und Bauerngärten kann das Anbringen von Leimringen im Herbst evtl. die Spritzung ersetzen.

Kahlfraß am gesamten Baum oder an einzelnen Baumpartien erfolgt außer durch den Kleinen Frostspanner noch durch die Raupen verschiedener anderer mehr oder weniger gelegentlich auftretender Schmetterlinge, z. B. **Gemeiner Goldafter** *(Euproctis chrysorrhoea)*, **Gemeiner Schwammspinner** *(Lymantria dispar)*, **Baumweißling** *(Aporia crataegi)* und **Ringelspinner** *(Malacosoma neustria)*. Sie werden meist durch Insektizideinsatz vor der Blüte miterfaßt. Andernfalls sind Sonderbehandlungen mit Fraßgiften durchzuführen. Ältere Raupen sind dagegen allerdings weitgehend unempfindlich.

Auch durch **Käfer** können gelegentlich erhebliche Fraßschäden an Laub und Früchten entstehen. Bei Bedarf werden sie durch Sonderbehandlungen mit Fraßgiften vernichtet. Während der Blüte Einsatz von Endosulfan.

Als Borkenkäfer treten **Holzbohrer** (*Xyleborus dispar* u. a.) und **Obstbaumsplintkäfer** (*Scolytus mali* u. a.) auf. Schadbild: In der Rinde schrotschußartige Löcher, die bei Holzbohrern vereinzelt zu finden sind und zu tief in das Holz reichenden Fraßgängen führen und bei Splintkäfern in großer Anzahl auftreten und in ein ausgedehntes System von Fraßgängen zwischen Borke und Holzkörper münden. In den Gängen Larven oder dunkelbraune bzw. schwarze ca. 2 bis 5 mm große Käfer; Befall nur bei geschwächten Bäumen oder Baumteilen. Deshalb vor allem für zügiges Wachstum der Bäume sorgen. Frisch verpflanzte, umveredelte oder anderweitig geschwächte Bäume bei Befallsgefahr (z. B. in der Nähe von Borkenkäfer-Brutstätten) vorbeugend Ende März / Anfang April mit langwirksamen Fraßgiften behandeln. Dabei Stämme und Äste gründlich benetzen. Nach ca. 3 Wochen evtl. Wiederholung der Behandlung.

Die **Wühl- oder Schermaus** *(Arvicola terrestris)* ist der gefährlichste Wurzelschädling an Obstbäumen. Insbesondere werden jüngere Bäume geschädigt. Sie fallen ihr oft reihenweise zum Opfer. Die größten Ausfälle treten in den Jahren kurz nach der Pflanzung auf. Aufgrund der unterirdischen Schädigung wird das Zerstörungswerk gewöhnlich erst sichtbar, wenn die Pflanzen bereits absterben. Beim Herausnehmen der betroffenen, meist nur noch sehr locker im Boden sitzenden Bäume findet man die abgefressenen Wurzeln mit den deutlichen Spuren von Nagezähnen. Bei jungen Bäu-

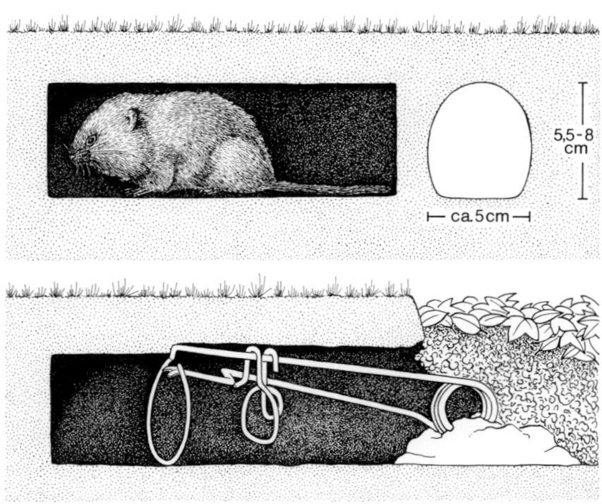

Abb. 134. Wühlmaus, Form eines Wühlmausganges und aufgestellte Drahtfalle zur Wühlmausbekämpfung (aus v. HEYNITZ/MERCKENS 1980).

men ist der Wurzelkörper häufig nur noch als kegelförmiger Rest der Pfahlwurzel erhalten.

Die Wühlmaus besitzt einen stumpfen Kopf, ein hell- bis dunkelbraun gefärbtes Fell, das die Ohren fast völlig bedeckt, und erreicht eine Größe von ca. 13 bis 20 cm; der Schwanz ist um etwa die Hälfte kürzer. Das Tier lebt in einem selbstgegrabenen, unterirdischen Bau, der aus zahlreichen Gängen (meist in 15 cm Tiefe), Vorratskammern und Nestern besteht. Die Wühltätigkeit ist, ähnlich wie beim Maulwurf, mit der Bildung von Erdhaufen verbunden, die im Durchschnitt aber kleiner, flacher, unregelmäßiger und grobscholliger als Maulwurfshügel sind und seitlich der Gänge ausgeworfen werden.

Für die Bekämpfung kommen gezielte Maßnahmen verschiedener Art oder die ungezielte Flächenbehandlung mit chemischen Spritzmitteln in Frage. Zur Flächenbehandlung dienen Präparate auf Basis von Endrin. Sie dürfen nur in wilddicht eingezäunten Anlagen nach der Ernte eingesetzt werden. Die gezielte Bekämpfung erfolgt durch: 1. Auslegen von Giftgetreide oder von Giftbrocken (Zinkphosphid). 2. Begasung mit Phosphorwasserstoff entwickelnden Verbindungen. 3. Räuchern mit Räucherpatronen. 4. Aufstellen von Selbstschußgeräten. 5. Aufstellen von Fallen. Eine Voraussetzung für diese gezielte Bekämpfung ist, daß die Wühlmausbauten in ausreichendem Umfange aufgespürt werden. Das geschieht u.a. mit Hilfe eines speziellen Suchstabes. Die „Verwühlprobe", die auf der Gewohnheit der Wühlmaus beruht, einen geöffneten Gang alsbald wieder zu verschließen, zeigt dann, ob der gefundene Bau noch bewohnt ist. Für das Fangen der Wühlmäuse mit Fallen, was als das sicherste Bekämpfungsverfahren gilt, werden verschiedene Systeme von Drahtfallen angeboten, die alle mehr oder weniger geeignet sind. Entscheidend ist die sachkundige Anwendung. Auf Einzelheiten kann hier nicht eingegangen werden. Sie werden zweckmäßigerweise bei einem erfahrenen Wühlmausfänger erlernt.

Die **Feldmaus** *(Microtus arvalis)* und verwandte Arten schädigen die Bäume auch oberhalb der Erdoberfläche durch Benagen der Rinde. Sie werden vor allem durch Giftgetreide, das mit Legeflinten tief in die Gänge eingebracht werden muß, oder durch breitflächiges Ausstreuen von Chlorphacinon-Giftködern („Lepid") bekämpft. Vorbeugende Maßnahmen bestehen aus dem Freimachen der Stammbasis von Gras- und Unkrautbewuchs und dem Aufstellen von Sitzstangen für Greifvögel.

4.2 Schadtiere an Kernobst

Unter den **Spinnmilben** bereitet die **Obstbaumspinnmilbe** *(Panonychus ulmi)* die größten Probleme. Sie findet in den intensiv bewirtschafteten Obstanlagen optimale Lebensbedingungen und ist vielerorts, vor allem in Gebieten mit trockenwarmem Klima, der gefürchtetste Obstschädling. Sie befällt vor allem Apfel und Pflaume, aber auch andere Obstarten, wie Birne, Kirsche, Pfirsich und Johannisbeere. Schadbild: Die Blätter sind mit nadelstichfeinen Aufhellungen gesprenkelt und erhalten im weiteren Verlauf der Schädigung ein graugrünes und schließlich bronzefarbenes Aussehen. Stark erkrankte Bäume sind schon von weitem an ihrem ungesunden fahlen Laub zu erkennen. Vorzeitiger Blattfall.

Der Schädling überwintert im Eistadium an seinen Wirtspflanzen (Tafel 14). In Massen abgelegt, können die Eier oft als Anflug von roter Farbe an Zweigen und Ästen wahrgenommen werden. Zu den häufigsten Eiablagestellen gehören Astwinkel und Ansatzstellen von Knospen und Fruchtspießen. Der Schlupf der ersten Larvengeneration erfolgt ab Ende April und zieht sich in der Regel bis Ende der Kernobstblüte hin, oder noch eine gewisse Zeit darüber hinaus. Die (hellrotgefärbten, 6füßigen) Larven wandern sofort auf die Blätter, wo sie gleich mit ihrer Saugtätigkeit beginnen. Während noch die letzten Larven aus den Wintereiern schlüpfen, findet man meist auch schon die ersten erwachsenen (nun 8füßigen) Milben. Sie beginnen nach 3 bis 4 Tagen auf der Unterseite der Blätter mit der Ablage von Sommereiern. Nach etwa 2 Wochen schlüpfen dann die Larven der zweiten Generation, der noch 3 bis 4 (in südlichen Anbaugebieten bis zu 7) Generationen im gleichen Jahr folgen. Warmes Wetter begünstigt, Regen und Wind, insbesondere in Verbindung mit Kälte, hemmen die Entwicklung.

Die Bekämpfung der Obstbaumspinnmilben gehört zu den schwierigsten Problemen des obstbaulichen Pflanzenschutzes:

1. Das Auftreten zahlreicher Generationen im Jahr, verbunden mit einer großen Vermehrungsfähigkeit, erfordert ständige Überwachung der Obstanlagen und gegebenenfalls wiederholtes Eingreifen.
2. Die verschiedenen Entwicklungsstadien (Eier, Larven, erwachsene Tiere) treten im Sommer nebeneinander auf. Kein Akarizid ist aber gegen alle Stadien gleich gut wirksam.
3. Die Gefahr der Resistenzbildung gegen wiederholt angewendete Bekämpfungsmittel ist außergewöhnlich groß.
4. Zahlreiche Pflanzenschutzmittel erhöhen die Anfälligkeit der Wirtspflanzen (z.B. infolge Änderung der Nahrungsqualität = „trophischer Effekt“) und/oder vernichten natürliche Spinnmilbenfeinde.
5. Eine Begünstigung der Spinnmilben erfolgt darüber hinaus auch durch einige allgemeine Kulturmaßnahmen des intensiven Obstbaues, namentlich durch hohe Stickstoffdüngung.

Es kommen folgende Bekämpfungsmaßnahmen in Betracht:

1. Ausnutzung der Leistung von Schwefel im Rahmen der Schorf- bzw. Mehltaubekämpfung. Bei wiederholtem Einsatz wird – als Nebeneffekt – die Milbenentwicklung beträchtlich, u.U. (z.B. bei geringem Befallsdruck) ausreichend gehemmt.
2. Ausnutzung der Leistung bestimmter Insektizide im Rahmen der allgemeinen Insektenbekämpfung. Viele Insektizide, namentlich die meisten organischen Phosphorverbindungen, sind – sofern noch keine Resistenz eingetreten ist – auch gegen Spinnmilben wirksam. In der Regel werden damit allerdings nur die beweglichen Stadien (Larven, erwachsene Tiere) abgetötet. Da im Sommer daneben auch immer das Eistadium vorhanden ist, sind fast durchweg mindestens zwei Behandlungen (im Abstand von etwa 10 bis 14 Tagen) notwendig, um auch die später nach und nach ausschlüpfenden Larven zu erfassen.
3. Gezielte Anwendung spezieller Akarizide. Zur Festlegung der Schadensschwelle wird neuerdings folgendes Verfahren vorgeschlagen: Vor der Blüte Kontrolle von je zwei Eiablagestellen (s. oben) auf 50 zweijährigen Astabschnitten. Ab 30 bis 50 Eier pro Ablagestelle gilt eine Bekämpfung noch vor der Blüte als ratsam. Andernfalls werden nach der Blüte 100 Blätter aus dem Bereich des unteren Drittels von Neutrieben untersucht. Bekämpfung, wenn 60 bis 65% dieser Blätter befallen sind.

Weitere verbreitete Spinnmilben an Kernobst: Die grün bis braun gefärbte **Braune Spinnmilbe** *(Bryobia rubrioculus)* überwintert im Eistadium am Baum und hat 3 bis 4 Generationen jährlich. Der Schlupf der Larven aus den Wintereiern erfolgt bereits Ende März. In gepflegten Anlagen ist diese Art heute unbedeutend. Die rotgefärbte **Gemeine Spinnmilbe** *(Tetranychus urticae)* überwintert als erwachsenes Tier am Baum und kommt schon sehr zeitig im Frühjahr aus ihren Verstecken. Ein Teil wandert im Sommer auf Unkräuter ab. 6 bis 7 Generationen im Jahr. Bekämpfung wie unter

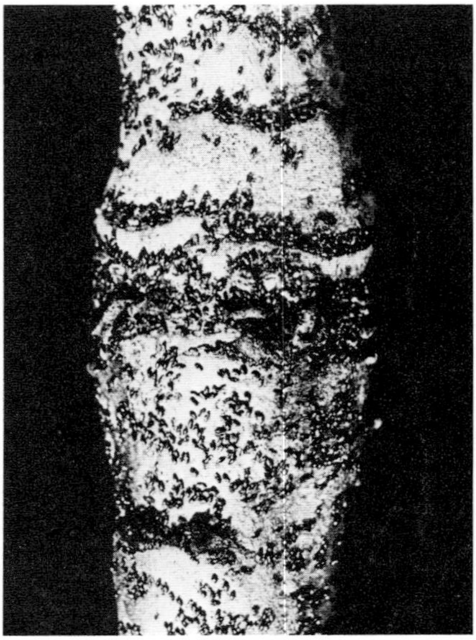

Abb. 135. Wintereier von Grüner Apfelblattlaus an Apfelzweig.

Obstbaumspinnmilbe angegeben. Bei starkem Auftreten ist eine Sonderbehandlung mit (bienenungefährlichen) Akariziden schon kurz vor oder während der Blüte anzuraten.

Die verbreitetste **Blattlaus** am Apfel ist die **Grüne Apfelblattlaus** *(Aphis pomi)*. Sie tritt vor allem an jüngeren Bäumen, in gut gedüngten, wüchsigen Pflanzungen auf. Neben Apfel werden Birne, Quitte und andere Rosazeen (z.B. Weißdorn) angegriffen. Bei starkem Befall werden die Triebe in ihrem Wachstum gehemmt.

Der Schädling überwintert im Eistadium (Abb. 135). Man findet die glänzenden schwarzen Wintereier oft in Massen an den im Vorjahr gebildeten Trieben. Etwa mit dem Knospenaufbruch beginnt der Schlupf der Stamm-Mütter. Diese sind nach etwa 14 Tagen erwachsen und bringen dann lebende Junge hervor, die sich ihrerseits nach kurzer Zeit wieder auf gleiche Weise vermehren. Bis zur Ablage von Wintereiern ab September entstehen so mehrere Blattlausgenerationen. Von der 2. Generation an erscheinen auch geflügelte Exemplare, die den Befall in der weiteren Umgebung verbreiten können. Man findet die Blattläuse in dichten Kolonien auf der Unterseite der (eingerollten) Blätter und unmittelbar an den grünen Trieben.

Die Bekämpfung ist vor allem im Frühjahr wichtig, bevor größere Schäden auftreten, und bevor die Schädlinge infolge der sich bildenden Blattverformungen geschützt sind. Wo eine entsprechende Überwachung der Obstanlage möglich ist, sollte aber erst bei Überschreiten der Schadensschwelle (vor der Blüte und im Spätsommer 10 bis 15, sonst 8 bis 10 Kolonien/100 Langtriebe) eingegriffen werden, um die Tätigkeit der natürlichen Blattlausfeinde so weit wie möglich zu erhalten. Die herkömmliche, vorbeugende Abwehr basiert vor allem auf einer Austriebs- bzw. Vorblütespritzung während oder nach Ausschlupf aus den Wintereiern. In der kurzen Periode, solange die Blattläuse insgesamt noch im Larvenstadium sind, und solange sie zwischen den Blättern noch keinen Schutz gefunden haben, können sie mit den allgemein gegen saugende Insekten zugelassenen Insektiziden ausreichend bekämpft werden. Später, insbesondere nach der Blüte, wird die Grüne Apfelblattlaus nur noch durch einige wenige Mittel voll erfaßt. Diese sind zum Teil wegen ihrer ausschließlichen Blattlauswirkung nützlingsschonend (s. bei Pflanzenschutzmittel).

Bei den nachstehend genannten Blattläusen verläuft die Biologie ähnlich wie bei der Grünen Apfelblattlaus. Im Sommer findet jedoch ein Wirtswechsel auf krautige Pflanzen oder Gräser statt. Schäden treten also nur im Frühjahr bis spätestens Frühsommer ein. Bekämpfungsmittel wie oben.

Die hellgrün gefärbte **Apfelgraslaus** *(Rhopalosiphum insertum)* besiedelt hauptsächlich ältere Apfelbäume und bevorzugt dort die Blatt- und Blütenbüschel. Aufgrund einer sehr hohen Schadensschwelle (Befall von ca. 60% der Langtriebe) ist eine Bekämpfung nur selten notwendig. Als „Futter" für Nützlinge ist die Apfelgraslaus sogar oft erwünscht! Schwierigkeiten bereitet die große Ähnlichkeit mit der Grünen Apfelblattlaus. Die etwas herangewachsenen Tiere dieser Art besitzen jedoch dunkle, fast schwärzliche Beine, Fühler und Hinterleibsröhren, während bei der Apfelgraslaus die entsprechenden Körperteile hell, durchscheinend sind.

Die zunächst fahlgelbe, später dunkelgrau gefärbte, aber hellbepuderte **Mehlige Apfelblattlaus** *(Dysaphis plantaginea)* kommt sehr unregelmäßig, oft nur an einzelnen Bäumen oder Baumteilen vor. Neben verformten Kurz- und Langtrieben und verkrümmten Blättern fallen dann vor allem die sog. Blattlausäpfel auf: kleine, z.T. verunstaltete, in Nestern zusammensitzende Äpfel. Der Schlupf aus den Wintereiern, die einzeln und versteckt auf älterem Holz abgelegt sind, erfolgt kurz vor der Blüte. Hier liegt auch der günstigste Zeitpunkt der chemischen Bekämpfung; sie ist schon bei 1 bis 2 befallenen Blütenbüscheln/100 Proben zu empfehlen.

Die **Apfelfaltenläuse** gehören ebenfalls zur Gattung *Dysaphis.* Sie sind in mehreren, einander ähnlichen Arten vertreten. Das auffälligste Schadbild: eingerollte, gefaltete Blätter mit gelb- bis dunkelroter fleckiger Verfärbung (Tafel 14). Bekämpfung, wenn 3 bis 5% der Triebe befallen sind.

Blutläuse *(Eriosoma lanigerum)* treten vor allem in trockenen Jahren stärker in Erscheinung. Die Schäden bestehen aus krebsartigen Wucherungen (Blutlauskrebs) an

Abb. 136. Blutlausbefall an Wasserschossen von 'Goldparmäne'.

Trieben und an sonstigen Stellen frischer Kambiumtätigkeit, z.B. an verheilenden Schnitt- und Hagelwunden. An den Schadstellen findet man die braunrot gefärbten Läuse in dichten Kolonien, die aufgrund wachsartiger Ausscheidungen als weiße, watteähnliche Gebilde in Erscheinung treten (s. Abb. 136). Bis zu 12 Generationen im Jahr. Bekämpfung vor allem im Frühjahr, bevor die Bäume voll belaubt sind, mit geeigneten Insektiziden (u.a. Bromophos, Chlorpyrifos, Dimethoat, Propoxur). Dabei ist unbedingt für die gründliche Benetzung aller befallenen Baumteile zu sorgen. U.a. sollten die Spritzdüsen so eingestellt werden, daß auch die Stämme ausreichend getroffen werden. Gegebenenfalls mit Spritzpistole arbeiten! Schadensschwelle, wenn vor oder während der Blüte etwa 20 bis 25% der Bäume deutlich befallen sind.

Die **Schildläuse** sind durch eine Schutzschicht gekennzeichnet, die bei den für uns wichtigen Arten als mehr oder weniger starrer Schild die festsitzenden Tiere völlig abdeckt. Die gefürchtetste und beim Apfel die einzige bedeutende Art ist die **San-José-Schildlaus** *(Quadraspidiotus perniciosus)*. Sie hat sich erst nach dem 2. Weltkrieg bei uns eingebürgert. Außer Obstgehölzen (Kernobst, Steinobst, Johannis-, Stachelbeere) werden auch noch zahlreiche andere Pflanzen, darunter Rose und Weißdorn befallen. Glücklicherweise ist der Schädling bisher nur in einzelnen, wärmeren Gebieten stärker verbreitet. Bei Befallsverdacht ist sofort die zuständige Behörde zu informieren. Erste Zeichen des Befalls findet man an den Früchten, vor allem in der Kelch- oder der Stielgrube. Es entstehen dort, ebenso wie auf Blattstielen und Zweigen, rote, linsengroße Flecken, in deren Zentrum der Schädling als graue, etwa stecknadelkopfgroße „Schuppe“ sitzt. Größere Anhäufungen von Schildläusen treten als schorfige, aschgraue Kruste in Erscheinung. Starker Befall kann zu völligem Absterben der betroffenen Pflanzen führen. Die Schädlinge, die in der Mehrzahl als halberwachsene Tiere überwintern, bringen bei Eintritt warmen Wetters innerhalb einiger Wochen bis zu mehreren Hundert Junge zur Welt. Ab Ende Juni verlassen die staubkornkleinen Larven den schützenden Schild. Je nach Klima und Wetter entstehen in weiterer Folge bis zum Herbst 2 bis 5 Generationen. An besonders warmen Standorten führen verwandte, jedoch weniger gefährliche Arten gelegentlich zu Verwechslungen mit der San-José-Schildlaus. Nur der Fachmann kann sie mit Sicherheit unterscheiden. Bekämpfung nach Anweisung der amtlichen Pflanzenschutzberatung (Winter- oder Austriebspritzung; im Sommer: Parathion-Präparate; Rodung stark befallener Pflanzen). Wo sich die Schlupfwespe *Prospaltella perniciosi* eingebürgert hat, trägt sie mit Erfolg zur Eindämmung der Schildlaus bei.

Auf dem Holz geschwächter Bäume findet man gelegentlich massenhaft die **Kommaschildlaus** *(Lepidosaphes ulmi)* in Gestalt kleiner brauner, keulenförmiger Schilde. Die Bekämpfung (u.a. mit organischen Phosphorverbindungen) richtet sich gegen die im Mai/Juni schlüpfenden Larven.

Bei Birnen sind rissige knorpelige Zweige vielfach die Folge von Befall durch die **Rote Austernschildlaus** *(Epidiaspis leperei)*. Sie tritt vor allem in warmen Lagen auf und kommt auch an Apfel und anderen Obstarten vor. Die Bekämpfung kann mit Winterspritzmitteln erfolgen.

Von den **Birnenblattsaugern** treten drei Arten verbreitet auf: Der **Braunfleckige (Gemeine) Birnenblattsauger** *(Psylla piri)*, der **Gelbe Birnenblattsauger** (Psylla piricola) und der **Große Birnenblattsauger** (Psylla pirisuga). Sie sind z.T. als Überträger von Virosen und Mykoplasmosen bekannt. Schäden: Grau verfärbte, eingerollte, gekräuselte Blätter, verkrümmte Triebspitzen. Bei starkem Befall stellen die Triebe das Wachstum ein und vertrocknen. Die Blätter fallen ab. Besonders auffällig sind die klebrigen, honiggelben Ausscheidungen (Honigtau) der Birnenblattsauger, durch die

Abb. 137. Larven von Birnenblattsaugern.

auch die Früchte verschmutzt werden. Nachträgliche Besiedlung durch Rußtaupilze erhöht den Schaden.

Bei den Schädlingen handelt es sich um blattlausähnliche, in erwachsenem Zustand geflügelte, zuletzt dunkelbraun gefärbte, sehr bewegliche Insekten („Blattflöhe"). Die Larven (Abb. 137) sind orangegelb und besitzen auffällig rote Augen. Alle drei Arten überwintern als erwachsene Tiere. Der *Braunfleckige* und der *Gelbe Birnenblattsauger* finden ihre Winterquartiere an den Birnbäumen selbst (unter Borkenschuppen) oder auch unter Fallaub und in anderen Verstecken. Die Eiablage beginnt schon ab März und erfolgt bevorzugt in Knospennähe. Nach ca. 3 Wochen schlüpft die 1. Generation. Bis zum Herbst folgen noch weitere 2 bis 3 Generationen. Die Entwicklung vom Eistadium bis zum erwachsenen Insekt dauert im Frühjahr ca. 2, später nur noch ca. 1 Monat. Während der Vegetationszeit werden die Eier an Blätter gelegt. Die erwachsenen Tiere messen ca. 2,5 bis 3 mm. Der *Große Birnenblattsauger* (der eine Länge von gut 4 mm erreicht) hat nur eine Generation. Er überwintert auf Koniferen und geht erst verhältnismäßig spät (April bis Mai) auf die Birnbäume über. Die Eier werden dort im Verlauf von ca. 4 Wochen an Blättern, Blütenstielen und gelegentlich an Früchten abgelegt. Schon im Hochsommer beginnt die Abwanderung auf die Winterwirte. Blattverformungen (wie weiter oben beschrieben) werden nur durch den Großen Birnenblattsauger und nicht durch die beiden anderen Arten hervorgerufen.

Bekämpfung: Nach der Blüte 1 bis 2 Behandlungen mit einem Pyrethroid oder mit Etrimfos. Sofern nur die beiden erstgenannten, kleineren Psylla-Arten auftreten, trägt auch eine Austriebsspritzung mit Mineralöl + Parathion frühzeitig zu einer Reduzierung der Schädlingspopulation bei. Es hat sich außerdem bewährt, bereits kurz vor der ersten Eiablage die am Baum überwinternden Tiere durch eine Winterspritzung mit Pyrethroiden zu bekämpfen. Zu diesem Zeitpunkt werden die Nützlinge noch weitgehend geschont.

Die **Apfelblattsauger** sind mit den Birnenblattsaugern nahe verwandt und schädigen durch die Saugtätigkeit ihrer gelblichen bzw. grünlichen, blattlausartigen Larven. Starke Honigtauproduktion! In regelmäßig mit Insektiziden behandelten Anlagen ist ihre Bedeutung aber gering, zumal sie nur in einer Generation auftreten. Der **Frühjahrs-Apfelblattsauger** *(Psylla mali)* schädigt im Frühjahr Blätter und junge Früchte. Die Überwinterung erfolgt als Ei auf den Apfelbäumen. Bekämpfung gegebenenfalls vor der Blüte, sofern etwa 60 bis 80% der Knospenbüschel befallen sind. Der **Sommer-Apfelblattsauger** *(P. costalis)* schädigt das Laubwerk erst später im Sommer, ab Juni/Juli. Er überwintert (auch außerhalb der Obstanlage) als erwachsenes Tier und legt seine Eier während der Blüte ab. Die Bekämpfung erfolgt, wo erforderlich (bei 15 Kolonien/100 Blätter), sofort nach der Blüte.

Der **Apfelwickler** *(Laspeyresia pomonella)* zählt in Gebieten mit warmem, trockenem Klima zu den bekanntesten Obstschädlingen. Er ist allerdings dort, wo geschlossener, intensiver Obstbau vorherrscht, während der letzten Jahre zurückgedrängt worden. Dennoch kann nur selten auf ein Mindestmaß chemischer Bekämpfungsmaßnahmen verzichtet werden.

Schäden: An schon etwas älteren Früchten (ab etwa Juli) zum Kernhaus führende, mit krümeligem Kot gefüllte Gänge, darin häufig eine weiß- bis hellrosafarbene, 16füßige Larve („Obstmade") von maximal 1,5 cm Länge. Die betroffenen Früchte werden oft vorzeitig (not)reif und fallen ab. Neben Äpfeln werden gelegentlich auch Birnen und andere Obstarten befallen.

Der Schädling ist ein unscheinbarer, mottenartiger Schmetterling. Er überwintert als ausgewachsene Larve (eingesponnen in einem Kokon) unter Rindenschuppen oder anderen geschützten Stellen, wo dann im Frühjahr die Verpuppung erfolgt. Ab Mai (evtl. schon im April) verlassen die fertig entwickelten Falter nach und nach ihre Verstecke. Doch treten in der Regel erst im Laufe des Juni die Voraussetzungen für eine größere Aktivität hinsichtlich Flug (Nachweis mit Pheromonfallen! Seite 322) und Eiablage auf. Sie erreicht meist im Laufe des Juli ihren Höhepunkt. Optimale Bedingungen herrschen während niederschlagsarmen, windstillen Wärmeperioden mit Abendtemperaturen um 20°C. Die linsenförmigen, anfangs durchscheinenden, ca. 1 mm großen Eier werden gewöhnlich einzeln auf Früchte oder in deren Nähe auf Triebe und Blätter abgelegt. Bei warmem Wetter schlüpfen die Raupen schon nach einer Woche. Sie dringen in die Früchte ein und fressen einen Gang aus, der bei Frühbefall bis in das Kernhaus reicht. Nach etwa 4 Wochen sind die Raupen ausgewachsen. Sie verlassen die Früchte und suchen ihre Winterverstecke auf. Doch bei günstigen Witterungsverhältnissen kann sich ein Teil der zuerst ausgewachsenen Larven noch im gleichen Jahr wieder verpuppen. Es kommt dann ab Ende Juli bis u. U. in den September hinein zur Ausbildung einer 2. Generation und damit zu Spätbefall, der durch weniger tief in die Früchte dringende Fraßgänge gekennzeichnet ist. In klimatisch begünstigten Lagen (Weinklima!) tritt regelmäßig eine 2. Apfelwicklergeneration auf.

Zur Bekämpfung werden in Befallslagen im allgemeinen 2 bis 3, bei stärkerem Auftreten einer 2. Generation noch weitere Insektizid-Spritzungen als notwendig angesehen. Sie richten sich vor allem gegen das empfindlichste Stadium des Schädlings: die ausschlüpfenden oder gerade ausgeschlüpften Larven. Bei geringem Befallsdruck (Schadensschwelle bei Befall von etwa 1 bis 2% der Früchte) und in für Apfelwickler ungünstigen, kühlen Lagen kann man gelegentlich auf die Bekämpfung gänzlich verzichten oder sich auf eine einzige Behandlung beschränken. Im üblichen Falle ist die erste Spritzung etwa 8 Tage nach der ersten Periode nennenswerter Eiablage fällig, d. h. im Schnitt der Jahre gegen Ende Juni, Anfang Juli (5 bis 7 Wochen nach der Apfelblüte). Die zweite, meist wichtigste Spritzung folgt ungefähr 3 Wochen später. Die 2. Generation wird gegebenenfalls Anfang bis Mitte August und u. U. mit einer weiteren Spritzung Ende August bis Anfang September bekämpft. In geschlossenen Anbaugebieten unterrichtet der amtliche Warndienst über die richtigen Spritztermine. Als Bekämpfungsmittel dienen alle gegen Apfelwickler („Obstmade") zugelassenen Insektizide, dabei ist die Wirkung gegen evtl. gleichzeitig auftretende, andere Schädlinge zu beachten. Bei warmem Wetter sollte die Apfelwicklerbekämpfung möglichst schon am frühen Morgen erfolgen (s. auch Kapitel Biologische Bekämpfung).

Die **Fruchtschalenwickler.** Diese auch als Apfelschalenwickler bezeichnete Gruppe von Kleinschmetterlingen ist erst in neuerer Zeit zu einer ernsthaften Gefahr geworden und hat vielerorts den Apfelwickler an Bedeutung überrundet. Außer Apfel werden auch Birne und andere Obstarten befallen. Unter den verschiedenen, in der Lebensweise sehr ähnlichen Schalenwickler-Arten tritt vor allem *Adoxophyes orana (= Capua reticulana)* hervor. Daneben ist *Pandemis heparana* verhältnismäßig stark verbreitet. Schäden: Am auffälligsten sind beschädigte Triebspitzen (s. Abb. 138) mit teils völlig skelettierten, teils angefressenen, oft etwas eingerollten Blättern. Wichtiger aber sind die Schäden an den Früchten: unregelmäßig geformte, muldenartige, nur unvollkommen vernarbte Fraßstellen (s. Abb. 139), die sich vielfach in der Stielgrube oder an der Berührungsstelle zweier Äpfel oder auch unter einem angesponnenen Blatt befinden.

An der Schadstelle findet man die grünlich gefärbten, sehr lebhaften Raupen der Schmetterlinge. Sie werden etwa 20 mm groß und haben bei *A. orana* zunächst einen dunkelbraunen bis schwarzen, später einen hellbraunen, honigfarbenen Kopf und hellbraune Brustbeine. Es tritt jeweils eine Sommer- und eine Herbstgeneration auf. Die

Abb. 138. Von Fruchtschalenwickler befallene Triebspitze bei Apfel.

Abb. 139. Fraßschäden durch Fruchtschalenwickler an Apfelfrüchten.

Sommergeneration verursacht das oben beschriebene Schadbild (Ende Juni/Anfang August). Die Raupen der Herbstgeneration, die meist den größten Schaden verursachen, sind ab Ende August zu erwarten. Sie entwerten die heranreifenden Früchte durch „Naschfraß", der in Form gehäufter kleiner Löcher in Erscheinung tritt. Nach Überwinterung in einem dichten Gespinst in Rindenrissen, unter angesponnenen Blättern und ähnlichen Verstecken wird im Frühjahr die Fraßtätigkeit in Knospen und an Blättern bis zur Verpuppung im Mai fortgesetzt. Der Hauptfalterflug, der heute mit Hilfe der Pheromonfallen (s. Seite 322) auch in der Praxis verhältnismäßig leicht verfolgt werden kann, erfolgt jeweils im Juni und August. Die Eier werden bei *A. orana* in auffälligen gelblichen Gelegen auf der Blattoberseite abgelegt. Bis zum Ausschlupf der Raupen dauert es bei 12 °C 30 Tage, bei 20 °C nur noch 9 Tage.

Bekämpfung: Wo regelmäßig mehrere Behandlungen gegen Apfelwickler durchgeführt werden müssen, sind oft keine zusätzlichen Maßnahmen erforderlich. Bei geringerer Bedeutung des Apfelwicklers ist es jedoch oft zweckmäßig, die chemische Bekämpfung vor allem auf die Abwehr der Fruchtschalenwickler abzustimmen. Sie richtet sich in erster Linie gegen die jungen Raupen, die nach und nach aus den Eigelegen schlüpfen. Der erste Spritztermin zur Abwehr der Sommergeneration liegt Ende Juni / Anfang Juli; eine weitere Spritzung erfolgt 10 bis 14 Tage später. Darüber hinaus ist, wenn nötig, die Herbstgeneration, die oft die größten Schäden verursacht, Ende August / Anfang September zu bekämpfen. Gefahr ist gegeben, wenn im Juli mehr als 10% der Triebspitzen oder mehr als 1% der Früchte befallen waren. Warndienst beachten! Es hat sich in stark gefährdeten Anlagen außerdem als zweckmäßig erwiesen, wenn vorsorglich bereits beim Austrieb die das Winterversteck verlassenden Räupchen mit 1 oder 2 Spritzungen bekämpft werden. Die bei Apfelwickler bewährten Insektizide sind auch zur Bekämpfung der Fruchtschalenwickler mehr oder weniger geeignet. Ältere, bereits eingesponnene Raupen werden aber mit keinem chemischen Bekämpfungsmittel genügend erfaßt.

Der **Heckenwickler** *(Archips rosana)* tritt an verschiedenen Obstarten, vor allem aber an Apfelbäumen und Johannisbeeren auf. Durch die (blau)grüngefärbten, sehr lebhaften Raupen werden Blätter und Früchte geschädigt. Die Überwinterung des Falters, der nur in einer Generation im Jahr erscheint, erfolgt in einem Eigelege am Stamm und starken Ästen. Die Raupen schlüpfen kurz vor der Apfelblüte. Die Schadtätigkeit wird im Juni beendet. Bekämpfung, sobald 4 bis 6 Raupen auf 100 Blütenbüschel gefunden werden, durch Spritzung mit Fraßgiften.

Der **Rote Knospenwickler** *(Spilonota ocellana)* kommt außer an Apfel auch an Birne und anderen Obstarten vor. Die auffälligsten Schäden werden schon während des Austriebs hervorgerufen und treten dann als zerstörte Blatt- und Blütenknospen zutage. In den befallenen (fein versponnenen) Knospen findet man eine rotbraune 1 bis 2 cm lange Raupe. Schäden gleicher Art werden auch durch die dunkelgrünen Raupen des **Grauen** (oder besser: **Grünen**) **Knospenwicklers** *(Hedya nubiferana)* hervorgerufen. Die Bekämpfung (mit Fraßgiften) ist in der Regel nur in Junganlagen notwendig (bei 5 bis 8 Raupen / 100 Blütenbüschel).

Die **Obstbaumminiermotte** *(Lyonetia clerkella)* kommt vor allem an Apfel und Kirsche, weniger an Birne und anderen Obstarten vor. Sie ist für längere Zeit völlig unbedeutend, bis es dann einige Jahre lang zu einer Massenvermehrung kommt. Die Schäden bestehen aus bis zu 10 cm langen, geschlängelten, anfangs haarfeinen, schließlich maximal 2 mm breiten Fraßgängen oder Minen (Abb. 140) der Miniermottenlarven. Bei starkem Befall Blattverlust. Die Motte tritt in mehreren (2 bis 4) Generationen auf und überwintert als Falter im Bereich der Obstpflanzungen. Die erste Eiablage

Abb. 140. Apfelblatt mit Fraßgang der Obstbaumminiermotte (in der Bildmitte eine „Puppenwiege“ des Falters).

erfolgt bald nach Blattaustrieb. Spezielle chemische Abwehrmaßnahmen sind nur selten notwendig (ab 100–200 Minen/100 Blätter).

Von weiteren schädlichen Miniermottenarten sei noch die – in Südtirol als **Blatttaschenmotte** bezeichnete – **Apfel-Blattütenmotte** *(Lithocolletis blancardella)* genannt. Sie ruft auf Apfelblättern fleckenartige oval-taschenförmige Minen hervor. Unter günstigen klimatischen Bedingungen treten im Jahr bis zu 4 Generationen auf. Die Überwinterung erfolgt als Puppe in Fallaub. Zur Bekämpfung, die nach neueren Erfahrungen nur selten vor Juni zweckmäßig ist, hat sich vor allem Diflubenzuron als geeignet erwiesen. Wenn möglich, sollte auf Maßnahmen verzichtet werden, die die Regenwurmtätigkeit (Fallaubabbau!) behindern.

Die **Apfelbaumgespinstmotte** *(Hyponomeuta malinellus),* die nur in einer Generation auftritt, wird im allgemeinen durch die üblichen Vorblütespritzungen in Schach gehalten. Sie überwintert als Jungraupe am Baum. Die Schäden bestehen zunächst u.a. aus Minierfraß an den Blättern der Knospenbüschel. Ab Mitte Mai fallen die bis faustgroßen Gespinste auf, in deren Schutz die in Kolonien zusammenlebenden, graugelben, schwarzgefleckten Raupen die befallenen Triebteile kahlfressen. Schadensschwelle (nach der Blüte): 3–5 Gespinste/100 Knospenbüschel.

Der **Apfelglasflügler** *(Synanthedon myopaeformis)* ist bei uns erst seit wenigen Jahren durch massenhaften Befall der Unterlagen hochveredelter Pillarbäume zum Schädling geworden. Das Schadbild besteht aus meist von seitlichen Wurzelansätzen (Adventivwurzeln) ausgehenden, mit gelblichweißen Raupen besetzten Fraßgängen in der Rinde, die u.U. den ganzen Stamm umgürten und zu einer Schwächung des Baumes führen. Eine besondere Gefahr entsteht durch Sekundärbefall mit Obstbaumkrebs. Der Schmetterling benötigt für seine Entwicklung 1 oder (seltener) 2 Jahre. Falterflug, Eiablage und Raupenschlupf erfolgen während der Sommermonate. Zur chemischen Bekämpfung haben sich Stammgrundbehandlungen mit Pyrethroiden oder mit Endosulfan zur Zeit des Vegetationsbeginns bzw. nach dem Blattfall, bei starkem Auftreten zu beiden Terminen, bewährt. Die Befallstellen, oft gut zu erkennen an austretendem Bohrmehl, sind auszuschneiden und mit Wundverschlußmitteln zu verstreichen.

Das **Blausieb** *(Zeuzera pyrina)* tritt außer an Birne auch an Apfelsorten, insbesondere ‘Golden Delicious’, häufiger auf. In absterbenden Ästen findet man eine große (maximal 5 bis 6 cm lange) hellgelbe, mit schwarzen Warzen versehene Raupe (s. Abb. 141). Die von ihr angelegten Bohrgänge erreichen eine Länge bis zu 40 cm. Bekämpfung: Die gegen Apfelwickler gerichtete Spritzfolge reicht im allgemeinen aus. Wo die

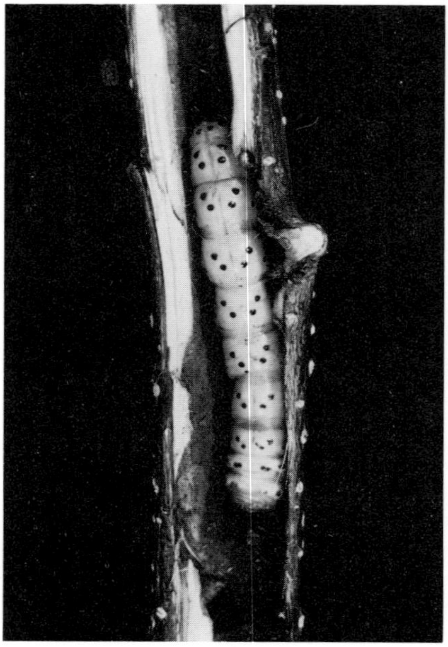

Abb. 141. Raupe von Blausieb an Apfelzweig.

Apfelwicklerbekämpfung unterbleibt, sind bei Befallsgefahr Sonderbehandlungen durchzuführen.

Die **Apfelsägewespe** *(Hoplocampa testudinea)* beschädigt durch die Fraßtätigkeit ihrer Larven (weißliche, 20füßige, nach Wanzen riechende Afterraupen) die jungen Apfelfrüchte während des Frühjahrs. Die stärker heimgesuchten Früchte fallen vorzeitig ab. Sie enthalten im Inneren eine mit (meist feuchtem) Kot gefüllte Fraßhöhle. Eine andere, leichtere Form der Beschädigung tritt erst an den älteren Früchten in Gestalt einer spiralig auf der Fruchtschale verlaufenden Narbe zutage (Tafel 15). Der Schädling überwintert im Boden. Zur Blütezeit legen die gelbbraunen an eine Fliege erinnernden Sägewespen ihre Eier in das Gewebe des Blütenbodens. Nach 6 bis 12 Tagen schlüpfen die Larven und befallen dann nach und nach eine oder mehrere Früchte. Die Bekämpfung richtet sich gegen die schlüpfenden Larven. Sie erfolgt sofort nach Abfall der Blütenblätter (1. Nachblütespritzung u. a. mit einem Demeton-Mittel, Dimethoat oder Parathion. Schadensschwelle, s. Tab. 45).

Die **Birnensägewespe** *(Hoplocampa brevis)* wird wie die Apfelsägewespe bekämpft. Sie tritt aber weit seltener auf.

Die **Ampferblattwespe** *(Ametastegia glabrata)* kann überraschend, kurz vor der Ernte erhebliche Schäden anrichten. Die reifen oder fast reifen Früchte zeigen dann frische Bohrlöcher, Durchmesser 2 bis 3 mm, die von einer schmutziggrünen, raupenähnlichen Larve besetzt sind (Tafel 15). Den Sommer über leben die Tiere auf Ampfer- und Knötericharten, ihren eigentlichen Wirtspflanzen. Bekämpft wird vor allem durch Niederhalten dieser Unkräuter im Bereich der Baumstämme. Nur im Notfall sollt eine chemische Behandlung mit kurzfristig wirksamen Insektiziden vorgenommen werden.

Die durch den **Apfelblütenstecher** *(Anthonomus pomorum)* hervorgerufenen Schäden zeigen sich gegen Ende oder nach der Blütezeit in Form von ungeöffneten, unter Braunverfärbung vertrockneten Apfelblüten (Tafel 15). Diese sind ausgehöhlt, und man findet dort oft noch die gelbliche und etwas gekrümmte Larve (Kaiwurm) oder bereits die auffällig lebhafte Puppe des Blütenstechers. Der erwachsene Schädling, ein kleiner, graubrauner Rüsselkäfer, überwintert in Verstecken in der Obstanlage und deren Umgebung. Er erscheint ab Mitte März nach und nach auf den Apfelbäumen und ernährt sich eine Zeitlang von den schwellenden Knospen (Reifungsfraß). Sobald die Blüten sichtbar werden, beginnt die Eiablage, und zwar einzeln in das Innere der Blüten. Nach 5 bis 8 Tagen schlüpfen die Larven und verursachen die oben beschriebenen Schäden. Die Bekämpfung richtet sich gegen die Käfer während des Reifungsfraßes zur Zeit des beginnenden Knospenaufbruchs bis spätestens zum Sichtbarwerden der Blüten. Sie erfolgt mit als Fraßgift wirkenden Insektiziden, sobald etwa 15 Käfer an 100 Knospen auftreten. Treten Apfelblütenstecher erfahrungsgemäß stärker auf, und dehnt sich die kritische Bekämpfungsperiode durch einen Kälterückschlag weiter als gewöhnlich aus, dann muß die Spritzung u. U. nach 8 bis 10 Tagen wiederholt werden.

Der **Birnenknospenstecher** *(Anthonomus cinctus)* hat in einigen Birnen-Anbaugebieten eine gewisse Bedeutung. Im Gegensatz zum Apfelblütenstecher zerstören seine Larven nicht die Einzelblüten, sondern die Blütenknospen als Ganzes. Der Käfer wird am besten durch Einsatz von Fraßgiften mit kurzer Wartezeit während des Reifungsfraßes im September erfaßt.

Die **Apfelblattgallmücke** *(Dasyneura mali)*, die zunehmend Sorge bereitet, tritt in mehreren (3 bis 5) Generationen auf. Sie legt ab etwa Blütebeginn ihre Eier an den Rand ganz junger, sich gerade entfaltender Apfelblätter. Die nach 5 bis 6 Tagen ausgeschlüpften, zunächst weißen, dann lachsroten Maden sorgen für ihren eigenen Schutz, indem sie durch ihre Saugtätigkeit veranlassen, daß sich die Blattränder seitlich einrollen und zu Gallen verdicken. Die Folgen sind vorzeitiges Abfallen des Blattes und Deformation der Triebspitze (Tafel 14). Die Grundlagen für eine gezielte Bekämpfung des Schädlings sind noch nicht ausreichend abgeklärt. Erschwerend ist die Tatsache, daß in Gesellschaft mit *D. mali* oft noch eine sehr ähnliche, hinsichtlich ihrer Biologie und Bedeutung aber kaum bekannte Gallmücke (*Macrolabis* sp.) auftritt. Bei starkem Befall sollte der örtliche Pflanzenschutzdienst zu Rate gezogen werden. Aufgrund von Beobachtungen im Bodenseegebiet dürfte der entscheidende Termin für chemische Maßnahmen während der Blüte, d. h. kurz nach Erscheinen der 1. Maden-Generation liegen. Geeignete Mittel u. a. Etrimfogs und Parathion.

4.3 Schadtiere an Steinobst

Spinnmilben. Die bei Kernobst genannten Arten treten auch bei Steinobst auf. Besonders Pflaumen und Pfirsiche sind gefährdet. Bei starkem Befall sind Sonderbehandlungen mit Akariziden durchzuführen.

Blattläuse. An Kirschen rufen die **Schwarze Sauerkirschenblattlaus** *(Myzus cerasi)* bzw. die **Schwarze Süßkirschenblattlaus** *(Myzus pruniavium)* Blattrollungen und Triebstauchungen hervor. An Pflaumen ist in erster Linie die grün oder braun gefärbte **Kleine Pflaumenblattlaus** *(Brachycaudus helichrysi)* als Ursache von Blattkräuselungen und als Überträgerin der Scharkakrankheit gefürchtet. Die **Mehlige Pflaumenblattlaus** *(Hyalopterus pruni)* befällt neben der Pflaume nicht selten auch den Pfirsich. Hier tritt außerdem die **Schwarzgefleckte Pfirsichblattlaus** *(Appelia schwartzi)* häufiger auf, deren Schäden leicht mit der Kräuselkrankheit (s. dort) verwechselt werden. Die **Grüne Pfirsichblattlaus** *(Myzus persicae)* hat vor allem eine Bedeutung als Überträgerin von Virosen an Kartoffeln und Rüben, aber auch der Scharkakrankheit. Die genannten Blattläuse überwintern als Ei an ihren Wirtspflanzen. Bekämpfung entsprechend den Angaben bei Kernobst mit geeigneten Insektiziden.

Schildläuse. Neben der **San-José-Schildlaus** (s. Kernobst) tritt an Pflaumen und Pfirsichen insbesondere die **Gemeine Napfschildlaus** *(Parthenolecanium corni)* auf. Sie bildet auffällige halbkugelige (napfförmige) bis zu 5 mm lange, braune Schilde aus. Die Überwinterung erfolgt aber in Gestalt ihrer unscheinbaren schutzlosen Larven. Es werden bevorzugt geschwächte Bäume befallen. Die Bekämpfung kann u. a. mit Gelbkarbolineum erfolgen.

Der **Pflaumenwickler** *(Laspeyresia funebrana)* verursacht vor allem an späten Pflaumensorten (z. B. 'Hauszwetsche') Schäden. Man findet dann in den Früchten eine rötlich gefärbte Raupe, die in der Nähe des Steines eine (mit Kot ausgefüllte) Höhle ausgefressen hat. Es treten 2 Larvenbruten auf. Im allgemeinen ist nur die 2. Generation, die die reifenden Früchte befällt, wirtschaftlich bedeutend. Gegen diese richtet sich die Bekämpfung. Die Spritzung erfolgt mit den zur Apfelwicklerbekämpfung zugelassenen Insektiziden etwa um Mitte Juli und wird bei Bedarf 14 Tage später wiederholt.

Der **Rindenwickler** *(Enarmonia formosana)* findet in den letzten Jahren als Schädling von Süßkirsche und Pfirsich zunehmende Beachtung. Zu den Wirtspflanzen zählen auch noch andere Steinobstarten (z. B. Sauerkirsche, Pflaume, *Prunus avium, P. mahaleb)* und andere Gehölze. Die Schäden werden durch die fleischroten, maximal ca. 2 cm großen Raupen des Falters hervorgerufen, die in der Rinde ihrer Wirtspflanzen leben. Bevorzugt werden Stammbasis, Veredlungsstellen und die Verwallungswülste an Wunden angegriffen. Der Befall kann, besonders in jüngeren Obstanlagen, zu Absterbeerscheinungen oder sogar zum Ausfall ganzer Bäume führen und ist meist von Gummifluß begleitet. Ein typisches Zeichen für Rindenwicklerbefall sind die auf der Rinde haftenden, hellgelb bis bräunlich gefärbten Kotsäckchen der Raupen (Tafel 15). Als geeignete Bekämpfungsmaßnahme hat sich, vor allem im Sommer (nach der Ernte!), die Behandlung der Stammbasis mit Parathion erwiesen. In Junganlagen konnte der Schädling allein durch Freihalten der Baumscheiben von Unkrautbewuchs deutlich zurückgedrängt werden.

Die **Kirschblütenmotte** *(Argyresthia ephippella)* vernichtet den Ertrag durch Zerstörung des Fruchtknotens während der Blüte. Der Schädling überwintert als Ei an Zweigen und Ästen. Bekämpfung vor allem mit Austriebspritzmitteln während des Knospenschwellens (nicht später!) gegen die schlüpfenden Larven.

Die **Kirschblattwespe** *(Eriocampoides limacina)* schädigt als schleimige, schwarze, an Nacktschnecken erinnernde Larve (s. Abb. 142) die Blätter von Kirschen und anderen Obstarten (Skelettierfraß). Bekämpfung bei starkem Befall mit Fraß- und Berührungsgiften.

Die **Pflaumensägewespen** *(Hoplocampa minuta* und *H. flava)* zerstören durch ihre weißlichen, nach Wanzen riechenden Larven die jungen Früchte. Wie bei den Apfelsägewespen werden die Eier an die einzelnen Blüten gelegt, und die Larven schlüpfen während der Blütezeit. Bekämpfung wie dort.

Die **Kirschfruchtfliege** *(Rhagoletis cerasi)* tritt in warmen Lagen Jahr für Jahr, jedoch je nach Witterung, mehr oder weniger stark auf. Befallene Kirschen (gelegentlich bis zu 100% der Ernte) sind höchstens noch für Brennzwecke geeignet. Schadbild: Auf der Schale (oft in der Stielgrube) reifender bzw. reifer Früchte ein eingesunkener verfärbter Fleck mit Einstich. In der Frucht, in der Nähe des Steines, eine gelbliche Made inmitten von zersetztem, breiigem Fruchtfleisch. Vor allem an mittel- bis spätreifenden Süßkirschen (und Wildkirschen), seltener an frühen Sorten und Sauerkirschen. Der Schädling ist ein der Stubenfliege ähnlicher Zweiflügler. Er überwintert als strohgelbe Tönnchenpuppe im Boden. Die erwachsenen Fliegen erscheinen im Mai bis Juli, in der Haupt-

Abb. 142. Larve der Kirschblattwespe auf Süßkirschenblatt.

Abb. 142. Larve bei Kirschblattwespe auf Süßkirchenblatt.

masse aber Anfang Juni, und nach etwa 10 Tagen Flugzeit werden die Eier unter die Oberhaut halbreifer Kirschen gelegt. Die bald schlüpfenden Maden fressen sich bis zum Kern durch und zerstören das umgehende Fruchtfleisch. Bekämpfung nach Beginn der Eiablage, d.h. etwa bei Gelbrotfärbung der Kirschen mit Dimethoat oder Fenthion. Auf den Warndienst achten! Frühsorten werden in der Regel nicht behandelt. Kirschbäume, die nicht regelmäßig abgeerntet werden und deshalb als Brutstätten dienen, sollten gerodet werden. Auch die Vernichtung von wildwachsenden Wirtspflanzen (Wildkirschen, Heckenkirschen, Traubenkirschen) in der Nähe von Kirschenanlagen ist ins Auge zu fassen. In kleineren Baumbeständen kann ein erheblicher Teil der Schädlinge durch Aufhängen leuchtend-gelber, mit Raupenleim bestrichener Plakatkartons (15 × 20 cm) weggefangen werden.

4.4 Schadtiere an Strauchbeerenobst

Die **Gemeine Spinnmilbe** *(Tetranychus urticae)* verursacht gelegentlich an Johannisbeeren frühzeitige Bräunung und Abfall der Blätter. Bekämpfung: Sobald die ersten Schäden sichtbar werden (leichte Sprenkelung an den Blättern), mit Akariziden spritzen.

Die **Rote Stachelbeermilbe** *(Bryobia ribis)* kann im Frühjahr an Stachelbeeren schädlich werden. Bekämpfung wie oben.

Die **Johannisbeergallmilbe** *(Cecidophyopsis ribis)* ist vor allem an Schwarzen Johannisbeeren, aber auch an anderen Johannisbeerarten und Stachelbeeren schädlich: Die Knospen treiben nicht aus, sondern vertrocknen oder schwellen zu kugeligen Gebilden, den „Rundknospen“ (Tafel 14) an. Die Krankheit wird durch die Saugtätigkeit der im Innern der Knospen lebenden Gallmilben hervorgerufen. Der Schädling ist außerdem Überträger der Brennesselblättrigkeit der Schwarzen Johannisbeere. Bekämpfung: Abschneiden und Verbrennen der geschädigten Triebe bzw. Triebteile spätestens vor

Erscheinen der Blütentrauben. Zur chemischen Behandlung hat sich neben Netzschwefel vor allem Endosulfan bewährt. Gespritzt wird: 1.während der Wanderung der Milben etwa Ende April, wenn sich die ersten Blüten öffnen; 2. zwei bis drei Wochen später. Bei starkem Befall sollten der 1. Spritzung möglichst zwei Wiederholungen in 10- bis 14tägigem Abstand folgen, sofern es die erforderliche Wartezeit erlaubt. Die Sträucher sind dabei gründlich zu benetzen (ca. 2 l pro Strauch), so daß die Blattachseln triefend naß sind.

Bei Befall der Brombeeren durch die **Brombeergallmilbe** *(Eriophyes essigi)* bleiben die Früchte teilweise oder gänzlich rot. Bekämpfung mit Netzschwefel oder Endosulfan bei Jungtrieblängen von 30 bis 40, 50 bis 60 cm und bei Blütenbeginn.

Von den verschiedenen Blattlausarten, die Johannisbeeren befallen, seien die **Kleine Johannisbeertriebblattlaus** *(Aphis schneideri)* und die **Gänsedistellaus** *(Hyperomyzus lactucae)* genannt. Die Gänsedistellaus kommt nur auf Schwarzen Johannisbeeren vor. Bekämpfung mit Winter- oder Austriebsspritzmitteln oder nach dem Austrieb, sobald größere Blattlauskolonien festgestellt werden, mit geeigneten Insektiziden.

Die **San-José-Schildlaus** tritt an Roten und Weißen Johannisbeeren bevorzugt auf (Näheres bei Kernobst).

An Himbeeren und Brombeeren sind die **Kleine Himbeerblattlaus** *(Aphis idaei)* bzw. die **Große Brombeerblattlaus** *(Amphorophora rubi)* als Vektoren von Viruskrankheiten gefürchtet. Bekämpfung wie oben.

Der **Johannisbeerglasflügler** *(Synanthedon tipuliformis)* befällt vor allem die Schwarzen Johannisbeeren. Schäden: Verwelkende, durch schwarzgefärbte Fraßgänge ausgehöhlte Triebe. In den Fraßgängen weißliche, bis etwa 12 bis 18 mm große Raupen, die sich im Frühjahr an ihrem Schadort verpuppen. Ende Mai bis Anfang Juni, oder (bei kühlem Wetter) auch später, fliegen die unscheinbaren, an Wespen erinnernden Falter und legen ihre gelblichweißen Eier auf die Triebe in die Nähe von Knospen oder Schnittwunden. Die nach 1 bis 2 Wochen daraus schlüpfenden Raupen bohren sich sofort in das Holz ein. Bekämpfung: Das 3- bis 4jährige Holz möglichst dicht über dem Boden entfernen und vor Mai verbrennen. In Verbindung damit gründliche Bodenpflege und Düngung. Im Bedarfsfalle Spritzbehandlungen u. a. mit Parathion-Präparaten Anfang bis Mitte Juni und etwa 14 Tage später, soweit es die erforderliche Wartezeit zuläßt.

Bis zur Verkahlung führender Blattfraß an Stachelbeeren (auch an Johannisbeeren) wird in erster Linie durch die hellgrünen Afterraupen der **Gelben Stachelbeerblattwespe** *(Nematus ribesii)* verursacht, die in mehreren Generationen auftritt. Bei erstem Erscheinen von Schäden Spritzung mit Fraßgiften.

Die **Johannisbeerblattgallmücke** *(Dasyneura tetensi)* ist bei Schwarzen Johannisbeeren gelegentlich die Ursache für die Deformierung und Vertrocknung von Triebspitzen (Tafel 14). Zur Bekämpfung haben sich Spritzungen mit Endosulfan bewährt: 1. wenn ungefähr 4 Blüten je Blütentraube geöffnet sind, 2. ca. 8 Tage später. Dabei müssen die Sträucher (einschließlich der neuen Bodenaustriebe) gründlich benetzt werden.

Der **Himbeerkäfer** *(Byturus tomentosus),* gewöhnlich als „Himbeermade" bekannt, zerstört oder beschädigt an Himbeeren neben den Früchten auch Knospen, Blüten und gelegentlich Blätter. Bekämpfung mit Endosulfan-Spritzpulver: 1. nach Erscheinen der Blütenknospen, 2. während der Blüte. Wartezeit beachten!

4.5 Schadtiere an Erdbeeren

Die **Erdbeermilbe** *(Stenotarsonemus pallidus)* ist bei mehrjährigen Kulturen der gefürchtetste tierische Schädling der Erdbeere. Das Vorhandensein der Milben ist zunächst mit gewisser Sicherheit daran zu erkennen, daß vom Frühsommer an die neu zuwachsenden Herzblätter klein bleiben und verkümmern oder – unter bräunlicher Verfärbung – ganz absterben. Auch die Blüten werden in Mitleidenschaft gezogen. Oftmals gehen die geschädigten Pflanzen nach einiger Zeit völlig zugrunde. Mit Hilfe einer Lupe kann man die schmutzigweißen, etwas durchscheinenden Tiere, ebenso wie ihre Eier (ab März bis April), leicht an den jungen Herzblättern finden (Tafel 14). Im Hochsommer sind die Milben dort oftmals massenweise vorhanden und verbreiten sich dann auch auf die Ausläuferpflanzen. Bei günstiger Witterung (feuchtwarmes Wetter) entstehen im Jahr bis zu 7 Generationen. Die Vorsorge besteht vor allem in der Verwendung von gesundem Pflanzgut aus einwandfreien Vermehrungsbetrieben. In Verbindung mit 1jähriger Kultur ist das der sicherste Weg für einen sauberen Bestand. Bei mehrjährigen Kulturen sollte nach der Ernte das alte Laub abgemäht und verbrannt werden. Wenn erforderlich, Spritzung mit Endosulfan sobald die abgemähten Pflanzen neu austreiben. Wiederholung der Spritzbehandlung nach ca. 14 Tagen. Für den Bekämpfungserfolg ist die gründliche Benetzung der Pflanzen, insbesondere der Herzblätter, ausschlaggebend. Spritzbrühmenge: 2000 l/ha.

Weiße Sprenkelung und allmähliches Verbräunen der Erdbeerblätter wird in trockenen, warmen Jahren durch **Spinnmilben** *(Tetranychus*-Arten) hervorgerufen. Bekämpfung mit Akariziden oder mit akarizid wirkenden Insektiziden nach der Ernte bzw. nach der Pflanzung.

Die **Erdbeerblattlaus** *(Chaetosiphon fragaefolii)* ist vor allem wegen ihrer Eigenschaft als Überträger von Viruskrankheiten zu beachten. Der im Jugendstadium fast weiß, später gelb gefärbte Schädling wird wegen seiner auffälligen, mit einem Knoten endenden Haare auch als „Erdbeerknotenhaarlaus“ bezeichnet. Bekämpfung mit systemischen Insektiziden (z. B. mit einem Demeton-Mittel).

Fraßschäden an Blättern, Knospen und Blüten entstehen durch die Raupen verschiedener Wicklerarten, wie z. B. **Erdbeerwickler** *(Acleris comariana)* oder **Schattenwickler** *(Cnephasia wahlbomiana)*. Von der Blütezeit ab befinden sich die Raupen meist in eingerollten, versponnenen Blättern oder in Blütengespinsten. Bekämpfung: Im zeitigen Frühjahr vor der Blüte, d. h. vor Anlegen der Gespinste, 1- bis 2maliges Behandeln mit einem Fraßgift.

Der **Erdbeerblütenstecher** *(Anthonomus rubi)* kann gebietsweise erhebliche Ernteausfälle verursachen. Außer Erdbeeren werden auch Himbeeren und Brombeeren betroffen. Weißdorn, Schlehe und zahlreiche andere Rosazeen sind weitere Wirtspflanzen. Das Schadbild besteht aus umgeknickten, welkenden Blütenknospen, in denen eine fußlose, schmutzigweiße, am Kopf hellbraune Larve lebt. Der Schädling, ein 2 bis 4 mm großer, schwarzgefärbter Rüsselkäfer, überwintert unter Laub, in Abfallhaufen, unter loser Rinde und in ähnlichen Verstecken. Er verläßt im Frühjahr (April bis Mai) seinen Unterschlupf und beginnt nach einer Periode des Reifungsfraßes und nach der Begattung mit der Eiablage (Mai bis Juli), wobei die noch grünen Blütenknospen der Wirtspflanzen mit je einem Ei belegt und durch Zerbeißen des Stieles zum Absterben gebracht werden. Damit ist der eigentliche Schaden getan. Die sich im Frühsommer entwickelnde neue Käfergeneration verursacht im gleichen Jahr keine nennenswerten Schäden mehr, sondern sucht bald das Winterversteck auf. Bekämpfung mit Parathion, Azinphos-metyl + Demeton oder einem Pyrethroid bei erstem Erscheinen der Käfer bzw., sobald Schadsymptome sichtbar werden. Bei starkem Auftreten die Behandlung evtl. nach 10 bis 14 Tagen wiederholen. Wartezeit und, sobald Blüten erscheinen, Bienenschutzverordnung beachten!

Langsames Verwelken einzelner Erdbeerpflanzen ist häufig die Folge von Wurzelfraß durch die fußlosen, bogig gekrümmten Larven verschiedener, zu den Rüsselkäfern gehörenden **Dickmaulrüßler** (*Otiorrhynchus*-Arten) oder durch die Engerlinge des **Maikäfers** *(Melolontha melolontha)*. Gegenmaßnahmen bestehen in der Bearbeitung der Pflanzflächen durch mehrmaliges gründliches Fräsen. Evtl. Gießbehandlung mit Parathion.

Mißbildungen, Verkrüppelungen, insbesondere Stauchungen von Blüten und Blättern, Blühunwilligkeit und ähnliche Abbau-Erscheinungen lassen auf Befall durch Fadenwürmer (Nematoden) schließen. Unter diesen ist das **Erdbeerblattälchen** *(Aphelenchoides fragariae)* am weitesten verbreitet. An einer Wurzelfäule der Erdbeeren sind außerdem **Wurzelälchen,** z.B. der Gattung *Pratylenchus,* beteiligt. Zur Bekämpfung Pflanzgut nur aus anerkannten Vermehrungsbetrieben beziehen; mehrjährige Kulturen möglichst vermeiden; Wechsel der Kulturflächen bei Neupflanzungen.

Maschinen und Geräte in Obstpflanzungen

Alle Elemente eines Anbausystems sollen möglichst gut aufeinander abgestimmt sein. Dazu gehören auch zweckmäßige Arbeitsverfahren, die wiederum geeignete Maschinen und Geräte voraussetzen. Zueinander passen müssen auch die Zugmaschine und die Anbau- und Anhängegeräte.

1 Schlepper

Sollen normale Ackerschlepper im Obstbau Verwendung finden, so ist eine Netto-Gassenbreite von 2 bis 2,5 m erforderlich. Für dichtere Pflanzsysteme sind Schmalspurschlepper zweckmäßig, die statt einer Spurweite von 120 bis 150 cm eine nur 90 bis 120 cm breite Spur haben. Plantagenschlepper sollen außerdem eine niedrige Schwerpunktlage haben und äußerlich so beschaffen sein, daß Äste abgleiten können. Die Bodenfreiheit hingegen kann geringer sein als für den Ackerbau üblich. Extrem schmalspurige Schleppertypen (70 bis 90 cm Spurweite) haben jedoch im Obstbau weniger Eingang gefunden. Abgesehen von erhöhter Kippgefahr bringt extrem kompakte Bauart Schwierigkeiten beim Wenden mit Anhängegeräten hinsichtlich des Abknickens der Zapfwelle, Probleme an der Dreipunkthydraulik und Unbequemlichkeit bei der Bedienung mit sich.

Die Anforderungen an die reine Zugleistung sind im Obstbau im allgemeinen weniger hoch als beispielsweise im Ackerbau für die Pflugarbeit. Wichtiger ist eine ausreichende Leistungsabgabe an der Zapfwelle, weil beispielsweise größere zapfwellengetriebene Pflanzenschutzgeräte für Gebläse und Pumpe erhebliche Kraft beanspruchen. Zur Berechnung des Gesamtkraftbedarfes einer Schlepper-Geräte-Kombination müssen die *Kraftabnahme des Gerätes an der Zapfwelle* und die notwendige – auch vom Gelände abhängende – *Zugleistung* für Schlepper und Gerät bekannt sein. Eine gewisse Leistungsreserve muß zugeschlagen werden.

Als Ausrüstung eines Plantagenschleppers sind je nach Verwendungszweck notwendig bzw. zweckmäßig:

Abschaltbare Normzapfwelle 540 U/min
- Dreipunkt-Kraftheber mit Ackerschiene und Stabilisierungseinrichtung
- Traktometer für Messung der Drehzahl und Ganggeschwindigkeit
- Hydraulische Anschlüsse zum Betrieb hydraulisch angetriebener Geräte, z.B. Palettenheber oder Schnittgeräte

außerdem nach Möglichkeit
- Hydrolenkung
- Fronthydraulik
- Frontzapfwelle
- Zusatzgewichte vorn (bei Verwendung schwerer Anbaugeräte oder Paletten-Heckstapler)
- Bei Hanglagen über 15 bis 20% Allradantrieb, über 20% Raupenantrieb.

Einachsschlepper und Kleinmotorgeräte kommen normalerweise nur für den Klein- und Nebenerwerbsbetrieb und für Beerenobstanbau in Frage, in größeren Betrieben eventuell als Hilfsgeräte.

2 Pflanzenschutzgeräte

Von den verschiedenen Spezialgeräten für den Obstbau wird das Pflanzenschutzgerät am häufigsten verwendet. Da außerdem Pflanzenschutzmaßnahmen nicht selten streng termingebunden sind, ist nicht nur eine hohe Zuverlässigkeit zu fordern, sondern auch – in Verbindung mit dem Schlepper – eine Leistung, welche die Durchführung einer Pflanzenschutzmaßnahme in 1 bis 2 Tagen ermöglicht.

Zur Ausbringung von Pflanzenschutzmitteln wendet man heute allgemein das Sprüh- oder das Spritzverfahren an. Beide Verfahren unterscheiden sich dadurch, daß beim Sprühen relativ kleine Tröpfchen (0,05 bis 0,15 mm) erzeugt und die Wirkstoffe mitunter ziemlich konzentriert, d.h. mit geringerem Wasseraufwand ausgebracht werden, während beim Spritzen mit Tropfengrößen über 0,15 mm und größeren Wassermengen gearbeitet wird.

Beim *Spritzgerät* führt eine Hochdruckpumpe die Spritzflüssigkeit mit einem Druck von meist 10 bis 50 bar den Spritzdüsen zu, die entweder von Hand gerichtet werden (Stahlrohr, Pistole) oder an einem Düsengestänge fixiert sind.

Spritzen ohne Gebläse finden im Intensivobstbau heute kaum noch Verwendung.

Unter den Geräten mit Gebläse sind zwei Grundtypen zu unterscheiden:

Beim *pneumatisch* arbeitenden *Sprühgerät* wird die Spritzflüssigkeit durch eine Förderpumpe bei niedrigem Druck zu den Düsen geführt. Diese befinden sich inmitten eines Luftstromes von hoher Austrittsgeschwindigkeit (60 m/sec und mehr), den meist ein Radialgebläse erzeugt. Dieser Luftstrom zerreißt die Spritzflüssigkeit in kleine Tröpfchen und führt sie den Pflanzen zu. Trotz der hohen Luftgeschwindigkeit ist aber die von solchen Geräten beförderte Luftmenge von maximal 10000 m^3/h sehr viel geringer als bei den heute am meisten verwendeten kombinierten Spritz- und Sprühgeräten mit Axialgebläse, die in der mittleren Größenklasse 20000 bis 50000 m^3/h erreichen.

Das *kombinierte Spritz- und Sprühgerät* wurde aus der Normalspritze mit Spritzgestänge entwickelt, indem man die Düsen als „Düsenkranz" im Luftstrom eines Axialgebläses anordnete, ohne aber auf eine Hochdruckpumpe zu verzichten. Anstelle der früher allgemein üblichen Kolbenpumpe werden heute von manchen Herstellern Membranpumpen verwendet. Sie sind billiger als Kolbenpumpen und haben außerdem den Vorteil, gegen verschmutztes Wasser weniger empfindlich zu sein. Hingegen hat die technisch aufwendigere Kolbenpumpe die längere Lebensdauer. Die relativ große Luftmenge bewirkt trotz geringerer Austrittsgeschwindigkeit (35 bis 50 m/sec) gegenüber dem pneumatischen Sprühgerät eine größere Reichweite und geringere Windabhängigkeit. Das Tropfenbild wird von Düsenform und -größe sowie dem regelbaren Pumpendruck bestimmt und ist von grob bis fein einstellbar, so daß das Gerät zum Spritzen mit Schlauch und Strahlrohr wie zum Sprühen geeignet, also vielseitig verwendbar ist. Um eine gleichmäßige Verteilung der Spritzmittel im Spritzwasser zu gewährleisten, müssen die Spritzflüssigkeitsbehälter mit Rührwerken ausgestattet sein. Ein mechanisches Rührwerk ist aufwendiger, aber auch wirksamer als das heute häufig verwendete hy-

Abb. 143. Kombiniertes Spritz- und Sprühgerät mit Düsenkranz. Oben: Axialgebläse ausgeschaltet. Unten: Das gleiche Gerät bei eingeschaltetem Axialgebläse.

draulische Prinzip, dessen Wirksamkeit vom gerade eingestellten Pumpendruck abhängt.

Die auszubringende *Menge an Spritzbrühe* kann je nach Pflanzsystem, Baumgröße, Befallslage, Schwierigkeit der Bekämpfungsmaßnahme und Witterung sehr verschieden sein. Üblicherweise liegt sie zwischen 200 und 2000 l/ha. Bei Verminderung der Wassermenge wird die Konzentration des Spritzmittels üblicherweise so erhöht, daß die Wirkstoffmenge je ha gleich oder doch annähernd gleich hoch bleibt. Beim Spritz-Sprühen mit 1500 bis 2000 l Wasser je ha wird die Spritzbrühe meist *normalkonzentriert*, mit 300 bis 400 l Wasser 5fach usw. Auf den Packungen der Mittel sind Normalkonzentrationen angegeben (im Obstbau zugelassene Konzentrationen bei 2000 l/ha Wasser).

Tab. 46. Leistung und wirtschaftlicher Einsatzbereich von Pflanzenschutzgeräten im Obstbau

A. **Spritzen**, handbetätigt, tragbar oder fahrbar, Handantrieb oder Motorantrieb

Bauart	Pumpe (l/min)	(bar)	Brühebehälter Inhalt l (l)	stündl. Ausbringe- einschl. Füllen (l/h)	Anwendungsbereich und Eignung
Schulter- oder rückentragbare Kolben-Luft-Spritzen	ca. 1,5	4	5 - 10	bis 60	Einzelne Jungbäume und Sträucher bis zu 2 m Höhe, für männl. und weibl. Arbeitskräfte
Rückentragbare Kolbenspritzen	1,5	4	15 - 20	bis 80	wie oben, jedoch nur für männl. Arbeitskräfte
Handfahrbare Motor-Karrenspritzen, 1- und 2rädrig mit Schlauch und Strahlrohr	15-20	10-40	60-100	200-300	kleinere Obstanlagen
Schlepper-Anbauspritzen mit Schlauch und Strahlrohr, evtl. mit Gestänge und 8-10 Düsen	40-60	10-40	200-400	mit Strahlrohr handbetätigt 600 mechanisch mit Gestänge 800-1000	Nebenerwerbsanlagen bis ca. 3 ha; mit Gestänge nur engreihige Anlagen mit niedrigen Kronen

B. Spritz- und Sprühgeräte, fahrbar, mit mech. Antrieb und Ausbringung, hydraul. Verdüsung und Rührwerk, 2seitig arbeitend, mit Gebläse

Bauart	Pumpe* (l/min)	(bar)	Gebläse (m^3/h)	(m/sec)	Brühebehälter inhalt (l)	Antriebsleistung (kW)	Ausbringeleistung einschl. Füllen (l/h)	Anwendungsbereich und Eignung
Zapfwellenanbau-(Aufsattel)geräte	60–110	10–40	12000–40000	30–40	300–600	18333	800–1400	kleine Erwerbsanlagen bis 7 m Reihenabstand
Zapfwellenanhängegeräte	60–150	10–50	20000–60000	35–45	600–1500	22–37	1000–2500	Erwerbsanlagen bis 8 m Reihenabstand
Anhänge-Großgeräte mit Zapfwellenpumpe und Motorgebläse	90–140	10–50	60000 und darüber	40–50	1000–1500	18–37 Zusatzmotor 22–34	1500–3600	große Erwerbsanlagen, Lohnunternehmen

C. Pneumatische Sprühgeräte, tragbar und fahrbar, mit und ohne Förderpumpe, pneumat. Verdüsung, pneumat. oder hydraulisches Rührwerk

Bauart	Pumpe* (l/min)	(bar)	Gebläse (m^3/h)	(m/sec)	Brühebehälter inhalt (l)	Antriebsleistung (kW)	Ausbringeleistung einschl. Füllen (l/h)	Anwendungsbereich und Eignung
Motor-Rückensprühgeräte mit und ohne Pumpe	3–5	1–2	600–900	70–90	8–12	0,74–2,2	40–60	einzelne Bäume bis 4 m Höhe und Kleinanlagen
Motor- oder Zapfwellenanhängegeräte	100–150	1–3	10000–15000	60–110	300–600	11–26	400–600	Erwerbsanlagen bis 6 m Reihenabstand; Abtrift beachten!

* einschl. 20–50 l/min Pumpenleistung für hydraul. Rührwerk

Der benötigte *Spritzflüssigkeitsausstoß je Baum* hängt unter anderem vom Pflanzsystem und von den Baumgrößen ab und kann reguliert werden
- durch den Pumpendruck
- durch die Düsengrößen
- durch die Zahl der geöffneten Düsen
- durch die Fahrgeschwindigkeit.

Darüber hinaus kann auch die Tourenzahl der Zapfwelle von Einfluß sein, doch sollte sie möglichst nicht zur Regulierung benutzt werden, sondern mit Rücksicht auf das Gebläse stets im optimalen Bereich von ca. 540 U/min arbeiten. Der *Pumpendruck* wird am Druckregler eingestellt. Mit zunehmendem Druck steigt die Ausstoßmenge je Meter Fahrstrecke. Der Druck sollte beim Spritzen nicht zu schwach eingestellt werden, da hoher Druck die Reichweite und die Verdüsung und damit das Tropfenbild günstig beeinflußt.

Eine wichtige Möglichkeit zur Regulierung der Ausstoßmenge liegt in der Wahl der geeigneten Düsenplättchen, d.h. in der Veränderung der Düsenbohrung. Es werden meist sog. Dralldüsen mit festem oder verstellbarem Drallkörper (Variodüsen) verwendet. Die Düsenbohrung liegt beim Spritzen meist zwischen 1,2 und 2 mm, beim Sprühen zwischen 0,8 und 1,2 mm, selten darunter oder darüber. Bei Jungpflanzungen und bei großem Reihenabstand kann es zweckmäßig sein, die oberen Düsen des Düsenkranzes außer Betrieb zu setzen.

Drei Varianten in der Ausbringmenge ohne Umrüstung der Düsen erlaubt ein Gerät mit zwei Düsenkränzen, von denen einer mit großen, der andere mit kleinen Düsen ausgerüstet ist. Durch gleichzeitigen Betrieb beider Düsenkränze oder Abschalten eines von beiden sind so ohne Umrüstung drei Ausbringmengen möglich.

Beachtung verdient der Einfluß der Fahrgeschwindigkeit auf die Ausbringmenge je laufenden Meter. Wird bei gleichbleibender Geräteeinstellung mit einem größeren Gang gefahren, so wird die Ausbringmenge je Meter Fahrstrecke in dem Maße geringer, wie die Fahrgeschwindigkeit zunimmt. Bei Gebläsegeräten hat die Fahrgeschwindigkeit darüber hinaus erheblichen Einfluß auf das Durchdringungsvermögen. Je größer der Reihenabstand, je dichter die Belaubung und je geringer die Gebläseleistung des Gerätes, um so niedriger muß die Fahrgeschwindigkeit sein, wenn dennoch ein ausreichender Durchdringungseffekt erzielt werden soll. Man kann sich diesen Zusammenhang am besten verdeutlichen, wenn man von der Überlegung ausgeht, daß die im gesamten Kronenbereich befindliche Luft durch andere mit den verdüsten Tröpfchen der Spritzflüssigkeit angereicherte Luft verdrängt werden muß. Je kleiner der Reihenabstand und je größer die Gebläseluftleistung sind, um so schneller ist diese Verdrängung erreicht und um so höher kann die Fahrgeschwindigkeit sein. Man kann diese Rechnung auf die Anbaufläche beziehen: Geht man von 2 m hohen Baumkronen aus, so beträgt der je Hektar zu verdrängende Luftraum $10\,000\ m^2 \times 2\ m = 20\,000\ m^3$. Für diese Luftmenge braucht ein Gerät mit $40\,000\ m^3$ Luftleistung eine halbe Stunde. Bei Reihenabständen von 5 m beträgt die Fahrstrecke je ha 2 km, so daß sich eine Fahrgeschwindigkeit von maximal 4 km/h ergeben würde. Eine zu große Luftleistung kann unwirtschaftlich sein, indem sie die Spritzflüssigkeit über das Ziel hinausträgt.

Der für eine bestimmte Spritzflüssigkeitsmenge je ha erforderliche Flüssigkeitsausstoß je Minute kann nach folgender Formel errechnet werden:

$$\text{Ausstoßmenge in l/min} = \frac{\text{gewünscht. Ausstoß in l/ha} \times \text{Reihenabstände in m} \times \text{Fahrgeschwindigk. in m/sec} \times 60}{10\,000}$$

Beispiel: gewünschter Ausstoß = 1000 l/ha
Reihenabstände = 4 m
Fahrgeschwindigkeit = 1 m/sec (1 m/sec = 3,6 km/h)

$$\frac{1000 \times 4 \times 1 \times 60}{10\,000} = 24\ \text{l/min}$$

Diese Menge muß von den Düsen ausgestoßen und von der Pumpe gefördert werden. Die theoretische Fördermenge der Pumpe muß um etwa 15% größer sein, im Beispiel also 28 l/min betragen, damit an den Düsen der erforderliche Druck sichergestellt ist.

Zum Betanken des Pflanzenschutzgerätes haben größere Betriebe spezielle Einrichtungen, Wasserleitungen mit hoher Förderleistung oder Hochbehälter, aus denen die Betankung mit 1000 l in wenigen Minuten möglich ist. Größere Geräte sind im übrigen mit „Injektoren“ ausgestattet, mit deren Hilfe das Spritzfaß aus beliebigen Wasserstellen, auch im Gelände, aufgetankt werden kann.

Das Spritzmittel mischt man je nach Beschaffenheit entweder während des Betankens direkt bei oder rührt es vorher in einem Eimer zu einer sog. Stammbrühe an. Die Geräte müssen mit einem Rührwerk ausgestattet sein. Es hält die Spritzflüssigkeit in Bewegung, damit sich kein Bodensatz bildet.

In mittleren und größeren Obstbaubetrieben verwendet man heute meist zapfwellengetriebene Anhängegeräte. Großbetriebe und Lohnunternehmen bevorzugen mitunter Geräte mit eigenem Antriebsmotor für das Gebläse mit Luftfördermengen über 50 000 m^3/h. Mit Hilfe erhöhter Luftleistungen können nicht nur die Reichweite vergrößert

Abb. 144. Aufsattelbares, zapfwellengetriebenes Spritz- und Sprühgerät (hier mit Herbizidbalken).

Abb. 145. Zapfwellengetriebenes Anhänge-Spritz- und Sprühgerät.

Abb. 146. Pneumatisches Sprühgerät mit Radialgebläse.

und die Windanfälligkeit vermindert werden, sie erlauben auch höhere Fahrgeschwindigkeiten.

Der Leistungsbedarf eines Spritz- und Sprühgerätes setzt sich aus mehreren Komponenten zusammen. Der Bedarf der Pumpe steigt linear mit dem Betriebsdruck und der Flüssigkeitsfördermenge. Die Leistungsaufnahme des Gebläses steigt linear mit der Luftfördermenge und außerdem progressiv mit der Luftaustrittsgeschwindigkeit an. Der Leistungsbedarf für den Transport hängt u.a. von der Größe der Geräte und von den Geländeverhältnissen ab und kann zwischen 2 und 7 kW* schwanken. Dazu ist eine Leistungsreserve von ca. 10% der Gesamtleistungsaufnahme zu veranschlagen. Dazu ein Beispiel:

Pumpe, 80 l/min Fördermenge und 40 atü Betriebsdruck	6,0 kW
Axialgebläse bei 30 000 m^3/h Luftfördermenge und 40 m/sec Luftaustrittsgeschwindigkeit	13,2 kW
Transport	4,5 kW
	23,7 kW
+ 10% Leistungsreserve	2,3 kW
Gesamtkraftbedarf	25,0 kW

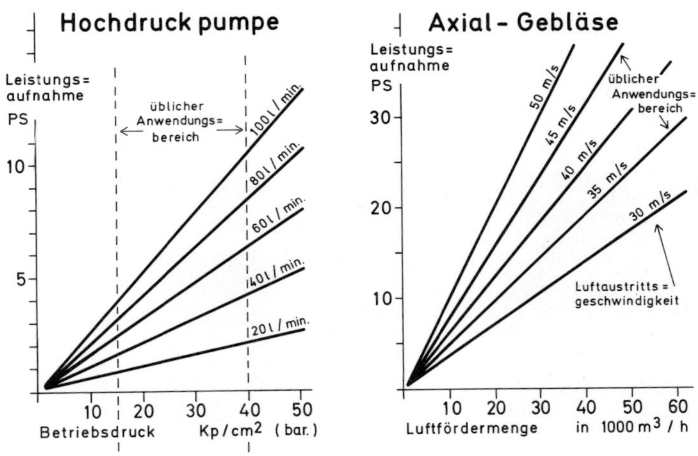

Abb. 147. Leistungsaufnahme von Pflanzenschutzgeräten.

Seit einigen Jahren werden neben Anhängegeräten auch Anbaugeräte mit leistungsfähigen Gebläsen, jedoch kleineren Flüssigkeitsbehältern angeboten. Rückentragbare Kleingeräte mit oder ohne Motor sind für den Hausgarten gut geeignet, kommen jedoch für den Erwerbsanbau nur ausnahmsweise in Betracht, z.B. zur gezielten Bekämpfung von Blattlausnestern in Junganlagen oder für Beerenobst.

* Laut „Gesetz über Einheiten im Meßwesen“ wird neuerdings für alle Leistungsangaben die Maßeinheit Watt (W) oder Kilowatt (kW) verwendet. 1 kW = 1,36 PS.

3 Geräte zur Bodenpflege

Eine regelmäßige Bodenbearbeitung, das sog. Offenhalten des Bodens, wird im mitteleuropäischen Kernobstanbau heute kaum noch durchgeführt. Dazu verwendet man Rotorkrümler, Scheibeneggen oder Grubber. Problematisch ist in den heute üblichen Rechteckpflanzungen das mechanische Bearbeiten des Bodens innerhalb der Baumstreifen, besonders bei Baumabständen unter 2 m. Die dazu entwickelten seitlich ausschwenkenden Geräte sind heute weitgehend durch die Herbizidbehandlung verdrängt worden.

Zur Streifenbehandlung der Baumreihen verwendet man *Herbizidspritzbalken,* die seitlich am Schlepper montiert und mit Flachstrahl- oder Exzenterdüsen ausgerüstet sind. Die Spritzflüssigkeit wird durch die Hochdruckpumpe des angehängten Pflanzenschutzgerätes in Verbindung mit einem Druckminderer zu den Düsen befördert. Zur Herbizidausbringung in Beetsystemen stehen heute Exzenterdüsen zur Verfügung, die eine ausreichend gleichmäßige Ausbringung bis etwa 5 m seitlich der Fahrgasse ermöglichen und bei ca. 3 bis 5 bar arbeiten sollten.

Als Bodenpflegemaßnahme zwischen den Baumreihen ist heute hauptsächlich das Rasenmulchen üblich. Der in größeren Plantagen bislang meistverwendete Gerätetyp ist der *Horizontalflügelmäher.* Er kann mit einem Schwenkflügel ausgerüstet werden, der die Mulcharbeit auch innerhalb der Baumstreifen ausführt und dank beweglicher Aufhängung an jedem Stamm ausweicht. Wegen der verbreiteten Anwendung von Herbiziden werden zumeist Mulchgeräte ohne Schwenkflügel eingesetzt.

Wo auf das Mulchen in den Baumstreifen verzichtet werden kann, ist auch das Prinzip des *Schlegel-Walzenmähers* mit gegen die Fahrtrichtung rotierenden Schlegeln anwendbar.

Abb. 148. Herbizid-Spritzgestänge mit Flachstrahldüsen. Die exzentrische Konstruktion der linken Düse ermöglicht die Ausbringung von Herbiziden auch in Beetpflanzungen von der Bewirtschaftungsgasse aus.

Abb. 149. Flügelmulchgerät bei der Schnittholzzerkleinerung.

Abb. 150. Flügelmulchgerät mit Schwenkarm, das ein Mulchen auch innerhalb der Baumreihen erlaubt.

Kreisel- und Schlegelmulchgerät sind trotz der verschiedenen Systeme im Preis und in ihrer Arbeitsleistung ähnlich. Beide sind auch zur Schnittholzzerkleinerung einzusetzen. Diese Gerätetypen sind in der Regel Dreipunktanbaugeräte mit Zapfwellenantrieb.

Während in Baumbeständen mit breiten Kronen eine große seitliche Ausladung der Mulchgeräte notwendig ist, was eine seitliche Getriebeanordnung erfordert, ist bei

Dichtpflanzungen die Anbringung des Mulchgerätes hinter der Schleppermitte zu fordern. Moderne Mulchgerätetypen können hydraulisch auf unterschiedliche seitliche Ausladung eingestellt werden. Dies ist besonders vorteilhaft in Betrieben mit verschieden alten und daher auch in unterschiedlichen Reihenabständen gepflanzten Quartieren.

Neben den Großgeräten bleiben zum Rasenmulchen in Kleinbetrieben Motormulchgeräte von Interesse: Der von Hand geschobene *Rotormäher* ist ein einflügeliges Kreiselmulchgerät, die robuste und etwas vergrößerte Ausgabe eines Garten-Rasenmähers. Der am Schlepper montierbare fingerlose Mulchbalken ist eine Variante des üblichen Gras-Mähbalkens.

4 Geräte zur Düngerausbringung

Während Mineraldünger und Stallmist im Kleinbetrieb von Hand ausgebracht werden, hat sich in größeren Obstbaubetrieben zur Mineraldüngerausbringung allgemein der *Kreiseldüngerstreuer* durchgesetzt. Dieses System erfüllt die Forderung nach ausreichender und variabler seitlicher Ausdehnung des Streukegels, leicht regulierbarer Ausbringemenge und normalerweise zweiseitiger, bei Bedarf aber auch einseitiger Arbeitsweise.

Ein Spezialgerät für die Stallmistausbringung lohnt sich normalerweise für Obstbaubetriebe nicht. Der auch hier zu fordernde seitliche Auswurf bei der Stallmistausbringung kann am ehesten von *Stallmiststreuern mit vertikalen Spindeln* erfüllt werden, wenn der Auswurf niedrig und weich genug erfolgt. Die bisher im Ackerbau verwendeten Geräte werfen für Niederstammpflanzungen zu hoch aus.

Abb. 151. Kreiseldüngerstreuer, wie er zum Ausbringen von Mineraldünger in Obstpflanzungen verwendet wird.

Geräte zur Unterflurdüngung in flüssiger Form wurden zwar konstruiert, haben sich aber in der Praxis nicht durchsetzen können, weil das Prinzip der Unterflurdüngung sich im Obstbau aus biologischen Gründen als entbehrlich erwiesen hat.

5 Geräte für die Ernte und den Transport des Erntegutes

Die Verwendung von Stützleitern für Schnitt und Ernte wird künftig allenfalls im Süßkirschenanbau noch notwendig sein. Hingegen werden *Stehleitern* in vielen Betrieben noch längere Zeit nicht entbehrt werden können. *Pflückschlitten* sind vor allem dort am Platze, wo direkt in Normalkisten gepflügt wird. Der Pflückschlitten soll einen möglichst kurzen Weg zwischen Pflückvorgang und dem Ablegen in die Kiste gewährleisten und das Mitführen der Kisten von Baum zu Baum erleichtern. Für etwas höhere Bäume sind die meisten Pflückschlitten mit Tritten ausgestattet, können jedoch eine Stehleiter bezüglich der Höhe nicht ersetzen. Größere Pflückschlitten sind meist unhandlich, an ihrer Stelle sollten *Pflückkarren* verwendet werden.

Größere Kernobst-Anbaubetriebe setzen heute allgemein Großkisten (franz. Pallox, engl. Bins) ein. Der Fuß der Großkiste ist als Palette ausgebildet. Dementsprechend sind ihre Grundmaße. Ihre lichte Höhe beträgt ca. 65 cm. Sie faßt ca. 300 kg und entspricht damit 15 bis 16 Normalkisten zu 18 bis 20 kg. Voraussetzung für den Großkisteneinsatz sind Anbaupalettenheber am Schlepper, um die Großkisten in der Plantage zu transportieren. Notwendig ist ferner ein Großkistenentleerer an der Sortierstation. Die Pflücker benutzen Pflückeimer, Pflücksäcke oder spezielle Pflückkisten, die sie in die Großkisten entleeren. Gemeinsames Merkmal dieser verschiedenen Pflückbehälter ist die Möglichkeit zu einer die Früchte schonenden Entleerung nach unten anstelle eines Auskippens.

Abb. 152. Vor Pflückbeginn ausgefahrene Großkisten.

Abb. 153. Pflückarbeit mit Pflückbock und spezieller Kunststoffkiste (a) mit 15 kg Fassungsvermögen und Kunststoffsackeinlage, die eine Entleerung nach unten erlaubt (b).

Abb. 154. Bewährt haben sich Plastiksäcke, die mit Hilfe von Haken während der Pflückarbeit im Baum aufgehängt werden können. Auch sie können nach unten entleert werden. Ihr Fassungsvermögen beträgt etwa 10 kg.

Abb. 155. Eines der verschiedenen technischen Hilfsmittel zur Erleichterung der Pflückarbeit ist das holländische Pluk-o-trak. Die Pflücker legen die Früchte auf die verstellbaren Förderbänder ab. Eine sinnreiche Konstruktion gewährleistet die fruchtschonende Befüllung von Großkisten, während das Gerät im Kriechgang durch die Anlage fährt.

Abb. 156. Ein wichtiges Hilfsmittel bei der Arbeit mit Großkisten sind am Schlepper montierte Gabelstapler. Hier wird ein Straßenanhänger mit einem Fassungsvermögen von 16 Großkisten mit je 300 kg Inhalt (s. auch Abb. 202) mit Hilfe eines Gabelstaplers beladen.

Abb. 157. Für das Aufnehmen gefüllter Großkisten in den Obstpflanzungen wurden Spezialfahrzeuge entwickelt, die bis zu 4 Großkisten hintereinander aufnehmen können. Über größere Entfernungen ist auch der Transport in zwei Ebenen übereinander, also von bis zu 8 Großkisten möglich (a). Zum Fortbewegen von Großkisten über kürzere Entfernungen während der Pflückarbeit wurde dieser Großkisten-Handwagen entwickelt (b).

Der Abtransport erfolgt auf gleiche Weise wie der von beladenen Paletten, neuerdings auch mit speziellen Palettenhubwagen. Nach den bisher vorliegenden Erfahrungen bringt der Großkisteneinsatz unter geeigneten Voraussetzungen Arbeitseinsparungen um 20%. Vorteile bieten Großkisten vor allem auch in Hanglagen. Bedingung sind u.a. hohe Flächenerträge, da sonst die Wege für die Pflücker zum Befüllen einer Großkiste zu weit werden. Die Bewirtschaftungsgassen dürfen bei Großkisteneinsatz nicht zu eng sein.

Während in Sortierstationen der Erzeugermärkte selbstfahrende Gabelstapler zur Standardausrüstung gehören, verwendet der Erzeugerbetrieb je nach Größe und Organisation Anbaustapler verschiedener Konstruktion am Schlepper. Im Erzeugerlager werden je nach Betriebsgröße handgezogene oder selbsfahrende elektrische Gabelstapler verwendet.

6 Maschinen zur Teilmechanisierung der Ernte

In Palmetten-Pflanzungen werden seit langem *Pflückwagen* eingesetzt, die vom Schlepper im Kriechgang gezogen werden, während mehrere Pflücker auf beiden Seiten und in verschiedenen Höhen arbeiten. Sie pflücken in mitgeführte Kisten, die von einem nachlaufenden Anhänger aus gegen leere ausgetauscht werden.

Weiterentwicklungen dieser fahrbaren Pflückbühnen, als Selbstfahrer, Anhängegeräte oder auch zum Aufsatteln am Anbaustapler werden inzwischen auch in anderen

Anbaugebieten verwendet. Andere fahrbare Geräte zur Erleichterung der Pflückarbeit und zur Verbesserung der Leistung sind hauptsächlich für Anbausysteme mit „Schlanken Spindeln“ entwickelt worden, so z. B. das „Pluk-o-Trak“.

Der wirtschaftliche Einsatz solcher Maschinen setzt einheitliche Pflanzungen mit möglichst gleichmäßigem Fruchtbehang voraus, vor allem aber auch eine während der Erntesaison ganztags verfügbare vollständige Besatzung von je nach Typ 6 bis 10 Personen je Maschine.

Der entscheidende Durchbruch zu einer teilweisen oder gar vollen Mechanisierung der Tafelobsternte ist trotz aller Anstrengungen der Industrie bisher nicht gelungen. Eine wirklich ins Gewicht fallende Produktivitätssteigerung bei der Pflücke haben eigentlich nur die neuen Anbausysteme mit kleinen Baumformen und der Einsatz von Großkisten gebracht.

7 Das Roden von Obstbäumen

Obstbaumbestände werden heute in der Regel mit Hife von Schleppern, Baggern oder Planierraupen gerodet.

Mit einer stärkeren *Planierraupe* ist man in der Lage, einen Obstbaum bis ca. 40 cm Stammdurchmesser in Sekundenschnelle zu roden, indem der Baum zunächst durch Druck mit dem Planierschild schräggestellt und dabei der Wurzelteller seitlich angehoben wird. Dann wird der Planierschild unter dem Wurzelteller angesetzt und der Baum samt Wurzelteller zur Seite geschoben, bis alle Wurzeln abgerissen sind. In ähnlicher Weise kann man auch Löffelbagger zum Roden einsetzen.

Abb. 158. Roden einer Obstanlage mit dem Löffelbagger. Die Baumkronen wurden vorher mit Motorsägen entfernt und abgefahren.

Mit *Radschleppern* kann man in direktem Zug am Drahtseil nur kleine Bäume ohne Schwierigkeiten roden. Hingegen sind mit Hilfe einer *Schlepper-Seilwinde* selbst mit Schleppern mittlerer Stärke gute Rodeleistungen zu erzielen. Dazu wird außer der Seilwinde eine Abstützvorrichtung am Schlepper benötigt, die ihn am Standort verankert, solange die Seilwinde arbeitet.

Vor dem eigentlichen Roden wirft man die Baumkronen zweckmäßigerweise mit Hilfe von *Motorsägen* ab, damit das Roden ohne Behinderung durchgeführt werden kann.

Ernte, Lagerung und Aufbereitung

1 Erntetermin

Jeder Obsterzeuger möchte seine Früchte in einem Zustand und zu einer Zeit ernten, die ihm den höchsten Erlös für seine Ware versprechen. Das dürfte bei Lagerobst, auf die Dauer betrachtet, einem Entwicklungszustand der Früchte entsprechen, der einen bestmöglichen Ausbau des sortentypischen Aromas gewährleistet, ohne daß eine erhebliche Haltbarkeitsverkürzung befürchtet werden muß. Es ist allerdings schon mehrere Jahre die Tendenz zu beobachten, daß vor allem Großabnehmer aus Sorge vor Lagerverlusten baumreife Ware ablehnen und bewußt grüne Früchte verlangen.

Die Frühsorten verschiedener Obstarten werden nicht selten *vorzeitig geerntet,* um in den Genuß der hohen Anfangspreise für frühe Ware zu kommen. Nicht jedem Obsterzeuger, der konsequent nach diesem Gesichtspunkt handelt, ist klar, welch beträchtlichen Ernteverlust er damit in Kauf nimmt. Die Früchte weisen nämlich kurz vor der Ernte vielfach noch ganz beträchtliche Zuwachswerte auf. Die durch zu frühes Ernten bedingten Gewichtseinbußen können bei Frühäpfeln beispielsweise 10 bis 30%, bei Herbstsorten wie 'Goldparmäne', 'Cox Orange' und 'Boskoop' immerhin noch 5 bis 10% ausmachen. Spätsorten wie 'Golden Delicious' und 'Glockenapfel' verfügen dagegen infolge der fortgeschrittenen Jahreszeit kurz vor ihrer Ernte nur in wärmeren Gegenden und bei besonders günstigem Herbstwetter noch über eine nennenswerte Größenzunahme.

Die nur begrenzt haltbaren Obstarten müssen bei erwerbsmäßigem Anbau vor ihrer vollen Baumreife, d.h. solange sie noch nicht ihre beste Qualität erreicht haben, geerntet werden. Andernfalls sind sie nicht mehr ausreichend *transportfähig*. Die bestmögliche Qualität von Erdbeeren, Aprikosen, Pfirsichen, Pflaumen und Zwetschen wird deshalb nur kennen, wer diese Obstarten selbst erzeugt oder sie voll ausgereift direkt vom Erzeuger erwerben kann.

Ein weiteres den Erntetermin beeinflussendes Problem besteht darin, daß die im Betrieb erzeugten Obstmengen von einer meist begrenzten Anzahl von *Arbeitskräften* eingebracht werden müssen. Das bedingt eine bereits vor dem physiologisch günstigsten

Tab. 47. Einflüsse des Erntetermins auf die Fruchtqualität

Nachteile einer zu frühen Ernte	Nachteile einer zu späten Ernte
Die Früchte neigen zum Schrumpfen, sind nicht ausgewachsen, ungenügend gefärbt, geschmacklich minderwertig, gelegentlich anfällig für Schalenbräune Stippigkeit	Die Früchte können vorzeitig abfallen, sind (vor allem beim Steinobst) weniger transportfähig, nicht so lange haltbar, anfällig für Fäulnis Fleischbräune

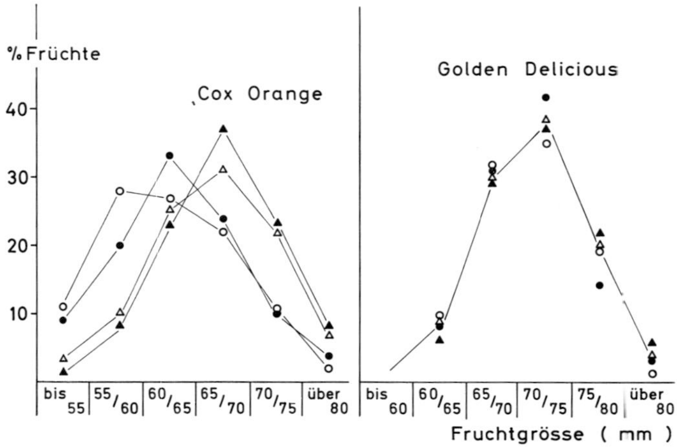

Abb. 159. Einfluß des Erntetermins auf die Fruchtgröße von 'Cox Orange' und von 'Golden Delicious'. ○ zwei Wochen zu früh, ● eine Woche zu früh geerntet, △ praxisgerechte Ernte, ▲ eine Woche nach Normalernte gepflückt.

Pflücktermin einsetzende Ernte. Die Entscheidung für einen bestimmten Erntetermin im Obstbaubetrieb läuft damit auf einen Kompromiß zwischen pflanzenbaulichen, marktpolitischen und arbeitswirtschaftlichen Erwägungen hinaus.

In der Obstbaupraxis werden verschiedene Fruchteigenschaften als Anzeichen für das Herannahen der *Pflückreife* angesehen. Man versteht darunter in der Praxis den Reifezustand der Früchte, welcher eine lange Haltbarkeit (Definition der Haltbarkeit s. Kapitel Obstlagerung) und einen befriedigenden Geschmack der Früchte verspricht.

Die *Samenbräunung* und die *Zuckeranreicherung* ergeben im allgemeinen keine befriedigenden Anhaltspunkte über den Reifegrad der Früchte. Der *Jod-Stärke-Test* bewährte sich als Methode zur Bestimmung der Pflückreife ebenfalls nicht, weil der Stärkeabbau in Abhängigkeit von der Stellung der Früchte in der Baumkrone, am Trieb und im Fruchtstand starken zeitlichen Schwankungen unterliegt und nur eine lose Beziehung zur Lagerfähigkeit erkennen läßt.

Zwei weitere Reifetests, bei denen die für die volle Entwicklung der Früchte notwendige Anzahl an Tagen von der Vollblüte bis zur Ernte oder die Wärmesumme in den ersten 40 Tagen nach der Blüte zur Reifebestimmung herangezogen werden, könnten am ehesten in Zonen mit ziemlich gleichmäßigem Witterungsverlauf brauchbar sein.

Der in der Schweiz entwickelte *T-Test* dürfte gegenüber den vorigen den Erntetermin zuverlässiger voraussagen lassen. Er beruht auf der Beobachtung, daß die Anzahl der Tage vom sog. T-Stadium bis zur Ernte für die einzelnen Sorten in bestimmten Gebieten konstant ist. Für 'Cox Orange' werden beispielsweise 95 Tage, für 'Golden Delicious' 119 bis 122 Tage benötigt. Das T-Stadium ist erreicht, wenn die Stielansatzstelle weder nach innen, noch nach außen gewölbt ist. Aber auch diese Methode läßt wichtige Faktoren wie unterschiedlichen Fruchtbehang, Stickstoffernährung, Anwendung von Wachstumsregulatoren und extreme Witterungsverhältnisse unberücksichtigt.

Besser geeignet für die Bestimmung des Pflücktermins durch den Praktiker ist die Beobachtung folgender Veränderungen an den Früchten: Lösbarkeit des Fruchtstieles,

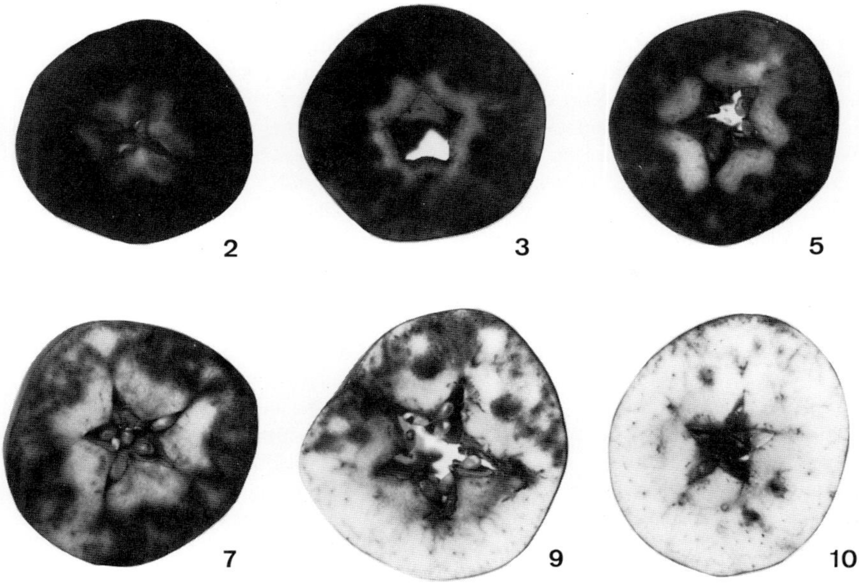

Abb. 160. Sechs Stadien des Jod-Stärke-Tests. Die Schnittflächen frisch gepflückter Früchte werden mit einer Lösung von 10 g Jod und 40 g Kaliumjodid in 1 l Wasser behandelt. Die stärkehaltigen Partien färben sich blau. Erntereife Äpfel und Birnen haben ihre Stärke schon merklich abgebaut (Stadien 6–9).

Festigkeit des Fruchtfleisches, Aufhellung der Grundfarbe und Umschlag der Deckfarbe.

Geht eine Frucht ihrer Pflückreife entgegen, so bildet sie zwischen Fruchtstiel und Fruchtholz eine Trennschicht aus. Die Früchte der Kernobstarten sollen dann gepflückt werden, wenn ein Anheben der Frucht ihre *Trennung vom Fruchtholz* bewirkt. Die Ausbildung der Ablösungsschicht ist allerdings stark art- und sortenabhängig. Sie unterliegt den Außeneinflüssen und wird außerdem durch Hormonspritzungen gegen vorzeitigen Fruchtfall verzögert. In diesem Falle darf das leichte Lösen des Fruchtstiels vom Fruchtholz nicht abgewartet werden. Man lasse sich auch nicht durch jene Art von Fruchtfall, der durch gegenseitiges Abdrängen der Äpfel vom Fruchtholz erfolgt ('Glockenapfel', 'Gravensteiner'), zu vorzeitigem Ernten verleiten.

Infolge der ständig wachsenden Zellgröße bei gleichzeitig abnehmender Zellwandstärke und infolge der Umwandlung von unlöslichem Protopektin der Zellwände in lösliches Pektin werden die Früchte im Laufe ihrer Entwicklung langsam weicher. Bei manchen Obstarten ist das Anwachsen der Zellgröße, bei anderen mehr die Umwandlung des Protopektins für das Weichwerden der Früchte bedeutsam. Zur Messung der *Fruchtfleischfestigkeit* können Druckmesser (Penetrometer) verwendet werden. Entsprechende Messungen haben sich für die Reifebestimmung an Birnen eingeführt. Der Reifegrad von Äpfeln läßt sich damit aber nur mäßig genau erfassen.

Die *Ausfärbung der Früchte* erfolgt erst während der letzten Entwicklungsphase: Die Grünfärbung verschwindet langsam (Chlorophyllabbau), die Bildung gelber und roter Farbstoffe tritt stärker in Erscheinung. Diese Veränderung der Grundfarbe während der Fruchtreifung kann als Reifetest herangezogen werden. Als Hilfsmittel für diesen Reifetest stehen dem Obsterzeuger verschiedene Farbtafeln zur Verfügung. Es ist jedoch zu beachten, daß das Gelbwerden der Früchte nicht mit den übrigen Reifungsvorgängen übereinstimmt, wenn die Stickstoffdüngung stark von der Norm abweicht. Durch Stickstoffmangel kann die richtige Farbaufhellung bei 'Golden Delicious' schon Wochen vor der Reife erreicht werden; bei Stickstoffüberschuß tritt der für die Ernte maßgebliche Farbton u. U. erst lange nach der normalen Pflückzeit auf.

Früher als in der Fruchtschale geht der Chlorophyllabbau im Fruchtfleisch vor sich. Eine Frucht kann dann als pflückreif angesprochen werden, wenn das Fruchtfleisch praktisch frei von grüner Farbe ist. Ein recht gutes Kennzeichen der Pflückreife ist dieser vollständige Chlorophyllabbau im Fruchtfleisch der Apfelsorten 'Boskoop', 'Cox Orange', 'Glockenapfel' und 'Jonathan'.

Der Farbumschlag von Grün nach Gelb verleiht den Früchten nicht nur ein ansprechendes Aussehen, sondern ist beim Kernobst und auch bei verschiedenen Steinobstarten ein recht zuverlässiges Kennzeichen für die geschmackliche Qualität der Früchte. Schreitet nämlich der Chlorophyllabbau nicht schon am Baum bis zu einem art- und sortenbedingten Grad fort, so verläuft die Weiterentwicklung der Früchte von der Ernte bis zu ihrer Genußreife nur langsam und unvollständig. Sie schmecken dadurch vielfach wenig aromatisch oder haben gar einen faden, grasigen Geschmack. Stärker ausgeprägt ist dieses Verhalten bei Pfirsich und Aprikose. Beim Apfel tritt der Geschmacksunterschied zwischen grün und gelb gepflückten Früchten ganz allgemein in Erscheinung: Besonders ausgeprägt ist er bei 'Golden Delicious'.

Die rote bis blaue Deckfarbe der Früchte nimmt mit der Fruchtreife zu. Bei Apfel, Birne und Pfirsich unterliegt ihre Ausbildung allerdings sehr stark den Einflüssen der Behangstärke, der Sonnenscheindauer, des Wechsels zwischen hohen und tiefen Temperaturen und der Benetzung der Früchte durch Regen oder Nebel. Der Flächenanteil und die Intensität der Deckfarbe können deshalb bei diesen Obstarten kaum als Reifeindiz dienen. Bei den Apfelsorten 'Jonathan' und 'Goldparmäne' kennzeichnet die Deckfarbe den Eintritt der Pflückreife allenfalls noch, sobald sie in ein leuchtendes Rot

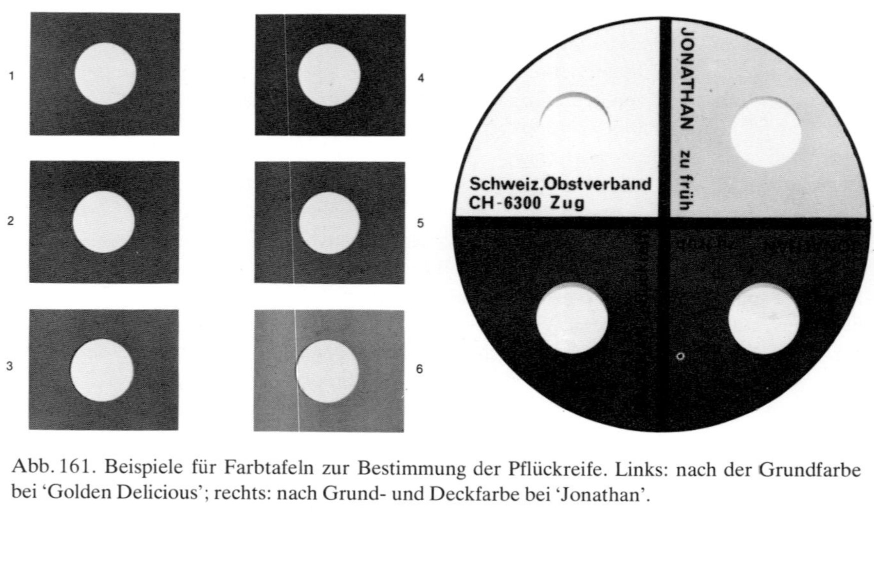

Abb. 161. Beispiele für Farbtafeln zur Bestimmung der Pflückreife. Links: nach der Grundfarbe bei 'Golden Delicious'; rechts: nach Grund- und Deckfarbe bei 'Jonathan'.

umschlägt. Werden sie schon im Braun- oder Blauton gepflückt, so entwickeln sie meistens nur ein mangelhaftes Aroma.

Für die Bestimmung der Pflückreife des Beerenobstes, der Kirschen, Pflaumen und Zwetschen eignet sich die Intensität der Rot- oder Blaufärbung dagegen recht gut. Eine genügend starke Färbung ist der in der Obstbaupraxis ausschlaggebende Faktor für die Ernte dieser Obstarten.

Außer diesen mit geringem Aufwand durchführbaren Methoden gibt es verschiedene Labormethoden, durch die Atmung und gasförmige Ausscheidungen der Früchte im Verlauf der Reife untersucht werden. Sie erfordern zwar teuere Geräte, liefern aber recht zuverlässige Ergebnisse, mit denen sich die oben genannten, einfacheren Methoden überprüfen lassen.

Kernobst zeigt im Verlauf seiner Entwicklung und Reife einen charakteristischen Verlauf der *Atmungsintensität* (CO_2-Abgabe). Diese fällt nach der Blüte steil, während des Streckungswachstums der Früchte wesentlich schwächer ab. Mit Beginn der Reife erfolgt wieder ein Anstieg, in der Alterungsphase ein endgültiges Absinken. Der optimale Erntetermin für gut lagerfähige Äpfel soll beim Atmungsminimum oder kurz nach dem Anstieg der Atmungskurve liegen.

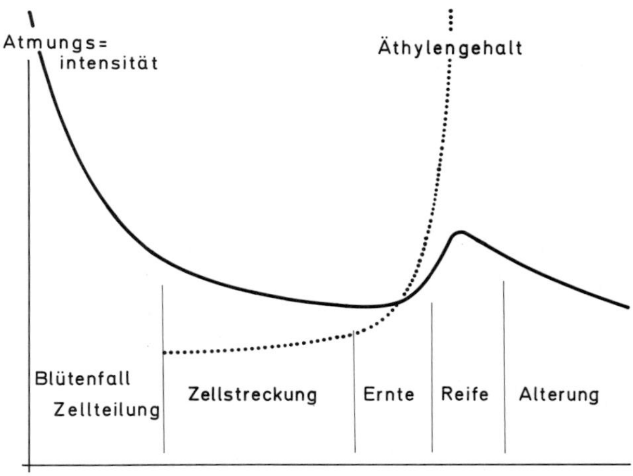

Abb. 162. Atmungsintensität und Äthylengehalt bei Apfel (schematisch) während der Fruchtentwicklung und Lagerung.

Als weiteres Reifekriterium kann die Ausscheidung von Aromastoffen, die bei der Reife in vermehrtem Maße gebildet werden, dienen. Noch besser eignet sich die Messung der *Äthylenproduktion* der Früchte im Reifeabschnitt. Äthylen ist ein wichtiges Phytohormon (vgl. Kapitel Wachstumsregulatoren), das u. a. die Fruchtreife maßgeblich steuert. Mit Beginn der Fruchtreife steigt die Äthylenabgabe der Früchte sprunghaft an und kennzeichnet damit zuverlässig den Zeitpunkt der Pflückreife.

2 Obstlagerung

Als lebende Pflanzenorgane benötigen die Früchte der verschiedenen Obstarten nach der Ernte zur Aufrechterhaltung ihres Stoffwechsels Energie. Da eine Zufuhr energiereicher Verbindungen von der Mutterpflanze nicht mehr möglich ist, müssen die Früchte von ihrer eigenen Substanz leben. Sie unterliegen einem Alterungsprozeß, durch den sie allmählich, bei bestimmten Eingriffen aber auch plötzlich zugrunde gehen. Der Obstlagerung fällt die wichtige Aufgabe zu, diesen Alterungsprozeß so gut wie möglich aufzuhalten.

Unter einheitlichen Bedingungen ist die Lebensdauer der Früchte von verschiedenen Obstarten und -sorten sehr unterschiedlich. Die Lebenskraft von Beerenobst, Steinobst und von Frühsorten des Kernobstes kann schon in 1 bis 2 Wochen erschöpft sein. Eine länger andauernde Lagerung ist infolge ihrer hohen Verderblichkeit nicht möglich. Die Herbst- und Wintersorten von Apfel und Birne weisen ihnen gegenüber eine wesentlich höhere Lebensdauer auf. Speziell der Apfel eignet sich für eine längerdauernde Lagerung. Infolge dieses artspezifischen Verhaltens und wegen seiner großen wirtschaftlichen Bedeutung beziehen sich die folgenden Ausführungen hauptsächlich auf die Lagerung des Apfels.

Von Bedeutung für die Bewertung der Apfelsorten ist u.a. ihre Haltbarkeit. Man versteht darunter nach einer (etwas veränderten) Definition von KESSLER (1960) die Zeitspanne, in der, unter Zugrundelegung einer bestimmten Lagertemperatur, der Ausfall an Früchten ein gewisses Maß nicht übersteigt (die wirtschaftliche Haltbarkeit erstreckt sich bis zu einem Anteil von 10% Abfall), die Früchte im Vollbesitz ihrer geschmacklichen Qualität sind und zudem immer noch genügend Reserven aufweisen, um nach erfolgter Auslagerung die Transport- und Verkaufsspanne in einwandfreiem Zustand zu überstehen. Die wichtigsten Ursachen für Verluste während der Lagerung sind parasitäre und physiologische Krankheiten sowie chemische und physikalische Veränderungen der Früchte im Verlauf des Reifeprozesses.

2.1 Veränderungen der Früchte während der Lagerung

Physikalische Veränderungen

Die für den Handels- und Genußwert des Obstes wichtigste physikalische Veränderung während der Lagerung ist der durch Verdunstung (Transpiration) eintretende *Wasserverlust*. Die Früchte büßen dadurch einen Teil ihrer Festigkeit und Saftigkeit ein. Sie werden langsam schlaff oder schrumpeln gar.

Die Transpiration einer vom Baum abgelösten Frucht ist großenteils abhängig vom Feuchtigkeitsgehalt der sie umgebenden Luft, von der Lagerungstemperatur und von der Luftbewegung. Den Vorgang der Wasserverdunstung kann man sich folgendermaßen vorstellen: Bei ruhender Luft stellt sich über den Früchten eine bestimmte Luftfeuchtigkeit ein, die sich im Gleichgewicht mit dem Wasserdampfdruck der Früchte befindet. Stimmt die Luftfeuchtigkeit des Lagerraumes mit derjenigen direkt über der Fruchtoberfläche überein, so kann keine Verdunstung stattfinden. In der Lagerungspraxis besteht jedoch immer ein Feuchtegefälle von den Früchten zur Raumluft hin. Die Früchte geben deshalb laufend Feuchtigkeit an die Luft ab und trocknen hierdurch um so schneller aus, je niedriger die relative Feuchtigkeit der Raumluft ist.

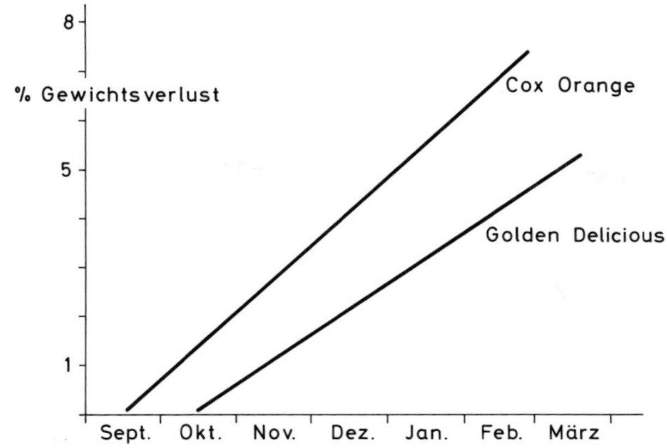

Abb. 163. Gewichtsverlust von 'Cox Orange' und von 'Golden Delicious' während der Kühllagerung.

Eine besonders hohe Luftfeuchtigkeit begünstigt andererseits die Ausbreitung von Lagerfäulen und den physiologischen Lagerkrankheiten Fleisch- und Schalenbräune. Als Kompromiß regelt man die rel. Luftfeuchtigkeit in Obstlagern auf 92% ein.

Die Lagertemperatur beeinflußt das Ausmaß der Verdunstungsverluste ganz wesentlich, weil zur Wasserverdunstung Wärme erforderlich ist. Je kühler die Früchte sind, um so weniger Wasser verdunsten sie. Demnach sollten die Früchte nach der Einlagerung schnell auf die Lagertemperatur heruntergekühlt werden. Der Luftbewegung als drittem, die Verdunstung beeinflussendem Faktor, fällt hierbei die Aufgabe zu, eine rasche Wärmeübertragung zwischen Raumluft und Lagergut sicherzustellen.

Der Wasserdampf verläßt die Früchte durch Atmungsöffnungen (= Stomata) und durch die Kutikula (= äußerste, wachsartige Schicht der Fruchtschale). Vom gesamten Wasserverlust einer Frucht entfallen annähernd zwei Drittel auf kutikuläre, der Rest auf stomatäre Transpiration. Feine Risse und Sprünge in der Kutikula sowie deren unterschiedliche Dicke sind für die sortenabhängige Neigung, auf dem Lager zu schrumpfen, verantwortlich. Transpirationsverluste von 4 bis 7% bewirken bei den meisten Apfelsorten bereits eine sichtbare Schrumpfung. Um eine Minderung des Handelswertes zu vermeiden, sollten die Früchte aber möglichst nicht mehr als 3% ihres Anfangsgewichtes verlieren. Sie haben dann noch genügend Reserven, um die Transport- und Verkaufsspanne nach der Auslagerung in gutem Zustande zu überstehen. Unter CA-Lagerbedingungen wird diese Forderung ohne weiteres erfüllt, im Kühllager allenfalls bei kurzer Lagerdauer.

Chemische Veränderungen

Für die Fruchtqualität wichtige Inhaltsstoffe wie Stärke, Zucker, Säuren, Eiweiße, Fette, Aromastoffe und Vitamine unterliegen während der Obstlagerung einem fortwährenden Um- und Abbau. Diese Veränderungen wirken sich sowohl auf das Aussehen als auch auf den Geschmack der Früchte aus.

Eines der nach außen hin auffälligsten Kennzeichen der Fruchtreifung und -alterung ist die Veränderung der *Fruchtfarbe*. Der Wechsel der Grundfarbe beim Kernobst beruht hauptsächlich auf dem Abbau des Chlorophylls und auf einer erheblichen Neubildung von (gelben) Xanthophyllen und Karotinoiden. Dieser Umschlag der Grundfarbe von Grün nach Gelb verleiht auch der Deckfarbe eine stärkere Leuchtkraft.

Die inneren Veränderungen der Früchte betreffen Konsistenz (Festigkeit, Saftigkeit) und Geschmack des *Fruchtfleisches*. Durch Übergang des nicht wasserlöslichen Protopektins der Zellen in lösliches Pektin wird das Fruchtfleisch langsam weicher, dann mürbe und später (bei Überreife) mehlig oder auch teigig. Die geschmacklichen Veränderungen der Früchte vom pflückreifen zum genußreifen und schließlich überreifen Zustand beruhen hauptsächlich auf einem Abbau von Gerbstoffen, Zuckern und Säuren; es findet aber auch ein Aufbau von Fruchtinhaltsstoffen, z.B. von Aromastoffen und von Fettausscheidungen auf der Fruchtschale, statt. Besonders groß ist – gemessen an der anfänglich vorliegenden Menge – der während der Lagerung gleichmäßig fortschreitende Säureabbau. Säurereiche Sorten wie ‘Boskoop’ und ‘Glockenapfel’ werden erst durch ihn genußfähig, säurearme wie ‘Golden Delicious’ entwickeln dagegen immer mehr einen einseitig süßen Geschmack. Bis zur Genußreife der Früchte bewirken diese Ab- und Umbauprozesse ein ausgewogenes Verhältnis der einzelnen Komponenten zueinander, d.h. die volle Entfaltung der art- und sorteneigenen Duft- und Geschmacksnote. Beim Übergang zur Überreife flacht der Geschmack immer mehr ab und wird fade oder auch einseitig süß. Nicht selten kommt ein mehr oder weniger unangenehmer Nebengeschmack nach Überreife noch hinzu.

Eine entscheidende Rolle beim Stoffwechsel der Fruchtinhaltsstoffe spielt eine Vielzahl von Enzymen (Fermenten). Diese kompliziert aufgebauten organischen Biokatalysatoren können erwünschte Auswirkungen nach sich ziehen (Reife, Aromaausbildung) oder auch unerwünschte (Teigigwerden, fermentative Bräunung bei der Verarbeitung).

Die meisten chemischen Veränderungen in den Früchten kommen durch *biologische Oxidation* (Zellatmung) zustande. Diese aus vielen Einzelgliedern (Reaktionen) bestehende Reaktionskette befähigt die Pflanze oder Pflanzenteile, organische, energiereiche Stoffe stufenweise zu Kohlendioxid und Wasser abzubauen. Sie liefert den Früchten sowohl Zwischenstufen für den Aufbau von Fruchtinhaltsstoffen als auch Energie für den Ablauf lebensnotwendiger Prozesse. Als Substrate für die Zellatmung dienen beim Obst hauptsächlich organische Säuren und Kohlenhydrate (Traubenzucker, Fruchtzucker), aber auch Fette (bei den Nüssen) oder Eiweißstoffe.

Eine summarische Beschreibung der Zellatmung stellt die Formel dar:

$$\underset{\text{Kohlenhydrat}}{C_6H_{12}O_6} + \underset{\text{Sauerstoff}}{6\,O_2} \xrightarrow[\text{Oxidation}]{\text{biologische}} \underset{\text{Kohlendioxid}}{6\,CO_2} + \underset{\text{Wasser}}{6\,H_2O} + \underset{\text{Energie}}{674\,\text{kcal}}$$

Die entbundene, freie Energie muß in die „Energiewährung“ der Zelle, in Adenosintriphosphat (ATP) übergeführt werden. Mit diesem ATP bestreiten die Früchte ihre energetischen Ausgaben. Überschüssige Energie wird als Atmungswärme abgegeben. Sie tritt bei der Einlagerung besonders deutlich in Erscheinung und kann einen bedeutenden Anteil der von den Kälteanlagen abzuführenden Wärmemengen in einem Lagerraum ausmachen. Das bei der Atmung frei werdende Wasser wird von den Früchten weitgehend verdunstet.

Von hervorragender Bedeutung für die Haltbarkeit des Obstes ist die Geschwindigkeit, mit der die Zellatmung abläuft *(Atmungsintensität)*. Sie wird üblicherweise als Sauerstoffaufnahme oder als Kohlendioxidabgabe pro Einheit Frischsubstanz und Zeiteinheit (z.B. ml CO_2 je kg und Std.) gemessen.

Tab. 48. Atmungswärme von Obst (nach HANSEN 1967)

Obstart	Atmungswärme in kcal/dt in 24 Std. bei Lagertemperaturen von		
	2 °C	5 °C	15 °C
Erdbeere	83 - 131	91 - 190	170 - 500
Süßkirsche	36 - 64	57 - 93	165 - 340
Pfirsich	36 - 45	52 - 84	180 - 272
Birne	22 - 46	36 - 86	170 - 260
Apfel, früh	29 - 43	32 - 65	110 - 190
Apfel, spät	22 - 28	28 - 42	57 - 120
Nüsse	um 5	10	20

Wie schon im Kapitel Erntetermin dargelegt, ist die Atmungsintensität einer Frucht nicht gleichbleibend hoch. Im Verlaufe der Fruchtreifung tritt das sog. Klimakterium auf. Man versteht darunter die steile Zunahme und nachfolgende deutliche Abnahme der Atmungsintensität einer reifen Frucht. Es ist ein Teil des normalen Entwicklungsprozesses der Frucht und genetisch fixiert. Leichtverderbliche Obstarten und Sorten treten gegenüber gut lagerfähigen früher in die Phase des Klimakteriums ein und haben auch eine höhere Atmungsintensität.

Durch weitestgehende Drosselung der Atmung der Früchte kann deren Lebensdauer wesentlich verlängert werden. Zu diesem Zweck bieten sich für die Obstlagerung in erster Linie die Faktoren Temperatur und Luftzusammensetzung (Kohlendioxid- und Sauerstoffgehalt der Luft) an.

Die stärkste Einschränkung der Veratmung von qualitätsbestimmenden Inhaltsstoffen erfolgt durch eine Herabsetzung der Lagertemperatur. Die Atmungsintensität un-

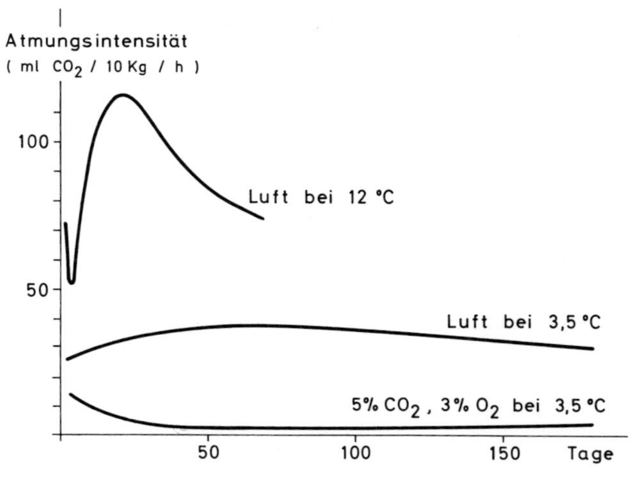

Abb. 164. Atmungsintensität von 'Golden Delicious' bei unterschiedlichen Lagerverfahren (nach KNEE 1971).

terliegt der Reaktionsgeschwindigkeit-Temperatur-Regel (RGT-Regel), die besagt, daß eine Senkung der Temperatur um 10 °C den Stoffumsatz der Früchte auf die Hälfte bis ein Drittel senkt. Eine Temperatursenkung um 10 °C kann deswegen die Haltbarkeit von Obst verdoppeln bis verdreifachen.

Eine Verringerung der Atmungsintensität erfolgt auch durch Erhöhung des CO_2- und/oder durch eine Erniedrigung des O_2-Gehaltes der Lagerluft. Ihre wirtschaftliche Ausnutzung erfährt diese Erscheinung bei der Lagerung in kontrollierter Atmosphäre. Zu geringe O_2-Gehalte können die Atmung so stark hemmen, daß die Früchte ihren Mindest-Energiebedarf nicht mehr durch Atmung decken können. Sie schalten dann auf den unter O_2-Mangel ablaufenden anaeroben Abbau ihrer energiereichen Speicherprodukte um. Länger auftretender O_2-Mangel verursacht dadurch nicht nur einen unangenehmen Beigeschmack, sondern gefährdet auch das Leben der Früchte. CO_2-Überschuß mindert die Fruchtqualität bei CO_2-empfindlichen Sorten teilweise durch erhöhten Befall mit CO_2-Schalenbräune oder durch typische Verbräunungen oder auch Hohlräume (Kavernen) des Fruchtfleisches in Kernhausnähe. Die geschmackliche Qualität läßt darüber hinaus auch nach dem Akklimatisieren der Früchte nach der Auslagerung oft zu wünschen übrig.

Die kritische Grenze für die Sauerstoffversorgung der Früchte liegt bei tiefen Temperaturen bei 2 Vol.% O_2. Die obere Grenze der CO_2-Konzentration richtet sich nach Obstart und -sorte. Sie schwankt bei 4° Lagertemperatur von 1 bis 10% (s. Kapitel Lagerverfahren). Diese Angaben betreffen die Zusammensetzung der Lagerluft. Es sei jedoch vermerkt, daß die die atmenden Zellen des Fruchtfleisches umgebende Luft eine andere Zusammensetzung hat als die Luft des Lagerraumes: Der CO_2-Gehalt in den Interzellularräumen ist höher, der Sauerstoffgehalt niedriger.

Eine Verstärkung der Atmung und damit auch eine Beschleunigung der Reifungsvorgänge geht von gasförmigen Ausscheidungsprodukten der Früchte aus. Besonders reifebeschleunigend wirkt das *Äthylen,* das beim Apfel in der Periode des Klimakteriums verstärkt ausgeschieden wird. Lagert man z. B. unreife Früchte zusammen mit reiferen, so wird ihr Reifungsvorgang beschleunigt.

2.2 Lagerverfahren

Zwischen dem Lagerungserfolg und den Faktoren Temperatur, Luftfeuchtigkeit und Lageratmosphäre (Sauerstoff-, Kohlendioxidgehalt, geschmacks- und reifebeeinflussende Beimengungen) bestehen enge Beziehungen. Je besser man sie in der Hand hat, um so sicherer ist der Lagererfolg und um so länger ist die Lagerdauer. Die Erfahrungen und Erkenntnisse über das Lagerverhalten von Obst unter den verschiedensten Lagerbedingungen hatten die Einführung bestimmter Lagersysteme in der Lagerpraxis zur Folge. Eine ausreichend genaue Steuerung der genannten Faktoren setzt Aufwendungen für die bauliche und apparative Ausstattung der Lagerräume voraus. Die entstehenden Bau-, Anschaffungs- und Betriebskosten richten sich nach dem gewünschten Lagerverfahren und können dementsprechend von recht unterschiedlicher Höhe sein.

Eine Aufbewahrung von Obst in Kellern, Scheunen und ähnlichen Räumen ohne jegliche Einrichtungen zur Luftumwälzung, Lufterneuerung, Luftbefeuchtung und Temperaturregulierung verlangsamt die Fruchtreifung so wenig, daß auf diese Weise allenfalls noch Äpfel bis zum Jahresende in einigermaßen befriedigendem Zustand aufbewahrt werden können. Birnen, Stein- und Beerenobst eignen sich für eine derartige Aufbewahrung weit weniger.

Frischluftlager

Frischluftlager werden durch Einbringen von kühler Außenluft in den Lagerraum und dortige Ventilation gekühlt. Um Frost oder Einstrahlungswärme vom Lagergut fernzuhalten, ist eine Wärmedämmung (s. Kühllager) erforderlich.

Das Herabkühlen der Früchte nach der Einlagerung stößt im praktischen Betrieb auf Schwierigkeiten, weil die Außentemperaturen gerade zu dieser Zeit (höchster Kältebedarf) oft so hoch liegen, daß kein Kühleffekt erzielt wird.

Recht schwierig gestaltet sich im Frischluftlager die Regulierung der Luftfeuchtigkeit. Auch durch eine ständige Befeuchtung ist wegen des zur Kühlung erforderlichen Luftaustausches nur selten eine ausreichend hohe Luftfeuchtigkeit zu erreichen und zu halten. Das gilt vor allem für Zeiten, in denen kühle, aber deshalb auch meistens trockene Außenluft ins warme Lager genommen werden muß. In vielen Frischluftlagern kann man deswegen ein frühes Schrumpfen der Früchte beobachten. Von erheblichem Nachteil ist ferner die Anreicherung der Lagerluft mit reifefördernden, gasförmigen Ausscheidungen der Früchte, welche zwangsweise erfolgt, sobald hohe Außentemperaturen keine Lufterneuerung zulassen.

Kühllager

Die Einstellung beliebiger Lagertemperaturen ist erst mit Kühlmaschinen möglich. Pflückreif eingelagerte Früchte der verschiedenen Obstarten weisen im Kühllager eine unterschiedliche Entwicklung auf und verlangen darauf abgestimmte *Lagerbedingungen.* Beim Apfel wird die Lagerungsdauer mit tiefer werdender Temperatur bis auf + 3 °C herab ziemlich gleichmäßig verlängert. Noch tiefere Temperaturen vergrößern die Lagerdauer nur noch in verhältnismäßig geringem Maße. Bei der Birne werden dagegen die Reifevorgänge erst durch Temperaturen unter + 5 °C wesentlich verlang-

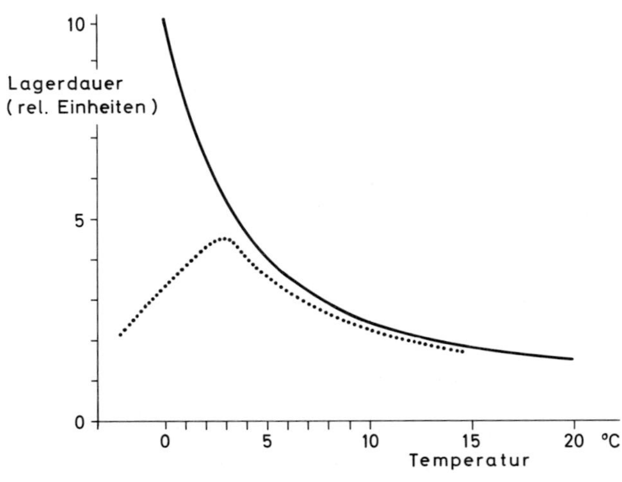

Abb. 165. Zusammenhang zwischen Lagertemperatur und Lagerdauer beim Apfel. —— bei kälteverträglichen, ... bei kälteempfindlichen Sorten (z. B. 'Cox Orange' und 'Jonathan'); kälteempfindliche Sorten erleiden bei Temperaturen unter +3 °C Kälteschäden (Kältefleischbräune) (nach Fidler und Mann 1972).

samt. Die beste Wirkung ergeben Temperaturen um 0 bis + 1 °C. Eine Temperatursenkung von + 3 auf 0 °C ist bei ihr viel wirksamer und wichtiger als beim Apfel. Stein- und Beerenobstarten sind für eine Dauerlagerung nicht geeignet. Sie lassen allenfalls eine Kurzzeitlagerung zu, welche sich bei Beerenobst auf wenige Tage, bei Aprikosen, Pfirsichen, Pflaumen und Zwetschen auch auf einige Wochen erstrecken kann. Erdbeeren verlieren durch Kühllagerung sehr leicht ihren ansprechenden Glanz; Ware für den Frischmarkt sollte deshalb möglichst nicht ins Kühllager gebracht werden. Von 0 bis − 1 °C können gelagert werden: Brombeeren, Himbeeren, Schwarze Johannisbeeren, Stachelbeeren, Aprikosen, Kirschen, Pflaumen, Pfirsiche und Zwetschen. Etwas höhere Temperaturen verlangen Erdbeeren, Rote Johannisbeeren und Heidelbeeren.

Abb. 166. Kühllager mit Verdampfern und Luftbefeuchtern unter der Decke (Werkbild Sulzer Escher Wyss Kältetechnik).

TAFEL 17 FRUCHTQUALITÄT, REIFE

Frühes Ernten und starker Fruchtbehang ergeben viel unterentwickelte; grasgrüne (oben links) oder kaum rot gefärbte (oben rechts) Früchte mit spitzhöckeriger Kelchpartie und flacher Kelchgrube. Diese Früchte schmecken fade und wäßrig, keinesfalls sortentypisch. Nur ausreichend entwickelte Früchte mit gelb-grüner Grundfarbe (Mitte links) oder ausreichender Deckfarbe (Mitte und unten rechts) schmecken gut. Zu spät geerntete Früchte (unten links) eignen sich nicht für Langzeitlagerung.

TAFEL 18 FRUCHTQUALITÄT, REIFE, PHYSIOLOGISCHE SCHÄDEN

Oben links: Früchte mit grünem Fruchtfleisch bei der Ernte sind und bleiben minderwertig. Oben rechts: Vollentwickelte, pflückreife Früchte sollen neben tiefer Kelchgrube und weitem Kelchhökker-Abstand helles Fruchtfleisch aufweisen. Mitte links: Frostzunge bei Gloster. Mitte rechts: Schalenberostung bei Golden Delicious. Unten: Schäden an Fruchtschale (links) und Fruchtfleisch (rechts) bei Golden Delicious nach Lagerung bei zu viel Kohlendioxid in der Lagerluft.

TAFEL 19 PHYSIOLOGISCHE LAGERKRANKHEITEN

Oben links: Stippigkeit. Oben rechts: Fleischbräune. Mitte links: Schalenbräune. Mitte rechts: Glasigkeit. Unten links: Jonathan-Spot. Unten rechts: Lentizellenflecken.

TAFEL 20 PILZKRANKHEITEN 3 (LAGER-FRUCHTFÄULEN)

Oben links: Grünfäule. Oben rechts: Alternaria-Fäule. Mitte links: Phoma-Fäule. Mitte rechts: Graufäule („Botrytis-Nest"). Unten links: Nectria-Fäule. Unten rechts: Gloeosporium-Fäule.

Ernsthafte Schädigungen der Früchte treten bei Apfel und Birne durch länger einwirkende Temperaturen von weniger als −1 °C ein. Es sind dies echte Frostschäden, obwohl der Gefrierpunkt dieser Obstarten bei −2 bis −3 °C liegt.

Beim Apfel treten aber auch über 0 °C Schäden in Form von Kälte-Fleischbräune auf. Die Apfelsorten weisen ihr gegenüber eine unterschiedliche Anfälligkeit auf. Diese sollte bei der Kühllagerung unbedingt berücksichtigt werden, indem anfällige Sorten bei höherer Temperatur gelagert werden als widerstandsfähige. Bei der Kühllagerung von Birnen ist eine derartige Rücksichtnahme nicht notwendig, weil Birnen nicht unter Kälte-Fleischbräune leiden.

Apfelsorten mit gleichen Ansprüchen an die Lagertemperatur bzw. alle Birnensorten können bei einheitlichem Reifezustand ohne gegenseitige Beeinflussung der Lagerfähigkeit zusammen gelagert werden. Frühsorten und Spätsorten sind getrennt zu lagern. Andernfalls können gasförmige Stoffwechselprodukte der Frühsorten die Lagerdauer der Spätsorten herabsetzen.

Um normal ausreifen und gute geschmackliche Eigenschaften entwicken zu können, stellen die verschiedenen Obstarten und -sorten Mindestanforderungen an die Temperatur nach der Lagerung. Äpfel reifen bei 0 bis + 4 °C langsam, aber meistens gut aus. Einige Sorten erreichen jedoch im Kühllager auch bei sehr langer Lagerung nicht ihr volles, sorteneigentümliches Aroma. Sie benötigen wenigstens eine kurzzeitige Nachlagerung bei 15 bis 20 °C. Hierbei wird der Stoffwechsel wieder intensiviert. Für diesen Zweck reichen die bei der Auslagerung und während des Durchlaufens der Handelseinrichtungen auf die Früchte einwirkenden Temperaturen aus.

Birnen benötigen zum Ausreifen wesentlich höhere Temperaturen als Äpfel. Zur Einleitung eines Nachreifeprozesses kühlgelagerter Birnen ist stets die Einwirkung von Temperaturen zwischen 15 und 20 °C notwendig. Ein an die Auslagerung anschließendes 2- bis 3tägiges Anreifen bewirkt zusammen mit den während des Aufenthaltes beim Groß- und Kleinhandel auf die Früchte einwirkenden Temperaturen eine ausreichende Nachreifung. Zögert man den Zeitpunkt der Auslagerung bei Birnen zu lange hinaus, so reifen viele Sorten auch bei ausreichend hohen Temperaturen nicht mehr genügend nach. Sie sehen dann zwar äußerlich frisch aus, werden aber nicht mehr schmelzend und wohlschmeckend.

Die Einstellung und Einhaltung beliebiger Lagertemperaturen erfordert eine Maschinenausstattung, die ein sicheres und rasches Herunterkühlen der eingelagerten Früchte, der Lagergebäude und des Lagerraumes auch bei hohen Herbsttemperaturen gewährleistet. Die erforderliche Endtemperatur im Lager sollte innerhalb einer Woche erreichbar sein.

Die *Kühlmaschinen* arbeiten nach dem Prinzip der Verdampfung einer Flüssigkeit mit niedrigem Siedepunkt. Das Kühlprinzip läßt sich demonstrieren, indem man sich eine niedrig siedende Flüssigkeit, z.B. Äther oder Benzin, auf die Hand tropft. Zu deren Verdampfung wird Wärme benötigt. Diese wird der Handfläche entzogen, d.h. die Handfläche kühlt sich ab (Verdunstungskälte).

Zur maschinellen Kälteerzeugung leitet man ein flüssiges Kältemittel (in Großanlagen Ammoniak, sonst R 12 oder R 22) in einen röhrenförmigen Behälter (Verdampfer). Die Wärme dieses Verdampfers läßt das Kältemittel verdampfen. Das Kältemittel nimmt bei diesem Vorgang Wärme auf; der Verdampfer kühlt sich ab.

Zur Regelung der Verdampfertemperatur und damit auch der Raumtemperatur sind weitere, die Kälteanlage vervollständigende Elemente notwendig. Ein Kältemittelverdichter saugt den Kühlmitteldampf aus dem Verdampfer ab, verdichtet ihn und führt ihn einem Kondensator zu, in dem er durch Wärmeentzug (Luft- oder Wasserkühlung)

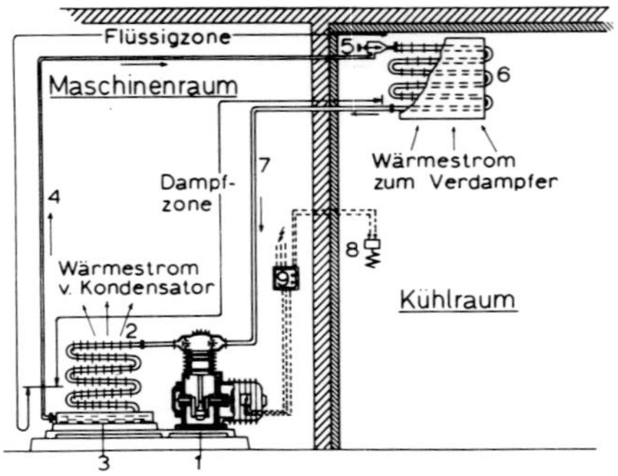

Abb. 167. Schema einer Kälteanlage. 1 = Kompressor, 2 = Kondensator, 3 = Kältemittelsammler, 4 = Druckleitung, 5 = Expansionsventil, 6 = Verdampfer, 7 = Saugleitung, 8 = Thermostat, 9 = Motorschütz mit Elektroleitungen (aus HENZE 1972).

wieder verflüssigt wird. Das flüssige Kältemittel gelangt über ein Regelventil zurück zum Verdampfer, womit der Kreislauf geschlossen ist.

Zur automatischen Regelung der Temperatur in den Lagerräumen werden *Raumthermostate* verwendet. Diese temperaturgesteuerten Schaltgeräte unterbrechen den Steuerstromkreis, sobald die Temperatur bis auf einen eingestellten Wert gesunken ist und schließen ihn wieder bei Anstieg der Temperatur. Die Differenz zwischen Aus- und Einschalttemperatur kann entsprechend den als zulässig angesehenen Temperaturschwankungen im Lagerraum eingestellt werden.

Weitere Einrichtungen in Obstkühllagern dienen der *Luftumwälzung* und *Luftbefeuchtung*.

Selbst die beste kältetechnische Ausrüstung könnte bei ungenügender *Isolierung* der Kühlräume kein von den Außenbedingungen abweichendes Klima in den Obstlagern schaffen. Bei ungenügender Isolierung dringen erhebliche Wärmemengen in den Lagerraum ein. Es kommt dadurch zu unwirtschaftlich langen Betriebszeiten der Kälteanlage oder könnte gar dazu führen, daß die Lagertemperatur den Sollwert überhaupt nicht erreicht. Bei der baulichen Gestaltung der Kühlräume kommt deswegen der Isolierung eine Vorrangstellung zu. Man verwendet dazu Stoffe, welche den hohen Anforderungen des Kühlhausbaues gerecht werden, sogenannte Isolier- oder Wärmedämmstoffe. Vor Jahren war Kork der wichtigste Rohstoff für die Herstellung von Wärmedämmplatten. Inzwischen haben sich auch auf diesem Gebiet die Kunststoffe durchgesetzt. Obstlager werden gegenwärtig überwiegend mit Schaumkunststoffen isoliert.

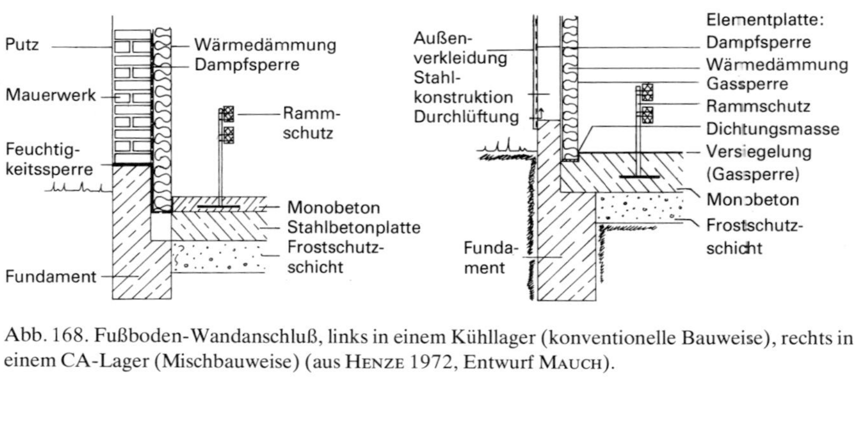

Abb. 168. Fußboden-Wandanschluß, links in einem Kühllager (konventionelle Bauweise), rechts in einem CA-Lager (Mischbauweise) (aus HENZE 1972, Entwurf MAUCH).

Bei der Kühlraumisolierung ist neben der Wärmedämmung auch der Feuchteschutz von Bedeutung. Die Außenluft enthält infolge meist höherer Temperatur auch immer mehr Wasserdampf als die kühle Luft der Lagerräume. Der Wasserdampf ist deswegen bestrebt, ständig durch die Wände in den Kühlraum zu diffundieren. In der Kühlraumwand herrscht überwiegend ein Temperaturgefälle von außen nach innen. Auf seiner Wanderung durch die Wände kühlt sich der Wasserdampf ab. Er erreicht meistens in der Isolierschicht seine Sättigungstemperatur, wird also verflüssigt und durchnäßt evtl. die Isolierung. Damit würde deren wärmedämmende Wirkung herabgesetzt. Zur Vermeidung der Wasserdampfdiffusion durch die Isolierung muß eine dampfdichte Sperrschicht (Wasserdampfsperre) an der Innenseite der Wände, der Decken und des Bodens vor der Verlegung der Wärmedämmschicht angebracht werden. Hierfür eignen sich z.B. Bitumenpappen, Kunststoffolien u.a. Materialien.

Kühllager mit kontrollierter Atmosphäre (CA-Lager)

Dieses Lagerungssystem nahm von England seinen Ausgang und fand zunächst in Frankreich, in den Niederlanden und in den USA Verbreitung. Inzwischen hat es in sämtlichen westeuropäischen Obstbauländern rasch an Bedeutung und Verbreitung gewonnen. Die Haltbarkeitsverlängerung des Obstes wird in erster Linie durch Temperaturabsenkung erreicht. Ein zusätzlicher, reifungshemmender Effekt ergibt sich aus einer Erhöhung des CO_2-Gehaltes und einer Senkung des O_2-Gehaltes der Lagerluft gegenüber der normalen Luftzusammensetzung.

Wenn nur der CO_2-Gehalt angehoben wird – ein hoher CO_2-Spiegel stellt sich durch die Atmung der Früchte schon nach kurzer Zeit von selbst ein – spricht man von *einseitig kontrollierter Atmosphäre,* seltener auch von Kohlensäure- oder 21-er Lager. Diese Bezeichnung geht darauf zurück, daß Sauerstoff (O_2) und Kohlendioxid (CO_2) zusammen immer 21% ausmachen. Erhöht sich beispielsweise der CO_2-Gehalt im Lagerraum auf 7%, so fällt der O_2-Spiegel von 21 auf 14%. Nur wenige Sorten z.B. 'Golden Delicious', 'Glockenapfel' und 'Horneburger' ertragen aber so hohe CO_2-Werte.

Ist der erwünschte CO_2-Gehalt erreicht, so muß durch dosierte Frischluftzufuhr ein weiteres Ansteigen des CO_2-Gehaltes verhindert werden. Andernfalls besteht akute Gefahr für das Auftreten von CO_2-Schäden. In 21er-Lagern sollten deshalb täglich

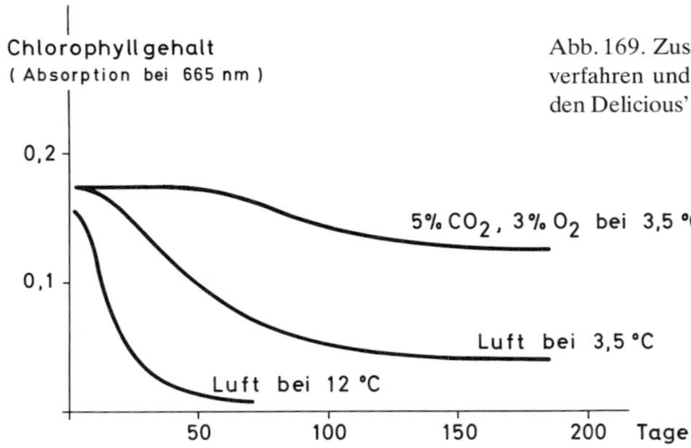

Abb. 169. Zusammenhang zwischen Lagerverfahren und Chlorophyllabbau bei 'Golden Delicious' (nach KNEE 1971).

Tab. 49. Lagerbedingungen für verschiedene Apfelsorten (nach HENZE 1972, FIDLER und MANN 1972 sowie Erfahrungen in Bavendorf)

Sorte	Kühllager		CA-Lager (Temperatur wie bei Kühllager)			Bemerkungen
	Temperatur °C	Lagerdauer Monate	% CO_2	% O_2	Lagerdauer Monate	
Berlepsch	0 – 2	5	3 – 4	3	7	In CA Schalenbräune
Boskoop	3 – 4	5	2 – 3	3	7	etwas CO_2-empfindlich
Cox Orange	3 – 4	3 – 4	2 – 3	3	5	
Finkenwerder	1	5	3	3	8	
			7	14	7	
Glockenapfel	0 – 2	6	3 – 4	3	9	Große Früchte in nicht mehr als
			7	14		5% CO_2 lagern
Gloster	0 – 2	4	3	3	7	
Golden Delicious	0 – 2	5	3 – 4	3	8	CO_2-unempfindlich
			7	14	6	
Goldparmäne	3 – 4	3				gilt als nicht geeignet für CA
Gravensteiner	3 – 4	3				
Horneburger	0 – 1	7	2 – 3	5	7 – 8	
Idared	3 – 4	6	3	3	8	CO_2-empfindlich
Ingrid Marie	0 – 2	4	2 – 3	3	5	
Jonagold	0 – 2	3 – 4	3 – 4	3	7	
Jonathan	3 – 4	5	3	3	6	keine Jonathan Flecken im CA
			5	16		nur 2 – 3 Monate im 21er Lager*
McIntosh	3 – 4	3	3 – 4	3	5	
Melrose	0 – 2	6	3 – 4	3	8	In CA Schalenbräune
Morgenduft	0 – 2	4	2 – 3	3	9	
Mutsu	0 – 2	3	3 – 4	3	8	Gärgeschmack im Kühllager,
			7	14	6	deshalb nur in CA
Red Delicious	0 – 1	4	2 – 3	3	6	

* anschließend im Kühllager weiterlagern

CO_2-Messungen vorgenommen werden, um bei zu hoch angestiegenen CO_2-Werten den Lagerräumen rasch Frischluft in ausreichender Menge zuführen zu können.

CA-Lager mit einseitig kontrollierter Atmosphäre haben aber keine große Bedeutung mehr. Neue werden kaum noch gebaut, bereits vorhandene großenteils auf zweiseitig kontrollierte Atmosphäre umgerüstet.

Eine *zweiseitig kontrollierte Atmosphäre* liegt vor, wenn sowohl CO_2 als auch O_2 auf art- und sortenspezifische Werte reguliert werden. Für Äpfel liegen die zuträglichen CO_2-Werte zwischen 2 und 4%, die O_2-Werte zwischen 2 und 2,5%. 2% O_2 sollen nicht wesentlich unterschritten werden, weil sonst eine ausreichende Fruchtatmung nicht mehr gesichert ist. Im zweiseitig kontrollierten CA-Lager sind deshalb CO_2 und O_2 regelmäßig zu messen. Stellt sich ein zu niederer O_2-Wert ein, so muß dem betreffenden Lagerraum Frischluft zugeführt werden. Zu hohe CO_2-Werte darf man nicht wie im 21er-Lager durch Frischluftzugabe senken, weil sonst der Sauerstoffgehalt im Raum wieder ansteigen würde. Es muß dazu ein spezielles Gerät, ein sog. Scrubber, eingesetzt werden.

Als besondere *Vorzüge* der Lagerung in kontrollierter Atmosphäre gegenüber der Kühllagerung können folgende Punkte angeführt werden:

- Die Haltbarkeit der Früchte im Lager wird um mindestens 1 bis 2 Monate verlängert.
- Infolge der erzielten Reifeverzögerung weisen ausgelagerte Früchte auch bei höheren Temperaturen noch eine gute Haltbarkeit auf.
- Der reifeverzögernde Einfluß einer erhöhten CO_2- und einer verminderten O_2-Konzentration in der Lagerluft erlaubt eine Erhöhung der Lagerungstemperatur auf 4 °C, wodurch der Befall mit Fleischbräune bei hierfür anfälligen Sorten wesentlich vermindert wird.
- Die infolge der gasdichten Auslegung der Lagerräume meist automatisch höhere relative Luftfeuchtigkeit hat eine geringere Schrumpfneigung und damit auch geringere Masseverluste der Früchte zur Folge.

Als *Nachteile* der Lagerung in kontrollierter Atmosphäre wären zu erwähnen:

- Anfällige Sorten können verstärkt von Schalenbräune befallen werden; es können nur Sorten mit gleichen Ansprüchen an die Luftzusammensetzung und mit gleicher Reifezeit zusammen gelagert werden.
- Nach dem Öffnen eines Lagers ist eine Weiterlagerung von Restmengen in kontrol-

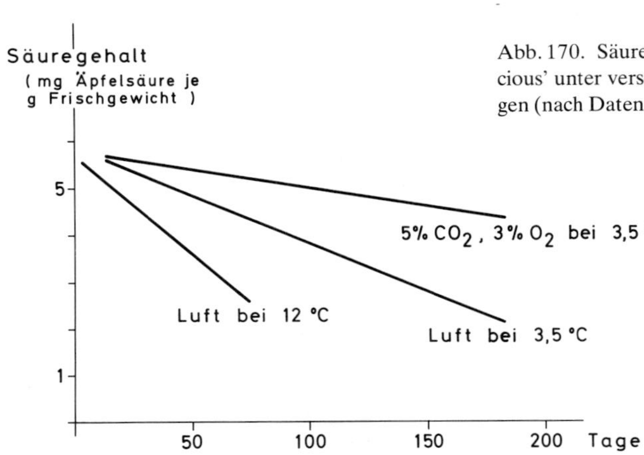

Abb. 170. Säureabbau bei 'Golden Delicious' unter verschiedenen Lagerbedingungen (nach Daten von KNEE 1971).

lierter Atmosphäre nicht mehr ohne besondere technische Einrichtungen (Konverter) möglich.

- Die Überwachung der Früchte während der Lagerung ist erschwert, weil die Räume nur mit Atemgeräten betreten werden können. Wo solche nicht vorhanden sind oder dafür geschultes Personal nicht zur Stelle ist, muß die Kontrolle des Lagergutes durch Luken in den Türen vorgenommen werden.
- Diese Lagerungsmethode macht erhöhte Investitionen erforderlich.

Eine wichtige Voraussetzung für den Erfolg der CA-Lagerung ist die gasdichte Ausführung von Wänden, Decken, Böden und Türen. Die Abdichtung der Lagerräume gegen CO_2-Verluste oder gegen eindringenden Sauerstoff erfolgt durch ihre Auskleidung mit gasdichten Folien oder durch Beschichtung mit hierzu geeigneten Materialien. Das Aufbringen derselben direkt auf die Innenwände hat gegenüber einer Anbringung unter der Isolierung den Vorteil, daß Beschädigungen (= Undichtigkeiten) durch Gebäudesenkungen oder durch Stapel- und Transportfahrzeuge schneller und einfacher festgestellt und ausgebessert werden können. Andererseits ist die Gefahr für Beschädigungen an einer offenliegenden gasdichten Auskleidung beim Ein- und Auslagern naturgemäß größer.

Neubauten (auch von Kühllagern) werden gegenwärtig überwiegend in Fertigbauweise als freitragende Stahlkonstruktion mit vorgefertigten, mehrschichtigen Wand- und Deckenelementen, sog. Sandwichplatten, erstellt.

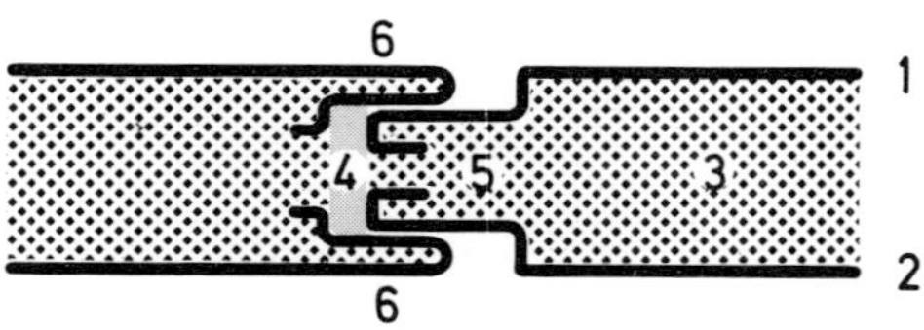

Abb. 171. Aufbau eines Sandwichelements. 1 und 2 = Stahlblech-Außenschale, 3 = Polyurethan Hartmoltopren, 4 = Dichtungsband, 5 = Feder und 6 = Nut an der Längsseite des Elements. Montage der Elemente auf Stahl-, Beton-, Holz-Unterkonstruktion.

Eine wichtige Voraussetzung für den Erfolg der CA-Lagerung ist die gasdichte Ausmen mit CO_2- und O_2-Regulierung ist der *Scrubber.* Er stellt, einfach ausgedrückt, einen Behälter mit einem Absorptionsmittel für CO_2 dar, durch welchen die Lagerluft zirkuliert. Dabei wird das überschüssige Kohlendioxid vom Absorptionsmittel aufgenommen. Das meistverwendete Absorptionsmittel ist Aktivkohle. Aktivkohlescrubber können außer CO_2 auch Äthylen und andere reifestimulierende Ausscheidungen der Früchte aus der Lagerluft herausfiltern. Periodisches Durchblasen von Luft entfernt die an die Aktivkohle adsorbierten Bestandteile der Lagerluft. Die Scrubber sind darauf wieder regeneriert. Um lange Laufzeiten der Scrubber zu vermeiden, wenn niedere CO_2-Werte angestrebt werden, kann mit den Früchten Hydratkalk eingelagert werden (ca. 15 kg/Tonne). – Scrubber mit Pottaschelösung (Naßscrubber) waren in früheren Jahren weit verbreitet. Auch ihre Regeneration erfolgte mittels eines durchgeleiteten Luftstromes. Nach dem Aufkommen der Aktivkohlescrubber verloren sie jedoch weitgehend an Bedeutung.

Die erwünschte, spezifische *Zusammensetzung der Raumatmosphäre* kann schon in 2 bis 3 Tagen erreicht werden durch katalytische (flammenlose) Verbrennung eines Heizgas(Propan)-Luft-Gemisches in einem außerhalb des Lagerraumes aufgestellten Sauerstoffkonverter. Das hierbei anfallende CO_2 muß durch Absorption im Scrubber, der

Wasserdampf und die Wärme durch Kühlung abgeführt werden. Der im Raum befindliche Sauerstoff muß also nicht von den atmenden Früchten aufgebraucht werden. Es besteht damit auch die Möglichkeit, das Obst teilweise auszulagern und die Restmenge durch erneute O_2-Verbrennung in kontrollierter Atmosphäre weiterzulagern. Die Anschaffungskosten eines Konverters sind erheblich (z. Z. ca. 35 000,– DM), ebenso seine Betriebskosten (Heizgas, Kühlwasser).

Eine andere Möglichkeit, den Sauerstoffgehalt der Lagerluft rasch auf annähernd 3% zu senken, bietet das Hineinblasen von reinem Stickstoff. Ist ein Lager vollständig gasdicht, so bewirkt das Einblasen von einer dem Rauminhalt entsprechenden Stickstoffmenge eine Senkung der O_2-Konzentration von 21% auf ungefähr 8%. Eine weitere Zufuhr von der gleichen Menge an Stickstoff läßt die O_2-Konzentration auf annähernd 3% absinken. Dieses System der Verdrängung des Sauerstoffs aus der Lageratmosphäre durch gasförmigen Stickstoff wird höchstens in Versuchslagerräumen angewendet.

Zur Überwachung der Luftzusammensetzung in einer begrenzten Anzahl von relativ kleinen Lagern dürften nur einfache und billige *Gasanalysengeräte* wie Orsat-Apparat, Fyrite oder CO_2-Indikator in Frage kommen. Das zu messende Gasgemisch wird in ihnen mit bestimmten Reagenzien in innigen Kontakt gebracht, wobei CO_2 und O_2 von diesen (im Orsat-Apparat beispielsweise 100 g Ätzkali in 200 ml Wasser zur Aufnahme = Absorption von CO_2 und 12 g Pyrogallussäure in 50 ml Wasser + 180 g Ätzkali in 300 ml Wasser zur Aufnahme von O_2, ausreichend für 60 bis 100 Messungen) aufgenommen wird. Die damit erzielte Volumenverminderung ist ein direktes Maß für den Gehalt der Lagerluft an CO_2 und an O_2. Vor allem der Orsat-Apparat bietet eine ausreichende Meßgenauigkeit. Werden die im Laufe der Zeit sich verbrauchenden

Abb. 172. Kleingeräte zur Messung von Kohlendioxid und Sauerstoff in der Lagerluft. a = Bacharach Fyrite CO_2- bzw. O_2-Indikator; b = Orsatapparat. Trotz einer etwas schwierigeren Bedienung (eine Unterweisung dürfte meistens erforderlich sein) ist der Orsatapparat wegen besserer Meßergebnisse dem Fyrite-Gerät vorzuziehen.

Reagenzien aber nicht rechtzeitig erneuert, so kann es zu erheblichen Fehlmessungen kommen.

In großen Lagerhäusern werden kontinuierlich arbeitende Gasanalysengeräte eingesetzt, welche nicht nur ständig die Luftzusammensetzung überwachen, sondern auch eine Regelung von CO_2- und O_2-Gehalt der Lagerluft gestatten. Sie messen den CO_2- und O_2-Gehalt teils durch Absorption oder Verbrennung (z. B. Maihak-Gasanalysator, Ados), teils nach physikalischen Meßprinzipien (z. B. Uras, Unor, Oxygor, Magnos). Zur fortlaufenden Registrierung der Meßwerte sind sie mit einem Schreiber ausgerüstet. Für die Überwachung von mehreren Lagerräumen durch ein Gerät ist außerdem ein Gasumschalter notwendig.

2.3 Praktische Aspekte zur Technik der Obstlagerung

Nicht selten erleiden Obstproduzenten mit eigenen Lagerräumen beträchtliche finanzielle Einbußen, weil sie ihrem Lagergut, den Lagerräumen und deren Einrichtungen eine nur mangelhafte Aufmerksamkeit und Pflege zuteil werden lassen. So erlitten Besitzer von 21er Lagern in der Vergangenheit mehrmals beträchtliche finanzielle Verluste, weil sie die Überwachung der Luftzusammensetzung in den Lagerräumen vernachlässigten und u. U. wochenlang CO_2-Konzentrationen bis 10% und mehr im Lager hatten, ohne dies zu bemerken. Weniger schwerwiegend, aber finanziell durchaus spürbar ist es, wenn CA-Lager vorzeitig geräumt und die Äpfel zu einem relativ niedrigen Preis verkauft werden müssen, weil die erforderlichen CO_2- und O_2-Konzentrationen nicht erreicht oder beibehalten werden können.

Ein großer Teil von potentiellen Störungen der Lagerung läßt sich durch eine eingehende Kontrolle der Lagerräume vor der Obsternte ausschalten: beschädigte Isolierungen können ausgebessert, schadhaft gewordene Gassperren durch eine Druckprobe erkannt und ungenügende Leistung oder schadhafte Teile der Kälteanlagen und der Scrubber durch einen Probelauf aufgedeckt werden. Um falschen Meßergebnissen vorzubeugen, sollten auch die Meßgeräte für Temperatur, Luftfeuchtigkeit, CO_2- und O_2-Konzentration auf ihre einwandfreie Funktion geprüft werden. Wertvolle Hinweise für die Überprüfung der Lagereinrichtungen und für die Fehlersuche bieten Aufzeichnungen über den Verlauf von Temperatur, Feuchtigkeit und Luftzusammensetzung in den Lagerräumen während der vorhergegangenen Lagerperiode. Man sollte deshalb diese Protokolle jedes Jahr gewissenhaft führen. Zur Einlagerung sollte nur lagerwürdiges Obst gelangen (s. die Kapitel Ernährung und Düngung, Regulierung des Fruchtansatzes, Wachstumsregulatoren für den Obstbau, Erntetermin, Pilzkrankheiten und Physiologische Krankheiten des Lagerobstes). Aus qualitativ schlechtem Obst kann auch mittels bester Lagerbedingungen kein besseres gemacht werden. Die Früchte dürfen auch unter keinen Umständen länger als notwendig im Freien oder in nicht gekühlten Räumen verbleiben. Andernfalls wird ihr Reifeprozeß beschleunigt, d.h. ihre Lagerdauer verkürzt. Sie müssen nach der Ernte so schnell wie möglich ins Lager gebracht werden.

Die Kühlleistung der Obstlagerräume sollte so groß sein, daß die Früchte innerhalb weniger Tage auf die gewünschte Lagertemperatur herabgekühlt werden können. Ist ein Kühllager einmal beschickt, so übernimmt der Thermostat die Kontrolle über die Kühlaggregate und hält die Temperatur auf einem vorgewählten Wert. Gelegentliche Kontrollen der Temperatur im Lagerraum reichen im allgemeinen aus, weil die Kühlanlagen relativ wenig störanfällig sind.

CA-Lagerräume beanspruchen, abweichend von Kühllagern, während ihres Betriebes eine ständige, d.h. tägliche Überwachung. Besonders wichtig ist die Kontrolle der CO_2-Konzentration. Ein geringer, nur wenige Stunden anhaltender Anstieg über den empfohlenen Richtwert hat keine ernsten Folgen. Bleiben aber zu hohe CO_2-Konzentrationen mehrere Tage lang erhalten, so können sie den Früchten ernsthaft schaden. In Lagern mit zweiseitig kontrollierter Atmosphäre muß auch der O_2-Gehalt laufend überwacht und bei einem Absinken auf weniger als 2% Frischluft in die Lager eingelassen werden.

In einem gut abgedichteten und voll beschickten CA-Lager erreicht die CO_2-Konzentration schon 1 bis 2 Tage nach dem Schließen ungefähr 5%. Eine O_2-Konzentration von 3% ist ohne Sauerstoffverbrennung oder -verdrängung frühestens eine Woche nach dem Schließen der Lager zu erreichen. In der Regel werden es eher 2 bis 3 Wochen sein. Schwankungen von 1 bis 2% CO_2 und O_2 um den Sollwert sind ganz normal. Sie beruhen im wesentlichen auf Arbeitspausen des Scrubbers, auf Luftdruckschwankungen und auf Druckschwankungen im Lager, die durch die Tätigkeit der Kühlaggregate bedingt sind: Das Abkühlen bewirkt im Lagerraum einen Druckabfall, der seinerseits einen O_2-Anstieg durch zuströmende Frischluft per Druckausgleichsventil verursacht. Sollte die CO_2-Konzentration bei zweiseitig kontrollierter Atmosphäre ständig steigen, so ist der Scrubber die Ursache der Störung. Je nach Bauart des Scrubbers müssen dann die nicht mehr leistungsfähigen Absorptionsmittel ausgetauscht, regeneriert oder wieder auf zweckdienliche Konzentration gebracht werden. Häufiger als die Regulierung der CO_2-Konzentration bereitet jedoch die Einstellung und Aufrechterhaltung von 3% O_2 Schwierigkeiten. Diese sind auf Lecks im Lager, im Scrubber oder in den verschiedenen Leitungen zurückzuführen. Sollte sich das Leck im Lager selbst befinden, so ist eine Abhilfe erst nach erfolgter Auslagerung möglich und bedingt möglicherweise eine vorzeitige Räumung des Lagers. Es wird daraus deutlich, wie wichtig eine Kontrolle der Lagerräume und ihrer Einrichtungen vor der Einlagerung ist.

2.4 Physiologische Krankheiten des Lagerobstes

Während der Lagerung oder auch erst nach dem Auslagern des Obstes treten häufig Fruchtschäden auf, welche die befallenen Früchte unverkäuflich machen. Ein stärkeres Auftreten dieser Krankheiten bringt deshalb auch einen erheblichen Verlust an marktfähiger Ware mit sich. Die Schäden sind teils parasitärer (s. Kapitel Pilzkrankheiten), teils physiologischer Natur.

Die Voraussetzungen für das Auftreten der folgend beschriebenen physiologischen Erkrankungen werden größteils schon während der Entwicklung der Früchte am Baum geschaffen. Es liegen deshalb keine Lagerkrankheiten im engeren Sinne vor. Wenn man in der Obstbaupraxis dennoch von Lagerkrankheiten spricht, so deshalb, weil die Schäden erst nach der Ernte, also während der Lagerung, sichtbar werden.

Stippigkeit

Die Stippigkeit stellt ein ernstes Problem beim Anbau von verschiedenen Apfelsorten dar. Sie wurde in den vergangenen Jahren in zunehmendem Maße eine fast allen Obsterzeugern leider wohlbekannte Erscheinung. Bevorzugt tritt sie während der Lagerung auf, kann aber auch schon auftreten, solange die Früchte noch am Baum hängen. Die stippigen Partien sind nestartig im Fruchtfleisch verteilt. Sie befinden sich meistens dicht unter der Schale; seltener sind sie auf das gesamte Fruchtfleisch verteilt.

Die Kelchregion der Früchte leidet mehr unter Stippigkeit als die übrigen Partien. Stark geschädigte Früchte schmecken ausgesprochen bitter, daher auch die englische Bezeichnung „bitter pit“.

Von den marktbedeutsamen Apfelsorten werden nur ‘Jonathan’ und ‘Golden Delicious’ nicht oder nur gelegentlich stippig. Ziemlich regelmäßig erkranken ‘James Grieve’, ‘Gravensteiner’, ‘Cox Orange’, ‘Goldparmäne’, ‘Boskoop’ und auch ‘Glockenapfel’.

Eine Vielzahl von Untersuchungen über „Ursachen und Entstehung der Stippigkeit“ ergab, daß die *Calciumernährung der Früchte* von besonderer Bedeutung für das Auftreten der Stippigkeit ist. Schwierigkeiten in der Calciumversorgung der Früchte sind nur selten auf ein mangelhaftes Ca-Angebot des Bodens zurückzuführen. In der Regel ist festzustellen, daß nur die Früchte unter Ca-Mangel zu leiden haben, nicht aber die Blätter. Das Calcium wird in erster Linie von jungen, intensiv wachsenden Organen beansprucht, insbesondere von Blättern und Trieben. Früchte können mit ihnen anscheinend nur in ihrem ersten Entwicklungsabschnitt einigermaßen erfolgreich konkurrieren. Nach der Zellteilungsphase ist die Calciumeinwanderung in die Früchte nur noch gering.

Durch bestimmte Kultur- und Pflegemaßnahmen, wie Düngung, Bodenpflege, Beregnung, Schnitt, Pflanzenschutz, Regulierung des Fruchtbehangs (Ausdünnung) Ca-Spritzungen und Lagerung kann man Einfluß auf die Stippigkeit nehmen. Es ist jedoch nur in begrenztem Umfange möglich, damit gezielt und wirkungsvoll gegen diese physiologische Störung vorzugehen. Trotzdem stellen die genannten Maßnahmen derzeit die einzigen Möglichkeiten dar, um das Auftreten der Stippigkeit zu mildern bzw. ein stärkeres Auftreten zu vermeiden.

Vielfach wird die vermehrte Anwendung von N-, K- und auch Mg-Düngern mit dem zunehmenden Auftreten der Stippigkeit in Verbindung gebracht. Sowohl die Höhe als auch der Termin der N-Düngung (späte Gaben im Sommer) sollen nach weitverbreiteter Ansicht eine Steigerung dieser Krankheit bewirken. Hierzu ist zu sagen, daß hohe N-Gaben zwar die Stippigkeit fördern können, es jedoch nicht zwangsweise müssen. So bewirkte z.B. in einem Düngungsversuch in Bavendorf die in vier Stufen von 50 bis 300 kg/ha gesteigerte N-Düngung bei ‘Gravensteiner’ in fast allen Jahren einen erheblichen Anstieg der Stippigkeit; die gleichstark gedüngten Sorten ‘James Grieve’, ‘Cox Orange’ und ‘Goldparmäne’ ließen dagegen keinen Einfluß der N-Gabe auf die Stippigkeit erkennen. Es sei damit nur gezeigt, wie problematisch eine generelle Ablehnung hoher N-Gaben aus Furcht vor einem erhöhten Auftreten der Stippigkeit ist.

Eine überhöhte K- und Mg-Versorgung kann das Auftreten der Stippigkeit am ehesten auf leichten, sorptionsschwachen Böden fördern. Es kommt dabei anscheinend weniger auf die in die Früchte gelangenden K- und Mg-Mengen an als auf das Mengenverhältnis (K + Mg):Ca. Hohe Kaliumgehalte der Früchte sind bei gleichzeitig hohen Ca-Werten relativ unproblematisch, aber nicht bei niedriger Ca-Versorgung der Früchte. Hinsichtlich eines geringen Stippebefalls der Früchte ist der Abbau einer hohen Kaliversorgung eines Bodens immer günstig (s. auch Ermittlung des Düngebedarfs).

Die Wirkung einer Ca-Zufuhr über den Boden (Kalkung) zwecks Minderung der Stippigkeit ist recht unsicher. Die Kalkung kann am ehesten für leichte Böden und solche mit niedrigem pH-Wert angeraten werden. Ist die Bodenreaktion aber schon annähernd neutral bis leicht alkalisch, so sind von einer stärkeren Aufkalkung mit ziemlicher Sicherheit Schwierigkeiten in der Spurenelementversorgung, bestimmt aber keine günstigen Auswirkungen auf die Stippigkeit zu erwarten. Nicht selten verstärken

Kalkgaben in den unmittelbar auf sie folgenden Jahren sogar solange die Stippigkeit, bis sich der Boden auf die erhöhte Kalkzufuhr eingestellt hat. Während dieser Zeit kann er im Austausch gegen Calcium vermehrt Kalium freigeben, welches u.U. die Stippigkeit verstärkt.

Im übrigen sei nochmals festgestellt, daß die Ca-Versorgungsschwierigkeiten der Apfelfrüchte meistens nicht auf einer mangelhaften Ca-Versorgung des Bodens, sondern in erster Linie auf Verteilungsschwierigkeiten des Calciums in der Pflanze beruhen.

Dies dürfte zum Verständnis dafür beitragen, daß bei Spritzungen mit Calciumsalzen die Früchte direkt mit der Spritzbrühe in Kontakt kommen müssen. Wie schon vielfach nachgewiesen, vermögen Ca-Spritzungen die Stippigkeit zu mildern; ihre Wirksamkeit ist aber unterschiedlich. Der Anteil stippiger Früchte wird durch gut wirkende Ca-Spritzungen auf $^2/_3$ bis zur Hälfte des Befalles von unbehandelten Früchten gesenkt. Es wurde aber auch schon mehrfach beobachtet, daß die Stippflecken nach Calciumspritzungen nicht mehr unmittelbar unter der Fruchtschale, sondern im Inneren des Fruchtfleisches auftraten. Sie waren dann zwar äußerlich nicht mehr sichtbar, aber immer noch vorhanden.

Für Calciumspritzungen eignen sich Calciumnitrat ($Ca(NO_3)_2$) und Calciumchlorid ($CaCl_2$). Calciumchlorid ist in kristalliner Form stark wasseranziehend. Es zerfließt an der Luft in kurzer Zeit. Im Handelspräparat Antistipp, einer konzentrierten Lösung von $CaCl_2$ (mit weiteren Zusätzen) oder in Ca-reichen Blattdüngern (Wuxal Typ 2) tritt diese für die Dosierung bedeutsame Schwierigkeit nicht auf. Calciumnitrat ist wesentlich einfacher zu handhaben und in Form von Kalksalpeter leichter und billiger zu beschaffen als kristallines $CaCl_2$.

Die Konzentration der Spritzbrühe beeinflußt das Ergebnis der Calciumspritzungen nur in geringem Umfang. Zur Schonung von Blättern und Früchten sollten höhere Konzentrationen als 0,5% $Ca(NO_3)_2$ oder $CaCl_2$ bzw. 1% Antistipp vermieden und lieber öfters gespritzt werden. Es hat sich bewährt, 6 bis 8mal im Abstand von je 2 Wochen ab Walnußgröße zu spritzen. Dabei ist es nicht notwendig, die Calciumspritzungen grundsätzlich getrennt von den üblichen Pflanzenschutzmaßnahmen auszubringen. Die genannten Ca-Präparate sind mit den gebräuchlichsten Fungiziden mischbar.

Als maßgeblicher, das Auftreten der Stippigkeit bestimmender Faktor gilt die von Schnitt, Düngung, Ausdünnung u.a. Kulturmaßnahmen abhängige Fruchtgröße. Große

Tab. 50. Einfluß der Fruchtgröße auf die Stippigkeit (bei Auswertung aller Früchte von einzelnen Bäumen)

Fruchtgröße mm	% stippige Früchte		
	Boskoop	Cox Orange	Gravensteiner
bis 55		55	10
55 - 60		49	6
60 - 65	3	62	15
65 - 70	2	53	20
70 - 75	2	56	14
75 - 80	6		25
80 - 85	14		20

Früchte sind dem Obstbaupraktiker stark „stippeverdächtig". Untersucht man jedoch nicht Mischposten, welche sich aus unterschiedlich stark tragenden Bäumen zusammensetzen, sondern konzentriert sich auf die Untersuchung der Früchte von einheitlich stark behangenen Bäumen, so ist festzustellen, daß der Unterschied im Stippebefall zwischen großen und kleinen Früchten gar nicht so groß ist. Bei einigen Sorten sind sogar unter dieser Voraussetzung kleine und große Früchte gleichstark stippig.

Weshalb große Früchte gegenüber kleineren oft stippiger erscheinen, beruht wohl darauf, daß bei Mischpartien die größeren Früchte hauptsächlich von schwächer behangenen, die kleineren dagegen vorwiegend von stark behangenen Bäumen stammen. Nun bestehen aber konstant auftretende Unterschiede im Ausmaße des Stippebefalles zwischen Früchten von schwach und solchen von stark behangenen Bäumen. Bäume mit schwachem Fruchtbesatz produzieren mit Sicherheit die am stärksten stippigen Früchte und umgekehrt. Deshalb leiden aber auch relativ kleine Äpfel stark unter Stippigkeit, wenn sie auf schwach behangenen Bäumen herangewachsen sind. Das Erntegut solcher Bäume – ob klein- oder großfrüchtig – ist keinesfalls lagerwürdig. Die Furcht, daß eine sachgemäße Fruchtausdünnung, die ja auf eine Behangsverminderung abzielt, die Stippigkeit der Früchte fördere, ist weitgehend unbegründet (s. Kapitel Auswirkungen der Fruchtausdünnung).

Tab. 51. Einfluß des Fruchtbehangs auf die Stippigkeit

natürlicher Behang	% stippige Früchte		
	Boskoop	Cox Orange	Gravensteiner
sehr schwach		54	47
schwach	68	47	29
mittelstark	47	34	16
stark	10	27	13
sehr stark	6	18	11

Auch der Pflücktermin kann die Stärke des Auftretens von Stippigkeit beeinflussen. Es sollte beachtet werden, daß zu frühes Ernten zwar nicht stets, aber doch gelegentlich eine höhere Gefahr für das Auftreten der Stippigkeit birgt. Diese Gefahr scheint für frühe und mittelfrühe Sorten größer zu sein als für ausgesprochene Lagersorten. Gerade sie verlocken aber oft durch anfänglich hohe Preise zu verfrühtem Pflücken. Wie Untersuchungen zeigten, senkt ein Ernteaufschub von nur 1 Woche den Stippebefall bei 'James Grieve' und 'Gravensteiner' vereinzelt ganz entscheidend. Einen durchschlagenden Erfolg im Kampf gegen die Stippigkeit allein durch termingerechte Ernte darf man jedoch nicht erwarten.

Recht erfolgreich sind in den vergangenen Jahren Versuche verlaufen, den Stippebefall durch *eine Behandlung der frisch geernteten Früchte* mit einer Calciumchlorid-Lösung zu senken. Diese an sich nicht völlig neue Methode ist neuerdings wieder im Gespräch, weil erkannt wurde, daß sie höhere als ursprünglich erprobte Calciumkonzentrationen erfordert, dann aber meist erheblich besser gegen die Stippigkeit wirkt als mehrmaliges Spritzen. Bei 'Cox Orange' ist nach dem derzeitigen Kenntnisstand ein Tauchen der gefüllten Erntebehälter in eine 40%ige Lösung von Calciumchlorid („reinst" oder „chemisch rein") ein schon praktikables Verfahren. Technisch einfacher, aber ebenso wirksam ist das Besprengen der Früchte mit der $CaCl_2$-Lösung. Verschiedene andere Sorten erleiden bei der angegebenen Konzentration manchmal leichte Verätzungen in der Kelchgrube. Für sie sind die unschädlichen Konzentrationen noch zu ermitteln (Näherungswert ca. 3%). Zur Sicherung eines guten Erfolges sollten die behandelten Früchte rasch ins Lager gebracht werden.

In der Bundesrepublik Deutschland ist eine Ca-Behandlung der Früchte nach der Ernte durch Tauchen oder Besprengen nur mit reinem Calciumchlorid vom Reinheitsgrad DAB 7 zulässig. Netzmittelzusätze sind nicht erlaubt. Da diese Methode nicht nur gegen Stippigkeit, sondern vielleicht noch besser gegen Fleischbräune wirksam ist, sollte man ihre weitere Entwicklung aufmerksam verfolgen.

Eine Möglichkeit zur Verminderung des Stippebefalles besteht bei Lagersorten auch in der möglichst unmittelbar an die Ernte sich anschließenden Einlagerung. Erfahrungsgemäß werden rasch eingelagerte und heruntergekühlte Früchte gegenüber nachlässig behandelten weniger stippig; teilweise kommt die Stippigkeit aber auch nur später zum Ausbruch. Unter CA-Lagerbedingungen ist der Befall der Früchte mit Stippigkeit schwächer als im Kühllager.

Fleischbräune

Die Fleischbräune kommt nur beim Apfel vor. Sie erstreckt sich ausschließlich auf das Fruchtfleisch. Es sind verschiedene Fleischbräunetypen bekannt, deren Unterscheidung große Schwierigkeiten bereiten kann. Sämtlichen Fleischbräunetypen gemeinsam ist ihr verstärktes Auftreten bei Temperaturen zwischen −1 und +2 °C.

Die am häufigsten auftretende Form (physiologischer Verfall, schweizerisch Mölschwerden, engl. internal breakdown) erstreckt sich auf das zwischen den Leitbündeln und der Fruchtschale befindliche Fruchtfleisch. Die Fruchtfleischpartie innerhalb der Gefäßbündel (Kernhausregion) wird im Anfangsstadium nicht befallen. Die Leitbündel sterben ebenfalls langsam ab und verbräunen. Sie verleihen dadurch einer quergeschnittenen Frucht eine braunfaserige Struktur. Die befallenen Fruchtfleischpartien sind gewöhnlich saftig und fest. Die Fruchtschale ist zunächst gesund; das gebräunte Fruchtfleisch schimmert durch sie hindurch. Im fortgeschrittenen Stadium wird auch die Schale geschädigt und färbt sich dunkel.

Bei bestimmten Sorten bräunen sich nur scharf abgegrenzte Partien der Fruchthaut und eine schmale Zone des darunterliegenden Fruchtfleisches. Die Grenze zwischen gesundem weißem und krankem braunem Gewebe ist scharf ausgebildet. Bei oberflächlicher Betrachtung könnte man diesen Schaden mit Schalenbräune verwechseln. Von dieser unterscheidet sich der vorliegende Typ der Fleischbräune, für den es übrigens keine deutsche Bezeichnung gibt (engl. soft scald), dadurch, daß er vornehmlich bei tiefen Temperaturen auftritt und neben der Fruchtschale auch das Fruchtfleisch erfaßt.

Als wichtigste Faktoren, welche das Ausmaß des Befalles mit Fleischbräune beeinflussen, gelten die Sorte, der Reifezustand, die Behangdichte und die Größe der Früchte. Es gibt Apfelsorten, welche fast niemals von Fleischbräune befallen werden und andere, deren Früchte je nach ihrer Vorgeschichte einen mehr oder weniger hohen Befall mit Fleischbräune aufweisen. Die Apfelsorten 'James Grieve', 'Cox Orange' und 'Jonathan' sind insbesondere nach spätem Ernten am anfälligsten gegen Fleischbräune. Sie sollten deshalb nicht in fortgeschrittenem Reifezustand ins Kühllager gebracht werden. Weiterhin kann festgestellt werden, daß große, lockerfleischige Früchte oft stärker fleischbraun werden als kleinere. Dies gilt in verstärktem Maße, wenn sie von schwach behangenen Bäumen stammen.

Die Ursachen der Fleischbräune sind nur unvollständig bekannt. Darauf ausgerichtete Untersuchungen weisen auf Zusammenhänge zwischen der Entwicklung dieser Krankheit und dem Säurestoffwechsel der Früchte sowie einer vom Reifegrad der Früchte abhängigen Anhäufung von Acetaldehyd hin.

Als vorbeugende Maßnahmen gegen die Fleischbräune bieten sich die rechtzeitige Ernte der fleischbräuneanfälligen Sorten und die Lagerung in kontrollierter Atmosphäre an. In CA-Lagern scheint der Befall infolge des niedrigen Sauerstoffgehaltes (bei gleichzeitig niedrigem CO_2-Gehalt) abzunehmen, weil für den Abbau der Äpfelsäure Sauerstoff notwendig ist. Durch den verzögerten Äpfelsäureabbau kann auch nur wenig von dem die Fleischbräune mitbedingenden Abbauprodukt Acetaldehyd gebildet und angesammelt werden. Das Tauchen der Früchte in eine 4%ige Calciumchlorid-Lösung kurz nach der Ernte kann bei 'Cox Orange' die Entstehung von Fleischbräune beinahe vollständig verhindern (Näheres über diese Methode s. Stippigkeit).

Glasigkeit

Glasige Früchte weisen nach dem Durchschneiden durchscheinende Partien des Fruchtfleisches auf. Das glasige Aussehen kommt dadurch zustande, daß die normalerweise luftgefüllten Hohlräume zwischen den Zellen des Fruchtfleisches mit Saft angefüllt sind. Es können sämtliche Partien des Fruchtfleisches vom Apfel von Glasigkeit befallen werden. Bei den Sorten 'Goldparmäne' und 'Jonathan' tritt sie bevorzugt in der Kernhausregion auf. Ihre Samenkammern sind oft vollständig von Saft erfüllt. Ein bei 'Cox Orange' häufig auftretendes Erscheinungsbild der Glasigkeit bildet die unregelmäßige Verteilung von kleinen, glasigen Inseln im schalennahen Fruchtfleisch; die glasigen Stellen scheinen dann als dunkle Flecken durch die Fruchtschale durch.

Die Glasigkeit ist eine physiologische Störung, welche sich entwickelt und sichtbar wird, solange die Früchte noch am Baume hängen. Nach der Ernte wird der Saftüberschuß oft von den Zellen des Fruchtfleisches aufgenommen, so daß die vormals glasigen Stellen ohne Beeinträchtigung der Fruchtqualität wieder verschwinden. Glasigkeit kann sich aber auch in Richtung Fleischbräune weiterentwickeln.

Glasigkeit tritt vor allem in heißen Jahren, bei schwachem Fruchtbehang und nach spätem Ernten auf. Sie war und ist gegenwärtig keine wirtschaftlich schwerwiegende Krankheit. Eine gewisse Bedeutung kommt ihr zu, weil sie mit der Stippigkeit gemeinsame Züge aufweist. So treten beide Krankheiten unter anderem bei geringem Fruchtbehang, nach scharfem Schnitt und auch nach starker Stickstoffdüngung in Erscheinung. Ein starkes Auftreten von Glasigkeit deutet auf ein fortgeschrittenes Reifestadium der Früchte und auf einen geringen Calciumgehalt des Fruchtfleisches hin.

Schalenbräune

Die Schalenbräune zeigt sich als flächige Verbräunung der Fruchtschale und tritt hauptsächlich auf den grün und gelb gefärbten Partien der Frucht auf. Bei stark rot gefärbten Sorten können die Verbräunungen auch auf die rotgefärbten Fruchtpartien übergreifen. Im Gegensatz zur Fleischbräune zieht die Schalenbräune das Fruchtfleisch nicht in Mitleidenschaft. Der Genußwert der Früchte wird deshalb nicht herabgesetzt. Ihr Marktwert sinkt aber infolge einer Verschlechterung des Aussehens der Früchte um mindestens eine Qualitätsstufe.

Schalenbräune kann schon frühzeitig während der Lagerung auftreten. Meistens verfärben sich die Früchte jedoch erst nach einer gewissen Lagerdauer. Nicht selten werden scheinbar gesunde Lagerposten ausgelagert, die dann wenige Tage später durch den mit der Auslagerung verbundenen Temperaturanstieg plötzlich schalenbraun werden und zu Reklamationen des Handels Anlaß geben. Eine besondere Form der Schalenbräune ist die Altersschalenbräune. Sie ist, wie schon ihr Name zum Ausdruck bringt, ein Altersschaden der Früchte.

Die Anfälligkeit gegen Schalenbräune ist erblich bedingt. Es gibt Apfelsorten, die beinahe Jahr für Jahr schalenbraun werden, so 'Berlepsch', 'Bohnapfel', 'Melrose', z.T. auch 'Boskoop' und andere mit nur gelegentlichem bis gänzlich ausbleibendem Befall, wie die Sorten 'Cox Orange', 'Goldparmäne', 'Golden Delicious' und 'Glockenapfel'.

Die Ursachen der Schalenbräune sind trotz zahlreicher Untersuchungen nur unzulänglich bekannt. Es wird angenommen, daß bei der Fruchtreifung entstehende flüchtige Verbindungen die Rindenzellen der Fruchtschale von empfindlichen Apfelsorten zum Absterben bringen, worauf sich die betroffenen Schalenpartien unter der Einwirkung des Sauerstoffs der Luft braun verfärben.

Zahlreiche Beobachtungen und Versuche lassen als vorbeugende Maßnahmen gegen ein stärkeres Auftreten der Schalenbräune dienlich erscheinen:

1. Eine die gute Belichtung der Früchte sicherstellende Kronenbehandlung.
2. Die Einhaltung der richtigen Pflückzeit.
3. Die Wahl geeigneter Lagerbedingungen: Regulierung der Luftfeuchtigkeit auf nicht mehr als 92%, Verbesserung der Lagerluft durch regelmäßiges und ausgiebiges Lüften der Lagerräume.

Die Anwendung dieser Maßnahmen bewirkt bei den weniger anfälligen Apfelsorten eine weitgehende Verhütung von Schäden. Stark anfällige Sorten können hierdurch jedoch nur unvollständig geschützt werden. Es wurden deshalb verschiedene Chemikalien auf ihre Wirksamkeit gegen Schalenbräune geprüft. Die ersten Erfolge brachte das Einlegen der Früchte in Ölpapier. Entscheidend wirkungsvoller erwiesen sich in amerikanischen Untersuchungen kurz nach der Ernte vorgenommene Behandlungen mit Diphenyl oder mit Santoquin (Handelspräparat Stop Scald) sowie nach niederländischen Untersuchungen eine entsprechende Behandlung mit dem lezithinhaltigen und durch Zusatz des Antibiotikums Pimaricin zugleich fungistatisch wirkenden Präparat Delvocoat. In der Bundesrepublik Deutschland sind diese Mittel aber gegenwärtig nicht zum Verkauf oder zur Anwendung freigegeben.

Jonathan-Spot

Beschreibungen der mit Jonathan-Spot bezeichneten Krankheit sind oft widersprüchlich und deshalb für den mit dieser Krankheit weniger Vertrauten oft verwirrend. Es sind unter dieser Bezeichnung in der Literatur zwei verschiedene Krankheitsbilder zu finden, die sich bei oberflächlicher Betrachtung sehr ähnlich sehen. Zur Auseinanderhaltung von Jonathan-Spot einerseits und den Lentizellenflecken bei 'Jonathan' andererseits muß man sich deshalb die Früchte genau ansehen.

Jonathan-Spot befällt eine ganze Anzahl von Apfelsorten, besonders jedoch 'Jonathan'. Diese physiologische Störung ist leicht durch Verfärbungen der Fruchtschale zu erkennen, welche auf den rotgefärbten Fruchtpartien blauschwarz bis braun, auf den grüngefärbten Schalenpartien dagegen grünschwarz bis braun erscheinen. Die Ausdehnung der Flecken kann von gerade erkennbarer Größe bis zu einem Durchmesser von 1 cm reichen. Zuerst sind die Flecken klein und rund, später werden sie größer und verschmelzen gelegentlich zu unregelmäßigen, verfärbten Bezirken, die im allgemeinen zwischen den Lentizellen liegen. Die Lentizellen selbst und ihre nächste Umgebung werden nicht befallen. Gehen die Verfärbungen dagegen von den Lentizellen aus oder sind sie konzentrisch um diese verteilt, so handelt es sich nicht um Jonathan-Spot, sondern um Lentizellenflecken.

Sichtbare Symptome von Jonathan-Spot erscheinen erst nach mehrmonatiger Lagerung, frühestens 2 Monate nach der Ernte und vor allem bei tieferen Lagertemperaturen. Temperaturen über 15 °C verhindern die Krankheit zwar weitgehend, jedoch läßt sich daraus kein praktikables Verfahren zur Vermeidung von Jonathan-Spot ableiten. Bei CA-Lagerung (3% CO_2) kommt diese Krankheit nur noch selten vor, so nach zu spätem Ernten, bei verzögerter Einlagerung oder auch durch Überlagerung. Die relative Luftfeuchtigkeit im Lager wirkt sich auf den Befall mit Jonathan-Spot weder hemmend noch fördernd aus.

Lentizellenflecken

Diese Schädigung der Früchte wird schon oft zur Erntezeit sichtbar. Es handelt sich dabei um auffällige, braun- bis dunkelbraun oder auch schwarz gefärbte Flecken auf der Fruchtschale, die leicht eingesenkt erscheinen. Anders als bei Jonathan-Spot gehen sie – wie der Name sagt – von einer Lentizelle aus. Eine nur flach ausgebildete Schicht des Fruchtfleisches unter den Lentizellenflecken ist abgestorben. Die Anfälligkeit der Früchte für Lentizellenflecken scheint großen Schwankungen von Jahr zu Jahr und von Obstanlage zu Obstanlage zu unterliegen und auch sortenbedingt zu sein. Die Sorten 'Cox Orange', 'Glockenapfel' und 'Jonathan' werden relativ häufig befallen. Die Entwicklung der Lentizellenflecken wird durch hohe Temperaturen und durch eine hohe rel. Luftfeuchtigkeit gefördert.

Die Ursachen ihrer Entstehung sind nicht bekannt. Höchstwahrscheinlich handelt es sich um keine pilzliche Erkrankung, auch wenn die Lentizellenflecken häufig von Pilzen *(Alternaria-, Pezicula* u.a. Arten) besiedelt sind, die eine Vergrößerung der Flecken und damit eine völlige Entwertung der Früchte bewirken können. Höchstwahrscheinlich stellen auch die Lentizellenflecken eine Ca-Mangel-Krankheit dar.

Eine gewisse Verwechslungsmöglichkeit mit diesen braunen Lentizellenflecken besteht in einer als *Lentizellenstippe* auftretenden starken Form der Stippigkeit. Diese ist auf der Fruchtoberfläche entweder schon zur Erntezeit oder auch erst während der Lagerung festzustellen. Lentizellenstippigkeit gibt sich durch unregelmäßig geformte, scharf begrenzte und leicht eingesunkene, ins Fruchtfleisch reichende Schäden um eine Lentizelle zu erkennen.

Auf verschiedenen hellschaligen Apfelsorten, wie 'Golden Delicious', 'Glockenapfel', 'Champagnerrenette', findet sich eine besondere Form von Lentizellenflecken, die Lentizellenröte (rote Lentizellenflecken, Rottüpfel). Bei genauerer Betrachtung der 2 bis 8 mm großen, intensiv rotgefärbten Flecken fällt ein im Zentrum liegender dunkelbrauner Fleck um eine Lentizelle auf. Fruchtfleisch und Geschmack erfahren durch diese Lentizellenkrankheit keine Veränderung. – Lange Zeit herrschte die Auffassung vor, daß die Lentizellenröte ausschließlich eine physiologische Krankheit sei. Neuere Bavendorfer Untersuchungen deuten jedoch auf eine pilzliche Natur dieser Erkrankung hin. Die erstaunlich gute Bekämpfbarkeit dieser Krankheit mit verschiedenen Fungiziden spricht sehr für die neuere Annahme, auch wenn man noch nicht sagen kann, welcher Pilz für die Lentizellenröte primär verantwortlich ist.

TAFEL 21 PHÄNOLOGISCHE ENTWICKLUNGSSTADIEN

Beispiele (nach Fleckinger). Wichtige Stadien = große Buchstaben von A (Winterruhe) bis H (abgeblüht). Feinabstufung innerhalb der Hauptstadien = Ziffern von 1 bis 4. Oben links: C_1 (beginnendes „Mauseohrstadium"). Oben rechts: D_1 (Blattentfaltung, Sichtbarwerden der noch geschlossenen Blüten). Mitte links: E_1 (Sichtbarwerden der Blütenblätter). Mitte rechts: F_1 (Entfaltung der Mittelblüte). Unten links: G_1 (Abfall der Blütenblätter an der Mittelblüte). Unten rechts: H_1 (alle Blütenblätter abgefallen, beginnendes Fruchtwachstum).

TAFEL 22 APFELSORTEN 4

Oben links: 'Goldparmäne'. Oben rechts: 'Cox Orange'. Mitte links: 'Jonathan'. Mitte rechts: 'Jamba'. Unten links: 'Golden Delicious'. Unten rechts: 'Red Delicious, Starking'.

TAFEL 23 VERPACKUNG

Oben links $^{1}/_{2}$-kg-Holzschliffschale mit Holzflachsteige als Umpack. Oben rechts: Holzflachsteige für Weichobst, Füllgewicht bis 8 kg. Mitte links: Faltkorb aus Wellpappe, Füllgewicht bis 8 kg. Mitte rechts: Transportpalette (DIN 15 146) mit Stapel von Faltkörben. Unten links: Faltkiste aus Wellpappe, lose Füllung bis 18 kg. Unten rechts: Faltkiste aus Wellpappe als Umpack für Kleinpackungen, Füllgewicht bis 15 kg.

TAFEL 24 FARBSKALA ZUR BESTIMMUNG DES ERNTETERMINS

Man kann vor der Ernte fortlaufend die Veränderung der Fruchtfarbe durch Vergleiche mit den abgebildeten Farbtönen verfolgen: Die Farbwerte unten links und oben rechts entsprechen dem optimalen Reifestadium der Früchte (Herausgeber Centre de Recherche de Bordeaux Station D'Arboriculture).

3 Das Aufbereiten von Obst

3.1 Sortieren

Das Sortieren von Obst ist ein Ordnen nach Qualitäten, bei dem nach Größenklassen *kalibriert* sowie nach Fehlern, z. B. Berostungen, Hageleinschlägen, sichtbarem Krankheitsbefall und mitunter auch Fruchtfarbe *verlesen* wird.

Die Sortierung kann schon bei der Pflücke beginnen. Bei Beerenobst, das nicht maschinell sortiert werden kann, und bei manchen Steinobstarten ist es üblich, die Ware während der Pflücke nach Qualitätsmerkmalen zu gliedern und in unterschiedliche Behälter abzulegen. Bei Zwetschgen ist man bemüht, die „Beduftung" der Früchte zu erhalten und verzichtet daher auf jede unnötige Berührung. Aber auch bei Kernobst ist mitunter eine Vorsortierung in der Weise sinnvoll, daß man kleine und fehlerhafte Früchte hängen oder auf den Boden fallen läßt. Aber auch das Ablegen in zwei verschiedene Behälter (einwandfreie und fehlerhafte Ware) wird mitunter schon bei der Pflücke durchgeführt. Diese Maßnahme kann, vor allem in Kleinbetrieben, zweckmäßig sein, vermindert aber die Pflückleistung in dem Maße, wie der Anteil auszusortierender Ware steigt.

Der Normalfall beim Kernobst ist die Sortierung nach der Ernte beim Erzeuger oder auf dem Erzeugermarkt.

Die Sortierung nach Größenklassen, die Kalibrierung, wird heute meist maschinell durchgeführt. Bei der *Handsortierung* ist die Leistung je AK wesentlich geringer und die Arbeit meist weniger genau. Die Einteilung erfolgt nach dem Augenmaß. Zur Kontrolle verwendet man Kalibrierringe oder Kalibrierbretter. Kalibrieren und Verlesen (nach Fehlern) sind dabei ein Arbeitsgang.

Bei der *Maschinensortierung* erfolgt die Klassifizierung nach der Fruchtgröße (Kalibrierung) automatisch. Zum Verlesen ist hingegen selbst an Großanlagen bis heute die menschliche Arbeitskraft unentbehrich geblieben.

Abb. 173. Hilfsmittel für die Handkalibrierung: Kalibrierleiste und Kalibrierring. Eine Person kann 1 bis 2 dt/h von Hand sortieren.

Abb. 174. Sortieranlage für Erzeugerbetrieb, mit halbautomatischer Kistenentleerung, Transportrollband zur Auslese des Ausschusses, Verleseband zur qualitativen Trennung in Qualitätsklassen, automatischer Kalibrierung (System Greefa) und halbautomatischen Kistenfüllern. Die Leistung dieser Anlage liegt mit 4 bis 5 Personen bei 10 bis 15 dt/h.

Abb. 175. Hydraulische Einrichtung zum Entleeren von Großkisten an kleineren Sortieranlagen.

Abb. 176. Einrichtung zum schonenden, automatischen Befüllen von Kleinkisten an kleineren Sortiereinrichtungen.

Für die maschinelle Kalibrierung bedient man sich verschiedener Meßverfahren, denen allerdings das „aufsteigende Prinzip" gemeinsam ist, d. h. eine fortlaufende oder stufenweise Aussonderung von den kleinen bis zu den großen Früchten.

Beim *Stufenleistenprinzip* werden die Früchte an verstellbaren Leisten entlanggerollt. Gebräuchlich sind sowohl rund als auch gerade geführte Stufenleisten. Das Prinzip arbeitet um so genauer, je besser die zu kalibrierenden Arten und Sorten der Kugelform nahekommen. Für hochgebaute Apfelsorten und für Birnen ist hingegen dieses Prinzip weniger geeignet.

Das *weichende Band* arbeitet bei Birnen und hochgebauten Apfelsorten genauer als das Stufenleistenprinzip, weil sich Früchte mit länglicher Form senkrecht stellen und somit wie gewünscht nach ihren Querdurchmessern zugeordnet werden können.

Durch einen Kunstgriff erreicht man indessen heute auch mit flachen Fruchtformen befriedigende Ergebnisse am weichenden Band: Man läßt die beiden gegenüberliegenden Bänder unterschiedlich schnell laufen oder eines ganz stillstehen; damit bewirkt man eine Drehung der Früchte um ihre Mittelachse, die ihre Einstellung in der gewünschten Weise begünstigt.

In letzter Zeit wurden beachtliche technische Fortschritte bei der Entwicklung des *Ringblendenprinzips* erzielt, das eine besonders genaue und schonende Kalibrierung erlaubt. Neuere Konstruktionen auf Basis dieses Prinzips kalibrieren auch längliche Fruchtformen (Birnen) bei automatischer Auflage befriedigend nach dem Querdurchmesser.

Ein altes, neuerdings bei Obst wieder zunehmend praktiziertes Verfahren ist die *Größentrennung nach dem Gewicht.* Da – vornehmlich bei Äpfeln – ein enger Zusammenhang zwischen Fruchtgewicht und -durchmesser besteht, kann man auch auf die-

Abb. 177. Verschiedene Prinzipien der Größenkalibrierung. a (oben) = Stufenleistungsprinzip, gut geeignet für die meisten Apfelsorten, weniger genau arbeitend bei länglichen Fruchtformen. b (Mitte) = Prinzip der weichenden Bänder, bei unterschiedlichen Bandgeschwindigkeiten für alle Fruchtformen geeignet. c (unten) = Ringblendenprinzip, das eine besonders fruchtschonende und dabei sehr genaue Kalibrierung aller Fruchtformen erlaubt (Fortsetzung Seite 421).

Abb. 177 d (Fortsetzung). = In Großanlagen setzt sich immer mehr die Sortierung nach dem Gewicht durch. Unabhängig von ihrer Fruchtform und Lage werden die Früchte durch Umklappen an der Stelle nach unten abgelegt, die ihrem Gewicht entspricht.

sem indirekten Wege zu einer Kalibrierung gelangen. Allerdings muß die Einstellung sortenindividuell erfolgen.

Das *Verlesen* wird bei mittleren und größeren Sortieranlagen durch ein Verleseband erleichtert, auf dem die Früchte gedreht werden, wärend sie die meist mit mehreren Personen besetzte *Verlesestation* passieren. Ausgelesene Früchte werden entsprechend dem Grad ihres Fehlers auf ein Parallelband für Klasse II gelegt, in das Verwertungsobst oder in den ‚Ausfall' gegeben. Zu kleine Früchte werden auf der Maschine gleich zu Beginn durch ein *Ausschußtrenngitter* oder einen Minimalschlitz automatisch entfernt. Auch ein automatisches Sortieren nach dem Rot- bzw. Grünanteil an der Fruchtausfärbung ist heute technisch gelöst. Jede Frucht wird entsprechend ihrem Farbwert und ihrer Größe eingestuft und dann computergesteuert in einen vorprogrammierten Kanal abgelegt. Dieser Aufwand rentiert sich jedoch nur bei Großanlagen. Ein automatisches Auslesen beschädigter Früchte ist bislang nicht möglich.

Mittlere und große Sortieranlagen sind mit besonderen technischen Einrichtungen zur *Kistenentleerung* am Beginn des Sortierflusses und zur *Kistenabfüllung* an dessen Ende ausgestattet. Mechanische Einrichtungen zielen darauf ab, Handarbeit zu erleichtern und vor allem die Früchte beim Abfüllen und Entleeren zu schonen.

Neben der Kipp- oder Trockenentleerung findet man heute in Großsortieranlagen zumeist die *Tauchentleerung,* die zwar räumlich aufwendig ist, sich aber gerade für Großkisten als sehr zweckmäßig erwiesen hat. Die Entleerung erfolgt dabei nicht nur

Abb. 178. Groß-Sortieranlage des WLZ-Obstgroßmarktes in Ravensburg. Man erkennt im Hintergrund links die Kalibriereinrichtung mit Ringblendenprinzip, davor die Transportbänder für die verschiedenen Größenklassen zu den automatischen Kistenbefüllern. Die befüllten Kisten werden durch eine Röllchenbahn über eine Verwiegestation zur versandfertigen Palettierung transportiert. Das Leergut wird über eine Kreisförderanlage zugeführt.

besonders fruchtschonend, auch der kontinuierliche „Fluß" der Früchte ist im Vergleich zum Aufgeben in Intervallen bei Kippvorrichtungen von Vorteil. Hinzu kommt ein gewisser Wascheffekt an den getauchten Früchten. Das Prinzip der Tauchentleerung setzt voraus, daß die Früchte schwimmen, d. h. spezifisch leichter sind als Wasser. Birnen sind jedoch im allgemeinen schwerer als Wasser und kommen daher für Tauchentleerung nicht in Frage.

Die Kistenabfüllung am Ende des Sortiervorganges kann von Hand, halbautomatisch oder – bei Großanlagen – vollautomatisch erfolgen.

Bei Großanlagen wird außerdem der Kistentransport durch Röllchenbahnen und Schaltmechanismen automatisiert. Auch das Tarieren der gefüllten Kisten kann innerhalb der „Sortierlinie" erfolgen. Hinzu kommen halb oder vollautomatisch arbeitende Abfüllanlagen für Beutel, Körbe und andere Kleinpackungen.

3.2 Verpacken

Auf seinem Weg von den Obstpflanzungen über den Markt bis zum Verbraucher ist das Obst meist nacheinander in verschiedenen Behältern untergebracht, die auf der Erzeugerstufe, der Vermarktungsstufe und der Verbraucherstufe unterschiedlichen Anforderungen gerecht werden müssen. Bei Beerenobst und Steinobst sind Behälter üblich, die vom Erzeuger bis zum Verbraucher „durchlaufen" (Schalen, Spankörbe).

Abb. 179. Tauchentleerung der Ravensburger Anlage, oben bei Anfuhr von Normalkisten, unten von Großkisten. In der Mitte des oberen Bildes erkennt man das Ausschußtrenngitter, das unter Wasser Untergrößen aussortiert.

Als Pflückgefäße für Kernobst werden heute überwiegend Pflückeimer mit Bodenentleerung verwendet, soweit nicht direkt in Kisten gepflückt wird, die auf Pflückschlitten abgestellt sind. Der Einsatz von Großkisten ist nur in Verbindung mit Pflückeimern sinnvoll.

Großkisten laufen nur bis zur Sortiermaschine und gehen dann wieder zurück zur Plantage, während Kleinbehälter entweder bis zur Verbraucherstufe als Einwegbehälter durchlaufen oder als *Retourbehälter* vorher umkehren.

Gut zur Lagerung geeignete Ware wird häufig unsortiert eingelagert und erst nach der Auslagerung sortiert. Zur Lagerung und zum Transport müssen die Behälter stapelfähig sein und dürfen sich unter der hohen Luftfeuchte im Lager nicht verformen, wie manche Pappbehälter. Sie sollen die Haltbarkeit der Ware begünstigen, geruchsneutral sein und nur soviel Luftaustausch zulassen, wie für die Atmung nötig ist.

Nach der Sortierung wird die Ware zumeist in der vom Handel verlangten Form abgepackt. Ansprechende Aufmachung, handliche Größen und hygienische Verpakkung sind auf dieser Stufe zu beachten. Für den Ferntransport kommt einer möglichst guten Ausnutzung des Transportraumes durch kompakte Verpackung große Bedeutung zu. Auf der Verbraucherstufe haben neben der Holzkiste als *verlorene Verpakkung* faltbare Pappbehälter, Tragekörbe aus Pappe oder Hartschaum, Tragetaschen aus Klarsicht-Folie mit „Umpack“ sowie Kleinpackungen Bedeutung. Folienbeutel für 2,5 kg Ware mit Klippverschluß und die „Foodtainer-Schrumpfpackung“ sind heute allgemein eingeführte, von SB-Läden und Supermärkten bevorzugte Kleinpackungen.

Gelegte Ware in Flachsteigen hat beim Kernobst an Marktbedeutung verloren. Neben dem Legen von Hand („gerollte Ware“) haben sich dafür Formeinlagen eingeführt, besonders bei Pfirsichen.

Stein- und Beerenobst wird in besonderen Behältern auf den Markt gebracht. Der Spankorb (3 bis 10 kg) hat besonders beim Steinobst nach wie vor große Bedeutung. Für Beeren haben sich zunehmend Holzschliffschalen, Faltschalen und Styroporschalen für je 500 g Ware eingeführt.

Der Obstbaubetrieb

1 Wirtschaftliche Ziele

Obstbau wird in der Regel nicht allein um seiner selbst willen betrieben. Wer die Mühen und Kosten auf sich nimmt, Obstpflanzungen anzulegen und sachgemäß zu pflegen, erhofft sich auch einen Nutzen davon.

1. Der *Erwerbsobstbauer* sieht den Nutzen seiner Obstanlagen vor allem in der Höhe des Einkommens, das sie ihm erbringen sollen. Er will damit seinen und seiner Familie Lebensunterhalt bestreiten.
2. Auch der *Nebenerwerbsobstbauer* meint die Einnahmen, die seine sonstigen Einkünfte aufbessern sollen, wenn er an den Nutzen seiner Obstbäume denkt.
3. Der *Obstbauliebhaber* schließlich sucht Freude und Entspannung bei der Beschäftigung mit seinen Obstbäumen. Daneben findet er es aber auch nützlich, wenn die eigene Ernte zur Entlastung der Haushaltskasse beiträgt und nicht etwa mehr kostet als auf dem Markt gekaufte Früchte.

So unterschiedlich die Nutzenvorstellungen im einzelnen auch sein mögen, die mit dem Anbau von Obst verknüpft werden; ihnen ist gemeinsam, daß ihre Verwirklichung die *Anwendung wirtschaftlicher Prinzipien* voraussetzt.

Die Mittel, die eingesetzt werden, um den erstrebten Nutzen zu erreichen, stehen nicht kostenlos und in beliebigen Mengen zur Verfügung. Sie sind knapp und müssen deshalb möglichst sparsam und haushälterisch bzw. – was dasselbe bedeutet – wirtschaftlich eingesetzt werden; oder anders ausgedrückt:

Mit den nur begrenzt verfügbaren Kräften und Mitteln soll ein möglichst großer Nutzen erwirtschaftet werden.

Fachwissen, Vermögen und Arbeitskraft des Obstbauern sind in diesem Sinne ebenso begrenzende Gegebenheiten, wie die natürlichen und wirtschaftlichen Standortverhältnisse und die im Betrieb vorhandenen Gebäude und Maschinen. Sie werden wirtschaftlich genutzt durch den Anbau von Obst und anderen Kulturen und gegebenenfalls durch die Viehhaltung, also durch die verschiedenen Produktionen des Betriebes.

Um nun alle diese Dinge mit dem größtmöglichen wirtschaftlichen Nutzen einsetzen zu können, ist es notwendig, den Wert bzw. Nutzen aller Maßnahmen und Güter mit vergleichbaren Maßstäben zu beurteilen.

2 Wirtschaftliche Maßstäbe

Entfernungen mißt man in Metern und Kilometern, Gewichte in Gramm und Kilogramm. Für das Abmessen des Nutzwertes von wirtschaftlichen Aufwendungen und Leistungen bietet sich der Geldwert an, denn das Geld spielt in unserer modernen arbeitsteiligen Marktwirtschaft die Rolle des allerseits anerkannten und verwendeten Tauschmittels. Es bringt die verschiedenen Güter und Dienstleistungen „auf einen Nenner“, so daß man mit ihnen rechnen kann. Wie wollte der Obstbauer sonst Äpfel,

Birnen und Kirschen addieren und davon Arbeitsstunden, Spritzmittel und Dünger abziehen?

Die Verwendung des Geldwertes als Maßstab zur Beurteilung des wirtschaftlichen Nutzens erfolgt aus reiner Zweckmäßigkeit. Damit muß kein Bekenntnis zu einem unumschränkten Profitstreben verbunden sein, das alle anderen Wertmaßstäbe des Menschen verleugnet.

Um das Wirtschaftsergebnis des gesamten Obstbaubetriebes zu messen, stehen zahlreiche Kennzahlen zur Verfügung.

Am bekanntesten dürfte der *Gewinn* sein. Man versteht darunter den Betrag, der von den Gelderträgen des Betriebes nach Abzug sämtlicher Kosten übrigbleibt. Der Gewinn ist der rigoroseste Kennwert für das Wirtschaftsergebnis des Gesamtbetriebes oder Unternehmens.

Als Rechnungszeitraum für die Gewinnermittlung wählt man bei der Betrachtung mehrjähriger Produktionen bzw. ganzer Betriebe gern das Wirtschaftsjahr. Man kann aber auch den Gewinn über den gesamten Produktionszeitraum einer Kultur ermitteln.

Neben dem Gewinn finden vor allem das *Betriebseinkommen,* das *Arbeitseinkommen* und der *Reinertrag* verbreitete Anwendung als Erfolgsmaßstäbe. Sie sind ebenso wie der Gewinn Netto-Erfolgskennzahlen, die sich aus Brutto-Erfolgskennzahlen durch Abzug bestimmter Aufwendungen errechnen.

Um das Wirtschaftsergebnis einzelner Produktionen eines Betriebes zu beurteilen, zieht man nicht deren gesamte Produktionskosten von ihren Roherträgen ab, sondern nur die der jeweiligen Produktion direkt zurechenbaren Spezialkosten. Man errechnet also nicht den Gewinn einer Produktion, sondern nur den Beitrag, den sie zur Deckung der Festkosten und zum Gewinn des ganzen Betriebes beiträgt – ihren sog. *Deckungsbeitrag.*

Brutto-Erfolgskennzahlen, wie z.B. der Rohertrag eines Betriebes (Betriebsertrag), und Aufwandskennzahlen messen die Voraussetzungen für den Betriebserfolg. Netto-Erfolgskennzahlen, wie der Gewinn, geben die Größe des Betriebserfolges selbst an.

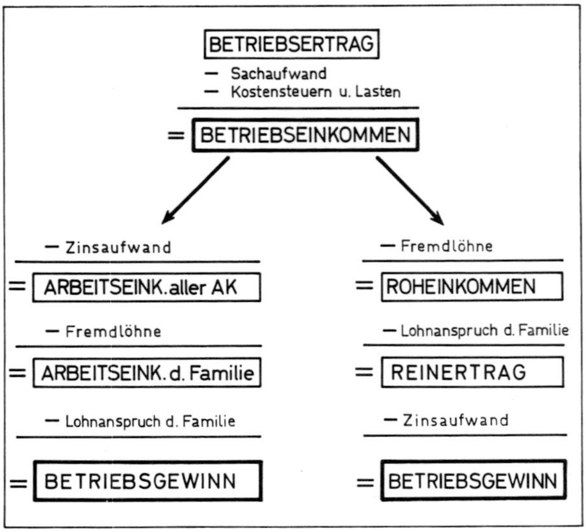

Abb. 180. Die Berechnung der wichtigsten Wirtschaftlichkeits-Kennzahlen für den Gesamtbetrieb.

In Abb. 180 ist die Berechnung der wichtigsten Netto-Erfolgskennzahlen des Gesamtbetriebes schematisch dargestellt. Sie lassen sich aus dem Betriebsertrag durch schrittweisen Abzug einzelner Aufwandskennzahlen errechnen.

Die Leistungen und Kosten von Obstbaubetrieben setzen sich aus naturalen und geldlichen Bestandteilen zusammen.

Auf die naturalen Ernte- und Aufwandsmengen kann der Obstbauer im Betrieb direkten Einfluß ausüben. Die geldlichen Bestandteile des Wirtschaftserfolges, die Preise der hervorgebrachten Erzeugnisse und der benötigten Hilfsmittel, entziehen sich dagegen weitgehend der unmittelbaren Einflußnahme des Betriebsleiters. Sie bilden sich nach den Gesetzen von Angebot und Nachfrage auf dem Markt und stellen für den einzelnen Obstbauer somit Gegebenheiten dar, denen er seinen Betrieb anpassen muß.

Die Entscheidung über den Betriebserfolg fällt also zugleich im einzelnen Betrieb und auf dem Markt. Dieser Zusammenhang ist in Abb. 181 schematisch dargestellt.

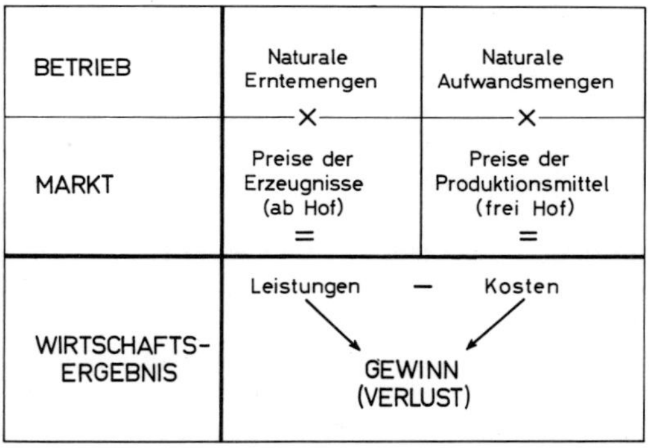

Abb. 181. Das Wirtschaftsergebnis entsteht im Betrieb und auf dem Markt.

3 Betriebsformen des Obstbaues

Ob es sich um Beeren- oder Baumobst handelt, die Erzeugung von Obst ist nicht an bestimmte Betriebsformen gebunden. In Deutschland finden wir den Obstbau sowohl in kleinsten Bewirtschaftungseinheiten, wie Haus- oder Schrebergärten, als auch in kleinen und großen landwirtschaftlichen und gärtnerischen Betrieben.

Kemmer (1951) erarbeitete eine Gliederung der obstbaulichen Betriebsformen, deren wesentliche Einteilungsmerkmale bei wirtschaftlichen Beschreibungen und Gegenüberstellungen von Obstbaubetrieben in der Literatur verbreitet Anwendung finden. Er unterscheidet:

1. Reine Obstbauwirtschaften
2. Gemischte Betriebe mit
   a) Obstbau im Hauptbetrieb,
   b) Obstbau im Teilbetrieb,
   c) Obstbau im Nebenbetrieb.

Zu welcher Betriebsform ein Obstbaubetrieb gerechnet werden muß, läßt sich bei der reinen Obstbauwirtschaft, die wir lieber *Obstbauspezialbetrieb* nennen, relativ leicht entscheiden. In einem solchen Betrieb sind alle Einrichtungen auf die Produktion von Obst gerichtet.

Nach LOTZ und SCHENK (1970) gilt ein Betrieb als reiner Obstbaubetrieb, wenn mehr als 80% der Einnahmen aus dem Obstbau kommen. Nach der Begriffs-Systematik für die landwirtschaftliche und gartenbauliche Betriebslehre (HLBS. Heft 14, 1973) ist dies der Fall, wenn mehr als 75% des Standarddeckungsbeitrages aus dem Obstbau kommen. DE HAAS (1957) läßt in dieser Betriebsform allenfalls einen Flächenanteil anderer Kulturen von bis zu 20% der landwirtschaftlichen Nutzfläche (LN) gelten.

Zu der Gruppe der Obstbauspezialbetriebe muß man neben Betrieben, die einem einzelnen Obstbauern gehören, auch Obstanbaugemeinschaften rechnen, die von mehreren Teilnehmern (oft unter der Leitung eines angestellten oder selbst teilnehmenden Fachmannes) gemeinsam angelegt und bewirtschaftet werden.

Wenn eine gemischte Betriebsform vorliegt, so erfolgt die Einordnung in das KEMMERsche Schema nach Einteilungsgrundsätzen, deren Grenzen von verschiedenen Autoren z.T. sehr unterschiedlich gezogen werden.

Obstbau im Hauptbetrieb liegt dann vor, wenn andere Betriebszweige nur eine untergeordnete Rolle spielen und der Obstbau ganz eindeutig die überwiegende Erwerbsgrundlage darstellt. DE HAAS (1957) sieht dies noch als gegeben an, wenn der Obstbau etwa 40% der Nutzfläche und 75% der Aufwendungen des Betriebes beansprucht. Nach LOTZ und SCHENK (1970) müssen 60 bis 80% der Einnahmen, nach dem HLBS (1973) 50 bis 75% des Standarddeckungsbeitrages von Betrieben dieser Gruppe aus dem Obstbau stammen.

Von *Obstbau im Teilbetrieb* spricht man dann, wenn er gleichberechtigt neben den anderen Betriebszweigen steht. Darüber, wann dies der Fall ist, kann man naturgemäß sehr verschiedener Meinung sein. DE HAAS (1957) und HILKENBÄUMER (1964) geben hierfür allgemein eine obere Grenze der Obstanbaufläche von 25% der LN an. HILKENBÄUMER (1964) will in mittel- und großbäuerlichen Hackfruchtbetrieben diesen Flächenanteil auf höchstens 10 bis 15% begrenzt wissen, während DE HAAS (1957) in Großbetrieben auch einen kleineren Anteil an der LN gelten läßt, sofern es sich um wenigstens 5 ha Obstanbau handelt. Von LOTZ und SCHENK (1970) wird der Bereich dieser Betriebsform sehr weit gezogen. Er reicht von 15 bis 60% der Betriebseinnahmen, die aus dem Obstbau erwirtschaftet werden. Die HLBS-Systematik (1973) faßt diese und die folgende obstbauliche Betriebsform zusammen als Obstbau-Gemischtbetrieb, in dem bis zu 50% des Standarddeckungsbeitrages aus dem Obstbau kommen.

Tab. 52. Obstbauliche Betriebsformen nach den Anteilen des Obstbaus an Nutzfläche, Einnahmen bzw. Deckungsbeitrag des Betriebes

	Anteile des Obstbaus in %		
	Nutzfläche*	Einnahmen**	Deckungsbeitrag***
Obstbauspezialbetrieb	über 80	über 80	über 75
Obstbau im Hauptbetrieb	40 – 80	60 – 80	50 – 75
Obstbau im Teilbetrieb	10 – 40	15 – 60	bis 50
Obstbau im Nebenbetrieb	bis 10	bis 15	

* nach DE HAAS (1957) und HILKENBÄUMER (1964)
** nach LOTZ und SCHENK (1970) *** nach HLBS (1973)

Sobald der Obstbau in seinen Arbeits- und sonstigen Aufwandsansprüchen anderen Betriebszweigen untergeordnet oder z.T. sogar regelrecht vernachlässigt wird, handelt es sich um *Obstbau im Nebenbetrieb.* DE HAAS (1957) setzt hier den Obstflächenanteil bei etwa 1 bis 5% der LN oder 1 bis 2 ha an. Als wichtigstes Kriterium stellt er ferner das Fehlen von ständigen Fachkräften heraus. Laut LOTZ und SCHENK (1970) wird in der Statistik diese Betriebsform dadurch abgegrenzt, daß weniger als 15% der Einnahmen aus dem Obstbau kommen.

Die in Deutschland – vor allem in Süddeutschland – am häufigsten anzutreffenden obstbaulichen Betriebsformen sind die des Teil- und des Nebenbetriebes, abgesehen von der weiten Verbreitung des Nebenerwerbs- und Liebhaberobstbaues. Weit seltener findet man den Obstbau im Hauptbetrieb. Obstbauspezialbetriebe kommen nur vereinzelt vor. Am häufigsten findet man letztere in Norddeutschland, vor allem an der Niederelbe, aber sie sind auch dort in der Minderzahl.

Genaue statistische Angaben über den Anteil der einzelnen hier aufgezählten Betriebsformen an der Gesamtheit der deutschen Obstbaubetriebe lassen sich nicht machen, weil die Abgrenzungen zwischen den Gruppen nicht eindeutig sind. Außerdem bereitet die Einordnung des Nebenerwerbs- und Liebhaberobstbaues sowie der Obstanbaugemeinschaften Schwierigkeiten.

Zahllose Verbraucherhaushalte verschiedener Einkommensklassen bewirtschaften Obstgärten, aus denen sie z.T. beträchtliche Nebeneinnahmen beziehen, ohne daß man hier von Obstbau im Nebenbetrieb sprechen möchte. Die meisten gut geführten Obstanbaugemeinschaften kann man für sich betrachtet zwar als Obstbauspezialbetriebe bezeichnen, von den beteiligten Betrieben aus gesehen, handelt es sich aber, je nach dem Umfang der eingebrachten Teilstücke, um Obstbau im Neben- oder auch im Teilbetrieb.

So aufschlußreich eine Zuordnung von existierenden Obstbaubetrieben zu den von KEMMER (1951) zuerst unterschiedenen Betriebsformen auch sein mag, es wäre ein Irrtum anzunehmen, daß damit zugleich auch eine Aussage über den zu erwartenden Wirtschaftserfolg verbunden ist. Die Praxis zeigt vielmehr, daß es in allen Betriebsformen nebeneinander erfolgreiche und weniger erfolgreiche Betriebe gibt.

Tab. 53. Unterschiede im Familieneinkommen von Obstbauspezialbetrieben (nach SCHENK 1970 verändert)

Betriebsgröße	Jahr	Familieneinkommen in DM/Betrieb		
		E-Betriebe*	M-Betriebe**	W-Betriebe***
bis 10 ha	1967/68	17 543	9 053	1 511
	1968/69	16 500	9 266	4 983
10 bis 20 ha	1967/68	9 394	3 712	- 4 952
	1968/69	7 083	- 439	- 8 194
20 bis 50 ha	1967/68	35 203	-7 417	-55 466
	1968/69	10 818	-7 010	-22 345

* Mittel der 33 % erfolgreichsten Betriebe
** Mittel aller Betriebe
*** Mittel der 33 % weniger erfolgreichen Betriebe

So fand SCHENK (1970) bei der Auswertung der Buchführungen von norddeutschen Obstbauspezialbetrieben (deren Obstflächenanteil mehr als 65% der LN betrug) die in Tab. 53 zusammengestellten Unterschiede im Familieneinkommen pro Betrieb.

Nicht nur in den Obstbauspezialbetrieben, sondern in allen obstbaulichen Betriebsformen zeigen die Wirtschaftsergebnisse sehr große Unterschiede von Betrieb zu Betrieb.

Das liegt nicht nur daran, daß die natürlichen und wirtschaftlichen Standortbedingungen sehr unterschiedlich sein können, sondern auch an den unzähligen Möglichkeiten der individuellen Betriebsorganisation. Obstbau kann im Betrieb mit einer Vielzahl landwirtschaftlicher Produktionen verbunden oder in sich aus vielen verschiedenen Obstarten, Sorten, Anbauformen und Altersstufen kombiniert sein.

Entscheidend für den Wirtschaftserfolg sind die Tüchtigkeit und fachlichen Neigungen des Betriebsleiters und seiner Mitarbeiter. Sie entscheiden, was aus der individuell gegebenen Situation der kosten- und leistungsbestimmenden Faktoren des Betriebes gemacht werden kann.

Deshalb genügt es nicht, wenn der Obstbauer, der die Organisation seines Betriebes verbessern möchte, einfach die Merkmale anderer erfolgreicher Betriebe zu kopieren versucht. Er muß sich darüber hinaus bemühen, mit Hilfe von modellartigen Kalkulationen, die ganz auf die individuellen Gegebenheiten seines eigenen Betriebes zugeschnitten sind, die wirtschaftlich beste Lösung zu finden.

4 Betriebsplanung im Obstbau

Der nach wirtschaftlichem Erfolg strebende Obstbauer ist im Rahmen der gegebenen Produktionsbedingungen und der verfügbaren Produktionsmittel (Faktorausstattung) ständig auf der Suche nach der optimalen Betriebsorganisation. Er sucht gleichzeitig

- die optimale Obstanbaufläche,
- das optimale Anbausystem,
- das optimale Obstsortiment,
- die optimalen Arbeitsverfahren,
- den optimalen ertragssteigernden Aufwand.

Keine der genannten Aufgaben kann für sich allein gelöst werden. Alle stehen im Rahmen der gegebenen Betriebssituation miteinander in Verbindung.

Die landwirtschaftliche Betriebslehre hat Modellkalkulationen entwickelt, die es gestatten, solche ineinander verschachtelten Aufgaben zur Ermittlung der besten Betriebsorganisation durchzurechnen. Das bekannteste Verfahren ist das der *linearen Planungsrechnung* (LP). Es geht davon aus, daß in jedem Betrieb eine Anzahl von Produktionen, die man noch weiter nach Produktionsverfahren unterteilt, um die bestmögliche Nutzung der verfügbaren Faktorausstattung konkurrieren.

4.1 Die Faktorausstattung

Unter der Faktorausstattung des Betriebes faßt man die ständigen Mitarbeiter und die zur Verfügung stehenden langlebigen Produktionsmittel zusammen. Die Faktorausstattung ist in zweifacher Hinsicht für die wirtschaftlichen Pläne des Betriebsleiters wichtig:

1. Sie setzt Grenzen für die Auswahl und Ausdehnung der anzubauenden Kulturen und Produktionsverfahren.
2. Sie belastet den Betrieb mit oft hohen festen Kosten, einerlei, ob viel, ob wenig, oder ob gar nichts produziert wird.

Der Faktor Arbeit

An erster Stelle der Produktionsfaktoren steht die Arbeit. Die Fähigkeiten, Neigungen und der Leistungswille der ständigen Arbeitskräfte, die auf dem Betrieb wirtschaften, sind entscheidend für das Gelingen der Kulturen. Nur wer vom Obstbau, von den anderen Pflanzenkulturen, von der Viehhaltung etc. etwas versteht, wer Spezialist in den ausgewählten Produktionen ist, kann hohe Erträge von guter Qualität erzielen.

Eine wirtschaftlich wichtige Eigenschaft der Arbeitskraft des Menschen ist ihre gleichmäßige zeitliche Verfügbarkeit. Man kann sie nicht auf einzelne Wochen oder Tage im Jahr konzentrieren.

Rechnerisch ergibt sich z.B. bei einer täglichen Arbeitszeit von 8 Stunden in der 5-Tage-Woche je Mitarbeiter ein Leistungsvermögen von insgesamt 40 Arbeitsstunden (AKh). Bei 52 Kalenderwochen abzüglich 4 Urlaubswochen sind das pro Jahr $48 \times 40 = 1920$ Arbeitsstunden je Mitarbeiter. Aber diese stehen, wie gesagt, nicht beliebig zur Verfügung, sondern nur aufgeteilt auf arbeitstägliche Portionen von je 8 Stunden. Allenfalls ist es möglich, mit Hilfe von Überstunden vorübergehend 2 oder 3 Stunden täglich länger zu arbeiten.

Unregelmäßigkeiten im Arbeitsablauf des Betriebes, die die Überstunden-Kapazität der ständigen Mitarbeiter übersteigen, müssen durch zeitweiligen Einsatz von zusätzlichen Saisonarbeitskräften gedeckt werden. Wo das nicht möglich ist, begrenzt die Arbeitskapazität der ständigen Mitarbeiter die Ausdehnung von Betriebszweigen mit hohen Arbeitsspitzen.

Eine weitere wirtschaftlich wichtige Eigenschaft der ständigen Arbeitskräfte hängt mit ihren Kosten zusammen. Diese fallen ebenso wie die Arbeitsstunden gleichmäßig das ganze Jahr hindurch an, einerlei, ob die Mitarbeiter nutzbringend beschäftigt sind

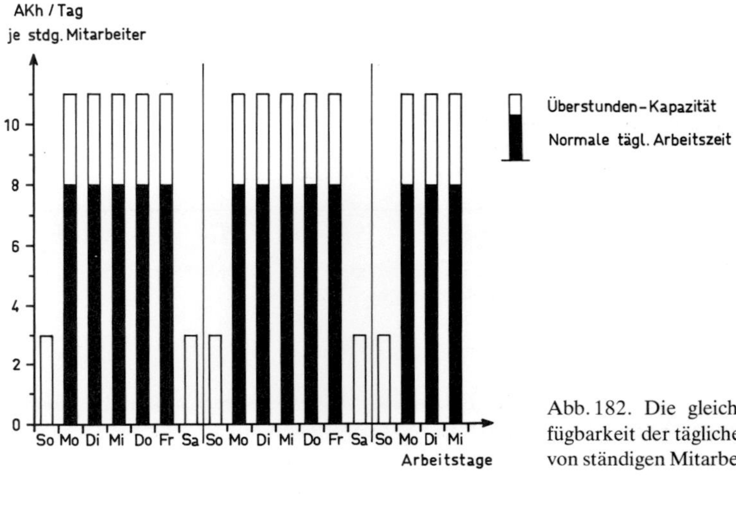

Abb. 182. Die gleichmäßige Verfügbarkeit der täglichen Arbeitszeit von ständigen Mitarbeitern.

oder nicht. Die Lohnkosten der ständigen Mitarbeiter und der Lohnanspruch des Betriebsinhabers und seiner mitarbeitenden Angehörigen sind also feste Kosten.

Diese Tatsache wird nicht dadurch außer Kraft gesetzt, daß es in Familienbetrieben manchmal üblich ist, den mitarbeitenden Angehörigen keinen regelmäßigen Lohn zu zahlen. Hier liegt eine Ursache für krisenhafte Erscheinungen, die in vielen Familienbetrieben auftreten.

Die Vorteile der Familienbetriebe gegenüber den größeren Lohnarbeitsbetrieben, die in dem persönlichen Interesse der mitarbeitenden Angehörigen am Betrieb und in ihrer größeren Bereitschaft zur zeitweiligen Arbeitsüberlastung beruhen, lassen sich nur durch klare Abmachungen über Entlohnung und Gewinnbeteiligung erhalten.

In Betrieben mit Lohnarbeitsverfassung gelten im Hinblick auf die Anpassung der Arbeitskapazität an den wechselnden Arbeitsbedarf engere Grenzen als in Familienbetrieben. Die Entlohnung der fest angestellten Mitarbeiter zeigt hier sichtbar ihren Festkostencharakter. Sie ist wie die Bezahlung der Saisonarbeitskräfte an die geltenden Tarifverträge gebunden, die sich nach dem Produktivitätsfortschritt in der gesamten Volkswirtschaft richten und weniger nach dem Wirtschaftserfolg des Obstbaues.

Der zunehmende Druck der Arbeitskosten zwingt den Lohnarbeitsbetrieb stärker als den reinen Familienbetrieb zur Rationalisierung seiner Arbeitswirtschaft durch Spezialisierung, Mechanisierung und Vergrößerung der Arbeitsflächen.

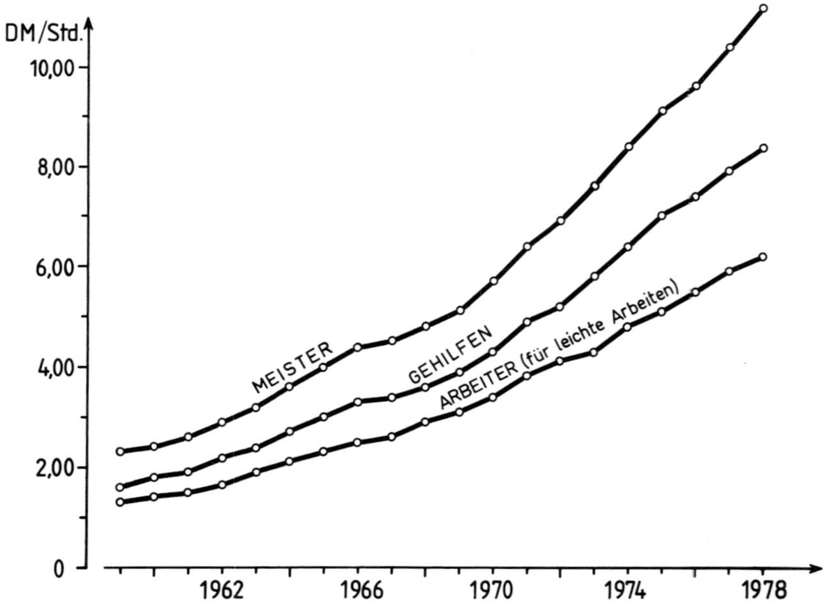

Abb. 183. Die Entwicklung der Tariflöhne im deutschen Erwerbsgartenbau von 1959 bis 1978 (Daten nach BML, Stat. Jb. ELF, verschied. Jahrgänge).

Der Faktor Boden

Als zweiter wichtiger Bestandteil der Faktorausstattung des Obstbaubetriebes ist der Boden zu nennen. Er bildet als Standort und Nährstofflieferant die Grundlage jeglicher landwirtschaftlichen Erzeugung.

Betriebswirtschaftlich wichtige Eigenschaften des Bodens sind:
- Bodenqualität,
- Größe der verfügbaren Nutzfläche,
- Anzahl, Form und Hängigkeit der Teilstücke,
- Verkehrslage des Betriebsstandortes.

Die Qualität des Bodens (natürliche Fruchtbarkeit) entscheidet zusammen mit den anderen natürlichen Standortfaktoren darüber, welche Obstarten und sonstigen Kulturen überhaupt angebaut werden können. Insbesondere ist hierbei das Klima von besonderer Bedeutung.

Der Umfang der verfügbaren Nutzfläche eines Betriebes begrenzt die Anbauausdehnung.

Anzahl, Form und Hängigkeit der Teilstücke beeinflussen die Bewirtschaftungskosten. Wenige große, rechteckige Felder, die in der Ebene liegen, sind günstiger als zahlreiche kleine, spitzwinklige in steiler Lage.

Die an den Boden gebundene Verkehrslage des Betriebsstandortes schließlich hat einen Einfluß auf die Frei-Hof- und Ab-Hof-Preise des Betriebes. Je größer die von der Verkehrslage abhängigen Transportkosten, desto mehr erhöhen sich die Frei-Hof-Preise der zuzukaufenden Produktionsmittel und verringern sich die Ab-Hof-Preise der Markterzeugnisse des Betriebes und umgekehrt.

Der landwirtschaftlich nutzbare Boden ist in seiner Gesamtheit unvermehrbar und unbeweglich. Natürlich kann der einzelne Betrieb seine Nutzflächen durch Pacht oder Zukauf vergrößern. Das stößt aber meist auf erhebliche Schwierigkeiten, weil nur selten geeignete Flächen frei werden, und ist deshalb in der Regel mit hohen Kosten verbunden. Mehr noch als der ständige AK-Besatz muß deshalb die verfügbare landwirtschaftliche Nutzfläche eines Betriebes als schwer veränderbare Gegebenheit betrachtet werden.

Die Pacht oder der Zinsanspruch des beim Kauf investierten Kapitals und die auf dem Boden ruhenden Steuern und Lasten sind feste Kosten des Betriebes.

Der Faktor Kapital

Unter dem Begriff Kapital fassen wir die auf dem Betrieb vorhandenen langlebigen Produktionsmittel und seine im Geldkapital sichtbare Finanzkraft zusammen. Man kann die Kapitalausstattung in der Reihenfolge zunehmender Beweglichkeit wie folgt gliedern:

1. Anlagekapital
   a) Grund und Boden
   b) Gebäude und Meliorationen
   c) Dauerkulturen (Obstanlagen etc.)
2. Besatzkapital
   a) Maschinen und Geräte
   b) Viehbestand
3. Geldkapital
   a) Kredite
   b) eigene Geldmittel.

Die gegebene Ausstattung eines Betriebes mit Kapitalgütern hat vor allem über die davon ausgehenden fixen Kosten einen Einfluß auf die Auswahl und Ausdehnung der anzubauenden Kulturen. Wenn vorhandene Gebäude und Maschinen nach Beendigung einer Produktion (z.B. bei Aufgabe der Viehhaltung) nicht mehr nutzbringend eingesetzt werden können, so belasten sie dennoch weiterhin das Betriebsergebnis mit ihren festen Kosten, wie Abschreibung, Zinsanspruch und Unterhaltungsaufwand.

Andererseits wird die Auswahl von Produktionen begünstigt, die aus einer bereits vorhandenen Kapitalgüterausstattung einen Nutzen ziehen. Einem Obstbauer, der in ein vorhandenes Gebäude nur die Wärmeisolierung und die Kühlvorrichtung für einen Obstlagerraum einzubauen braucht, fällt es leichter, mehr Lageräpfel anzubauen als seinem Kollegen, der erst ein vollständig neues Gebäude errichten, oder sich in eine Lagergemeinschaft einkaufen muß.

Die festen Kosten

Obstbaubetriebe werden durch ihre Ausstattung mit den Faktoren Arbeit, Boden und Kapital gewöhnlich mit hohen Festkosten belastet. Die wichtigsten Bestandteile der festen Kosten sind:

1. Die Lohnansprüche des Betriebsinhabers, seiner mithelfenden Familienmitglieder und der ständigen Mitarbeiter.
2. Die Pacht für den Boden sowie alle Steuern und Lasten, die darauf ruhen. Bei eigenem Grund und Boden gehört auch der Zinsanspruch für das beim Kauf hineingesteckte Kapital oder für die Abfindung der weichenden Erben dazu.
3. Die Abschreibung und Verzinsung des Kapitals, das in die Dauerkulturen, Gebäude, Maschinen, Viehbestände etc. investiert wurde.
4. Die unabhängig vom Produktionsausstoß anfallenden Kosten der Pflege und Unterhaltung der Obstanlagen, Gebäude, Maschinen, Viehbestände etc., soweit sie nur zur Erhaltung der Produktionsbereitschaft nötig sind.
5. Die unabhängig vom Produktionsausstoß auf dem gesamten Betrieb ruhenden Lasten, wie z. B. Telefonanschluß, Wasserverbands- und Deichlasten etc.

Wie sich die festen Kosten im Verhältnis zu den hervorgebrachten Leistungen im Betrieb verhalten können, zeigt das folgende Zahlenbeispiel.

Beim Aufbau eines Obstbauspezialbetriebes von 10 ha, der nur Äpfel erzeugt, alle Pflanzungen im gleichen Jahr angelegt hat und im 6. Standjahr an der Schwelle seiner

Tab. 54. Beispiel für die Investitionen eines Obstbauspezialbetriebes in den ersten 5 Jahren

	Investitionen in DM	
	für 10 ha	pro ha
Erstellung der Obstanlagen (Bäume, Stützpfähle, Zäune)	ca. 130 000	ca. 13 000
Maschineninventar	ca. 60 000	ca. 6 000
Pflegekosten, 5 Anlaufjahre, abzügl. Anfangserträge	ca. 120 000	ca. 12 000
Zinsanspruch, 6 % p. Jahr, 5 Anlaufjahre	ca. 90 000	ca. 9 000
	ca. 400 000	ca. 40 000

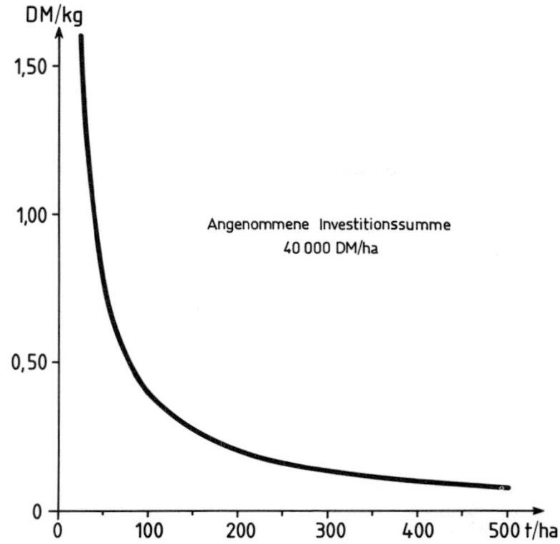

Ernten	1	2	3	4	...	6	...	8	...	10	...	15	...	20
Σ t/ha	25	50	75	100	...	150	...	200	...	250	...	375	...	500
DM/kg	1,60	0,80	0,53	0,40	...	0,27	...	0,20	...	0,16	...	0,11	...	0,08

Abb. 184. Abnahme der Investitionskosten pro kg Äpfel bei zunehmender Erntemenge (Gesetz der großen Serie).

Vollertragsperiode steht, seien die in Tab. 54 angegebenen Investitionen von 400000,– DM getätigt worden.

Würde die Obstanlage des vereinfachten Beispiels in dieser Tabelle nur eine einzige Ernte in Höhe von 250 dt/ha erbringen und dann einer Katastrophe zum Opfer fallen, dann wäre jede Dezitonne (dt = Doppelzentner = 100 kg) Äpfel allein mit festen Investitionskosten in Höhe von 40000,– DM: 250 dt = 160,– DM/dt belastet. Auf das Kilogramm umgerechnet ergäbe das eine Festkostenbelastung von 1,60 DM/kg, ohne Berücksichtigung der Pflege- und Erntekosten in dem betreffenden Jahr.

Erbrächte die Anlage vor ihrem Untergang zwei Ernten, so würde sich die Festkostenlast bereits auf 0,80 DM/kg halbieren. In Abb. 184 ist dieses einfache Zahlenexperiment bis zu einer Zahl von 20 Ernten fortgesetzt, was einer Gesamtternteleistung der Pflanzung von 500000 kg Äpfeln/ha entspricht. Die von der Investitionssumme von 40000,– DM/ha herrührende Festkostenlast beträgt dann nur noch 0,08 DM/kg.

Wichtig an diesem einfachen Zahlenbeispiel ist der zunächst steil und dann flach abfallende Verlauf der aus den getätigten Investitionen herrührenden Festkostenbelastung einer Apfelpflanzung. Er drängt darauf, möglichst rasch eine hohe Lebensleistung der Pflanzung zu erzielen. Nach 10 Jahren oder 250 t/ha Lebensleistung ist die Festkostenlast bereits auf 0,16 DM/kg zurückgegangen. Nach weiteren 5 Vollertragsjahren ist sie erst bei 0,11 DM/kg angelangt und fällt in den folgenden 5 Jahren nur noch sehr langsam auf 0,08 DM/kg ab.

Weil hohe Festkosten auf möglichst große Erzeugungsleistungen drängen, spricht man auch gern von einem *Gesetz der großen Serie,* das von den festen Kosten ausgeht.

Natürlich ergibt sich die Festkostenbelastung im Obstbau nicht nur aus den Kosten, die sich in der Aufbauzeit angesammelt haben und nun in den Vollerntejahren wieder hereingewirtschaftet werden müssen. Auch die laufende Bewirtschaftung ist mit festen Kosten belastet, die sich aus der Inanspruchnahme von ständigen Mitarbeitern, Maschinen, Gebäuden und nicht zuletzt auch des Bodens ergeben. So setzt die erfolgreiche Bewirtschaftung einer Obstanlage mindestens einen tüchtigen Fachmann voraus, dem ein Satz leistungsfähiger Maschinen zur Verfügung stehen muß, wie er z.B. in Tab. 55 zusammengestellt ist.

Tab. 55. Beispiel für die Anschaffungskosten eines Maschinensatzes im Erwerbsobstbau

1 Schlepper, 50 PS, Anbauhydraulik	25 000 DM
1 Anhänge-Gebläsespritze, 1000-Liter-Faß, 50 000 m^3/Std. Luftleistung	10 000 DM
1 Anbau-Mulchgerät mit Schnittholzhäcksler	6 000 DM
1 Pneumatische Baumschnitteinrichtung für 2–4 Personen	5 000 DM
1 Anbau-Heckstapler	4 000 DM
1 Straßenanhänger, 6 t	7 000 DM
1 Tiefladeanhänger, 2 t	3 000 DM
Anschaffungskosten zusammen	60 000 DM

Der genannte Maschinensatz würde bei seiner Anschaffung rd. 60000,– DM kosten. Geht man im Mittel von einer Abschreibungs- und Unterhaltungsquote von rd. 20% aus und berechnet zudem einen Zinsanspruch in Höhe von 6% des halben Anlagekapitals, dann wäre die jährliche Festkostenbelastung, die von diesen Maschinen ausgeht, mit rd. 23%, also ca. 14000,– DM/Jahr anzusetzen. Dazu kommt der Bruttolohn eines Fachmannes in Höhe von etwa 50000,– DM/Jahr.

Insgesamt würde eine so ausgestattete moderne Kernobstplantage jährlich mit rd. 64000 – DM festen Bewirtschaftungskosten belastet. Wäre sie nur 1 ha groß und erbrächte einen Durchschnittsertrag von 250 dt/ha, dann betrüge diese Festkostenlast 2,56 DM/kg Früchte. Bei 2 ha Anbaufläche wären es 1,28 DM/kg, bei 3 ha 0,85 DM/kg. Entsprechend der in der vorhergehenden Abbildung gezeigten Kurve flacht sich die Festkostensenkung auch hier immer mehr ab. Bei 10 ha wäre das Kilogramm noch mit 0,26 DM und bei 15 ha nur noch mit 0,17 DM an festen Bewirtschaftungskosten belastet.

Drängt die hohe Festkostenlast der Anlageinvestitionen je Hektar Apfelpflanzung im ersten Beispiel auf das Erreichen einer möglichst großen Lebensleistung, so drängen die festen Kosten der laufenden Bewirtschaftung im zweiten Beispiel auf eine möglichst große Anbaufläche.

Die kleinsten Einheiten

Die Zahl der Mitarbeiter oder der langlebigen Produktionsmittel, wie Gebäude und Maschinen, läßt sich nur um ganze Einheiten vermehren oder vermindern. Der Betriebsleiter kann normalerweise nicht einen halben ständigen Mitarbeiter einstellen oder einen halben Schlepper kaufen. Man bezeichnet diesen Sachverhalt auch als das Gesetz *der kleinsten Einheiten.*

Tab. 56. Das Gesetz der kleinsten Einheiten in seiner Wirkung auf die Festkosten eines wachsenden Obstbaubetriebes

Anbaufläche ha	Jahresernte t	Jährliche Festkosten pro kg Äpfel bei 1 AK + 1 Traktor = 64000,– DM/Jahr DM/kg	2 AK + 1 Traktor = 94000,– DM/Jahr DM/kg	2 AK + 2 Traktoren = 100000,– DM/Jahr DM/kg
1	25	2,56	3,76	4,00
2	50	1,28	1,88	2,00
3	75	0,85	1,25	1,33
4	100	0,64	0,94	1,00
5	125	0,51	0,75	0,80
6	150	**0,43** →	0,63	0,67
7	175	0,37	0,54	0,57
8	200	0,32	0,47	0,50
9	225	0,28	→ **0,42**	0,44
10	250	0,26	0,38	0,40
11	275	0,23	0,34	0,36
12	300	0,21	**0,31** →	0,33
13	325	0,20	0,29	→ **0,31**
14	350	0,18	0,27	0,29
15	375	0,17	0,25	0,27

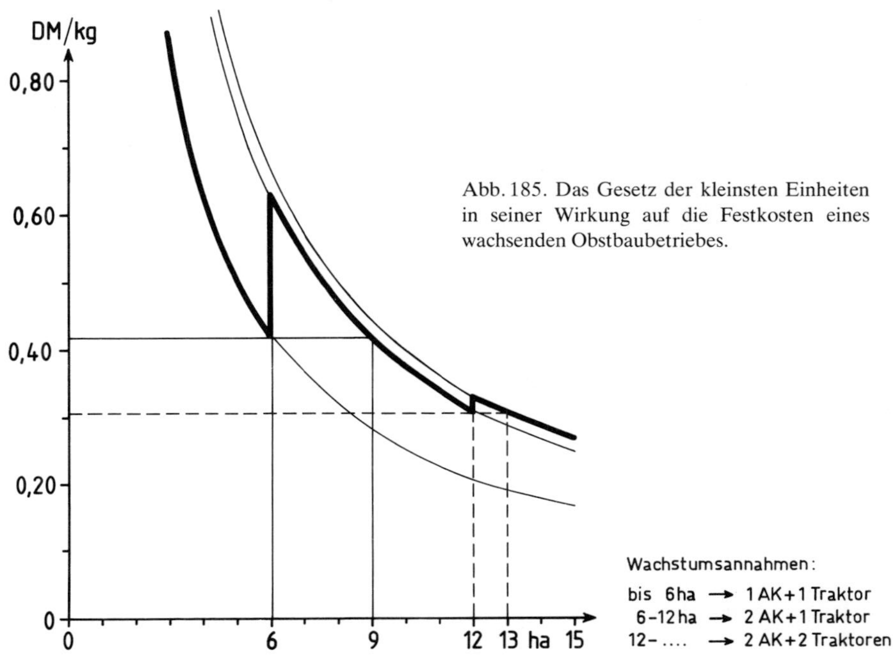

Abb. 185. Das Gesetz der kleinsten Einheiten in seiner Wirkung auf die Festkosten eines wachsenden Obstbaubetriebes.

Wenn in einem Betrieb aufgrund einer Festkostenabrechnung wie im letzten Zahlenbeispiel die Obstanbaufläche vergrößert werden soll, so kann der Inhaber etwa ab 5 bis 7 ha die laufenden Arbeiten nicht mehr allein bewältigen. Er braucht einen Mitarbeiter, den er vielleicht für 30000,– DM Jahreslohn bekommt, weil er fachlich nicht so versiert zu sein braucht wie der Chef.

Damit gehen aber die festen Bewirtschaftungskosten ruckartig von jährlich 64000,– DM auf etwa 94000,– DM hinauf, was bei 6 ha und einem Ernteertrag von 250 dt/ha die Festkostenlast von 0,43 auf 0,63 DM/kg anheben würde (s. Tab. 56). Dieser Betrag sinkt erst bei 9 ha wieder unter das Niveau des Einmannbetriebes von 6 ha Größe ab. Für 12 ha errechnet sich im Zweimannbetrieb eine Belastung durch die fixen Bewirtschaftungskosten von 0,31 DM/kg, bei 15 ha fällt sie auf 0,25 DM/kg.

Sollte man ab 12 ha jedoch einen Zweitschlepper benötigen, der jährliche Festkosten in Höhe von ca. 6000,– DM verursacht, so würden die Festkosten unseres Beispiels um diesen Betrag auf rd. 100000,– DM jährlich anwachsen.

Die Belastung je kg Obst ginge dann von den zuletzt für 12 ha genannten 0,31 DM/kg wieder auf 0,33 DM/kg hinauf. Diesmal würde aber schon eine Vergrößerung der Anlagefläche um nur 1 ha auf 13 ha den alten Festkostenstand von 0,31 DM/kg wieder herstellen. Zur besseren Anschauung ist dieses Beispiel grafisch dargestellt (Abb. 185).

Die schrittweise Vergrößerung der Faktorausstattung in unserem Beispiel um jeweils eine ganze Einheit (erst um einen Mitarbeiter, dann um einen Zweitschlepper) zeigt, daß jeweils erst ein Niemandsland von mehreren Hektar Produktionsausweitung zu überwinden ist, ehe wieder an eine weitere Senkung der Festkostenbelastung je Kilogramm Obst zu denken ist. Für Obstbaubetriebe, die eine entsprechende Ausdehnung ihrer Anbaufläche nicht vornehmen können oder nicht riskieren wollen, entsteht aus dem Gesetz der kleinsten Einheiten u. U. der Zwang, sich einer Maschinengemeinschaft oder dem Kundenkreis eines Lohnunternehmers anzuschließen, wenn weitere Maschinen eingesetzt werden müssen.

4.2 Die Produktionsverfahren

Zur wirtschaftlichen Nutzung der im Betrieb gegebenen Faktorausstattung hat der Obstbauer in der Regel die Wahl zwischen verschiedenen Produktionen. Neben Äpfeln, Birnen, Kirschen, Pflaumen und vielen Beerenobstarten können auch andere gärtnerische oder landwirtschaftliche Kulturen angebaut und verschiedene Vieharten gehalten werden.

Für das Wirtschaftsergebnis kommt es nicht nur darauf an, welche Produktionen ausgewählt werden, sondern auch in welchem Umfang und mit welchem Produktionsverfahren (Intensität) sie betrieben werden. Deshalb geht man bei kalkulatorischen Überprüfungen der Betriebsorganisation am besten von den vorhandenen Produktionsverfahren aus und läßt diese mit neu zu erwägenden Produktionsverfahren um die angegebene Faktorausstattung konkurieren.

Ein obstbauliches Produktionsverfahren wird durch die folgenden Merkmalsgruppen definiert:

- das herzustellende *Produkt:*
  Obstart, Sorte
- das *Anbausystem:*
  Pflanzabstände zwischen und in den Reihen, Pfropfkombinationen (Unterlage, Zwischenveredlung, Veredlungshöhe etc.), Kronenaufbau

- das *Ertragsniveau:*
  Naturalerträge je ha nach Qualitätsgruppen unterteilt
- die *Arbeitsverfahren:*
  Mechanisierungsstufe, AK-Besatz bei den verschiedenen Arbeitsaufgaben (1-, 2-Mann-Verfahren etc.), Arbeitsketten
- die *Aufwendungen* an ertragssteigernden Mitteln:
  Pflanzenschutz, Düngung, Bewässerung etc.

Aus den Angaben in den genannten Merkmalsgruppen ergeben sich die für die betriebswirtschaftliche Bedeutung der Produktionsverfahren maßgeblichen:

- *Deckungsbeiträge,* mit denen sie zur Deckung der festen Kosten und darüber hinaus zum Gewinn des Betriebes beitragen;
- *Faktoransprüche,* die sie an die gegebene Ausstattung des Betriebes mit Arbeitskräften, Boden, Gebäuden und Maschinen stellen;
- *Innerbetriebliche Leistungen,* die als nicht marktfähige Leistungen (wie Stallmist, Fruchtfolgewirkung, Schnittreisig etc.) von anderen Produktionsverfahren innerbetrieblich in Anspruch genommen werden können.

Das folgende Betriebsmodellschema zeigt, auf welche Weise die Produktionsverfahren durch ihre Deckungsbeiträge zur Abdeckung der festen Kosten und zum Betriebsgewinn beitragen. Außerdem ist die Abhängigkeit der Produktionsverfahren von der Faktorausstattung und die Wechselbeziehung zwischen der Bereitstellung und Inanspruchnahme innerbetrieblicher Leistungen dargestellt.

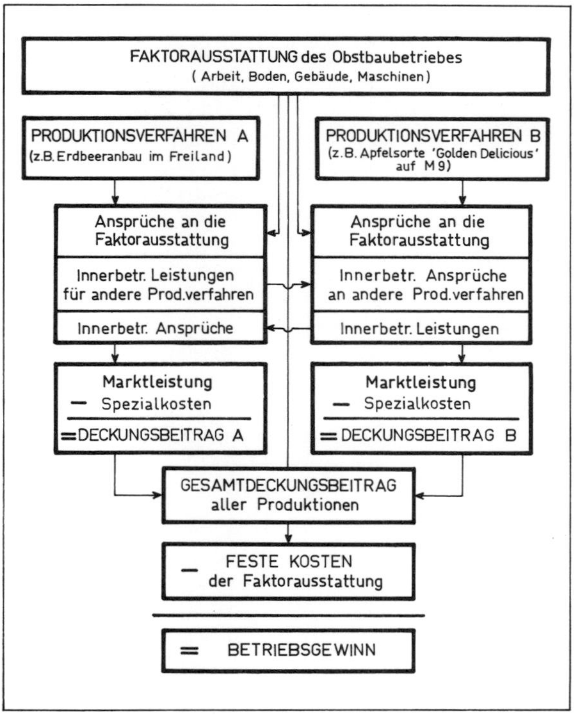

Abb. 186. Modellschema des Obstbaubetriebes (nach Brandes verändert).

Wegen der unhandlichen Länge des Begriffes „Produktionsverfahren“ werden im folgenden dafür auch die Begriffe „Produktion“ bzw. „Verfahren“ angewendet.

Der Deckungsbeitrag

Der Deckungsbeitrag gibt an, welchen Beitrag eine Produktion zum Betriebsgewinn und zur Deckung der festen Kosten leistet. Er errechnet sich aus der Marktleistung (Geldrohertrag) der Produktion durch Abzug ihrer proportionalen Spezialkosten.

Die Marktleistung einer Produktion hängt einerseits von der Menge und der Qualität ihrer hervorgebrachten Erträge und andererseits von den dafür erzielten Marktpreisen ab. Im Obstbau können die Marktleistungen auf einfache Weise durch die Feststellung der Sortenerträge und Sortierergebnisse in den einzelnen Anlagen und durch das Erfassen der Preise nach Sorten und Qualitäten ermittelt werden.

Da aber sowohl die Erntemengen als auch die Sortierergebnisse von Betrieb zu Betrieb, von Anlage zu Anlage und von Jahr zu Jahr sehr unterschiedlich sein können, sollte der Obstbauer bei der wirtschaftlichen Beurteilung seines Betriebes nicht von allgemeinen Durchschnittsergebnissen ausgehen, sondern im eigenen Betrieb möglichst genaue Erhebungen anstellen.

Auch die erzielten Preise können von Betrieb zu Betrieb sehr unterschiedlich sein (Tab. 57). Deshalb sollten selbst regionale Durchschnittspreise nur mit der nötigen Vorsicht zu Planungsrechnungen herangezogen werden.

Tab. 57. Erntemengen und Markterlöse von 19 Apfelanlagen der Obstregion Bodensee 1970/71

Anlage Nr.	Fläche ha	Erntemenge dt/ha	Markterlös	
			DM/dt	DM/ha
1	12	242	45,40	10 986
2	3	196	35,90	7 042
3	3	193	33,50	6 458
4	4	175	49,10	8 584
5	3	165	13,–	2 145
6	6	156	24,40	3 804
7	5	147	32,10	4 719
8	4	146	34,60	5 050
9	10	145	23,40	3 386
10	4	142	28,20	4 000
11	5	140	33,80	4 732
12	20	138	44,–	6 078
13	6	138	32,10	4 427
14	20	136	42,70	5 809
15	10	112	28,30	3 173
16	5	100	19,80	1 978
17	5	96	46,90	4 503
18	3	89	34,50	3 068
19	15	81	40,30	3 267
Mittelwerte	7,5	144	33,80	4 906

Für langfristige Erwägungen ist eine besonders vorsichtige Abschätzung der zukünftigen Preisentwicklung wichtig. Sie ist mit größeren Unsicherheiten belastet als die zu erwartende Produktionsentwicklung. In der Regel sollte deshalb mit verschiedenen Preisannahmen kalkuliert werden.

Neben den Marktleistungen beeinflussen die proportionalen Spezialkosten den Deckungsbeitrag. Man versteht darunter alle Kosten, die sich ohne Schwierigkeit einem Produktionsverfahren zuordnen lassen, und die mit seiner Ausdehnung zunehmen und mit seiner Einschränkung abnehmen.

Im Gegensatz zu den festen Kosten der Faktorausstattung sind die proportionalen Spezialkosten der Produktionsverfahren variable Kosten (veränderliche Kosten). Im Obstbau gehören z. B. die Kosten für Dünge- und Pflanzenschutzmittel und die für Saisonarbeitsstunden zu den proportionalen Spezialkosten.

Die variablen Kosten

Die variablen Kosten, die man auch als ertragssteigernde Kosten bezeichnen kann, stehen mit den Produktionsleistungen in einer Beziehung, die als *Gesetz vom abnehmenden Ertragszuwachs* bekannt ist.
Dieses Gesetz besagt:

Mit stetiger Steigerung des variablen Aufwandes steigt der Ertrag zunächst kräftig, dann immer langsamer an, bis er nach Überschreiten des Höchstertrages wieder abfällt.

Mit anderen Worten: Wenn ein Obstbauer seine Pflanzungen überhaupt nicht pflegen und düngen würde, dann könnte er auch nicht mit einer Ernte von verkaufswürdigen Früchten rechnen. Mit höherer Pflege- und Düngungsintensität ergeben sich höhere Ernten von besserer Qualität. Je näher man aber der Höchstleistungsgrenze kommt, desto kleiner werden die Zuwachsraten, bis schließlich, wenn man zu viel des Guten tut, der Ertrag und die Qualität sogar wieder zurückgehen können. In Abb. 187 ist dieser Zusammenhang schematisch dargestellt.

Zerlegt man die Gesamtertragskurve der Abbildung in Treppenstufen von gleicher Breite, was einer gleichmäßigen Steigerung der variablen Spezialkosten entspricht, so

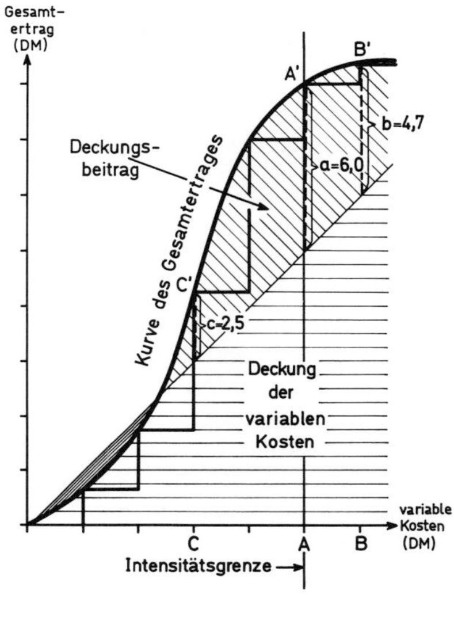

Abb. 187. Das Gesetz vom abnehmenden Ertragszuwachs.

zeigt sich, daß die Höhe der Treppenstufen (Ertragszuwachs) zuerst immer größer und dann wieder kleiner wird.

Dort, wo Breite und Höhe einer Treppenstufe genau gleich groß sind, liegt die Intensitätsgrenze, bis zu der es sich lohnt, die variablen Kosten zu steigern. Denn an dieser Stelle (Punkt A') macht sich die letzte Kostensteigerung noch gerade durch den damit erzielten Mehrertrag bezahlt.

Geht man mit der Steigerung der variablen Kosten über diese Grenze hinaus (z. B. bis Punkt B'), dann wird der Mehrertrag (Stufenhöhe) bereits kleiner als die dafür investierten Mehrkosten (Stufenbreite). Vom bis dahin bereits erzielten Deckungsbeitrag geht wieder etwas verloren. Man erkennt das daran, daß die Gesamtertragskurve bei B' bereits einen kleineren Höhenabstand (b = 4,7) von der aufsteigenden Deckungsgeraden der Kosten hat als bei A' (a = 6,0).

Wenn man aber mit der Kostensteigerung bereits unterhalb der Intensitätsgrenze halt macht (etwa bei Punkt C'), so verzichtet man auf die bis zur Intensitätsgrenze durchaus noch mögliche Steigerung des Deckungsbeitrages.

In der obstbaulichen Praxis ist es allerdings nicht möglich, die Grenzen der optimalen Intensität von einzelnen Produktionsverfahren, etwa für verschiedene Verfahren der Düngung, des Pflanzenschutzes oder für Maßnahmen der Boden-, Baum- und Fruchtpflege (Schnitt, Ausdünnung), genau anzugeben.

Es kann aber davon ausgegangen werden, daß die Rohertragskurve der meisten Obstarten und -sorten im Prinzip etwa wie in Abb. 187 verläuft. Sie steigt im unteren Bereich zunächst langsam an und erst, wenn eine gewisse Intensität der variablen Spezialkosten erreicht ist, kommt es zu einem steilen Ertragsanstieg, der sich mit Annäherung an den Höchstertrag wieder deutlich abflacht.

In umgekehrter Richtung bedeutet ein solcher Kurvenverlauf, daß die Leistungen einer intensiv bewirtschafteten Obstanlage sofort sehr stark abfallen, wenn nur geringfügige Versäumnisse oder Einsparungen bei der Pflegeintensität vorkommen. Jeder Fachmann weiß, daß z. B. schon ein oder zwei versäumte Pflanzenschutzspritzungen zu erheblichen Ertrags- und vor allem Qualitätsminderungen führen können.

Bei der Auswahl von obstbaulichen Produktionsverfahren ist also nicht automatisch denjenigen mit geringen variablen Spezialkosten der Vorzug zu geben. Vielmehr sollten stets auch intensive Verfahren (Anbauformen etc.) in Erwägung gezogen werden, sofern deren Deckungsbeiträge entsprechend größer zu sein versprechen.

Die Faktoransprüche

Um einen möglichst großen Betriebsgewinn zu erzielen, ist vor allem der Anbau von Kulturen mit hohen Deckungsbeiträgen interessant. Da die Produktionen aber bestimmte Ansprüche an die Faktorausstattung des Betriebes stellen, können sie nicht beliebig, sondern nur so weit ausgedehnt werden, bis sie an eine Grenze der Arbeits-, Boden-, Gebäude- oder Maschinenkapazität stoßen.

Die Ansprüche von Obstpflanzungen an den Faktor Boden lassen sich verhältnismäßig leicht beziffern: Für 1 ha Obstpflanzung ist 1 ha geeigneter Fläche erforderlich. Es bereitet also keine Schwierigkeiten festzustellen, welchen Anbauumfang die obstbaufähige Nutzfläche eines Betriebes maximal erlaubt.

Auch die Bezifferung der Ansprüche an die Gebäudekapazität bereitet keine Schwierigkeiten. So wird z. B. für den Anbau von Lageräpfeln entsprechender Lagerraum benötigt, der entweder im Betrieb selbst vorhanden sein, oder bei einem Absatzunternehmen angemietet werden muß. HILKENBÄUMER (1962) rechnet mit durch-

Tab. 58. Die Entwicklung des Arbeitsaufwandes in ertragsfähigen Apfelpflanzungen von 1954 bis 1975 (nach verschiedenen Autoren)

	HEIBER 1954 Rheinland		PAPE 1956 Holstein		WIRTH 1960 Schweiz		GRUBER 1966 Bodensee		SCHWARZ 1975 Rheinland-Pfalz	
	AKh/ha	%	AKh/ha	%	AKh/ha	%	AKh/ha	%	AKh/ha	%
Boden offenhalten	141,2	19,5	14,5	2,3	-	-	1,5	0,3	} 23,8	4,0
Gras mulchen	-	-	53,1	8,3	54	8,3	28,3	5,4		
Düngen	20,6	2,8	35,3	5,6	13	2,0	6,5	1,2	6,7	1,1
Bäume schneiden	168,6	23,3	133,2	20,9	172	26,5	99,2	18,8	142,8	23,9
Pflanzenschutz	91,4	12,6	59,2	9,3	54	8,3	34,8	6,7	36,7	6,1
Sonstiges in der Anlage	-	-	-	-	-	-	-	-	21,7	3,6
Ernte + Erntetransporte	302,7	41,8	341,3	53,6	356	54,9	355,7	67,6	366,3	61,3
insgesamt	724,5	100,0	636,6	100,0	649	100,0	526,0	100,0	598,0	100,0

schnittlich 0,5 m^3 umbautem Raum je dt Lageräpfel. In Kleinlägern ist der Raumbedarf je dt etwas größer, in Großlägern dagegen etwas kleiner.

Am schwierigsten ist die Feststellung der Ansprüche, die die Produktionsverfahren an die Arbeits- und an die Maschinenkapazitäten des Betriebes stellen. Das liegt vor allem daran, daß der Arbeitsbedarf der meisten Betriebszweige nicht gleichmäßig über das Jahr verteilt ist. Im Obstbau treten z.B. während der Ernte und beim Schnitt der Bäume größere Arbeitsspitzen auf, während sich die Pflegearbeiten ziemlich gleichmäßig über das Jahr verteilen.

Man kann die Höhe und den zeitlichen Verlauf der Arbeitsansprüche im praktischen Betrieb mit Hilfe von Arbeitstagebüchern feststellen. Die dabei gewonnenen Aufwandszahlen lassen sich aber nicht ohne weiteres auf andere Betriebe übertragen, weil die Arbeitsverfahren meist nicht vergleichbar sind. Außerdem läßt sich nur selten genau feststellen, mit welcher Sorgfalt und mit welchem Tempo in den tagebuchführenden Betrieben gearbeitet wurde. Auch Durchschnittszahlen aus mehreren Betrieben können diese Schwierigkeiten nicht beheben. Sie geben aber gewisse Anhaltspunkte über die Größenordnung des Arbeitsaufwandes im Obstbau (Tab. 58).

An den Zahlen der Tabelle fällt auf, daß der Zeitaufwand für Arbeiten an der Pflanze von 1954 bis 1975 laufend zurückging, während die Erntearbeiten bis zum Ende dieser Zeitperiode im Aufwand sogar leicht zunahmen. Hier wirkte sich zuerst die Mechanisierung wichtiger Pflegearbeiten, wie Mulchen, Düngen und Pflanzenschutz, sowie der Übergang auf kleinere Baumformen aus, die rationellere Erziehungs- und Schnittverfahren ermöglichten. Die Ernte von Tafelfrüchten dagegen erfuhr erst später durch die zunehmend in dem Ertrag gewachsenen Niederstammpflanzungen und die Einführung rationellerer Transportverfahren eine durchgreifende Senkung des Arbeitsaufwandes.

Einen guten Überblick über den ermittelten Arbeitsaufwand eines Betriebes oder einzelner Produktionsverfahren liefert die Zeichnung eines Arbeitsaufrisses, wie er als Beispiel in Abb. 188 dargestellt ist.

Der Arbeitsaufriß macht den zeitlichen Ablauf des Arbeitsaufwandes sichtbar und gestattet es, ihn mit der gegebenen Arbeitskapazität zu vergleichen. Man kann den Arbeitsaufriß über die Handarbeit hinaus auch auf die wichtigsten Maschinenarbeiten ausdehnen.

Wird der Aufriß nicht nur mit den im Betrieb festgestellten Aufwandszahlen, sondern parallel dazu mit Bedarfswerten gezeichnet, so ergibt sich die Möglichkeit zu einem Soll-Ist-Vergleich, der wertvolle Hinweise auf unrationelle Arbeitsweisen und Organisationsfehler gibt.

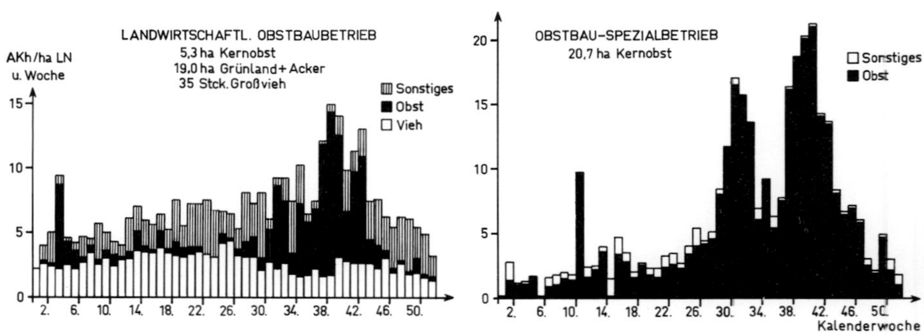

Abb. 188. Arbeitsaufrisse von zwei Obstbaubetrieben des Bodenseegebietes.

Tab. 59. Arbeitszeitbedarfszahlen* einiger obstbaulicher Arbeiten (nach KTBL-Katalog, Gartenbau, Bd. 1, 1968, vereinfacht)

Arbeitselemente	AKmin je Baum	Bäume je AKh
Pflanzen von Spindelbüschen:		
Ausfluchten, Löcher ausheben, Bäume verteilen, Wurzelschnitt, Erde anfüllen + festtreten	4,37	13,7
Baumpfähle setzen und Bäume anbinden:		
Pfähle verteilen, einfluchten + einschlagen; Bäume anbinden (Plastik-Ösenlitze); Pflanzschnitt	3,00	20,0
Schneiden von jungen Apfelbuschbäumen:		
M 11; Rundkronen; Schere und Bügelsäge; Bockleiter		
Cox Orange; 3. Standjahr; 1,7 m hoch; 1,2 m ϕ	1,63	36,8
Cox Orange; 5. Standjahr; 2,2 m hoch; 1,8 m ϕ	4,08	14,7
Cox Orange; 7. Standjahr; 3,0 m hoch; 2,6 m ϕ	6,11	9,8
Schneiden von jungen Apfelhecken:		
A 2; Längskronen; Schere + Bügelsäge; Bockleiter; Bast		
Cox Orange; 2. Standjahr; 1,8 m hoch; 0,6 × 0,3 m ϕ Mitteltrieb (2 mal) + 3 Seitentriebe binden	1,66	36,1
Cox Orange; 3. Standjahr; 2,2 m hoch; 1,2 × 0,8 m ϕ 3 Seitentriebe binden	3,29	18,2
Cox Orange; 4. Standjahr; 2,7 m hoch; 1,8 × 1,0 m ϕ	4,32	13,9
Cox Orange; 5. Standjahr; 3,0 m hoch; 2,4 × 1,0 m ϕ	5,87	10,2
Cox Orange; 6. Standjahr; 3,2 m hoch; 3,0 × 1,2 m ϕ	8,41	7,1
Schneiden von tragenden Apfelbuschbäumen (15. Standjahr):		
M 11; Rundkronen; Schere + Bügelsäge; Bockleiter		
James Grieve; 3,5 m hoch; 4,0 m ϕ	11,18	5,4
Goldparmäne; 4,4 m hoch, 4,5 m ϕ	14,58	4,1
Cox Orange; 4,0 m hoch; 4,5 m ϕ	14,27	4,2
Schneiden von tragenden Apfelhecken (8. Standjahr):		
M 7; Längskronen; Schere + Bügelsäge; Bockleiter		
Cox Orange; 4,5 m hoch; 4,0 × 3,0 m ϕ	5,96	10,0
Golden Delicious; 3,5 m hoch; 3,5 × 3,6 m ϕ	6,86	8,7
Jonathan; 4,0 m hoch; 3,8 × 2,2 m ϕ	6,94	8,6

* einschl. 15 bis 20 % Neben- und Erholungszeiten

Tab. 59. (Fortsetzung). Arbeitszeitbedarfszahlen* einiger obstbaulicher Arbeiten (nach KTBL-Katalog, Landwirtschaft, Bd. 1, 1964, vereinfacht)

Arbeitselemente	Ernteleistung kg/h
Pflücken von Äpfeln (50 kg/Baum):	
Niederstamm 2–3 m hoch; 15 kg/Steige; 100% vom Boden geerntet	
Frucht ϕ 80 mm	180
Frucht ϕ 60 – 80 mm	135
Niederstamm 3–4 m hoch; 15 kg/Steige bzw. 5 kg/Korb; Ernte 60% vom Boden und 40% von Bockleiter	
Frucht ϕ 80 mm	100
Frucht ϕ 60 – 80 mm	65
Frucht ϕ 60 mm	60
Pflücken von Süßkirschen in 5-kg-Körbe:	
Hochstamm 5–6 m hoch; Ernte 100% von Anstelleiter	
Erntemenge 50 kg/Baum; 150 Früchte/kg	10,0
Erntemenge 30 kg/Baum; 150 Früchte/kg	9,0
Niederstamm 3–4 m hoch; Ernte 80% von Bockleiter + 20% vom Boden	
Erntemenge 30 kg/Baum; 150 Früchte/kg	11,0
Erntemenge 30 kg/Baum; 300 Früchte/kg	7,0
Erntemenge 20 kg/Baum; 300 Früchte/kg	6,5
Pflücken von Erdbeeren in 2,5-kg-Körbe:	
Weite Pflanzung (25000 Pfl/ha)	
60 dt/ha; 6 Erntegänge	10,0
40 dt/ha; 5 Erntegänge	7,5
Dichte Pflanzung (50000 Pfl/ha)	
100 dt/ha; 6 Erntegänge	8,0
60 dt/ha; 5 Erntegänge	7,0

* einschl. 5 bis 10% Neben- und Erholungszeiten

Aus Tagebuchaufzeichnungen gewonnene Arbeitsaufwandszahlen sind nicht als Normen für arbeitswirtschaftliche Planungen geeignet. Dazu werden Arbeitsbedarfszahlen benötigt, die durch genaue arbeitswissenschaftliche Untersuchungen (sog. Arbeitsstudien) ermittelt werden. Um so gewonnene Arbeitsnormen betriebsindividuell anwenden zu können, müssen die einzelnen Arbeiten ausführlich beschrieben sein.

Die umfangreichste deutschsprachige Quelle für Arbeitsbedarfszahlen landwirtschaftlicher und gartenbaulicher Produktionsverfahren ist die Loseblattsammlung des Kuratoriums für Technik und Bauwesen in der Landwirtschaft (KTBL): „Kalkulationsunterlagen Landwirtschaft und Gartenbau“. Leider ist diese Sammlung hinsichtlich der obstbaulichen Arbeiten noch nicht vollständig. In Tab. 59 sind einige Beispiele von obstbaulichen Arbeitsbedarfszahlen des KTBL-Kataloges zusammengestellt.

Die innerbetrieblichen Leistungen

Zwischen obstbaulichen Produktionsverfahren findet im Betrieb kein wirtschaftlich bedeutender Austausch innerbetrieblicher Leistungen statt. Dagegen spielt ein derartiger Austausch zwischen zahlreichen landwirtschaftlichen Produktionen eine wesentliche Rolle.

Zu nennen wäre als Beispiel die Verzahnung zwischen dem Anbau von Futterpflanzen und der Nutzviehhaltung. Die Erträge des Futterpflanzenanbaues können in der Regel nur innerbetrieblich mit Hilfe einer gleichzeitig betriebenen Viehhaltung verwertet, d.h. in marktfähige Leistungen umgewandelt werden. Die Erträge des Grünlandes und des Ackerfutterbaues begrenzen deshalb auch den Umfang der Viehhaltung, soweit es sich um sog. Rauhfutterfresser handelt. Schweine und Geflügel dagegen, die ebensogut mit Handelsfuttermitteln ernährt werden können, sind an keinen betriebseigenen Futterbau gebunden.

Diese Zusammenhänge werden hier nur der Vollständigkeit halber erwähnt, weil Obstbaubetriebe meist auch landwirtschaftliche Betriebszweige umfassen.

5 Betriebswirtschaftliche Kalkulationsbeispiele

Im folgenden soll an einigen Kalkulationsbeispielen gezeigt werden, wie der Obstbauer die geschilderten betriebswirtschaftlichen Zusammenhänge bei planerischen Überlegungen nutzbringend anwenden kann.

Die Durchrechnung der Beispiele erfolgt nach einem Schema, das sich an die von Weinschenck (1964) entwickelte *verbesserte Differenzrechnung* anlehnt und auch der *linearen Programmierung* zugrunde liegt, die in den USA für umfassendere Planungsaufgaben entwickelt wurde.

Das Kalkulationsschema umfaßt die folgenden Schritte:

1. Ermittlung der begrenzend wirksamen Faktorausstattung des Betriebes und deren Festkosten.
2. Festlegung der Produktionsverfahren, unter Angabe ihrer Deckungsbeiträge, Faktoransprüche und etwaigen innerbetrieblichen Verknüpfungen.
3. Kalkulation der bestmöglichen Betriebsorganisation durch schrittweise Ausdehnung der Produktionsverfahren mit hohen Deckungsbeiträgen, ausgehend von der gegenwärtigen Betriebsorganisation bzw. vom Zustand der Nichtproduktion.

Das so errechnete Ergebnis bezeichnet man als *kurzfristiges Optimum,* weil es sich auf die jeweils gegebene Faktorausstattung bezieht und jederzeit ohne Kapitalverluste neuen Bedingungen angepaßt werden kann.

Werden aber auch Änderungen der Faktorausstattung erwogen (z.B. Anschaffung von Maschinen, Einstellung von Arbeitskräften), die nicht kurzfristig rückgängig zu machen sind, dann handelt es sich um eine Kalkulation des *mittel- oder langfristigen Optimums.* Das Rechenschema muß in diesem Fall wie folgt erweitert werden:

4. Änderung der Faktorausstattung.
5. Wiederholung des Rechenganges von Punkt 3.
6. Vergleich der Veränderung des Betriebsergebnisses mit den Mehr- oder Minderkosten der geänderten Faktorausstattung.

5.1 Beispiel zur Sortimentsgestaltung

Ein vereinfachtes obstbauliches Modellbeispiel soll die Grundzüge des Kalkulationsschemas zunächst für das kurzfristige Optimum, ohne Änderung der Faktorausstattung, verdeutlichen.

Das Beispiel geht davon aus, daß ein 15 ha großer Obstbauspezialbetrieb geplant sei. Der Inhaber interessiert sich für den Apfelanbau und will die ganze Fläche auf einmal bepflanzen. Gesucht ist die Apfelsortenkombination, die im Rahmen der Gegebenheiten während der Vollertragsperiode den höchsten Gesamtgewinn bringt.

Es wird ferner angenommen, daß 2 ständige Arbeitskräfte ganzjährig und höchstens 6 zusätzliche Erntehelfer im August, September und Oktober zur Verfügung stehen. Die Maschinenkapazität reicht zur Bewältigung aller Arbeiten aus. Die Lagerkapazität bleibt außerhalb der Betrachtung, weil die Früchte sofort nach der Ernte zum Markt gebracht werden sollen.

Festlegung der Faktorausstattung

Die Faktorausstattung braucht in der Kalkulation nur soweit berücksichtigt zu werden, wie sie voraussichtlich begrenzend wirksam wird.

In diesem Beispiel treten als Begrenzungen in Erscheinung:

15 ha obstfähige Nutzfläche,
2 ständige Arbeitskräfte,
6 zusätzliche Erntehelfer von August bis Oktober.

Da die Arbeitsansprüche der in Erwägung zu ziehenden Produktionsverfahren (hier der Apfelsorten) in der Erntezeit besonders hoch sind und wesentliche Unterschiede aufweisen, genügt es, die Begrenzung der Arbeitskapazität während dieser Zeit (z. B. in Stunden pro Halbmonat) anzugeben.

Ein Mitarbeiter leistet z. B. bei täglich 8stündiger Arbeitszeit in der 5-Tage-Woche insgesamt 40 Wochenstunden. Bei Bedarf kann diese Leistung mit Hilfe von Überstunden auf 50 Wochenstunden gebracht werden. Auch die Erntehelfer sind bereit, 50 Wochenstunden zu leisten. Die voraussichtlich wirksam werdenden Begrenzungen lassen sich demnach wie folgt formulieren:

15 ha obstfähige Anbaufläche,
800 AKh/Halbmonat von Anfang September bis Ende Oktober.

Die Festkosten dieses Kalkulationsmodells sind in Tab. 60 errechnet.

Tab. 60. Festkosten des Kalkulationsmodells

	Kaufpreis DM	Zinsanspruch %	Abschreibung %	Unterhaltung %	Jährliche Festkosten DM/Jahr
1 Betriebsleiter					50 000
1 Mitarbeiter					30 000
15 ha Pacht					9 000
1 Wirtschaftsgebäude	120 000	3	4	3	12 000
1 Maschinensatz	60 000	3	10	10	14 000
zusammen					115 000

Festlegung der Produktionsverfahren

Zur Festlegung der Produktionsverfahren genügt die Angabe ihrer Deckungsbeiträge und ihrer Ansprüche an die Kapazitäten der Faktorausstattung, soweit sie begrenzend wirksam sind; in diesem Beispiel also der Ansprüche an die Nutzflächen- und Erntekapazitäten. Zur Vereinfachung des Beispiels sei angenommen, daß nur die 4 Apfelsorten 'Gravensteiner', 'Cox Orange', 'Roter Boskoop' und 'Golden Delicious' zur Debatte stehen. Die Errechnung ihrer Deckungsbeiträge ist in Tab. 61 zusammengefaßt.

Tab. 61. Errechnung der Deckungsbeiträge von 4 Apfelsorten für das Kalkulationsmodell

	Gravensteiner	Cox Orange	Roter Boskoop	Golden Delicious
Erntemenge (dt/ha)	250	200	300	350
Erzeugerpreis ab Hof (DM/dt)*	40	60	50	40
Marktleistung (DM/ha)	10 000	12 000	15 000	14 000
Abschreibung und Zins (DM/ha)**	3 200	3 200	3 200	3 200
Spritzmittel (DM/ha)	700	900	1 000	1 000
Düngemittel (DM/ha)	400	300	500	500
Spezialkosten (DM/ha)	4 300	4 400	4 700	4 700
Deckungsbeitrag (DM/ha)***	6 000	8 000	10 000	9 000

* variable Erntekosten (10,– DM/dt) sind bereits abgezogen
** 5% Abschreibung und 3% Zins (1/2 von 6%) des Obstbaumkapitals
*** auf 1 000,– DM gerundet

Abschreibung und Zinsanspruch für das Obstbaumkapital wurden als feste Spezialkosten mit 3200,– DM/ha veranschlagt. Dieser Betrag ergibt sich aus der Annahme, daß das reine Obstbaumkapital bis zum Beginn des Vollertrages (6. Standjahr) auf rund 40000,– DM/ha aufgelaufen ist und dann mit einem Zinsanspruch von 6% des halben Kapitalbetrages (= 3% des vollen Kapitalbetrages) und mit einer Abschreibung von 5% belastet werden muß.

Dieser Betrag gehört zu den variablen Spezialkosten, weil er nur für den bepflanzten Hektar auftritt. Da zu Beginn der Kalkulation nicht bekannt ist, wieviel Hektar unter den angenommenen Bedingungen überhaupt angelegt werden, kann man nicht von vornherein den Gesamtbetrieb mit den Festkosten des Obstbaumkapitals belasten.

Die Faktorausstattung des Kalkulationsmodells, die Ansprüche der geplanten Produktionen an diese Faktorausstattung und die Deckungsbeiträge der Produktionen sind in Tab. 62 zusammengefaßt. Es handelt sich um Schätzwerte, die im Interesse eines einfachen und übersichtlichen Rechenganges gerundet sind.

Innerbetrieblicher Austausch von Leistungen und Ansprüchen zwischen den vier zur Auswahl stehenden Produktionen brauchte nicht angenommen zu werden.

Tab. 62. Faktorausstattung, Faktoransprüche und Deckungsbeiträge im Kalkulationsmodell

Faktorausstattung	Faktoransprüche der Produktionen je ha			
	Gravensteiner	Cox Orange	Roter Boskoop	Golden Delicious
Anbaufläche - 15 ha	1	1	1	1
Arbeit Aug. 2 - 200 AKh	150	10	10	10
Arbeit Sept. 1 - 800 AKh	50	50	10	10
Arbeit Sept. 2 - 800 AKh	–	150	100	10
Arbeit Okt. 1 - 800 AKh	–	–	150	50
Arbeit Okt. 2 - 800 AKh	–	–	–	200
Arbeit Nov. 1 - 200 AKh	10	10	10	10
Deckungsbeitrag - DM	6 000	8 000	10 000	9 000

Ablauf der Kalkulation

Die Kalkulation der optimalen Sortenkombination geht in diesem Modellbeispiel vom Zustand der Nichtproduktion aus; das heißt, daß die begrenzende Faktorausstattung zunächst als ungenutzt gilt (Spalte „Ohne Produktion" in Tab. 63).

Der **1. Kalkulationsschritt** besteht aus der Auswahl des Produktionsverfahrens (Sorte), das die größte Erhöhung des Gesamtdeckungsbeitrages verspricht. Nach Tab. 62 scheint das der 'Rote Boskoop' mit einem Deckungsbeitrag von 10 000,– DM/ha zu sein. Könnte man alle 15 ha mit dieser Sorte aufpflanzen, so wäre ein Gesamtdeckungsbeitrag von 15 ha × 10 000,– DM/ha = 150 000,– DM jährlich zu erzielen.

Es zeigt sich bei Gegenüberstellung der Faktorausstattung mit den Faktoransprüchen aber sehr rasch, daß die Arbeitskapazität in der 1. Oktoberhälfte (Oktober 1) von 800 AKh nicht ausreicht, um 15 ha 'Roter Boskoop' anzubauen, denn für 1 ha werden in dieser Zeitspanne 150 Stunden benötigt. Die Oktober-1-Arbeitskapazität gestattet demnach nur einen Anbau von:

$$\frac{800 \text{ Std. (Okt. 1)}}{150 \text{ Std. (Okt. 1)/ha}} = 5{,}3 \text{ ha 'Roter Boskoop'.}$$

Damit kann ein Gesamtdeckungsbeitrag von 5,3 ha × 10 000,– DM/ha = 53 000,– DM erzielt werden.

Schaut man sich in Tab. 62 die anderen Sorten daraufhin an, welchen maximalen Anbauumfang und Deckungsbeitrag sie erreichen, so zeigt sich, daß 'Cox Orange' in dieser Rechnung schlechter abschneidet. Der Ernteaufwand von 150 Std./ha im September 1 gestattet zwar, wie beim Boskoop, maximal den Anbau von:

$$\frac{800 \text{ Std. (Sept. 1)}}{150 \text{ Std. (Sept. 1)/ha}} = 5{,}3 \text{ ha 'Cox Orange'.}$$

Der Gesamtdeckungsbeitrag beträgt in diesem Falle aber nur 5,3 ha × 8000,– DM/ha = 42 400,– DM. Er ist also etwas kleiner als der von 5,3 ha 'Roter Boskoop'.

Tab. 63. Rechengang im Kalkulationsmodell*

		Ohne Prod.	1. Schritt (+ Boskoop)	2. Schritt (+ Golden - Boskoop)	3. Schritt (+ Cox)	4. Schritt (+ Gravensteiner)
Betriebsorganisation						
Gravensteiner	- ha	0	= 0	= 0	= 0	+ 0,6 = 0,6
Cox Orange	- ha	0	= 0	= 0	+ 2,4 = 2,4	= 2,4
Roter Boskoop	- ha	0	+ 5,3 = 5,3	- 1,3 = 4	= 4	= 4
Golden Delicious	- ha	0	= 0	+ 4 = 4	= 4	= 4
Freie Kapazitäten						
Obstfläche	- ha	15	- 5,3 = 9,7	- 4 + 1,3 = 7	- 2,4 = 4,6	- 0,6 = 4
Arb. Aug. 2	- AKh	200	- 53 = 147	- 40 + 13 = 120	- 24 = 96	- 96 = 0
Arb. Sept. 1	- AKh	800	- 53 = 747	- 40 + 13 = 720	-120 = 600	- 30 = 570
Arb. Sept. 2	- AKh	800	-530 = 270	- 40 + 130 = 360	-360 = 0	- 0 = 0
Arb. Okt. 1	- AKh	800	-800 = 0	-200 + 200 = 0	- 0 = 0	- 0 = 0
Arb. Okt. 2	- AKh	800	- 0 = 800	-800 + 0 = 0	- 0 = 0	- 0 = 0
Arb. Nov. 1	- AKh	200	- 53 = 147	- 40 + 13 = 120	- 24 = 96	- 6 = 90
Deckungsbeitrag - 1000 DM		0	+ 53,0 = 53,0	+ 36 - 13,0 = 76,0	+ 19,2 = 95,2	+ 3,6 = 98,8

* in Anlehnung an WEINSCHENCK (1964) und BRANDES (1974)

Für 'Golden Delicious' ergibt die gleiche Rechnung:

$$\frac{800 \text{ Std. (Okt. 2)}}{200 \text{ Std. (Okt. 2)/ha}} = 4{,}0 \text{ ha} \times 9000{,}\text{– DM/ha} = 36\,000{,}\text{– DM.}$$

Für 'Gravensteiner' lautet sie:

$$\frac{200 \text{ Std. (Aug. 2)}}{150 \text{ Std. (Aug. 2)/ha}} = 1{,}3 \text{ ha} \times 6000{,}\text{– DM/ha} = 7800{,}\text{– DM.}$$

Als Ergebnis des 1. Kalkulationsschrittes werden deshalb zunächst nur 5,3 ha 'Roter Boskoop' in die Betriebsorganisation des Kalkulationsmodells eingeführt. In der Kalkulationstabelle ist diese Maßnahme in den beiden Spalten „1. Schritt" eingetragen. Weiter unten sind in der gleichen Spalte die Veränderungen der freien Kapazitäten und des Gesamtdeckungsbeitrages errechnet. Für die weitere Kalkulation sind danach noch die folgenden Kapazitäten frei:

9,7 ha Nutzfläche,
147 Stunden im August 2,
747 Stunden im September 1,
270 Stunden im September 2,
800 Stunden im Oktober 2,
147 Stunden im November 1.

Im Oktober 1 ist die Arbeitskapazität bereits restlos ausgelastet. Der Gesamtdeckungsbeitrag beläuft sich auf 53 000,– DM. Er reicht aber bei weitem noch nicht zur Deckung der Festkosten des Modells in Höhe von 110 000,– DM jährlich aus.

Der **2. Kalkulationsschritt** geht davon aus, daß von den 3 noch nicht berücksichtigten Sorten 'Golden Delicious' nach Tab. 62 den höchsten Deckungsbeitrag je ha verspricht, aber zugleich an die bereits restlos vergebene Oktober-1-Arbeit Ansprüche stellt. Das bedeutet, daß zum Anbau von 'Golden Delicious' erst durch eine Verringerung des Boskoop-Anbaus wieder Oktober-1-Arbeit freigemacht werden muß.

Laut Tab. 62 setzt 1 ha aufgegebener Boskoop-Anbau 150 Stunden im Oktober 1 frei. Da der 'Golden Delicious' im Oktober 1 aber nur 50 Stunden je ha braucht, können für die Einschränkung von 'Roter Boskoop' um 1 ha:

$$\frac{150}{50} = 3 \text{ ha 'Golden Delicious'}$$

angebaut werden. Oder umgekehrt ausgedrückt: Für die Ausweitung von 'Golden Delicious' um 1 ha (wofür man 50 Oktober-1-Stunden braucht) ist die Einschränkung von 'Roter Boskoop' um $^1/_3$ ha nötig (wodurch man die benötigten 50 Wochenstunden im Oktober 1 gewinnt).

Das hat jedoch sog. Nutzungkosten zur Folge, denn die Einschränkung von 'Roter Boskoop' um $^1/_3$ ha mindert den Gesamtdeckungsbeitrag um:

$$^1/_3 \text{ ha} \times 10\,000{,}\text{– DM/ha} = 3300{,}\text{– DM.}$$

Maximal können von 'Golden Delicious', wie wir zu Beginn des 1. Kalkulationsschrittes bereits errechneten, 4 ha angebaut werden. Einen größeren Anbau verhindert die Arbeitskapazität im Oktober 2. Für diese 4 ha 'Golden Delicious' müssen aber 4 × 0,33 = 1,3 ha 'Roter Boskoop' weniger angebaut werden. Die Änderungen, die sich daraus ergeben, sind in den drei Spalten „2. Schritt" der Kalkulationstabelle errechnet.

Dabei wurden die Faktoransprüche der Sorte 'Golden Delicious' aus der Anfangstabelle mit 4 ha malgenommen und von den noch vorhandenen freien Kapazitäten abgezogen, während umgekehrt die Faktoransprüche von 'Roter Boskoop' mit 1,3 ha malgenommen und den freien Kapazitäten hinzugerechnet wurden. Auf entsprechende Weise ergaben sich der hinzuzuzählende Golden-Delicious-Deckungsbeitrag und der abzuziehende Boskoop-Deckungsbeitrag.

Das Ergebnis des 2. Kalkulationsschrittes ist ein Anbau von:
4 ha 'Roter Boskoop',
4 ha 'Golden Delicious'.

Folgende Kapazitäten sind noch frei:
7 ha Nutzfläche,
120 Stunden im August 2,
720 Stunden im September 1,
360 Stunden im September 2,
120 Stunden im November 1.

Die Arbeitskapazitäten im Oktober 1 und 2 sind vollständig ausgelastet. Der Gesamtdeckungsbeitrag verbessert sich von 53 000,– DM auf 76 000,– DM, wodurch aber die jährlichen Festkosten des Modells von 110 000,– DM immer noch nicht gedeckt werden können.

Der **3. Kalkulationsschritt** untersucht die Möglichkeiten des Anbaues der bisher unberücksichtigt gebliebenen Sorten 'Gravensteiner' und 'Cox Orange'.

Laut Tab. 62 liefert 'Cox Orange' in unserem Kalkulationsmodell einen höheren Deckungsbeitrag als 'Gravensteiner'. 'Cox Orange' benötigt vor allem September-2-Arbeit für die Ernte. Davon sind noch 360 Stunden verfügbar, die einen Anbau von

$$\frac{360}{150} = 2{,}4 \text{ ha 'Cox Orange'}$$

ermöglichen. Dieser Anbau macht keine Verdrängung der schon zum Anbau vorgesehenen Sorten nötig. Die kalkulatorischen Veränderungen sind in den beiden Spalten „3. Schritt" von Tab. 63 errechnet. Das Ergebnis nach diesem 3. Schritt ist insgesamt ein Anbau von:
2,4 ha 'Cox Orange',
4 ha 'Roter Boskoop',
4 ha 'Golden Delicious'.

An Kapazitäten sind noch frei:
4,6 ha Nutzfläche,
96 Stunden im August 2,
600 Stunden im September 1,
96 Stunden im November 1.

Die Arbeitskapazitäten im September 2, sowie im Oktober 1 und 2 sind voll ausgelastet. Der Deckungsbeitrag hat eine Höhe von 95 200,– DM erreicht.

Im **4. Kalkulationsschritt** wird geprüft, ob und in welchem Umfang 'Gravensteiner' unter den angenommenen Voraussetzungen in die Produktion aufgenommen werden kann. Die noch verfügbaren 96 Stunden im August 2 begrenzen seinen Anbau auf

$$\frac{96}{150} = 0{,}6 \text{ ha 'Gravensteiner'}.$$

Nach diesem 4. Schritt sieht das Kalkulationsmodell in Tab. 63 folgenden Anbau vor:
0,6 ha 'Gravensteiner',
2,4 ha 'Cox Orange',
4,0 ha 'Roter Boskoop',
4,0 ha 'Golden Delicious'.

Die restlichen Kapazitäten sind:
4 ha Nutzfläche,
570 Stunden im September 1,
90 Stunden im November 1.

Alle anderen verfügbaren Kapazitäten sind ausgelastet. Der gesamte Deckungsbeitrag des Modells ist auf 98 800,– DM angestiegen. Es fehlen noch 11 200,– DM bis zur vollen Deckung der Fixkosten und damit zum Übergang in die Gewinnzone.

Eine weitere Verbesserung des Betriebsergebnisses ist im Rahmen der gegebenen Faktorausstattung des Kalkulationsmodells nicht mehr möglich. Jede Ausdehnung der ins Anbausortiment bereits aufgenommenen Sorten stößt an eine Kapazitätsgrenze. Um den Rahmen dieses Beispiels der kurzfristigen Planung nicht zu sprengen, soll hier darauf verzichtet werden, noch weitere Sorten oder andere Kulturen durchzurechnen.

Nur die Vergrößerung der Faktorausstattung des Betriebsmodells bietet somit Aussichten auf eine weitere Steigerung des Gesamtdeckungsbeitrages. Damit wird der Bereich der kurzfristigen Planung verlassen, die sich an den gegebenen Betriebsrahmen hält.

5.2 Beispiel zur Planung des Arbeitskräftebesatzes

Um ein einfaches Beispiel für die mittelfristige Planung zu geben, soll die Faktorausstattung des bisherigen Kalkulationsmodells etwas erweitert werden.

Wir möchten zunächst wissen, ob es sich lohnt, einen weiteren Erntehelfer für die zweite Hälfte des Monats August zu engagieren. Dadurch erhöht sich die Arbeitskapazität unseres Betriebsmodells im August 2 von 200 auf 300 Stunden. Wir können mit dem Rechengang unseres nächsten Kalkulationsbeispiels in Tab. 64 dort anfangen, wo wir im vorigen Kapitel aufgehört haben, nämlich nach dem „4. Schritt" in Tab. 63 und brauchen dort nur die zusätzlich gewonnenen 100 Stunden im August 2 einzutragen (Ausgangssituation A in Tab. 64).

Die zusätzliche Verfügbarkeit von 100 Stunden im August 2 gestattet eine weitere Ausdehnung des Anbaues von 'Gravensteiner' um:

$$\frac{100\,\text{Std. (Aug. 2)}}{150\,\text{Std. (Aug. 2)/ha}} = 0{,}7\,\text{ha}$$

Die anderen Sorten unseres Modells stellen im August 2 keinen Erntearbeitsanspruch und kommen deshalb nicht in Betracht.

Mit diesem **5. Kalkulationsschritt** wurde die um einen Erntehelfer im August 2 erweiterte Arbeitskapazität vollständig in Anspruch genommen. Das Sortiment änderte sich bei gleichzeitiger Vergrößerung der Anbaufläche um 0,7 ha auf 11,7 ha wie folgt:
1,3 ha 'Gravensteiner',
2,4 ha 'Cox Orange',
4,0 ha 'Roter Boskoop',
4,0 ha 'Golden Delicious'.

Gegenüber dem 4. Kalkulationsschritt konnte der Gesamtdeckungsbeitrag von 98 800,– DM um 4000,– DM auf 102 800,– DM gesteigert werden. Die gesamten

Tab. 64. Fortsetzung der Modellkalkulation mit schrittweiser Erweiterung der Arbeitskapazität im August

	Ausgangssituation A*	5. Schritt (+ Gravensteiner)		Ausgangssituation B**	6. Schritt (+ Gravensteiner)	
Betriebsorganisation						
Gravensteiner – ha	0,6	+ 0,7 =	1,3	1,3	+ 3,3 =	4,6
Cox Orange – ha	2,4	=	2,4	2,4	=	2,4
Roter Boskoop – ha	4,0	=	4,0	4,0	=	4,0
Golden Delicious – ha	4,0	=	4,0	4,0	=	4,0
Freie Kapazitäten						
Obstfläche – ha	4,0	– 0,7 =	3,3	3,3	– 3,3 =	0
Arbeit Aug. 2 – AKh	**100**	–100 =	0	**500**	–495 =	5
Arbeit Sept. 1 – AKh	570	– 33 =	537	537	–165 =	372
Arbeit Sept. 2 – AKh	0	– 0 =	0	0	=	0
Arbeit Okt. 1 – AKh	0	– 0 =	0	0	=	0
Arbeit Okt. 2 – AKh	0	– 0 =	0	0	=	0
Arbeit Nov. 1 – AKh	90	– 7 =	83	90	– 33 =	57
Deckungsbeitrag – 1000 DM	98,8	+ 4,0 =	102,8	102,8	+ 19,8 =	122,6

* entspricht Ende 4. Schnitt in Tab. 63, zuzüglich 1 Erntehelfer = 100 AKh im August 2

** nach 5. Schritt, zuzüglich 5 weitere Erntehelfer = 500 AKh im August 2

Festkosten unseres Betriebsmodells von 110000,– DM im Jahr sind noch nicht voll gedeckt.

Da die Einstellung des zusätzlichen Erntehelfers im August 2 unter den Bedingungen dieses Kalkulationsbeispiels den Deckungsbeitrag um 4000,– DM erhöhte, wird man versuchen, noch weitere Helfer zu den gleichen Bedingungen einzustellen. Das ist solange möglich, bis schließlich entweder die verfügbare Nutzfläche oder die Arbeitsstunden im September 1 oder im November 1 vollständig in Anspruch genommen sind (Tab. 65).

Die engste Grenze wird hier durch die noch verfügbare Obstfläche (3,3 ha) gesetzt. Sie gestattet den nutzbringenden Einsatz von 5 (genau 4,9) weiteren Erntehelfern im August 2 (Ausgangssituation B in Tab. 64).

In Tab. 64 wird nun der **6. Kalkulationsschritt** des Modells durchgerechnet. 'Gravensteiner' nimmt die noch verfügbaren 3,3 ha Nutzfläche voll in Anspruch und ebenso die um 500 Stunden aufgestockte Arbeitskapazität in der 2. Augusthälfte. Die ebenfalls noch verfügbaren Arbeitskapazitäten in der ersten September- und ersten November-

Tab. 65. Errechnung der im August 2 maximal zusätzlich benötigten Erntehelfer

	noch verfügb. Kapazitäten	je zus. Ernteh. im Aug. 2 sind nötig	geht maximal wie oft?
Obstfläche	3,3	0,67	4,9 mal
Arbeit Sept. 1	537	100	5,4 mal
Arbeit Nov. 1	83	6,67	12,4 mal

hälfte werden nur mäßig beansprucht. Der Deckungsbeitrag des Modells erhöht sich um 19800,– DM auf insgesamt 122600,– DM. Die jährlichen Festkosten in Höhe von 110000,– DM werden damit voll abgedeckt, und es verbleibt ein Gewinn in Höhe von 12600,– DM.

5.3 Beispiel zur Wirtschaftlichkeit von Obstanlagen

Neben Planungsrechnungen, die sich mit der bestmöglichen Einpassung des Obstbaues in die Faktorausstattung eines Betriebes oder mit der zweckmäßigen Abwandlung dieser Faktorausstattung befassen, ist für den Obstbauer die Berechnung der Wirtschaftlichkeit seiner Obstpflanzungen von besonderem Interesse.

Vom Standpunkt des Betriebsinhabers ist eine Obstpflanzung ein Investitionsobjekt, das während seiner gesamten Lebensdauer Aufwendungen erfordert und vom Beginn der Ertragsfähigkeit ab dafür Erträge einbringt. Soll sich der gesamte Ausgabenstrom, der im Laufe der Zeit aus der Tasche des Obsterzeugers in die Pflanzung fließt, gelohnt haben, so muß der Einnahmenstrom, der aus der Pflanzung schließlich in seinen Geldbeutel zurückfließt, insgesamt gesehen größer sein.

Um diese Forderung nachzuprüfen, genügt es nicht, einfach sämtliche Ausgaben, die eine Obstpflanzung im Laufe ihres Lebens verursachte, zusammenzuzählen und diesen Betrag der Summe aller Einnahmen gegenüberzustellen.

Ein Geldbetrag, der heute in eine Obstpflanzung hineingesteckt wird, ist nämlich mehr wert als der gleiche Betrag, der erst nach etlichen Jahren wieder als Einnahme herauskommt. Das liegt an den Zinsen oder sonstigen Erträgen, die der Geldbetrag bei anderweitiger Verwendung bis dahin schon hätte einbringen können.

Man kann deshalb z.B. einen nach 10 Jahren erzielbaren Erlösbetrag nur dann mit dem dafür heute aufgewendeten Kostenbetrag vergleichen:

a) Wenn man entweder den heutigen Betrag um die im Verlaufe der 10 Jahre anfallenden Zinsen und Zinseszinsen erhöht (aufzinst),
b) oder wenn man den nach 10 Jahren erzielbaren Betrag auf seinen heutigen Kapitalwert (Gegenwartswert) abzinst (diskontiert).

Ein einfaches Beispiel soll diesen Zusammenhang verdeutlichen:

Bei einem Zinssatz von 6% würden 100,– DM in einem Jahr auf 106,– DM anwachsen (aufzinsen), sofern man sie zur Bank bringt. Umgekehrt hätten 106,– DM, die ein Obstbauer im nächsten Jahr einnimmt, heute nur einen diskontierten Kapitalwert von 100,– DM.

Stehen sich die Kosten und Erlöse einer Investition in der Form von zahlreichen Einzelbeträgen gegenüber, die im Verlaufe mehrerer Jahre anfallen, so kann man auch diese nur dann miteinander vergleichen, wenn man alle Einzelposten der Kosten- und

Tab. 66. Beispiel für den Ausgabenstrom einer 4 ha großen Apfelanlage und seine Diskontierung auf den Gegenwartswert (Kalkulationszins 6%)

Standjahr	Investition	Ausgaben DM/J.	Diskontierungsfaktor	Gegenwartswert DM/J.
(1)	(2)	(3)	(4)	(5)
0	4 ha Apfelpflanzung	50 000	1,0000	50 000
0	Maschinen	60 000	1,0000	60 000
1	Pflege und Unterhaltung	10 000	0,9434	9 434
2	,,	10 000	0,8900	8 900
3	,,	10 000	0,8396	8 396
4	,,	10 000	0,7921	7 921
5	,,	10 000	0,7473	7 473
6	,,	10 000	0,7050	7 050
6	Erneuerung kurzlebiger Maschinen	6 000	0,7050	4 230
7	Pflege und Unterhaltung	10 000	0,6651	6 651
8	,,	10 000	0,6274	6 274
9	,,	10 000	0,5919	5 919
10	,,	10 000	0,5584	5 584
11	,,	10 000	0,5268	5 268
12	,,	10 000	0,4970	4 970
12	Erneuerung kurzlebiger Maschinen	6 000	0,4970	2 982
12	Erneuerung langlebiger Maschinen	40 000	0,4970	19 880
13	Pflege und Unterhaltung	10 000	0,4688	4 688
14	,,	10 000	0,4423	4 423
15	,,	10 000	0,4173	4 173
16	,,	10 000	0,3936	3 936
17	,,	10 000	0,3714	3 714
18	,,	10 000	0,3503	3 503
18	Erneuerung kurzlebiger Maschinen	6 000	0,3503	2 102
19	Pflege und Unterhaltung	10 000	0,3305	3 305
20	,,	10 000	0,3118	3 118
21	,,	10 000	0,2942	2 942
22	,,	10 000	0,2775	2 775
23	,,	10 000	0,2618	2 618
24	,,	10 000	0,2470	2 470
25	,,	10 000	0,2330	2 330
25	Rodung	3 000	0,2330	699
	Summen	421 000	-	267 728

der Erlösreihe auf- oder abzinst und die Summen der so errechneten Kapitalwerte beider Reihen miteinander vergleicht.

Um die Wirtschaftlichkeit einer Obstpflanzung richtig beurteilen zu können, muß man also sämtliche bis zur Rodung der Anlage anfallenden Kosten und Leistungen, entweder auf das Rodungsjahr aufgezinst oder auf das Pflanzjahr abgezinst, zusammenzählen und miteinander vergleichen. Natürlich kann man in einem gemischten Betrieb dem Obstbau dabei nur die von ihm verursachten Spezialkosten anlasten und seinen Leistungen gegenüberstellen.

Das folgende Kalkulationsbeispiel demonstriert den Verlauf der so berechneten Wirtschaftlichkeit einer 4 ha großen Apfelpflanzung. Es handelt sich dabei, wie bei den anderen Kalkulationsbeispielen auch, um ein Zahlenmodell, dessen Unterstellungen und Ergebnisse nicht verallgemeinert werden können. Das Modell soll nur den Rechengang zeigen und dazu anregen, ähnliche Berechnungen mit Zahlen aus dem eigenen Betrieb anzustellen.

Tab. 67. Beispiel für den Einnahmenstrom einer 4 ha großen Apfelanlage und seine Diskontierung auf den Gegenwartswert (Kalkulationszins 6%)

Standjahr	Ernteerwartung dt/ha	Ernteerwartung dt/4 ha	Einnahmeerwartung* DM/J.	Diskontierungsfaktor	Gegenwartswerte DM/J.
(1)	(2)	(3)	(4)	(5)	(6)
1. – 3.	–	–	–	–	–
4.	50	200	6 000	0,7921	4 753
5.	80	320	9 600	0,7473	7 174
6.	150	600	18 000	0,7050	12 690
7.	250	1 000	30 000	0,6651	19 953
8.	300	1 200	36 000	0,6274	22 586
9.	300	1 200	36 000	0,5919	21 308
10.	300	1 200	36 000	0,5584	20 102
11.	300	1 200	36 000	0,5268	18 965
12.	300	1 200	36 000	0,4970	17 892
13.	300	1 200	36 000	0,4688	16 877
14.	300	1 200	36 000	0,4423	15 923
15.	300	1 200	36 000	0,4173	15 023
16.	290	1 160	34 800	0,3936	13 697
17.	280	1 120	33 600	0,3714	12 479
18.	270	1 080	32 400	0,3503	11 350
19.	260	1 040	31 200	0,3305	10 312
20.	250	1 000	30 000	0,3118	9 354
21.	230	920	27 600	0,2942	8 120
22.	200	800	24 000	0,2775	6 660
23.	160	640	19 200	0,2618	5 027
24.	110	440	13 200	0,2470	3 260
25.	50	200	6 000	0,2330	1 398
Summen	5 030	20 120	603 600	–	274 903

* Netto-Marktleistungen bei einem erntelohnfreien Erlös von 30,– DM/dt

Tab. 68. Verlauf der Wirtschaftlichkeit während der Standzeit einer 4 ha großen Apfelanlage

Standjahr	Kumulation der **nicht** diskontierten			Kumulation der **diskontierten**			Zonen der Wirtschaftlichkeit
	Einnahmen (+)	Ausgaben* (–)	Deckungsbeiträge (+/–)	Einnahmen (+)	Ausgaben* (–)	Deckungsbeiträge (+/–)	
(1)	(2)	(3)	(4)	(5)	(6)	(7)	(8)
0	–	113 000	–113 000	–	113 000	–113 000	unwirtschaftlich
1	–	123 000	–123 000	–	122 264	–122 264	
2	–	133 000	–133 000	–	131 004	–131 004	
3	–	143 000	–143 000	–	139 249	–139 249	
4	6 000	153 000	–147 000	4 753	147 027	–142 274	
5	15 600	163 000	–147 400	11 927	154 366	–142 439	
6	33 600	179 000	–145 400	24 617	165 520	–140 903	
7	63 600	189 000	–125 400	44 570	172 050	–127 480	
8	99 600	199 000	– 99 400	67 156	178 211	–111 055	
9	135 600	209 000	– 73 400	88 464	184 024	– 95 560	
10	171 600	219 000	– 47 400	108 566	189 507	– 80 941	
11	207 600	229 000	– 21 400	127 531	194 680	– 67 149	
12	243 600	285 000	– 41 400	145 423	222 423	– 77 000	
13	279 600	295 000	– 15 400	162 300	227 026	– 64 726	
14	315 600	305 000	+ **10 600**	178 223	231 370	– 53 147	scheinbar wirtschaftlich
15	351 600	315 000	+ 36 600	193 246	235 468	– 42 222	
16	386 400	325 000	+ 61 400	206 943	239 333	– 32 390	
17	420 000	335 000	+ 85 000	219 422	242 980	– 23 558	
18	452 400	351 000	+101 400	230 772	248 522	– 17 750	
19	483 600	361 000	+122 600	241 084	251 768	– 10 684	
20	513 600	371 000	+142 600	250 438	254 829	– 4 391	
21	541 200	381 000	+160 200	258 558	257 719	+ **839**	wirtschaftlich
22	565 200	391 000	+174 200	265 218	260 444	+ 4 774	
23	584 400	401 000	+183 400	270 245	263 014	+ 7 231	
24	597 600	411 000	+186 600	273 505	265 440	+ 8 065	
25	603 600	421 000	+182 600	274 903	267 728	+ 7 175	

* incl. 3 000,– DM Rodeausgaben vom 1. Jahr an

In Tab. 66 ist der Ausgabenstrom dargestellt, der im Verlaufe der 25jährigen Standzeit einer 4 ha großen Apfelpflanzung anfallen könnte. Die Ausgabenbeträge der einzelnen Jahre (Spalte 3) sind mit den aus einem Kalkulationszins von 6% resultierenden Diskontierungsfaktoren (Spalte 4) malgenommen. Die so errechneten Gegenwartswerte (Spalte 5) ergeben zusammen einen Betrag von 267728,– DM, während die nominale Summe aller in den 25 Jahren investierten Beträge 421 000,– DM beträgt.

Um beurteilen zu können, ob und wie lange die Anlage für den betreffenden Bauern lohnend ist, muß man für die Einnahmeerwartungen ebenfalls die Gegenwartswerte errechnen. Diese Rechnung ist für einen bestimmten Ernteverlauf und eine erntelohnfreie Erlöserwartung von 30,– DM/dt in Tab. 67 durchgeführt.

Die auf die Gegenwart diskontierte Kapitalsumme aller Einnahmen, die bis zum

Tab. 69. Optimale Bewirtschaftungsdauer einer 4 ha großen Apfelpflanzung

Standjahr	**Nicht** diskontierte Deckungsbeiträge		**Diskontierte** Deckungsbeiträge		
	kumuliert	jährl. ∅	kumuliert	Wiedergew.-faktoren	jährl. ∅
(1)	(2)	(3)	(4)	(5)	(6)
1	-123 000	-123 000	-122 264	1,06000	-129 600
2	-133 000	- 66 500	-131 004	0,54544	- 71 455
3	-143 000	- 47 667	-139 249	0,37411	- 52 094
4	-147 000	- 36 750	-142 274	0,28859	- 41 059
5	-147 400	- 29 480	-142 439	0,23740	- 33 815
6	-145 400	- 24 233	-140 903	0,20336	- 28 654
7	-125 400	- 17 914	-127 480	0,17914	- 22 837
8	- 99 400	- 12 425	-111 055	0,16104	- 17 884
9	- 73 400	- 8 156	- 95 560	0,14702	- 14 049
10	- 47 400	- 4 740	- 80 941	0,13587	- 10 997
11	- 21 400	- 1 945	- 67 149	0,12679	- 8 514
12	- 41 400	- 3 450	- 77 000	0,11928	- 9 185
13	- 15 400	- 1 185	- 64 726	0,11296	- 7 311
14	+ 10 600	+ 757	- 53 147	0,10758	- 5 718
15	+ 36 600	+ 2 440	- 42 222	0,10296	- 4 347
16	+ 61 400	+ 3 990	- 32 390	0,09895	- 3 205
17	+ 85 000	+ 5 000	- 23 558	0,09544	- 2 248
18	+101 400	+ 5 633	- 17 750	0,09236	- 1 639
19	+122 600	+ 6 453	- 10 684	0,08962	- 958
20	+142 600	+ 7 130	- 4 391	0,08718	- 383
21	+160 200	+ 7 629	+ 839	0,08500	+ 71
22	+174 200	+ 7 918	+ 4 774	0,08305	+ 396
23	+183 400	**+ 7 974**	+ 7 231	0,08128	+ 588
24	+186 600	+ 7 775	+ 8 065	0,07968	**+ 643**
25	+182 600	+ 7 304	+ 7 175	0,07823	+ 561

Ende des 25. Standjahres anfallen, beträgt 274903,– DM. Demgegenüber erreicht die nominale Summe den erheblich höheren Betrag von 603600,– DM.

Die Gegenüberstellung der Einnahmen- und Ausgabenströme unseres Modellbeispiels erfolgt in kumulierter Form in Tab. 68. Dabei sind bei den Ausgabesummen in den Spalten 3 und 6 in jedem Standjahr 3000,– DM als Rodekosten berücksichtigt, die bei vorzeitigem Abgang der Pflanzung aufzuwenden wären.

Errechnet man aus den nicht diskontierten Einnahmen und Ausgaben für jedes Standjahr die bis dahin aufgelaufenen (kumulierten) Deckungsbeiträge, so würde unser Modell ab dem 14. Standjahr scheinbar in die Zone der Wirtschaftlichkeit gelangen. Daß dem nicht so ist, zeigt die in den Spalten 5 bis 7 vorgenommene Netto-Überschußrechnung mit diskontierten Einnahme- und Ausgabereihen. Hier ist eine Wirtschaftlichkeit der Investitionen erst ab dem 21. Standjahr ausgewiesen.

Um den Zeitpunkt der optimalen Wirtschaftlichkeit sichtbar zu machen, sind in Tab. 69 schließlich die Ertragszunahmen von Jahr zu Jahr und daneben die in dem jeweiligen Jahr insgesamt erreichten durchschnittlichen Deckungsbeiträge – einmal nominal und einmal diskontiert – zusammengestellt. Die jährlichen Durchschnittswerte der diskontierten Deckungsbeiträge errechnen sich durch Malnehmen der bis zum jeweiligen Jahr aufgesummten diskontierten Beträge mit sog. „Wiedergewinnungsfaktoren", die wie die Diskontierungsfaktoren für jeden gebräuchlichen Zinssatz und jede Laufzeit aus einschlägigen Tabellenwerten entnommen werden können; u.a. aus SCHNEIDER: Wirtschaftlichkeitsrechnung (1957).

Unser Modellbeispiel weist im 23. Standjahr mit nominal 7974,– DM und im 24. Standjahr mit diskontiert 643,– DM die höchsten durchschnittlichen Deckungsbeiträge aus. Danach gehen diese Mittelwerte wieder zurück. Aus theoretischer Sicht würde das bedeuten, daß im 25. Standjahr die Pflanzung unseres Beispiels zu roden und durch eine gleichwertige zu ersetzen wäre.

In der Praxis jedoch muß man nach der beschriebenen Methode ebenfalls den durchschnittlichen jährlichen diskontierten Deckungsbeitrag der Ersatzpflanzung berechnen und prüfen, ob dieser größer ist, als der jährlich noch zu erzielende Netto-Überschuß aus der alten Anlage. Dabei werden der alten Anlage nur die wirklich anfallenden laufenden Kosten in Rechnung gestellt, die bei einer Rodung eingespart werden können.

Sind die durchschnittlichen diskontierten Deckungsbeiträge einer Neupflanzung größer, dann ist es Zeit, die alte Anlage zu ersetzen. Wenn aber aus der Altanlage noch für einige Jahre höhere Netto-Überschüsse zu erwirtschaften sind, dann sollte man sie vorerst stehen lassen.

Der Obstmarkt

Der Wirtschaftserfolg des Obstbaues hängt nicht nur von den Erträgen und Aufwendungen ab, die der Obstbauer in seinem Betrieb durch Können und Fleiß selbst beeinflussen kann. Die Preise, die am Markt beim Verkauf der Früchte erlöst oder für den Einkauf von Betriebsmitteln ausgegeben werden, gehen gleichermaßen in die Erfolgsrechnung ein. Auf ihre Höhe jedoch hat der einzelne Obstbauer keinen direkten Einfluß. Mit ihm zusammen bieten zahllose Kollegen aus vielen Anbaugebieten als Konkurrenten ihre Früchte an. Auf der anderen Seite des Marktes stehen ihm Handel und Verbraucher sowie die Lieferanten seiner Betriebsmittel als Kontrahenten gegenüber.

In einem Kräftespiel zwischen Konkurrenten und Kontrahenten, zwischen Angebot und Nachfrage, in dem jeder die für ihn günstigsten Preise zu realisieren versucht, vollzieht sich die für das Wirtschaftsergebnis so wichtige Preisbildung automatisch und unabhängig von den Wünschen des einzelnen Obsterzeugers.

Der Obstbauer befindet sich somit auf dem Markt in der Rolle eines „Mengenanpassers", der seine Produktion und seine Angebotsmengen den sich ständig ändernden Marktpreisen anpassen muß. Um in dieser Rolle den Marktkräften nicht als hilfloser Spielball ausgeliefert zu sein, ist es sinnvoll, die Aufgaben (Funktionen), Einrichtungen (Institutionen) und Kräfte des Marktes, sowie deren Gesetzmäßigkeiten näher kennenzulernen und den Marktablauf ständig zu beobachten.

1 Die Aufgaben des Marktes

Moderne Volkswirtschaften sind dem Urzustand einer auf Selbstversorgung ausgerichteten Ansammlung von einzelnen Hauswirtschaften (à la Robinson) längst entwachsen und zu arbeitsteiligen Marktwirtschaften geworden.

Aus einem anfangs nur langsam fortschreitenden Prozeß handwerklicher Spezialisierung entwickelte sich in der Neuzeit mit wachsendem Tempo die industrielle Massenproduktion, die auf große Käufermassen angewiesen ist. Produzenten und Konsumenten sind im Zuge dieser Entwicklung immer weiter auseinandergerückt. Aus der Bestellproduktion handwerklicher Betriebe wurde die Vorratsproduktion großer Industrien, deren Absatz auf das Funktionieren der Dienste und Einrichtungen des Marktes angewiesen ist.

Der Markt hat in der arbeitsteiligen Volkswirtschaft die Aufgabe, die Kluft zwischen der Erzeugung und dem Verbrauch von Gütern und Dienstleistungen zu überbrücken. Diese Kluft ist eine dreifache. Sie besteht in räumlicher, zeitlicher und qualitativer Hinsicht.

Daraus ergeben sich die drei *körperlichen* (physikalischen) *Überbrückungsfunktionen* eines jeden Marktes:

1. Der *Transport,* der die räumliche Trennung zwischen den Stätten der Erzeugung (Obstbaubetrieb) und denen des Verbrauchs (Verbraucherhaushalt) überwindet.

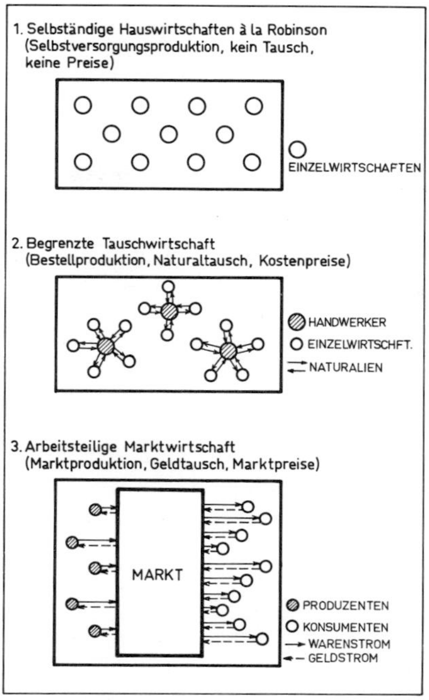

Abb. 189. Die Entwicklung von der Selbstversorgerwirtschaft zur arbeitsteiligen Marktwirtschaft.

2. Die *Lagerung,* die zur Überbrückung der zeitlichen Kluft zwischen Produktion (Ernte) und Konsum (Verbrauch) dient.
3. Die *Produktumwandlung,* durch die eine Umwandlung der Primärprodukte (z.B. „baumfallendes" Obst) in die vom Verbraucher gewünschten Qualitäten erfolgt (Sortierung, Verpackung, Verarbeitung).
Der Güterstrom von der Erzeugung über die dreifache Marktbrücke zum Verbrauch kann aber nur fließen, wenn zugleich in umgekehrter Richtung ein Wertestrom fließt, der zur Bezahlung der Marktleistungen und der Güter selbst ausreicht. Diesen gegenläufigen Wertestrom, der auch als die *kaufmännische Überbrückungsfunktion* des Marktes bezeichnet werden kann, entsteht durch:
4. Die *Preisbildung* – und damit die Wertübertragung – beim Einkauf und Verkauf.
Um die Waren- und Werteströme möglichst rationell über die Marktbrücke zu geleiten, muß der Markt neben den genannten Überbrückungs- bzw. Hauptfunktionen zahlreiche *Hilfsfunktionen* erfüllen. Als wichtigste sind zu nennen:
5. Die *Sammlung* (Konzentration) der Ware zu großen Partien vor dem Überqueren der Marktbrücke. Das kann auf Sammelmärkten oder durch Organisationen bzw. Firmen geschehen; z.B. durch Erzeugerorganisationen, Genossenschaften oder Sammelgrossisten. Man spricht deshalb auch von einer vorgeschalteten „Sammelstufe" des Marktes.
6. Die *Vereinheitlichung* (Standardisierung) der Produkte, wodurch der Warenverkehr übersichtlicher und der Warenumschlag rationeller wird. Einheitliche Sortierung und Verpackung dienen auf dem Obstmarkt diesem Zweck.

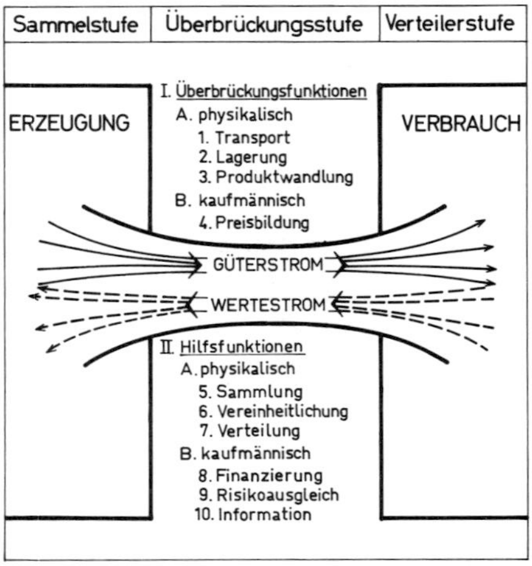

Abb. 190. Die Stufen und Funktionen des Marktes.

7. Die *Verteilung* (Distribution) der großen Versand-, Lagerungs- und Verarbeitungspartien der Ware nach dem Überqueren der Marktbrücke. Der vorgeschalteten Sammelstufe des Marktes entspricht somit eine nachgeschaltete „Verteilerstufe".
Der Erfüllung der unter 4. genannten kaufmännischen Hauptfunktion der Preisbildung und Wertübertragung dienen ebenfalls einige Hilfsfunktionen:
8. Die *Finanzierung,* die sicherstellen soll, daß alle Dienste des Marktes schon bezahlt werden können, noch bevor die Ware beim Endverbraucher angekommen und von diesem gekauft worden ist. Um diese zeitliche Finanzierungslücke überbrücken zu können, müssen Handelsunternehmen entsprechend finanzkräftig sein, oder laufend mit kreditgebenden Banken zusammenarbeiten.
9. Der *Risikoausgleich,* der Schäden abdecken soll, die durch unvorhergesehene Angebots-, Nachfrage- und Preisänderungen entstehen. In der Regel werden dazu spezielle Versicherungsunternehmen eingeschaltet.
10. Die *Marktinformation,* die für eine gute Marktübersicht der Produzenten und Absatzeinrichtungen und für die Unterrichtung der Abnehmer (Werbung) zu sorgen hat.

2 Die Einrichtungen des Marktes

Um die Überbrückungsaufgaben zwischen dem Erzeugerangebot und der Verbrauchernachfrage zu erfüllen, sind auf dem Obstmarkt zahlreiche Institutionen tätig. Man kann sie in Anlehnung an das Schema der Marktbrücke drei Abschnitten oder Stufen des Marktes zurechnen.

Am Anfang des Weges von der Obstanlage zum Verbraucherhaushalt muß das Obst zu handelsfähigen Posten zusammengefaßt werden. Auf dieser Sammelstufe des Obstmarktes arbeiten Erzeugergenossenschaften, Sammelgrossisten und Versandgrossisten.

Spezialinstitutionen der anschließenden Überbrückungsstufe sind Speditionen, Lagerhäuser, Sortierstationen und Verarbeitungsbetriebe.

Tab. 70. Stufen, Institutionen und Veranstaltungen des Obstmarktes

Marktstufen	Marktinstitutionen	Marktveranstaltungen
Sammelstufe	Erzeugergenossenschaften Sammelgrossisten Versandgrossisten	Sammelgroßmärkte
Überbrückungsstufe	Speditionen Lagerhäuser Sortierstationen Verarbeitungsindustrie	Wochenmärkte Börsen Messen Ausstellungen
Verteilerstufe	Empfangsgrossisten Verteilergrossisten Gebundener Einzelhandel Selbständiger Einzelhandel	Verteilergroßmärkte

Schließlich erreicht das Obst die andere Seite der Marktbrücke, wo die ankommenden großen Partien aufgelöst und entsprechend der Verbrauchernachfrage verteilt werden müssen. Auf dieser Verteilerstufe sind als Spezialinstitutionen Empfangsgrossisten, Verteilergrossisten und Einzelhändler zu nennen.

Um die Handelstätigkeit dieser Institutionen auf allen Marktstufen zu erleichtern, haben private Interessengruppen und Organe der öffentlichen Hand an geeigneten Plätzen Marktveranstaltungen organisiert. Dazu gehören Sammelgroßmärkte, Wochenmärkte, Börsen, Messen, Ausstellungen und Verteilergroßmärkte.

Natürlich durchläuft nicht alles Obst auf dem Wege vom Erzeugerbetrieb zum Verbraucherhaushalt die gesamte Kette der aufgezählten Marktinstitutionen. Es gibt Abkürzungen und Abwandlungen der Reihenfolge, in der die Glieder dieser Kette eingeschaltet werden. Auch lassen sich in der Praxis des Obstmarktes die genannten drei Stufen nicht immer scharf abgrenzen.

Welchen Weg das Obst im Einzelfall nimmt, hängt maßgeblich von der Größe der zu überbrückenden räumlichen, zeitlichen und qualitativen Unterschiede zwischen Angebot und Nachfrage ab.

Je größer die Unterschiede, desto länger und verzweigter werden im allgemeinen die Absatzkanäle und desto mehr Handelseinrichtungen werden als regulierende Schleusen eingeschaltet. Im gleichen Zuge nimmt die Bedeutung der Hilfsfunktionen zu, die den Warenfluß durch die Absatzkanäle erleichtern sollen.

Umgekehrt schrumpfen die Absatzwege bis zum Direktabsatz unmittelbar vom Erzeuger zum Verbraucher zusammen, wenn nur unbedeutende Raum-, Zeit- oder Qualitätsdifferenzen zu überbrücken sind.

2.1 Institutionen der Sammelstufe

Auf der Sammelstufe des Obstmarktes steht zunächst die Funktion der Konzentration des Ernteaufkommens im Vordergrund. Handelsfirmen, die sich dieser Aufgabe widmen, müssen das Obst von den Erzeugerbetrieben zusammenholen, um möglichst große Partien bilden und diese so aufbereiten und verpacken zu können, wie es der weitere Absatz erfordert. Erst der Umschlag entsprechend großer Obstmengen ermög-

Abb. 191. Obstabsatzgenossenschaft in der Bodenseeregion.

licht den rentablen Einsatz der benötigten Fachkräfte, Gebäude und technischen Hilfsmittel.

Verlade- und Lagergebäude mit Zufahrtswegen, Gleisanschlüssen und Rampen sowie Hebe-, Förder-, Lagerungs- und Sortiereinrichtungen sind in der Anschaffung und im Betrieb so kostspielig, daß nach holländischen Unterlagen regionale Sammelstellen für Obst und Gemüse mindestens 10 Mio. Gulden (ca. 10 Mio. DM) im Jahr umsetzen müssen, wenn sie nicht in die Verlustzone geraten wollen. Versandhandelsbetriebe ohne eigene Erfassung, die ihre Ware auf Sammelmärkten kaufen, sollten nach den gleichen Unterlagen einen jährlichen Umsatz von mindestens 1 Mio. Gulden erreichen.

Unter den Preisbedingungen der letzten Jahre würde das Umsatzmengen von mindestens 20000 t Kernobst je Sammelmarkt und 2000 t je Versandfirma bedeuten. Die meisten der deutschen Obstmarkteinrichtungen in den Anbaugebieten dürften noch weit unter diesen Größenordnungen liegen, einige sind aber auch bereits darüber hinausgewachsen.

Leistungsfähige Obstsammel- und Versandeinrichtungen können sich nur in Anbaugebieten mit einem genügend großen und vielseitigen Obstangebot entwickeln. In den deutschen Anbaugebieten nehmen sowohl *Obstabsatzgenossenschaften* als auch *private Sammel-* und *Versandgroßhandlungen* diese Aufgaben wahr. Um ihre Rolle als Obstsammelstellen ganzer Gebiete oder Gebietsteile zu unterstreichen, bezeichnen sie sich gerne als Obsterzeugergroßmärkte oder auch einfach als Obstmärkte.

In manchen Obstbaugebieten, so z. B. am Oberrhein, an der Bergstraße, in der Pfalz, im Rheinland und in den Niederlanden, hat sich verbreitet eine Arbeitsteilung zwischen obsterfassenden Erzeugergenossenschaften einerseits und gebietsansässigen Versandgroßhändlern sowie auswärtigen Aufkäufern andererseits herausgebildet. Eine solche Arbeitsteilung verbindet die wirtschaftlichen Vorteile einer guten Auslastung der teuren Erfassungs-, Aufbereitungs-, Verpackungs- und Lagereinrichtungen großer Obstsammelunternehmungen mit dem Vorteil eines vielschichtigen und beweglichen Handels, der wesentlich zur Sicherung des Absatzes unter den ständig wechselnden Situationen auf dem Obstmarkt beiträgt.

Abb. 192. Obstversandgroßhandlung in der Bodenseeregion.

Der Verkauf der Ware von den Sammeleinrichtungen an den Versandhandel geschieht dabei häufig mit Hilfe einer Uhrenversteigerung. Dieses Verkaufssystem wurde in den Niederlanden entwickelt und fand dort, unterstützt durch einen über 30jährigen staatlichen Versteigerungszwang, allgemeine Verbreitung.

In zahlreichen in- und ausländischen Anbaugebieten (z.B. an der Niederelbe, am Bodensee, in Südtirol) stehen sich Erzeugergenossenschaften und private Versandhandelsfirmen bei der Erfassung und beim Versand der Früchte als Konkurrenten gegenüber. Oft betreiben beide Gruppen den aktiven Verkauf ihrer Ware bis unmittelbar in die Verbraucherzentren und müssen deshalb neben den Sammelfunktionen zahlreiche Überbrückungsfunktionen des Marktes wahrnehmen.

Offenbar stellt aber innerhalb Europas die Entfernung der Anbaugebiete von den Verbrauchszentren auch kein ernsthaftes Hindernis für einen passiven Verkauf ab Anbaugebiet dar. In allen größeren Obstbaugebieten treten neben dem dort ansässigen Sammel- und Versandhandel während der Saison z.T. zahlreiche auswärtige Einkäufer auf. Um das Angebot für den Fernabsatz und Export übersichtlicher zu gestalten, wurden in manchen europäischen Obstbaugebieten öffentliche *Sammelgroßmärkte* errichtet, so z.B. an vielen Orten in Südfrankreich (Nîmes, Avignon, Chateaurenard u.a.).

Je weiter ein Obstbaugebiet von den großen Verbraucherzentren entfernt liegt, desto geringer wird die Möglichkeit der Obstbauer, zwischen verschiedenen Absatzwegen eine Auswahl zu treffen. In überseeischen Gebieten können sich z.B. nur Absatzsysteme mit strenger Andienungspflicht behaupten; denn eine Obstverschiffung um die halbe Erdkugel lohnt sich nur, wenn große einheitliche Warenmengen zusammenkommen.

Demgegenüber gibt es in allen Obstbaugebieten, die an Bevölkerungsballungszentren (z.B. Rheinland) oder an obstarme ländliche Bezirke angrenzen, oder die selbst zu den Fremdenverkehrsgebieten zählen (z.B. Obstregion Bodensee), einen oft beträchtlichen Direktabsatz vom Obsterzeuger an den Endverbraucher. In der Bundesrepublik Deutschland spielt der Direktabsatz von Obst auf *Wochenmärkten* nach wie vor eine bedeutende Rolle, die in jüngster Zeit sogar noch zugenommen hat.

2.2 Institutionen der Überbrückungsstufe

Auf dem Obstmarkt sind die Grundfunktionen der Überbrückung am wenigsten selbständig ausgeprägt. Mit Ausnahme der *Verarbeitungsindustrie* gibt es kaum Spezialfirmen, die sich ausschließlich den Funktionen dieser Stufe widmen.

Obsttransport und Obstlagerung werden überwiegend von Firmen der vorgeschalteten Sammel- und der nachgeschalteten Verteilerstufe vorgenommen. In der Regel verfügen diese Firmen über ausreichende Kapazitäten an Transportfahrzeugen, Umschlags- und Lagereinrichtungen, die sie für ihre Sammler- oder Verteileraufgaben benötigen und im Bedarfsfall durch beauftragte *Spediteure* und *Lagerhausunternehmen* ergänzen.

Auch für das Sortieren und Verpacken von Obst gibt es kaum eigenständige Spezialfirmen. Beide Maßnahmen werden in der Regel schon von den Sammel- und Versandfirmen in den Anbaugebieten vorgenommen.

In der Bundesrepublik Deutschland bestehen, wie in allen anderen EG-Ländern, gesetzliche Vorschriften, die den Handel mit unsortiertem Obst auf dem Frischmarkt untersagen (EWG-Verordnung 1035/72 und Handelsklassengesetz der Bundesrepublik vom 12.3.1971).

Nur im Bereich der Obstverarbeitung konnte sich eine eigene Spezialindustrie entwickeln. Dabei haben sich viele Safthersteller fast ganz auf die Obstverarbeitung spezialisiert, während die Konservenhersteller neben Obst verbreitet auch Gemüse verarbeiten.

Marktveranstaltungen, wie *Warenbörsen* und *Messen,* spielen auf der Überbrükkungsstufe des Obstmarktes längst nicht die Rolle wie auf den Märkten von anderen Agrarprodukten und Industriewaren (z.B. Getreide-, Woll- und Baumwollbörsen, Industriemessen). Frischobst und Obstverarbeitungsprodukte finden sich noch am ehesten auf *Ausstellungen,* die mehr der Werbung als dem unmittelbaren Warenumschlag dienen. Als Beispiele seien die Obstsonderschauen auf der alljährlichen Grünen Woche in Berlin und bei den Bundesgartenschauen genannt.

2.3 Institutionen der Verteilerstufe

Wenn auf der Sammelstufe des Obstmarktes Unternehmungen, die sich ausschließlich mit dem Obstabsatz befassen, noch relativ häufig sind, so bilden sie auf der Verteilerstufe eine Ausnahme. Das liegt in der Natur der konsumnahen Handelseinrichtungen. Ihre Aufgabe besteht nicht nur darin, die über die Marktbrücke gekommenen Großpartien aufzulösen und zu verteilen, sondern zugleich in der Zusammenstellung eines umfangreichen Verbrauchersortiments.

Der Lebensmittel-*Einzelhändler,* der die Verbraucher an sein Geschäft binden will, braucht ein möglichst breites Sortiment. „Alles unter einem Dach einkaufen" lautet die Parole. Obst und Gemüse wird oft deshalb im Sortiment geführt, weil die Hausfrau fast täglich davon etwas braucht und dann andere Artikel ebenfalls mitnimmt.

Dem breiten Sortimentsbedarf des Einzelhandels hat sich der *Verteiler-Großhandel* angepaßt. Er tritt häufig als Obst- und Gemüse-Fachgrossist auf und führt möglichst das ganze Frischobst- und Frischgemüsesortiment. Da der Einzelhandelskaufmann seine lohnendste, zugleich aber auch aufwendigste Tätigkeit in der Betreuung seiner Kunden sieht, findet der Verteiler-Großhändler in der aktiven Belieferung zahlreicher Einzelhändler eine echte Aufgabe. Die Einzelhändler haben in den seltensten Fällen noch die Zeit, sich ihr vielfältiges Sortiment bei mehreren Empfangsgrossisten allmor-

Abb. 193. Großhandelsstände auf dem Verteiler-Großmarkt Hamburg.

gendlich auf einem nahegelegenen Verteiler-Großmarkt selbst zusammenzukaufen. Sie überlassen diesen Aufwand gern dem Verteiler-Grossisten, der sie zuverlässig im Touren-Dienst oder auf Bestellung beliefert.

Die engste Warenspezialisierung auf der Verteilerstufe findet sich bei den *Empfangs-Großhändlern,* die in der Regel auf bedeutenden Großmärkten ihren Firmensitz haben. Sie sind manchmal auf nur wenige Artikel (z.B. auf Nüsse) spezialisiert, die sie aus den verschiedenen Anbaugebieten des In- und Auslandes beziehen. Häufig ist aber auch eine Spezialisierung auf einzelne Liefergebiete oder Lieferländer anzutreffen, von denen dann das ganze, jeweils greifbare Sortiment bereitgehalten wird.

Als Marktveranstaltungen der Verteilerstufe des Obstmarktes bestehen in zahlreichen Großstädten *Verteiler-Großmärkte* für Obst und Gemüse. Sie werden in der Regel von kommunalen Großmarktgesellschaften errichtet und verwaltet, so z.B. in den Großstädten Berlin, Düsseldorf, Frankfurt, Hamburg und München, um nur einige der wichtigsten zu nennen.

Die meisten Empfangs- und Verteiler-Grossisten der Obst- und Gemüsebranche haben ihren Sitz auf derartigen Großmärkten, oder sie unterhalten dort zumindest einige Büro- und Lagerräume. Das ist für sie einmal wegen der guten Verkehrsanschlüsse dieser Marktplätze von Nutzen, zum anderen aber auch wegen des übrigen breiten Angebotes, das durch seine Anziehungskraft die Absatzchancen jedes einzelnen Großhändlers verbessert.

In den 50er und insbesondere in den 60er Jahren ist die Bedeutung der Verteiler-Großmärkte zurückgegangen. Die Tendenz zu Firmenzusammenschlüssen auf der Groß- und Einzelhandelsstufe begünstigte das Entstehen von zentralen Einkaufsorganisationen, die einen Vorteil darin sahen, direkt in den in- und ausländischen Erzeugergebieten einzukaufen.

Diese Entwicklung ist inzwischen zum Stillstand gekommen. Sie hat nicht zur Ausschaltung der Verteiler-Großmärkte mit den dort arbeitenden Obst- und Gemüse-Fachgroßhändlern geführt, die über langjährige, ja generationenlange Erfahrungen im Umgang mit der besonders risikobelasteten Ware, Frischobst und Frischgemüse, verfügen. Die Einkaufszentralen großer Einzelhandelsgruppen haben teilweise sogar ihren Sitz in der Nähe oder unmittelbar auf dem Gelände von bedeutenden Großmärkten, um so das Marktgeschehen gut beobachten und Ergänzungskäufe beim Fachgroßhandel tätigen zu können.

3 Die Kräfte des Marktes

3.1 Nachfrage, Angebot und Preis

Alle Marktfunktionen und -institutionen stehen unter dem Einfluß der drei Marktkräfte

Nachfrage,
Angebot und
Preis.

Die *Nachfrage* entspringt dem Bedarf und den Wünschen der Verbraucher nach bestimmten Gütern, z.B. nach Obst. Wieviel von einer Ware gekauft wird und welche Preise dafür höchstens angelegt werden, hängt maßgeblich ab von der Dringlichkeit, mit der diese Ware begehrt wird, und von der Kaufkraft, die den Verbrauchern zur Verfügung steht.

Das *Angebot* tritt als Partner der Nachfrage auf dem Markt in Erscheinung. Es wird von der Hoffnung der Produzenten auf eine gute Nachfrage und damit auf gewinnbringende Preise angeregt. Die untere Grenze der Verkaufspreise, die die Produzenten längerfristig hinnehmen können, hängt von den Herstellungskosten der angebotenen Güter ab.

Der *Preis* spielt auf dem Markt die Rolle eines Regelautomaten, der ständig bemüht ist, einen Ausgleich zwischen Angebot und Nachfrage herbeizuführen. Das geschieht in der folgenden Weise (s. Abb. 194):

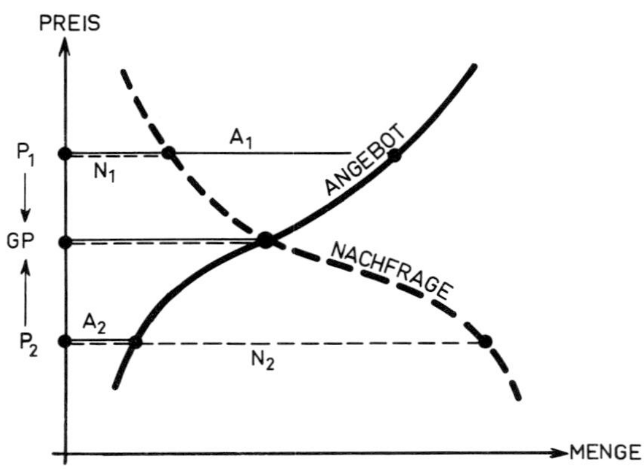

Abb. 194. Das Zusammenspiel von Angebot, Nachfrage und Preis (Erläuterung im Text).

1. Ist die Nachfrage (N_2) größer als das Angebot (A_2), dann steigt der Preis (P_2).
2. Als Folge des höheren Preises geht die Nachfrage zurück, weil Verbraucher mit geringerem Bedarf und kleinerer Kaufkraft sich im Einkauf zurückhalten.
3. Zugleich bewirkt der höhere Preis eine Angebotszunahme, weil Produzenten mit höheren Kosten nun auch auf Gewinn hoffen und sich in das Angebot einschalten.
4. Der Preis steigt so lange, bis sich die abnehmende Nachfrage und das wachsende Angebot gerade die Waage halten (Gleichgewichtspreis GP).
5. Wenn zu Beginn jedoch das Angebot (A_1) größer ist als die Nachfrage (N_1), dann verläuft der Regelvorgang in umgekehrter Richtung. Der Preis (P_1) fällt so lange, bis die dadurch vergrößerte Nachfrage und das rückläufige Angebot sich die Waage halten.

Das geschilderte Zusammenspiel der drei Marktkräfte kann natürlich nur dann funktionieren,

1. wenn der Preis sich frei bewegen kann, was voraussetzt, daß auf der Angebots- und Nachfrageseite genügend Konkurrenten miteinander im *Wettbewerb* stehen (Konkurrenz);
2. wenn alle Marktbeteiligten eine gute *Marktübersicht* haben (Markttransparenz);
3. wenn Nachfrage und Angebot genügend beweglich sind, um überhaupt auf Preisveränderungen reagieren zu können (*Elastizität* von Nachfrage und Angebot).

3.2 Leistungswettbewerb

Wenn der Marktpreis daran gehindert wird, sich der jeweiligen Marktlage anzupassen, dann gehen von ihm falsche Impulse aus. Statt des automatischen Ausgleichs über den Preis müssen direkte Eingriffe auf der Nachfrage- und/oder Angebotsseite des Marktes vorgenommen werden, um ein Gleichgewicht zu erzwingen.

Das ist z.B. der Fall, wenn der Staat in Notzeiten für Nahrungsmittel *Höchstpreise* festsetzt, um bei knapper Versorgungslage eine Teuerung zu verhindern. Die am Steigen gehinderten Preise regen dann weder zu einer an sich erforderlichen Produktionssteigerung an, noch drosseln sie die Nachfrage. Um die Versorgung sicherzustellen, muß der Staat in Ergänzung zu den festgesetzten Höchstpreisen bei den Produzenten einen Ablieferungszwang und bei den Konsumenten eine Rationierung (Lebensmittelkarten) einführen.

In letzter Konsequenz führt der staatliche Preisstop zu einer Wirtschaftsdiktatur, in der nicht der Konsument durch die von ihm bewilligten Preise selbst entscheidet, was er gerne kaufen möchte, sondern in der die Planungsbehörden bestimmen, was der Verbraucher kaufen kann.

Ebenso störend wie Höchstpreise können sich auch *Mindestpreise* auswirken, die der Staat in Zeiten des Überangebotes häufig zum Schutze der Produzenten festsetzt. Zu hoch angesetzte Mindestpreise reizen durch die Aussicht auf sichere Gewinne eine kräftige Produktionsausweitung an, ohne gleichzeitig auch die Nachfrage entsprechend anzuregen. Es entstehen Produktionsüberschüsse (z.B. Milchschwemmen, Getreideüberschüsse, Apfelberge etc.), die ständig weiter anwachsen und schließlich den Staat, oder in jüngerer Vergangenheit die EG, zu höchst kostspieligen Interventionen zwingen.

Aber nicht nur staatliche Marktordnung, sondern auch die Ausschaltung des Wettbewerbs durch übermäßige Machtkonzentrationen unter den Marktpartnern selbst kann die marktausgleichende Wirkung des freien Preisspiels stören. Ein marktbeherrschender Anbieter *(Monopol)* oder Nachfrager *(Monopson)* können durch einseitige Preispolitik ähnliche Marktstörungen bewirken wie staatlich garantierte Höchst- oder Mindestpreise. Allerdings tragen zu hoch angesetzte Monopolpreise für den Monopolisten auf lange Sicht das Risiko in sich, die Entwicklung von konkurrierenden Außenseitern anzuregen und gleichzeitig die Nachfrage zu bremsen, so daß schließlich die ungerechtfertigten Gewinne des Monopolisten wieder beeinträchtigt werden. Entsprechendes gilt für zu tief angesetzte Ankaufspreise eines marktbeherrschenden Monopsonisten.

Der marktgerechte Ausgleich von Angebot und Nachfrage durch das freie Spiel der Preise ist am besten gewährleistet, wenn auf allen Stufen des Marktes *Leistungswettbewerb* herrscht.

Auf dem Obstmarkt ist das normalerweise weithin der Fall. Das liegt vor allem an der großen Zahl von Obsterzeugern, denen zwar eine erheblich kleinere Zahl von Vermarktern, aber auf der anderen Marktseite wieder eine beinahe unübersehbare Zahl von Verbraucherhaushalten gegenübersteht. Darüber hinaus machen die vielfältig auf den Markt kommenden Obstarten, Sorten, Herkünfte und Qualitäten, sowie die nicht zuverlässig vorhersehbaren Schwankungen der Erntemengen und Saisonabläufe das Obstgeschäft recht unübersichtlich.

Das müßte eigentlich die Entwicklung von kleinen, überschaubaren und beweglichen Spezialfirmen begünstigen, die sich den saisonal und regional wechselnden Geschäftsbeziehungen besser anpassen können, und die Entstehung marktbeherrschender Unternehmensgroßgruppen erschweren, die für dieses vielfältige Geschäft im Grunde zu unbeweglich sind. Dennoch gewinnen letztere auf der Einzelhandels- und Großhandelsebene zunehmend an Bedeutung, weil die rapide wachsenden Arbeitskosten den rationellen Einsatz sehr kapitalintensiver Umschlags-, Lagerungs- und Verkaufseinrichtungen erzwingen, die nur von Großfirmen finanziert und ausgelastet werden können.

3.3 Markttransparenz

Die Vielfalt und Unübersichtlichkeit des Obstmarktes führt leicht zu falschen Informationen und Fehleinschätzungen über die jeweilige Marktlage. Dadurch kann es, ebenso wie durch manipulierte Preise, zu Fehlreaktionen der Marktpartner und damit zu größeren Unsicherheiten und Risiken kommen.

Diese Gefahren sind zu Beginn einer Saison besonders groß, weil meist über den Umfang und die zeitliche Staffelung der Ernten in den in- und ausländischen Anbaugebieten keine ausreichend genauen Informationen vorliegen.

Wird z.B., wie 1969 und 1978, eine große europäische Apfelernte nicht rechtzeitig erkannt, dann besteht die Gefahr, daß man in den Erzeugungszentren zu lange an optimistisch hohen Abgabepreisen festhält, statt rechtzeitig durch tiefere Preise die Nachfrage anzukurbeln. Trifft dann der volle Angebotsstoß auf eine noch stagnierende Nachfrage, so kommt es unvermeidlich zu Preiszusammenbrüchen, von denen sich der Markt innerhalb derselben Saison erfahrungsgemäß so rasch nicht wieder erholt.

Wird aber infolge guter Informationen eine Angebotsschwemme vorhergesehen, dann können noch rechtzeitig vorbeugende Maßnahmen getroffen werden, wie Preissenkung, Angebotsverzicht für kleinfrüchtige Ware, Prä-Intervention etc. Die Nachfrage kann dadurch soweit belebt oder der Angebotsdruck soweit gemindert werden, daß ein katastrophaler Preiseinbruch vermieden wird.

Da bei vollem Obstmarkt ein Preiseinbruch auf einem Teil des Marktes auch andere Gebiete und Produkte negativ beeinflußt, kommt es sehr auf eine *gute Markttransparenz für alle Marktbeteiligten* an. Es genügt nicht, wenn nur einzelne Marktpartner oder

Firmengruppen sich gut informieren können, andere aber den Markt nur ungenügend übersehen. Nicht nur die schlecht oder falsch informierten Außenseiter erleiden einen Schaden, wenn sie falsch reagieren, sondern ihre aus Unkenntnis oft bei weitem zu tief angesetzten Preise bringen auch den besser Informierten vermeidbare Preiseinbußen.

Größtmögliche Markttransparenz für alle am Obstmarkt Beteiligten ist somit unerläßlich, weil sie für alle gleichermaßen nützlich ist. Deshalb ist es auch richtig, wenn sich alle Marktbeteiligten und die für die Belange der Allgemeinheit verantwortlichen Behörden organisatorisch und finanziell an der Verbesserung der Markttransparenz beteiligen.

Eine Institution, die diesen Aufgaben seit langem dient, ist die *Zentrale Markt- und Preisberichtsstelle für Erzeugnisse der Land-, Forst- und Ernährungswirtschaft GmbH* (ZMP) in Bonn-Bad Godesberg. Ihre Abteilung Obst und Gemüse sammelt Marktinformationen auf allen Stufen des Obstmarktes und verbreitet sie in eigenen Berichtsserien und in der Presse.

Ein Modell für die Gewinnung und marktwirksame Verwertung von zuverlässigen Marktinformationen auf der ersten Stufe des Obstmarktes wird seit 1967 in der Obstregion Bodensee erprobt. Da in diesem Gebiet kein zentraler Sammelgroßmarkt existiert und keine Versteigerung für eine offene Preisbildung sorgt, wurde eine *Notierungskommission* eingesetzt, die paritätisch mit 8 Vermarkter- und 8 Erzeugervertretern besetzt ist.

Diese Kommission tritt wöchentlich einmal zusammen und schätzt nach einem genau festgelegten Verfahren *Gleichgewichtspreise* für die wichtigsten Obstarten, Sorten und Qualitäten, die jeweils gerade gehandelt werden. Als Gleichgewichtspreis bezeichnet man den Preis, zu dem der größte Teil einer Ware in einer Marktperiode abgesetzt werden kann.

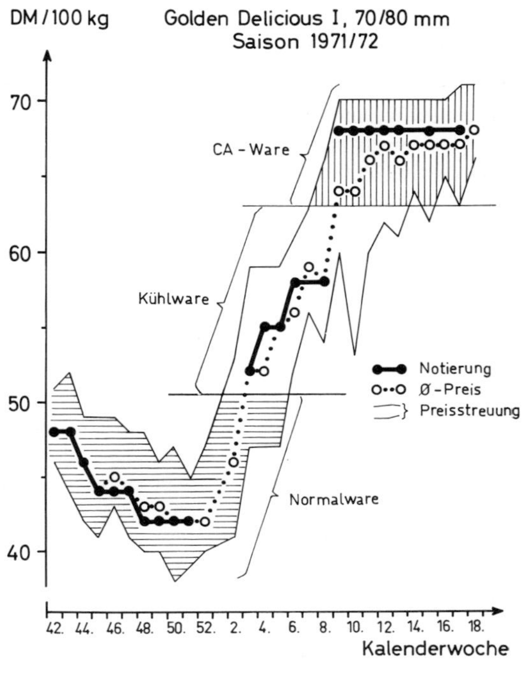

Abb. 195. Vergleich der Gleichgewichtspreis-Notierungen mit den wirklichen Preisen von 'Golden Delicious' in der Obstregion Bodensee 1971/72.

Die von der Notierungskommission geschätzten Gleichgewichtspreise werden laufend von einer neutralen Stelle – früher der Marktforschungsstelle an der Forschungsstation für Obstbau in Bavendorf, heute der Landesstelle für landwirtschaftliche Marktkunde in Stuttgart-Kemnat – durch nachträgliche Auswertung der Verkaufsbelege der in der Bodenseeregion ansässigen Obstabsatzeinrichtungen kontrolliert. Abb. 195 zeigt am Beispiel von 'Golden Delicious' in der Saison 1971/72, wie gut die geschätzten Gleichgewichtspreise die Preiswirklichkeit wiedergeben.

Die Gleichgewichtspreis-Notierungen der Bodenseeregion stellen, wie jede andere Preisnotierung auch, eine unverbindliche Information der Marktbeteiligten dar. Sie haben sich in den über 10 Saisons ihrer Anwendung als so zuverlässig und preisstabilisierend erwiesen, daß die Einführung dieser Methode auch in anderen großen Kernobstanbaugebieten ohne zentrale, öffentliche Sammelmärkte (wie z. B. an der Niederelbe oder in Südtirol) empfohlen werden kann. Seit Herbst 1973 hat an der Niederelbe eine nach dem Bodenseemodell arbeitende Notierungseinrichtung unter dem neutralen Vorsitz der ZMP Hamburg ihre Tätigkeit aufgenommen.

3.4 Elastizität von Nachfrage und Angebot

Neben Leistungswettbewerb und Markttransparenz ist die Elastizität von Nachfrage und Angebot die dritte wichtige Voraussetzung für das Funktionieren des automatischen Marktausgleiches durch das freie Spiel der Preise.

Es gibt Marktgüter, deren *Nachfrage* sehr elastisch auf Änderungen des Preises reagiert. Dazu gehören in erster Linie Güter des gehobenen Bedarfes und ausgesprochene Luxusartikel, z. B. Genußmittel, Kosmetikartikel, Autos, Urlaubsreisen etc. Die Nachfrage nach derartigen Gütern wird durch sinkende Preise *(Preiselastizität)* und steigende Verbrauchereinkommen *(Einkommenselastizität)* gefördert, bzw. durch steigende Preise und sinkende Verbrauchereinkommen verringert.

Anders ist es bei Gütern des täglichen Bedarfs und vor allem bei den lebenswichtigen Grundnahrungsmitteln. Deren Nachfrage ist verhältnismäßig unbeweglich. Die Mindestmenge an Brot, die ein Mensch täglich braucht, um nicht zu verhungern, und die Höchstmenge, die er essen kann, bis er satt ist, bilden zwei starre Grenzen, zwischen denen nicht viel Bewegungsspielraum liegt.

So kommt es, daß schon bei einer geringfügigen Angebotsverknappung die Preise von Grundnahrungsmitteln kräftig anziehen, weil niemand hungern will. Kriegs- und Notzeiten haben immer wieder gezeigt, daß sich diese Tendenz selbst dann durchsetzt, wenn die Regierung Höchstpreise und Rationierungen einführt. Es bildet sich trotz harter Strafandrohungen bald ein „schwarzer Markt" mit stark überhöhten Preisen.

Umgekehrt fallen die Preise der Grundnahrungsmittel rasch ins Bodenlose, wenn eine Überproduktion eintritt. Die ersten Jahre nach Überwindung der Not der Nachkriegszeit haben der Landwirtschaft dafür schlimme Beispiele geliefert.

Aber nicht nur die Nachfrage-, sondern auch die *Angebotselastizität* von landwirtschaftlichen Gütern läßt zu wünschen übrig. Eine rasche Angebotsvergrößerung bei steigenden Preisen wird durch den biologisch bedingten Zeitraum behindert, der für den Aufbau von Pflanzen- oder Tierbeständen nötig ist.

Eine rasche Angebotsdrosselung scheitert dagegen häufig an den hohen speziellen Kapitalinvestitionen (Obstbäume, Viehställe etc.), die anderweitig nicht genützt werden können und bei Aufgabe einer Produktion wertlos werden. Obstanlagen werden aus diesem Grunde nicht gleich bei jedem Preisverfall gerodet. Sie bleiben in der Regel auch dann in Nutzung, wenn nur noch die variablen Pflege- und Erntekosten erwirtschaftet werden.

Auf Märkten, deren Güter *sehr preiselastisch* nachgefragt oder angeboten werden, genügen schon verhältnismäßig *geringe Preisausschläge,* um den Ausgleich zwischen Angebot und Nachfrage herbeizuführen. Auf solchen Märkten sind deshalb in der Regel verhältnismäßig ruhige Preisbewegungen zu beobachten.

Dagegen werden Märkte von Gütern mit *geringer Elastizität* von Angebot und Nachfrage häufig von *heftigen Preisbewegungen* heimgesucht, weil hier die Abstimmung von Angebot und Nachfrage sehr langsam erfolgt.

Leider gehören die Obst- und Gemüsemärkte entsprechend der Natur der gehandelten Waren als Nahrungsmittel und wegen der oft unzulänglichen Marktübersicht zu den Märkten mit lebhafter Preisentwicklung. Dabei sind die Preisbewegungen auf der Erzeugerstufe des Marktes oft besonders drastisch, ohne eine ausreichende Beeinflussung der Verbrauchernachfrage zu erreichen, weil die Preisausschläge über die Handelswege oft nicht voll weitergegeben werden.

4 Die Obstnachfrage

4.1 Nachfrage der Verbraucher

Die Kraft, die das Obstmarktgeschehen antreibt, ist die Nachfrage der Verbraucher nach Obst. Sie wird von drei Eigenschaften der Früchte beeinflußt, nämlich von ihrer Eigenschaft

- als Nahrungsmittel,
- als Genußmittel und
- als Gesundheitsmittel.

Die erste Eigenschaft steht einer Steigerung des Obstabsatzes zumeist hinderlich im Wege. *Obst als Nahrungsmittel* macht nun einmal satt. Dadurch wird die Obstnachfrage in einem Land von der Bevölkerungszahl und von dem Obstverbrauch je Person nach oben begrenzt. Nur in Ländern mit einem verhältnismäßig geringen Obstverzehr pro Kopf besteht die Chance, durch Aufklärung und geschickte Werbung die Eßgewohnheiten zugunsten eines höheren Obstverbrauchs zu verändern.

In welchen Größenordnungen sich der Obstverbrauch in den Ländern der Europäischen Gemeinschaft bewegt, zeigt Tab. 71. Es handelt sich nicht um Zahlen aus Verbraucherbefragungen, sondern aus Versorgungsbilanzen. Das heißt, sie wurden aus den geschätzten Erntemengen, unter Berücksichtigung der Ernte- und Marktverluste, zuzüglich der Einfuhren und abzüglich der Ausfuhren, berechnet und auf die Bevölkerungszahlen bezogen. Die von Land zu Land abweichenden Methoden der Ernteschätzung erlauben es nur, die Zahlen zur groben Orientierung zu verwenden.

Der Verbrauch von Früchten insgesamt hat in der EG mit über 80 kg pro Kopf und Jahr ein Niveau erreicht, das kaum noch steigerungsfähig zu sein scheint. Allerdings sind zwischen den einzelnen Ländern beträchtliche Unterschiede zu verzeichnen.

Besonders groß ist der Früchteverbrauch in der Bundesrepublik, den Niederlanden und Italien. Frankreich und Belgien nehmen eine gute Mittelposition ein, während die Verbrauchszahlen in den „Zutrittsländern" Großbritannien, Irland und Dänemark durchaus noch Steigerungsmöglichkeiten eröffnen.

Für den Wirtschaftserfolg im Obstbau ist nicht nur die mengenmäßige, sondern ebenso die geldliche (monetäre) Nachfrage entscheidend, denn sie gibt den Ausschlag,

Tab. 71. Verbrauch von Früchten* in den Ländern der Europäischen Gemeinschaft in kg/Kopf und Jahr, 1975/76 (nach SAEG, SBA, ZMP)

	Frische Früchte gesamt	darunter Äpfel	Zitrusfrüchte
Bundesrepublik Deutschland	111	25	23
Frankreich	74	15	19
Italien	98	17	35
Niederlande	109	34	43
Belgien/Luxemburg	74	23	18
Großbritannien	45	13	15
Irland	38	12	10
Dänemark	49	18	13
EG-9 gesamt	82	29	23

* incl. Konserven und Säfte in Frischgewichten

wenn es um die Höhe der Preise geht. In diesem Nachfragebereich erweist sich der *Genußmittel-Charakter* des Obstes als sehr wertvoll.

Mit wachsendem Wohlstand wächst der Anteil des Einkommens, den der Konsument bereit ist, für Genußmittel auszugeben, während die Ausgaben für reine Grundnahrungsmittel weitgehend konstant bleiben. Niemand wird aber für ein und dasselbe Obst freiwillig mehr Geld ausgeben, nur weil er inzwischen mehr verdient. Er wird höchstens bereit sein, mehr Geld für Obst auszugeben, das ihm einen größeren Genuß bietet.

Eine weitere Tendenz zur Steigerung der mengenmäßigen und geldlichen Verbrauchernachfrage nach Obst ergibt sich aus dem *gesundheitlichen Wert der Früchte.* Je bequemer und bewegungsärmer die Lebensgewohnheiten bei zunehmendem Wohlstand werden, desto wichtiger ist eine leicht verdauliche, vitaminreiche Kost, bei gleichzeitiger Abkehr von kalorienreichen, „groben“ Grundnahrungsmitteln. Von dieser Entwicklung profitiert neben dem Frischobst- und Frischgemüse- auch der Fruchtsaftverbrauch.

Verbraucherbefragungen im Auftrag der Centralen Marketinggesellschaft (CMA) haben Ende der 70er Jahre ergeben, daß innere Qualitätsmerkmale, wie Geschmack, Frische und gesundheitlicher Wert, noch vor dem Preis an erster Stelle der Kaufmotive liegen. Aus diesem Grund ziehen die Hausfrauen es vor, Obst und Gemüse lose, statt vorverpackt zu kaufen, wo immer es ihnen möglich ist.

Der Frische wegen steht auch der Einkauf von Obst und Gemüse direkt beim Erzeuger, auf dem Wochenmarkt und in einer Obst- und Gemüseabteilung mit beratender Bedienung weiterhin hoch in Kurs. Der Direktkauf beim Erzeuger rangierte in einer Einkaufsstättenuntersuchung der CMA bei Äpfeln mit 34% an erster Stelle.

Auch auf den heutzutage mit Früchten aus aller Welt gut versorgten Märkten der Bundesrepublik hat demnach der erstklassige Obstbaufachmann echte *Marktchancen*, sofern er es versteht, auf geeigneten Standorten *Früchte von wirklicher Genußqualität* mit vertretbarem Aufwand zu produzieren. Hier liegen aber auch Marktchancen für den versierten Früchtefachhandel, der es versteht, für erstklassiges Edelobst, neben dem Massenobst, die Stätten und Zeiten des Bedarfs aufzuspüren, und der dafür Sorge trägt, daß die empfindliche Ware im besten Zustand in die Hand des Verbrauchers gelangt.

4.2 Nachfrage des Handels

Die Nachfrage der Endverbraucher ist zwar die Kraft, die das gesamte Geschehen auf dem Obstmarkt antreibt. Für die Obstbauer aber, die ihre Früchte über Einrichtungen des Handels absetzen, sind die von dort herkommenden Forderungen ebenso wichtig wie die Wünsche der Konsumenten.

Auf dem übervollen Obstmarkt hat der König Verbraucher die stärkste Position. Danach folgt der Handel, und an letzter und schwächster Stelle steht der Produzent. Er muß deshalb nicht nur bestes Obst erzeugen, das vom Verbraucher geschätzt wird, sondern er muß auch alles tun, was seine Ware für den Handel interessant macht und ihr einen Platz in dessen Sortiment sichert.

Die Forderungen der Handelseinrichtungen an ihre Obstlieferanten weichen z.T. von den Wünschen der Endverbraucher ab, obwohl das oberste Gebot für eine erfolgreiche Handelsfirma natürlich die Befriedigung der Kundenwünsche ist. Das liegt vor allem an dem Zwang, im harten Konkurrenzkampf durch rationellen Umschlag, billigen Einkauf und Verringerung aller Risiken bestehen zu müssen.

Aus diesen Gründen richtet der weiterverkaufende Obsthandel sein Interesse vor allem auf:

1. *Attraktive Ware,* die sich durch ihr gutes Aussehen und ihre ansprechende Verpackung fast von selbst verkauft.
2. *Standardisierte Ware,* die nach einheitlichen Richtlinien sortiert und verpackt ist und dadurch Preisvergleiche und rationelles Disponieren per Telefon oder Fernschreiber erleichtert.
3. *Vorverpackte Ware,* die für die auch im Frischwarensektor verbreitete Selbstbedienung benötigt wird.

Abb. 196. Obst im Selbstbedienungsgeschäft.

4. *Problemlose Ware,* die keinem großen Verderbrisiko unterliegt, also Transport und Lagerung gut verträgt.
5. *Große Warenpartien,* die zur besseren Auslastung des Fuhrparks, der Lager-, Pack- und Umschlagseinrichtungen und damit zur Kostensenkung beitragen. Je größer die Käuferfirma oder -zentrale ist, desto wichtiger wird dieser Punkt.
6. *Preisgünstigen Einkauf,* um der Konkurrenz gegenüber einen Vorsprung zu haben. Je größer die Bedeutung eines Abnehmers, desto gefährlicher kann gerade dieser Punkt für einen Erzeugermarkt werden.

Von den aufgezählten 6 Punkten sind die Forderungen nach attraktiver und standardisierter Ware mehr allgemeiner Natur. Sie gelten im Geschäftsverkehr mit kleinen wie mit großen Abnehmern gleichermaßen. Selbst im Direktabsatz vom Erzeuger zum Verbraucher spielen neben den inneren Werten auch die äußeren Merkmale, wie gutes Aussehen der Früchte und Einheitlichkeit der Qualität (unten wie oben in der Kiste), eine wesentliche Rolle.

Die Forderung nach vorverpackter Ware bleibt von großer Bedeutung, obwohl sich seit Mitte der 70er Jahre im Frischwarensortiment wieder ein Trend zum Bedienungsverkauf bemerkbar macht. Von rd. 110000 Lebensmitteleinzelhandelsgeschäften 1977 in der Bundesrepublik wurden 60% ganz oder teilweise in Selbstbedienung betrieben, und 90% des Umsatzes gingen über diese Verkaufsform. 85% aller Lebensmittelläden führten Frischobst und -gemüse im Sortiment, aber nur 40% davon in Selbstbedienung. Der Umsatzanteil der Selbstbedienung am gesamten Obst- und Gemüseumsatz erreichte dabei knapp 70%.

Von großer Bedeutung für den Obstabsatz über Handelskanäle sind die Forderungen nach problemloser Ware, großen Warenpartien und preisgünstigem Einkauf. Diese Forderungen werden besonders nachdrücklich von den großen Handelsgruppen erhoben, deren Umsatzanteile im Lebensmittelhandel inzwischen marktbeherrschend geworden sind.

Die Ware muß gewissermaßen stromlinienförmig sein und sich, ohne zu bremsen und anzustoßen, mit großer Umsatzgeschwindigkeit durch die Marktkanäle pumpen lassen.

Tab. 72. Konzentration im Lebensmitteleinzelhandel der Bundesrepublik Deutschland (nach CMA 1976)

	Zahl der Verkaufsstellen		Veränderung
	1971	1976	%
Verbrauchermärkte	590	1 140	+ 93
Discounter	750	1 470	+ 96
Filialisten (mit COOP)	10 100	8 200	- 19
Edeka	34 300	25 900	- 24
Rewe	11 000	8 390	- 24
Spar	10 000	7 350	- 27
andere freiw. Ketten	45 800	36 700	- 20
nicht organis. Einzelhandel	43 160	26 850	- 38
gesamt	155 700	116 000	- 26
Umsatzentwicklung (%)	100	143	+ 43

Daß sich damit äußere Qualitätsmerkmale gegenüber den inneren der Verbrauchernachfrage in den Vordergrund geschoben haben, ist unverkennbar; Druckfestigkeit und Haltbarkeit rangieren zwangsläufig vor Geschmack und Saftigkeit.

Mit der Konzentration und dem zentralen Einkauf auf der Abnehmerseite wächst auf dem Obstmarkt die Gefahr der Einschränkung des Wettbewerbs und damit der einseitigen Preisbildung zu Lasten der Erzeuger. Großabnehmer können ihre starke Marktstellung gegenüber ihren Lieferanten zur Durchsetzung von hohen Sonderrabatten nutzen.

Die Versuchung dazu ist groß, weil Obst und Gemüse, die nicht der Preisempfehlung von Markenartikeln unterliegen, gerne als besonders preiswert kalkulierte Angebote herausgestellt werden. Die Hausfrau braucht diese Frischwaren täglich und kauft sie besonders preisbewußt ein. Wo Obst und Gemüse preisgünstig herausgestellt werden, glaubt sie auch an die Preisgunst des übrigen Sortiments und kauft die für den Handel gewinnbringendere Artikel ebenfalls dort ein. Natürlich darf man im Zusammenhang mit speziellen Billigaktionen nicht vergessen, daß sie gelegentlich ein auch von Erzeugerseite erwünschtes, wirksames Mittel zum Abbau von zeitweiligen Angebotsschwemmen sein können. Aber dieses gelegentliche „Wegdrücken“ von drängender Ware sollte auf Ausnahmesituationen beschränkt bleiben.

5 Das Obstangebot

5.1 Elastizität des Obstangebotes

Ein großes und vielfältiges Obstangebot bewirbt sich tagaus-tagein um die Gunst der Abnehmer. Seine laufende Anpassung an die Entwicklung der Nachfrage und des Angebotes von konkurrierenden Produkten ist nicht einfach.

Die Angebotselastizität von Obst auf der ersten Marktstufe verhält sich, je nach der Länge des Betrachtungszeitraums, sehr unterschiedlich:

1. *In langfristiger Sicht* ist das Obstangebot recht *unelastisch.* Angebotszunahme und -rückgang folgen mit oft mehrjähriger Verzögerung den impulsgebenden guten oder schlechten Preisjahren.
2. *In mittelfristiger Sicht,* also von einem Jahr zum anderen, unterliegt das Obstangebot starken *erntebedingten Schwankungen* (Alternanz).
3. *In kurzfristiger Sicht,* also innerhalb einer Saison, kann das Obstangebot bei verderblichen Früchten fast überhaupt nicht, bei lagerfähigen Früchten jedoch hochelastisch auf die Marktpreise reagieren.

Die schlechte Elastizität des Obstangebotes in *langfristiger Sicht* hat bei der Angebotsvergrößerung z. T. andere Gründe als bei der Angebotsverkleinerung.

Die von guten Preisen und Gewinnaussichten angeregten Neupflanzungen von Obstanlagen benötigen 3 bis 6 Jahre, ehe nennenswerte Ernten eingebracht werden können. Bei Beerenobstpflanzungen dauert es 1 bis 3 Jahre. Die Mehrproduktion kommt häufig erst auf den Markt und steigert sich noch mehrere Jahre, wenn die Preise bereits wieder zu fallen begonnen haben. Dadurch geraten die Preise zunehmend unter Druck und es kommt zu schweren Preiszusammenbrüchen. Die letzten großen Apfelkrisen in der EG, Ende der 60er und der 70er Jahre, wurden durch solche verzögerten Preis-Angebots-Zyklen ausgelöst.

Die rasche Einschränkung der Obstproduktion im Falle einer sich abzeichnenden Marktkrise wird dagegen durch betriebswirtschaftliche Ursachen behindert. Die hohen

Investitionen, die bis zur Ertragsfähigkeit in Obstpflanzungen angelegt werden, sind bei einer Rodung ersatzlos verloren.

Obstbauer, die in Krisenjahren ihre Anlagen nicht gleich roden, handeln aus betriebswirtschaftlicher Sicht genauso richtig, wie Industrieunternehmen mit hohen unwiederbringlichen Investitionen (z.B. im Bergbau). Sie produzieren so lange mit unverminderter Intensität weiter (und vergrößern den Apfelberg, oder die Kohlenhalden), solange die Erlöse wenigstens die laufenden Betriebskosten decken. Neu- und Ersatzinvestitionen werden gestoppt und die vorhandenen Anlagen allmählich abgewirtschaftet.

Eine Obstmarktkrise wird also sowohl durch die zeitlich um Jahre verzögerte Angebotszunahme als auch durch die verzögerte Angebotseinschränkung verschlimmert und verlängert. Tragisch ist, daß mancher Produzent schließlich nach Jahren des Hoffens und Bangens aufgibt, während sich womöglich infolge der anhaltend tiefen Preise bereits eine kräftige Anregung der Nachfrage anbahnt.

Womöglich beginnt der ganze Marktzyklus wieder von neuem, weil mittlerweile das reduzierte Angebot für die angeregte Nachfrage nicht mehr ausreicht. Mehrere Jahre mit guten Preisen wecken neue, zunächst zwar nur gedämpfte, allmählich aber zuversichtlichere Hoffnungen bei den Erzeugern. Der Anbau wird erst zögernd (denn auch die Baumschulen verfügen wegen der überstandenen Krise nicht über genügend Pflanzmaterial), dann aber zügig wieder ausgeweitet. Und eventuell nimmt eine neue Krise ihren Lauf.

Die Entwicklung auf dem Apfelmarkt der EG gab in den letzten Jahren ein geradezu klassisches Schulbeispiel für den Auf- und Abschwung einer solchen Krise. Aber auch andere wichtige Obstarten zeigten ähnliche Marktzyklen, so z.B. die Schwarzen Johannisbeeren Mitte der 60er Jahre.

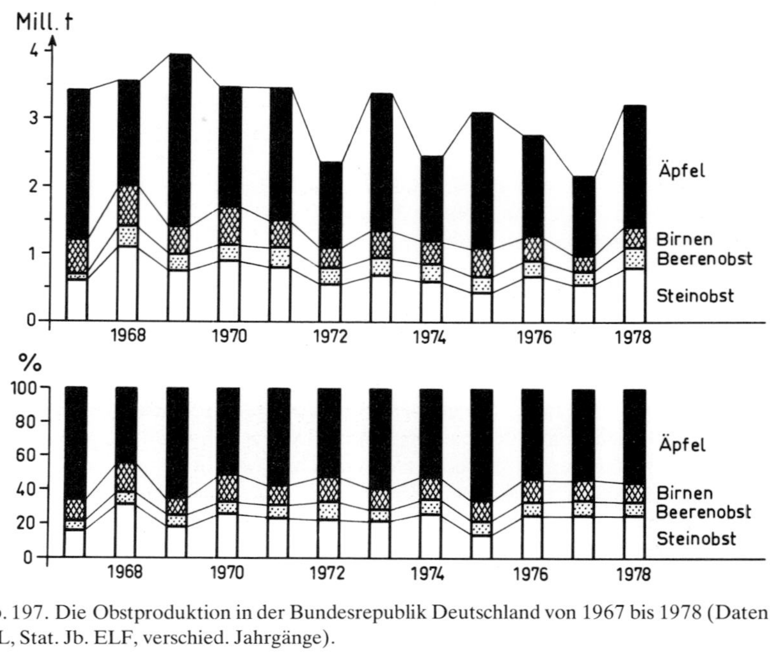

Abb. 197. Die Obstproduktion in der Bundesrepublik Deutschland von 1967 bis 1978 (Daten nach BML, Stat. Jb. ELF, verschied. Jahrgänge).

Die größeren *mittelfristigen* Angebotsschwankungen von Jahr zu Jahr kann man nicht als Angebotselastizität bezeichnen. Sie sind nicht durch Markteinflüsse bedingt und somit auch nicht durch Marktaktivitäten zu beeinflussen. Sie entstehen ungewollt unter dem Einfluß von Witterungs- und Schädlingseinwirkungen. Der Obstbauer kann ihnen nur durch die Auswahl geeigneter Standorte für seine Anlagen und durch eine hohe Pflegeintensität entgegenwirken.

In *kurzfristiger Sicht,* innerhalb einer Saison, kann das Marktangebot vieler lager- und transportfähiger Obstarten hochelastisch auf Änderungen der Marktsituation reagieren. Mit geeigneten Transportmitteln ist es bei guter Marktübersicht möglich, das Obstangebot rasch auf Märkte mit guter Nachfrage und hohen Preisen zu bringen. Mit Hilfe der Lagerung kann man preisgünstige Absatztermine abwarten.

Die Elastizität des Obstangebotes nimmt jedoch auch bei lagerfähiger Ware im Verlaufe der Saison allmählich ab. Mit fortschreitender Reife drängt die Ware schließlich zum Verkauf, was gegen Ende einer Saison zu einem unerwünschten Angebots- und Preisdruck führen kann. Nur Früchte, die zu Säften oder Konserven verarbeitet wurden, vertragen eine Verlängerung der Angebotsfrist über ein Jahr hinaus.

Zusammenfassend kommt man zu dem Schluß, daß *Krisen des Obstmarktes eher auf der Angebots- als auf der Nachfrageseite ihre Ursachen haben.* Insbesondere sind es die unbeeinflußbaren Ertragsalternanzen von Jahr zu Jahr und die allzu langsame Anpassungsfähigkeit des Obstanbaues an veränderte Marktsituationen, die den Obstmarkt mit Problemen belasten. Die gute Anpassungsfähigkeit des lager- und transportfähigen Obstangebotes während der Absatzsaison kann diese Nachteile nicht voll ausgleichen.

Tab. 73. Die Obstproduktion in der Bundesrepublik Deutschland von 1973 bis 1978 in 1000 t (nach BML, Stat. Jb. ELF, versch. Jg.)

Obstart	1973	1974	1975	1976	1977	1978	Mittel 1973–1978
Äpfel	2016	1281	2035	1487	1176	1783	1630
Birnen	414	332	386	388	253	374	358
Süßkirschen	156	120	142	124	100	153	133
Sauerkirschen	92	91	95	89	82	107	93
Pflaumen, Zwetschen	411	352	178	425	328	475	362
anderes Steinobst*	71	73	29	45	35	76	55
Walnüsse	17	7	13	9	6	9	10
Baumobst zusammen	3177	2256	2880	2566	1981	2977	2640
Johannisbeeren	116	110	120	107	95	126	112
Stachelbeeren	61	69	65	61	52	71	63
Himbeeren	22	20	23	18	18	22	21
Erdbeeren	24	26	27	23	30	34	27
Beerenobst zusammen	223	225	235	209	195	253	223
Obst insgesamt	3402	2481	3115	2776	2176	3229	2863

*Mirabellen, Renekloden, Aprikosen, Pfirsiche

Dennoch muß alles getan werden, um durch die Erhaltung oder Schaffung von *Markttransparenz* (zuverlässige Ernteschätzungen, Marktberichte, Preisnotierungen) und durch *Konkurrenz* auf allen Marktstufen einen möglichst risikoarmen und leistungsfähigen Absatz zu erreichen. Die langfristige Angebotsstrategie muß durch zuverlässige Statistiken über Anbauumfang, Altersgliederung der Pflanzungen, Neuanlagen, Rodungen und Lagerkapazitäten unterstützt werden.

5.2 Obstangebot in der Statistik

Es ist nicht einfach, zuverlässige Zahlenunterlagen über das Obstangebot zu gewinnen. Das liegt vor allem an der unübersehbar großen Zahl von Produktionsstätten und den zahlreichen Absatzwegen, die von dort zu den Verbrauchern führen. Lediglich die im grenzüberschreitenden Verkehr gehandelten Obstmengen lassen sich auf einfache Weise bei der Zollabfertigung erfassen. Es existieren deshalb in vielen Ländern zwar recht zuverlässige Außenhandelsstatistiken, aber die inländischen Obstangebote lassen sich oft nur mit großer Unsicherheit bestimmen.

In der Bundesrepublik Deutschland beruhten Angaben über den inländischen Obstanbau in der Vergangenheit auf amtlichen Zählungen sämtlicher Obstbäume und Beerensträucher, die in einem etwa 15- bis 20jährigen Turnus durchgeführt wurden. Die letzte Totalzählung erfolgte 1965, die vorletzte 1951. 1972 und 1977 fanden EG-einheitliche Baumobsterhebungen statt, die aber nur noch den Marktobstbau ab 10 ar (1972) bzw. ab 15 ar pro Betrieb (1977) erfaßten. Der bei uns vorherrschende Streu- und Kleingartenobstbau wird also seit 1965 nicht mehr statistisch erfaßt.

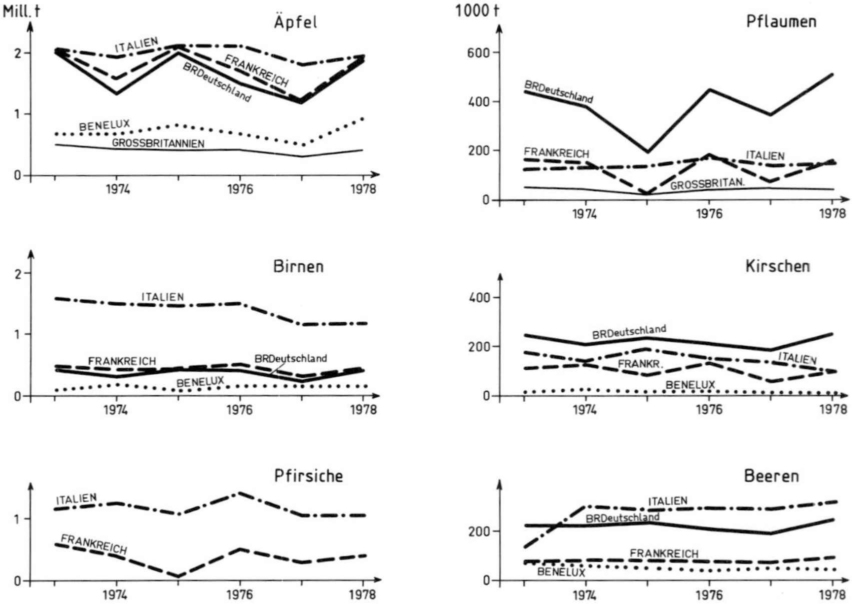

Abb. 198. Die Produktion von Äpfeln, Birnen, Stein- und Beerenobst in den Ländern der EG von 1973 bis 1978 (Daten nach SAEG, Pfl. Prod., verschied. Jahrgänge).

Tab. 74. Die Obstproduktion in den Ländern der EG 1978 in 1000 t (nach Eurostat., Pflanzl. Prod., 1979)

Obstart	BR Deutschland	Frankreich	Italien	Benelux
Äpfel	1 783	1 848	1 874	904
Birnen	374	366	1 212	192
Pfirsiche	36	406	1 114	.
Tafeltrauben	–	176	1 000	8
Pflaumen etc.	512	155	149	15
Kirschen	259	97	103	13
Beerenobst	252	94	324	50
Obst insgesamt*	3 220	3 279	6 114	1 181

Obstart	Großbritannien	Irland	Dänemark	EG-9
Äpfel	387	12	81	6 888
Birnen	25	.	6	2 174
Pfirsiche	–	–	–	1 556
Tafeltrauben	–	–	–	1 184
Pflaumen etc.	45	.	1	877
Kirschen	3	.	7	482
Beerenobst	106	7	9	840
Obst insgesamt*	569	19	104	14 484

* ohne Zitrusfrüchte, Oliven und Schalenobst (Nüsse)

Der Erdbeeranbau wird zusammen mit dem Gemüseanbau in der alljährlichen Bodenbenutzungserhebung festgestellt, die alle drei Jahre (zuletzt 1978) als Totalerhebung, in den Jahren dazwischen (z.B. 1979 und 1980) als Repräsentativerhebung durchgeführt wird.

Die jährlichen Obsternten werden dadurch ermittelt, daß ehrenamtliche Helfer in den Gemeinden und Kreisen die durchschnittlichen Erträge pro Baum schätzen und diese dann mit den Baum- und Strauchzahlen der letzten amtlichen Zählung malgenommen werden. Bei Äpfeln im Marktobstbau werden außerdem an Stichprobenbäumen – in Baden-Württemberg auch Stichprobenflächen – ergänzende Ernteermittlungen vorgenommen. Die daraus errechneten endgültigen Ernteergebnisse liegen z.T. erheblich über den Schätzungen der Berichterstatter.

Bei den im folgenden mitgeteilten Zahlenangaben ist zu berücksichtigen, daß sie nur Anhaltspunkte über Größenordnungen und Tendenzen vermitteln können. Das gilt insbesondere für den Vergleich der Statistiken verschiedener Staaten, weil in jedem Land andere Erhebungsmethoden angewendet und z.T. nur globale Schätzungen vorgenommen werden.

Tab. 75. Der Frischobstaußenhandel der Bundesrepublik Deutschland 1978 in 1000 t (nach ZMP-Bilanz 1978/79)

Herkunft	Äpfel	Birnen	Tafel-trauben	Pfirsiche	Sonst. Obst	insges.
EG-Länder	438	95	210	146	146	1 035
darunter:						
Italien	229	63	195	138	123	748
Frankreich	147	19	15	8	14	203
Niederlande	43	11	.	.	2	56
Übriges Europa	40	5	54	69	91	259
darunter:						
Griechenland	.	.	35	66	30	131
Spanien	3	4	16	2	19	44
Osteuropa	30	.	2	1	33	66
Übersee	160	21	14	.	16	211
darunter:						
Südafrika	54	10	12	.	1	77
Argentinien	52	4	.	.	.	56
Chile	28	2	1	.	2	33
Einfuhren insges.	638	121	278	215	253	1 505
Ausfuhren	43	5	8	4	26	86
Netto-Einfuhren	595	116	270	211	227	1 419

In der Bundesrepublik wurden im Mittel der 6 Jahre 1973 bis 1978 rd. 2,9 Mio. t Obst geerntet, von denen allein 1,6 Mio. t (57%) Äpfel waren. Die Birnen und die Gruppe der Pflaumen und Zwetschen waren die nächstwichtigen Obstarten. Die Süßkirschen folgten mit einem Anteil von 5% an 4. Stelle. Alle anderen Obstarten, deren Produktion regional z.T. von großer Bedeutung ist, wie die Sauerkirschen und die verschiedenen Beerenobstarten, traten in der Gesamterzeugung nur mit Anteilen von 1 bis 3% in Erscheinung. Die jährlichen Obsternten weichen z.T. erheblich von den genannten 6jährigen Mittelwerten ab (s. Tab. 73).

Die Obstproduktion der EG-Länder betrug 1978 rd. 14,5 Mio. t. Der Apfel ist mit Abstand die wichtigste europäische Obstart, gefolgt von Birne, Pfirsich und Tafeltraube sowie den verschiedenen Stein- und Beerenobstarten.

Die führenden Apfelerzeugungsländer der EG (Bundesrepublik Deutschland, Frankreich und Italien) liegen im Mittel zwar auf etwa gleich hohem Produktionsniveau. Die Apfelernten in der Bundesrepublik schwanken jedoch von Jahr zu Jahr stärker als in den anderen Partnerländern. Darin liegt ein erhebliches Unsicherheitsmoment für den ganzen EG-Apfelmarkt, insbesondere aber für den Markt in der Bundesrepublik selbst.

Dieses auszusprechen bedeutet nicht, die Abschaffung des den Markt besonders verunsichernden deutschen Liebhaber- und Streuobstbaues zu fordern. Man kann in einem demokratischen Staat nicht verlangen, daß eine überwältigende Mehrheit von Baumbesitzern sich von ihren Bäumen trennt, damit eine Minderheit von intensiv wirtschaftenden Erwerbsobstbauern einen sicheren Absatz hat. Vielmehr muß derjenige, der seine wirtschaftliche Existenz auf den Obstanbau gründet, diese Situation und die sich daraus ergebenden Risiken kennen und sich darauf einstellen.

Man kann im übrigen davon ausgehen, daß zumindest der ungepflegte Streuobstbau durch natürlichen Abgang allmählich zurückgeht, während jedoch der Liebhaberobstbau weiterhin von großer Bedeutung bleiben wird.

Den obstbaumbesitzenden Haus- und Schrebergärtner aber sollte der marktnahe Erwerbsobstbauer als interessierten und informierten Verbraucher schätzen. Denn wer weiß den Genuß von köstlichen heimischen Früchten mehr zu schätzen und kennt zugleich die Probleme ihrer Erzeugung so gut, wie der passionierte Kleingärtner. Da er aber in den meisten Jahren selbst nicht so viel Obst erzeugen und lagern kann, wie er das ganze Jahr hindurch mit seiner Familie verbraucht, wird er nennenswerte Mengen auch auf dem Markt einkaufen.

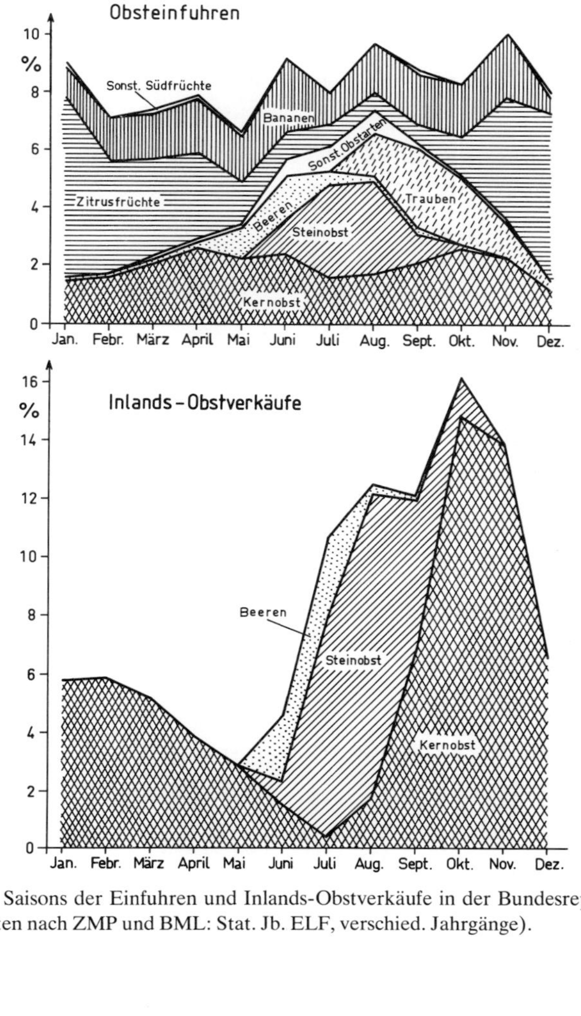

Abb. 199. Die Saisons der Einfuhren und Inlands-Obstverkäufe in der Bundesrepublik Deutschland 1978 (Daten nach ZMP und BML: Stat. Jb. ELF, verschied. Jahrgänge).

Bei den Pflaumen-, Kirschen- und Beerenobstarten ist die Bundesrepublik der größte Produzent unter den EG-Partnern. Insbesondere gilt das für die Pflaumen- und Zwetschenerzeugung, die zu mehr als 50% aus deutschen Anbaugebieten kommt. Aber wie die Äpfel und Birnen wachsen auch die Pflaumen, Zwetschen und Kirschen bei uns überwiegend auf Kleingarten- und Streuobstbäumen und unterliegen erheblichen Alternanzen.

Neben der inländischen Erzeugung sind die Ein- und Ausfuhren von Obst, sowie Süd- und Zitrusfrüchten von Bedeutung für die Versorgung des Obstmarktes. Auf den Markt der Bundesrepublik gelangten im letzten Jahrzehnt zusätzlich zur eigenen Produktion jährlich etwa 1,5 Mio. t Obst und 1,7 Mio. t Süd- und Zitrusfrüchte. Die Tab. 75 und 76 sowie die Abb. 199 geben für das Jahr 1978 einen Überblick über das Sortiment, die Lieferländer und den Saisonablauf der Fruchtimporte.

Im Jahr 1978 standen der westdeutschen Bevölkerung insgesamt rd. 6,9 Mio. t Obst und Südfrüchte zur Verfügung. Das entsprach einer Pro-Kopf-Versorgung von über 110 kg. In diesem Betrag sind die von der Saft- und Konservenindustrie verarbeiteten Mengen und die auf Frischgewicht umgerechneten Importe von Verarbeitungsprodukten enthalten.

Etwa die Hälfte der für den Frischmarkt verfügbaren Früchte stammte aus der inländischen Erzeugung. Den höchsten Selbstversorgungsgrad wiesen mit über 90% die

Tab. 76. Der Südfruchtaußenhandel der Bundesrepublik Deutschland 1978 in 1000 t (nach ZMP-Bilanz 1978/79)

Herkunft	Apfelsinen, Mandarinen etc.	Zitronen und Grapefruit	Bananen	Sonstige Südfrüchte	insgesamt
Mittelmeerländer	732	196	–	1	929
darunter:					
Spanien	418	55	–	–	473
Israel	116	67	–	1	184
Marokko	121	.	–	–	121
Italien	40	58	–	–	98
Griechenland	30	2	–	–	32
Übersee	46	47	617	25	735
darunter:					
Mittelamerika	.	4	617	4	625
Südafrika	41	12	–	.	53
USA	2	22	.	.	24
Elfenbeinküste	–	–	–	16	16
Einfuhren insgesamt	778	243	617	26	1 664
Ausfuhren	14	5	8	–	27
Netto-Einfuhren	764	238	609	26	1 637

Tab. 77. Versorgung der Bundesrepublik Deutschland mit Obst und Südfrüchten 1978 in 1000 t (nach ZMP)

Fruchtart	Verwendb. Inlands-erzeugung*	Netto-Einfuhr**	Verbrauch***		
			gesamt	pro Kopf kg/K.	Inlands-anteil %
Frischobst	2 883	1 348	4 231	69,0	68
davon: Äpfel	1 626	571	2 197	35,8	74
Birnen	341	111	452	7,4	75
Kirschen	222	6	228	3,7	98
Pflaumen	415	20	435	7,1	95
Pfirsiche	32	202	234	3,8	14
Strauchbeeren	187	18	205	3,3	91
Erdbeeren	29	81	110	1,8	26
Importierte Obstprodukte****	–	907	907	14,8	–
Frische Südfrüchte	–	1 539	1 539	25,1	–
davon: Bananen	–	579	579	9,4	–
Zitrusfrüchte	–	952	952	15,5	–
Importierte Südfruchtprodukte****	–	231	231	3,8	–
Früchte insgesamt****	2 883	4 025	6 908	112,7	42

* für Frischmarkt und Verarbeitung; ** Marktschwund (4 bis 7%) bereits abgesetzt; *** Bevölkerung 1978 = 61,3 Mio; **** in Frischgewicht

Pflaumen und Zwetschen, die Kirschen und die Strauchbeerenobstarten auf. Die Äpfel und Birnen kamen zu rd. 70% aus der einheimischen Produktion. Die geringsten Selbstversorgungsgrade errechneten sich bei den Erdbeeren (26%) und Pfirsichen (14%).

6 Die Organisation des Obstabsatzes

6.1 Direktabsatz an Endverbraucher

Wo der Weg vom Erzeugerbetrieb zum Verbraucherhaushalt nicht zu lang ist, kann der Obstbauer den Absatz seiner Früchte unter Umständen selbst in die Hand nehmen. Man sollte diese Möglichkeit nicht gering achten, denn sie kann für den aufgeschlossenen Inhaber, insbesondere eines kleinen Betriebes, eine einkommensteigernde Wirkung haben. Es handelt sich um nichts anderes, als um die „innere Aufstockung“ des Betriebes mit einem Betriebszweig Direktabsatz.

Abb 200. Obstverkauf ab Erzeugerbetrieb direkt an Verbraucher.

Wer den Direktabsatz betreibt, darf sich natürlich nicht nur von den *besseren Endverbraucherpreisen* leiten lassen, die er gegenüber dem Verkauf seiner Früchte über eine Absatzeinrichtung erzielt. Er muß auch daran denken, daß mit der „Verkaufsabteilung", die er seinem Betrieb angliedert, zusätzliche Anforderungen an ihn gestellt werden und *zusätzliche Kosten* entstehen, die sich bezahlt machen müssen.

Der Direktabsatz von Obst kann auf vier Wegen erfolgen, nämlich als:

1. Selbsternte der Verbraucher,
2. Ab-Hof-Verkauf,
3. Frei-Haus-Lieferung,
4. Verkauf auf Wochenmärkten.

In allen Fällen des Direktabsatzes ist der Obstbauer genötigt, neben den Produktionsaufgaben eine ganze Reihe von Marktfunktionen in seinen Betrieb aufzunehmen.

Er muß z. B. eine Lagerhaltung betreiben, um die einmal gewonnenen Kunden laufend beliefern zu können. Auch benötigt er, je nach der zu überbrückenden Entfernung, ein geeignetes Transportfahrzeug. Er muß die anzubietende Ware sorgfältig sortieren, um die Abnehmer nicht durch wechselnde Qualitäten zu verärgern.

An Hilfsfunktionen des Marktes kommen auf ihn Maßnahmen zu, wie die Vorfinanzierung der Lagerhaltung, die Risikosicherung gegen Absatzrückgang und Preisverfall sowie die Marktinformation und die Werbung.

Wer den Weg des Direktabsatzes beschreitet, muß als Unternehmer ein wahrer „Hans Dampf in allen Gassen" sein und sich nicht nur als Obstanbauer, sondern auch als Kaufmann, Spediteur, Lagerungsfachmann, Bankier, Versicherungs- und Werbeagent bewähren. Eine derartig vielseitige Tätigkeit ist jedoch nicht jedermanns Sache. Häufig verspricht es deshalb mehr Erfolg, wenn die Marktaufgaben in sinnvoller Arbeitsteilung von Einrichtungen wahrgenommen werden, die sich darauf spezialisiert haben.

6.2 Absatz über Erzeugermärkte

Der Obstbauer, der nicht selbst den Absatz bis ins einzelne organisieren muß, hat mehr Zeit für seine Kulturen, was in der Regel der Erzeugungsmenge und der Qualität zugute kommt.

Die Vorteile einer Arbeitsteilung zwischen Erzeuger und Markteinrichtung wiegen um so schwerer, je weiter ein Produktionsgebiet von den Verbraucherzentren entfernt liegt, je größer und konzentrierter es ist und je weitergehend es sich auf wenige Produkte spezialisiert hat.

Umgekehrt liegen für den Obstbauer um so mehr Vorteile in der Selbstvermarktung, je näher er seinen Kunden ist, je weniger Konkurrenten am gleichen Standort das gleiche tun und je vielseitiger sein Angebot ist.

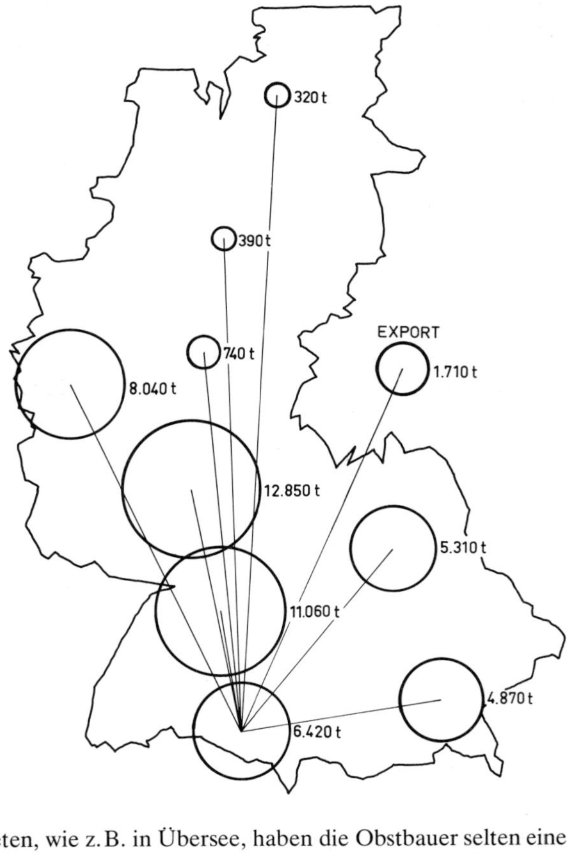

Abb. 201. Die Absatzräume für Bodenseeäpfel 1969/70.

In sehr marktfernen Gebieten, wie z. B. in Übersee, haben die Obstbauer selten eine Wahlmöglichkeit zwischen verschiedenen Absatzeinrichtungen oder -organisationen, weil sich dort in der Regel nur jeweils ein einziges, leistungsfähiges Absatzsystem mit strenger Ablieferungsverpflichtung behaupten kann. Unter solchen Bedingungen kommt es für die Erzeuger entscheidend darauf an, sich einen starken Einfluß auf die Geschäftstätigkeit einer solchen Organisation zu sichern, um eine kostensparende Verwaltung und möglichst gute Auszahlungspreise zu erreichen.

Von den deutschen Obstbaugebieten liegt aber keines so absatzfern, daß nur eine einzige monopolartige, private oder genossenschaftliche Absatzorganisation den sichersten Weg zu höchstmöglichen Erzeugerpreisen darstellt. Man braucht hierzulande nicht auf die leistungsfördernden Vorteile der Konkurrenz zwischen verschiedenen Absatzeinrichtungen zu verzichten.

Eine wesentliche Rolle kann bei der Wahl des Absatzweges die *Verkaufstechnik* der Markteinrichtung spielen. Davon hängt oft entscheidend die Preisbildung ab. Sich um die Probleme der Preisbildung besonders intensiv zu kümmern, wird für die Erzeuger um so wichtiger, je stärker sich zentralisierte Angebotsstellen als Gegengewicht gegen die Nachfragekonzentration entwickeln und je weiter die Konkurrenz unter den Versandeinrichtungen eines Gebietes abnimmt; eine Entwicklung, die von den Marktordnungsmaßnahmen der EG begünstigt wird.

Versteigerung

In diesem Zusammenhang gebührt nach wie vor der Versteigerung, insbesondere der Uhrenversteigerung (Veiling), die besondere Aufmerksamkeit der Obstbauer.

Bei der Uhrenversteigerung wird im Preisabschlag versteigert. Der Auktionator läßt die Uhr von hohen zu immer tieferen Preisen laufen. Jeder der Käufer, die an Pulten im Versteigerungssaal Platz nehmen, kann durch Knopfdruck die Uhr anhalten und hat damit die angebotene Partie gekauft.

Man unterscheidet Durchfahr-, Stapel- und Musterversteigerungen. Bei der Durchfahrversteigerung wird jede einzelne Erzeugerpartie unter der Uhr angeboten. Sie erfordert einen hohen Zeitaufwand und wurde deshalb zunehmend durch die Stapelversteigerung ersetzt. Dabei wird die Erzeugerware zu Großpartien zusammengefaßt, die von den Interessenten vor dem Versteigerungstermin besichtigt werden können. Die einzelnen Stapel werden an der Uhr dann nach Nummern aufgerufen und versteigert. Dieses Verfahren ermöglicht es, bis zu 600 Partien pro Stunde zu versteigern.

Eine weitere Rationalisierung bedeutet die Musterversteigerung, bei der nicht mehr die gesamte Ware, sondern nur noch Muster ausgestellt werden. Sie setzt eine zuverlässige Standardisierung der angebotenen Ware voraus.

Die Versteigerung bietet gegenüber dem aktiven Verkauf durch den Erzeugermarkt eine Reihe von Vorteilen für die Marktposition der Erzeuger. Dazu zählen insbesondere:

1. Die *Preisbildung* spielt sich *öffentlich* ab und ist allen Marktbeteiligten sichtbar.
2. Sofern eine ausreichende Käuferkonkurrenz gegeben ist, werden *Preise* erzielt, die *der jeweiligen Marktsituation* entsprechen.
3. Die Preise reagieren sehr fein auf Qualitätsunterschiede zwischen den einzelnen angebotenen Partien. Dadurch wird das Streben der Erzeuger nach *Qualitätserzeugung* unmittelbar *belohnt* und gefördert.

Als Nachteil ist zu erwähnen, daß erhebliche Preisunterschiede von Tag zu Tag und selbst innerhalb einer Auktion auftreten können. Das erschwert längerfristig disponierenden Großnachfragern den Einkauf von Obst an der Veilinguhr.

Die Vorteile des Veilingsystems können nur zum Tragen kommen, wenn regelmäßig genügend Ware angeboten wird, so daß immer zahlreiche Käufer angelockt werden, die untereinander um die angebotene Ware konkurrieren. In jüngster Zeit scheint diese Voraussetzung vor allem auf exportorientierten Versteigerungsplätzen infolge der zunehmenden Nachfragekonzentration nicht immer ausreichend erfüllt zu sein.

Abb. 202. Niederländische Uhrenversteigerung.

In den Niederlanden hat man deshalb zahlreiche kleinere Veilinge zu Groß-Versteigerungen zusammengelegt. Außerdem hat man ein zentrales Veilingbüro (CB II) gegründet, das den Großabnehmern Teilmengen der großen Exportprodukte Tomaten, Gurken, Salat, Äpfel und Birnen zu stabilen Preisen direkt anbietet. Die Preisfindung orientiert sich aber weiterhin an den Uhrenversteigerungen.

Bei den mehrjährigen Versuchen mit CB II hat sich inzwischen jedoch herausgestellt, daß die Großabnehmer gar nicht in dem Umfange vom Kauf zu längerfristigen Festpreisen Gebrauch machen, wie man es aufgrund ihrer früheren Forderungen hätte erwarten können. Der Einkauf zur längerfristig stabilisierten Preisen birgt nämlich auch für große Handelsgruppen die Gefahr in sich, bei Änderung der Marktlage von billiger einkaufenden Konkurrenten preislich unterlaufen zu werden.

Aktiver Verkauf

Die wichtigste Alternative zum Versteigerungsverkauf, der auch häufig als eine passive Verkaufsform bezeichnet wird, ist der *aktive* Verkauf durch die von den Erzeugern beauftragte Absatzeinrichtung.

Dabei werden die Geschäftsverbindungen zu Empfangsgrossisten, Filialunternehmen, Einkaufszentralen und sonstigen Partnern der anderen Marktseite durch persönliche Besuche und laufende telefonische und schriftliche Angebote angeknüpft und aufrecht erhalten.

Die Obstlieferungen erfolgen entweder auf Bestellung gegen einen ausgehandelten Preis, oder bei eingespielten Geschäftsbeziehungen auch in Kommission ohne einen vorher vereinbarten Preis. Dabei muß der Absender darauf vertrauen können, daß der Abnehmer die Ware bestmöglich weiterverkauft und darüber nach Abzug der Spesen und Gewinnansprüche ehrlich abrechnet. Das bestellte Obst wird den Geschäftspartnern entweder im eigenen Lastwagen, oder per Bahn bzw. Spediteur angeliefert.

Zahlreiche Kunden ziehen die Abholung der Ware im Anbaugebiet vor. Sie treten als Einkäufer auf, die an Ort und Stelle das Obst aussuchen und kaufen.

Im näheren Absatzbereich der Anbaugebiete unterhalten ansässige Versandgrossisten verschiedentlich auch sog. Touren. Dabei fahren sie mit oder ohne feste Bestellung mit einem Lieferfahrzeug bestimmte Kunden turnusmäßig ab. Die Abnehmer suchen sich die benötigte Ware unmittelbar aus dem mitgeführten Angebot heraus.

Die weit fortgeschrittene Konzentration im Lebensmitteleinzelhandel und -großhandel erweckt bei manchem Beobachter den Eindruck, daß auf dem Obstmarkt bald nur noch ein ähnlich konzentriertes Angebot existieren kann. Wie jedoch das Beispiel der Obstregion Bodensee zeigt (s. Tab. 78), verkauften die dort ansässigen Genossenschaften und Versandgrossisten Anfang der 70er Jahre noch den größten Teil der Äpfel (63% 1971) über den mittelständischen Fachgroßhandel, der als Zulieferer von großen Handelsgruppen inzwischen sogar wieder an Bedeutung zugenommen hat.

Tab. 78. Die wichtigsten Abnehmergruppen für Bodenseeäpfel 1968/69 bis 1971/72 in % (nach JANSSEN und ELLINGER 1971, 1972)

Abnehmergruppen	1968/69	1969/70	1970/71	1971/72
Fachgroßhandel für Obst und Gemüse	65	57	56	63
Einkaufsgenossenschaften und Handelsketten	17	26	25	22
Filialisten und Warenhäuser	5	7	6	6
Sonstige Abnehmer (z.B. ländl. Genossenschaften, Einzelhandel, Verbraucher)	13	10	13	9
Tafelapfelverkäufe der ansässigen Vermarkter insges.	37 700 t	51 700 t	28 800 t	57 300 t

Obwohl beim Obstabsatz aus deutschen Anbaugebieten mittelgroße Abnehmer weiterhin eine wichtige Rolle spielen, muß sich das Erzeugerangebot dennoch zunehmend auf die Bedürfnisse der konzentrierten Großformen des Handels einstellen. Das gilt in zeitlicher und qualitativer Hinsicht. Das Obstangebot muß möglichst kontinuierlich und in den benötigten Sortierungen und Verpackungen an den Markt kommen.

Verkaufszeitpunkt

Auf den Verkaufszeitpunkt seiner Früchte übt nur der selbstvermarktende und z.T. der direkt an eine Versteigerung liefernde Obstbauer einen unumschränkten Einfluß aus.

Wer in vertraglicher Lieferverbindung zu einer Absatzeinrichtung steht, der muß sich nach deren Warenbedarf richten. Er kann die rasch wechselnden Marktlagen nicht selbst taktisch ausnutzen, um möglichst hohe Preise zu erzielen, sondern muß das dem Geschäftsführer oder Inhaber seiner Absatzeinrichtung überlassen.

Weil durch die Wahl des Verkaufszeitpunktes die Erlöse und damit die Erzeugerauszahlungspreise sichtbar beeinflußt werden, ist die Mitbestimmung darüber ein unerschöpfliches Diskussionsthema. Es entzündet sich meist an der Frage, ob die Obstlagerung in die Erzeugerbetriebe oder in die Hand der Absatzunternehmen gehört. Eine allgemeinverbindliche Antwort wird es auf diese Frage nicht geben.

Der Obsthändler oder Genossenschaftsgeschäftsführer muß sich rasch den wechselnden Marktverhältnissen anpassen können. Vor allem aber ist er an einer kontinuierlichen Belieferung seiner Abnehmer interessiert, auch wenn die Preise einmal vorübergehend nachgeben. Sein Streben ist auf einen möglichst *günstigen Durchschnittserlös* bei großem Umsatz während der ganzen Saison gerichtet. Dieses Ziel erreicht er am besten, wenn er eine beständige Kundschaft hat.

Er wird also immer für eine möglichst unumschränkte Verfügungsgewalt über das abzusetzende Obst plädieren, die am besten gewährleistet ist, wenn das Obst sich in den Lagerräumen seiner Firma befindet.

Demgegenüber ist der Obstbauer daran interessiert, sein gesamtes Obst möglichst zum günstigsten Preis der Saison loszuschlagen. Er weiß zwar, daß dieses Ziel nie vollständig erreichbar ist, weil man im Verlauf der Saison nicht schon den Termin des Preishöhepunktes kennt. Er möchte aber dennoch wenigstens dann handeln können, wenn er *meint,* daß der Zeitpunkt günstig sei.

Das setzt die Verfügungsgewalt über das Obst in seiner Hand, also im eigenen oder angemieteten Lager voraus. Für die Obstlagerung in der Erzeugerverantwortung spricht zudem der Gesichtspunkt, daß damit möglicherweise das Verderbrisiko verringert wird, weil der Erzeuger die Vorgeschichte seiner Früchte kennt und weiß, welche Partien sich für die Lagerung eignen.

Dennoch kann auch das zuletzt genannte Argument den Meinungsstreit nicht zugunsten der Lagerung in den Erzeugerbetrieben entscheiden, weil in zahlreichen Fällen die Argumente der Absatzeinrichtung – kontinuierliche Lieferung bindet die Abnehmer besser an den Markt und hilft den Absatz sichern – schwerer wiegen.

Einen Ausweg bietet der sog. *Pool-Verkauf* zusammen mit der Abrechnung von Saison-Durchschnittspreisen. Wer sich an einem Pool beteiligt, übergibt sein Obst, oder einen Teil davon, in die Verantwortung seiner Absatzeinrichtung. Diese hat nun freie Hand, welche Partien sofort und welche je nach der Marktlage erst im späteren Verlauf der Saison verkauft werden sollen. Die Erzeuger erhalten während der Verkaufszeit des Pools bereits Abschlagszahlungen. Nach Verkauf der letzten Partie wird entsprechend dem erzielten Saison-Durchschnittserlös endgültig abgerechnet. Dabei ist besonders wichtig, daß die individuelle Qualität jeder Erzeugerpartie gebührende Berücksichtigung findet.

Durch den Pool-Verkauf erreicht man, daß kein Produzent dadurch bevorzugt oder benachteiligt wird, daß seine Partie zum Zeitpunkt hoher oder niedriger Preise zum Verkauf kommt. Zur Kontrolle und Beratung des Geschäftsführers wird zweckmäßigerweise ein Pool-Beirat aus der Mitte der beteiligten Erzeuger gewählt. Der Beirat tritt während der Absatzperiode nach Bedarf zusammen. Zweckmäßig ist es, z.B. bei Äpfeln je Sorte und Lagerperiode (z.B. für 'Golden Delicious' im Herbstverkauf, im CA-Lager) je einen separaten Pool zu gründen und strenge Qualitätsrichtlinien für die Aufnahme der Ware anzuwenden.

Obstanlieferung

In den Geschäftsbeziehungen zwischen den Obsterzeugern und ihren Absatzeinrichtungen nimmt die Organisation der Obstanlieferung einen wichtigen Platz ein. Wie bei der Lagerung geht es auch hier um die Frage, wer diese Maßnahmen am besten durchführen sollte.

Die Anlieferung der Früchte bringt einen erheblichen Transport- und Ladeaufwand mit sich. Das geerntete Obst muß in der Obstanlage, bzw. nach einer eventuellen Zwischenlagerung im Erzeugerbetrieb auf Fahrzeuge geladen werden, die es zur Sammelstelle bringen. Hier wird es abgeladen, gestapelt, sortiert, erneut gestapelt und schließlich verladen.

Wo die einzelnen Erzeugerbetriebe nicht zu weit von der nächsten Sammelstelle entfernt liegen, übernehmen die Erzeuger meist selbst die Anfuhr ihrer Früchte. Sie benutzen dazu Schlepper und Anhänger und überbrücken damit Distanzen bis ca. 30 km.

Da der Obstabsatz mit Beginn der Obsternte rasch ingang kommt, hat dieses Verfahren aber einen erheblichen Nachteil: Entweder der Obstbauer selbst oder ein tüchtiger Mitarbeiter ist gerade in der Zeit der wichtigsten und größten Arbeitsspitze häufig vom Betrieb fern. Dieser Zeitverlust wird noch dadurch vergrößert, daß der Schlepper ein recht langsames Verkehrsmittel ist.

Den Nachteilen der Selbstanfuhr muß man als wichtigsten Vorteil gegenüberstellen, daß der Erzeuger in ständiger Fühlung mit dem Marktgeschehen bleibt. Vor allem sieht er die Mengen und Qualitäten, die seine Kollegen anliefern, und er erfährt, wie die Preise sich entwickeln. Ferner ist als Vorteil zu werten, daß das Obst ein Höchstmaß an schonender Behandlung erfährt, solange es der Produzent noch selbst in der Hand hat.

Die Nachteile der Selbstanfuhr lassen sich durch Verwendung schneller Schlepper mit Anbauhubstaplern und durch Großkisten- und Paletteneinsatz mildern. Der Zeitverlust wird dadurch spürbar verringert. Er bleibt aber dennoch oft unvertretbar groß.

Abb. 203. Obstbauer auf der Fahrt zum Erzeugermarkt.

In der Ernte ist es vorrangig, daß das Obst nach Eintritt der Pflückreife rasch und schonend geborgen wird. Sonst wird man womöglich von ersten Frösten überrascht, ehe alle Sorten abgeerntet sind, oder die Haltbarkeit von Lagersorten leidet infolge von Terminüberschreitungen. Man benötigt deshalb dringend jede Hand zur Ernte, und in größeren Betrieben jeden Fachmann für die Anleitung und Überwachung der Erntehelfer.

Aus diesen Gründen wurde in manchen Anbaugebieten das Verfahren eingeführt, die Anfuhr der Früchte durch Spediteure bzw. durch einen Abholdienst der Marktstellen vornehmen zu lassen. Natürlich muß man auch bei diesem Verfahren neben dem Hauptvorteil der Zeitersparnis für das betriebseigene Personal die Nachteile sehen. Vor allem verringert sich der unmittelbare Kontakt zum Markt, ferner ist mit einer etwas weniger sorgfältigen Behandlung der Früchte zu rechnen, und oft kommt der Abholwagen, bei dessen Beladen geholfen werden muß, unpünktlich oder überhaupt so ungelegen, daß dadurch Arbeitszeitverluste entstehen.

In vielen in- und ausländischen Obstbaugebieten hat man deshalb die Abholfahrzeuge mit einem transportablen Kleinstapler ausgerüstet, der es dem Fahrer gestattet, die palettisierten Obstkistenstapel oder Großkisten auf dem Hof des Erzeugers allein aufzuladen. Die an den Abholdienst angeschlossenen Obstbaubetriebe müssen über einen befestigten, betonierten oder asphaltierten Ladeplatz verfügen, damit der Stapler auch eingesetzt werden kann. Zudem ist eine Überdachung oder Wetterplane nötig, um das abgestellte Obst bis zur Abholung gegen Witterungseinflüsse zu schützen.

Sortierung

Zwar darf laut Handelsklassengesetz kein unsortiertes Obst in den Verkehr gebracht werden. Es ist jedoch zulässig, daß die Sortierung von Obstsammelstellen vorgenommen wird. Das ist ein großer Vorteil, denn erst durch die Sortierung an zentraler Stelle kommt man zu einem wirklich einheitlichen, also standardisierten Obstangebot.

Die Standardisierung bietet so wichtige Vorteile für den weiteren Absatz, daß es unter dem Angebotsdruck auf dem europäischen Obstmarkt auch ohne gesetzliche Regelung zumindest zu gebietlichen Sortierungsnormen hätte kommen müssen.

Standardisiertes Obst erleichtert den Verkauf. Es kann ohne aufwendige persönliche Besichtigung jeder einzelnen Partie nach Mustern und nach schriftlichen oder telefonischen Angeboten gehandelt werden. Die Standardisierung erleichtert außerdem den Preisvergleich und fördert somit Marktübersicht und Wettbewerb.

Die Vorteile der zentralen Sortierung und Verpackung haben dazu geführt, daß diese Aufgaben in den meisten Obstbaugebieten von den Erzeugermärkten wahrgenommen werden. Für die Erstellung von leistungsfähigen Sortier- und Packstationen mußten z.T. große Kapitalinvestitionen vorgenommen werden, ohne daß eine wirtschaftliche Auslastung während des ganzen Jahres gewährleistet ist.

In Anbaugebieten, in denen noch genügend Arbeitskräfte in den Erzeugerbetrieben zur Verfügung stehen, wird die zentrale Sortierung und Verpackung häufig mit handarbeitsintensiven Verfahren vorgenommen. Auch die Sortierung im Erzeugerbetrieb ist verbreitet anzutreffen; vor allem bei Weichobstarten, die direkt in die Verkaufsgebinde geerntet werden müssen.

Der absatz- und preissichernde Wert einer zuverlässigen Sortierung hat sich inzwischen soweit herumgesprochen, daß manche Obstbaugebiete bzw. deren Absatzeinrichtungen in Verbindung mit einer geschützten Herkunftsmarke schärfere Sortierungs- und Verpackungsvorschriften eingeführt haben, als gesetzlich vorgeschrieben sind. Der Nutzen dieser von den Erzeugern nicht immer eingesehenen Maßnahme liegt in der festeren Bindung der Abnehmer an das so operierende Gebiet.

Verpackung

Natürlich sollte mit der Standardisierung der Früchte auch eine Normung der Verpackungen einhergehen; jedenfalls soweit es die Ernte-, Lagerungs- und Transportgebinde angeht. Genormte Kisten können in Großserien hergestellt werden. Sie sind dadurch schon in der Anschaffung billiger. Sie gestatten ferner den Einsatz von genormten Paletten, Transport- und Stapelgeräten, die wiederum zum Bau von Umschlags- und Lagerräumen mit standardisierten Abmessungen den Anstoß geben. Einheitliche Verpackungen können also zu einer erheblichen Senkung der gesamten Umschlagskosten beitragen.

Dem Wunsch des Einzelhandels nach Verkaufspackungen, in denen sich das Obst attraktiv präsentiert, kommt am besten die Einweg- oder verlorene Verpackung entgegen. Sie muß immer neu eingekauft werden und gelangt deshalb verhältnismäßig sauber in das Einzelhandelsgeschäft. Im Gegensatz dazu wird die Rücklauf- oder Mehrwegverpackung mit jeder Benutzung unansehnlicher. Um ihr ein attraktives Aussehen zu geben, muß sie mit Papier, Pappe oder Kunststoffolie ausgekleidet werden.

Einer allgemeinen Ausbreitung der Einwegverpackungen stehen aber vor allem ihre Kosten und die Probleme ihrer umweltfreundlichen Beseitigung im Wege. Einwegverpackungen sollen nicht nur gut aussehen, sondern auch im gefüllten Zustand weite Transporte und etwaige Zwischenlagerungen gut überstehen. Diese Forderungen beeinflussen ihre Kosten nachteilig; einerlei ob es sich um leichte Holz-, Papp- oder um Kunststoffbehälter handelt. Zumindest auf dem Binnenmarkt spielen deshalb die Rücklaufbehälter weiterhin eine große Rolle, zumal routinemäßig im Obsttransport eingesetzte Lastwagen auf ihrem Weg in die Anbaugebiete häufig leer fahren müssen und dann ganz gut leere Verpackungen mitnehmen können.

Besondere Verpackungsprobleme wirft der Obstverkauf im Selbstbedienungsgeschäft auf. Die Früchte müssen in geschlossenen Kleinpackungen von möglichst ein-

Tab. 79. Die wichtigsten Verkaufsverpackungen für Bodenseeäpfel 1968/69 bis 1971/72 in % (nach JANSSEN und ELLINGER 1972)

Verpackungsarten	1968/69	1969/70	1970/71	1971/72
Holzkisten + Kartons (à 20 kg) lose eingefüllt	84	58	70	66
Holzkisten + Kartons (10–20 kg) gelegte Ware	2	2	2	1
Einwegpackungen (3,5 – 10 kg)	4	21	12	20
Kleinpackungen (z.B. Beutel, Netze, Foodtainer)	10	19	16	13
Tafelapfelverkäufe der ansässigen Vermarkter insges.	37 700 t	51 700 t	28 800 t	57 300 t

heitlichem Gewicht angeboten werden. Die Frage, wer diese Kleinpackungen abfüllt, wird in der Marktpraxis unterschiedlich beantwortet.

Die Zahl der Einzelhändler, die über genügend Personal verfügen, um in verkaufsschwachen Zeiten die Früchte abwiegen, verpacken und mit Preisen auszeichnen zu lassen, wird immer kleiner. Dieses Verfahren hat den Vorteil, daß man die Abpackmenge dem Tagesbedarf anpassen und immer frische Früchte anbieten kann. Ware, die nach dem Abpacken längere Zeit in den Regalen liegt und dann Qualitätsmängel zeigt, wird zu einem kostspieligen Problem. Sie schreckt die Kunden ab. Zudem ist das Auswechseln verdorbener gegen frische Früchte sehr aufwendig.

Hat der Einzelhändler aber nicht genügend Personal für das Vorverpacken, dann muß er sich nach Lieferanten umsehen, die ihm das Obst abgepackt liefern können. Er wird dabei Lieferanten vorziehen, die im „Frischdienst" liefern können, das heißt, in täglicher Anpassung an die Nachfrage, um so ein qualitätsminderndes längeres Liegen in den Regalen zu vermeiden.

Ob das Füllen von SB-Verpackungen von den Erzeugermärkten vorgenommen werden kann, hängt entscheidend von der Entfernung und dem eingespielten Kontakt zwischen Lieferant und Abnehmer ab. Offensichtlich sind diese Voraussetzungen nicht immer gegeben, denn z.T. haben große Filialunternehmen eigene Abpackzentralen errichtet, die neben einheimischen Obstarten auch Südfrüchte, Gemüse und andere Lebensmittel bearbeiten. Die gleichmäßige Auslastung solcher Packzentralen dürfte ihnen einen Vorsprung in der Kalkulation der Verpackungskosten sichern; ganz abgesehen von den Vorteilen, die sich aus ihrem Standort in der Nähe der zu versorgenden Einzelhandelsgeschäfte ergibt. Dennoch ist eine zunehmende Tendenz zu beobachten, das Obst schon in den Anbaugebieten in Kleingebinde vorzuverpacken und es dabei bereits mit den Endverkaufspreisen auszuzeichnen.

Absatzwerbung

Gute Warenqualität allein genügt heute nicht mehr, um sich in der Überfülle des Angebotes beim Verbraucher bemerkbar zu machen. Das Obstangebot sollte deshalb auf allen Marktstufen von einer guten Werbung unterstützt werden. Zum einen gilt es,

Abb. 204. Regionale Herkunftzeichen.

überhaupt für einen höheren Obstverbrauch zu werben. Zum anderen muß sich jedes Anbaugebiet neben den anderen behaupten.

Beide Aufgaben kann der einzelne Obstbauer nicht allein lösen. Die Gesamtwerbung für den Obstverzehr, die sich unmittelbar an die Verbraucher und in gezielten Aktionen an den Handel wendet, obliegt der „Centralen Marketinggesellschaft der Deutschen Agrarwirtschaft" (CMA) in Bonn-Bad Godesberg.

Besonders wichtig für das einzelne Obstbaugebiet ist die Werbung unter einem regionalen Warenzeichen. Es soll dem Verbraucher das Erkennen und Nachkaufen von Obst einer bestimmten Herkunft erleichtern. Entscheidende Voraussetzung für die Verwendung einer Herkunftsmarke, wie z.B. „Deutsches Bodenseeobst", ist eine straffe gebietliche Qualitätssortierung. Denn nützlich kann das Markenzeichen nur sein, wenn Qualitätsware dahinter steht. Hat der Ruf eines Markenzeichens erst einmal durch schlechte Ware gelitten, so wirkt sich seine Anwendung eher nachteilig aus, weil es vom enttäuschten Publikum dann abgelehnt wird.

6.3 Ordnung des Obstmarktes

Auf dem Obstmarkt herrscht in der Regel das freie Zusammenspiel von Nachfrage, Angebot und Preis. Angesichts der häufig und rasch wechselnden Situationen ist dieses Spiel der Marktkräfte das wirkungsvollste Marktordnungssystem. Unter der Voraussetzung eines wirklichen Leistungswettbewerbs und ausreichender Markttransparenz für alle Marktbeteiligten führt es immer schnellstens zum Marktausgleich.

Diese Voraussetzungen zu schaffen und zu erhalten, muß man wohl als eine wesentliche Aufgabe der Marktpolitik des Staates ansehen. Er allein hat die ausreichende Macht, um einseitige Marktbeherrschung durch einzelne Unternehmen zu verhindern. Er verfügt ferner über die Mittel und technischen Einrichtungen, um zuverlässige und neutrale Statistiken bereitzustellen.

Den Staat bei der Erhaltung von fairen Wettbewerbsverhältnissen auf dem Obstmarkt zu unterstützen, ist auf lange Sicht für den Obstbauer sicher nützlicher als mit Hilfe des Staates Wettbewerbsvorteile anzustreben, von denen man sowieso nie weiß, wie lange sie gegen sich ändernde politische Auffassungen verteidigt werden können. Der freie Leistungswettbewerb sichert, trotz gelegentlicher Fehlspekulationen, auf lange Sicht dem Tüchtigen ein gutes Marktergebnis und hält die gesamten Absatzkosten vom volkswirtschaftlichen Standpunkt aus gesehen am niedrigsten.

Unerläßliche Voraussetzung für das Funktionieren eines möglichst freien Marktwettbewerbs ist aber vor allem die moralische Haltung aller am Wirtschaftsleben Beteiligten. Eine hochstehende Wirtschaftsmoral hält es für „erniedrigend, zu betrügen und zu bestechen", um sich dadurch unrechtmäßige Vorteile zu verschaffen. Sie sorgt „für eine allgemeine geschäftliche Anständigkeit und Loyalität", wie es der bekannte Nationalökonom Professor Röpke (1958) in seinem Buch „Die Lehre von der Wirtschaft" fordert.

Literaturverzeichnis

Weiterführende Literatur

1. Obstbau allgemein

FRIEDRICH, G.: Der Obstbau. J. Neumann-Neudamm, Melsungen 1965, 5. Aufl., 837 S.
FRIEDRICH, G., NEUMANN, D., und VOGL, M.: Physiologie der Obstgehölze. Akademie Verlag, Berlin 1978, 520 S.
FRIEDRICH, G., und PREUSSE, H.: Obstbau in Wort und Bild, eine Anleitung für den Selbstversorger. J. Neumann-Neudamm, Melsungen 1970, 387 S.
FRITZSCHE, R., und MELI, T.: Obstbau. Schweiz. landw. Lehrmittelverlag, Zolligkofen 1981, 5. Aufl., 215 S.
HILKENBÄUMER, F.: Obstbau. Grundlagen, Anbau und Betrieb. Paul Parey, Berlin und Hamburg 1964, 4. Aufl., 348 S.
KOBEL, F.: Lehrbuch des Obstbaues auf physiologischer Grundlage. Springer, Berlin–Göttingen–Heidelberg 1954, 2. Aufl., 348 S.
KÖNIG, F.: Obstbau heute. Leopold Stocker, Graz und Stuttgart 1976, 3. Aufl., 544 S.
KRAMER, S., SCHURICHT, R., und FRIEDRICH, G.: Obstbau. VEB Deutscher Landwirtschaftsverlag, Berlin 1966, 271 S.

2. Botanische Grundlagen

BORNKAMM, R.: Die Pflanze. Einführung in die Botanik (Uni-Taschenbücher 114). Eugen Ulmer, Stuttgart 1980, 2. Aufl., 191 S.
ENCKE, F., und BUCHHEIM, G.: Zander. Handwörterbuch der Pflanzennamen. Eugen Ulmer, Stuttgart 1980, 12. Aufl., 844 S.
FEUCHT, W.: Fruchtholz und Ertrag der Obstbäume (G + F 118). Eugen Ulmer, Stuttgart 1960, 85 S.
HESS, D.: Pflanzenphysiologie. Eugen Ulmer, Stuttgart 1979, 6. Aufl., 379 S.
JANICK, J., und MOORE, J.N.: Advances in fruit breeding. Purdue Univ. Press. West Lafayette (Indiana) 1975, 623 S.
LYR, H., POLSTER, H., und FIEDLER, H.J.: Gehölzphysiologie. VEB Gustav Fischer, Jena 1967, 444 S.
NULTSCH, W.: Allgemeine Botanik. Georg Thieme, Stuttgart 1977, 6. Aufl., 448 S.
STRASBURGERS Lehrbuch der Botanik. Gustav Fischer, Stuttgart 1978, 31. Aufl., 1078 S.
WALTER, H.: Grundlagen des Pflanzenlebens (Einführung in die Phytologie, Bd. I). Eugen Ulmer, Stuttgart 1962, 4. Aufl., 494 S.

3. Standort, Klima, Boden, Pflanzenernährung, Düngung

ATKINSON, D., JACKSON, J.E., SHARPLES, R.O., und WALLER, W.M.: Mineral Nutrition of Fruit Trees. Butterworths, London 1980, 435 S.
VAN EIMERN, J., und HÄCKEL, H.: Wetter- und Klimakunde. Ein Lehrbuch der Agrarmeteorologie. Eugen Ulmer, Stuttgart 1979, 3. Aufl., 269 S.
FIEDLER, H.J., und REISSIG, H.: Lehrbuch der Bodenkunde. VEB Gustav Fischer, Jena 1964, 544 S.

FINCK, A.: Dünger und Düngung. Verlag Chemie, Weinheim und New York 1979, 442 S.
GEIGER, R.: Das Klima der bodennahen Luftschicht. Friedrich Vieweg u. Sohn, Braunschweig 1950, 3. Aufl., 460 S.
GRUPPE, W.: Die Düngung im Obstbau. In: Handbuch der Pflanzenernährung und Düngung, Bd. III/2, Hg. H. LINSER, Springer, Wien–New York 1965, S. 843–893.
MENGEL, K.: Ernährung und Stoffwechsel der Pflanze. VEB Gustav Fischer, Jena 1965, 378 S.
MÜLLER, S.: Böden unserer Heimat. Franckh'sche Verlagshandlung, Stuttgart 1969, 174 S.
SCHEFFER, F., und SCHACHTSCHABEL, P.: Lehrbuch der Bodenkunde. Ferdinand Enke, Stuttgart 1979, 10. Aufl., 394 S.
SCHEFFER, F., und WELTE, E.: Pflanzenernährung. Ferdinand Enke, Stuttgart 1955, 240 S.
SCHNELLE, F. (Hg.): Frostschutz im Pflanzenbau, Bd. 1: Die meteorologischen und biologischen Grundlagen der Frostschadensverhütung. Bayer. Landwirtschaftsverlag, München–Basel–Wien 1963, 488 S.
SCHNELLE, F. (Hg.): Frostschutz im Pflanzenbau, Bd. 2: Die Praxis der Frostschadensverhütung. Bayer. Landwirtschaftsverlag, München–Basel–Wien 1965, 604 S.
WALTER, H.: Grundlagen der Pflanzenverbreitung, Teil 1: Standortslehre (Einführung in die Phytologie, Bd. III/1). Eugen Ulmer, Stuttgart 1960, 2. Aufl., 566 S.
WERMINGHAUSEN, B.: Nährstoffmangelerscheinungen im Obstbau und ihre Behebung. Obst- und Gartenbauverlag, München 1957, 82 S.

4. Arten, Sorten, Unterlagen

BROOKS, R. M., und OLMO, H. P.: Register of New Fruit and Nut Varieties. Univ. California Press, Berkeley, Los Angeles, London 1972, 2. Aufl., 708 S.
GÖTZ, G.: Süß- und Sauerkirschen (G + F 122). Eugen Ulmer, Stuttgart 1970, 234 S.
GRUBB, N. H.: Cherries. Crosby Lockwood and Son, London 1949, 186 S.
DE HAAS, P. G., und HILDEBRANDT, W.: Die Unterlagen und Baumformen des Kern- und Steinobstes (G + F 116). Eugen Ulmer, Stuttgart 1967, 224 S.
KAPPERT, H., und RUDORF, W.: Handbuch der Pflanzenzüchtung, Bd. VI, Obst-Züchtung. Paul Parey, Berlin und Hamburg 1962, 2. Aufl., S. 439–773.
KRÜMMEL, H., GROH, W., und FRIEDRICH, G.: Deutsche Obstsorten, Bd. I, II, III. Deutscher Bauernverlag, Berlin 1956.
KRÜSSMANN, G.: Die Baumschule. Paul Parey, Berlin und Hamburg 1978, 656 S.
KUCKUCK, H.: Grundzüge der Pflanzenzüchtung. Sammlung Göschen, Bd. 7134, 1972, 4. Aufl., 264 S.
KUCKUCK, H.: Gartenbauliche Pflanzenzüchtung: Züchtung von Gemüse, Obst und Zierpflanzen. Neubearb. von H. BUTTENSCHÖN, W. HORN, H. KUCKUCK und H. SCHMIDT. Paul Parey, Berlin und Hamburg 1979, 194 S.
LIEBSTER, G.: Die Kulturheidelbeere. Paul Parey, Berlin und Hamburg 1961, 229 S.
MAURER, K. J.: Schalenobst-Anbau (G + F 112). Eugen Ulmer, Stuttgart 1968, 102 S.
MURAWSKI, H., und GROH, W.: Neue Apfelsorten für den Erwerbs- und Selbstversorgeranbau. Landwirtschaftsrat des Bezirks Frankfurt/Oder, 1, 1966.
Michigan State University: North American Apples: Varieties, Rootstocks, Outlook. Michigan State University Press, East Lansing 1970, 197 S.
PETZOLD, H.: Apfelsorten. Neumann Verlag, Leipzig–Radebeul 1979, 224 S.
PLOCK, H.: Anbauprobleme in der Marillen-(Aprikosen-)Kultur. Leopold Stocker, Graz und Stuttgart 1974, 52 S.
SATTLER, H.: Beerenobst im Garten. Eugen Ulmer, Stuttgart 1968, 176 S.
SEITZER, J.: Farbtafeln der Birnensorten. Eugen Ulmer, Stuttgart 1957, 102 S.
SEITZER, J.: Farbtafeln der Steinobstsorten. Eugen Ulmer, Stuttgart 1967, 128 S.
SILBEREISEN, R.: Apfelsorten. Marktsorten, Neuheiten und Mostäpfel. Eugen Ulmer, Stuttgart 1980, 2. Aufl., 109 S.

Smith, M.W.G.: National Apple Register of the United Kingdom. Minist. of. Agric., Fish and Food, London 1972, 652 S.

Stückrath, P.: Erdbeeranbau (G + F 106). Eugen Ulmer, Stuttgart 1972, 147 S.

Vavilov, N.I.: The origin, variation, immunity and breeding of cultivated plants. Ronald Press, New York 1951.

Walter, H.: Grundlagen des Pflanzensystems (Einführung in die Phytologie, Bd. II). Eugen Ulmer, Stuttgart 1961, 280 S.

Wirth, A., Meli, T., und Zbinden, W.: Der neuzeitliche Kirschenanbau. Selbstverlag A. Wirth, Richterswihl 1969, 108 S.

Wynne, P.: Apples. Hawthorn Books, Inc., New York 1975, 280 S.

5. Vermehrung, Anzucht, Baumschule

Brumm, F., und Mehlisch, K.: Der Baumschulbetrieb. Eugen Ulmer, Stuttgart 1964, 2. Aufl., 482 S.

6. Anbautechnik

Anonym: Obstbau heute. Anleitung zur Erstellung von Dichtpflanzungen. Südtiroler Beratungsring für Obst- und Weinbau (Hg.) 1972, 92 S.

De Haas, P.G.: Naturgemäßer Obstbaumschnitt. Bayer. Landwirtschaftsverlag, München–Basel–Wien 1965, 162 S.

Koch, W.: Unkrautbekämpfung. Eugen Ulmer, Stuttgart 1970, 342 S.

Metzner, R.: Das Schneiden der Obstbäume und Beerensträucher (G + F 69). Eugen Ulmer, Stuttgart 1979, 14. Aufl., 175 S.

Sattler, H.: Baumobst im Garten. Eugen Ulmer, Stuttgart 1966, 300 S.

Schmid, H.: Umpfropfen und Veredeln der Obstgehölze (G + F 3). Eugen Ulmer, Stuttgart 1972, 2. Aufl., 164 S.

Schmid, H.: Handgriffe im Obstgarten. Arbeitsanleitungen in Bildern. Eugen Ulmer, Stuttgart 1980, 5. Aufl., 120 S.

Schmid, H.: Obstbaumschnitt. Eugen Ulmer, Stuttgart 1979, 2. Aufl., 143 S.

Schumacher, R.: Die Fruchtbarkeit der Obstgehölze. Eugen Ulmer, Stuttgart 1975, 2. Aufl., 197 S.

Werth, K.: Handarbeit im Obstbau. Südtiroler Beratungsring für Obst- und Weinbau (Hg.), Bozen 1973, 48 S.

Wertheim, S.J., und Lemmens, J.J.: Over het plantsystem bij appel en peer. Proefstation voor de Fruitteelt, Wilhelminadorp (Goes) 1973, 12, 77 S.

7. Pflanzenschutz

Anonym: Nützlinge in Apfelanlagen. Verlegt von: Generalsekretariat Oilb/Srop, 1976, 242 S. (zu beziehen u.a. über Landesanstalt für Pflanzenschutz Stuttgart).

Anonym: Krankheiten und Schädlinge im Obstbau. Südtiroler Beratungsring für Obst- und Weinbau, Lana 1979, 150 S.

Anonym: Obstkrankheiten. Mitt. Biol. Bundesanstalt. Paul Parey, Berlin und Hamburg, H. 144, 1972.

Baggiolini, M., et al.: Visuelle Kontrollen im Apfelanbau, Heft Nr. 2. Verlegt von: Generalsekretariat Oilb/Srop, 1980, 96 S. (zu beziehen u.a. über Landesanstalt für Pflanzenschutz, Stuttgart).

Börner, H.: Pflanzenkrankheiten und Pflanzenschutz. Eugen Ulmer, Stuttgart 1981, 406 S.

Brandt, H.: Welcher Schädling ist das? Schädlinge und Krankheiten an Gemüse und Obst. Franckh'sche Verlagshandlung, Stuttgart 1957.

FRANZ, J.M., und KRIEG, A.: Biologische Schädlingsbekämpfung. Paul Parey, Berlin und Hamburg 1976, 222 S.

FRÖHLICH, G.: Phytopathologie und Pflanzenschutz (Wörterbuch). Gustav Fischer, Stuttgart 1979, 295 S.

HOFFMANN, G.M., et al.: Lehrbuch der Phytomedizin. Paul Parey, Berlin und Hamburg 1976, 490 S.

KOTTE, W.: Krankheiten und Schädlinge im Obstbau. Paul Parey, Berlin und Hamburg 1958, 520 S.

VUKOVITS, G.: Obstkrankheiten – Erkennung, Ursachen und Bekämpfung, Teil I–IV. Leopold Stocker, Graz und Stuttgart 1980, 690 S.

8. Lagerung

BEHR, H.: Kühlräume für die Gaslagerung von Obst und Gemüse. C.F. Müller, Karlsruhe 1975, 151 S.

BÜNEMANN, G., und HANSEN, H.: Frucht- und Gemüselagerung (G + F 111). Eugen Ulmer, Stuttgart 1972, 159 S.

FIDLER, J.C., und MANN, G.: Refrigerated Storage of Apples and Pears. Commonwealth Agricultural Bureaux, Farnham 1972, 65 S.

GRÖSCHNER, P., und SCHULZE, I.: Pflanzliche Lebensmittel kältekonserviert. VEB Fachbuchverlag, Leipzig 1968, 328 S.

HENZE, J.: Bau und Einrichtung von Lagerräumen für Obst und Gemüse (KTBL-Schrift 154). Landwirtschaftsverlag, Hiltrup 1972, 169 S.

HERRMANN, K.: Obst, Obstdauerwaren und Obsterzeugnisse. Paul Parey, Berlin und Hamburg 1966, 243 S.

HILKENBÄUMER, F.: Obstlagerung. Paul Parey, Berlin und Hamburg 1962, 134 S.

KESSLER, H.: Obst und Gemüse. In: PLANK, R.: Handbuch der Kältetechnik, Bd. 10: Die Anwendung der Kälte in der Lebensmittelindustrie. Springer, Berlin–Göttingen–Heidelberg 1960, S. 451–549.

SCHUPHAN, W., und JUNK, W.: Mensch und Nahrungspflanze. Der Biologische Wert der Nahrungspflanze in Abhängigkeit von Pestizideinsatz, Bodenqualität und Düngung. BV-Verlag, Den Haag 1976, 171 S.

9. Betriebswirtschaft

BRANDES, W.: Wie analysiere und plane ich meinen Betrieb? Paul Parey, Hamburg und Berlin 1974, 2. Aufl., 118 S.

BUSCH, W.: Gärtnerische Unternehmen heute – morgen. Zentralverband Gartenbau (Hg.), Bonn–Bad Godesberg 1971, 135 S.

Hauptverband der landwirtschaftlichen Buchstellen und Sachverständigen (HLBS): Begriffs-Systematik für die landwirtschaftliche und gartenbauliche Betriebslehre. Schriftenreihe des HLBS, Heft 14, 5. Aufl., Verlag Pflug und Feder, Bonn 1973, 196 S.

Kuratorium für Technik und Bauwesen in der Landwirtschaft (KTBL) (Hg.): Kalkulationsunterlagen für Betriebswirtschaft. Frankfurt a.M. Bd. 1: Landwirtschaft ab 1962; Bd. I: Gartenbau ab 1968.

Landesanstalt für die Anpassung der Landwirtschaft (Hg.): Datensammlung für Betriebsplanung, Beerenobst, Kernobst, Steinobst. Donaueschingen 1971.

STORCK, H.: Die Bewertung von Dauerkulturen. In: BUSCH, W.: Taxationslehre für Landwirtschaft und Gartenbau. Paul Parey, Hamburg und Berlin 1969, S. 171–222.

STORCK, H. (Hg.): Gartenbau – Betriebsführung, Produktion (Taschenhandbuch). Eugen Ulmer, Stuttgart 1969, 715 S.

STORCK, H.: Einführung in die Betriebsplanung im Obstbau. AID (Hg.): Bericht über das 9.

betriebswirtschaftliche Seminar für Gartenbauberater in Weihenstephan 1969/70. Bonn–Bad Godesberg 1971, S. 14–123.
WEINSCHENCK, G.: Die optimale Organisation des landwirtschaftlichen Betriebes. Paul Parey, Hamburg und Berlin 1964, 206 S.
WERTH, K.: Kostenerhebung im Obstbau. Südtiroler Beratungsring für Obst- und Weinbau, Lana 1970, 107 S.
WIRTH, A., und MELI, T.: Betriebswirtschaftliche Untersuchungen als Grundlage für Kosten- und Ertragskalkulationen im Intensivobstbau. Schweiz. Landw. Forsch. 11, 109–128, 1972.

10. Markt

v. ALVENSLEBEN, R., DRESSLER, H.-G., und HÖRMANN, D. M.: Analyse des Kernobstmarktes der Bundesrepublik Deutschland. Inst. Gartenbauökonomie TU Hannover, Arbeitsbericht Nr. 10, Hannover 1978, 111 S.
BUSCH, W., LINK, D., und OSTENDORF, H. D.: Marktstruktur, Preisbildung und Handelsspannen bei Obst und Gemüse einschließlich Konserven in der Bundesrepublik Deutschland. Forschungsgesellschaft für Agrarpolitik und Agrarsoziologie, Nr. 165, Bonn 1966, 318 S.
ELLINGER, W.: Preisbildung und Absatz von Kernobst in der Obstregion Bodensee. Diss. Hohenheim 1974, 343 S.
Fachgruppe Obstbau (Hg.): Position und Aussichten des Obstbaues in der Bundesrepublik Deutschland, Bonn 1970, 60 S.
PLATE, R.: Agrarmarktpolitik. BLV, München–Basel–Wien, Bd. 1, 1975, 2. Aufl., 192 S.; Bd. 2, 1970, 382 S.
RÖPKE, W.: Die Lehre von der Wirtschaft. Eugen Rentsch, Zürich–Stuttgart 1958, 8. Aufl., 321 S.
STORCK, H.: Der Obst- und Gemüsemarkt. In: PLATE, R.: Agrarmarktpolitik. BLV, München–Basel–Wien 1970, Bd. 2, 382 S.
Wissenschaftlicher Beirat beim BML: Strukturwandel und Rationalisierung in der Vermarktung von Agrarprodukten. Gutachten. Landw.-Angew. Wiss., H. 129, Landwirtschaftsverlag, Hiltrup 1967, 36 S.
Zentrale Markt- und Preisberichtsstelle (ZMP) (Hg.): Markttransparenz durch Marktberichterstattung. Landw.-Angew. Wiss., H. 135, Landwirtschaftsverlag, Hiltrup 1968, 30 S.

Zitierte Literatur

AHRENS, K.: Columella – Über Landwirtschaft. Akademie-Verlag, Berlin 1976, 466 S.
Apple and Pear Development Council (Hg.): The English Apple and Pear Industry and the EEC, Tunbridge Wells (England) 1971, 32 S.
BATJER, L. P.: Die Entwicklung von Spur-Typen bei Äpfeln. Rhein. Mschr. Gemüse-, Obst- und Gartenbau 54, 78–79, 1966.
BATJER, L. P., und ROGERS, B. L.: Fertilizer Utilization by Apple Trees. Proc. Amer. Soc. Hort. Sci. 60, 1–6, 1952.
BAUCKMANN, M.: Unser Beerengarten. Anlage, Pflege, Sortenwahl. Franckh (Kosmos-Florarium), Stuttgart 1979, 64 S.
BAUER, R., und BAUER, A.: Neue Wege der Erdbeerzüchtung? Erwerbsobstbau 9, 83–85, 1967.
BAUER, R.: Josta, eine neue Beerenobstart, aus der Kreuzung Schwarze Johannisbeere × Stachelbeere. Erwerbsobstbau 20, 116–119, 1978.
BERTSCH, K., und BERTSCH, F.: Geschichte unserer Kulturpflanzen. Wiss. Verlagsgesellschaft, Stuttgart 1949, 275 S.
BRANDES, W.: Wie analysiere und plane ich meinen Betrieb? Paul Parey, Hamburg und Berlin 1974, 2. Aufl., 118 S.

BRUMM, F., und MEHLISCH, K.: Der Baumschulbetrieb. Eugen Ulmer, Stuttgart 1964, 2. Aufl., 482 S.

BUCHLOH, G.: Zur Entstehung der Schalenbräune bei Äpfeln. Gartenbauwiss. 22, 191, 1957.

Bundesministerium für Ernährung, Landwirtschaft und Forsten (BML): Statistisches Jahrbuch über Ernährung, Landwirtschaft und Forsten. Paul Parey, Hamburg und Berlin (versch. Jahrgänge).

Centrale Marketinggesellschaft der deutschen Agrarwirtschaft: Einkaufsstättenverhalten bei Agrarerzeugnissen. CMA-Mafo-Briefe, Kz. 561, April 1976, 31 S.

CHAMPAGNAT, P.: Physiologie de la croissance et de l'inhibition des bourgeons. Handbuch der Pflanzenphysiologie. Bd. XV/1. Springer, Berlin–Göttingen 1965, S. 1106–1164.

DÄHNE, D.: Kritische Untersuchungen zur Sortenbenennung und Sortenbereinigung bei Süßkirschen unter Berücksichtigung des westdeutschen Marktsortiments. Diss. Techn. Hochschule Hannover 1964, 194 S.

ENGEL, G.: Der Einsatz ölhydraulischer Scheren und Sägen. Erwerbsobstbau 12, 21–23, 1970.

FEUCHT, W.: Fruchtholz und Ertrag der Obstbäume (G + F 118), Eugen Ulmer, Stuttgart 1968, 85 S.

FIDLER, J. C., und MANN, G.: Refrigerated Storage of Apples and Pears. Commonwealth Agricultural Bureaux, Farnham 1972, 65 S.

FINCK, A.: Pflanzenernährung in Stichworten. Hirt, Kiel 1969, 200 S.

FRITZSCHE, R.: Obstbau. Landw. Lehrmittelzentrale, Zollikofen 1972, 3. Aufl., 190 S.

GÖTZ, G.: Süß- und Sauerkirschen (G + F 122). Eugen Ulmer, Stuttgart 1970, 234 S.

GRUBER, H.: Die arbeitswirtschaftliche Situation in Obstbaubetrieben des Bodenseegebietes. Unveröff. Dipl. Arb., Hohenheim 1966, 70 S.

GRUPPE, W.: Bodenuntersuchung und Düngung im Obstbau. Erwerbsobstbau 2, 110–113, 1960.

DE HAAS, P. G.: Marktobstbau. Bayer. Landwirtschaftsverlag, München–Basel–Wien 1957, 464 S.

HANSEN, H.: Arbeitsblatt Deutscher Kältetechnischer Verein. Verlag Müller, Karlsruhe 8, 1967.

HARTMANN, W.: Selektionsmaßnahmen bei der Deutschen Hauszwetsche. Obst und Garten (Stuttgart) 95, 244–245, 1976.

Hauptverband der landwirtschaftlichen Buchstellen und Sachverständigen (HLBS): Begriffs-Systematik für die landwirtschaftliche und gartenbauliche Betriebslehre. Schriftenreihe des HLBS, Heft 14, 5. Aufl., Verlag Pflug und Feder, Bonn 1973, 196 S.

HEERMAN, W.: Über Heidelbeeranbau und Heidelbeerzüchtung in Deutschland. 1. Symposium. Arbeitsgruppe Kulturheidelbeeren in Europa der Internat. Gartenbauwiss. Ges., 37–41, 1967.

HEIBER, H.: Arbeitsaufwand und Kostengestaltung in Apfelniederstammanlagen der Nordrheinprovinz. Diss. Bonn 1954.

HEIN, K.: Eigenschaften verschiedener Sauerkirschsorten. Erwerbsobstbau 20, 66–67, 1978.

HENZE, J.: Bau und Einrichtung von Lagerräumen für Obst und Gemüse. KTBL-Schrift 154. Landwirtschaftsverlag, Hiltrup 1972, 169 S.

HERRMANN, K.: Obst, Obstdauerwaren und Obsterzeugnisse. Paul Parey, Berlin und Hamburg, 1966, 243 S.

HILKENBÄUMER, F.: Obstbau. Paul Parey, Berlin und Hamburg 1964, 4. Aufl., 348 S.

HILKENBÄUMER, F.: Obstlagerung. Paul Parey, Berlin und Hamburg 1962, 134 S.

JAHN, H.-R.: Qualitätsnormen für Kernobst und Zitrusfrüchte. AID, Bonn–Bad Godesberg 1971, 32 S.

JAHN, H.-R.: Deutsche Handelsklassen für Obst und Gemüse. AID, Bonn–Bad Godesberg 1972, 2. Aufl., 28 S.

JANSSEN, H., und ELLINGER, W.: Zielgebiete und Abnehmergruppen für Tafeläpfel vom Bodensee 1968/69 und 1969/70. Mitt. f. d. Obstbau (Tettnang) 15, 89–97, 1971.

JANSSEN, H., und ELLINGER, W.: Die Verpackung von Kernobst bei Genossenschaften und Versandgroßhandel in der Obstregion Bodensee 1968/69 bis 1971/72. Mitt. f. d. Obstbau (Tettnang) 16, 267–273, 1972.

KEMMER, E.: Betriebswirtschaftliche und physiologische Betrachtungen über die Mischkultur im Deutschen Obstbau. Merkbl. Nr. 9. Inst. f. Obstbau, Berlin 1951, 3. Aufl.

KESSLER, H.: Obst und Gemüse. In: PLANK, R.: Die Anwendung der Kälte in der Lebensmittelindustrie. Handbuch der Kältetechnik, Bd. 10, Springer, Berlin–Göttingen 1960.

KNEE, M.: Ripening of Apples during Storage. J. Sci. Fd. Agric. 22, 365–377, 1971.

KÜMMELER, M.: Nachbauprobleme bei Kernobst. Obstbau 5, 430, 1980.

Kuratorium für Technik und Bauwesen in der Landwirtschaft (KTBL) (Hg.): Kalkulationsunterlagen für Betriebswirtschaft. KTBL, Frankfurt a.M., versch. Jahrgänge. – Landwirtschaft, Bd. 1, ab 1964; Gartenbau, Bd. I, ab 1968.

LIEBSTER, G.: Einfluß hoher Stickstoffgaben im Spätsommer auf Winterfestigkeit und Krebsanfälligkeit von Apfelbäumen der Sorte 'James Grieve'. Erwerbsobstbau 5, 121–123, 1963.

LOTZ, E., und SCHENK, E.W.: Betriebsgrößen und Betriebsformen im Obstbau. In Fachgruppe Obstbau: Position und Aussichten des Obstbaues in der Bundesrepublik Deutschland, Studie der Fachgruppe Obstbau, Bonn (ca. 1970).

MANTINGER, H.: Unterlagen für Dichtpflanzungen. In: Obstbau heute. Beilage Nr. 2 zu Obstbau – Weinbau, 1972.

METZNER, R.: Das Schneiden der Obstbäume und Beerensträucher. Eugen Ulmer, Stuttgart 1979, 14. Aufl., 175 S.

METZNER, R.: Eine neue deutsche Walnuß: 'Weinsberg 1'. Obst und Garten (Stuttgart) 94, 324, 1975.

METZNER, R., und RÖSER, I.: Anbau und Sorten bei Schwarzen Johannisbeeren. Obst und Garten (Stuttgart) 96, 222–224, 1977.

NIEMANN, A.: Untersuchungen zur Physik der Frostberegnung. Wasser und Nahrung 2, 10–20, 1958.

PAPE, J.: Der Erwerbsobstbau in den holsteinischen Elbmarschen. Landwirtschaftsverlag, Hiltrup 1960, 128 S.

POUWER, A.: Leaf analysis for prediction of bitter pit. Acta Horticulturae 45, 33–37, 1974.

RAMOSER, K.: Pflanzenschutzberegnung im Weinbau. Obstbau–Weinbau 8, 43–44, 1971.

RAUH, W.: Über Gesetzmäßigkeiten der Verzweigung und deren Bedeutung für die Wuchsformen der Pflanzen. Mitt. dt. dendrol. Ges. 52, 86–111, 1939.

ROEMER, K.: Einfluß der Temperatur auf die Fruchtform. Mitt. OVR Jork 21, 248–254, 1966.

RÖPKE, W.: Die Lehre von der Wirtschaft. Eugen Rentsch, Zürich–Stuttgart 1958, 8. Aufl., 321 S.

SCHENK, E.W.: Die Entwicklung der Ertragslage im Obstbau. Erwerbsobstbau 12, 101–108, 1970.

SCHNEIDER, E.: Wirtschaftlichkeitsrechnung. J.C.B. Mohr (Paul Siebeck), Tübingen–Zürich 1957, 2. Aufl., 156 S.

SCHWARZ, K.G.: Arbeitszeitaufwand im Apfelanbau – dargestellt am Beispiel rheinland-pfälzischer Betriebe. Erwerbsobstbau 17, 141–144, 1975.

SCOTTI, P.: „Stammbildende" Sorten der Schwarzen Johannisbeere – ein Weg zur Vollmechanisierung der Ernte. Erwerbsobstbau 15, 86–88, 1973.

SHARPLES, R.O.: Mineral Nutrition of Fruit Trees. (Hg.: D. ATKINSON, J.E. JACKSON, R.O. SHARPLES, und W.M. WALLER) Butterworths, London 1980, 17–28.

SILBEREISEN, R.: The photo-thermic effect on the fruit-size of apples. 18th Intern. Hort. Congress, Tel Aviv, Proc. 1, 81–82, 1970.

STAHL, M., und MICHEL, H.G.: Die Bakteriosen des Steinobstes. Der Obstbau 85, 250–251, 1966.

Statistisches Amt der Europäischen Gemeinschaften (SAEG): Reihen „Agrarstatistik" und „Pflanzliche Produktion", Luxemburg (versch. Jahrgänge).

Statistisches Bundesamt (SBA): Preise, Löhne, Wirtschaftsrechnungen. W. Kohlhammer, Wiesbaden 1970 u. 1971.

STÖSSER, R.: a) Die Befruchtungsbiologie von Kirschen. Obst und Garten (Stuttgart) 98, 233–235, 1979; b) Ergänzende Untersuchungen zur Befruchtungsbiologie von Süßkirschen. Erwerbsobstbau 21, 124–126, 1979.

STRASBURGERS Lehrbuch der Botanik. Gustav Fischer, Stuttgart 1971, 30. Aufl., 842 S.

STRAUSS, E., und NOVAK, R.: Anbauversuche mit Holunder *(Sambucus nigra)*. Mitt. Klosterneuburg 21, 416–426, 1971.

STRAUSS, E., und MADER, St.: Beitrag zur Einführung von Reifewochen bei Pfirsichen. Mitt. Klosterneuburg 22, 363–367, 1972.

TROLL, W.: Praktische Einführung in die Pflanzenmorphologie, 2. Teil. VEB Gustav Fischer, Jena 1957, 420 S.

WALTER, H.: Grundlagen der Pflanzenverbreitung, Teil 1: Standortslehre (Einführung in die Phytologie, Bd. III/1). Eugen Ulmer, Stuttgart 1960, 2. Aufl., 566 S.

WEINSCHENCK, G.: Die optimale Organisation des landwirtschaftlichen Betriebes. Paul Parey, Hamburg und Berlin 1964, 206 S.

WELLER, F.: Zur Beeinflussung der vertikalen Saugwurzelverteilung von Apfelbäumen durch Bodenpflegemaßnahmen. Erwerbsobstbau 10, 4–6, 1968.

WINTER, F.: Die „Behangdichtenmethode", ein Modell zur Analyse und Prognose von Kernobsterträgen. Stat. Amt d. EG, Luxemburg 1969, 137 S.

WIRTH, A.: Die Einfügung des Erwerbsobstbaues in den bäuerlichen Betrieb unter besonderer Berücksichtigung der Arbeitswirtschaft. Landw. Jahrb. d. Schweiz 75, 327–386, 1961.

ZELLER, O.: Beginn des Blütenimpulses in den Knospen unserer Obstgehölze. Der Obstbau 78, 121–123, 1960.

ZELLER, O.: Entwicklungsgang der Blütenknospen an langen einjährigen Trieben von Apfelgehölzen. Der Obstbau 79, 41–46, 1961.

Zentrale Markt- und Preisberichtsstelle (ZMP): Bilanz – Obst. Verlag ZMP, Bonn, versch. Jahrgänge.

ZWINTZSCHER, M.: Die genetischen Grundlagen und die Methoden der Züchtung. Handbuch der Pflanzenzüchtung, Bd. VI. Paul Parey, Berlin und Hamburg 1962, 2. Aufl., S. 651–668 und 671–680.

ZWINTZSCHER, M.: Kirschen. Handbuch der Pflanzenzüchtung, Bd. VI. Paul Parey, Berlin und Hamburg 1962, 2. Aufl., S. 573–602.

Verzeichnis der Farbtafeln

Bildquellen

Die ohne Ortsangabe genannten Bildautoren sind oder waren Mitarbeiter der Versuchsstation Bavendorf.

Grafische Darstellungen

Brömme: 4, 6, 11, 16, 17, 18, 19, 21, 27, 32, 33, 34, 47, 67, 97, 99, 102, 147, 159, 163
Friedrich: 1, 25, 26, 29, 31
Knöpfle: 15, 48, 49, 50, 51, 66, 180, 181, 182, 183, 184, 185, 186, 187, 188, 189, 190, 194, 195, 197, 198, 199, 201
Link: 13, 103, 162, 170, 171
Silbereisen: 22, 23

Schwarzweißfotos

Beyer, Stuttgart: 110
Eberle: 24, 28a, 28b, 40a, 40b, 40c, 43b, 60, 68, 69, 70a, 70b, 70c, 72, 77a, 77b, 80a, 80b, 81a, 81b, 81c, 82a, 82b, 82c, 82d, 84a, 84b, 85a, 85b, 86a, 86b, 86c, 86d, 87a, 87b, 88, 89a, 113a, 114, 117, 118, 119, 125, 130, 131, 132, 135, 136, 137, 139, 140, 141, 142, 145, 146, 153a, 153b, 154a, 154b, 156, 157a, 157b, 158, 161, 204
Janßen: 191, 192, 193, 200, 203
Kennel: 127
Link: 98, 100a, 100b, 101, 104, 105, 106a, 106b, 160, 172a, 172b
Mauch: 111, 112, 116, 143a, 143b, 144, 149, 150, 152, 174, 177b, 177c, 179a, 179b
Neuper: 122, 123, 126, 128, 129, 138
Reimann, Stockach: 115, 133
Scherr: 20a, 20b, 35, 38, 39, 41, 43a, 44, 45a, 45b, 55, 56, 57, 58, 61, 65a, 65b, 71, 74a, 74b, 75a, 75b, 75c, 76a, 76b, 78a, 78b, 78c, 79, 83, 89b, 89c, 90, 93, 94a, 94b, 94c, 94d, 95, 96, 109, 120, 121, 148, 151, 173, 175, 176
Schreiber: 91a, 91b, 92
Winter: 42, 46, 52, 53, 54, 59, 64, 108
BASF (Ludwigshafen): 107 (Werkfoto)
Central Bureau van de Tuinbouwveilingen, Den Haag: 202 (Werkfoto)
Escher Wyss (Ravensburg): 166 (Werkfoto)
Greefa (Geldermalsen): 177a, 177d (Werkfoto)
Institut für Obstbau, Freising-Weihenstephan: 37a, 37b, 37c
Institut für Selbstbed., Köln: 196 (Werkfoto)
Schering (Berlin): 113b (Werkfoto)
WLZ (Stuttgart): 178 (Werkfoto)

Farbtafeln

Die Ziffer vor dem Schrägstrich bezeichnet die Nummer der Farbtafel, die Ziffer dahinter das einzelne Bild, zeilenweise von oben links nach unten rechts durchnumeriert.

Bach, Offenburg: 4/3
Briegel: 22/4
Centre De Recherche De Bordeaux, Station D'Arboriculture: 24/1–6

Eberle: 1/1–6; 2/1–6; 3/1–6; 5/1–6; 6/1–6; 7/1, 2, 4, 5, 6; 8/1–6; 9/3; 10/3; 11/1, 4; 12/4–6; 13/3; 15/4, 5; 18/3; 20/5, 6
Geigenmüller, Stuttgart: 15/1
Hildebrand: 4/1, 2, 4; 22/1, 2, 6
Kennel: 9/2; 11/2, 3, 6; 14/3, 5, 6; 20/3
Kock, Bühl: 10/4
Krukenberg: 20/4
Link: 16/1–6; 17/1–6; 18/1, 2, 4; 19/1–6
Mauch: 23/1–6
Neuper: 11/6; 12/3; 14/4; 15/2; 20/1; 20/2
Silbereisen: 7/3; 22/3, 5
Scherr: 9/4; 12/1; 21/1–6
Schick, Überlingen: 10/2, 3; 14/2; 15/6
Streif: 18/5, 6
Bayer AG, Leverkusen: 14/1 (Werkfoto)
Institut für Obstkrankheiten der BBA, Dossenheim: 9/1, 6; 10/5, 6; 15/3
Landesanstalt für Pflanzenschutz, Stuttgart: 9/5; 10/1; 12/2; 13/1, 2, 4, 5, 6

Sachregister